普通高等教育"十一五"国家级规划教材

光学信息技术原理及应用
（第2版）

陈家璧　苏显渝　主编
朱伟利　孙雨南　陶世荃　吴建宏　编

高等教育出版社·北京

内容简介

本书(第 2 版)是普通高等教育"十一五"国家级规划教材。本书第 1 版是教育部"高等教育面向 21 世纪教学内容和课程体系改革计划"的研究成果,是面向 21 世纪课程教材。本书是上海理工大学、四川大学、中央民族大学、北京理工大学、北京工业大学、苏州大学、南开大学等校教授依据多年的教学和科研经验,并参考国内、外优秀教材编写而成。

本书分为两部分。前五章介绍光学信息技术的基本理论,包括二维线性系统理论、光的标量衍射理论、光学系统频谱分析、部分相干理论和光全息术。后七章介绍它的主要实际应用,有光学信息存储、光学信息处理、图像的全息显示、光学三维传感、全息散斑干涉计量和在光通信中的应用。本书的特点一是用线性系统的傅里叶方法分析光学问题,把光学看做信息科学技术的一个重要组成部分进行研究;二是密切联系实际,讨论了光学信息技术的各种已经实现和正在发展的应用;三是配有许多独具匠心的习题及附有大量发表在国内外科技刊物及学术会议的有关文献,可以引导读者自学,启发读者思维,培养学生的创新能力。

本书可以作为高等学校"光信息科学与技术"及其他有关光学和光学工程专业的专业课教材,也可以供社会读者阅读。

图书在版编目(CIP)数据

光学信息技术原理及应用/陈家璧,苏显渝主编. —2 版. —北京:高等教育出版社,2009.11(2023.2 重印)
ISBN 978 – 7 – 04 – 028056 – 2

Ⅰ. 光… Ⅱ. ①陈…②苏… Ⅲ. 信息光学 – 高等学校 – 教材 Ⅳ. O438

中国版本图书馆 CIP 数据核字(2009)第 160405 号

| 策划编辑 | 杜 炜 | 责任编辑 | 王莉莉 | 封面设计 | 李卫青 | 责任绘图 | 尹 莉 |
| 版式设计 | 余 杨 | 责任校对 | 王 雨 | 责任印制 | 赵义民 | | |

出版发行	高等教育出版社	咨询电话	400 – 810 – 0598
社 址	北京市西城区德外大街 4 号	网 址	http://www.hep.edu.cn
邮政编码	100120		http://www.hep.com.cn
印 刷	北京中科印刷有限公司	网上订购	http://www.landraco.com
开 本	787 × 960 1/16		http://www.landraco.com.cn
印 张	31.5	版 次	2002 年 7 月第 1 版
字 数	600 000		2009 年 11 月第 2 版
插 页	1	印 次	2023 年 2 月第 7 次印刷
购书热线	010 – 58581118	定 价	48.30 元

本书如有缺页、倒页、脱页等质量问题,请到所购图书销售部门联系调换
版权所有 侵权必究
物 料 号 28056 – 00

第1版序

传统看法认为光学是物理学的一个分支。在我国高校理、工科分校的时期，光学被认为是一个理科专业；但是光从远古到今天一直是一种最重要的传播信息的载体，光学研究的成像过程实际上是信息的传播过程，因此光学实质上又是信息科学的一个重要分支。国际上多数把光学应用归入信息科学领域，甚至与电子信息归纳在一起，已不是仅仅把光学看做一种理论，而更多地把它看做一种密切结合实际的技术学科。现在光信息科学与技术专业列入了我国教育部新的学科目录，将它作为一个非理非工、亦理亦工的技术专业来开办，与国际接轨，这是一个进步。《光学信息技术原理及应用》是该专业的一门主要专业课程的教材。

这本教材在比较广的意义上研究光学信息处理，不仅讨论用光学方法处理已经获取的信息，而且讨论用光学技术承载信息、传播信息、记录信息、萃取信息、显示信息的种种方法。这些都是近代光学的前沿。它们是以光的物理本性为基础，发展为研究光的变换特性。例如，它将夫琅禾费衍射看做光学的傅里叶变换，而把菲涅耳衍射看做光学的分数傅里叶变换，于是光在自由空间的传播过程就可以完全用广义的傅里叶变换来表达。这样用信息科学的方法来讨论光学问题对于在信息产业中更多地应用光学技术无疑是有益的。在这本教材中，着重介绍了光学信息技术的几个主要应用领域，包括光信息存储、光学信息处理和光计算、光学三维传感、光学全息显示、全息散斑计量，题材新颖，内容丰富，物理概念清晰，反映了光学信息技术的最新进展，也反映了面向21世纪的时代需要，具有相当的先进性。作为教材，在每一章后都编写了适量的具有实际应用意义的习题，附以主要参考文献，并列有中英文术语对照，对学生很有好处。

这本教材的编者自从改革开放以来一直主要从事光学信息技术应用领域的研究，也一直从事光学信息技术领域的教学工作。教材中的许多内容都是他们自己的研究成果和教学心得，在不少方面具有原创性。相信这些带有原创性思路的内容对于启发学生创造性思维是有益的。希望这本教材的出版，能为我国培养更多优秀的光学工程领域的技术人才发挥作用。

中国科学院院士
中国工程院院士

2001.5.10

第 2 版前言

本书自 2002 年 7 月出版后，经国内数十所大学 6 年的使用，受到众多好评，并列入了普通高等教育"十一五"国家级规划教材。为了更好地发挥国家级规划教材的作用，我们对全书内容进行了修订和补充。

第 2 版按照高等教育出版社统一的理工类书籍出版体例作了修订，修改了一些错误以及不够准确和严谨的地方，还补充和更新了有关光学信息技术理论与应用的一些新发展的内容。在第 2 章中增加了局部空间频率的概念与相关内容，第 3 章中对于非相干成像系统和相干成像系统的比较增加了锐边响应以及散斑效应的部分，第 4 章对于解析函数的概念做了进一步说明，第 5 章更新了许多插图并且充实了全息材料的一些介绍。在后几章的应用部分，对第 7 章光信息存储技术全章结构重新编排，强调了目前使用很普遍的光盘存储器，同时对已经逐步实用化的体全息存储原理进行了深入讨论，第 8 章对近年来较少研究的光计算相关内容做了精减，同时还增加了一些新的实验结果，第 9 章对像素全息的设计做了进一步充实，第 10 章除了增加的动态三维传感还介绍了三维电视摄像机的内容，而第 11 章则介绍了散射干涉的一个重要应用即实用化的散射板干涉仪，用本书研究的新方法建立了它的新数理模型，作为本书内容应用的方法介绍给学生。另外在参考顾德门《傅里叶导论》(第三版)时，由在作者授权下本书编者翻译出版的内容基础上，改编增加了第 12 章"光通信中光学信息技术的应用"。具体补充和修订这里不一一列举说明。

本书第 2 版坚持第 1 版的指导思想，不仅要满足高等院校学生掌握信息光学技术的教学需要，而且要为相关专业学生进一步开展科学技术研究打开窗口。为适应不同层次学生的要求，可以选择讲授不同内容。希望广大教师和读者对本书的不足给予指正，支持我们今后把本书修改得更加适用。

编 者
2008 年 12 月

第1版前言

作为自然现象,光是最重要的信息载体。据统计,人类感官接收的客观世界总的信息量的90%以上要通过眼睛。早在3 000年前人类就开始研究光学,但是光学发展最快的时期还是20世纪,尤其是20世纪下半叶。近代光学对信息时代的到来起了十分重要的作用。20世纪40年代末提出的全息术、50年代产生的光学传递函数、60年代发明的激光器、70年代发展起来的光纤通信、80年代成为微机标准外设的光驱、航天航空事业中应用的空间光学等近代光学技术对信息产业的高速成长发挥了不可替代的作用。与此同时,近代光学也成为电子信息科学的最重要基础之一。因此,在高等院校电子信息学科的有关专业开设光学信息处理技术理论与应用的课程是很有必要的。

光学信息处理的理论基础是将信息科学中的线性系统理论引入光学中形成的。光学成像系统实际上是一种二维的图像信号的传输和处理系统。传统的光学仅在空域中研究光学现象,信息光学将研究方法扩展到空间频域,对光学成像系统进行空间频谱分析,并由此发展出全息术与光学信息处理的各种方法。这些方法使光学系统的单一成像功能扩展到信息处理的许多方面,有二维信号(图像)的各种运算方法,有图像处理与识别技术,有高密度信息存储的光学方法,有三维面形测量及全息散斑干涉技术,等等。本书的重点是介绍光学信息处理的理论基础以及近年来发展很快的相关应用和方法。

本书前5章是理论基础部分。第1章的主要内容是二维线性系统分析以及为之服务的二维傅里叶变换和信息科学的另一基础——抽样定理。对于学过"信号与系统"课程的读者,复习一下并推广到二维情况也是不无补益的。与以往同类的教科书不同,这一章不再详细介绍有关数学预备知识。这是由于近20年来几乎所有开办本专业的高等院校都开设含积分变换的数学课程,再从基础讲起已无必要。第2章关于标量衍射理论的讨论不讲述物理光学或工程光学中已经讲过的惠更斯原理及基尔霍夫衍射公式的推导,而是由波动方程的平面波解及平面上复振幅分布的傅里叶分析与综合导出近场及远场衍射公式。在介绍分数傅里叶变换基础上,讨论菲涅耳衍射的分数傅里叶变换表示,从而将衍射现象完全与傅里叶变换联系在一起。第3章关于光学成像系统的频谱分析与以往多数教材不同,对透镜的傅里叶变换性质给出一个统一的表达方式,并得出不同情况下的结果。由此出发进一步分析相干与非相干成像系统,给出成像系统的相干传递函数与光学传递函数。第4章综合各种教材对光的相干性理论的阐述，由时间相干性、空间相干性到准单色光的相干性，全面介绍了光的相干性的概念，以此为基础讨论了部分相干光的传播及其光学系统的频谱分析的影响，为近代光学将许多光的传播过程当做随机过程来研究打下基础。第5章研究的全息学是本书讲述的重点应用技术——全息存储、全息显示、全息干涉计量的基础，讨论了全息学原理，介绍了全息的实用技术及各种全息方法的具体分析。

本书后6章是实际应用部分。第6章集中介绍各种光调制器和接收器，是建立光学信息处理系统的基础。第7章重点介绍各种光学信息存储技术，包括已经广泛应用的光盘存储技术和正在发展的各种三维、四维及其他海量光学存储技术，讨论了目前光学存储技术的主要发展趋势。第8章讲述光学信息处理的一般方法，包括二维图像信号的各种运算、非线性处理的光学实现、光计算及光学信息处理的某些最成功的应用，如综合孔径雷达信号的光学信息处理方法和用黑白胶片作彩色摄影及存储彩色图像的方法。第9章的内容是全息显示技术，主要是彩虹全息、模压技术及像素全息，这些技术已经并且正在应用到日常生活之中。第10章是三维面形测量技术，作为一种非接触测量方法，它不仅改变了传统的三坐标测量思想，而且已经有大量的实际应用，并与正在快速发展的计算机虚拟现实技术密切相关。最后一章的全息散斑计量是全息术的最早应用之一，是研究宏观世界与微观世界之间的所谓介观世界的有力武器。这一章从理论上改变了传统的光程差分析方法，把统计光学及随机过程的概念引入光学系统的分析之中，而且在此基础上介绍了诸如光外差技术、相移干涉技术、时间平均方法、光学的逐点与全场滤波、数字散斑方法等近代光学信息处理的最新方法。

作为理论基础部分，本书的第1、2、3、5章是本科生必读的部分，其他章节可根据具体情况选读。

改革开放以来我国高等学校开设了许多有关光学信息处理的课程，出版发行了许多教材和专著，其中包括国外经典优秀教材的中译本。而国内外发表的光学信息处理方面的科技论文更是浩如烟海。本书最后附以主要参考书籍及引用文献的目录，总计达二百篇左右，其中绝大多数是20世纪80年代以来的资料，一半以上是90年代以后发表的。希望这些文献能够帮助读者了解本学科发展的历史过程，帮助读者了解各种新发展产生的背景与研究问题的思路以及因本书篇幅限制无法充分阐明的问题。另外在每章的后面都附有帮助读者学习的习题，最后还给出部分习题的参考答案。

本书第1、2、4、11章由陈家璧编写，第3、10章由苏显渝编写，第5、8章由朱伟利编写，第6章由孙雨南编写，第7章由陶世荃编写，第9章由吴建宏编写。这些编者都长期从事有关光学信息处理的教学和科学研究，对撰写的章节有关的内容和最新发展十分熟悉，撰写的内容也包括了他们自己的研究成果。

本书在编写过程中得到了中国科学院院士、中国光学学会理事长、南开大学母国光教授的指导。母先生不仅对本书的内容和结构提出了指导性的意见,并且还对本书进行仔细审阅,使作者得益匪浅。著名科学家、光学界泰斗、两院院士王大珩先生对现代光学的教育非常重视,特地为本书作序,使我们备受鼓舞。在此对他们一并表示衷心感谢。

编 者

2001 年 5 月

III．

目 录

第1章 二维线性系统分析 (1)
　1.1　线性系统 (1)
　　1.1.1　线性系统的定义 (1)
　　1.1.2　脉冲响应和叠加积分 (2)
　1.2　二维傅里叶变换 (3)
　　1.2.1　二维傅里叶变换定义及存在条件 (3)
　　1.2.2　极坐标下的二维傅里叶变换和傅里叶–贝塞尔变换 (5)
　　1.2.3　虚、实、奇、偶函数傅里叶变换的性质 (6)
　　1.2.4　二维傅里叶变换定理 (7)
　　1.2.5　常用二维傅里叶变换举例 (8)
　1.3　二维线性不变系统 (10)
　　1.3.1　二维线性不变系统的定义 (10)
　　1.3.2　二维线性不变系统的传递函数 (12)
　　1.3.3　线性不变系统的本征函数 (13)
　　1.3.4　级联系统 (15)
　1.4　抽样定理 (16)
　　1.4.1　函数的抽样 (17)
　　1.4.2　原函数的复原 (18)
　　1.4.3　空间–带宽积 (21)
　习题 (21)

第2章 标量衍射的角谱理论 (24)
　2.1　光波的数学描述 (24)
　　2.1.1　光振动的复振幅和亥姆霍兹方程 (25)
　　2.1.2　球面波的复振幅表示 (26)
　　2.1.3　平面波的复振幅表示 (28)
　　2.1.4　平面波的空间频率 (29)
　　2.1.5　空间频率的局域化 (30)
　2.2　复振幅分布的角谱及角谱的传播 (32)
　　2.2.1　复振幅分布的角谱 (32)
　　2.2.2　平面波角谱的传播 (33)
　　2.2.3　衍射孔径对角谱的作用 (35)
　2.3　标量衍射的角谱理论 (36)

2.3.1　惠更斯-菲涅耳-基尔霍夫标量衍射理论的简要回顾 …………………… (36)
　　　2.3.2　平面波角谱的衍射理论 ………………………………………………… (38)
　　　2.3.3　菲涅耳衍射公式 ………………………………………………………… (39)
　2.4　夫琅禾费衍射与傅里叶变换 …………………………………………………… (40)
　2.5　菲涅耳衍射和分数傅里叶变换 ………………………………………………… (42)
　　　2.5.1　分数傅里叶变换的定义 ………………………………………………… (42)
　　　2.5.2　分数傅里叶变换的几个基本性质（证明从略） ……………………… (44)
　　　2.5.3　用分数傅里叶变换表示菲涅耳衍射 …………………………………… (45)
　习题 …………………………………………………………………………………… (48)

第3章　光学成像系统的频率特性 …………………………………………………… (51)
　3.1　透镜的相位变换作用 …………………………………………………………… (51)
　3.2　透镜的傅里叶变换性质 ………………………………………………………… (53)
　　　3.2.1　物在透镜之前 …………………………………………………………… (54)
　　　3.2.2　物在透镜后方 …………………………………………………………… (57)
　　　3.2.3　透镜的孔径效应 ………………………………………………………… (58)
　3.3　透镜的一般变换特性 …………………………………………………………… (59)
　3.4　相干照明衍射受限系统的成像分析 …………………………………………… (61)
　　　3.4.1　透镜的点扩散函数 ……………………………………………………… (62)
　　　3.4.2　衍射受限系统的点扩散函数 …………………………………………… (64)
　　　3.4.3　相干照明下衍射受限系统的成像规律 ………………………………… (66)
　3.5　衍射受限系统的相干传递函数 ………………………………………………… (68)
　3.6　衍射受限系统的非相干传递函数 ……………………………………………… (72)
　　　3.6.1　非相干成像系统的光学传递函数 ……………………………………… (72)
　　　3.6.2　OTF 与 CTF 的关系 …………………………………………………… (75)
　　　3.6.3　衍射受限的 OTF ………………………………………………………… (75)
　3.7　有像差系统的传递函数 ………………………………………………………… (78)
　3.8　相干与非相干成像系统的比较 ………………………………………………… (81)
　　　3.8.1　截止频率 ………………………………………………………………… (81)
　　　3.8.2　像强度的频谱 …………………………………………………………… (81)
　　　3.8.3　两点分辨 ………………………………………………………………… (84)
　　　3.8.4　其他效应 ………………………………………………………………… (85)
　习题 …………………………………………………………………………………… (87)

第4章　部分相干理论 ………………………………………………………………… (89)
　4.1　实多色场的复值表示 …………………………………………………………… (89)
　4.2　时间相干性、自相干函数与复自相干度 ……………………………………… (91)
　　　4.2.1　非单色光的分振幅干涉及其数学描述 ………………………………… (91)
　　　4.2.2　自相干函数与复自相干度 ……………………………………………… (92)

4.2.3 复自相干度与光功率谱密度的关系 ……………………………… (93)
4.2.4 相干时间和相干长度 ……………………………………………… (95)
4.3 空间相干性、互相干函数和复相干度 …………………………………… (96)
4.3.1 分波面干涉及其数学描述 ………………………………………… (97)
4.3.2 互相干函数和复相干度 …………………………………………… (99)
4.3.3 互相干函数和互相干度的测量 …………………………………… (101)
4.4 准单色条件、互强度和复相干因子 ……………………………………… (101)
4.4.1 准单色条件 ………………………………………………………… (102)
4.4.2 互强度和复相干因子 ……………………………………………… (102)
4.4.3 相干面积 …………………………………………………………… (103)
4.5 准单色光的传播和衍射 …………………………………………………… (104)
4.5.1 自由空间中准单色场互相干性的传播 …………………………… (105)
4.5.2 薄透明物体对互强度的影响 ……………………………………… (108)
4.5.3 部分相干光的衍射 ………………………………………………… (109)
4.6 范西特－策尼克定理 ……………………………………………………… (111)
4.6.1 范西特－策尼克定理 ……………………………………………… (111)
4.6.2 均匀圆形光源 ……………………………………………………… (113)
4.6.3 迈克尔逊测星干涉仪 ……………………………………………… (115)
4.7 部分相干场中透镜的傅里叶变换性质 …………………………………… (116)
4.8 部分相干光成像 …………………………………………………………… (118)
4.8.1 准单色光照明光学系统的物像关系 ……………………………… (119)
4.8.2 准单色光照明下光学系统的频率响应 …………………………… (120)
习题 ……………………………………………………………………………… (122)

第 5 章 光全息术 ……………………………………………………………… (125)

5.1 引言 ………………………………………………………………………… (125)
5.2 全息术原理——波前记录与再现 ………………………………………… (126)
  5.2.1 波前记录 …………………………………………………………… (126)
  5.2.2 波前再现 …………………………………………………………… (127)
  5.2.3 全息实验装置 ……………………………………………………… (130)
5.3 基元全息图分析 …………………………………………………………… (133)
5.4 平面全息图及其衍射效率 ………………………………………………… (134)
  5.4.1 菲涅耳全息图 ……………………………………………………… (135)
  5.4.2 傅里叶变换全息图 ………………………………………………… (140)
  5.4.3 无透镜傅里叶变换全息图 ………………………………………… (143)
  5.4.4 傅里叶变换全息图的两个特例 …………………………………… (146)
  5.4.5 像全息图 …………………………………………………………… (149)
  5.4.6 相位全息图 ………………………………………………………… (150)

5.4.7　平面全息图的衍射效率 ………………………………………………… (152)
　5.5　体积全息图 ……………………………………………………………………… (154)
　　5.5.1　体全息图的记录与再现 ………………………………………………… (154)
　　5.5.2　透射体全息和反射体全息 ……………………………………………… (155)
　　5.5.3　体全息图的衍射效率 …………………………………………………… (156)
　5.6　计算全息术及其应用 …………………………………………………………… (157)
　　5.6.1　计算全息图 ……………………………………………………………… (157)
　　5.6.2　计算全息术的应用 ……………………………………………………… (160)
　5.7　全息记录介质 …………………………………………………………………… (161)
　　5.7.1　卤化银乳胶 ……………………………………………………………… (161)
　　5.7.2　重铬酸盐明胶 …………………………………………………………… (165)
　　5.7.3　光致抗蚀剂 ……………………………………………………………… (165)
　　5.7.4　光导热塑 ………………………………………………………………… (166)
　　5.7.5　光致聚合物 ……………………………………………………………… (167)
　　5.7.6　光折变晶体 ……………………………………………………………… (168)
　习题 …………………………………………………………………………………… (168)

第6章　空间光调制器 …………………………………………………………… (171)

　6.1　概述 ……………………………………………………………………………… (171)
　　6.1.1　空间光调制器的基本结构与分类 ……………………………………… (171)
　　6.1.2　空间光调制器的功能 …………………………………………………… (173)
　　6.1.3　空间光调制器的基本性能参数 ………………………………………… (175)
　6.2　液晶光阀 ………………………………………………………………………… (178)
　　6.2.1　液晶的光电特性 ………………………………………………………… (178)
　　6.2.2　光学寻址液晶光阀 ……………………………………………………… (183)
　　6.2.3　电寻址液晶光阀 ………………………………………………………… (184)
　6.3　电光效应器件 …………………………………………………………………… (185)
　　6.3.1　晶体的电光效应及其电光调制原理 …………………………………… (185)
　　6.3.2　泡克尔斯读出光调制器 ………………………………………………… (195)
　　6.3.3　微通道板空间光调制器 ………………………………………………… (197)
　　6.3.4　Si－PLZT空间光调制器 ………………………………………………… (199)
　6.4　磁光空间光调制器 ……………………………………………………………… (200)
　　6.4.1　磁性材料的磁化特性与磁光效应 ……………………………………… (200)
　　6.4.2　器件结构 ………………………………………………………………… (201)
　　6.4.3　工作原理 ………………………………………………………………… (201)
　　6.4.4　器件性能 ………………………………………………………………… (203)
　6.5　表面形变空间光调制器 ………………………………………………………… (204)
　　6.5.1　G－E表面形变空间光调制器 …………………………………………… (204)

  6.5.2 数字微反射镜空间光调制器 ………………………………………… (206)
 6.6 自电光效应器件空间光调制器 ……………………………………………… (208)
 习题 …………………………………………………………………………………… (209)

第7章 光信息存储技术 …………………………………………………………… (210)
 7.1 引言 ………………………………………………………………………… (210)
 7.2 光盘存储 …………………………………………………………………… (212)
 7.3 超分辨率光存储技术 ……………………………………………………… (219)
 7.4 三维光学存储:双光子存储 ……………………………………………… (222)
 7.5 三维光学存储:体全息存储 ……………………………………………… (224)
  7.5.1 体全息的基本原理 ……………………………………………… (225)
  7.5.2 体全息存储材料的存储机理与特性 …………………………… (234)
  7.5.3 全息存储器的数据传输速率 …………………………………… (242)
  7.5.4 全息存储的应用举例 …………………………………………… (245)
 7.6 四维光学存储 ……………………………………………………………… (252)
 习题 …………………………………………………………………………………… (254)

第8章 光学信息处理技术 ………………………………………………………… (256)
 8.1 引言 ………………………………………………………………………… (256)
 8.2 光学频谱分析系统和空间滤波 …………………………………………… (257)
  8.2.1 阿贝(Abbe)成像理论 ………………………………………… (257)
  8.2.2 阿贝-波特(Abbe-Porter)实验 ……………………………… (258)
  8.2.3 空间频率滤波系统 ……………………………………………… (259)
  8.2.4 空间滤波的傅里叶分析 ………………………………………… (260)
  8.2.5 滤波器的种类及应用举例 ……………………………………… (264)
 8.3 相干光学信息处理 ………………………………………………………… (268)
  8.3.1 相干光学信息处理系统 ………………………………………… (268)
  8.3.2 多重像的产生 …………………………………………………… (269)
  8.3.3 图像的相加和相减 ……………………………………………… (270)
  8.3.4 光学微分-像边缘增强 ………………………………………… (273)
  8.3.5 光学图像识别 …………………………………………………… (276)
  8.3.6 图像消模糊 ……………………………………………………… (280)
  8.3.7 综合孔径雷达 …………………………………………………… (281)
 8.4 非相干光学信息处理 ……………………………………………………… (285)
  8.4.1 图像的相乘和积分 ……………………………………………… (286)
  8.4.2 图像的相关和卷积 ……………………………………………… (287)
 8.5 白光信息处理 ……………………………………………………………… (288)
  8.5.1 θ调制假彩色编码 …………………………………………… (288)
  8.5.2 光学图像的彩色增强和存储 …………………………………… (289)

8.5.3　黑白图像的白光密度假彩色编码 ································· (292)
　　8.5.4　多重像的产生 ································· (295)
　习题 ································· (295)

第9章　图像的全息显示 ································· (299)

9.1　引言 ································· (299)

9.2　彩虹全息图 ································· (300)
　　9.2.1　线全息图消色模糊原理 ································· (300)
　　9.2.2　彩虹全息图的记录 ································· (301)
　　9.2.3　彩虹全息图的像质 ································· (303)

9.3　合成全息技术 ································· (306)
　　9.3.1　二维图片的记录 ································· (307)
　　9.3.2　平面多路合成全息 ································· (308)
　　9.3.3　360°合成全息 ································· (308)

9.4　彩色全息术 ································· (310)
　　9.4.1　彩色全息的激光器和记录材料 ································· (311)
　　9.4.2　彩色彩虹全息 ································· (312)
　　9.4.3　反射体积彩色全息 ································· (314)

9.5　全息图的复制 ································· (315)
　　9.5.1　全息图的光学复制 ································· (315)
　　9.5.2　全息图的模压复制 ································· (316)
　　9.5.3　全息图的注塑复制 ································· (317)

9.6　数字像素全息技术 ································· (321)
　　9.6.1　数字全息图的制作方法 ································· (321)
　　9.6.2　数字全息图的设计 ································· (323)

9.7　其他全息显示技术 ································· (325)
　　9.7.1　全息电影 ································· (325)
　　9.7.2　边缘照明全息 ································· (327)
　　9.7.3　虚拟全息三维显示 ································· (327)

　习题 ································· (330)

第10章　光学三维传感 ································· (332)

10.1　主动三维传感的基本概念 ································· (333)
　　10.1.1　主动照明的三维传感方法 ································· (333)
　　10.1.2　三种基本的结构照明方式 ································· (335)
　　10.1.3　三维传感系统的基本组成 ································· (336)

10.2　采用单光束的三维传感 ································· (337)
　　10.2.1　基本原理与计算公式 ································· (337)
　　10.2.2　散斑对激光三角法精度的影响 ································· (341)

10.2.3　测量实例(鞋楦三维面形测量) ·················· (342)
　　10.2.4　基于激光同步扫描的三维面形测量 ·················· (344)
10.3　采用激光片光的三维传感 ·················· (346)
　　10.3.1　激光片光的产生 ·················· (346)
　　10.3.2　测量原理 ·················· (347)
　　10.3.3　测量实例 ·················· (348)
10.4　相位测量剖面术 ·················· (350)
　　10.4.1　相位测量剖面术的原理 ·················· (350)
　　10.4.2　产生结构照明的方法 ·················· (355)
　　10.4.3　相位测量剖面术应用举例 ·················· (356)
10.5　傅里叶变换剖面术 ·················· (361)
　　10.5.1　基本原理 ·················· (362)
　　10.5.2　FTP方法的测量范围 ·················· (363)
　　10.5.3　一种改进的方法 ·················· (365)
　　10.5.4　动态过程三维面形测量 ·················· (366)
10.6　调制度测量轮廓术 ·················· (368)
　　10.6.1　基本原理 ·················· (368)
　　10.6.2　信息处理方法 ·················· (369)
　　10.6.3　测量实例 ·················· (371)
10.7　其他光学三维轮廓测量方法 ·················· (372)
　　10.7.1　采用激光扫描的三维共焦成像 ·················· (372)
　　10.7.2　飞行时间法 ·················· (373)
　　10.7.3　三维电视摄像机 ·················· (375)
习题 ·················· (377)

第11章　全息散斑干涉计量 ·················· (379)

11.1　光学粗糙表面散射光场的统计特性 ·················· (379)
　　11.1.1　物面系综上物表面散射光场的统计特性 ·················· (379)
　　11.1.2　散射光场的一阶统计特性 ·················· (381)
　　11.1.3　散射光场的强度自相关函数 ·················· (383)
11.2　全息干涉的统计光学描述 ·················· (384)
　　11.2.1　全息干涉的基本原理 ·················· (384)
　　11.2.2　二次曝光全息干涉术的干涉场 ·················· (385)
　　11.2.3　表面变形特性与散射光场特性的关系 ·················· (387)
　　11.2.4　二次曝光全息干涉场的统计光学描述 ·················· (388)
11.3　时间平均全息干涉术 ·················· (391)
11.4　外差与准外差全息干涉术 ·················· (393)
　　11.4.1　外差全息干涉技术 ·················· (393)

11.4.2 准外差全息干涉技术 ……………………………… (395)
11.5 散斑干涉术 …………………………………………… (397)
　　11.5.1 参考束型散斑干涉测量方法 ……………………… (397)
　　11.5.2 剪切散斑干涉测量方法 …………………………… (399)
11.6 电子散斑干涉测量技术 ……………………………… (401)
　　11.6.1 电子散斑干涉仪的典型光路和原理 ……………… (401)
　　11.6.2 电子散斑干涉相减技术的统计分析 ……………… (402)
11.7 散斑照相测量术 ……………………………………… (403)
　　11.7.1 像面二次曝光激光散斑图的记录及其透过率函数 … (404)
　　11.7.2 二次曝光散斑图的逐点滤波 ……………………… (404)
　　11.7.3 二次曝光散斑图的全场滤波 ……………………… (405)
　　11.7.4 白光散斑照相测量术 ……………………………… (408)
11.8 数字散斑照相测量术 ………………………………… (409)
　　11.8.1 数字全场滤波技术 ………………………………… (409)
　　11.8.2 数字逐点滤波技术 ………………………………… (410)
11.9 散射板干涉仪 ………………………………………… (411)
　　11.9.1 散射板干涉仪的原理和基本光路 ………………… (412)
　　11.9.2 干涉条纹形成的数理模型 ………………………… (414)
习题 …………………………………………………………… (419)

第12章 光通信中光学信息技术的应用 ……………… (421)
12.1 布拉格光纤光栅 ……………………………………… (421)
　　12.1.1 布拉格光纤光栅的制作 …………………………… (421)
　　12.1.2 FBG 的应用 ………………………………………… (425)
　　12.1.3 工作在透射方式的光栅 …………………………… (426)
12.2 超短脉冲的整形和处理 ……………………………… (427)
　　12.2.1 时间频率到空间频率的变换 ……………………… (427)
　　12.2.2 脉冲整形系统 ……………………………………… (429)
　　12.2.3 谱脉冲整形的应用 ………………………………… (430)
12.3 光谱全息术 …………………………………………… (432)
　　12.3.1 全息图的记录 ……………………………………… (432)
　　12.3.2 信号的再现 ………………………………………… (434)
　　12.3.3 参考脉冲和信号波前之间延迟的影响 …………… (436)
12.4 阵列波导光栅 ………………………………………… (436)
　　12.4.1 阵列波导光栅的基本部件 ………………………… (437)
　　12.4.2 阵列波导光栅的应用 ……………………………… (442)
习题 …………………………………………………………… (445)

参考文献 ……………………………………………………… (446)

部分习题参考答案 …………………………………………………… (462)
附录 A　二维 δ 函数的定义及性质 …………………………………… (468)
附录 B　常用函数及其傅里叶变换 …………………………………… (469)
附录 C　式(11-6-4)到式(11-6-5)的推导 ………………………… (470)
汉英名词术语对照 ……………………………………………………… (472)
彩图

第1章 二维线性系统分析

现今系统论的系统概念已为社会广泛接受,它强调的是系统中诸多因素之间的相互影响。这里研究的是狭义的物理系统。一个物理系统是指某种装置,当施加一个激励时,它呈现某种响应。激励常称为系统的输入,响应称为系统的输出。例如电路网络,它的输入和输出是一维时序电信号。光学系统的输入和输出是物与像,是二维空间分布的图像信号。光学系统可以是由透镜组成的成像系统,也可以是光波通过的自由空间。因为它们都有把输入变成输出的作用。把系统定义为一个变换,这样定义的系统可以用算符 $\mathscr{L}\{\ \}$ 来表示,该算符把在 $x_1 - y_1$ 平面上定义的二维输入函数 $f(x_1,y_1)$ 变换为定义在 $x_2 - y_2$ 平面上的二维输出函数 $g(x_2,y_2)$,记为

$$g(x_2,y_2) = \mathscr{L}\{f(x_1,y_1)\} \qquad (1-0-1)$$

一个系统可以有多个输入和输出,但是本书主要讨论一个输入端和一个输出端的系统,而且本章不讨论系统内部的结构和工作情况,只关心系统的边端性质,即输入与输出的关系。系统的这种边端性质可以用如图 1-0-1 所示的框图形象地表示。

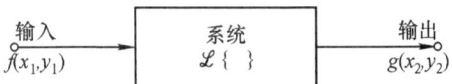

图 1-0-1 系统的算符表示

1.1 线 性 系 统

1.1.1 线性系统的定义

假设一个用算符 $\mathscr{L}\{\ \}$ 表示的系统,对任两个输入函数 $f_1(x_1,y_1)$ 和 $f_2(x_1,y_1)$ 有输出函数

$$g_1(x_2,y_2) = \mathscr{L}\{f_1(x_1,y_1)\} \qquad (1-1-1a)$$
$$g_2(x_2,y_2) = \mathscr{L}\{f_2(x_1,y_1)\} \qquad (1-1-1b)$$

而且对于任意复常数 a_1 和 a_2,在输入函数为 $a_1f_1(x_1,y_1) + a_2f_2(x_1,y_1)$ 时,输出函数为

$$\mathscr{L}\{a_1f_1(x_1,y_1)+a_2f_2(x_1,y_1)\} = \mathscr{L}\{a_1f_1(x_1,y_1)\}+\mathscr{L}\{a_2f_2(x_1,y_1)\}$$
$$= a_1\mathscr{L}\{f_1(x_1,y_1)\}+a_2\mathscr{L}\{f_2(x_1,y_1)\} \quad (1-1-2)$$
$$= a_1g_1(x_2,y_2)+a_2g_2(x_2,y_2)$$

则称该系统为线性系统。上式表明线性系统具有叠加性质,即系统对几个激励的线性组合的整体响应等于单个激励所产生的响应的线性组合。图 1-1-1 表示激励为两个一维函数的例子。通常可以把光学系统看成是二维的线性系统。

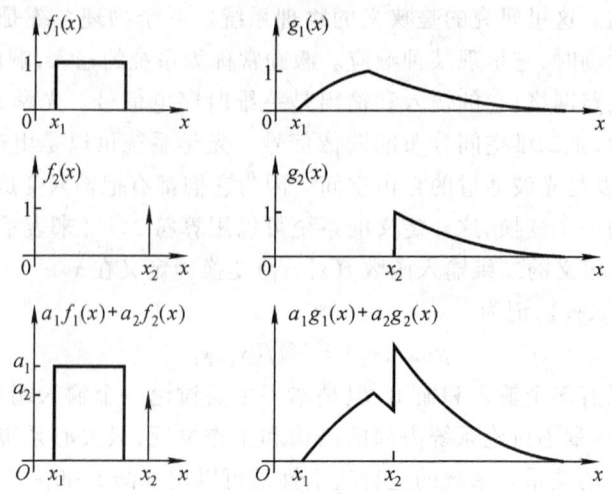

图 1-1-1 线性系统的叠加性质

如果任何输入函数都可以分解为某种"基元"函数的线性组合,相应的输出函数便可通过这些基元函数的线性组合来求得。这就是线性系统的方便之处。基元函数通常是指不能再进行分解的基本函数单元。在线性系统分析中,常用的基元函数有 δ 函数(即脉冲函数,参阅附录 A)、阶跃函数、余弦函数和复指数函数等。对光学系统来说,主要用二维 δ 函数和复指数函数进行分析。

1.1.2 脉冲响应和叠加积分

首先研究 δ 函数作为基元函数的情况。根据 δ 函数的筛选性质[见式(A-7)],任何输入函数都可以表达为

$$f(x_1,y_1) = \iint_{-\infty}^{\infty} f(\xi,\eta)\delta(x_1-\xi,y_1-\eta)\mathrm{d}\xi\mathrm{d}\eta$$

上式表明,函数 $f(x_1,y_1)$ 可以分解为在 x_1-y_1 平面上不同位置处无穷多个 δ 函数的线性组合,系数 $f(\xi,\eta)$ 为坐标位于 (ξ,η) 处的 δ 函数在叠加时的权重。函数 $f(x_1,y_1)$ 通过系统后的输出为

$$g(x_2,y_2) = \mathscr{L}\left\{\iint_{-\infty}^{\infty} f(\xi,\eta)\delta(x_1-\xi,y_1-\eta)\mathrm{d}\xi\mathrm{d}\eta\right\}$$

根据线性系统的叠加性质,算符 $\mathscr{L}\{\ \}$ 与对基元函数积分的顺序可以交换,即可将算符 $\mathscr{L}\{\ \}$ 先作用于各基元函数,再把各基元函数得到的响应叠加起来

$$g(x_2,y_2) = \iint_{-\infty}^{\infty} f(\xi,\eta)\mathscr{L}\{\delta(x_1-\xi,y_1-\eta)\}\mathrm{d}\xi\mathrm{d}\eta \quad (1-1-3)$$

$\mathscr{L}\{\delta(x_1-\xi,y_1-\eta)\}$ 的意义是物面上位于 (ξ,η) 处的单位脉冲函数通过系统后的输出,可把它定义为系统的脉冲响应函数(如图 1-1-2 所示)

$$h(x_2,y_2;\xi,\eta) = \mathscr{L}\{\delta(x_1-\xi,y_1-\eta)\} \quad (1-1-4)$$

将脉冲响应代入式(1-1-3),得到系统输出为

$$g(x_2,y_2) = \iint_{-\infty}^{\infty} f(\xi,\eta)h(x_2,y_2;\xi,\eta)\mathrm{d}\xi\mathrm{d}\eta \quad (1-1-5)$$

图 1-1-2 线性系统的脉冲响应

式(1-1-5)通常称为"叠加积分",它描述了线性系统的输入和输出之间的关系。显然,线性系统的性质完全由它的脉冲响应所表征。只要知道系统对位于输入面上所有可能点上的脉冲响应,就可以通过叠加积分计算任何输入信号对应的输出。这是一个形式上很完美的表达式。在一般情况下,脉冲响应与输入平面上的位置有关,会使得脉冲响应的形式十分复杂,叠加积分难以实际运算。只是对于线性系统的一个重要子类——线性不变系统,分析才变得简单。幸好,大多数情况下,光学系统都可以看做线性不变系统,本书将重点研究线性不变系统。

1.2 二维傅里叶变换

傅里叶变换是研究线性不变系统的重要数学工具,本书中大量用它研究光学系统。尽管本书读者都具备有关数学基础,为了叙述方便和表达方式的统一,在详细讨论二维线性不变系统之前,本节先简要介绍二维傅里叶变换。

1.2.1 二维傅里叶变换定义及存在条件

若函数 $f(x,y)$ 在整个 $x-y$ 平面上绝对可积且满足狄里赫利条件,其傅里叶

变换定义为

$$F(f_x, f_y) = \iint_{-\infty}^{\infty} f(x,y) \exp[-j2\pi(f_x x + f_y y)] dx dy \qquad (1-2-1a)$$

记作 $\mathscr{F}\{f(x,y)\}$。式中，x、y、f_x、f_y 均为实变量，$f(x,y)$ 可为实函数，也可为复函数。$F(f_x, f_y)$ 是否复函数取决于 $f(x,y)$ 的性态。类似地，可以定义傅里叶逆变换为

$$f(x,y) = \iint_{-\infty}^{\infty} F(f_x, f_y) \exp[j2\pi(f_x x + f_y y)] df_x df_y \qquad (1-2-1b)$$

根据欧拉公式，$\exp[j2\pi(f_x x + f_y y)]$ 是频率为 f_x、f_y 的 x、y 的余（正）弦函数。式 (1-2-1b) 表示函数 $f(x,y)$ 是各种频率为 f_x、f_y 的 x、y 的余（正）弦函数的叠加，叠加时的权重因子是 $F(f_x, f_y)$。因此 $F(f_x, f_y)$ 常称为函数 $f(x,y)$ 的频谱。

傅里叶变换存在的充分条件有若干形式，绝对可积和狄里赫利条件是其中一种，后者可具体表述为："$f(x,y)$ 在任一有限矩形区域里，必须只有有限个间断点和有限个极大极小点，而且没有无穷大间断点"。这里不对傅里叶变换的存在条件进行深入的讨论，而只从应用的观点对它们作两点说明：

（1）在应用傅里叶变换的各个领域中的大量事实表明，作为时间或空间函数而实际存在的物理量，总具备傅里叶变换存在的基本条件。可以说，物理上的可能性是傅里叶变换存在的充分条件。因此，从应用角度来看，可以认为傅里叶变换总是存在的。

（2）在应用问题中，也常遇到一些理想化的函数，例如余（正）弦函数、阶跃函数以至最简单的常数等。它们都是光学中经常用到的，而且都不能满足傅里叶变换的存在条件，在物理上也不可能严格实现。对于这一类函数可以借助于函数序列极限的概念定义其广义傅里叶变换。将函数看做是某个可变换函数所组成的序列的极限，对序列中的每一个函数进行变换，组成一个变换式的序列。该函数的广义傅里叶变换定义为这个变换式序列的极限。这种广义傅里叶变换不仅在理论上可以自恰，应用时也能给出符合实际的结果。

可以认为，在本书中涉及的函数都存在相应的傅里叶变换，只是有狭义和广义的区别罢了。

一般的二维傅里叶变换是很复杂的，但如果函数 $f(x,y)$ 在直角坐标系中是可分离的，即

$$f(x,y) = f_x(x) \cdot f_y(y) \qquad (1-2-2)$$

这种可分离变量函数的二维傅里叶变换也是可分离的，它可以表示成两个一维傅里叶变换的乘积

$$\mathscr{F}\{f(x,y)\} = \mathscr{F}\{f_x(x)\} \mathscr{F}\{f_y(y)\} \qquad (1-2-3)$$

这一点可以直接利用一维和二维傅里叶变换定义进行证明。实际上,许多光学元器件能够用可分离变量函数表示,因此这一性质是很有用的。

1.2.2 极坐标下的二维傅里叶变换和傅里叶-贝塞尔变换

光学系统通常是以传播方向为光轴的轴对称系统。在垂直于光轴的物(像)平面、透镜平面、光瞳平面上放置的透镜、光瞳等元器件常常具有圆对称性。此时用极坐标比直角坐标更方便。假设 $x-y$ 平面上的极坐标为 (r,θ);f_x-f_y 平面上的极坐标为 (ρ,ϕ),则

$$\begin{cases} x = r\cos\theta \\ y = r\sin\theta \end{cases}, \quad \begin{cases} f_x = \rho\cos\phi \\ f_y = \rho\sin\phi \end{cases}$$

代入式(1-2-1a),得

$$F(\rho\cos\phi,\rho\sin\phi) = \int_0^\infty \int_0^{2\pi} f(r\cos\theta,r\sin\theta)\exp[-j2\pi\rho r\cos(\theta-\phi)]rdrd\theta$$

令

$$G(\rho,\phi) = F(\rho\cos\phi,\rho\sin\phi)$$
$$g(r,\theta) = f(r\cos\theta,r\sin\theta)$$

极坐标下的二维傅里叶变换的定义可一般地表示为

$$G(\rho,\phi) = \int_0^\infty \int_0^{2\pi} rg(r,\theta)\exp[-j2\pi\rho r\cos(\theta-\varphi)]drd\theta$$

$$(1-2-4a)$$

$$g(r,\theta) = \int_0^\infty \int_0^{2\pi} \rho G(\rho,\phi)\exp[j2\pi\rho r\cos(\theta-\varphi)]d\rho d\phi$$

$$(1-2-4b)$$

当函数 $f(x,y)$ 具有圆对称性时,可以表示成 $f(x,y) = g(r,\theta) = g(r)$。代入式(1-2-4a),得

$$G(\rho,\phi) = \int_0^\infty rg(r)\left\{\int_0^{2\pi}\exp[-j2\pi\rho r\cos(\theta-\varphi)]d\theta\right\}dr$$

利用贝塞尔函数关系式

$$\int_0^{2\pi}\exp[-ja\cos(\theta-\varphi)]d\theta = 2\pi J_0(a)$$

代换花括号中的积分,得到圆对称函数的傅里叶变换为

$$G(\rho) = 2\pi\int_0^\infty rg(r)J_0(2\pi\rho r)dr \qquad (1-2-5a)$$

类似地,可写出 $G(\rho)$ 的傅里叶逆变换

$$g(r) = 2\pi\int_0^\infty rG(\rho)J_0(2\pi\rho r)dr \qquad (1-2-5b)$$

式(1-2-5)表明,圆对称函数的傅里叶变换仍为圆对称函数,而且圆对称函

的傅里叶正变换与逆变换形式相同。以式(1-2-5)表示的傅里叶变换又称为傅里叶-贝塞尔变换。

1.2.3 虚、实、奇、偶函数傅里叶变换的性质

利用欧拉公式,可把式(1-2-1a)写成

$$F(f_x,f_y) = \iint_{-\infty}^{\infty} f(x,y)\exp[-j2\pi(f_x x + f_y y)]dxdy$$

$$= \iint_{-\infty}^{\infty} f(x,y)\cos 2\pi(f_x x + f_y y)dxdy - j\iint_{-\infty}^{\infty} f(x,y)\sin 2\pi(f_x x + f_y y)dxdy$$

如果

$$f(x,y) = f_r(x,y) + jf_i(x,y)$$

其中,$f_r(x,y)$和$f_i(x,y)$分别为复函数$f(x,y)$的实部和虚部,上式进一步化为

$$F(f_x,f_y) = \left[\iint_{-\infty}^{\infty} f_r(x,y)\cos 2\pi(f_x x + f_y y)dxdy + \iint_{-\infty}^{\infty} f_i(x,y)\sin 2\pi(f_x x + f_y y)dxdy\right]$$

$$+ j\left[\iint_{-\infty}^{\infty} f_i(x,y)\cos 2\pi(f_x x + f_y y)dxdy - \iint_{-\infty}^{\infty} f_r(x,y)\sin 2\pi(f_x x + f_y y)dxdy\right]$$

$$= R(f_x,f_y) + jI(f_x,f_y)$$

其中,$R(f_x,f_y)$和$I(f_x,f_y)$分别为复函数$F(f_x,f_y)$的实部和虚部。当$f(x,y)$具有下述特性时,上式还能进一步简化,其傅里叶变换也表现出相应的特殊性质:

(1) $f(x,y)$是实函数,即$f(x,y) = f_r(x,y)$时,有

$$R(f_x,f_y) = \iint_{-\infty}^{\infty} f_r(x,y)\cos 2\pi(f_x x + f_y y)dxdy$$

$$I(f_x,f_y) = -\iint_{-\infty}^{\infty} f_r(x,y)\sin 2\pi(f_x x + f_y y)dxdy$$

$R(f_x,f_y)$为偶函数,$I(f_x,f_y)$为奇函数,因而$F(f_x,f_y)$是厄米型函数,即

$$F(f_x,f_y) = F^*(-f_x,-f_y) \qquad (1-2-6)$$

(2) $f(x,y)$是实值偶函数,则

$$F(f_x,f_y) = 2\iint_{-\infty}^{\infty} f(x,y)\cos 2\pi(f_x x + f_y y)dxdy \qquad (1-2-7)$$

因为$F(f_x,f_y) = F(-f_x,-f_y)$,所以$F(f_x,f_y)$也是实值偶函数。

(3) $f(x,y)$是实值奇函数,则

$$F(f_x,f_y) = -j\iint_{0}^{\infty} f(x,y)\sin 2\pi(f_x x + f_y y)dxdy \qquad (1-2-8)$$

因为 $F(f_x,f_y) = -F(-f_x,-f_y)$，所以 $F(f_x,f_y)$ 是虚值奇函数。

显然，傅里叶变换不改变函数的奇偶性。

1.2.4 二维傅里叶变换定理

设函数 $g(x,y)$ 和 $h(x,y)$ 的傅里叶变换分别为 $G(f_x,f_y)$ 和 $H(f_x,f_y)$，则有以下定理：

(1) 线性定理

$$\mathscr{F}\{ag(x,y) + bh(x,y)\} = aG(f_x,f_y) + bH(f_x,f_y) \quad (1-2-9)$$

式中，a 和 b 是任意复常数，即两个函数线性组合的变换等于两个函数变换的线性组合。

(2) 相似性定理

$$\mathscr{F}\{g(ax,by)\} = \frac{1}{|ab|}G\left(\frac{f_x}{a},\frac{f_y}{b}\right) \quad (1-2-10)$$

即空域中坐标 (x,y) 的扩展，导致频域中坐标 (f_x,f_y) 的压缩以及频谱幅度的变化。

(3) 位移定理

$$\mathscr{F}\{g(x-a,y-b)\} = G(f_x,f_y)\exp[-j2\pi(f_x a + f_y b)]$$

$$(1-2-11)$$

即函数在空域中平移，带来频域中的线性相移。另一方面

$$\mathscr{F}\{g(x,y)\exp[j2\pi(f_a x + f_b y)]\} = G(f_x - f_a, f_y - f_b)$$

$$(1-2-12)$$

即函数在空域中的相移，会导致频谱的位移。

(4) 帕色伐(Parsaval)定理

$$\iint_{-\infty}^{\infty}|g(x,y)|^2 dxdy = \iint_{-\infty}^{\infty}|G(f_x,f_y)|^2 dxdy \quad (1-2-13)$$

若 $g(x,y)$ 表示一个实际的物理信号，$|G(f_x,f_y)|^2$ 通常称为信号的功率谱(有时是能量谱)。定理表明信号在空域的能量与其在频域的能量守恒。

(5) 卷积定理

函数 $g(x,y)$ 和 $h(x,y)$ 的卷积定义为

$$g(x,y) * h(x,y) = \iint_{-\infty}^{\infty} g(\xi,\eta)h(x-\xi,y-\eta)d\xi d\eta \quad (1-2-14)$$

则

$$\mathscr{F}\{g(x,y) * h(x,y)\} = G(f_x,f_y) \cdot H(f_x,f_y) \quad (1-2-15a)$$

即空间域中两个函数的卷积的傅里叶变换等于它们对应傅里叶变换的乘积。另

一方面有

$$\mathscr{F}\{g(x,y) \cdot h(x,y)\} = G(f_x,f_y) * H(f_x,f_y) \qquad (1-2-15b)$$

即空间域中两个函数的乘积的傅里叶变换等于它们对应傅里叶变换的卷积。卷积定理可以用来通过傅里叶变换方法求卷积或者通过卷积方法求傅里叶变换。

(6) 相关定理(维纳-辛钦定理)

两复函数 $g(x,y)$ 和 $h(x,y)$ 的互相关定义为

$$g(x,y) \star h(x,y) = \iint_{-\infty}^{\infty} g^*(x-\xi, y-\eta) h(\xi,\eta) \mathrm{d}\xi \mathrm{d}\eta \qquad (1-2-16)$$

显然两函数的互相关可以表达为卷积的形式,再利用卷积定理,可以得到

$$\mathscr{F}\{g(x,y) \star h(x,y)\} = G^*(f_x,f_y) \cdot H(f_x,f_y) \qquad (1-2-17)$$

式中,$G^*(f_x,f_y) \cdot H(f_x,f_y)$ 通常称为函数 $g(x,y)$ 和 $h(x,y)$ 的互谱密度,因此式(1-2-17)说明两函数的互相关与其互谱密度构成傅里叶变换对。这就是傅里叶变换的互相关定理。

函数与其自身的互相关称为自相关。在式(1-2-17)中,用 $g(x,y)$ 替换 $h(x,y)$ 可得自相关定理为

$$\mathscr{F}\{g(x,y) \star g(x,y)\} = |G(f_x,f_y)|^2 \qquad (1-2-18)$$

自相关定理表明一个函数的自相关与其功率谱构成傅里叶变换对。

(7) 傅里叶积分定理

在函数 $g(x,y)$ 的各个连续点上

$$\mathscr{F}^{-1}\mathscr{F}\{g(x,y)\} = \mathscr{F}\mathscr{F}^{-1}\{g(x,y)\} = g(x,y) \qquad (1-2-19)$$

$$\mathscr{F}\mathscr{F}\{g(x,y)\} = \mathscr{F}^{-1}\mathscr{F}^{-1}\{g(x,y)\} = g(-x,-y) \qquad (1-2-20)$$

即对函数相继进行正变换和逆变换,重新得到原函数;而对函数相继进行两次正变换或逆变换,得到原函数的"倒立像"。

(8) 导数定理

$$\mathscr{F}\{g^{(m,n)}(x,y)\} = (j2\pi f_x)^m (j2\pi f_y)^n G(f_x,f_y) \qquad (1-2-21)$$

$$\mathscr{F}\{x^m y^n g(x,y)\} = \left(\frac{j}{2\pi}\right)^m \left(\frac{j}{2\pi}\right)^n G^{(m,n)}(f_x,f_y) \qquad (1-2-22)$$

式中,$g^{(m,n)} = \dfrac{\partial^{m+n} g(x,y)}{\partial x^m \partial y^n}$,$G^{(m,n)}(f_x,f_y) = \dfrac{\partial^{m+n} G(f_x,f_y)}{\partial f_x^m \partial f_y^n}$。定理表明函数的微分的傅里叶变换可以转化为乘积运算。

1.2.5 常用二维傅里叶变换举例

在附录 B 中列出了常用傅里叶变换对,其中大部分是广义傅里叶变换。这里选择三个广义傅里叶变换对作为例子,用不同方法详加推导。

1. δ 函数

根据 δ 函数的筛选性质,有

$$\mathscr{F}\{\delta(x,y)\} = \iint_{-\infty}^{\infty} \delta(x,y)\exp[-j2\pi(f_x x + f_y y)]dxdy = e^0 = 1$$

另一方面,常数 1 可以看做矩形函数序列的极限

$$1 = g(f_x, f_y) = \lim_{\tau \to \infty} \text{rect}\left(\frac{f_x}{\tau}\right)\text{rect}\left(\frac{f_y}{\tau}\right)$$

而

$$\mathscr{F}\left\{\text{rect}\left(\frac{f_x}{\tau}\right)\text{rect}\left(\frac{f_y}{\tau}\right)\right\} = \tau^2 \text{sinc}(\tau x)\text{sinc}(\tau y)$$

根据广义傅里叶变换定义,有

$$\mathscr{F}\{g(f_x, f_y)\} = \lim_{\tau \to \infty}\tau^2 \text{sinc}(\tau x)\text{sinc}(\tau y) = \delta(x,y)$$

因此,$\delta(x,y)$ 和常数 1 互为傅里叶变换。

2. 二维梳状函数 $\text{comb}\left(\dfrac{x}{a}\right)\text{comb}\left(\dfrac{y}{b}\right)$

二维梳状(Comb)函数是可分离函数,它的二维傅里叶变换也是可分离的,可以化成两个一维梳状函数傅里叶变换的乘积。以下来计算一维梳状函数的傅里叶变换。一维梳状函数定义(参阅附录 B)为

$$\text{comb}(x) = \sum_{n=-\infty}^{\infty}\delta(x-n)$$

因此

$$\text{comb}\left(\frac{x}{a}\right) = \sum_{n=-\infty}^{\infty}\delta\left(\frac{x}{a}-n\right) = \sum_{n=-\infty}^{\infty}\delta\left[\frac{1}{a}(x-na)\right] = a\sum_{n=-\infty}^{\infty}\delta(x-na)$$

它是周期为 a(不失一般性,可以假设 $a>0$)的周期函数,可以展开为傅里叶级数

$$\text{comb}\left(\frac{x}{a}\right) = \sum_{n=-\infty}^{\infty}c_n\exp(j2\pi nx/a)$$

其中

$$c_0 = \frac{1}{a}\int_{-a/2}^{a/2}f(x)dx = \frac{1}{a}\int_{-a/2}^{a/2}a\sum_{n=-\infty}^{\infty}\delta(x-na)dx = \int_{-a/2}^{a/2}\delta(x)dx = 1$$

$$c_n = \frac{1}{a}\int_{-a/2}^{a/2}f(x)\exp(-j2\pi nx/a)dx = \frac{1}{a}\int_{-a/2}^{a/2}a\delta(x-na)\exp(-j2\pi nx/a)dx$$

$$= \int_{-a/2}^{a/2}\delta(x)\exp(-j2\pi nx/a)dx = 1$$

于是

$$\text{comb}\left(\frac{x}{a}\right) = \sum_{n=-\infty}^{\infty}\exp(j2\pi nx/a)$$

所以 $\mathrm{comb}\left(\dfrac{x}{a}\right)$ 的傅里叶变换为

$$\mathscr{F}\left\{\mathrm{comb}\left(\dfrac{x}{a}\right)\right\} = \sum_{n=-\infty}^{\infty} \mathscr{F}\{\exp(\mathrm{j}2\pi nx/a)\}$$

$$= \sum_{n=-\infty}^{\infty}\int_{-\infty}^{\infty} \exp(\mathrm{j}2\pi nx/a)\exp(-\mathrm{j}2\pi f_x x)\mathrm{d}x$$

$$= \sum_{n=-\infty}^{\infty} \delta\left(f_x - \dfrac{n}{a}\right) = a\sum_{n=-\infty}^{\infty}\delta(af_x - n) = a\,\mathrm{comb}(af_x)$$

若 $a=1$，则

$$\mathscr{F}\{\mathrm{comb}(x)\} = \mathrm{comb}(f_x)$$

3. 符号函数 sgn(x)

符号函数只是一维的，它可定义为下述函数序列的极限

$$f_n(x) = \begin{cases} -\mathrm{e}^{x/n} & x<0 \\ 0 & x=0 \\ \mathrm{e}^{-x/n} & x>0 \end{cases} \quad n=1,2,\cdots,\infty$$

容易看出

$$\mathrm{sgn}(x) = \lim_{n\to\infty} f_n(x) = \begin{cases} -1 & x<0 \\ 0 & x=0 \\ 1 & x>0 \end{cases}$$

$$\mathscr{F}_n(f_x) = \mathscr{F}\{f_n(x)\} = \int_{-\infty}^{0}(-\mathrm{e}^{x/n})\mathrm{e}^{-\mathrm{j}2\pi f_x x}\mathrm{d}x + \int_{0}^{\infty}\mathrm{e}^{-x/n}\mathrm{e}^{-\mathrm{j}2\pi f_x x}\mathrm{d}x$$

$$= \dfrac{-\mathrm{j}4\pi f_x}{\dfrac{1}{n^2}+(2\pi f_x)^2}$$

根据广义傅里叶变换定义，有

$$F(f_x) = \mathscr{F}\{\mathrm{sgn}(x)\} = \lim_{n\to\infty} F_n(f_x) = \begin{cases} -\dfrac{\mathrm{j}}{\pi f_x} & f_x\neq 0 \\ 0 & f_x=0 \end{cases}$$

1.3 二维线性不变系统

1.3.1 二维线性不变系统的定义

一个二维脉冲函数在输入面上位移时，线性系统的响应函数形式始终与在原点处输入的二维脉冲函数的响应函数形式相同，仅造成响应函数相应的位移，即

$$\mathscr{L}\{\delta(x_1-\xi_1,y_1-\eta_1)\}=h(x_2-\xi_2,y_2-\eta_2;0,0) \qquad (1-3-1)$$

这样的系统称为二维线性不变系统。其脉冲响应函数可表示为

$$h(x_2,y_2;\xi_2,\eta_2)=h(x_2-\xi_2,y_2-\eta_2)$$

显然不变线性系统的脉冲响应函数仅仅依赖于观察点与脉冲输入点坐标在 x、y 方向的相对间距 $(x_2-\xi_2)$ 和 $(y_2-\eta_2)$,与坐标的绝对数值无关。二维线性不变系统还常常称为(线性)空间不变系统。也就是说线性空间不变系统的输入与输出之间的变换形式是不随空间位置而变化的。图 1-3-1 中以一维函数为例表明了这一平移性质:输入位置的移动所引起的唯一效应是输出发生同样的位移。对于线性空间不变系统,若有

$$\mathscr{L}\{f(x_1,y_1)\}=g(x_2,y_2)$$

则有

$$\mathscr{L}\{f(x_1-\xi_1,y_1-\eta_1)\}=g(x_2-\xi_2,y_2-\eta_2)$$

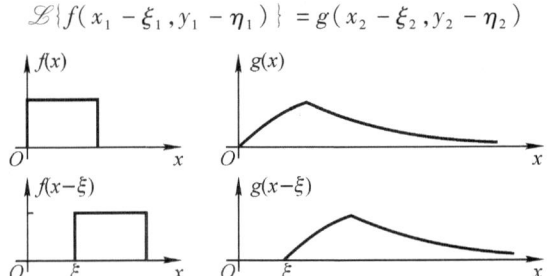

图 1-3-1 线性空间不变系统的输入-输出关系

式(1-1-5)表示的叠加积分变为

$$g(x_2,y_2)=\iint_{-\infty}^{\infty}f(\xi_2,\eta_2)h(x_2-\xi_2,y_2-\eta_2)\mathrm{d}\xi_2\mathrm{d}\eta_2$$
$$=f(x_2,y_2)*h(x_2,y_2)$$

式中,* 为卷积符号。对于物理的线性空间不变系统,输入面和输出面常常是不同的两个平面,需要建立两个坐标。但是从研究输入和输出之间关系的角度来看,输入和输出两种信号放在同一坐标系中是方便的,因此对输入面和输出面的坐标做归一化(不管两者是否表示同一种物理量),使得从数值上有 $x_1=x_2=x$ 和 $y_1=y_2=y$,脉冲响应函数变为

$$h(x,y;\xi,\eta)=h(x-\xi,y-\eta) \qquad (1-3-2)$$

叠加积分变为

$$g(x,y)=\iint_{-\infty}^{\infty}f(\xi,\eta)h(x-\xi,y-\eta)\mathrm{d}\xi\mathrm{d}\eta$$
$$=f(x,y)*h(x,y) \qquad (1-3-3)$$

即系统的输出是输入函数与脉冲响应函数的卷积,式(1-3-3)称为线性不变系统的"卷积积分"。

由式(1-3-2)和式(1-3-3)可以看出,任何线性空间不变系统的特性都可以用在原点处的脉冲响应函数表达。与叠加积分不同,卷积积分不仅形式上很简洁而且易于运算。在光学成像系统中,物面上的一个点光源通过系统后在像面上生成一个弥散的像点分布,而且在等晕区内这个分布不随点光源的位置发生变化。这时就可以把成像系统看做线性空间不变系统。对于光学成像系统的整个物面,一般不满足空间不变的要求,但我们仍然可以把物面划分为若干个等晕区,把每个等晕区当做线性空间不变系统处理。因此,对线性空间不变系统的讨论是有普遍意义的。

1.3.2 二维线性不变系统的传递函数

式(1-3-3)的卷积积分很容易联想到傅里叶变换的卷积定理。如果线性不变系统的输入是空域函数 $f(x,y)$,其傅里叶变换为

$$F(f_x,f_y) = \iint_{-\infty}^{\infty} f(x,y)\exp[-j2\pi(f_x x + f_y y)]dxdy \qquad (1-3-4)$$

式中,f_x、f_y 具有长度倒数的量纲。类似于时域函数的时间倒数称为频率,把长度倒数 f_x、f_y 称为空间频率,即在单位长度内周期函数变化的周期数(如:周期/mm)。傅里叶变换 $F(f_x,f_y)$ 则称为空间频谱函数。空域函数 $f(x,y)$ 可用 $F(f_x,f_y)$ 的傅里叶逆变换表示为

$$f(x,y) = \iint_{-\infty}^{\infty} F(f_x,f_y)\exp[j2\pi(f_x x + f_y y)]df_x df_y \qquad (1-3-5)$$

这个积分说明空域函数 $f(x,y)$ 可分解为具有不同空间频率 f_x、f_y 的基元函数 $\exp[j2\pi(f_x x + f_y y)]$ 的线性组合,$F(f_x,f_y)$ 就是这一线性组合中对应的基元函数的权重因子。$\exp[j2\pi(f_x x + f_y y)]$ 是除 δ 函数外的另一常用基元函数——复指数函数。复指数函数是周期函数,因此,傅里叶逆变换意味着一个空域信号可以由具有不同空间频率的周期性空域基元信号的组合而成,每一种参与组合的基元信号大小相位取决于空间频谱函数。

这里还需要强调的是,在式(1-3-5)中,空间频率的覆盖范围从 $-\infty \sim +\infty$,是没有限制的,因为对于非限带的任意二维函数傅里叶变换的结果,其空间频谱会分布在 $-\infty \sim +\infty$ 的整个二维频率空间。这和下一章将要介绍的平面波的空间频率有根本区别,后者的覆盖范围是有限的,因为平面波的空间频率要求物理上可实现,而式(1-3-5)中的空间频率仅仅是数学中傅里叶变换运算的结果,并没有要求变换结果产生的每一个频率分量都能够用物理上可以实现

的方法表示并进行传播。

回到式(1-3-3),如果

$$G(f_x,f_y) = \iint_{-\infty}^{\infty} g(x,y)\exp[-j2\pi(f_x x + f_y y)]\mathrm{d}x\mathrm{d}y \quad (1-3-6)$$

$$H(f_x,f_y) = \iint_{-\infty}^{\infty} h(x,y)\exp[-j2\pi(f_x x + f_y y)]\mathrm{d}x\mathrm{d}y \quad (1-3-7)$$

根据卷积定理,可得

$$G(f_x,f_y) = H(f_x,f_y)F(f_x,f_y) \quad (1-3-8)$$

$G(f_x,f_y)$是输出函数的傅里叶变换,而$H(f_x,f_y)$是脉冲响应函数的傅里叶变换。式(1-3-8)表明在频率域输出函数可以用输入函数傅里叶变换与脉冲响应函数傅里叶变换的乘积表达。由此可见,对线性不变系统可采用两种方法研究:一是在空域通过输入函数与脉冲响应函数的卷积求得输出函数;二是在空间频域求输入函数与脉冲响应函数频谱函数的乘积,再对该乘积做傅里叶逆变换求得输出函数。从表面上看,第二种方法要做正、逆两次变换和一次乘法运算,似乎比第一种方法麻烦。但是在一定条件下,一次卷积也可能比正、逆两次变换和一次乘法运算加在一起更费事。灵活利用傅里叶变换对偶表(参阅附录B)和傅里叶变换的各种性质,常常会使第二种方法不仅简单而且物理意义明晰。从频域考察线性不变系统有着很大的实用价值,也有重要的理论意义。

对系统作频谱分析,就是考察系统对于输入函数中不同频率的基元函数$\exp[j2\pi(f_x x + f_y y)]$的作用。这种作用应该表现为输出函数与输入函数中同一频率基元成分的权重的相对变化。因此,用输出函数与输入函数两者的频谱的比值$G(f_x,f_y)/F(f_x,f_y)$来表示系统的频率响应特性是合理的。由式(1-3-8)可知,该比值恰为系统的原点脉冲响应的频谱$H(f_x,f_y)$,即

$$H(f_x,f_y) = \frac{G(f_x,f_y)}{F(f_x,f_y)} \quad (1-3-9)$$

这就是说,原点脉冲响应的频谱可以表征系统对输入函数不同频率的基元成分的传递能力。所以,把$H(f_x,f_y)$称为线性不变系统的传递函数。

传递函数$H(f_x,f_y)$一般是复函数,其模的作用是改变输入函数各种频率基元成分的幅值大小,其辐角的作用是改变这些基元成分的初相位。输入函数中的任一频率的基元成分就是通过幅值和初相位的上述变化,形成系统的输出函数中同一频率的基元成分,这些基元成分线性叠加就合成输出函数。而传递函数的模称为振幅传递函数,传递函数的辐角称为相位传递函数。

1.3.3 线性不变系统的本征函数

如果函数$f(x,y)$满足以下条件

$$\mathscr{L}\{f(x,y)\} = af(x,y) \qquad (1-3-10)$$

式中，a 为一复常数，则称 $f(x,y)$ 为算符 $\mathscr{L}\{\ \}$ 所表征的系统的本征函数。这就是说，系统的本征函数是一个特定的输入函数，它相应的输出函数与它之间的差别仅仅是一个复常系数。前面讲的基元函数——复指数函数 $\exp[\mathrm{j}2\pi(f_a x + f_b y)]$ 就是线性不变系统的本征函数。将其输入到线性不变系统之中，即代入卷积式 $(1-3-3)$，不难证明它满足条件式 $(1-3-10)$

$$\begin{aligned}
g(x,y) &= \iint_{-\infty}^{\infty} \exp[\mathrm{j}2\pi(f_a\xi + f_b\eta)] h(x-\xi, y-\eta) \mathrm{d}\xi \mathrm{d}\eta \\
&= \exp[\mathrm{j}2\pi(f_a x + f_b y)] \iint_{-\infty}^{\infty} h(\xi', \eta') \exp[-\mathrm{j}2\pi(f_a\xi' + f_b\eta')] \mathrm{d}\xi' \mathrm{d}\eta' \\
&= H(f_a, f_b) \exp[\mathrm{j}2\pi(f_a x + f_b y)]
\end{aligned}$$

对于给定的 f_a、f_b，式中的 $H(f_a, f_b)$ 是一个复常数。这说明输出函数与输入函数之间的差别的确仅是一个复常系数，因而 $\exp[\mathrm{j}2\pi(f_a x + f_b y)]$ 是线性不变系统的本征函数（如图 $1-3-2$ 所示）。无论脉冲响应函数是什么形式，与它卷积的本征函数得到的结果的函数形式一定还是本征函数，这确实是很有意义的性质。

图 $1-3-2$ 线性空间不变系统的本征函数

下面再讨论一类特殊的线性空间不变系统，其脉冲响应是实函数，可以把一个实值输入变换为一个实值输出。这种系统也是一种常见的线性系统，如一般非相干成像系统。实函数的傅里叶变换是厄米型函数 [参阅式 $(1-2-6)$]，即有

$$H(f_x, f_y) = H^*(-f_x, -f_y) \qquad (1-3-11)$$

若用 $A(f_x, f_y)$ 和 $\phi(f_x, f_y)$ 分别表示传递函数的模和辐角，于是

$$H(f_x, f_y) = A(f_x, f_y) \exp[-\mathrm{j}\phi(f_x, f_y)] \qquad (1-3-12)$$

而

$$H^*(-f_x, -f_y) = A(-f_x, -f_y) \exp[\mathrm{j}\phi(-f_x, -f_y)] \qquad (1-3-13)$$

因此

$$A(f_x, f_y) \exp[-\mathrm{j}\phi(f_x, f_y)] = A(-f_x, -f_y) \exp[\mathrm{j}\phi(-f_x, -f_y)]$$

上式成立的条件是振幅与相位分别相等

$$A(f_x, f_y) = A(-f_x, -f_y) \qquad (1-3-14\mathrm{a})$$
$$-\phi(f_x, f_y) = \phi(-f_x, -f_y) \qquad (1-3-14\mathrm{b})$$

即振幅传递函数是偶函数，相位传递函数是奇函数。

下面来证明余弦函数或正弦函数是这类系统的本征函数。令输入函数为
$$f(x,y) = \cos 2\pi(f_a x + f_b y) \quad (1-3-15)$$
输入函数频谱为
$$F(f_x, f_y) = \frac{1}{2}[\delta(f_x - f_a, f_y - f_b) + \delta(f_x + f_a, f_y + f_b)] \quad (1-3-16)$$
该线性不变系统输出函数频谱为
$$G(f_x, f_y) = H(f_x, f_y) F(f_x, f_y)$$
$$= \frac{1}{2}[H(f_a, f_b)\delta(f_x - f_a, f_y - f_b) + H(-f_a, -f_b)\delta(f_x + f_a, f_y + f_b)]$$
$$(1-3-17)$$
系统输出函数为
$$g(x, y) = \mathscr{F}^{-1}\{G(f_x, f_y)\}$$
$$= \frac{1}{2} H(f_a, f_b) \exp[j2\pi(f_a x + f_b y)]$$
$$+ \frac{1}{2} H(-f_a, -f_b) \exp[-j2\pi(f_a x + f_b y)]$$
$$= \frac{1}{2} A(f_a, f_b) \exp[j2\pi(f_a x + f_b y) - j\phi(f_a, f_b)]$$
$$+ \frac{1}{2} A(-f_a, -f_b) \exp[-j2\pi(f_a x + f_b y) + j\phi(f_a, f_b)]$$
$$= A(f_a, f_b) \cos[2\pi(f_a x + f_b y) - \phi(f_a, f_b)]$$
也就是说
$$\mathscr{L}\{\cos 2\pi(f_a x + f_b y)\} = A(f_a, f_b) \cos[2\pi(f_a x + f_b y) - \phi(f_a, f_b)]$$
由于频率可以是任意实常数，上式可改写为
$$\mathscr{L}\{\cos 2\pi(f_x x + f_y y)\} = A(f_x, f_y) \cos[2\pi(f_x x + f_y y) - \phi(f_x, f_y)]$$
$$(1-3-18)$$
上式表明，对于脉冲响应是实函数的线性空间不变系统，余弦输入将产生同频率的余弦输出，但可能产生与频率有关的振幅衰减和相位移动，其大小决定于传递函数的模和辐角。非相干光学成像系统的脉冲响应是实函数，对这一类线性空间不变系统的分析是建立光学传递函数理论的基础。

1.3.4 级联系统

图 1-3-3 中表示的是两个级联在一起的线性空间不变系统。前一系统的输出恰是后一系统的输入。对于总的系统，$f_1(x,y)$ 和 $g_2(x,y)$ 分别是其输入和输出。由于
$$f_2(x,y) = g_1(x,y) = f_1(x,y) * h_1(x,y)$$
$$g_2(x,y) = f_2(x,y) * h_2(x,y)$$
式中，$h_1(x,y)$ 和 $h_2(x,y)$ 分别为级联的两个系统的脉冲响应。前式代入后式，

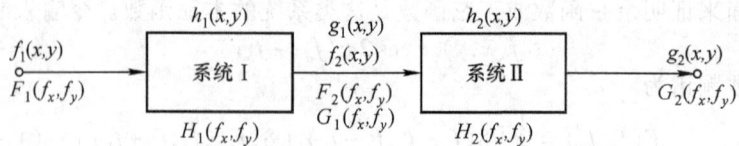

图 1-3-3 级联的两个线性不变系统

并利用卷积的结合律,有
$$g_2(x,y) = [f_1(x,y) * h_1(x,y)] * h_2(x,y)$$
$$= f_1(x,y) * [h_1(x,y) * h_2(x,y)] \quad (1-3-19)$$

这表明总的系统仍然是线性空间不变系统,总的脉冲响应为
$$h(x,y) = h_1(x,y) * h_2(x,y) \quad (1-3-20)$$

如果用 $H_1(f_x,f_y)$ 和 $H_2(f_x,f_y)$ 分别表示级联的两个系统的传递函数,总的系统的传递函数可以表示为
$$H(f_x,f_y) = H_1(f_x,f_y) \cdot H_2(f_x,f_y) \quad (1-3-21)$$

若 $F_1(f_x,f_y)$ 为系统输入频谱,最后的系统输出频谱为
$$G_2(f_x,f_y) = F_1(f_x,f_y) \cdot H(f_x,f_y)$$
$$= F_1(f_x,f_y) \cdot [H_1(f_x,f_y) \cdot H_2(f_x,f_y)] \quad (1-3-22)$$

把这一结果推广到 n 个线性空间不变系统级联的情况,总的等效系统的脉冲响应和传递函数分别为
$$h(x,y) = h_1(x,y) * h_2(x,y) * \cdots * h_n(x,y) \quad (1-3-23)$$
$$H(f_x,f_y) = H_1(f_x,f_y) \cdot H_2(f_x,f_y) \cdot \cdots \cdot H_n(f_x,f_y) \quad (1-3-24)$$

由于卷积与乘法运算都符合交换律与结合律,计算的顺序可随意按方便来确定。用模和辐角表示传递函数时还可以进一步得到振幅传递函数和相位传递函数的如下关系
$$A(f_x,f_y) = A_1(f_x,f_y) \cdot A_2(f_x,f_y) \cdots A_n(f_x,f_y) \quad (1-3-25)$$
$$\phi(f_x,f_y) = \phi_1(f_x,f_y) + \phi_2(f_x,f_y) + \cdots + \phi_n(f_x,f_y) \quad (1-3-26)$$

级联系统总的传递函数满足相乘律,简单地说,是各子系统传递函数的乘积,这为分析复杂系统提供了很大的方便。一个复杂的物理过程常常由许多环节构成,这许多环节在大多数情况下会构成一个级联系统。如果每个系统都是线性空间不变系统,单独确定每一个系统的传递函数后,总的系统的传递函数做一下乘法和加法就可以得到,系统的特性很容易掌握。复杂光学系统或者说光学链就是这种情况。

1.4 抽样定理

实际的宏观物理过程都是连续变化的,物理量的空间分布也是连续变化的。

在对随时间或空间变化的物理量进行检测、记录、存储、处理和传送时,常常并不能够用连续方式进行。在今天的数字时代,以往用模拟方式连续进行的信息检测、记录、存储、处理和传送也被数字方式所取代。连续变化的物理量要用它的一些离散分布的抽样值来表示,而且这些抽样值的表达方式也是离散的。例如,现今广泛使用的CCD摄像机记录连续变化的图像时,每秒只记录30幅图像,表达每幅图像所用的抽样点数由CCD的像素数所限制。那么这些离散的数字表示的物理量的含义或者说包含的信息量与原先的连续变化的物理量是否相同呢?换句话说,是否可以由这些抽样值恢复一个连续的原函数?这是一个必须回答的问题。研究信息论的先驱香农指出,对于限带函数,答案是肯定的。它涉及的数学基础则是惠特克发表的用插值理论展开函数的方法。这一节讨论的就是惠特克-香农(Whittaker-Shannon)抽样定理的二维形式。

1.4.1 函数的抽样

首先来建立对连续变化的物理量进行抽样的数学模型。最简单的抽样方法是用二维梳状函数与被抽样的函数相乘。如果被抽样的函数为$g(x,y)$,抽样函数$g_s(x,y)$可表示为

$$g_s(x,y) = \mathrm{comb}\left(\frac{x}{X}\right)\mathrm{comb}\left(\frac{y}{Y}\right)g(x,y) \tag{1-4-1}$$

梳状函数是δ函数的集合(参见附录A和B),它与任何函数的乘积就是无数分布在x-y平面上在x、y两方向上间距为X和Y的δ函数(如图1-4-1所示)与该函数的乘积。根据δ函数的性质(参见附录A),任何函数与δ函数相乘的结果仍然是δ函数,只是δ函数的"大小"要被该函数在δ函数位置上的函数值所调制。换句话说,每个δ函数下的体积正比于该点g函数的数值。利用卷积定理和梳状函数的傅里叶变换,可计算抽样函数$g_s(x,y)$的频谱$G_s(f_x,f_y)$如下

$$\begin{aligned}G_s(f_x,f_y) &= \mathscr{F}\left\{\mathrm{comb}\left(\frac{x}{X}\right)\mathrm{comb}\left(\frac{y}{Y}\right)\right\} * G(f_x,f_y) \\ &= XY\mathrm{comb}(Xf_x)\mathrm{comb}(Yf_y) * G(f_x,f_y) \\ &= \sum_{n=-\infty}^{\infty}\sum_{m=-\infty}^{\infty}\delta\left(f_x-\frac{n}{X},f_y-\frac{m}{Y}\right) * G(f_x,f_y) \\ &= \sum_{n=-\infty}^{\infty}\sum_{m=-\infty}^{\infty}G\left(f_x-\frac{n}{X},f_y-\frac{m}{Y}\right)\end{aligned} \tag{1-4-2}$$

这一结果说明空间域上对函数g的抽样,导致函数频谱G周期性复现在频率平面上的$\left(\frac{n}{X},\frac{m}{Y}\right)$点为中心的位置上(如图1-4-2所示)。

假如函数$g(x,y)$是限带函数,即它的频谱仅在频率平面上一个有限区域内不为零。若包围该区域的最小矩形在f_x和f_y方向上的宽度分别为$2B_x$和$2B_y$,

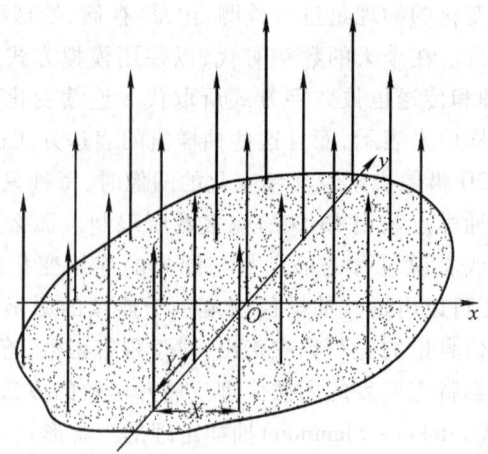

图 1-4-1 抽样函数

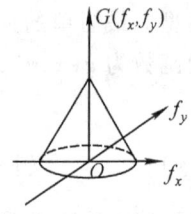
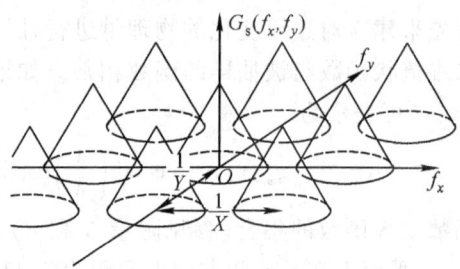

(a) 原来函数的频谱　　　　　　(b) 抽样函数的频谱

图 1-4-2 函数频谱

则欲使 $G_s(f_x,f_y)$ 中周期性复现的函数频谱 G 不会相互混叠,必须使

$$\frac{1}{X} \geq 2B_x, \text{并且} \frac{1}{Y} \geq 2B_y$$

或者说抽样间隔必须满足

$$X \leq \frac{1}{2B_x}, \text{并且} Y \leq \frac{1}{2B_y} \qquad (1-4-3)$$

这时就可以用滤波的方法,从抽样函数的频谱 $G_s(f_x,f_y)$ 抽取出原来函数的频谱 $G(f_x,f_y)$,再由 $G(f_x,f_y)$ 恢复原函数。式(1-4-3)表示的两方向上的最大抽样间距 $\frac{1}{2B_x}$ 和 $\frac{1}{2B_y}$ 通常称为奈奎斯特(Nyquist)抽样间隔。

1.4.2 原函数的复原

原函数的复原首先要恢复其频谱。在满足式(1-4-3)的情况下,只要用

宽度分别为 $2B_x$ 和 $2B_y$ 的位于原点的矩形函数去乘抽样函数的频谱 $G_s(f_x,f_y)$，就可得到原来函数的频谱。在频率域进行的这种操作去掉了部分频谱成分，常常称为"滤波"。进而对原函数频谱作傅里叶逆变换就可得到原函数。按照这个思路，来计算用抽样函数值表示的原函数。

用频域中宽度 $2B_x$ 和 $2B_y$ 的位于原点的矩形函数作为滤波函数

$$H(f_x,f_y) = \text{rect}\left(\frac{f_x}{2B_x}\right)\text{rect}\left(\frac{f_y}{2B_y}\right) \quad (1-4-4)$$

滤波过程可写为

$$G_s(f_x,f_y)\text{rect}\left(\frac{f_x}{2B_x}\right)\text{rect}\left(\frac{f_y}{2B_y}\right) = G(f_x,f_y) \quad (1-4-5)$$

根据卷积定理，在空间域得到

$$g_s(x,y) * h(x,y) = g(x,y) \quad (1-4-6)$$

式中

$$g_s(x,y) = \text{comb}\left(\frac{x}{X}\right)\text{comb}\left(\frac{y}{Y}\right)g(x,y)$$

$$= XY\sum_{n=-\infty}^{\infty}\sum_{m=-\infty}^{\infty}g(nX,mY)\delta(x-nX,y-mY)$$

$$h(x,y) = \mathscr{F}\left\{\text{rect}\left(\frac{f_x}{2B_x}\right)\text{rect}\left(\frac{f_y}{2B_y}\right)\right\} = 4B_xB_y\text{sinc}(2B_xx)\text{sinc}(2B_yy)$$

将其代入式(1-4-6)，得到

$$g(x,y) = 4B_xB_yXY\sum_{n=-\infty}^{\infty}\sum_{m=-\infty}^{\infty}g(nX,mY)\text{sinc}[2B_x(x-nX)]\text{sinc}[2B_y(y-mY)]$$

$$(1-4-7)$$

若取最大允许的抽样间隔，即 $X = \frac{1}{2B_x}$，并且 $Y = \frac{1}{2B_y}$，则

$$g(x,y) = \sum_{n=-\infty}^{\infty}\sum_{m=-\infty}^{\infty}g\left(\frac{n}{2B_x},\frac{m}{2B_y}\right)\text{sinc}\left[2B_x\left(x-\frac{n}{2B_x}\right)\right]\text{sinc}\left[2B_y\left(y-\frac{m}{2B_y}\right)\right]$$

$$(1-4-8)$$

至此用抽样函数值表示的原函数计算了出来。有趣的是在这个表达式中出现了 sinc 函数，对初学者有些意外，这是因为选取矩形函数为滤波函数造成的，另外的滤波函数会产生其他插值函数。实际上式(1-4-7)和式(1-4-8)两个公式都是插值公式。抽样定理公式就是由抽样点函数值计算在抽样点之间所不知道的非抽样点函数值，在数学上就是插值公式。抽样定理的重要意义在于它表明，准确的插值是存在的。也就是说，由插值准确恢复原函数可以在一定条件下实现。一个连续的限带函数可以由其离散的抽样序列代替，而不丢失任何信息。图1-4-3用一维函数的有关图像表明了函数抽样和还原的过程及其在频域发生的相应变化。

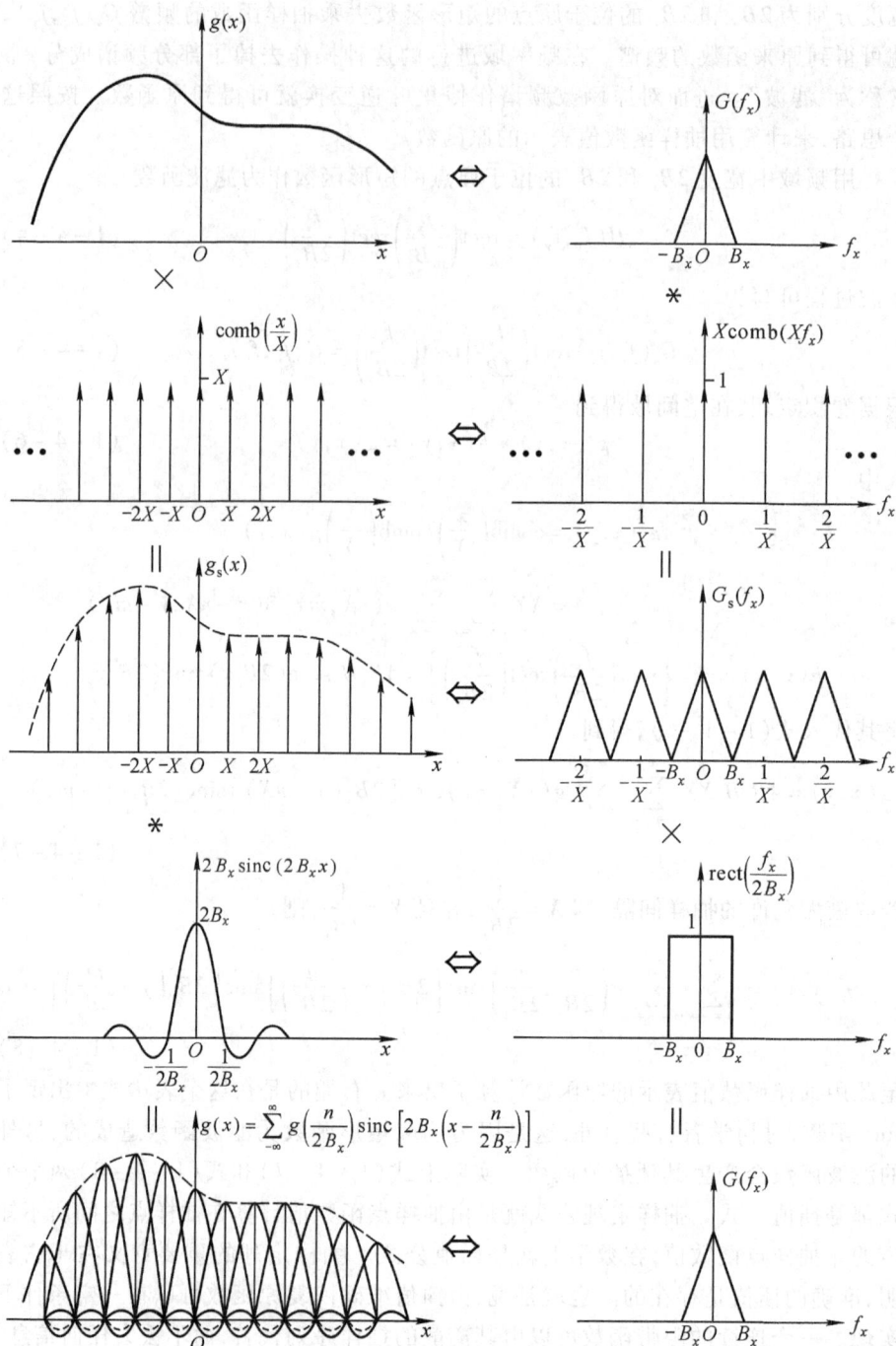

图 1-4-3 推导抽样定理的图解分析

严格说来,频带有限的函数在物理上并不存在。任何在空域上分布在有限范围内的信号(函数)的频谱在频域的分布都是无限的。但是这些函数的频谱随着频率提高,到一定程度后总会大大减小。实际应用时,可以把它们近似看做限带函数,而忽略高频分量引起的误差。

1.4.3 空间-带宽积

若限带函数 $g(x,y)$ 在频域中 $|f_x| \leq B_x$、$|f_y| \leq B_y$ 以外恒为零,根据抽样定理,函数在空域中 $|x| \leq X$、$|y| \leq Y$ 的范围内抽样数至少为

$$\left(\frac{2X}{1/(2B_x)}\right)\left(\frac{2Y}{1/(2B_y)}\right) = (4XY)(4B_xB_y) = 16XYB_xB_y$$

式中,$4XY$ 表示函数在空域覆盖的面积;$4B_xB_y$ 表示函数在频域中覆盖的面积。在该区域的函数可由数目为 $16XYB_xB_y$ 的抽样值来近似表示。之所以是"近似"的,是因为准确地恢复该区域的任意点的函数值需要整个空域上的所有抽样值才能完成插值的计算。但是,因为 sinc 函数衰减很快,离被恢复点一定距离的抽样点的贡献已几乎为零,用 $16XYB_xB_y$ 个抽样值来近似恢复该区域的任意点的函数值是合理的。

空间-带宽积 SW 就定义为函数在空域和频域中所占有的面积之积

$$SW = 16XYB_xB_y \tag{1-4-9}$$

它不仅用来描述空间信号(如图像,场分布)的信息量,也可用来描述成像系统、光学信息处理系统的信息容量,即传递与处理信息的能力。

对于一个二维函数,如图像,空间带宽积 SW 决定了最低必须分辨的像素数及表达它需要的自由度或自由参数数目 N。当 $g(x,y)$ 是实函数,每一个抽样值为一个实数,自由度为

$$N = SW = 16XYB_xB_y$$

当 $g(x,y)$ 是复函数,每一个抽样值为一个复数,要由两个实数表示。自由度增大一倍,为

$$N = SW = 32XYB_xB_y \tag{1-4-10}$$

当函数(图像)在空间位移或产生频移时,空间带宽积 SW 不变。当函数(图像)放大缩小时,空间带宽积 SW 也不变。所以,假如没有外部因素的影响,物体的空间带宽积具有不变性。当图像信息经由系统传递或处理时,为了不丢失信息,系统的空间-带宽积应大于图像的空间带宽积。

习 题

1.1 已知线性不变系统的输入为

$$g(x) = \text{comb}(x)$$

系统的传递函数为三角形函数 $\Lambda\left(\dfrac{f}{b}\right)$。若 b 取：(1) $b = 0.5$；(2) $b = 1.5$，求系统的输出 $g'(x)$。并画出输出函数及其频谱的图形。

1.2 若限带函数 $f(x,y)$ 的傅里叶变换在长度 L 为宽度 W 的矩形之外恒为零，则

(1) 如果 $|a| < \dfrac{1}{L}$，$|b| < \dfrac{1}{W}$，试证明

$$\dfrac{1}{|ab|}\text{sinc}\left(\dfrac{x}{a}\right)\text{sinc}\left(\dfrac{y}{b}\right) * f(x,y) = f(x,y)$$

(2) 如果 $|a| > \dfrac{1}{L}$，$|b| > \dfrac{1}{W}$，还能得出以上结论吗？

1.3 对一个线性空间不变系统，脉冲响应为

$$h(x,y) = 7\text{sinc}(7x)\delta(y)$$

试用频域方法对下面每一个输入 $f_i(x,y)$，求其输出 $g_i(x,y)$。（必要时，可取合理近似）

(1) $f_1(x,y) = \cos 4\pi x$

(2) $f_2(x,y) = \cos(4\pi x)\text{rect}\left(\dfrac{x}{75}\right)\text{rect}\left(\dfrac{y}{75}\right)$

(3) $f_3(x,y) = [1 + \cos(8\pi x)]\text{rect}\left(\dfrac{x}{75}\right)$

(4) $f_4(x,y) = \text{comb}(x) * (\text{rect}(2x)\text{rect}(2y))$

1.4 给定一个线性不变系统，输入函数为有限延伸的三角波

$$g_i(x) = \left[\dfrac{1}{3}\text{comb}\left(\dfrac{x}{3}\right)\text{rect}\left(\dfrac{x}{50}\right)\right] * \Lambda(x)$$

对下述传递函数利用图解方法确定系统的输出。

(1) $H(f) = \text{rect}\left(\dfrac{f}{2}\right)$

(2) $H(f) = \text{rect}\left(\dfrac{f}{4}\right) - \text{rect}\left(\dfrac{f}{2}\right)$

1.5 若对二维函数 $h(x,y) = a\text{sinc}^2(ax)$ 抽样，求允许的最大抽样间隔并对具体抽样方法进行说明。

1.6 若只能用 $a \times b$ 表示的有限区域上的脉冲点阵对函数进行抽样，即

$$g_s(x,y) = g(x,y)\left[\text{comb}\left(\dfrac{x}{X}\right)\text{comb}\left(\dfrac{y}{Y}\right)\right]\text{rect}\left(\dfrac{x}{a}\right)\text{rect}\left(\dfrac{y}{b}\right)$$

试说明，即使采用奈奎斯特间隔抽样，也不能用一个理想低通滤波器精确恢

复 $g(x,y)$。

1.7 若二维线性不变系统的输入是"线脉冲"$f(x,y) = \delta(x)$，系统对线脉冲的输出响应称为线响应 $L(x)$。如果系统的传递函数为 $H(f_x,f_y)$，证明：线响应的一维傅里叶变换等于系统传递函数沿 f_x 轴的截面分布 $H(f_x,0)$。

1.8 如果一个线性空间不变系统的传递函数在频域的区间 $|f_x| \leq B_x$，$|f_y| \leq B_y$ 之外恒为零，系统输入为非限带函数 $g_0(x,y)$，输出为 $g'(x,y)$。试证明：存在一个由脉冲的方形阵列构成的抽样函数 $g_0'(x,y)$，它作为等效输入，可产生相同的输出 $g'(x,y)$，并请确定 $g_0'(x,y)$。

第2章 标量衍射的角谱理论

光的传播是光学研究的基本问题之一,也是光能够记录、存储、处理和传送信息的基础。众所周知,几何光学的基本定律——光沿直线传播,是光的波动理论的近似。作为电磁波的光的传播要用衍射理论才能准确说明。衍射,按照索末菲定义是"不能用反射或折射来解释的光线对直线光路的任何偏离"。衍射是波动传播过程的普遍属性,是光具有波动性的表现。电磁波是矢量波,精确解决光的衍射问题,必须考虑光波的矢量性。用矢量波处理衍射过程非常复杂,这是因为电磁场矢量的各个分量通过麦克斯韦方程联系在一起,不能单独处理。但是在光的干涉、衍射等许多现象中,只要满足:

(1) 衍射孔径比波长大很多。

(2) 观察点离衍射孔不太靠近,不考虑电磁场矢量的各个分量之间的联系,把光作为标量处理的结果与实际极其接近。

在本书涉及的情况下这些条件基本上是满足的,因此只讨论光的标量衍射理论。

经典的标量衍射理论最初是1678年惠更斯提出的。他设想波动所到达的面上每一点是次级子波源,每一个次级波源发出的次级球面波向四面八方扩展,所有这些次级波的包络面形成新的波前。1818年菲涅耳引入干涉的概念补充了惠更斯原理,考虑到子波源是相干的,认为空间光场是子波干涉的结果。而后1882年基尔霍夫利用格林定理,采用球面波作为求解波动方程的格林函数,导出了严格的标量衍射公式。在基尔霍夫衍射理论中,球面波是传播过程的基元函数。由于任意光波场可以展开为平面波的叠加,因此用平面波作为基元函数也可以来描述衍射现象,这就是研究衍射的角谱方法。光学课程中已经由基尔霍夫公式出发详细讨论了菲涅耳衍射公式,本章将采用平面波角谱理论导出同样的衍射公式,说明光的传播过程作为线性系统用频谱(角谱)方法在频域中分析,与用脉冲响应(点光源传播)方法在空域中分析是等价的。其中将重点介绍光场的空间频率以及局域空间频率的概念,并用角谱方法讨论菲涅耳衍射和夫琅禾费衍射。最后,本章还要介绍分数傅里叶变换以及用分数傅里叶变换来表示菲涅耳衍射的优越性。

2.1 光波的数学描述

作为电磁场的基本理论,麦克斯韦方程组描述了电场和磁场在各向同性介

质中的传播特性。同时作为空间和时间函数的电场或磁场分量 u，在任一空间无源点上满足标量波动方程

$$\nabla^2 u - \frac{1}{v^2}\frac{\partial^2}{\partial t^2}u = 0 \qquad (2-1-1)$$

式中

$$\nabla^2 = \frac{\partial^2}{\partial x^2} + \frac{\partial^2}{\partial y^2} + \frac{\partial^2}{\partial z^2}$$

是拉普拉斯算符，电磁场在介质中传播速度 $v = 1/\sqrt{\varepsilon\mu}$，而 ε、μ 为介质的介电系数和磁导率。如在真空中的传播，则速度为真空光速 $v = 1/\sqrt{\varepsilon_0\mu_0}$，式中 ε_0、μ_0 为真空中的介电系数和磁导率。

式(2-1-1)是线性的，也就是说满足该方程的基本解的线性组合都是方程的解。可以证明，球面波和平面波都是波动方程的基本解。任何复杂的波都可以用球面波和平面波的线性组合表示，也都是满足波动方程的解。

2.1.1 光振动的复振幅和亥姆霍兹方程

取最简单的简谐振动作为波动方程的特解，单色光场中某点 P 在时刻 t 的光振动可表示成

$$u(P,t) = a(P)\cos[2\pi\nu t - \phi(P)] \qquad (2-1-2)$$

式中，ν 是光波的时间频率；$a(P)$ 和 $\phi(P)$ 分别是 $P(x,y,z)$ 点光振动的振幅和初相位。为将相位中由空间位置确定的部分 $\phi(P)$ 和由时间变量决定的部分 $2\pi\nu t$ 分开，用复指数函数表示光振动是方便的。这样一来，式(2-1-2)变成

$$\begin{aligned}u(P,t) &= \mathrm{Re}\{a(P)\mathrm{e}^{-\mathrm{j}[2\pi\nu t - \phi(P)]}\} \\ &= \mathrm{Re}\{a(P)\mathrm{e}^{\mathrm{j}\phi(P)}\mathrm{e}^{-\mathrm{j}2\pi\nu t}\}\end{aligned} \qquad (2-1-3)$$

式中符号 $\mathrm{Re}\{\ \}$ 表示对括号内的复函数取实部。将花括号内的由空间位置确定的部分合在一起定义成一个物理量

$$U(P) = a(P)\exp[\mathrm{j}\phi(P)] \qquad (2-1-4)$$

$U(P)$ 称为单色光场中 P 点的复振幅。它包含了 P 点光振动的振幅 $a(P)$ 和初相位 $\phi(P)$，仅仅是位置坐标的复值函数，与时间无关。利用复振幅 $U(P)$，光振动可改写为

$$u(P,t) = \mathrm{Re}\{U(P)\exp(-\mathrm{j}2\pi\nu t)\} \qquad (2-1-5)$$

光振动的强度是其振幅 $a(P)$ 的平方，因而光强可用复振幅表示成

$$I(P) = |U(P)|^2 = UU^* \qquad (2-1-6)$$

在仅涉及满足叠加原理的线性运算（加、减、积分和微分等）时，可用复指数函数替代表示光振动的余弦函数形式。在运算的任何一个阶段对复指数函数取实部，与直接用余弦函数进行运算在同一个阶段得到的结果是相同的。故可将

式(2-1-5)左边花括号中的部分代入式(2-1-1),波动方程化简为
$$(\nabla^2 + k^2)U = 0 \qquad (2-1-7)$$
其中,k 称为波数,表示单位长度上产生的相位变化,定义为
$$k = 2\pi\frac{\nu}{v} = \frac{2\pi}{\lambda} \qquad (2-1-8)$$
式(2-1-7)称为亥姆霍兹方程,是不含时间的偏微分方程。在自由空间传播的任何单色光扰动的复振幅都必须满足这个不含时间的波动方程。这也就意味着,可以用不含时间变量的复振幅分布完善地描述单色光波场。

2.1.2 球面波的复振幅表示

球面波是波动方程的基本解。从点光源发出的光波,在各向同性介质中传播时形成球形的波面,称为球面波。一个复杂的光源常常可以看做是许多点光源的集合,它所发出的光波就是球面波的叠加。这些点光源互不相干时是光强相加,相干时则是复振幅相加。因此研究球面波的复振幅表示是很重要的。球面波的等相位面是一组同心球面,每个点上的振幅与该点到球心的距离成反比。当直角坐标的原点与球面波中心重合时,单色发散球面波在光场中任何一点产生的复振幅可写作
$$U(P) = \frac{a_0}{r}e^{jkr} \qquad (2-1-9)$$
式中,r 为观察点 $P(x,y,z)$ 离开点光源的距离,$r = (x^2+y^2+z^2)^{\frac{1}{2}}$;$a_0$ 为离开点光源单位距离处的振幅。对于会聚球面波,则有
$$U(P) = \frac{a_0}{r}e^{-jkr} \qquad (2-1-10)$$
当点光源或会聚点位于空间任意一点 $S(x_0,y_0,z_0)$(如图 2-1-1 所示)时,有
$$r = [(x-x_0)^2 + (y-y_0)^2 + (z-z_0)^2]^{\frac{1}{2}} \qquad (2-1-11)$$
光学问题中所关心的常常是某个选定平面上的光场分布。例如,衍射场中的孔径平面和观察平面,成像系统中的物面和像面等。因而要用到光波包括球面波在某一特定平面上产生的复振幅分布。在图 2-1-1 中,点光源位于 x_0-y_0 平面上 $S(x_0,y_0,z_0)$ 点,考察与其相距 $z(z>0)$ 的 x-y 平面上的光场分布。r 可写为
$$r = [z^2 + (x-x_0)^2 + (y-y_0)^2]^{\frac{1}{2}} = z\left[1 + \frac{(x-x_0)^2 + (y-y_0)^2}{z^2}\right]^{\frac{1}{2}}$$
$$(2-1-12)$$
当 x-y 平面上只考虑一个对 S 点张角不大的区域时,有

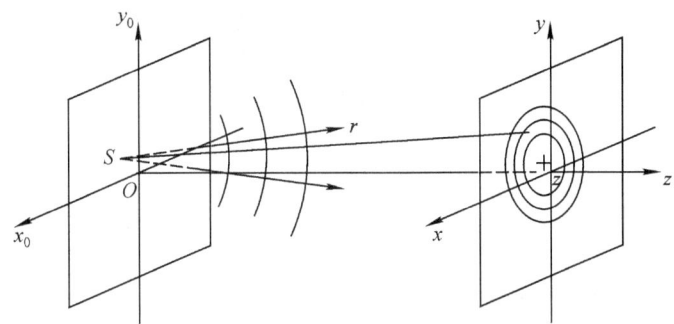

图 2-1-1 球面波在 x-y 平面上的等位相线

$$\frac{(x-x_0)^2+(y-y_0)^2}{z^2} \ll 1$$

利用二项式展开,并略去高阶项,得到

$$r \approx z + \frac{(x-x_0)^2+(y-y_0)^2}{2z} \qquad (2-1-13)$$

将式(2-1-13)代入式(2-1-9),得出发散球面波在 x-y 平面上产生的复振幅分布

$$U(x,y) = \frac{a_0}{z}\exp(jkz)\exp\left\{j\frac{k}{2z}[(x-x_0)^2+(y-y_0)^2]\right\} \qquad (2-1-14)$$

式中,分母上的 r 已用 z 近似,这是因为所考虑的区域相对 z 很小,各点的光振动的振幅近似相等。但在指数函数上的相位因子中,由于光的波长 λ 极短,$k=\dfrac{2\pi}{\lambda}$ 数值很大,近似式(2-1-13)中第二项不能省略。

在式(2-1-14)的相位因子中包括两项:$\exp(jkz)$ 是常量相位因子;随 x-y 平面坐标变化的第二项 $\exp\left\{j\dfrac{k}{2z}[(x-x_0)^2+(y-y_0)^2]\right\}$ 称为球面波的(二次)相位因子。当平面上复振幅分布的表达式中包含有这种因子时,一般就可以认为距离该平面 z 处有一个点光源发出的球面波经过这个平面。

x-y 平面上相位相同的点的轨迹,即等相位线方程为

$$(x-x_0)^2+(y-y_0)^2 = C \qquad (2-1-15)$$

式中,C 表示某一常量。不同 C 值所对应的等相位线构成一个同心圆族,它们是球形波面与 x-y 平面的交线。注意相位值相差 2π 的同心圆之间的间隔并不相等,而是由中心向外愈来愈密集。

当光源位于 x_0-y_0 平面的坐标原点,傍轴近似下,发散球面波在 x-y 平面上的复振幅分布为

$$U(x,y) = \frac{a_0}{z}\exp(jkz)\exp\left[j\frac{k}{2z}(x^2+y^2)\right] \qquad (2-1-16)$$

若 $z<0$，上式也可以用来表示会聚球面波。或者写作

$$U(x,y) = \frac{a_0}{|z|}\exp(-jk|z|)\exp\left[-j\frac{k}{2|z|}(x^2+y^2)\right] \qquad (2-1-17)$$

它表示经过 x-y 平面向距离 $|z|$ 处会聚的球面波在该平面产生的复振幅分布。

2.1.3 平面波的复振幅表示

如图 2-1-2 所示，波矢量 **k** 表示光波的传播方向，其大小为 $k=2\pi/\lambda$，方向余弦为 $\cos\alpha$、$\cos\beta$、$\cos\gamma$。在任意时刻，与波矢量相垂直的平面上振幅和相位为常数的光波称为平面波。

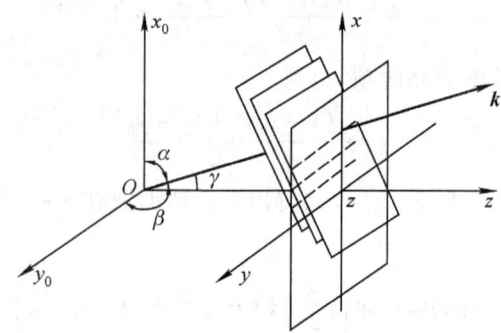

图 2-1-2 平面波在 x-y 平面上的等相位线

若空间某点 $P(x,y,z)$ 的位置矢量为 **r**，则平面波传播到 P 点的位相为 **k·r**，该点复振幅的一般表达式为

$$\begin{aligned}U(x,y,z) &= a\exp(j\boldsymbol{k}\cdot\boldsymbol{r})\\ &= a\exp[jk(x\cos\alpha + y\cos\beta + z\cos\gamma)] \end{aligned} \qquad (2-1-18)$$

其中，a 为常量振幅。由于方向余弦满足恒等式 $\cos^2\alpha + \cos^2\beta + \cos^2\gamma = 1$，故 $\cos\gamma = \sqrt{1-\cos^2\alpha-\cos^2\beta}$，这样式 (2-1-18) 可表示为

$$U(x,y,z) = a\exp(jkz\sqrt{1-\cos^2\alpha-\cos^2\beta})\exp[jk(x\cos\alpha+y\cos\beta)] \qquad (2-1-19)$$

令

$$A = a\exp(jkz\sqrt{1-\cos^2\alpha-\cos^2\beta}) \qquad (2-1-20)$$

于是复振幅可写为

$$U(x,y) = A\exp[jk(x\cos\alpha+y\cos\beta)] \qquad (2-1-21)$$

式 (2-1-21) 表征了与 z 轴垂直并距原点 z 处的任一平面上平面波的复振幅分布。和球面波表达式 (2-1-14) 类似，上式右边可分成与 x-y 坐标有关

的$\exp[jk(x\cos\alpha+y\cos\beta)]$和与$x-y$坐标无关的$A$两部分。前者是表征平面波特点的线性相位因子,当平面上复振幅分布的表达式中包含这种因子,一般就可以认为有一个方向余弦为$\cos\alpha$、$\cos\beta$的平面波经过这个平面;后者即A的模是个常数,不像球面波的模与距离成反比。A的辐角则与z坐标成正比。

平面波等相位线方程为

$$x\cos\alpha+y\cos\beta=C \qquad (2-1-22)$$

式中,C表示某一常量。不同C值所对应的等相位线是一些平行直线。图 2-1-2 中用虚线表示出相位值相差2π的一组波面与$x-y$平面的交线,即等相位线。它们是一组平行等距的斜直线。由于相位值相差2π的点的光振动实际相同,所以平面上复振幅分布的基本特点是相位值相差2π的周期性分布。这是平面波传播的空间周期性特点在$x-y$平面上的具体表现,也是下面提出平面波空间频率概念的基础。

2.1.4 平面波的空间频率

在式(2-1-18)中,令

$$f_x=\frac{\cos\alpha}{\lambda},\ f_y=\frac{\cos\beta}{\lambda},\ f_z=\frac{\cos\gamma}{\lambda} \qquad (2-1-23)$$

平面波的复振幅的一般表达式变为

$$U(x,y,z)=a\exp[j2\pi(xf_x+yf_y+zf_z)] \qquad (2-1-24)$$

式(2-1-23)定义的f_x、f_y、f_z为x、y、z方向上平面波的空间频率。

如图 2-1-3 所示,一平面波的波矢量为$\boldsymbol{k}$,时间频率为ν,其等相位面为平面,并与波矢量$\boldsymbol{k}$垂直。图中画出了由原点起沿波矢量方向每传播一个波长λ周期性重复出现的两个等相位面。由于$\boldsymbol{k}$的方向余弦为$\cos\alpha$、$\cos\beta$、$\cos\gamma$,则相邻两等相位面与x、y、z轴的两交点间距离分别为

$$X=\frac{\lambda}{\cos\alpha},\ Y=\frac{\lambda}{\cos\beta},\ Z=\frac{\lambda}{\cos\gamma} \qquad (2-1-25)$$

由式(2-1-23)可知,振荡周期(X,Y,Z)的倒数即为空间频率,表示在x、y、z轴上单位距离内的复振幅周期变化的次数。这就是平面波空间频率的物理意义。

从以上讨论可以看出,空间频率与平面波的传播方向有关,波矢量$\boldsymbol{k}$与x轴的夹角α越大,则λ在x轴上的投影X就越大,也就是在x方向上的空间频率就越小。因此,空间频率不同的平面波对应于不同的传播方向。

显然,三个空间频率不能相互独立,由于

$$\lambda^2 f_x^2+\lambda^2 f_y^2+\lambda^2 f_z^2=1 \qquad (2-1-26)$$

因此

$$f_z=(\sqrt{1-\lambda^2 f_x^2-\lambda^2 f_y^2})/\lambda \qquad (2-1-27)$$

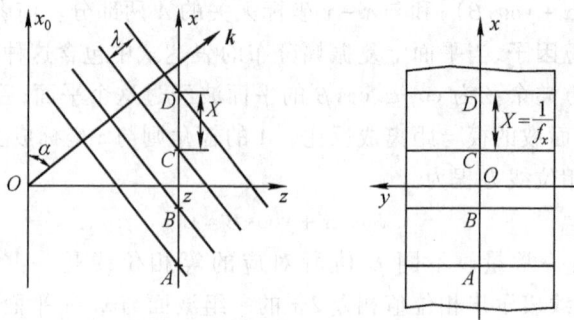

图 2-1-3　传播矢量 k 位于 x_0-z 平面的平面波在 $x-y$ 平面上的空间频率

这样平面波的复振幅即平面波方程可以写为

$$U(x,y,z) = a\exp[j2\pi(xf_x+yf_y)]\exp\left(j\frac{2\pi}{\lambda}z\sqrt{1-\lambda^2f_x^2-\lambda^2f_y^2}\right)$$

$$= U_0(x,y,0)\exp\left(j\frac{2\pi}{\lambda}z\sqrt{1-\lambda^2f_x^2-\lambda^2f_y^2}\right) \quad (2-1-28)$$

式中

$$U_0(x,y,0) = a\exp[j2\pi(xf_x+yf_y)] \quad (2-1-29)$$

为 $z=0$ 平面上的复振幅。式(2-1-28)说明,在任一距离 z 的平面上的复振幅分布,由在 $z=0$ 平面上的复振幅和与传播距离及方向有关的一个复指数函数的乘积给出。这说明了传播过程对复振幅分布的影响,已经在实质上解决了最基础的平面波衍射问题,在下面讨论标量衍射的角谱理论时非常有用。

由式(2-1-26)还可得到

$$f_x^2+f_y^2+f_z^2 = \frac{1}{\lambda^2} = f^2 \quad (2-1-30)$$

式中,$\frac{1}{\lambda}=f$ 表示平面波沿传播方向的空间频率。上式同时也说明空间频率的最大值是波长的倒数。回顾上一章中,式(1-3-5)中分布在 $-\infty \sim +\infty$ 的整个二维频率空间的空间频率,尽管包含空间频率 f_x、f_y 的函数 $\exp[j2\pi(f_xx+f_yy)]$ 的数学形式完全一样,其物理意义却完全不同。本节中论述的平面波的空间频率是一个与可以传播的电磁波有关的物理概念,它受到电磁波(光)的波长的限制,不仅要满足式(2-1-30),而且只能分布在 $-1/\lambda \sim +1/\lambda$ 之间。绝对值大于 $1/\lambda=f$ 的平面波的空间频率是不存在的。

2.1.5　空间频率的局域化

上述讨论的所有空间频率的平面波分量都是在整个 $x-y-z$ 空域上延展

的,并没有将一个空间位置与一个具有特定空间频率的平面波联系起来。但是在实际问题中,一束平面波总是有一定宽度并局限在某一空间区域内,不可能是无限宽且在整个空间中传播的。因此要引入局域空间频率的概念以保证以下用傅里叶分析方法讨论光场的分解与叠加具有实际意义,或者说,是可以实现的。

为了讨论这个问题,考虑复值光场的一般情况,任何一个这样的光场可以表示为

$$g(x,y) = a(x,y)\exp[j2\pi\phi(x,y)] \quad (2-1-31)$$

其中,$a(x,y)$ 是非负的实值振幅分布;$\phi(x,y)$ 为实值相位分布。对于有限宽度传播的平面波,可以合理地假定振幅分布 $a(x,y)$ 是空间位置 (x,y) 的缓变函数。定义函数 $g(x,y)$ 的局域空间频率 (f_{lx}, f_{ly}) 为 $\phi(x,y)$ 沿 x 和 y 方向的变化率

$$f_{lx} = \frac{\partial}{\partial x}\phi(x,y), \quad f_{ly} = \frac{\partial}{\partial y}\phi(x,y) \quad (2-1-32)$$

而且定义在函数 $g(x,y)$ 值为零的区域 f_{lx}、f_{ly} 的值也为零。

对于式 (2-1-29) 表示的 $z=0$ 平面上的复振幅为 $U_0(x,y,0) = a\exp[j2\pi \cdot (xf_x + yf_y)]$ 的平面波,在 $z=0$ 平面上的任何位置的局域空间频率为

$$f_{lx} = \frac{\partial}{\partial x}(xf_x + yf_y) = f_x, \quad f_{ly} = \frac{\partial}{\partial y}(xf_x + yf_y) = f_y \quad (2-1-33)$$

也就是说,平面波在 $z=0$ 平面上的任何位置的局域空间频率就是该平面波的空间频率,局域空间频率在整个 $z=0$ 平面上均为常数。这是非常自然的,因为平面波在任何位置上传播方向都是相同的、不变的。

不失一般性,可以假设式 (2-1-29) 表示的 $z=0$ 平面上的平面波仅仅分布在中心在原点、宽度为 $2L_X \times 2L_Y$ 的矩形范围内,这时 $z=0$ 平面上的复振幅可表示为

$$U_0(x,y,0) = a\exp[j2\pi(xf_x + yf_y)]\mathrm{rect}\left(\frac{x}{2L_X}\right)\mathrm{rect}\left(\frac{y}{2L_Y}\right)$$

它在 $z=0$ 平面上的任何位置的局域空间频率为

$$\begin{cases} f_{lx} = f_x, \quad f_{ly} = f_y & \text{当} -L_X \leq x \leq L_X, -L_Y \leq y \leq L_Y \\ f_{lx} = 0, \quad f_{ly} = 0 & \text{其他} \end{cases} \quad (2-1-34)$$

结果表明,有限分布的平面波的局域空间频率也有限分布在尺度为 $2L_X \times 2L_Y$ 的矩形内,且在该区域内局域空间频率就是该平面波的空间频率。必须注意,这个结果仅在 $z=0$ 平面上成立,一旦平面波沿着 z 方向传播出去,由于衍射,平面波不再限制在尺度为 $2L_X \times 2L_Y$ 的矩形内,其相应的局域空间频率就会逐渐偏离该平面波的空间频率。但是只要满足 $z=0$ 的条件,在尺度为 $2L_X \times 2L_Y$ 的矩形内,在局域空间频率相同的情况下,有限分布和无限分布的平面波在相干叠加时的作用是相同的。这样一来,平面波的空间频率的概念就可以推广应用

于有限宽度的平面光束了。

在每个点上的局域空间频率有重要的物理意义,相干光波前的复振幅的局域空间频率对应于该波前在几何光学描述情况下的光线方向。该光线传播的方向余弦$(\alpha_l,\beta_l,\gamma_l)$与该点的局域空间频率满足

$$\alpha_l = \lambda f_{lx}, \qquad \beta_l = \lambda f_{ly}, \qquad \gamma_l = \sqrt{1-\alpha_l^2-\beta_l^2} \qquad (2-1-35)$$

另外,局域空间频率的定义也不仅限于有限宽度的平面波。例如,对于二次相位函数

$$g(x,y) = \exp[j2\pi a(x^2+y^2)]$$

可以求出其局域空间频率为

$$f_{lx} = 2af_x, \qquad f_{ly} = 2af_y$$

2.2 复振幅分布的角谱及角谱的传播

2.2.1 复振幅分布的角谱

对任一平面上的光场复振幅分布作空间坐标的二维傅里叶变换,可求得其频谱分布。由于各个不同空间频率的空间傅里叶分量可看做是沿不同方向传播的平面波,因此,空间频谱称为平面波谱即复振幅分布的角谱。

设有一单色光波沿 z 方向投射到 x-y 平面上,在 z 处光场分布为 $U(x,y,z)$。则函数 $U(x,y,z)$ 在 x-y 平面上的二维傅里叶变换是

$$A(f_x,f_y,z) = \iint_{-\infty}^{\infty} U(x,y,z)\exp[-j2\pi(xf_x+yf_y)]dxdy \qquad (2-2-1)$$

这就是光场复振幅分布 $U(x,y,z)$ 的角谱。同时有逆变换为

$$U(x,y,z) = \iint_{-\infty}^{\infty} A(f_x,f_y,z)\exp[j2\pi(xf_x+yf_y)]df_xdf_y \qquad (2-2-2)$$

$U(x,y,z)$ 可理解为不同空间频率的一系列基元函数 $\exp[j2\pi(xf_x+yf_y)]$ 之和,其叠加权重为 $A(f_x,f_y,z)$。由式(2-1-29)可以看出,基元函数就是空间频率为 f_x、f_y,或者说是方向余弦为 $\cos\alpha$、$\cos\beta$ 的平面波。权重因子 $A(f_x,f_y,z)$ 为该方向平面波即该空间频率平面波的复振幅。因此,式(2-2-2)说明,单色光波在某一平面上的光场可以看做是不同传播方向的平面波的叠加,在叠加时各平面波有自己的振幅和相位,它们的值分别为角谱的模和辐角。因为 $f_x = \dfrac{\cos\alpha}{\lambda}$,$f_y = \dfrac{\cos\beta}{\lambda}$,则 $A(f_x,f_y,z)$ 也可利用方向余弦表示为

$$A\left(\frac{\cos\alpha}{\lambda},\frac{\cos\beta}{\lambda},z\right) = \iint_{-\infty}^{\infty} U(x,y,z)\exp\left[-j2\pi\left(\frac{\cos\alpha}{\lambda}x+\frac{\cos\beta}{\lambda}y\right)\right]dxdy$$

$$(2-2-3)$$

由此可见,复振幅分布的空间频谱以表示平面波传播方向的角度为宗量,这就是把它称为角谱或平面波角谱的原因。

2.2.2 平面波角谱的传播

根据式(2-2-2),图2-2-1中 $z=0$ 平面上的光场分布 $U_0(x,y,0)$ 和 $z=z$ 平面上的光场分布 $U(x,y,z)$ 可以分别记为

$$U_0(x,y,0) = \iint_{-\infty}^{\infty} A\left(\frac{\cos\alpha}{\lambda}, \frac{\cos\beta}{\lambda}, 0\right) \exp\left[j2\pi\left(\frac{\cos\alpha}{\lambda}x + \frac{\cos\beta}{\lambda}y\right)\right] d\left(\frac{\cos\alpha}{\lambda}\right) d\left(\frac{\cos\beta}{\lambda}\right)$$

(2-2-4)

$$U(x,y,z) = \iint_{-\infty}^{\infty} A\left(\frac{\cos\alpha}{\lambda}, \frac{\cos\beta}{\lambda}, z\right) \exp\left[j2\pi\left(\frac{\cos\alpha}{\lambda}x + \frac{\cos\beta}{\lambda}y\right)\right] d\left(\frac{\cos\alpha}{\lambda}\right) d\left(\frac{\cos\beta}{\lambda}\right)$$

(2-2-5)

研究角谱的传播就是要找到 $z=0$ 平面上的角谱 $A\left(\frac{\cos\alpha}{\lambda}, \frac{\cos\beta}{\lambda}, 0\right)$ 和 $z=z$ 平面上的角谱 $A\left(\frac{\cos\alpha}{\lambda}, \frac{\cos\beta}{\lambda}, z\right)$ 之间的关系。

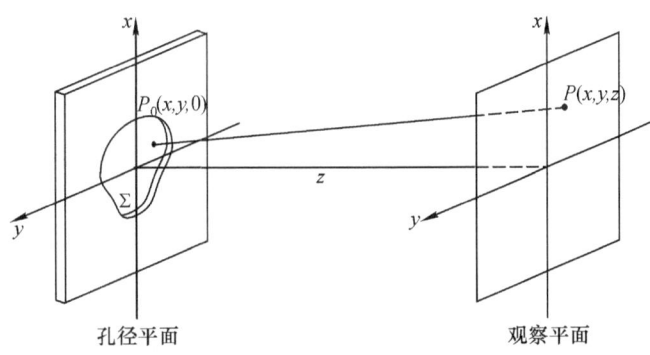

图 2-2-1 复振幅分布及其角谱的传播

从不含时间变量的标量波动方程出发讨论这个问题,将式(2-2-5)代入式(2-1-7)表示的亥姆霍兹方程。改变积分与微分的顺序,注意到角谱 $A\left(\frac{\cos\alpha}{\lambda}, \frac{\cos\beta}{\lambda}, z\right)$ 仅是 z 的函数而复指数函数中不含 z 变量,可以导出 $A\left(\frac{\cos\alpha}{\lambda}, \frac{\cos\beta}{\lambda}, z\right)$ 必须满足的微分方程

$$\frac{d^2}{dz^2}A\left(\frac{\cos\alpha}{\lambda},\frac{\cos\beta}{\lambda},z\right)+k^2(1-\cos^2\alpha-\cos^2\beta)A\left(\frac{\cos\alpha}{\lambda},\frac{\cos\beta}{\lambda},z\right)=0$$
(2-2-6)

该二阶常微分方程的一个基本解是(另一个是倒退波,此处不予讨论)

$$A\left(\frac{\cos\alpha}{\lambda},\frac{\cos\beta}{\lambda},z\right)=C\left(\frac{\cos\alpha}{\lambda},\frac{\cos\beta}{\lambda}\right)\exp(\mathrm{j}kz\sqrt{1-\cos^2\alpha-\cos^2\beta})$$

式中, $C\left(\frac{\cos\alpha}{\lambda},\frac{\cos\beta}{\lambda}\right)$ 由初始条件决定。$z=0$ 平面上的角谱为 $A\left(\frac{\cos\alpha}{\lambda},\frac{\cos\beta}{\lambda},0\right)$,因而有

$$C\left(\frac{\cos\alpha}{\lambda},\frac{\cos\beta}{\lambda}\right)=A\left(\frac{\cos\alpha}{\lambda},\frac{\cos\beta}{\lambda},0\right)$$

最后得到

$$A\left(\frac{\cos\alpha}{\lambda},\frac{\cos\beta}{\lambda},z\right)=A\left(\frac{\cos\alpha}{\lambda},\frac{\cos\beta}{\lambda},0\right)\exp(\mathrm{j}kz\sqrt{1-\cos^2\alpha-\cos^2\beta})$$
(2-2-7)

这是一个十分重要的结果,它给出了两个平行平面之间角谱传播的规律。在由已知平面上的光场分布 $U(x,y,0)$ 得到其角谱 $A\left(\frac{\cos\alpha}{\lambda},\frac{\cos\beta}{\lambda},0\right)$ 后,可以利用式(2-2-7)求出它传播到 $z=z$ 平面上的角谱 $A\left(\frac{\cos\alpha}{\lambda},\frac{\cos\beta}{\lambda},z\right)$,再通过傅里叶逆变换求出其光场分布 $U(x,y,z)$。还需要说明一点的是,式(2-2-7)也可以由式(2-1-28)直接导出,这是因为单色的某一特定空间频率的平面波自然也满足亥姆霍兹方程。

现在进一步讨论式(2-2-7)。当传播方向余弦 $(\cos\alpha,\cos\beta)$ 满足 $\cos^2\alpha+\cos^2\beta<1$ 时,式(2-2-7)说明,经过距离 z 的传播只是改变了各个角谱分量的相对相位,引入了一个相位延迟因子 $\exp\left(\mathrm{j}\frac{2\pi}{\lambda}z\sqrt{1-\cos^2\alpha-\cos^2\beta}\right)$,这是由于每个平面波分量在不同方向上传播,它们到达给定的点所经过的距离不同。

对于 $\cos^2\alpha+\cos^2\beta>1$ 的情况,式(2-2-7)中的平方根是虚数,于是公式变成

$$A\left(\frac{\cos\alpha}{\lambda},\frac{\cos\beta}{\lambda},z\right)=A\left(\frac{\cos\alpha}{\lambda},\frac{\cos\beta}{\lambda},0\right)\exp(-\mu z) \qquad (2-2-8)$$

式中

$$\mu=k\sqrt{\cos^2\alpha+\cos^2\beta-1}$$

由于 μ 是正实数,式(2-2-8)说明一切满足 $\cos^2\alpha+\cos^2\beta>1$ 的波动分量,将随 z 的增大而按指数 $\exp(-\mu z)$ 衰减。在几个波长的距离内很快衰减到零。对

应于这些传播方向的波动分量称为倏逝波,在满足标量衍射理论近似条件情况下忽略不计。

对于 $\cos^2\alpha + \cos^2\beta = 1$ 的情况,即 $\cos\gamma = 0$ 的情况,波动分量的传播方向垂直 z 轴,它在 z 轴方向的净能量流为零。

令 $f_x = \dfrac{\cos\alpha}{\lambda}, f_y = \dfrac{\cos\beta}{\lambda}$,将式(2-2-7)改写为

$$A(f_x, f_y) = A_0(f_x, f_y) H(f_x, f_y) \qquad (2-2-9)$$

式中,$A(f_x, f_y) = A\left(\dfrac{\cos\alpha}{\lambda}, \dfrac{\cos\beta}{\lambda}, z\right)$ 和 $A_0(f_x, f_y) = A\left(\dfrac{\cos\alpha}{\lambda}, \dfrac{\cos\beta}{\lambda}, 0\right)$ 分别看做一个线性不变系统的输出和输入函数的频谱,系统在频域的效应可由传递函数表征为

$$H(f_x, f_y) = \dfrac{A(f_x, f_y)}{A_0(f_x, f_y)} = \exp[jkz\sqrt{1-(\lambda f_x)^2-(\lambda f_y)^2}] \qquad (2-2-10)$$

在满足标量衍射理论近似条件情况下,倏逝波总是忽略不计的,因而传递函数可表示为

$$H(f_x, f_y) = \begin{cases} \exp[jkz\sqrt{1-(\lambda f_x)^2-(\lambda f_y)^2}] & f_x^2 + f_y^2 < \dfrac{1}{\lambda^2} \\ 0 & \text{其他} \end{cases} \qquad (2-2-11)$$

公式表明,可以把光波的传播现象看做一个空间滤波器。它具有有限的带宽(如图2-2-2所示)。在频率平面上的半径为 $\dfrac{1}{\lambda}$ 的圆形区域内,传递函数的模为1,对各频率分量的振幅没有影响。但要引入与频率有关的相移。在这一圆形区域外,传递函数为零。由此可知,对空域中比波长还小的精细结构,或者说空间频率大于 $\dfrac{1}{\lambda}$ 的信息,在单色光照明下不能沿 z 方向向前传递。光在自由空间传播时,携带信息的能力是有限的。

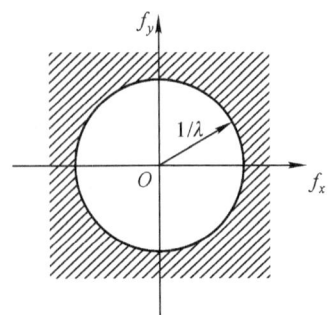

图2-2-2 传播现象的有限空间带宽

2.2.3 衍射孔径对角谱的作用

如图2-2-3所示,在 $z=0$ 平面处有一无穷大不透明屏,其上开一孔 Σ,则该孔的透射函数为

$$t(x,y) = \begin{cases} 1 & (x,y)\text{在 }\Sigma\text{ 内} \\ 0 & \text{其他} \end{cases} \quad (2-2-12)$$

沿 z 方向传播的光波入射到该孔径上的复振幅为 $U_i(x,y,0)$,则紧靠孔径后的平面上的出射光场的复振幅 $U_t(x,y,0)$ 为

$$U_t(x,y,0) = U_i(x,y,0)t(x,y) \quad (2-2-13)$$

对上式两边进行傅里叶变换,用角谱表示为

$$A_t\left(\frac{\cos\alpha}{\lambda},\frac{\cos\beta}{\lambda}\right) = A_i\left(\frac{\cos\alpha}{\lambda},\frac{\cos\beta}{\lambda}\right) * T\left(\frac{\cos\alpha}{\lambda},\frac{\cos\beta}{\lambda}\right) \quad (2-2-14)$$

其中,$*$ 为卷积;$T\left(\frac{\cos\alpha}{\lambda},\frac{\cos\beta}{\lambda}\right)$ 为孔径函数的傅里叶变换。由于卷积运算具有展宽带宽的性质,因此,引入使入射光波在空间上受限制的衍射孔径的效应就是展宽了光波的角谱,而不同的角谱分量相应于不同方向传播的平面波分量,故角谱的展宽就是在出射波中除了包含与入射光波相同方向传播的分量之外,还增加了一些与入射光波传播方向不同的平面波分量,即增加了一些高空间频率的波,这就是衍射波。

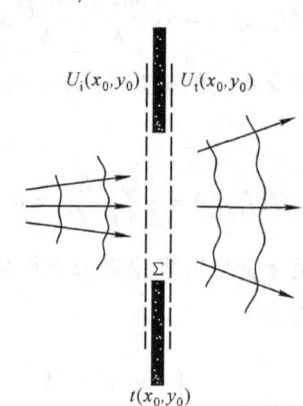

图 2-2-3 衍射孔径对角谱的影响

2.3 标量衍射的角谱理论

本节用平面波角谱理论推导常用的衍射公式,并说明光的传播过程作为线性系统用频谱方法在频域中分析,与用脉冲响应(点光源传播)方法在空域中分析是等价的。为了方便进行两种方法的比较,首先简要地回顾一下经典的衍射理论。

2.3.1 惠更斯-菲涅耳-基尔霍夫标量衍射理论的简要回顾

衍射理论要解决的问题是:光场中任意一点为 P 的复振幅 $U(P)$ 能否用光场中其他各点的复振幅表示出来。显然,这是一个根据边界条件求解波动方程的问题。惠更斯-菲涅耳提出的子波干涉原理与基尔霍夫求解波动方程所得的结果十分一致,都可以表示成在孔径 Σ 上的面积分形式的如下的衍射公式

$$U(P) = C\int_\Sigma U(P_0)K(\theta)\frac{e^{jkr}}{r}ds \quad (2-3-1a)$$

对点光源照明平面屏幕的衍射,基尔霍夫导出的复常数 C 和倾斜因子 $K(\theta)$ 的

表达形式为

$$C = \frac{1}{j\lambda} \quad (2-3-1b)$$

$$K(\theta) = \frac{\cos(\boldsymbol{n},\boldsymbol{r}) - \cos(\boldsymbol{n},\boldsymbol{r}')}{2} \quad (2-3-1c)$$

式中，$U(P_0)$ 为衍射孔径内的复振幅分布。如图 2-3-1 所示，P' 为照明平面屏幕的点光源，P_0 为孔径 Σ 上的任意一点，P 为孔径后方的观察点。r 和 r' 分别是 P 和 P' 到 P_0 的距离，二者都比波长大得多。矢量 $\boldsymbol{r}$ 和 $\boldsymbol{r}'$ 均指向 P_0 点。$\boldsymbol{n}$ 表示 Σ 面上法线的正方向。式(2-3-1a)所表示的仅是单个球面波照明孔径的情况，但是衍射公式可以适用于更普遍的任意单色光照明的情况。这是因为任意复杂的光波都可以分解为简单球面波的线性组合，波动方程的线性性质允许对每一单个球面波应用衍射公式，再把它们在 P 点产生的贡献叠加起来。

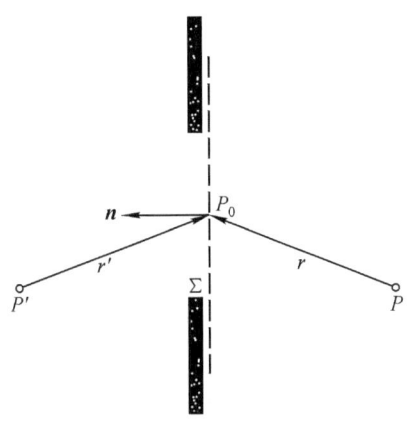

图 2-3-1　点光源照明平面屏幕的衍射

根据基尔霍夫对平面屏幕假定的边界条件，孔径以外阴影区内 $U(P_0) = 0$，因此，式(2-3-1)的积分限可以扩展到无穷。从而有

$$U(P) = \frac{1}{j\lambda} \frac{1}{r} \int_{-\infty}^{\infty} U(P_0) K(\theta) e^{jkr} ds \quad (2-3-2)$$

当点光源足够远，而且入射光在孔径面上各点的入射角都不大时，有 $\cos(\boldsymbol{n},\boldsymbol{r}') \approx -1$(参考图 2-2-1)。如果观察平面与孔径的距离远大于孔径，而且观察平面上仅考虑一个对孔径上各点张角不大的范围，即在傍轴近似下，又有 $\cos(\boldsymbol{n},\boldsymbol{r}) \approx 1$。从而使 $K(\theta) \approx 1$。再用二项式近似将距离 r 表示为

$$r = \sqrt{z^2 + (x-x_0)^2 + (y-y_0)^2} \approx z\left[1 + \frac{1}{2}\left(\frac{x-x_0}{z}\right)^2 + \frac{1}{2}\left(\frac{y-y_0}{z}\right)^2\right]$$

将上述近似均代入式(2-3-2)，得到菲涅耳衍射计算公式

$$U(x,y) = \frac{1}{j\lambda z} \exp(jkz) \iint_{-\infty}^{\infty} U_0(x_0,y_0) \exp\left\{j\frac{k}{2z}[(x-x_0)^2 + (y-y_0)^2]\right\} dx_0 dy_0 \quad (2-3-3)$$

在此基础上，再做远场近似，还可进一步得到夫琅禾费衍射公式。方法与下面 2.3.3 小节的叙述相同，留待后面讲述。

2.3.2 平面波角谱的衍射理论

本书的重点是从频域的角度即用平面波角谱方法来讨论衍射问题。前面已经讨论过频域的角谱传播问题,在由已知平面上的光场分布 $U_0(x,y,0)$ 得到其角谱 $A_0(f_x,f_y,0)$ 后,可以利用式(2-2-7)求出它传播到 $z=z$ 平面上的角谱 $A(f_x,f_y,z)$。通过傅里叶逆变换可以进而得到用已知的 $U_0(x,y,0)$ 表示的衍射光场分布 $U(x,y,z)$,得到空域中的衍射公式。根据式(2-2-5)和式(2-2-7)导出

$$U(x,y,z) = \iint_{-\infty}^{\infty} A_0(f_x,f_y,0) \exp\left(j\frac{2\pi}{\lambda}z\sqrt{1-\lambda^2 f_x^2-\lambda^2 f_y^2}\right)$$
$$\times \exp[j2\pi(f_x x+f_y y)]df_x df_y \qquad (2-3-4)$$

将式(2-2-4)的反变换代入上式得到

$$U(x,y,z) = \iiint_{-\infty}^{\infty} U_0(x_0,y_0,0) \exp\left(j\frac{2\pi z}{\lambda}\sqrt{1-\lambda^2 f_x^2-\lambda^2 f_y^2}\right)$$
$$\times \exp\{j2\pi[f_x(x-x_0)+f_y(y-y_0)]\}df_x df_y dx_0 dy_0 \qquad (2-3-5)$$

这就是平面波角谱衍射理论的基本公式。尽管对 (x_0,y_0) 的积分限是从 $-\infty$ 到 $+\infty$,根据基尔霍夫对平面屏幕假定的边界条件,孔径外的场为 0。故对孔径平面的积分实际上只需对孔径内的场做积分。

式(2-3-5)的四重积分是类似式(2-3-2)的一个精确的表达式。尽管它不含三角函数,但是使用起来仍很不方便,还是要按照菲涅耳的办法进行化简。首先对不同传播距离衍射的情况做个直观的说明。考虑一列平面波通过一个孔径,在孔径后不同的平面上观察其辐射的图样。如图 2-3-2 所示,在紧靠孔径后的平面上,光场分布基本上与孔径的形状相同,这个区域称为几何投影区;随着传播距离的增加,衍射图样与孔的相似性逐渐消失,衍射图的中心产生

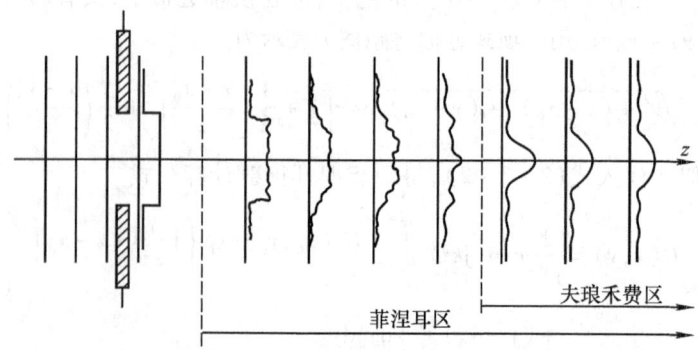

图 2-3-2 按传播距离划分衍射区

亮暗变化,从这个区域开始到无穷远处,均称为菲涅耳衍射区;当传播距离进一步增加,这时衍射图样的相对强度关系不再改变,只是衍射图的尺寸随距离的增加而变大,幅度随之降低,这个区域称为夫琅禾费衍射区。夫琅禾费衍射区包含在菲涅耳衍射区内,但是通常不太确切的把前者称为远场衍射,后者称为近场衍射。

2.3.3 菲涅耳衍射公式

假定孔径和观察平面之间的距离 z 远远大于孔径 Σ 的线度,并且只对 z 轴附近的一个小区域内进行观察,则有

$$z \gg \sqrt{x_{0\max}^2 + y_{0\max}^2} \quad \text{及} \quad z \gg \sqrt{x_{\max}^2 + y_{\max}^2}$$

这样 $\lambda f_x = \cos\alpha \approx \dfrac{x-x_0}{z} \ll 1, \lambda f_y = \cos\beta \approx \dfrac{y-y_0}{z} \ll 1$。在这种情况下,对 $\sqrt{1-\lambda^2 f_x^2 - \lambda^2 f_y^2}$ 展开,只保留 $(\lambda f)^2$ 项,略去高次项,即

$$\sqrt{1-\lambda^2 f_x^2 - \lambda^2 f_y^2} \approx 1 - \frac{1}{2}\lambda^2(f_x^2 + f_y^2) \qquad (2-3-6)$$

这样式(2-3-5)可写为

$$U(x,y,z) = \exp(jkz) \iiint_{-\infty}^{\infty} U_0(x_0,y_0,0) \exp[-j\pi\lambda z(f_x^2 + f_y^2)]$$
$$\times \exp\{j2\pi[f_x(x-x_0) + f_y(y-y_0)]\} df_x df_y dx_0 dy_0 \qquad (2-3-7)$$

利用高斯函数的傅里叶变换(参阅附录 B)和傅里叶变换的相似性定理,得

$$\iint_{-\infty}^{\infty} \exp[-j\pi\lambda z(f_x^2 + f_y^2)] \exp[j2\pi(f_x x + f_y y)] df_x df_y = \frac{1}{j\lambda z}\exp\left[j\frac{\pi}{\lambda z}(x^2 + y^2)\right]$$

代入式(2-3-7),先完成对 f_x、f_y 的积分,则

$$U(x,y,z) = \frac{\exp(jkz)}{j\lambda z} \iint_{-\infty}^{\infty} U_0(x_0,y_0,0) \exp\left\{j\frac{\pi}{\lambda z}[(x-x_0)^2 + (y-y_0)^2]\right\} dx_0 dy_0 \qquad (2-3-8)$$

上式与式(2-3-3)完全相同。把指数中的二次项展开,还可表示为

$$U(x,y) = \frac{\exp(jkz)}{j\lambda z}\exp\left[j\frac{k}{2z}(x^2+y^2)\right] \iint_{-\infty}^{\infty} U_0(x_0,y_0)$$
$$\times \exp\left[j\frac{k}{2z}(x_0^2 + y_0^2)\right] \exp\left[-j\frac{2\pi}{\lambda z}(xx_0 + yy_0)\right] dx_0 dy_0 \qquad (2-3-9)$$

这就是常用的菲涅耳衍射公式。式中,光场的复振幅已改用通常的二维面分布

的形式,为区别衍射孔径面与观察平面,前者增加下标"0"。菲涅耳衍射成立的条件是要求式(2-3-5)积分中第一个指数的展开式中二次项远小于1,即
$$\frac{2\pi z}{\lambda} \cdot \frac{1}{8} [\lambda^2 f_x^2 + \lambda^2 f_y^2]^2 \ll 1,则$$

$$\frac{2\pi z}{\lambda} \cdot \frac{1}{8} \left[\frac{(x-x_0)^2}{z^2} + \frac{(y-y_0)^2}{z^2} \right]^2 \ll 1 \qquad (2-3-10)$$

也就是观察距离 z 满足

$$z^3 \gg \frac{\pi}{4\lambda} [(x-x_0)^2 + (y-y_0)^2]_{max}^2 \approx \frac{\pi}{4\lambda} (L_0^2 + L_1^2)^2 \qquad (2-3-11)$$

其中,$L_0 = (\sqrt{x_0^2 + y_0^2})_{max}$ 为孔径的最大尺寸;$L_1 = (\sqrt{x^2 + y^2})_{max}$ 为观察区的最大区域。这种近似称为菲涅耳近似或傍轴近似。

上一节已证明,因为波动的可叠加性,可以把光波的传播现象看做一个线性系统。其传递函数由式(2-2-11)表示。在菲涅耳近似下这一传递函数可进一步表示为

$$H(f_x, f_y) = \exp(jkz)\exp[-j\pi\lambda z(f_x^2 + f_y^2)] \qquad (2-3-12)$$

它表示在菲涅耳近似下角谱传播的相位延迟。因子 $\exp(jkz)$ 代表一个总体相位延迟,它对于各种频率分量都是一样的,因子 $\exp[-j\pi\lambda z(f_x^2 + f_y^2)]$ 则代表与频率有关的相位延迟,不同的频率分量,其相位延迟不一样。

2.4 夫琅禾费衍射与傅里叶变换

在菲涅耳衍射公式中,对衍射孔采取更强的限制条件,即取

$$z \gg \frac{1}{2} k(x_0^2 + y_0^2) \qquad (2-4-1)$$

则平方相位因子在整个孔径上近似为1,于是

$$U(x,y,z) = \frac{\exp(jkz)}{j\lambda z} \exp\left[j\frac{k}{2z}(x^2 + y^2)\right]$$
$$\times \iint_{-\infty}^{\infty} U_0(x_0, y_0, 0) \exp\left[-j\frac{2\pi}{\lambda z}(xx_0 + yy_0)\right] dx_0 dy_0 \qquad (2-4-2)$$

这就是夫琅禾费衍射公式。在夫琅禾费近似条件下,观察平面上的场分布等于衍射孔径上场分布的傅里叶变换和一个二次相位因子的乘积。对于仅响应光强不响应相位的一般光探测器,夫琅禾费衍射和光场的傅里叶变换并没有区别。

一般光学教材都给出包括矩孔、圆孔、狭缝、双矩孔等各类孔径的夫琅禾费衍射。用傅里叶变换方法计算这些简单孔径的夫琅禾费衍射可以直接查常用函数的傅里叶变换表。本书省去这些介绍,仅以余弦型振幅光栅的夫琅禾费衍射

为例说明傅里叶分析方法的应用。

图 2-4-1 所示的余弦型振幅光栅空间频率为 f_0，透过率调制度为 m，其透过率函数表示为

$$t(x_0,y_0) = \left[\frac{1}{2} + \frac{m}{2}\cos(2\pi f_0 x_0)\right]\mathrm{rect}\left(\frac{x_0}{l}\right)\mathrm{rect}\left(\frac{y_0}{l}\right) \qquad (2-4-3)$$

式中后面两个矩形函数因子表示光栅处于一个宽度为 l 的方孔内。

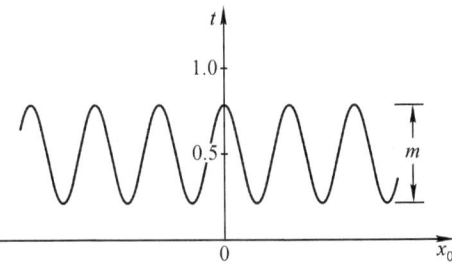

图 2-4-1 余弦型光栅振幅透过率函数

用单位振幅的单色平面光波垂直照明该光栅，根据余弦函数及矩形函数的傅里叶变换对和 δ 函数及傅里叶变换的性质，可得光栅的频谱为

$$T(f_x,f_y) = \frac{l^2}{2}\mathrm{sinc}(lf_y)\left\{\mathrm{sinc}(lf_x) + \frac{m}{2}\mathrm{sinc}[l(f_x+f_0)] + \frac{m}{2}\mathrm{sinc}[l(f_x-f_0)]\right\}$$

$$(2-4-4)$$

则夫琅禾费衍射图的复振幅分布为

$$U(x,y) = \frac{1}{\mathrm{j}\lambda z}\exp(\mathrm{j}kz)\exp\left[\mathrm{j}\frac{k}{2z}(x^2+y^2)\right] \cdot T(f_x,f_y)_{f_x=\frac{x}{\lambda z},f_y=\frac{y}{\lambda z}}$$

$$= \frac{l^2}{\mathrm{j}2\lambda z}\exp(\mathrm{j}kz)\exp\left[\mathrm{j}\frac{k}{2z}(x^2+y^2)\right]\mathrm{sinc}\left(\frac{ly}{\lambda z}\right)$$

$$\times \left\{\mathrm{sinc}\left(\frac{lx}{\lambda z}\right) + \frac{m}{2}\mathrm{sinc}\left[\frac{l}{\lambda z}(x+f_0\lambda z)\right] + \frac{m}{2}\mathrm{sinc}\left[\frac{l}{\lambda z}(x-f_0\lambda z)\right]\right\}$$

由 sinc 函数的分布可知，每个 sinc 函数的主瓣的宽度比例于 $\lambda z/l$，而由上式可见，这三个 sinc 函数主瓣之间的距离为 $f_0\lambda z$，若光栅频率 f_0 比 $1/l$ 大得多，即光栅的周期 $d=1/f_0$ 比光栅的尺寸 l 小得多，那么三个 sinc 函数之间不存在交叠，则

$$I(x,y) = \left(\frac{l^2}{2\lambda z}\right)^2 \cdot \mathrm{sinc}^2\left(\frac{ly}{\lambda z}\right) \cdot \left\{\mathrm{sinc}^2\left(\frac{lx}{\lambda z}\right) + \frac{m^2}{4}\mathrm{sinc}^2\left[\frac{l}{\lambda z}(x+f_0\lambda z)\right]\right.$$

$$\left. + \frac{m^2}{4}\mathrm{sinc}^2\left[\frac{l}{\lambda z}(x-f_0\lambda z)\right]\right\} \qquad (2-4-5)$$

这个强度分布如图 2-4-2 所示。由图中可以看出,用平面波照明的光栅后方光能量重新分布,其能量只集中在三个衍射级上。0 级与 ±1 级衍射间的距离为 $f_0 \lambda z$。

显然傅里叶分析方法比传统的光程差分析方法要简捷得多。

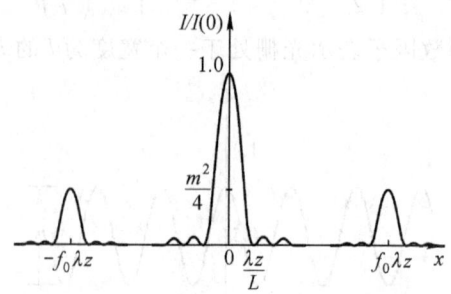

图 2-4-2　余弦型振幅光栅夫琅禾费衍射的光强分布

2.5　菲涅耳衍射和分数傅里叶变换

上节讲到衍射孔径上场分布的夫琅禾费衍射与傅里叶变换的密切关系,但从衍射孔到夫琅禾费衍射区之间的菲涅耳衍射光场分布则必须用菲涅耳积分公式求解。是否在菲涅耳衍射与傅里叶变换也有某种直接联系,是令人感兴趣的问题。分数傅里叶变换理论提供了这种可能。

早在 1937 年,Condon[28] 就提出了分数傅里叶变换的初步概念。Bargmann[29] 在 1961 年进一步发展了这些概念。Namias[30] 在 1980 年建立了比较完整的分数傅里叶变换理论。他给出了分数傅里叶变换的定义、性质及变换的本征函数,并用它解决了一系列量子力学问题。1987 年 Mcbride[31] 和 Kerr 从纯数学的角度做了补充,使其成为一个完整而严谨的理论。20 世纪 90 年代初分数傅里叶变换被引入到光学之中,陆续提出用梯度折射率光波导[32]、透镜系统[33] 实现分数傅里叶变换及阶数连续的分数傅里叶变换[34]。从此,光学分数傅里叶变换作为数学和光学的一个交叉领域,变得十分活跃。研究的主要方面是用光学方法实现分数傅里叶变换[35~37],同时也研究了分数傅里叶变换在光学信息处理中的应用[38~40],其中包括菲涅耳衍射和分数傅里叶变换的对应关系[41]。有关光学分数傅里叶变换、菲涅耳衍射和分数傅里叶变换之间关系的研究还在发展,本节对此做一初步介绍。

2.5.1　分数傅里叶变换的定义

为简单起见,先给出一维函数的分数傅里叶变换定义,它与下面还要介绍的分数傅里叶变换性质都可以直接推广到二维情况。

$$G(\xi) = \mathscr{F}_\alpha\{g(x)\} = \left\{\frac{\exp\left[-j\left(\frac{\pi}{2}-\alpha\right)\right]}{2\pi\sin\alpha}\right\}^{\frac{1}{2}} \int_{-\infty}^{\infty} \exp\left[\frac{j(\xi^2+x^2)}{2\tan\alpha} - \frac{j\xi x}{\sin\alpha}\right] g(x)\,\mathrm{d}x$$

$$(2-5-1)$$

式中，$G(\xi)$ 称为 $g(x)$ 的分数傅里叶谱；α 称为分数傅里叶变换的阶，其值应满足 $|\alpha| \leq \pi$。以 $-\alpha$ 代替上式中的 α 得到

$$\mathscr{F}_{-\alpha}\{g(x)\} = \left\{\frac{\exp\left[j\left(\frac{\pi}{2}-\alpha\right)\right]}{2\pi\sin\alpha}\right\}^{\frac{1}{2}} \int_{-\infty}^{\infty} \exp\left[\frac{-j(\xi^2+x^2)}{2\tan\alpha} + \frac{j\xi x}{\sin\alpha}\right] g(x)\,\mathrm{d}x$$

$$(2-5-2)$$

实际上 $\mathscr{F}_{-\alpha}\{\ \}$ 是 $\mathscr{F}_\alpha\{\ \}$ 的逆变换。为此只要证明 $\mathscr{F}_{-\alpha}\mathscr{F}_\alpha\{g(x)\} = g(x)$ 即可。

$$\mathscr{F}_{-\alpha}\mathscr{F}_\alpha\{g(x)\} = \mathscr{F}_{-\alpha}\{G(\xi)\} = \left\{\frac{\exp\left[j\left(\frac{\pi}{2}-\alpha\right)\right]}{2\pi\sin\alpha}\right\}^{\frac{1}{2}} \int_{-\infty}^{\infty} \exp\left[\frac{-j(\xi^2+x'^2)}{2\tan\alpha} + \frac{j\xi x'}{\sin\alpha}\right] G(\xi)\,\mathrm{d}\xi$$

$$= \left\{\frac{\exp\left[j\left(\frac{\pi}{2}-\alpha\right)\right]}{2\pi\sin\alpha}\right\}^{\frac{1}{2}} \int_{-\infty}^{\infty} \exp\left[\frac{-j(\xi^2+x'^2)}{2\tan\alpha} + \frac{j\xi x'}{\sin\alpha}\right]$$

$$\times \left[\left\{\frac{\exp\left[-j\left(\frac{\pi}{2}-\alpha\right)\right]}{2\pi\sin\alpha}\right\}^{\frac{1}{2}} \int_{-\infty}^{\infty} \exp\left[\frac{j(\xi^2+x^2)}{2\tan\alpha} - \frac{j\xi x}{\sin\alpha}\right] g(x)\,\mathrm{d}x\right]\mathrm{d}\xi$$

$$= \frac{1}{2\pi\sin\alpha} \int_{-\infty}^{\infty} \exp\left[\frac{j(x^2-x'^2)}{2\tan\alpha}\right] g(x) \left\{\int_{-\infty}^{\infty} \exp\left[\frac{j(x'-x)\xi}{\sin\alpha}\right]\mathrm{d}\xi\right\}\mathrm{d}x$$

$$= \frac{1}{2\pi\sin\alpha} \int_{-\infty}^{\infty} \exp\left[\frac{j(x^2-x'^2)}{2\tan\alpha}\right] g(x) \delta\left(\frac{x'-x}{2\pi\sin\alpha}\right)\mathrm{d}x \quad (2-5-3)$$

$$= \int_{-\infty}^{\infty} \exp\left[\frac{j(x^2-x'^2)}{2\tan\alpha}\right] g(x) \delta(x'-x)\,\mathrm{d}x = g(x')$$

分数傅里叶变换又称为广义傅里叶变换，常规傅里叶变换是它的特殊情况。当 $\alpha = \frac{\pi}{2}$ 和 $\alpha = -\frac{\pi}{2}$ 时它转化为常规傅里叶变换

$$\mathscr{F}_{\pi/2}\{g(x)\} = \frac{1}{\sqrt{2\pi}} \int_{-\infty}^{\infty} g(x)\exp(-j\xi x)\,\mathrm{d}x \quad (2-5-4)$$

$$\mathscr{F}_{-\pi/2}\{G(\xi)\} = \frac{1}{\sqrt{2\pi}} \int_{-\infty}^{\infty} G(\xi)\exp(j\xi x)\,\mathrm{d}\xi \quad (2-5-5)$$

这是常规傅里叶变换的另一种形式。

式（2-5-1）所定义的变换当 $\alpha = 0$ 时没有意义，因而 $\mathscr{F}_0$ 必须另外定义。

首先来计算 $\alpha \to 0$ 时的分数傅里叶变换。由于 $\alpha \approx 0$，所以有 $\sin\alpha = \alpha$，$\tan\alpha = \alpha$，于是

$$\mathscr{F}_{\alpha \to 0}\{g(x)\} = \lim_{\alpha \to 0}\left\{\frac{\exp\left[-j\left(\frac{\pi}{2}-\alpha\right)\right]}{2\pi\alpha}\right\}^{\frac{1}{2}} \cdot \int_{-\infty}^{\infty}\exp\left[\frac{j(\xi^2+x^2)}{2\alpha}-\frac{j\xi x}{\alpha}\right]g(x)\mathrm{d}x$$

$$= \int_{-\infty}^{\infty}\frac{\exp[-(x-\xi)^2/(j2\alpha)]}{\sqrt{j2\pi\alpha}}g(x)\mathrm{d}x$$

$$= \int_{-\infty}^{\infty}g(x)\delta(x-\xi)\mathrm{d}x = g(\xi) \qquad (2-5-6)$$

其中用到极限意义下的 δ 函数的定义

$$\lim_{\varepsilon \to 0}\frac{\exp[-x^2/(j\varepsilon)]}{\sqrt{j\pi\varepsilon}} = \delta(x)$$

因此可以通过极限过程来定义 $\mathscr{F}_0$，即

$$\mathscr{F}_0\{g(x)\} = g(\xi) \qquad (2-5-7)$$

用类似方法可定义 $\mathscr{F}_\pi$，即

$$\mathscr{F}_\pi\{g(x)\} = g(-\xi) \qquad (2-5-8)$$

以上两式表明，0 阶分数傅里叶变换给出函数本身，π 阶分数傅里叶变换则给出它的倒像。

2.5.2 分数傅里叶变换的几个基本性质（证明从略）

1. 线性性质

分数傅里叶变换仍然是线性变换，即有

$$\mathscr{F}_\alpha\{Ag(x)+Bh(x)\} = A\mathscr{F}_\alpha\{g(x)\} + B\mathscr{F}_\alpha\{h(x)\} \qquad (2-5-9)$$

式中，A、B 为常数。

2. 位移性质

$$\mathscr{F}_\alpha\{g(x+a)\} = \exp\left[ja\sin\alpha\left(\xi+\frac{a\cos\alpha}{2}\right)\right]G(\xi+a\cos\alpha) \qquad (2-5-10)$$

式中，$G(\xi)$ 为 $g(x)$ 的 α 阶分数傅里叶变换。

3. 可加性性质

α 阶和 β 阶变换依次作用的结果相当于 $(\alpha+\beta)$ 阶的一次变换。即

$$\mathscr{F}_\alpha\{\mathscr{F}_\beta\{g(x)\}\} = \mathscr{F}_\alpha\mathscr{F}_\beta\{g(x)\} = \mathscr{F}_{\alpha+\beta}\{g(x)\} \qquad (2-5-11)$$

由于在式 (2-5-11) 中 α 和 β 是对称的，所以有

$$\mathscr{F}_\alpha\mathscr{F}_\beta\{g(x)\} = \mathscr{F}_\beta\mathscr{F}_\alpha\{g(x)\} = \mathscr{F}_{\alpha+\beta}\{g(x)\} \qquad (2-5-12)$$

即分数傅里叶变换是可对易的。特别是当 $\alpha = -\beta$ 时，有

$$\mathscr{F}_\alpha \mathscr{F}_{-\alpha}\{g(x)\} = \mathscr{F}_{-\alpha}\mathscr{F}_\alpha\{g(x)\} = \mathscr{F}_0\{g(x)\} = g(x) \quad (2-5-13)$$

4. 周期性质

由于在分数傅里叶变换的定义中阶数 α 以三角函数及复指数函数的形式出现,所以分数傅里叶变换关于阶数 α 有周期性,周期为 2π,也就是说

$$\mathscr{F}_{2n\pi}\{g(x)\} = g(x) \quad (2-5-14)$$

$$\mathscr{F}_{(2n+1)\pi}\{g(x)\} = g(-x) \quad (2-5-15)$$

$$\mathscr{F}_{2n\pi+\alpha}\{g(x)\} = \mathscr{F}_\alpha\{g(x)\} \quad (2-5-16)$$

于是当 $\alpha < -\pi$ 及 $\alpha > \pi$ 时的变换都可以化为主值区内的变换。设

$$p = 2\frac{\alpha}{\pi} \quad (2-5-17)$$

则 α 阶的分数傅里叶变换还可表示为 $\mathscr{F}^{(p)}\{g\}$,p 的变化范围是 $-2 < p < 2$。

2.5.3 用分数傅里叶变换表示菲涅耳衍射

在菲涅耳衍射公式中,用矢量 r 表示衍射孔径的坐标 (x_0, y_0),用矢量 s 表示距离孔径坐标面为 d 处的观察平面坐标 (x, y),式(2-3-9)可改写为

$$U(s) = \frac{\exp(\mathrm{j}kd)}{\mathrm{j}\lambda d}\exp\left(\mathrm{j}\frac{k}{2d}s^2\right)\int_{-\infty}^{\infty} U_0(r)\exp\left(\mathrm{j}\frac{k}{2d}r^2\right)\exp\left(-\mathrm{j}\frac{2\pi}{\lambda d}s \cdot r\right)\mathrm{d}r$$

$$(2-5-18)$$

将分数傅里叶变换定义中不参与积分的变量放到积分号以外,并将一维形式改为用矢量表示的二维形式,有

$$G(s) = \left\{\frac{\exp\left[-\mathrm{j}\left(\frac{\pi}{2}-\alpha\right)\right]}{2\pi\sin\alpha}\right\}^{\frac{1}{2}}\exp\left(\mathrm{j}\frac{s^2}{2\tan\alpha}\right)\int_{-\infty}^{\infty}\exp\left(\mathrm{j}\frac{r^2}{2\tan\alpha}\right)\exp\left(-\mathrm{j}\frac{s \cdot r}{\sin\alpha}\right)g(r)\mathrm{d}r$$

$$(2-5-19)$$

比较式(2-5-18)表示的菲涅耳衍射公式与式(2-5-19)表示的分数傅里叶变换定义不难发现两者的相似之处。进而对式(2-5-18)作如下的变量代换

$$\rho = \mu r = \sqrt{2\pi\tan\alpha/(\lambda d)}\,r \quad \text{及} \quad \sigma = \nu s = \sqrt{2\pi\sin\alpha\cos\alpha/(\lambda d)}\,s$$

$$(2-5-20)$$

得到

$$U\left(\frac{\sigma}{\nu}\right) = C\exp\left(\mathrm{j}\frac{\tan\alpha}{2}\sigma^2\right)\exp\left(\mathrm{j}\frac{\sigma^2}{2\tan\alpha}\right)\int_{-\infty}^{\infty} U_0\left(\frac{\rho}{\mu}\right)\exp\left(\mathrm{j}\frac{\rho^2}{2\tan\alpha}\right)\exp\left(-\mathrm{j}\frac{\rho \cdot \sigma}{\sin\alpha}\right)\mathrm{d}\rho$$

$$= C\exp\left(\mathrm{j}\frac{\tan\alpha}{2}\sigma^2\right)\mathscr{F}_\alpha\left\{U_0\left(\frac{\rho}{s}\right)\right\} \quad (2-5-21)$$

式(2-5-21)说明,由孔径平面 Σ_0 到观察平面 Σ_1 的菲涅耳衍射可以看成

是 α 阶的分数傅里叶变换与一个二次相位因子的乘积。而孔径平面 Σ_0 到观察平面 Σ_1 的光场分布之间满足 α 阶的分数傅里叶变换关系的条件是两平面的坐标需要用缩放因子 μ 和 ν 进行变换。不同的阶数 α 对应的缩放因子 μ 和 ν 是不同的,或者说,不同的缩放因子 $\mu(\nu)$ 完成的分数傅里叶变换阶数不同。例如,要直接观察孔径平面 Σ_0 上光场分布 $U_0(x_0,y_0)$ 的 α 阶的分数傅里叶变换,缩放因子 μ 为 1。根据式(2-5-20)由 α、μ 及 λ 可以计算出观察平面 Σ_1 到孔径平面的距离 d 以及观察平面的缩放因子 ν,从而在观察平面上以缩放因子 ν 变换坐标后得到的菲涅耳衍射光场分布 $U(\sigma)$ 代表着孔径平面 Σ_0 上光场分布 $U_0(x_0,y_0)$ 的 α 阶的分数傅里叶变换。换句话说,观察平面 Σ_1 上的菲涅耳衍射分布可以看成是孔径平面 Σ_0 上的光分布的 α 阶分数傅里叶变换。至于二次相位因子,因为任何光的接收器件都只能检测光的强度而不能直接检测相位,在观察平面接收到的光强分布与二次相位因子无关,所以在观察平面检测的菲涅耳衍射光强分布就是 α 阶的分数傅里叶变换的模平方。如果要得到孔径平面上光场分布的考虑二次相位因子的准确的 α 阶分数傅里叶变换的信息,则可在半径为 R_α 的球面 Σ_1' 上观察

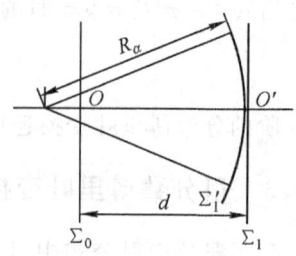

图 2-5-1 菲涅耳衍射与分数傅里叶变换

(如图 2-5-1 所示)。发散球面波在距光源 R_α 的平面处会产生一个二次相位因子 $\exp\left[j\dfrac{k}{2R_\alpha}(x^2+y^2)\right]=\exp\left(j\dfrac{k}{2R_\alpha}s^2\right)$,若在球面 Σ_1' 上观察,则球面上产生总的二次相位因子为 $\exp\left(j\dfrac{\tan\alpha}{2}\sigma^2\right)\cdot\exp\left(-j\dfrac{k}{2R_\alpha}s^2\right)$。若总的二次相位因子互相抵消,即

$$\frac{\tan\alpha}{2}\sigma^2-\frac{k}{2R_\alpha}s^2=0 \qquad (2-5-22)$$

就可在球面 Σ_1' 上得到孔径平面光场分布的准确的 α 阶分数傅里叶变换,将式(2-5-20)代入式(2-5-22),可求出球面 Σ_1' 的半径

$$R_\alpha=\frac{d}{\sin^2\alpha} \qquad (2-5-23)$$

值得注意的是,在此情况下分数傅里叶变换的阶数可以是不确定的,它取决于参考球面的半径。不同的参考球面的半径对应不同的分数傅里叶变换的阶数,也就对应不同的缩放因子,因而孔径平面 Σ_0 上光场分布 $U_0(x_0,y_0)$ 对应的函数 $U_0(\rho)$ 也就不同。

式(2-5-20)的变量代换还可以看成是在做分数傅里叶变换前的"归一化",其结果使得函数的自变量成为无量纲的数,将光的波长和衍射距离的影响

分离出去。

类似用透镜实现夫琅禾费衍射的方法,可以借助透镜实现准确的 α 阶分数傅里叶变换。如果在观察平面处放置一个焦距为 $f=R_\alpha$ 的正透镜,如图 2-5-2(a)所示,则在透镜后的观察面 Σ_2 上即可得到孔径平面光分布的 α 阶的分数傅里叶变换

$$U(\boldsymbol{\sigma}) = C\mathscr{F}_\alpha\{U_0(\boldsymbol{\rho})\} \qquad (2-5-24)$$

式中省去了变量代换的比例因子,以说明前后两个光场之间的分数傅里叶变换关系。但是要注意到,直接用同样尺度的空间坐标表示的光场分布之间并不能满足分数傅里叶变换关系。用傅里叶变换关系表示夫琅禾费衍射需要用衍射距离或透镜焦距对远场衍射的光场坐标进行变换,用分数傅里叶变换关系表示菲涅耳衍射也需要用衍射距离或透镜焦距对菲涅耳衍射光场坐标进行变换。

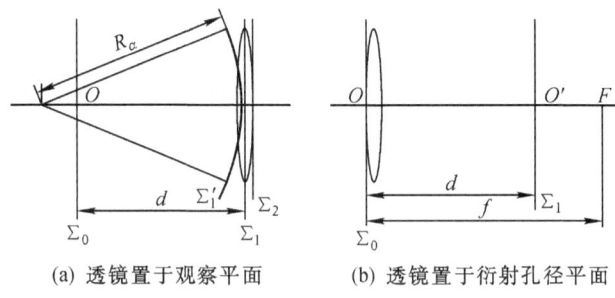

(a) 透镜置于观察平面　　(b) 透镜置于衍射孔径平面

图 2-5-2　有透镜的菲涅耳衍射与分数傅里叶变换

观察孔径 Σ_1 平面光分布的准确 α 阶分数傅里叶变换的另一种方法如图 2-5-2(b)所示,可在孔径平面处放置一个焦距为 $f=R_\alpha$ 的正透镜。这时式 (2-5-18) 变为

$$U(\boldsymbol{s}) = \frac{\exp(\mathrm{j}kd)}{\mathrm{j}\lambda d}\exp\left(\mathrm{j}\frac{k}{2d}s^2\right)\int_{-\infty}^{\infty} U_0(\boldsymbol{r})\exp\left(-\mathrm{j}\frac{k}{2f}r^2\right)\exp\left(\mathrm{j}\frac{k}{2d}r^2\right)\exp\left(-\mathrm{j}\frac{2\pi}{\lambda d}\boldsymbol{s}\cdot\boldsymbol{r}\right)\mathrm{d}\boldsymbol{r}$$

$$(2-5-25)$$

做类似于式(2-5-20)的坐标变换

$$\boldsymbol{\rho} = \mu\boldsymbol{r} = \sqrt{2\pi\sin\alpha\cos\alpha/(\lambda d)}\,\boldsymbol{r} \quad \text{及} \quad \boldsymbol{\sigma} = \nu\boldsymbol{s} = \sqrt{2\pi\tan\alpha/(\lambda d)}\,\boldsymbol{s}$$

$$(2-5-26)$$

并令

$$\frac{d}{f} = \sin^2\alpha \qquad (2-5-27)$$

代入式(2-5-25)得到

$$U\left(\frac{\boldsymbol{\sigma}}{\nu}\right) = C\exp\left(\mathrm{j}\frac{\sigma^2}{2\tan\alpha}\right)\int_{-\infty}^{\infty} U_0\left(\frac{\boldsymbol{\rho}}{\mu}\right)\exp\left(\mathrm{j}\frac{\rho^2}{2\tan\alpha}\right)\exp\left(-\mathrm{j}\frac{\boldsymbol{\rho}\cdot\boldsymbol{\sigma}}{\sin\alpha}\right)\mathrm{d}\boldsymbol{\rho}$$

$$= C \mathscr{F}_\alpha \left\{ U_0 \left(\frac{\boldsymbol{\rho}}{s} \right) \right\} \tag{2-5-28}$$

就是说，当透镜置于衍射孔径平面处时，菲涅耳衍射也可以表示成 α 阶的分数傅里叶变换的形式。

分数傅里叶变换对其阶数具有连续性，即当阶数 β 趋近于阶数 α 时，分数傅里叶变换 $\mathscr{F}_\beta\{\ \}$ 趋近于 $\mathscr{F}_\alpha\{\ \}$。如果距离 d 趋近于零，无论观察球面的半径即透镜的焦距如何选取，阶数 α 都将趋近于零。相应的分数傅里叶变换趋近于单位算子 $\mathscr{F}_0\{\ \}$，变换结果给出函数本身。这一数学描述与物理现象是一致的。另一方面，如果距离 d 趋近于无穷，比例 d/f 将趋近于 1，阶数 α 则将趋近于 $\pi/2$。相应的分数傅里叶变换转化为常规傅里叶变换，变换结果给出函数角谱。从物理上讲，产生无穷远处的远场衍射，即夫琅禾费衍射。分数傅里叶变换的连续性对应着光的传播由原始光场经过菲涅耳衍射区一直到无穷远处夫琅禾费衍射区的全过程。

另外，衍射作为一种物理现象，要求用衍射理论计算在距离 d_1 和距离 d_2 上连续两次衍射得到的结果与计算在距离 $d_1 + d_2$ 上一次衍射得到的结果是相同的。用衍射理论中的经典菲涅耳衍射公式计算证明这一点相当困难。分数傅里叶变换的可加性性质则直接满足了这个要求。总之，用分数傅里叶变换描述衍射全过程是很理想的。

习　题

2.1　一列波长为 λ 的单位振幅平面光波，波矢量 k 与 x 轴的夹角为 $30°$，与 y 轴夹角为 $45°$，试写出其空间频率及 $z = z_1$ 平面上的复振幅表达式。

2.2　尺寸为 $a \times b$ 的不透明矩形屏被单位振幅的单色平面波垂直照明，求出紧靠屏后的平面上的透射光场的角谱。

2.3　波长为 λ 的单位振幅平面波垂直入射到一孔径平面上，在孔径平面上有一个足够大的模板，其振幅透过率为 $t(x_0) = 0.5 \left(1 + \cos \dfrac{2\pi x_0}{3\lambda} \right)$，求紧靠孔径透射场的角谱。

2.4　参看图 2-1，边长为 $2a$ 的正方形孔径内再放置一个边长为 a 的正方形掩模，其中心落在 (ξ, η) 点。采用单位振幅的单色平面波垂直照明，求出与它相距为 z 的观察平面上夫琅禾费衍射图样的光场强度分布。

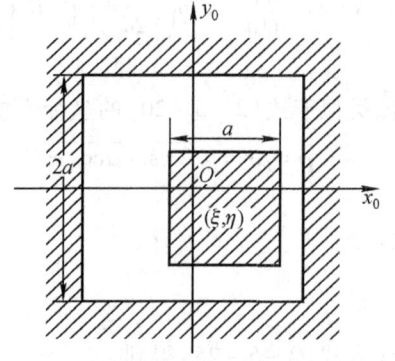

图 2-1　习题 2.4 图

画出 $\xi = \eta = 0$ 时，孔径频谱在 x 方向上的截面图。

2.5 图 2-2 所示的孔径由两个相同的矩形组成，它们的宽度为 a，长度为 b，中心相距为 d。采用单位振幅的单色平面波垂直照明，求与它相距为 z 的观察平面上夫琅禾费衍射图样的强度分布。假定 $b = 4a$ 及 $d = 1.5a$，画出沿 x 和 y 方向上强度分布的截面图。如果对其中一个矩形引入相位差 π，上述结果有何变化？

2.6 图 2-3 所示半无穷不透明屏的复振幅透过率可用阶跃函数表示为 $t(x_0) = \text{step}(x_0)$。采用单位振幅的单色平面波垂直照明，求相距为 z 的观察平面上夫琅禾费衍射图样的复振幅分布。画出在 x 方向上的振幅分布曲线。

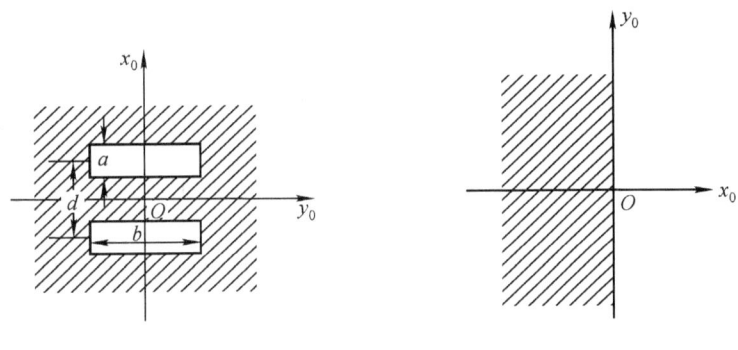

图 2-2 习题 2.5 图   图 2-3 习题 2.6 图

2.7 在夫琅禾费衍射中，只要孔径上的场没有相位变化，试证明：(1) 不论孔径的形状如何，夫琅禾费衍射图样都有一个对称中心；(2) 若孔径对于某一条直线是对称的，则衍射图样将对于通过原点与该直线平行和垂直的两条直线对称。

2.8 试证明如下列阵定理：假设在衍射屏上有 N 个形状和方位都相同的全等形开孔，在每一个开孔内取一个相对开孔来讲方位一样的点代表孔的位置，那么该衍射屏生成的夫琅禾费衍射场是下列两个因子的乘积：(1) 置于原点的一个孔径的夫琅禾费衍射（该衍射屏的原点处不一定有开孔）；(2) N 个处于代表孔位置的点上的点光源在观察平面上的干涉。

2.9 一个衍射屏具有下述圆对称振幅透过率函数

$$t(r) = \left(\frac{1}{2} + \frac{1}{2}\cos ar^2\right) \text{circ}\left(\frac{r}{a}\right)$$

(1) 这个屏的作用在什么方面像一个透镜？
(2) 给出此屏的焦距表达式。
(3) 什么特性会严重地限制这种屏用做成像装置（特别是对于彩色物体）？

2.10 用波长为 $\lambda = 632.8 \text{ nm}$ 的平面光波垂直照明半径为 2 mm 的衍射孔，

若观察范围是与衍射孔共轴,半径为 30 mm 的圆域,试求菲涅耳衍射和夫琅禾费衍射的范围。

2.11 单位振幅的单色平面波垂直入射到一半径为 a 的圆形孔径上,试求菲涅耳衍射图样在轴上的强度分布。

2.12 余弦型振幅光栅的复振幅透过率为

$$t(x_0) = \left(a + b\cos 2\pi \frac{x_0}{d}\right)$$

式中,d 为光栅周期,$a > b > 0$。观察平面与光栅相距 z。当 z 分别取下列各数值:(1) $z = z_T = \dfrac{2d^2}{\lambda}$;(2) $z = \dfrac{z_T}{2} = \dfrac{d^2}{\lambda}$;(3) $z = \dfrac{z_T}{4} = \dfrac{d^2}{2\lambda}$(式中,$z_T$ 称为泰伯距离)时,确定单色平面波垂直照明光栅,在观察平面上产生的强度分布。

2.13 图 2-4 所示为透射式锯齿形相位光栅。其折射率为 n,齿宽为 a,齿形角为 α,光栅整体孔径为边长 L 的正方形。采用单位振幅的单色平面波垂直照明,求距离光栅为 z 的观察平面上夫琅禾费衍射图样的强度分布。若让衍射图样中的某一级谱幅值最大,α 应如何选择?

2.14 设 $u(x)$ 为矩形函数,试编写程序求 $p = 1/4、1/2、3/4$ 时的分数傅里叶变换,并绘制出相应 $|U^{(p)}(\xi)|$ 的曲线。

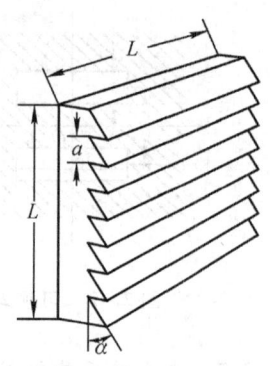

图 2-4 习题 2.13 图

第 3 章 光学成像系统的频率特性

光学成像系统是一种最基本的光学信息处理系统,它用于传递二维的光学图像信息。光波携带输入图像信息(图像的细节、对比等)从光学系统物面传播到像面,输出的图像信息取决于光学系统的传递特性。由于光学系统是线性系统,而且在一定条件下还是线性空间不变系统,因而可以用线性系统理论来研究它的性能。对于相干与非相干照明的成像系统可以分别给出其本征函数,把输入信息分解为由本征函数构成的频率分量,考察这些空间频率分量在系统传递过程中衰减、相移等变化,研究系统空间频率特性即传递函数。显然这是一种全面评价光学系统传递光学信息的能力的方法,也是一种评价光学系统成像质量的方法。与传统的光学系统像质评定方法,如星点法和分辨率法相比,光学传递函数方法能够全面反映光学系统成像能力,有明显的优越性。鉴于微型计算机以及高精度光电测试技术的发展,光学传递函数的计算和测量方法日趋完善,并已实用化,成为光学成像系统的频谱分析理论的一种重要应用。同时光学成像系统的频谱分析作为光学信息处理技术的理论基础,对于光学信息处理技术在信息科学中日益广泛的应用起着极其重要的作用。

透镜是光学成像系统和光学数据处理系统中最重要的元件,具有成像和光学傅里叶变换的基本功能。本章将首先讨论透镜的成像和光学傅里叶变换性质,然后讨论光学成像系统的频率特性。

3.1 透镜的相位变换作用

在衍射屏后面的自由空间观察夫琅禾费衍射,其条件是相当苛刻的。近距离观察夫琅禾费衍射,则要借助会聚透镜来实现。在单色平面波垂直照射衍射屏的情况下,夫琅禾费衍射分布函数就是屏函数的傅里叶变换。也就是说,透镜可以用来实现透过物体的光场分布的傅里叶变换。而透镜之所以可以实现傅里叶变换的原因是它具有相位变换的作用。

首先研究图 3-1-1 所示的无像差的正薄透镜对点光源的成像过程。取 z 轴为光轴,轴上单色点光源 S 到透镜顶点 O_1 的距离为 p,不计透镜的有限孔径所造成的衍射,透镜将物点 S 成完善像于 S' 点。S' 点到透镜顶点 O_2 的距离为 q。过透镜两顶点 O_1 和 O_2,分别垂直于光轴作两参考平面 P_1 和 P_2。由于考虑的是薄透镜,光线通过透镜时入射和出射的高度相同。从几何光学的观点看,图

3-1-1 所示的成像过程是点物成点像；从波面变换的观点看,透镜将一个发散球面波变换成一个会聚球面波。

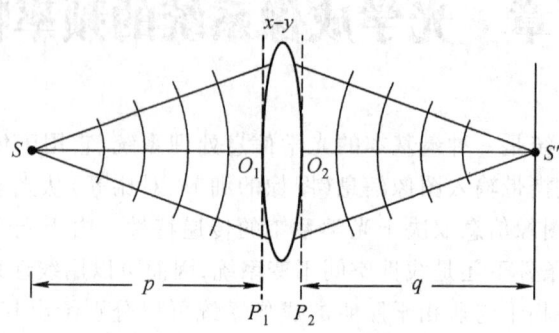

图 3-1-1 透镜的相位变换作用

为了研究透镜对入射波面的变换作用,引入透镜的复振幅透过率 $t(x,y)$,它定义为

$$t(x,y) = \frac{U_1'(x,y)}{U_1(x,y)} \tag{3-1-1}$$

式中,$U_1(x,y)$ 和 $U_1'(x,y)$ 分别是 P_1 和 P_2 平面上的光场复振幅分布。

在傍轴近似下,式(2-1-16)表明,位于 S 点的单色点光源发出的发散球面波在 P_1 平面上造成的光场分布为

$$U_1(x,y) = A\exp(jkp)\exp\left[j\frac{k}{2p}(x^2+y^2)\right] \tag{3-1-2}$$

式中,A 为常数,表明在傍轴近似下,平面 P_1 上的振幅分布是均匀的,发生变化的只是相位。此球面波经透镜变换后向 S' 点会聚,忽略透镜的吸收,它在 P_2 平面上造成的复振幅分布[参阅式(2-1-17)]为

$$U_1'(x,y) = A\exp(-jkq)\exp\left[-j\frac{k}{2q}(x^2+y^2)\right] \tag{3-1-3}$$

在式(3-1-2)和式(3-1-3)中的相位因子 $\exp(jkp)$ 和 $\exp(-jkq)$ 仅表示常数相位变化,它们并不影响 P_1 和 P_2 平面上相位的相对分布,分析时可略去。将式(3-1-2)、式(3-1-3)代入式(3-1-1),得到透镜的复振幅透过率或相位变换因子为

$$t(x,y) = \frac{U_1'(x,y)}{U_1(x,y)} = \exp\left[-j\frac{k}{2}(x^2+y^2)\left(\frac{1}{p}+\frac{1}{q}\right)\right]$$

由透镜成像的高斯公式可知

$$\frac{1}{q}+\frac{1}{p}=\frac{1}{f} \tag{3-1-4}$$

式中,f 为透镜的像方焦距。于是透镜的相位变换因子可简单地表示为

$$t(x,y) = \exp\left[-\mathrm{j}\frac{k}{2f}(x^2+y^2)\right] \qquad (3-1-5)$$

以上结果表明,通过透镜的相位变换作用,把一个发散球面波变换成了会聚球面波。当一个单位振幅的平面波垂直于 P_1 面入射时,它在 P_1 面上造成的复振幅分布

$$U_1(x,y) = 1$$

在 P_2 平面上造成的复振幅分布

$$U_1'(x,y) = U_1(x,y)t(x,y) = \exp\left[-\mathrm{j}\frac{k}{2f}(x^2+y^2)\right]$$

在傍轴近似下,这是一个球面波的表达式。对于正透镜,$f>0$,上式所表示的是一个向透镜后方 f 处的焦点 F' 会聚的球面波;对于负透镜,$f<0$,这是一个由透镜前方 $-f$ 处的虚焦点 F' 发出的发散球面波。

如果考虑透镜孔径的有限大小,用 $P(x,y)$ 表示孔径函数(或称光瞳函数),其定义为

$$P(x,y) = \begin{cases} 1, & 透镜孔径内 \\ 0, & 其他 \end{cases} \qquad (3-1-6)$$

于是透镜的相位变换因子可写为

$$t(x,y) = P(x,y)\exp\left[-\mathrm{j}\frac{k}{2f}(x^2+y^2)\right] \qquad (3-1-7)$$

透镜对光波的相位变换作用是由透镜本身的性质决定的,与入射光波复振幅 $U_1(x,y)$ 的具体形式无关。$U_1(x,y)$ 可以是平面波的复振幅,也可以是球面波的复振幅,还可以是某种特定分布的复振幅,只要傍轴近似条件满足,薄透镜就会以式(3-1-5)或式(3-1-7)的形式对 $U_1(x,y)$ 进行相位变换。

3.2 透镜的傅里叶变换性质

透镜除了具有成像性质外,还能作傅里叶变换,正因如此,傅里叶分析方法在光学中得到广泛而成功的应用。前面已经说明,单位振幅平面波垂直照明衍射屏的夫琅禾费衍射,恰好是衍射屏透过率函数 $t(x,y)$ 的傅里叶变换(除一相位因子外)。另外,在会聚光照明下的菲涅耳衍射,通过会聚中心的观察屏上的菲涅耳衍射场分布,也是衍射屏透过率函数 $t(x,y)$ 的傅里叶变换(除一相位因子外)。这两种途径的傅里叶变换都能用透镜比较方便地实现。第一种情况可在透镜的后焦面(无穷远照明光源的共轭面)上观察夫琅禾费衍射;第二种情况可在照明光源的共轭面上观察屏函数的夫琅禾费衍射图样。下面分别就透明片(物)放在透镜之前和之后两种情况进行讨论。

3.2.1 物在透镜之前

如图 3-2-1 所示,要变换的透明片置于透镜前方 d_o 处,其复振幅透过率为 $t(x_o, y_o)$,这个位置称为输入面。由于是薄透镜,这里把 P_1 和 P_2 平面画在一起了,位于光轴上的单色点光源 S 与透镜的距离为 p。点光源的共轭像面 x-y 与透镜的距离为 q,它是输出面。按信息光学中的习惯,不使用应用光学中的符号规则,这里的 p、q 和 d_o 均用正值,并假设薄透镜孔径不受限制,即抽象认为孔径是无穷大。

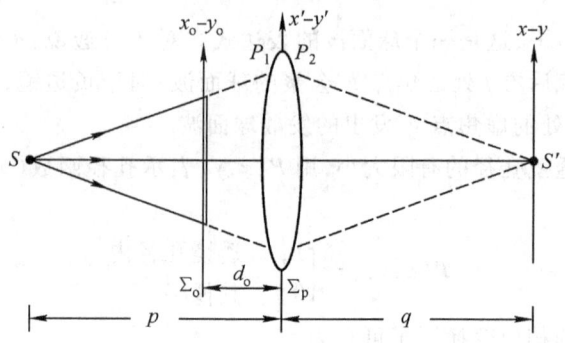

图 3-2-1 物在透镜之前的变换

在傍轴近似下,由单色点光源发出的球面波在物的前表面上造成的场分布为

$$A_o \exp\left[jk \frac{x_o^2 + y_o^2}{2(p - d_o)} \right]$$

透过物体,从输入面上出射的光场为

$$A_o t(x_o, y_o) \exp\left[jk \frac{x_o^2 + y_o^2}{2(p - d_o)} \right]$$

从输入面出射的光场到达透镜平面,按菲涅耳衍射公式(2-3-8),其复振幅分布为

$$U_l(x', y') = \frac{A_o}{j\lambda d_o} \iint_{\Sigma_o} t(x_o, y_o) \exp\left[jk \frac{x_o^2 + y_o^2}{2(p - d_o)} \right]$$
$$\times \exp\left[jk \frac{(x' - x_o)^2 + (y' - y_o)^2}{2d_o} \right] dx_o dy_o$$

这里略去了常数相位因子,Σ_o 为物函数所在的范围。通过透镜后的场分布为

$$U'_l(x', y') = U_l(x', y') P(x', y') \exp\left(-jk \frac{x'^2 + y'^2}{2f} \right)$$

式中,$P(x', y')$ 为式(3-1-6)所定义的光瞳函数。这样一来,在输出面上即光

源 S 的共轭面上的光场分布为

$$U(x,y) = \frac{1}{j\lambda q}\iint_{\Sigma_p} U_l(x',y')\exp\left(-jk\frac{x'^2+y'^2}{2f}\right)$$

$$\times \exp\left[jk\frac{(x-x')^2+(y-y')^2}{2q}\right]dx'dy'$$

式中,Σ_p 为光瞳函数所确定的范围。现将 $U_l(x',y')$ 的表达式代入上式,得

$$U(x,y) = -\frac{A_o}{\lambda^2 q d_o}\iint_{\Sigma_o}\iint_{\Sigma_p} t(x_o,y_o)\exp\left[j\frac{k}{2}(\Delta_x+\Delta_y)\right]dx_o dy_o dx'dy'$$

$$(3-2-1)$$

式中

$$\Delta_x = \frac{x_o^2}{p-d_o} + \frac{(x'-x_o)^2}{d_o} - \frac{x'^2}{f} + \frac{(x-x')^2}{q}$$

$$= x_o^2\left(\frac{1}{p-d_o}+\frac{1}{d_o}\right) + x'^2\left(\frac{1}{d_o}+\frac{1}{q}-\frac{1}{f}\right) + \frac{x^2}{q} - \frac{2x_o x'}{d_o} - \frac{2xx'}{q}$$

$$= \frac{fqx_o^2}{d_o[q(f-d_o)+fd_o]} + \frac{x'^2[q(f-d_o)+fd_o]}{d_o fq} + \frac{x^2}{q} - \frac{2x_o x'}{d_o} - \frac{2xx'}{q}$$

$$= \left\{x_o\sqrt{\frac{fq}{d_o[q(f-d_o)+fd_o]}} - x'\sqrt{\frac{q(f-d_o)+fd_o}{d_o fq}}\right.$$

$$\left. + x\sqrt{\frac{fd_o}{q[q(f-d_o)+fd_o]}}\right\}^2 + \frac{(f-d_o)x^2}{q(f-d_o)+fd_o} - \frac{2fx_o x}{q(f-d_o)+fd_o}$$

$$\Delta_y = \left\{y_o\sqrt{\frac{fq}{d_o[q(f-d_o)+fd_o]}} - y'\sqrt{\frac{q(f-d_o)+fd_o}{d_o fq}}\right.$$

$$\left. + y\sqrt{\frac{fd_o}{q[q(f-d_o)+fd_o]}}\right\}^2 + \frac{(f-d_o)y^2}{q(f-d_o)+fd_o} - \frac{2fy_o y}{q(f-d_o)+fd_o}$$

在上面的化简中,应用了物像共轭关系的高斯公式 $1/p+1/q=1/f$。式 (3-2-1) 要分别对物面和光瞳平面积分。首先完成对光瞳平面的积分

$$U_p = \iint_{\Sigma_p}\exp\left[j\frac{k}{2}(\Delta_x+\Delta_y)\right]dx'dy'$$

由于不考虑透镜有限孔径的影响,对 Σ_p 积分可扩展到无穷。做变量代换,令

$$\alpha = q(f-d_o)+fd_o$$

$$\bar{x} = \left(\sqrt{\frac{fq}{d_o\alpha}}x_o - \sqrt{\frac{\alpha}{d_o fq}}x' + \sqrt{\frac{fd_o}{q\alpha}}x\right)$$

$$\overline{y} = \left(\sqrt{\frac{fq}{d_o \alpha}} y_o - \sqrt{\frac{\alpha}{d_o fq}} y' + \sqrt{\frac{fd_o}{q\alpha}} y \right)$$

$$d\overline{x} = -\sqrt{\frac{\alpha}{d_o fq}} dx', \quad d\overline{y} = -\sqrt{\frac{\alpha}{d_o fq}} dy'$$

于是 U_p 的积分简化成

$$U_p = \frac{d_o fq}{\alpha} \exp\left[jk \frac{(f-d_o)}{2\alpha}(x^2+y^2) \right] \exp\left[-jk \frac{f}{\alpha}(x_o x + y_o y) \right]$$

$$\times \iint_{-\infty}^{\infty} \exp\left[j\frac{k}{2}(\overline{x}^2 + \overline{y}^2) \right] d\overline{x} d\overline{y}$$

利用积分公式

$$\int_{-\infty}^{\infty} e^{-ax^2} dx = \sqrt{\frac{\pi}{a}}$$

可将 U_p 积出

$$U_p = \frac{j\lambda fqd_o}{\alpha} \exp\left[jk\frac{f-d_o}{2\alpha}(x^2+y^2) \right] \exp\left[-jk\frac{f}{\alpha}(x_o x + y_o y) \right]$$

将以上结果代入式(3-2-1)得

$$U(x,y) = c' \exp\left\{ jk \frac{(f-d_o)(x^2+y^2)}{2[q(f-d_o)+fd_o]} \right\} \iint_{-\infty}^{\infty} t(x_o, y_o)$$

$$\times \exp\left[-jk \frac{f(x_o x + y_o y)}{q(f-d_o)+fd_o} \right] dx_o dy_o \qquad (3-2-2)$$

这就是输入面位于透镜前,计算光源共轭面上场分布的一般公式。由于照明光源和观察平面的位置始终保持共轭关系,因此式(3-2-2)中的 q 由照明光源位置决定。当照明光源位于光轴上无穷远,即平面波垂直照明时,$q = f$,这时观察平面位于透镜后焦面上。另外,输入面的位置决定了 d_o 的大小,下面讨论一下输入面的两个特殊位置。

（1）输入面位于透镜前焦面　　这时 $d_o = f$,由式(3-2-2)得

$$U(x,y) = c' \iint_{-\infty}^{\infty} t(x_o, y_o) \exp\left(-jk \frac{x_o x + y_o y}{f} \right) dx_o dy_o \qquad (3-2-3)$$

在这种情况下,衍射物体的复振幅透过率与衍射场的复振幅分布存在准确的傅里叶变换关系,并且只要照明光源和观察平面满足共轭关系,与照明光源的具体位置无关。也就是说,不管照明光源位于何处,均不影响观察平面上空间频率与位置坐标的关系,始终为 $f_x = x/(\lambda f)$, $f_y = y/(\lambda f)$。在理论分析中这种情况是很有意义的。

（2）输入面紧贴透镜　　这时 $d_o = 0$,由式(3-2-2)得

$$U(x,y) = c'\exp\left(jk\frac{x^2+y^2}{2q}\right)\iint_{-\infty}^{\infty} t(x_o,y_o)\exp\left(-jk\frac{x_o x + y_o y}{q}\right)dx_o dy_o$$

(3-2-4)

在这种情况下，衍射物体的复振幅透过率与观察平面上的场分布，不是准确的傅里叶变换关系，有一个二次相位因子。观察平面上的空间坐标与空间频率的关系为 $f_x = x/(\lambda q)$，$f_y = y/(\lambda q)$，随 q 的值而不同。也就是说，频谱的空间尺度能按一定的比例缩放，这对光学信息处理的应用将带来一定的灵活性，并且也利于充分利用透镜孔径。

3.2.2 物在透镜后方

如图 3-2-2 所示，这时入射到透镜前表面的场为

$$A_o \exp\left(jk\frac{x'^2+y'^2}{2p}\right)$$

从透镜出射的场为

$$A_o \exp\left(jk\frac{x'^2+y'^2}{2p}\right)\exp\left(-jk\frac{x'^2+y'^2}{2f}\right)$$

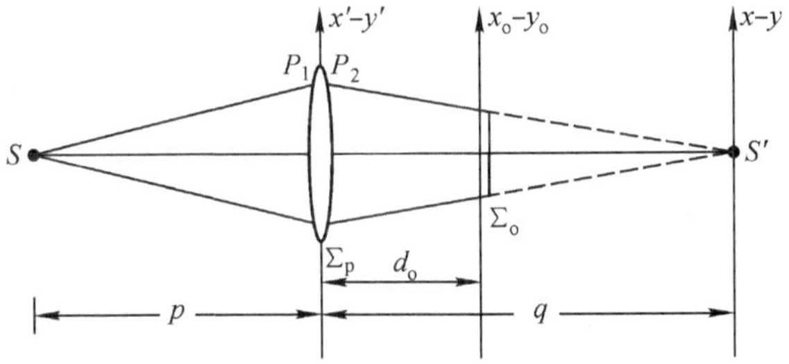

图 3-2-2 物在透镜之后的变换

从透镜的后表面出射的场到达物的前表面造成的场分布为

$$U_o(x_o,y_o) = \frac{A_o}{j\lambda d_o}\iint_{\Sigma_p}\exp\left[jk\frac{x'^2+y'^2}{2p}\right]\exp\left(-jk\frac{x'^2+y'^2}{2f}\right)$$
$$\times \exp\left[jk\frac{(x_o-x')^2+(y_o-y')^2}{2d_o}\right]dx'dy' \quad (3-2-5)$$

通过物体后的出射光场为

$$U'_o(x_o,y_o) = t(x_o,y_o)U_o(x_o,y_o)$$

这个光场传输到观察平面 $x-y$ 上造成的场分布为

$$U(x,y) = \frac{1}{j\lambda(q-d_o)}\iint_{\Sigma_o} t(x_o,y_o)U_o(x_o,y_o)$$

$$\times \exp\left[jk\frac{(x-x_o)^2+(y-y_o)^2}{2(q-d_o)}\right]dx_o dy_o \qquad (3-2-6)$$

将式(3-2-5)代入式(3-2-6),得

$$U(x,y) = -\frac{A_o}{\lambda^2 d_o(q-d_o)}\iint_{\Sigma_p}\iint_{\Sigma_o} t(x_o,y_o)$$

$$\times \exp\left[j\frac{k}{2}(\Delta_x + \Delta_y)\right]dx'dy'dx_o dy_o \qquad (3-2-7)$$

式中

$$\Delta_x = \frac{x'^2}{p} - \frac{x'^2}{f} + \frac{(x_o-x')^2}{d_o} + \frac{(x-x_o)^2}{q-d_o}$$

$$= x'^2\left(\frac{1}{p}+\frac{1}{d_o}-\frac{1}{f}\right) + x_o^2\left(\frac{1}{d_o}+\frac{1}{q-d_o}\right) + \frac{x^2}{q-d_o} - \frac{2x_o x'}{d_o} - \frac{2x_o x}{q-d_o}$$

$$= x'^2\frac{q-d_o}{d_o q} + x_o^2\frac{q}{d_o(q-d_o)} + \frac{x^2}{q-d_o} - \frac{2x_o x'}{d_o} - \frac{2x_o x}{q-d_o}$$

$$= \left\{x'\sqrt{\frac{q-d_o}{d_o q}} - x_o\sqrt{\frac{q}{d_o(q-d_o)}}\right\}^2 + \frac{x^2}{q-d_o} - \frac{2x_o x}{q-d_o}$$

$$\Delta_y = \left\{y'\sqrt{\frac{q-d_o}{d_o q}} - y_o\sqrt{\frac{q}{d_o(q-d_o)}}\right\}^2 + \frac{y^2}{q-d_o} - \frac{2y_o y}{q-d_o}$$

用推导式(3-2-2)的方法可得出

$$U(x,y) = c'\exp\left[jk\frac{x^2+y^2}{2(q-d_o)}\right]\iint_{-\infty}^{\infty} t(x_o,y_o)\exp\left(-jk\frac{x_o x+y_o y}{q-d_o}\right)dx_o dy_o$$

$$(3-2-8)$$

由式(3-2-2)和式(3-2-8)可以看出,不管衍射物体位于何种位置,只要观察平面是照明光源的共轭面,则物面(输入面)和观察平面(输出面)光场复振幅之间的关系都是傅里叶变换关系,即观察平面上的衍射场都是夫琅禾费型。显然,当 $d_o=0$ 时,由式(3-2-8)也可得出式(3-2-4),即物从两面紧贴透镜都是等价的。

3.2.3 透镜的孔径效应

输入面紧贴透镜的情况比较简单,可直接利用式(2-2-13)代入式(3-2-4)(注意两式中 t 的意义是不同的)进行计算。对于物在透镜后方,物面上被照明的区域是透镜的孔径沿会聚光锥在物面上的投影。透镜孔径的衍射效应可以用在物面上孔径投影的衍射效应做等效替代。也就是说,透镜的孔径效应表现为式(3-2-8)的被积函数增加一个形如 $P\left(\dfrac{q}{q-d_o}x_o,\dfrac{q}{q-d_o}y_o\right)$ 的因子

[p 由式(3-1-6)定义]。物在透镜前时,用几何光学近似,也就是考虑物面与透镜之间的距离 d_o 相对于透镜直径 D 而言不是很大的情况。这时光波从物到透镜之间的传播可看做直线传播,并忽略透镜的孔径衍射。这样的条件,在实用的绝大多数问题中都是能得到满足的,于是有

$$U(x,y) = c'\exp\left[jk\frac{(f-d_o)(x^2+y^2)}{2f^2}\right]\iint_{-\infty}^{\infty} t(x_o,y_o) P\left(x_o + \frac{d_o}{f}x, y_o + \frac{d_o}{f}y\right)$$
$$\times \exp\left(-jk\frac{x_o x + y_o y}{f}\right)dx_o dy_o \qquad (3-2-9)$$

3.3 透镜的一般变换特性

在上一节中,照明光源和观察平面是一对成物像关系的共轭面。所以,物透明片无论是放在透镜前或透镜后,除一常数相位因子外,观察平面总是物的频谱面。下面讨论一种任意情况,物面(输入面)和观察平面(输出面)的位置是任意的,将导出此时的输入-输出关系式。如图 3-3-1 所示,正透镜焦距为 f,物面 Σ_o 位于透镜前 d_1 处,观察平面 Σ_1 位于透镜后 d_2 处,d_1 和 d_2 是任意的。用振幅为 1

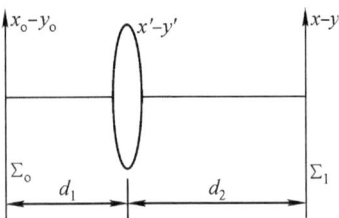

图 3-3-1 透镜的一般变换特性

的单色平面波垂直照明物面,设物面上的场分布为 $U_o(x_o,y_o)$,观察平面上的场分布为 $U(x,y)$,并假设光场在 d_1 和 d_2 距离上的传播满足菲涅耳近似条件,则透镜前表面上的场 $U_1(x',y')$ 可表示为

$$U_1(x',y') = \frac{\exp(jkd_1)}{j\lambda d_1}\iint_{-\infty}^{\infty} U_o(x_o,y_o)\exp\left\{jk\frac{(x'-x_o)^2+(y'-y_o)^2}{2d_1}\right\}dx_o dy_o$$
$$(3-3-1)$$

考虑到透镜的相位变换因子,则透镜后表面上的场分布 $U_1'(x',y')$ 为

$$U_1'(x',y') = \exp\left[-j\frac{k}{2f}(x'^2+y'^2)\right]U_1(x',y') \qquad (3-3-2)$$

于是观察面上的场为

$$U(x,y) = \frac{\exp(jkd_2)}{j\lambda d_2}\iint_{-\infty}^{\infty} U_1'(x',y')\exp\left\{j\frac{k}{2d_2}[(x-x')^2+(y-y')^2]\right\}dx'dy'$$
$$= -\frac{\exp[jk(d_1+d_2)]}{\lambda^2 d_1 d_2}\iint\iint_{-\infty}^{\infty} U_o(x_o,y_o)\exp\left(-jk\frac{x'^2+y'^2}{2f}\right)$$
$$\times \exp\left[jk\frac{(x'-x_o)^2+(y'-y_o)^2}{2d_1}\right]\exp\left[jk\frac{(x-x')^2+(y-y')^2}{2d_2}\right]dx_o dy_o dx'dy'$$

$$= -\frac{\exp[jk(d_1+d_2)]}{\lambda^2 d_1 d_2}\exp\left[j\frac{k}{2d_2}(x^2+y^2)\right]\iint_{-\infty}^{\infty} U_o(x_o,y_o)$$

$$\times \exp\left[jk\frac{x_o^2+y_o^2}{2d_1}\right]I(x_o,y_o)\,dx_o dy_o \qquad (3-3-3)$$

式中

$$I(x_o,y_o) = \iint_{-\infty}^{\infty}\exp\left\{j\frac{k}{2}\left[\left(\frac{1}{d_1}+\frac{1}{d_2}-\frac{1}{f}\right)(x'^2+y'^2)-2\left(\frac{x_o}{d_1}+\frac{x}{d_2}\right)x'\right.\right.$$

$$\left.\left.-2\left(\frac{y_o}{d_1}+\frac{y}{d_2}\right)y'\right]\right\}dx'dy'$$

$$=\int_{-\infty}^{\infty}\exp\left\{j\frac{k}{2}\left[\varepsilon x'^2-2\left(\frac{x_o}{d_1}+\frac{x}{d_2}\right)x'\right]\right\}dx'\times\int_{-\infty}^{\infty}\exp\left\{j\frac{k}{2}\left[\varepsilon y'^2\right.\right.$$

$$\left.\left.-2\left(\frac{y_o}{d_1}+\frac{y}{d_2}\right)y'\right]\right\}dy'$$

$$= I_1(x_o,y_o)I_2(x_o,y_o) \qquad (3-3-4)$$

式中

$$\varepsilon = \frac{1}{d_1}+\frac{1}{d_2}-\frac{1}{f} \qquad (3-3-5)$$

利用积分公式

$$\int_{-\infty}^{\infty}\exp[-Ax^2\pm 2Bx-C]dx = \sqrt{\frac{\pi}{A}}\exp[-C+B^2/A] \qquad (3-3-6)$$

对于 $\varepsilon\neq 0$ 的情况,可得

$$I_1(x_o,y_o) = \sqrt{\frac{j\lambda}{\varepsilon}}\exp\left[-j\frac{k}{2\varepsilon}\left(\frac{x_o}{d_1}+\frac{x}{d_2}\right)^2\right] \qquad (3-3-7)$$

$$I_2(x_o,y_o) = \sqrt{\frac{j\lambda}{\varepsilon}}\exp\left[-j\frac{k}{2\varepsilon}\left(\frac{y_o}{d_1}+\frac{y}{d_2}\right)^2\right] \qquad (3-3-8)$$

将式(3-3-7)、式(3-3-8)代入式(3-3-4),再将式(3-3-4)代入式(3-3-3),得

$$U(x,y) = \frac{\exp[jk(d_1+d_2)]}{j\lambda\varepsilon d_1 d_2}\exp\left[j\frac{k}{2\varepsilon d_1 d_2}\left(1-\frac{d_1}{f}\right)(x^2+y^2)\right]\iint_{-\infty}^{\infty} U_o(x_o,y_o)$$

$$\times \exp\left\{j\frac{k}{2\varepsilon d_1 d_2}\left[\left(1-\frac{d_2}{f}\right)(x_o^2+y_o^2)-2(x_o x+y_o y)\right]\right\}dx_o dy_o$$

$$(3-3-9)$$

在上式的化简过程中应用了下面的恒等变换

$$\frac{1}{d_2}-\frac{1}{\varepsilon d_2^2} = \frac{1}{\varepsilon d_1 d_2}\left(\varepsilon d_1-\frac{d_1}{d_2}\right) = \frac{1}{\varepsilon d_1 d_2}\left(1-\frac{d_1}{f}\right)$$

$$\frac{1}{d_1} - \frac{1}{\varepsilon d_1^2} = \frac{1}{\varepsilon d_1 d_2}\left(\varepsilon d_2 - \frac{d_2}{d_1}\right) = \frac{1}{\varepsilon d_1 d_2}\left(1 - \frac{d_2}{f}\right)$$

当 $d_2 = f$，即后焦面作为观察平面时，则式(3-3-9)简化成

$$U(x,y) = \frac{\exp[jk(d_1 + f)]}{j\lambda f}\exp\left[j\frac{k}{2f}\left(1 - \frac{d_1}{f}\right)(x^2 + y^2)\right]$$
$$\times \iint_{-\infty}^{\infty} U_o(x_o, y_o)\exp\left[-j\frac{2\pi}{\lambda f}(x_o x + y_o y)\right]dx_o dy_o \quad (3-3-10)$$

可见，除一相位因子外，$U(x,y)$ 是 $U_o(x_o, y_o)$ 的傅里叶变换。

当 $d_1 = d_2 = f$ 时，式(3-3-10)中的二次相位因子被消去，则有

$$U(x,y) = \frac{\exp(j2kf)}{j\lambda f}\iint_{-\infty}^{\infty} U_o(x_o, y_o)\exp\left[-j\frac{2\pi}{\lambda f}(x_o x + y_o y)\right]dx_o dy_o$$
$$(3-3-11)$$

这时 $U(x,y)$ 是 $U_o(x_o, y_o)$ 的准确傅里叶变换（常数相位因子无关紧要）。一般情况下，d_1 和 d_2 与 f 并不相等，可以实现分数傅里叶变换，请读者自行证明。

当 $\varepsilon = 0$ 时，即输入和输出满足物像共轭关系，由式(3-3-4)得

$$I_1 = \int_{-\infty}^{\infty} \exp\left[-j\frac{2\pi}{\lambda}\left(\frac{x_o}{d_1} + \frac{x}{d_2}\right)x'\right]dx' = \int_{-\infty}^{\infty} \exp\left[-j\frac{2\pi}{\lambda}\frac{1}{d_1}\left(x_o - \frac{x}{M}\right)x'\right]dx'$$
$$= \lambda d_1 \delta(x_o - x/M) \quad (3-3-12)$$

$$I_2 = \int_{-\infty}^{\infty} \exp\left[-j\frac{2\pi}{\lambda}\left(\frac{y_o}{d_1} + \frac{y}{d_2}\right)y'\right]dy' = \lambda d_1 \delta(y_o - y/M) \quad (3-3-13)$$

将这两式代入式(3-3-3)，得

$$U(x,y) = \frac{\exp[jk(d_1 + d_2)]}{M}\exp\left[-\frac{j\pi}{\lambda M f}(x^2 + y^2)\right]U_o\left(\frac{x}{M}, \frac{y}{M}\right) \quad (3-3-14)$$

在输出面得到放大 $M = -d_2/d_1$ 倍的像，回到了几何光学的结果。

3.4 相干照明衍射受限系统的成像分析

任何平面物场分布都可以看做是无数小面元的组合，而每个小面元都可看做一个加权的 δ 函数。对于一个透镜或一个成像系统，如果能清楚地了解物面上任一小面元的光振动通过成像系统后在像面上所造成的光振动分布情况，通过线性叠加，原则上便能求得任何物面光场分布通过系统后所形成的像面光场分布，进而求得像面强度分布。这就是相干照明下的成像过程。这里关键是求出任意小面元的光振动所对应的像场分布。当该面元的光振动为单位脉冲即 δ 函数时，这个像场分布函数称为点扩散函数或脉冲响应。通常用 $h(x_o, y_o; x_i, y_i)$ 表示[参阅式(1-1-4)]，它表示物面上 (x_o, y_o) 点的单位脉冲通过成像系统后

在像面上(x_i, y_i)点产生的光场分布。

3.4.1 透镜的点扩散函数

首先研究在相干照明下,一个消像差的正薄透镜对透明物成实像的情况。

如图 3-4-1 所示,物体放在透镜前距离为 d_o 的输入面 x_o-y_o 上,在透镜后距离为 d_i 的共轭面 x_i-y_i 上观察成像情况。假定紧靠物体后的复振幅分布为 $U_o(x'_o, y'_o)$,(x'_o, y'_o)点处发出的单位脉冲为 $\delta(x_o-x'_o, y_o-y'_o)$。沿光波传播方向,逐面计算三个特定平面上的场分布:紧靠透镜后的两个平面上的场分布

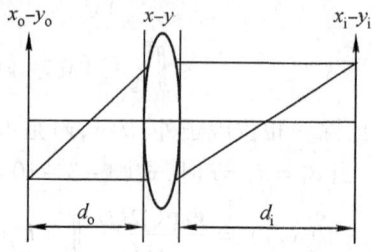

图 3-4-1 推导透镜点扩散函数的简图

dU_1 和 dU'_1,观察平面上的场分布 h。这样就可最终导出一个点源的输入-输出关系。

利用菲涅耳公式(2-3-8),有

$$dU_1(x'_o, y'_o; x, y)$$
$$= \frac{\exp(jkd_o)}{j\lambda d_o} \iint_{-\infty}^{\infty} \delta(x_o-x'_o, y_o-y'_o) \exp\left[jk\frac{(x-x_o)^2+(y-y_o)^2}{2d_o}\right] dx_o dy_o$$
$$= \frac{\exp(jkd_o)}{j\lambda d_o} \exp\left[jk\frac{(x-x'_o)^2+(y-y'_o)^2}{2d_o}\right]$$

由于(x'_o, y'_o)点是任意的,可省去撇号,同时为书写方便,略去常数相位因子,上式可写成

$$dU_1(x_o, y_o; x, y) = \frac{1}{j\lambda d_o} \exp\left[jk\frac{(x-x_o)^2+(y-y_o)^2}{2d_o}\right]$$

此波面通过孔径函数为 $P(x,y)$、焦距为 f 的透镜后,复振幅 $dU'(x_o, y_o; x, y)$ 为

$$dU'_1(x_o, y_o; x, y) = P(x, y) \exp\left(-jk\frac{x^2+y^2}{2f}\right) dU_1(x_o, y_o; x, y)$$

由透镜后表面到观察平面,光场的传播满足菲涅耳衍射,于是物面上的单位脉冲在观察平面上引起的复振幅分布即点扩散函数可写为

$$h(x_o, y_o; x_i, y_i)$$
$$= \frac{\exp(jkd_i)}{j\lambda d_i} \iint_{-\infty}^{\infty} dU'_1(x_o, y_o; x, y) \exp\left[jk\frac{(x_i-x)^2+(y_i-y)^2}{2d_i}\right] dx dy$$

将 dU'_1 的表达式代入并略去包括 -1 在内的常数相位因子,得

$$h(x_o, y_o; x_i, y_i) = \frac{1}{\lambda^2 d_o d_i} \exp\left[jk\frac{x_i^2+y_i^2}{2d_i}\right] \exp\left[jk\frac{x_o^2+y_o^2}{2d_o}\right] \iint_{-\infty}^{\infty} P(x, y)$$

$$\times \exp\left[j\frac{k}{2}\left(\frac{1}{d_i}+\frac{1}{d_o}-\frac{1}{f}\right)(x^2+y^2)\right]$$

$$\times \exp\left\{-jk\left[\left(\frac{x_i}{d_i}+\frac{x_o}{d_o}\right)x+\left(\frac{y_i}{d_i}+\frac{y_o}{d_o}\right)y\right]\right\}dxdy$$

$$(3-4-1)$$

由于物面和像面的共轭关系满足高斯公式,故 $1/d_i+1/d_o=1/f$,于是点扩散函数简化成

$$h(x_o,y_o;x,y)=\frac{1}{\lambda^2 d_o d_i}\exp\left(jk\frac{x_o^2+y_o^2}{2d_o}\right)\exp\left(jk\frac{x_i^2+y_i^2}{2d_i}\right)\iint_{-\infty}^{\infty}P(x,y)$$

$$\times\exp\left\{-jk\left[\left(\frac{x_i}{d_i}+\frac{x_o}{d_o}\right)x+\left(\frac{y_i}{d_i}+\frac{y_o}{d_o}\right)y\right]\right\}dxdy \quad (3-4-2)$$

点扩散函数的表达式(3-4-2)比较复杂,现在来研究怎样将它简化。积分号前的相位因子 $\exp[jk(x_i^2+y_i^2)/(2d_i)]$ 不影响最终探测的强度分布,可以略去。但是对相位因子 $\exp[jk(x_o^2+y_o^2)/(2d_o)]$ 的处理就不那么简单,因为求物面上各点对像面光场的贡献时,这个因子要参与积分。

当透镜的孔径比较大时,物面上每一物点产生的脉冲响应是一个很小的像斑,那么能够对于像面上 (x_i,y_i) 点光场产生有意义贡献的,必定是物面上以几何成像所对应的以物点为中心的微小区域。在这个区域内可近似地认为 x_o、y_o 坐标值不变,其大小与 (x_i,y_i) 点的共轭物坐标 $x_o=x_i/M,y_o=y_i/M$ 相同,即可作以下近似

$$\exp\left[j\frac{k}{2d_o}(x_o^2+y_o^2)\right]\approx\exp\left[j\frac{k}{2d_o}\left(\frac{x_i^2+y_i^2}{M^2}\right)\right] \quad (3-4-3)$$

式中,$M=-d_i/d_o$ 是成像透镜的横向放大率。通过近似后的相位因子不再依赖于 (x_o,y_o),因此不会影响 x_i-y_i 平面上的强度分布,于是也可以略去。这样一来,点扩散函数的形式为

$$h(x_o,y_o;x_i,y_i)=\frac{1}{\lambda^2 d_o d_i}\iint_{-\infty}^{\infty}P(x,y)$$

$$\times\exp\left\{-jk\left[\left(\frac{x_i}{d_i}+\frac{x_o}{d_o}\right)x+\left(\frac{y_i}{d_i}+\frac{y_o}{d_o}\right)y\right]\right\}dxdy$$

$$(3-4-4)$$

将 $M=-d_i/d_o$ 代入,则

$$h(x_o,y_o;x_i,y_i)$$

$$=\frac{1}{\lambda^2 d_o d_i}\iint_{-\infty}^{\infty}P(x,y)\exp\left\{-j\frac{2\pi}{\lambda d_i}[(x_i-Mx_o)x+(y_i-My_o)y]\right\}dxdy$$

$$= \frac{1}{\lambda^2 d_o d_i} \iint_{-\infty}^{\infty} P(x,y) \exp\left\{-j\frac{2\pi}{\lambda d_i}[(x_i - \tilde{x}_o)x + (y_i - \tilde{y}_o)y]\right\} dxdy$$

$$(3-4-5)$$

式中,$\tilde{x}_o = Mx_o$,$\tilde{y}_o = My_o$。于是,$h(x_o, y_o; x_i, y_i)$ 可以写成 $h(x_i - \tilde{x}_o, y_i - \tilde{y}_o)$ 的形式,即

$$h(x_i - \tilde{x}_o, y_i - \tilde{y}_o) = \frac{1}{\lambda^2 d_o d_i} \iint_{-\infty}^{\infty} P(x,y) \exp\left\{-j\frac{2\pi}{\lambda d_i}[(x_i - \tilde{x}_o)x\right.$$

$$\left. + (y_i - \tilde{y}_o)y]\right\} dxdy \qquad (3-4-6)$$

这说明,在傍轴成像条件下,以式(3-4-6)所表征的透镜成像系统是空间不变的。而且,透镜的脉冲响应就等于透镜孔径的夫琅禾费衍射图样,其中心位于理想像点($\tilde{x}_o, \tilde{y}_o$)处。透镜孔径的衍射作用明显与否,是由孔径线度相对于波长 λ 和像距 d_i 的比例决定的,为此对孔径平面上的坐标(x, y)进行如下变换,令

$$\tilde{x} = \frac{x}{\lambda d_i}, \quad \tilde{y} = \frac{y}{\lambda d_i}$$

将 $\tilde{x}$、$\tilde{y}$ 代入式(3-4-6),得

$$h(x_i - \tilde{x}_o, y_i - \tilde{y}_o) = |M| \iint_{-\infty}^{\infty} P(\lambda d_i \tilde{x}, \lambda d_i \tilde{y})$$

$$\times \exp\{-j2\pi[(x_i - \tilde{x}_o)\tilde{x} + (y_i - \tilde{y}_o)\tilde{y}]\} d\tilde{x} d\tilde{y}$$

$$(3-4-7)$$

这就是透镜的点扩散函数表达式。式中,$|M| = d_i/d_o$。

当孔径大小比 λd_i 大得多时,在(x, y)坐标中,在无限大的区域内 $P(\lambda d_i \tilde{x}, \lambda d_i \tilde{y})$的值均为 1,则

$$h(x_i - \tilde{x}_o, y_i - \tilde{y}_o) = |M| \iint_{-\infty}^{\infty} \exp\{-j2\pi[(x_i - \tilde{x}_o)\tilde{x} + (y_i - \tilde{y}_o)\tilde{y}]\} d\tilde{x} d\tilde{y}$$

$$= |M|\delta(x_i - \tilde{x}_o, y_i - \tilde{y}_o) \qquad (3-4-8)$$

这时物点成像为一个像点,即几何光学理想像。

3.4.2 衍射受限系统的点扩散函数

所谓衍射受限,是指不考虑系统的几何像差,仅仅考虑系统的衍射限制。如果忽略衍射效应的话,点物通过系统后形成一个理想的点像。一般的衍射受限系统可由若干共轴球面透镜组成,这些透镜既可以是正透镜,也可以是负透镜,而且透镜也不一定是薄的。系统对光束大小的限制是由系统内部的孔径光阑决

定的,也就是说在考察衍射受限系统时,实际上主要是考察孔径光阑的衍射作用。孔径光阑在物空间所成的像称为入射光瞳,简称入瞳;孔径光阑在像空间所成的像称为出射光瞳,简称出瞳。当轴上物点的位置确定后,孔径光阑、入瞳、出瞳由系统元件参数及相对位置决定。对整个光学系统而言,入瞳和出瞳保持物像共轭关系。由入射光瞳限制的物方光束必定能全部通过系统,成为被出射光瞳所限制的像方光束。下面为这样的系统建立一个普遍模型。

如图 3-4-2 所示,任意成像系统都可以分成三个部分:从物面到入瞳平面为第一部分;从入瞳平面到出瞳平面为第二部分;从出瞳平面到像面为第三部分。光波在一、三两部分空间的传播可按菲涅耳衍射处理。对于第二部分的透镜系统,在等晕条件下,可把它当做一个"黑箱"来处理,这个黑箱的两个边端分别是入瞳和出瞳,只要能够确定这黑箱的两个边端的性质,整个透镜组的性质便可确定下来,而不必深究其内部结构。假定在入瞳和出瞳之间的光的传播可用几何光学来描述,所谓边端性质是指成像光波在入瞳和出瞳平面上的物理性质。

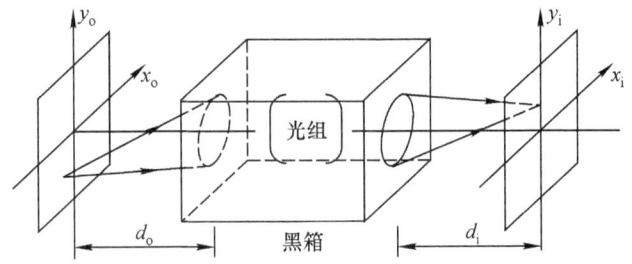

图 3-4-2　成像系统的普遍模型

为了确定系统的脉冲响应,需要知道这个黑箱对点光源发出的球面波的变换作用,即当入瞳平面上输入发射球面波时,出瞳平面透射的波场特性。对于实际光组,这一边端性质千差万别,但总可以分成两类:衍射受限系统和有像差的系统。

当像差很小或者系统的孔径和视场都不大时,实际光学系统就可近似看做衍射受限系统。这时的边端性质就比较简单,物面上任一点源发出的发散球面波投射到入瞳上,被光组变换为出瞳上的会聚球面波。

有像差系统的边端条件是,点光源发出的发散球面波投射到入瞳上,出瞳处的透射波场明显偏离理想球面波,偏离程度由波像差决定。

阿贝认为衍射效应是由于有限的入瞳大小引起的,1896 年瑞利提出衍射效应来自有限大小的出瞳。由于一个光瞳只不过是另一个光瞳的几何像,这两种看法是等价的。衍射效应可以归结为入瞳或出瞳对于成像光波的限制,本书采用瑞利的说法。

由物点发出的球面波,在像方得到的将是一个被出射光瞳所限制的球面波,这个球面波是以理想像点为中心的。由于出射光瞳的限制作用,在像面上将产生以理想像点为中心的出瞳孔径的夫琅禾费衍射图样。于是可以写出物面上(x_o,y_o)点的单位脉冲通过衍射受限系统后在与物面共轭的像面上的复振幅分布,即点扩散函数为

$$h(x_o,y_o;x_i,y_i) = K\iint_{-\infty}^{\infty} P(x,y)$$
$$\times \exp\left\{-j\frac{2\pi}{\lambda d_i}[(x_i - Mx_o)x + (y_i - My_o)y]\right\}dxdy$$

$$(3-4-9)$$

式中,K 是与 (x_o,y_o) 和 (x_i,y_i) 无关的复常数;$P(x,y)$ 是出瞳函数(常称光瞳函数),在光瞳内其值为1,在光瞳外其值为零;d_i 是光瞳平面到像面的距离,已不是通常意义下的像距。还要说明,在推导式(3-4-9)时,同样略去了关于(x_i,y_i)和(x_o,y_o)的二次相位因子,式(3-4-9)和式(3-4-4)一样是有条件的。式(3-4-9)表明,如果略去积分号前的系数,脉冲响应就是光瞳函数的傅里叶变换,即衍射受限系统的脉冲响应是光学系统出瞳的夫琅禾费衍射图样。其中心在几何光学的理想像点 (Mx_o,My_o) 处。

同样对物面上的坐标(x_o,y_o)和光瞳平面上的坐标(x,y)进行坐标变换,令

$$\tilde{x}_o = Mx_o,\ \tilde{y}_o = My_o;\ \tilde{x} = \frac{x}{\lambda d_i},\ \tilde{y} = \frac{y}{\lambda d_i}$$

得到

$$h(x_i - \tilde{x}_o, y_i - \tilde{y}_o) = K\lambda^2 d_i^2 \iint_{-\infty}^{\infty} P(\lambda d_i \tilde{x}, \lambda d_i \tilde{y})$$
$$\times \exp\{-j2\pi[(x_i - \tilde{x}_o)\tilde{x} + (y_i - \tilde{y}_o)\tilde{y}]\}d\tilde{x}d\tilde{y}$$

$$(3-4-10)$$

这就是衍射受限系统的点扩散函数的普遍表达式。如果光瞳对于 λd_i 足够大时,(x,y)坐标中,在无限大区域内 $P(\lambda d_i \tilde{x}, \lambda d_i \tilde{y})$ 都为1,式(3-4-10)变成

$$h(x_i - \tilde{x}_o, y_i - \tilde{y}_o) = K\lambda^2 d_i^2 \delta(x_i - \tilde{x}_o, y_i - \tilde{y}_o) \quad (3-4-11)$$

上式表明,当可以忽略光瞳的衍射时,(x_o,y_o)点的脉冲通过衍射受限系统后在像面上得到的仍然是点脉冲,其位置为 $x_i = \tilde{x}_o = Mx_o, y_i = \tilde{y}_o = My_o$,这便是几何光学理想成像情况。

3.4.3 相干照明下衍射受限系统的成像规律

现在的任务是确定某一给定的物复振幅分布通过衍射受限系统后,在像面上形成的像复振幅分布和光强分布。一个确定的物分布总可以很方便地分解成

无数δ函数的线性组合,而每个δ函数可按式(3-4-10)求出其响应。然而,在像面上将这些无数个脉冲响应合成的结果是和物面照明情况有关的,如果物面上某两个脉冲是相干的,则这两个脉冲在像面上的响应便是相干叠加;若这两个脉冲是非相干的,则这两个脉冲在像面上的响应将是非相干叠加,即强度叠加。所以衍射受限系统的成像特性,对于相干照明和非相干照明是不同的。本节先讨论相干照明情况。非相干照明情况留在3.6节中去讨论。

设物的复振幅分布为 $U_o(x_o,y_o)$,在相干照明下,物面上各点是完全相干的。由于光波传播的线性性质,像的复振幅分布 $U_i(x_i,y_i)$ 可以按式(1-1-5)表达为物的复振幅分布与式(3-4-9)和式(3-4-10)表示的脉冲响应函数的叠加积分。在这个叠加积分中出现了三组坐标:(x_o,y_o)、$(\tilde{x}_o,\tilde{y}_o)$、$(x_i,y_i)$,并不是严格意义上的卷积。为了证明该系统的线性空间不变性质,做进一步的变量代换,首先减去一组坐标 (x_o,y_o)

$$U_i(x_i,y_i) = \iint_{-\infty}^{\infty} U_o(x_o,y_o) h(x_i - \tilde{x}_o, y_i - \tilde{y}_o) \mathrm{d}x_o \mathrm{d}y_o$$

$$= \frac{1}{M^2} \iint_{-\infty}^{\infty} U_o\left(\frac{\tilde{x}_o}{M},\frac{\tilde{y}_o}{M}\right) h(x_i - \tilde{x}_o, y_i - \tilde{y}_o) \mathrm{d}\tilde{x}_o \mathrm{d}\tilde{y}_o$$

(3-4-12)

为了说明式(3-4-12)的物理意义,先讨论 $U_o(\tilde{x}_o/M,\tilde{y}_o/M)$ 在 $(\tilde{x}_o,\tilde{y}_o)$ 坐标中的意义。式(3-4-11)代表理想成像的脉冲响应,如果将它代入式(3-4-12)中,所得到的像 $U_i(x_i,y_i)$ 应该是理想成像的像分布。用 $U_g(x_i,y_i)$ 表示,即得

$$U_g(x_i,y_i) = \frac{1}{M^2} \iint_{-\infty}^{\infty} U_o\left(\frac{\tilde{x}_o}{M},\frac{\tilde{y}_o}{M}\right) K\lambda d_i^2 \delta(x_i - \tilde{x}_o, y_i - \tilde{y}_o) \mathrm{d}\tilde{x}_o \mathrm{d}\tilde{y}_o$$

$$= \frac{K\lambda^2 d_i^2}{M^2} \iint_{-\infty}^{\infty} U_o\left(\frac{\tilde{x}_o}{M},\frac{\tilde{y}_o}{M}\right) \delta(x_i - \tilde{x}_o, y_i - \tilde{y}_o) \mathrm{d}\tilde{x}_o \mathrm{d}\tilde{y}_o$$

$$= \frac{K\lambda^2 d_i^2}{M^2} U_o\left(\frac{x_i}{M},\frac{y_i}{M}\right)$$

(3-4-13)

理想像 U_g 的分布形式与物 U_o 的分布形式是一样的,只是在 x_i 和 y_i 方向放大了 M 倍。由于 $\tilde{x}_o = Mx_o$,$\tilde{y}_o = My_o$,U_o 在 $(\tilde{x}_o,\tilde{y}_o)$ 坐标中的读数比在 (x_o,y_o) 坐标中放大了 M 倍,但 $U_o(x_o,y_o)$ 与 $U_o\left(\frac{\tilde{x}_o}{M},\frac{\tilde{y}_o}{M}\right)$ 的图像形状是一样的。因此把 $U_o\left(\frac{\tilde{x}_o}{M},\frac{\tilde{y}_o}{M}\right)$ 称为 $U_o(x_o,y_o)$ 的理想像。令

$$\tilde{h}(x_i - \tilde{x}_o, y_i - \tilde{y}_o) = \frac{1}{K\lambda^2 d_i^2} h(x_i - \tilde{x}_o, y_i - \tilde{y}_o) \qquad (3-4-14)$$

将上式代入式(3-4-12)得

$$U_i(x_i, y_i) = \frac{K\lambda^2 d_i^2}{M^2} \iint_{-\infty}^{\infty} U_o\left(\frac{\tilde{x}_o}{M}, \frac{\tilde{y}_o}{M}\right) \tilde{h}(x_i - \tilde{x}_o, y_i - \tilde{y}_o) \mathrm{d}\tilde{x}_o \mathrm{d}\tilde{y}_o$$

$$= \iint_{-\infty}^{\infty} U_g(\tilde{x}_o, \tilde{y}_o) \tilde{h}(x_i - \tilde{x}_o, y_i - \tilde{y}_o) \mathrm{d}\tilde{x}_o \mathrm{d}\tilde{y}_o$$

$$= U_g(x_i, y_i) * \tilde{h}(x_i, y_i) \qquad (3-4-15)$$

由式(3-4-14)可以看出式(3-4-12)的物理意义是:物 $U_o(x_o, y_o)$ 通过衍射受限系统后的像分布 $U_i(x_i, y_i)$ 是 $U_o(x_o, y_o)$ 的理想像 $U_g(x_i, y_i)$ 和点扩散函数 $\tilde{h}(x_i, y_i)$ 的卷积。这就表明,不仅对于薄的单透镜系统,而且对于更普遍的情形,衍射受限成像系统仍可看成线性空间不变系统。由 $U_i(x_i, y_i)$ 可以得到像的强度分布为

$$I_i(x_i, y_i) = |U_i(x_i, y_i)|^2 \qquad (3-4-16)$$

如果将式(3-4-10)代入式(3-4-14),那么可得

$$\tilde{h}(x_i - \tilde{x}_o, y_i - \tilde{y}_o)$$

$$= \frac{1}{K\lambda^2 d_i^2} K\lambda^2 d_i^2 \iint_{-\infty}^{\infty} P(\lambda d_i \tilde{x}, \lambda d_i \tilde{y}) \exp\{-\mathrm{j}2\pi[(x_i - \tilde{x}_o)\tilde{x} + (y_i - \tilde{y}_o)\tilde{y}]\} \mathrm{d}\tilde{x} \mathrm{d}\tilde{y}$$

$$= \iint_{-\infty}^{\infty} P(\lambda d_i \tilde{x}, \lambda d_i \tilde{y}) \exp\{-\mathrm{j}2\pi[(x_i - \tilde{x}_o)\tilde{x} + (y_i - \tilde{y}_o)\tilde{y}]\} \mathrm{d}\tilde{x} \mathrm{d}\tilde{y}$$

$$= \mathscr{F}\{P(\lambda d_i \tilde{x}, \lambda d_i \tilde{y})\} \qquad (3-4-17)$$

这就是衍射受限成像系统的点扩散函数与光瞳函数的关系。由于是空间不变的,可以用 $\tilde{x}_o = \tilde{y}_o = 0$ 的脉冲响应表示成像系统的特性,即

$$\tilde{h}(x_i, y_i) = \iint_{-\infty}^{\infty} P(\lambda d_i \tilde{x}, \lambda d_i \tilde{y}) \exp[-\mathrm{j}2\pi(x_i \tilde{x} + y_i \tilde{y})] \mathrm{d}\tilde{x} \mathrm{d}\tilde{y}$$

$$= \mathscr{F}\{P(\lambda d_i \tilde{x}, \lambda d_i \tilde{y})\} \qquad (3-4-18)$$

在相干照明条件下,对于衍射受限成像系统,表征成像系统特征的点扩散函数 $\tilde{h}(x_i, y_i)$,仅决定于系统的光瞳函数 P。由此可见,光瞳函数对于衍射受限系统成像的重要性。

3.5 衍射受限系统的相干传递函数

式(3-4-15)表明在相干照明下的衍射受限系统,对复振幅的传递是线性

空间不变的。线性空间不变系统的变换特性在频域中来描述更方便。频域中描述系统的成像特性的频谱函数 $H_c(f_x, f_y)$ 称为衍射受限系统的相干传递函数,记作 CTF。

相干成像系统的物像关系由式(3-4-15)中的卷积积分描述。该卷积积分把物点看做基元,而像点是物点产生的衍射图样在该点处的相干叠加。从频域来分析成像过程,把复指数函数作为系统的本征函数,考察系统对各种频率成分的传递特性。定义系统的输入频谱 $G_{gc}(f_x, f_y)$ 和输出频谱 $G_{ic}(f_x, f_y)$ 分别为

$$G_{gc}(f_x, f_y) = \mathscr{F}\{U_g(\tilde{x}_o, \tilde{y}_o)\} \quad (3-5-1)$$

$$G_{ic}(f_x, f_y) = \mathscr{F}\{U_i(x_i, y_i)\} \quad (3-5-2)$$

相干传递函数 CTF 为

$$H_c(f_x, f_y) = \mathscr{F}\{\tilde{h}(x_i, y_i)\} \quad (3-5-3)$$

将式(3-4-18)代入式(3-5-3),得

$$H_c(f_x, f_y) = \mathscr{F}\{\mathscr{F}\{P(\lambda d_i \tilde{x}, \lambda d_i \tilde{y})\}\} = P(-\lambda d_i f_x, -\lambda d_i f_y) \quad (3-5-4)$$

这说明,相干传递函数 $H_c(f_x, f_y)$ 等于光瞳函数,仅在空域坐标 (x,y) 和频域坐标 (f_x, f_y) 之间存在着一定的坐标缩放关系。

一般说来,光瞳函数总是取 1 和 0 两个值,所以相干传递函数也是如此,只有 1 和 0 两个值。若由 (f_x, f_y) 决定的 $x = -\lambda d_i f_x, y = -\lambda d_i f_y$ 的值在光瞳内,则这种频率的指数基元按原样在像分布中出现,既没有振幅衰减也没有相位变化,即传递函数对此频率的值为 1。若由 (f_x, f_y) 决定的 (x,y) 的值在光瞳之外,则系统将完全不能让此种频率的指数基元通过,也就是传递函数对这种频率的值为 0。这就是说,衍射受限系统是一个低通滤波器。在频域中存在一个有限的通频带,它允许通过的最高频率称为系统的截止频率,用 f_{cut} 表示。

如果在一个反射坐标中来定义 P,则可以去掉负号,把式(3-5-4)改写为

$$H_c(f_x, f_y) = P(\lambda d_i f_x, \lambda d_i f_y) \quad (3-5-5)$$

尤其是一般光瞳函数都是对光轴呈中心对称的,这样处理的结果不会产生任何实质性的影响。

对于直径为 D 的圆形光瞳,其孔径函数 $P(x,y)$ 可表示为

$$P(x,y) = \text{circ}\left(\frac{\sqrt{x^2 + y^2}}{D/2}\right)$$

由式(3-5-5),其相干传递函数为

$$H_c(f_x, f_y) = P(\lambda d_i f_x, \lambda d_i f_y) = \text{circ}\left(\frac{\sqrt{f_x^2 + f_y^2}}{D/(2\lambda d_i)}\right) \quad (3-5-6)$$

由圆柱函数的定义可知,在 $D/(2\lambda d_i)$ 区域内 $H_c(f_x,f_y)=1$,在 $D/(2\lambda d_i)$ 之外 $H_c(f_x,f_y)=0$,故截止频率

$$f_{cut} = \frac{D}{2\lambda d_i} \qquad (3-5-7)$$

如果出瞳直径 $D=60$ mm,出瞳与像面距离 $d_i=200$ mm,照明光波长 $\lambda=600$ nm,则有

$$f_{cut} = \frac{60}{2 \times 6 \times 10^{-4} \times 200} \text{ mm}^{-1} = 250 \text{ mm}^{-1}$$

由于是圆形光瞳,任何方向的截止频率均是相同的。注意,这里的 f_{cut} 指的是像面上的截止频率,而物面上的截止频率 $f_{cuto}=|M|f_{cut}$。

如果出瞳是边长为 a 的正方形,则光瞳函数为

$$P(x,y) = \text{rect}\left(\frac{x}{a}\right)\text{rect}\left(\frac{y}{a}\right)$$

相干传递函数为

$$H(f_x,f_y) = P(\lambda d_i f_x, \lambda d_i f_y) = \text{rect}\left(\frac{\lambda d_i f_x}{a}\right)\text{rect}\left(\frac{\lambda d_i f_y}{a}\right)$$

$$= \text{rect}\left(\frac{f_x}{a/(\lambda d_i)}\right)\text{rect}\left(\frac{f_y}{a/(\lambda d_i)}\right) \qquad (3-5-8)$$

显然,不同方位上的截止频率不相同,在 x、y 轴方向上,系统的截止频率 $f_{cut}=a/(2\lambda d_i)$。系统的最大截止频率在与 x 轴成 45°角方向上,此时截止频率 $f_{cut}=\sqrt{2}a/(2\lambda d_i)$。

例 3.5.1 用一直径为 D、焦距为 f 的理想单透镜对相干照明物体成像。若物方空间截止频率为 f_{cuto},试问当系统的放大率 M 为何值时,f_{cuto} 有最大值?

解:设物距为 d_o,像距为 d_i。为使成实像时 M 为正,将像面坐标相对于物面坐标反演,于是 M 可表示成

$$M = \frac{d_i}{d_o} = \frac{d_i - f}{f}$$

即

$$d_i = (1+M)f$$

此系统的光瞳函数是直径为 D 的圆形孔径,其截止频率 $f_{cut}=D/(2\lambda d_i)$,考虑到物、像空间截止频率的关系,则有

$$f_{cut} = \frac{D}{2\lambda d_i} = \frac{1}{M}f_{cuto}$$

或

$$f_{cuto} = \frac{MD}{2\lambda d_i} = \frac{MD}{2\lambda(1+M)f}$$

3.5 衍射受限系统的相干传递函数

为求得当 f_{cuto} 取最大值 f_{cutomax} 时的放大倍数 M,将 f_{cuto} 对 M 求导并令其为零,得

$$\frac{df_{\text{cuto}}}{dM} = \frac{D}{2\lambda f} \frac{1}{(1+M)^2} = 0$$

因此,只有当放大倍数 M 为无穷大时,系统才有最大的空间截止频率,此截止频率为

$$f_{\text{cutomax}} = \lim_{M \to \infty} \frac{D}{2\lambda f} \cdot \frac{M}{1+M} = \frac{D}{2\lambda f}$$

此时,物置于透镜前焦面,像在像方无穷远,在物空间的通频带为

$$-\frac{D}{2\lambda f} < \rho < \frac{D}{2\lambda f}$$

例 3.5.2 图 3-5-1 表示两个相干成像系统,所用透镜的焦距都相同。单透镜系统中光阑直径为 D,双透镜系统为了获得相同的截止频率,光阑直径 a 应等于多大(相对于 D 写出关系式)?

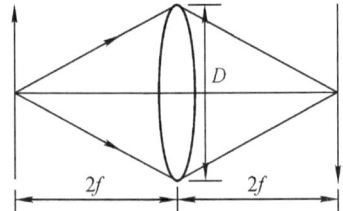
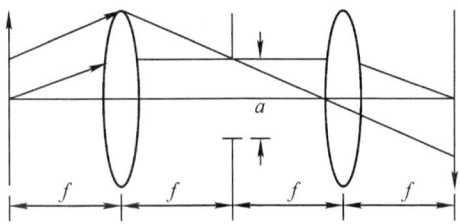

图 3-5-1 两个相干成像系统

解:这两个系统都是横向放大率为 1 的系统,故不必区分物方截止频率和像方截止频率。对于单透镜系统的截止频率为

$$\rho_c = \frac{D}{4\lambda f}$$

根据相干传递函数的意义可知,凡是物面上各面元发出的低于空间频率的平面波均能无阻挡地通过此成像系统。

对于双透镜成像系统,其孔径光阑置于频谱面上,故入瞳和出瞳分别在物方和像方无穷远处。入瞳与孔径光阑保持物像共轭关系,孔径光阑与出瞳也保持物像共轭关系。对于这种放大率为 1 的系统,能通过光阑的最高空间频率也必定能通过入瞳和出瞳。即系统的截止频率可通过光阑的尺寸来计算。

为保证右图的 $4f$ 系统物面上每一面元发出的低于某一空间频率的平面波均都毫无阻挡地通过此成像系统,则要求光阑直径 a 应不小于透镜直径与物面直径之差。于是相应的截止频率为

$$f'_{\text{cut}} = \frac{a}{2\lambda f}$$

按题意要求二者相等，即 $f_{\text{cut}} = f'_{\text{cut}}$，于是得

$$a = \frac{D}{2}$$

3.6 衍射受限系统的非相干传递函数

在非相干照明下，物面上各点的振幅和相位随时间变化的方式是彼此独立、统计无关的。这样一来，虽然物面上每一点通过系统后仍可得到一个对应的复振幅分布，但由于物面的照明是非相干的，却不能通过对这些复振幅分布的相干叠加得到像的复振幅分布，而应该先由这些复振幅分布分别求出对应的强度分布，然后将这些强度分布叠加（非相干叠加）而得到像面强度分布。在传播时光的非相干叠加对于强度是线性的，因此非相干成像系统是强度的线性系统。在等晕区光学系统成像是空间不变的，故非相干成像系统是强度的线性空间不变系统。对非相干成像系统的严格讨论需由下一章的部分相干光理论引入，这里先行引用其结论。

3.6.1 非相干成像系统的光学传递函数

非相干线性空间不变成像系统，物像关系满足下述卷积积分[参阅式(4-8-7)]

$$\begin{aligned}I_i(x_i, y_i) &= k \iint_{-\infty}^{\infty} I_g(\tilde{x}_o, \tilde{y}_o) h_I(x_i - \tilde{x}_o, y_i - \tilde{y}_o) \mathrm{d}\tilde{x}_o \mathrm{d}\tilde{y}_o \\ &= k I_g(x_i, y_i) * h_I(x_i, y_i)\end{aligned} \quad (3-6-1)$$

式中，I_g 为几何光学理想像的强度分布；I_i 为像强度分布；k 为常数，由于它不影响 I_i 的分布形式，所以不用给出具体表达式。h_I 为强度脉冲响应（或称非相干脉冲响应、强度点扩散函数）。它是点物产生的像斑的强度分布，它应该是复振幅点扩散函数模的平方，即

$$h_I(x_i, y_i) = |\tilde{h}(x_i, y_i)|^2 \quad (3-6-2)$$

式(3-6-1)和式(3-6-2)表明，在非相干照明下，线性空间不变成像系统的像强度分布是理想像的强度分布与强度点扩散函数的卷积，系统的成像特性由 $h_I(x_i, y_i)$ 表示，而 $h_I(x_i, y_i)$ 又由 $\tilde{h}(x_i, y_i)$ 决定。

对于非相干照明下的强度线性空间不变系统，在频域中来描述物像关系更加方便。将式(3-6-2)两边进行傅里叶变换并略去无关紧要的常数后，得

$$A_i(f_x, f_y) = A_g(f_x, f_y) H_I(f_x, f_y)$$

其中

$$A_i(f_x, f_y) = \mathscr{F}\{I_i(x_i, y_i)\}$$
$$A_g(f_x, f_y) = \mathscr{F}\{I_g(x_i, y_i)\}$$
$$H_I(f_x, f_y) = \mathscr{F}\{h_I(x_i, y_i)\}$$

由于 $I_i(x_i, y_i)$、$I_g(x_i, y_i)$ 和 $h_I(x_i, y_i)$ 都是强度分布，都是非负实函数，因而其傅里叶变换必有一个常数分量即零频分量，而且它的幅值大于任何非零分量的幅值。决定像的清晰与否主要不是包括零频分量在内的总光强有多大，而在于携带有信息那部分光强相对于零频分量的比值有多大，所以更有意义的是 $A_i(f_x, f_y)$、$A_g(f_x, f_y)$、$H_I(f_x, f_y)$ 相对于各自零频分量的比值。这就启示我们用零频分量对它们归一化，得到归一化频谱为

$$\mathscr{A}_i(f_x, f_y) = \frac{A_i(f_x, f_y)}{A_i(0,0)} = \frac{\iint_{-\infty}^{\infty} I_i(x_i, y_i) \exp[-j2\pi(f_x x_i + f_y y_i)] dx_i dy_i}{\iint_{-\infty}^{\infty} I_i(x_i, y_i) dx_i dy_i} \tag{3-6-3}$$

$$\mathscr{A}_g(f_x, f_y) = \frac{A_g(f_x, f_y)}{A_g(0,0)} = \frac{\iint_{-\infty}^{\infty} I_g(x_i, y_i) \exp[-j2\pi(f_x x_i + f_y y_i)] dx_i dy_i}{\iint_{-\infty}^{\infty} I_g(x_i, y_i) dx_i dy_i} \tag{3-6-4}$$

$$\mathscr{H}(f_x, f_y) = \frac{H_I(f_x, f_y)}{H_I(0,0)} = \frac{\iint_{-\infty}^{\infty} h_I(x_i, y_i) \exp[-j2\pi(f_x x_i + f_y y_i)] dx_i dy_i}{\iint_{-\infty}^{\infty} h_I(x_i, y_i) dx_i dy_i} \tag{3-6-5}$$

由于 $A_i(f_x, f_y) = A_g(f_x, f_y) H_I(f_x, f_y)$ 并且 $A_i(0,0) = A_g(0,0) H_I(0,0)$，所以得到的归一化频谱满足公式

$$\mathscr{A}_i(f_x, f_y) = \mathscr{A}_g(f_x, f_y) \mathscr{H}(f_x, f_y) \tag{3-6-6}$$

$\mathscr{H}(f_x, f_y)$ 称为非相干成像系统的光学传递函数(optical transfer function, 简称 OTF)，它描述非相干成像系统在频域的效应。

由于 $\mathscr{A}_i$、$\mathscr{A}_g$ 和 $\mathscr{H}$ 一般都是复函数，都可以用它的模和辐角表示，于是有

$$\mathscr{A}_i(f_x, f_y) = |\mathscr{A}_i(f_x, f_y)| \exp[j\phi_i(f_x, f_y)]$$
$$\mathscr{A}_g(f_x, f_y) = |\mathscr{A}_g(f_x, f_y)| \exp[j\phi_g(f_x, f_y)]$$
$$\mathscr{H}(f_x, f_y) = m(f_x, f_y) \exp[j\phi(f_x, f_y)]$$

注意到式(3-6-5)和式(3-6-6)的关系，可以得出

$$m(f_x, f_y) = \frac{|H_I(f_x, f_y)|}{H_I(0,0)} = \frac{|\mathscr{A}_i(f_x, f_y)|}{|\mathscr{A}_g(f_x, f_y)|} \tag{3-6-7}$$

$$\phi(f_x, f_y) = \phi_i(f_x, f_y) - \phi_g(f_x, f_y) \quad (3-6-8)$$

通常称 $m(f_x, f_y)$ 为调制传递函数(MTF),$\phi(f_x, f_y)$ 为相位传递函数(PTF)。前者描写了系统对各频率分量对比度的传递特性,后者描述了系统对各频率分量施加的相移。

由于 I_i、I_g 和 h_I 都是非负实函数,它们的归一化频谱 $\mathscr{A}_i$、$\mathscr{A}_g$ 和 $\mathscr{H}$ 都是厄米型函数。在 1.2.3 节中讨论过,余弦函数是这种系统的本征函数,即强度余弦分量在通过系统后仍为同频率的余弦输出,其对比度和相位的变化决定于系统传递函数的模和辐角。换句话说,如果把输入物看做强度透过率呈余弦变化的不同频率的光栅的线性组合,在成像过程中,OTF 唯一的影响是改变这些基元的对比度和相对相位。

对于一个余弦输入的光强分布

$$I_g(\tilde{x}_o, \tilde{y}_o) = a + b\cos[2\pi(f_{xo}\tilde{x}_o + f_{yo}\tilde{y}_o) + \phi_g(f_{xo}, f_{yo})]$$

用 1.2.3 节中的方法可以计算出,通过非相干光学系统成像后得到的输出光强分布为

$$I_i(x_i, y_i) = a + bm(f_{xo}, f_{yo})\cos[2\pi(f_{xo}x_i + f_{yo}y_i) + \phi_g(f_{xo}, f_{yo}) + \phi(f_{xo}, f_{yo})]$$
$$(3-6-9)$$

由此可见,余弦条纹通过线性空间不变成像系统后,像仍然是同频率的余弦条纹,只是振幅减小了,相位变化了。振幅的减小和相位的变化都取决于系统的光学传递函数在该频率处的取值。

对于呈余弦变化的强度分布,很自然地要讨论其对比度或调制度,其定义为

$$V = \frac{I_{\max} - I_{\min}}{I_{\max} + I_{\min}} \quad (3-6-10)$$

式中,$I_{\max}$ 和 $I_{\min}$ 分别是光强度分布的极大值和极小值。物(或理想像)和像的调制度为

$$V_g = \frac{I_{g\max} - I_{g\min}}{I_{g\max} + I_{g\min}} = \frac{(a+b)-(a-b)}{(a+b)+(a-b)} = \frac{b}{a}$$

$$V_i = \frac{I_{i\max} - I_{i\min}}{I_{i\max} + I_{i\min}} = \frac{a + bm(f_x, f_y) - a + bm(f_x, f_y)}{a + bm(f_x, f_y) + a - bm(f_x, f_y)} = \frac{b}{a}m(f_x, f_y)$$

合并以上两式,得

$$V_i = m(f_x, f_y) V_g \quad (3-6-11)$$

而 $\mathscr{H}(f_x, f_y)$ 的辐角 $\phi(f_x, f_y)$ 显然是余弦像和余弦物(或理想像)的相位差,即

$$\phi_i(f_x, f_y) = \phi_g(f_x, f_y) + \phi(f_x, f_y) \quad (3-6-12)$$

即像的对比度等于物的对比度与相应频率的 MTF 的乘积,PTF 给出了相应的相移,空间余弦分布的相位差 $\phi(f_x, f_y)$,体现了余弦像分布 $I_i(x_i, y_i)$ 相对于其物分布 $I_g(\tilde{x}_o, \tilde{y}_o)$ 移动了多少。当 $\phi(f_x, f_y)$ 为 2π 时,表示错开一个条纹,当

$\phi(f_x, f_y) = \theta$ 弧度时，说明错开了 $\theta/(2\pi)$ 个条纹。

由此可见，光学传递函数的模 $m(f_x, f_y)$ 表示物分布中频率为 f_x、f_y 的余弦基元通过系统后振幅的衰减（$m(f_x, f_y) \leq 1$），或者说 $m(f_x, f_y)$ 表示频率为 f_x、f_y 的余弦物通过系统后调制度的降低，正是这个原因才把 $m(f_x, f_y)$ 称为调制传递函数。而 $\mathcal{H}(f_x, f_y)$ 的辐角 $\phi(f_x, f_y)$ 则表示频率为 f_x、f_y 的余弦像分布相对于物（理想像）的横向位移量，所以也把 $\phi(f_x, f_y)$ 称为相位传递函数。

3.6.2 OTF 与 CTF 的关系

光学传递函数 $\mathcal{H}(f_x, f_y)$ 与相干传递函数 $H_c(f_x, f_y)$ 分别描述同一系统采用非相干和相干照明时的传递函数，它们都决定于系统本身的物理性质，应当有联系。由公式 (3-6-5)，并注意到自相关定理式 (1-2-18) 和帕色伐定理式 (1-2-13)，得到

$$\begin{aligned}\mathcal{H}(\xi, \eta) &= H_I(\xi, \eta)/H_I(0,0) \\ &= \frac{\mathcal{F}\{h_I(x_i, y_i)\}}{\iint_{-\infty}^{\infty} h_I(x_i, y_i)\,\mathrm{d}x_i\,\mathrm{d}y_i} \\ &= \frac{\mathcal{F}\{|\tilde{h}(x_i, y_i)|^2\}}{\iint_{-\infty}^{\infty} |\tilde{h}(x_i, y_i)|^2\,\mathrm{d}x_i\,\mathrm{d}y_i} \\ &= \frac{\iint_{-\infty}^{\infty} H_c^*(\alpha,\beta) H_c(\xi+\alpha, \eta+\beta)\,\mathrm{d}\alpha\,\mathrm{d}\beta}{\iint_{-\infty}^{\infty} |H_c(\alpha,\beta)|^2\,\mathrm{d}\alpha\,\mathrm{d}\beta}\end{aligned} \quad (3-6-13)$$

因此，对同一系统来说，光学传递函数等于相干传递函数 H_c 的自相关归一化函数。这一结论是在式 (3-6-2) 的基础上导出的，所以它对有像差的系统和没有像差的系统都完全成立。

3.6.3 衍射受限的 OTF

对于相干照明的衍射受限系统，已知

$$H_c(f_x, f_y) = P(\lambda d_i f_x, \lambda d_i f_y)$$

将它代入式 (3-6-13)，得到

$$\mathcal{H}(f_x, f_y) = \frac{\iint_{-\infty}^{\infty} P(\lambda d_i \alpha, \lambda d_i \beta) P[\lambda d_i(f_x+\alpha), \lambda d_i(f_y+\beta)]\,\mathrm{d}\alpha\,\mathrm{d}\beta}{\iint_{-\infty}^{\infty} P^2(\lambda d_i \alpha, \lambda d_i \beta)\,\mathrm{d}\alpha\,\mathrm{d}\beta}$$

令 $x = \lambda d_i \alpha, y = \lambda d_i \beta$，积分变量的替换不会影响积分结果，于是得 $\mathcal{H}(f_x, f_y)$ 与

$P(x,y)$ 的关系为

$$\mathcal{H}(f_x, f_y) = \frac{\iint_{-\infty}^{\infty} P(x,y) P(x + \lambda d_i f_x, y + \lambda d_i f_y) \mathrm{d}x \mathrm{d}y}{\iint_{-\infty}^{\infty} P^2(x,y) \mathrm{d}x \mathrm{d}y} \quad (3-6-14)$$

对于光瞳函数只有 1 和 0 两个值的情况,分母中的 P^2 可以写成 P。公式表明衍射受限系统的 OTF 是光瞳函数的自相关归一化函数。

研究式(3-6-14)可得到 OTF 的一个重要几何解释。一般情况下光瞳函数只有 1 和 0 两个值,式中分母是光瞳[如图 3-6-1(a)所示]的总面积 S_0,分子代表中心位于 $(-\lambda d_i f_x, -\lambda d_i f_y)$ 的经过平移的光瞳与原光瞳的重叠面积 $S(f_x, f_y)$,求衍射受限系统的 OTF 只不过是计算归一化重叠面积,即

$$\mathcal{H}(f_x, f_y) = \frac{S(f_x, f_y)}{S_0} \quad (3-6-15)$$

如图 3-6-1(b)所示,重叠面积取决于两个错开的光瞳的相对位置,也就是和频率 (f_x, f_y) 有关。对于简单几何形状的光瞳不难求出归一化重叠面积的数学表达式。对于复杂的光瞳,可用计算机计算在一系列分立频率上的 OTF。

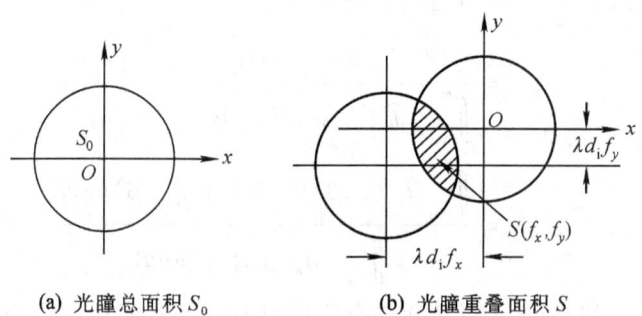

(a) 光瞳总面积 S_0 (b) 光瞳重叠面积 S

图 3-6-1 衍射受限系统 OTF 的几何解释

从上述的几何解释,不难了解衍射受限系统 OTF 的一些性质。

(1) $\mathcal{H}(f_x, f_y)$ 是实的非负函数。因此衍射受限的非相干成像系统只改变各频率余弦分量的对比,而不改变它们的相位,即只需考虑 MTF 而不必考虑 PTF。

(2) $\mathcal{H}(0,0) = 1$。当 $f_x = f_y = 0$ 时,两个光瞳完全重叠,归一化重叠面积为 1,这正是 OTF 归一化的结果,并不意味着物和像的平均(背景)光强相同。由于吸收、反射、散射及光阑挡光等原因,像面平均(背景)光强总要弱于物面光强。但从对比度考虑,物、像方零频分量的对比度都是单位值,无所谓衰减,所以 $\mathcal{H}(0,0) = 1$。

(3) $\mathcal{H}(f_x, f_y) \leq \mathcal{H}(0,0)$。这一结论很容易从两个光瞳错开后重叠的面

积小于完全重叠面积得出。

(4) $\mathcal{H}(f_x, f_y)$ 有一截止频率。当 f_x、f_y 足够大,两光瞳完全分离时,重叠面积为零。此时,$\mathcal{H}(f_x, f_y) = 0$,即在截止频率所规定的范围之外,光学传递函数为零,像面上不出现这些频率成分。

例 3.6.1 衍射受限非相干成像系统的光瞳为边长 l 的正方形,求其光学传递函数。

解:此时的光瞳函数可表示为

$$P(x, y) = \text{rect}\left(\frac{x}{l}\right)\text{rect}\left(\frac{y}{l}\right)$$

显然光瞳总面积 $S_0 = l^2$,当 $P(x, y)$ 在 x、y 方向分别位移 $-\lambda d_i f_x$、$-\lambda d_i f_y$ 以后,得 $P(x + \lambda d_i f_x, y + \lambda d_i f_y)$,从图 3-6-2(a) 可以求出 $P(x, y)$ 和 $P(x + \lambda d_i f_x, y + \lambda d_i f_y)$ 的重叠面积 $S(f_x, f_y)$。由图可得

$$S(f_x, f_y) = \begin{cases} (l - \lambda d_i |f_x|)(l - \lambda d_i |f_y|), & |f_x| \leq \dfrac{l}{\lambda d_i}, |f_y| \leq \dfrac{l}{\lambda d_i} \\ 0, & \text{其他} \end{cases}$$

光学传递函数为

$$\mathcal{H}(f_x, f_y) = \frac{S(f_x, f_y)}{S_0} = \Lambda\left(\frac{f_x}{2f_{\text{cut}}}\right)\Lambda\left(\frac{f_y}{2f_{\text{cut}}}\right) \qquad (3-6-16)$$

式中,$f_{\text{cut}} = l/(2\lambda d_i)$ 是同一系统采用相干照明的截止频率。非相干系统沿 f_x 和 f_y 轴方向上截止频率是 $2f_{\text{cut}} = l/(\lambda d_i)$。图 3-6-2(b) 表示这个结果。

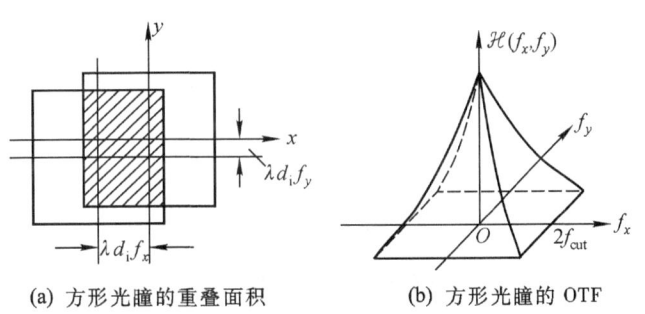

(a) 方形光瞳的重叠面积   (b) 方形光瞳的 OTF

图 3-6-2 方形光瞳衍射受限 OTF 的计算

例 3.6.2 衍射受限系统的出瞳直径为 D 的圆,求此系统的光学传递函数。

解:由于是圆形光瞳,OTF 应该是圆对称的。只要沿 f_x 轴计算即可。参看图 3-6-3(a),在 f_x 轴方向移动 $\lambda d_i f_x$ 后,交叠面积被 AB 分成两个面积相等的弓形。根据几何公式,交叠面积

$$S(f_x, 0) = \frac{D^2}{2}(\theta - \sin\theta\cos\theta)$$

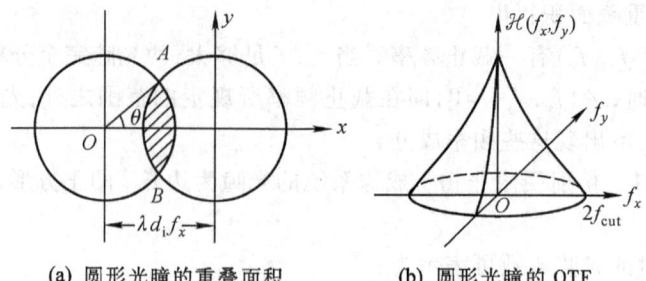

(a) 圆形光瞳的重叠面积　　(b) 圆形光瞳的 OTF

图 3-6-3　圆形光瞳衍射受限的 OTF 计算

其中 $\cos\theta$ 由下式定义

$$\cos\theta = \frac{\lambda d_i f_x/2}{D/2} = \frac{\lambda d_i f_x}{D}$$

在截止频率内

$$\mathcal{H}(f_x, 0) = \frac{S(f_x, 0)}{S_0} = \frac{S(f_x, 0)}{\pi D^2/4} = \frac{2}{\pi}(\theta - \sin\theta\cos\theta)$$

截止频率满足 $\lambda d_i f_x = D$，也就是两个圆中心距离大于直径 D 时，重叠面积为零。此种系统的相干传递函数的截止频率 $f_{cut} = D/(2\lambda d_i)$，显然光学传递函数的截止频率恰好又是 $2f_{cut}$。图 3-6-3(b) 画出了光瞳函数为圆域函数时 $\mathcal{H}(f_x, f_y)$ 的示意图。$\mathcal{H}(f_x, f_y)$ 在极坐标中的表达式为

$$\mathcal{H}(\rho) = \begin{cases} \dfrac{2}{\pi}(\theta - \sin\theta\cos\theta), & \rho \leqslant \dfrac{D}{\lambda d_i} \\ 0, & \text{其他} \end{cases} \quad (3-6-17)$$

式中

$$\rho = \sqrt{f_x^2 + f_y^2}, \cos\theta = \frac{\lambda d_i f_x}{D}$$

3.7　有像差系统的传递函数

对于衍射受限系统，在相干照明下传递函数 H_c 只有 1 和 0 两个值，各种空间频率成分或者无畸变地通过系统，或者被完全挡掉。在非相干照明下的光学传递函数是非负实函数，即系统只改变各频率成分的对比，不产生相移。以上结果是在没有像差的情况下得出的，当然是理想情况。任何一个实际系统总是有像差的。像差可能来自于构成系统的元件，也可能来自成像面的位置误差，来自理想球面透镜所固有的球面像差，等等。所有这些像差都会对传递函数发生影响，在相干或非相干照明下，传递函数都会成为复函数。系统将对各频率成分的

相位发生影响。

在讨论衍射受限系统时,通过点扩散函数 $h(x_i,y_i)$ 与光瞳函数的傅里叶变换,最终用光瞳函数来描述传递函数。对于有像差的系统,仍然可以采用这种方法,只是要对光瞳函数的概念加以推广,然后用广义光瞳函数来描述有像差系统的传递函数。

在衍射受限系统中,单位脉冲 $\delta(\tilde{x}_o,\tilde{y}_o)$ 通过系统后投射到光瞳上的是以理想像点为中心的球面波。对于有像差的系统,不论产生像差的原因如何,其效果都是使光瞳上的出射波前偏离理想球面。如图 3-7-1 所示,由于系统有像差,使与 O 点等相位的各点形成波面 Σ_1,若系统没有像差,理想波面应该是 Σ_o。Σ_1 和 Σ_o 每一点的光程差用函数 $W(x,y)$ 表示,它的具体形式由系统像差决定,由它引起的相位变化是 $kW(x,y)$,若定义

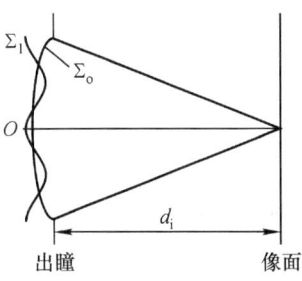

图 3-7-1 像差对于出瞳平面波前的影响

$$\mathscr{P}(x,y) = P(x,y)\exp[jkW(x,y)] \qquad (3-7-1)$$

则 $h(x_i,y_i)$ 可以看做是复振幅透过率为 $\mathscr{P}(x,y)$ 的光瞳被半径为 d_i 的球面波照明后所得的分布,式中 $P(x,y)$ 为系统没有像差时的光瞳函数,$\mathscr{P}(x,y)$ 称为广义光瞳函数。这样一来,$h(x_i,y_i)$ 就是广义光瞳函数的傅里叶变换。在式 (3-4-18) 中用广义光瞳函数代替光瞳函数 P 就可以得到有像差系统的相干点扩散函数,即

$$\begin{aligned}\tilde{h}(x_i,y_i) &= \mathscr{F}\{\mathscr{P}(\lambda d_i\tilde{x},\lambda d_i\tilde{y})\} \\ &= \mathscr{F}\{P(\lambda d_i\tilde{x},\lambda d_i\tilde{y})\exp[jkW(\lambda d_i\tilde{x},\lambda d_i\tilde{y})]\}\end{aligned}$$
$$(3-7-2)$$

由此可见,相干脉冲响应不再单纯是孔径的夫琅禾费衍射图样,必须考虑波像差的影响。若像差是对称的,如球差和离焦,点物的像斑仍具有对称性;若像差是非对称的,如彗差、像散等,点物的像斑也不具有圆对称性。

相干传递函数定义为相干点扩散函数的傅里叶变换,利用式 (3-5-6) 可得

$$\begin{aligned}H_c(\xi,\eta) &= \mathscr{P}(\lambda d_i\xi,\lambda d_i\eta) \\ &= P(\lambda d_i\xi,\lambda d_i\eta)\exp[jkW(\lambda d_i\xi,\lambda d_i\eta)] \qquad (3-7-3)\end{aligned}$$

显然,像差的出现并不影响振幅传递函数的通带限制,系统的通频带范围仍由光瞳的大小决定,截止频率和无像差的情况相同。像差的唯一影响是在通带内引入了与频率有关的相位畸变,使像质变坏。

在非相干照明下,强度点扩散函数仍然是相干点扩散函数模的平方,$h_I =$

$|\tilde{h}|^2$。对于圆形光瞳,h_I 不再是艾里斑图样的强度分布。由于像差的影响,点扩散函数的峰值明显小于没有像差时系统点扩散函数的峰值。可以把这两个峰值之比作为像差大小的指标,称为斯特列尔(Strehl)清晰度。

借助于式(3-6-13)和式(3-6-14),由 H_c 和 $\mathcal{H}$ 以及和孔径函数的关系可知,有像差系统的 OTF 应该是广义光瞳函数的归一化自相关函数

$$\mathcal{H}(f_x, f_y) = \frac{\iint_{-\infty}^{\infty} P^*(x,y) P(x+\lambda d_i f_x, y+\lambda d_i f_y) \mathrm{d}x\mathrm{d}y}{\iint_{-\infty}^{\infty} P(x,y) \mathrm{d}x\mathrm{d}y}$$

(3-7-4)

在式(3-7-4)中,广义瞳函数的相位因子不影响该式中分母的积分值,它仍然是光瞳的总面积 S_0。在式(3-7-4)中分子的积分区域仍然是 $\mathscr{P}(x,y)$ 和 $\mathscr{P}(x+\lambda d_i f_x, y+\lambda d_i f_y)$ 的重叠区 $S(f_x, f_y)$,于是式(3-7-4)可简写为

$$\mathcal{H}(f_x, f_y) = \frac{\iint_{S(f_x, f_y)} \exp[-jkW(x,y)]\exp[jkW(x+\lambda d_i f_x, y+\lambda d_i f_y)] \mathrm{d}x\mathrm{d}y}{S_0}$$

(3-7-5)

式(3-7-5)给出了像差引起的相位畸变与 OTF 的直接关系。当波像差为零时,所得结果与式(3-6-16)一致,是衍射受限的 OTF;对于像差不为零的情况,OTF 是复函数,像差不为零不仅影响输入各频率成分的对比度,而且也产生相移,利用施瓦茨不等式,不难证明

$$|\mathcal{H}(f_x, f_y)|_{\text{有像差}} \leq |\mathcal{H}(f_x, f_y)|_{\text{无像差}} \qquad (3-7-6)$$

因此像差会进一步降低成像质量。

由于 h_I 是实函数,无论有无像差,$\mathcal{H}$ 都是厄米型的,即有 $\mathcal{H}(f_x, f_y) = \mathcal{H}^*(-f_x, -f_y)$。它的模和辐角分别为偶函数和奇函数,即

$$M(f_x, f_y) = M(-f_x, -f_y) \qquad (3-7-7)$$

$$\phi(f_x, f_y) = -\phi(-f_x, -f_y) \qquad (3-7-8)$$

了解这一点后,在画 MTF 或 PTF 截面曲线时可以只画出曲线的正频部分。

最后,以离焦情况为例来说明有误差存在时相干传递函数的计算。在正确聚焦的理想情况下,出瞳平面到理想像点 S 的距离为 d_i,来自出瞳平面的理想球面波向 S 点会聚,出瞳平面上的相位分布函数为 $\exp\left(-jk\dfrac{x^2+y^2}{2d_i}\right)$。在离焦情况下,来自出瞳平面的球面波向距出瞳为 d_i' 的像点 S' 点会聚,此时出瞳平面上的相位分布为 $\exp\left(-jk\dfrac{x^2+y^2}{2d_i'}\right)$。这个结果可以理解为本应向 S 点会聚的球面波

由于在出瞳平面上引入了一个相位板而聚向了 S' 点,即有

$$\exp\left(-jk\frac{x^2+y^2}{2d_i}\right)\exp[jkW(x,y)] = \exp\left(-jk\frac{x^2+y^2}{2d_i'}\right) \quad (3-7-9)$$

于是

$$W(x,y) = \frac{1}{2}\left(\frac{1}{d_i} - \frac{1}{d_i'}\right)(x^2+y^2) = \frac{\varepsilon(x^2+y^2)}{2} \quad (3-7-10)$$

式中,ε 表示离焦程度。当出瞳是直径为 D 的圆时,广义光瞳函数的形式为

$$\mathscr{P}(x,y) = \mathrm{circ}\left(\frac{\sqrt{x^2+y^2}}{D/2}\right)\exp\left[jk\frac{\varepsilon(x^2+y^2)}{2}\right] \quad (3-7-11)$$

相应的相干传递函数为

$$H_c(f_x, f_y) = \mathrm{circ}\left(\frac{\lambda d_i'\sqrt{f_x^2+f_y^2}}{D}\right)\exp\left[jk\frac{\varepsilon(\lambda d_i')^2(f_x^2+f_y^2)}{2}\right]$$

$$(3-7-12)$$

至于光学传递函数的计算比较复杂,读者可以自行计算,这里就不介绍了。

3.8 相干与非相干成像系统的比较

下面对相干与非相干成像做一些比较,通过这种比较虽然并不能得出哪一种成像更好些这样一类简单的结论,但对两者之间的联系和某些基本差异的理解会更深入一些。并可根据一些具体情况判断选用哪种照明会更好。

3.8.1 截止频率

OTF 的截止频率是 CTF 截止频率的两倍。但这并不意味着非相干照明一定比相干照明好一些。这是因为不同系统的截止频率是对不同物理量传递而言的。对于非相干系统,它是指能够传递的强度呈余弦变化的最高频率。对于相干系统,是指能够传递的复振幅呈周期变化的最高频率。显然,从数值上对二者做简单比较是不合适的。但对于二者的最后可观察量都是强度,因此直接对像强度进行比较是恰当的。下面将会看到,即使比较的物理量一致,要判断绝对好坏也很困难。

3.8.2 像强度的频谱

对相干和非相干照明情况下像强度进行比较,最简单的方法是考察其频谱特性。在相干和非相干照明下,像强度可分别表示为

$$I_c(x_i, y_i) = |U_g(x_i, y_i) * \tilde{h}(x_i, y_i)|^2 \quad (3-8-1)$$

$$I_i(x_i, y_i) = I_g(x_i, y_i) * h_I(x_i, y_i) \quad (3-8-2)$$

式中，I_c 和 I_i 分别是相干和非相干照明下像面上的强度分布，U_g 和 I_g 分别为物（或理想像）的复振幅分布和强度分布。为了求像的频谱，分别对式(3-8-1)和式(3-8-2)进行傅里叶变换，并利用卷积定理和自相关定理得到相干和非相干像强度频谱为

$$G_c(f_x, f_y) = [G_{gc}(f_x, f_y) H_c(f_x, f_y)] \star [G_{gc}(f_x, f_y) H_c(f_x, f_y)] \quad (3-8-3)$$

$$G_i(f_x, f_y) = [G_{gc}(f_x, f_y) \star G_{gc}(f_x, f_y)][H_c(f_x, f_y) \star H_c(f_x, f_y)] \quad (3-8-4)$$

式中，G_c 和 G_i 分别是相干和非相干像强度的频谱；G_{gc} 是物的复振幅分布的频谱；H_c 是相干传递函数。

由此可知，在两种情况下像强度的频谱可能很不相同，但仍不能就此得出结论哪种情况更好些，因为成像结果不仅依赖于系统的结构与照明光的相干性，而且也与物的空间结构有关。下面举两个例子来说明。

例 3.8.1 物体的复振幅透过率为

$$t_1(x) = \left| \cos 2\pi \frac{x}{b} \right|$$

将此物通过一横向放大率为 1 的光学系统成像。系统的出瞳是半径为 a 的圆形孔径，并且 $\frac{\lambda d_i}{b} < a < \frac{2\lambda d_i}{b}$。$d_i$ 为出瞳到像面的距离，λ 为照明光波波长，试问对该物体成像，采用相干照明和非相干照明，哪一种照明方式为好？

解：当采用相干照明，对于半径为 a 的圆形出瞳，其截止频率为

$$f_{\text{cut}} = \frac{a}{\lambda d_i}$$

由于系统的横向放大率为 1，物和理想像等大，空间频谱结构相同。由题设条件 $\frac{\lambda d_i}{b} < a < \frac{2\lambda d_i}{b}$，可得

$$\frac{1}{2} f_{\text{cut}} < \frac{1}{b} < f_{\text{cut}}$$

将物函数展开成傅里叶级数，得

$$t_1(x) = \left| \cos 2\pi \frac{x}{b} \right| = \frac{4}{\pi} \left[\frac{1}{2} + \frac{1}{1 \times 3} \cos\left(4\pi \frac{x}{b}\right) - \frac{1}{3 \times 5} \cos\left(6\pi \frac{x}{b}\right) + \cdots \right]$$

此物函数的基频 $\frac{2}{b} > f_{\text{cut}}$。所以在相干照明下，成像系统只允许零频分量通过，而其他频谱分量均被挡住，所以物不能成像，像面呈均匀强度分布。

在非相干照明条件下，系统的截止频率 $2f_{\text{cut}}$ 大于物的基频 $2/b$，所以零频和基频均能通过系统参与成像，于是在像面上仍有图像存在，尽管像的基频被衰减，高频被截断了。基于这种分析，显然非相干成像要比相干成像好。

3.8 相干与非相干成像系统的比较

例 3.8.2 在上题中,如果物体的复振幅透过率换为

$$t_2(x) = \cos 2\pi \frac{x}{b}$$

结论又如何？

解：$t_1(x)$ 和 $t_2(x)$ 这两个物函数的振幅分布不同,但有相同的强度分布 $\cos^2 2\pi \frac{x_o}{b}$。下面将看到,它们通过系统的成像情况是不一样的。

对于相干照明,理想像的复振幅分布为 $\cos 2\pi \frac{x_i}{b}$,其频率为 $1/b$。按题设系统的截止频率为 $f_{\text{cut}} = \frac{a}{\lambda d_i}$,且 $1/b < f_{\text{cut}}$。因此这个呈余弦分布的复振幅能不受影响地通过此系统成像。对于非相干照明,理想像的强度分布为 $\cos^2 2\pi \frac{x_i}{b} = \frac{1}{2}\left[1 + \cos 2\pi \frac{2}{b} x_i\right]$,其频率为 $2/b$,按题设 $2/b < 2f_{\text{cut}}$,即小于非相干截止频率。故此物也能通过系统成像,但幅度要受到衰减。由此看来,在这种物结构下,相干照明好于非相干照明。

以上结论也可通过对像面强度的频谱进行分析得出。

在相干照明情况下,理想像的频谱分布为

$$G_{gc}(f_x) = \mathscr{F}\{t_2(x_i)\} = \frac{1}{2}\delta\left(f_x - \frac{1}{b}\right) + \frac{1}{2}\delta\left(f_y + \frac{1}{b}\right)$$

而系统的相干传递函数在沿 f_x 的截面内,在范围 $-f_{\text{cut}} < f_x < f_{\text{cut}}$ 内为常数 1,故 $G_{gc}(f_x)H(f_x,0) = G_{gc}(f_x)$。所以公式 (3-8-3) 所表示的相干照明下的像面强度谱为

$$G_c(f_x) = [G_{gc}(f_x)H_c(f_x,0)] \star [G_{gc}(f_x)H_c(f_x,0)] = G_{gc}(f_x) \star G_{gc}(f_x)$$

$$= \frac{1}{2}\left[\delta\left(f_x - \frac{1}{b}\right) + \delta\left(f_x + \frac{1}{b}\right)\right] \star \frac{1}{2}\left[\delta\left(f_x - \frac{1}{b}\right) + \delta\left(f_x + \frac{1}{b}\right)\right]$$

$$= \frac{1}{4}\left[\delta\left(f_x - \frac{2}{b}\right) + \delta\left(f_x + \frac{2}{b}\right)\right] + \frac{1}{2}\delta(f_x)$$

在非相干照明下,像面强度谱为

$$G_i(f_x) = [G_{gc}(f_x) \star G_{gc}(f_x)][H_c(f_x,0) \star H_c(f_x,0)]$$

$$= G_c(f_x)[H_c(f_x,0) \star H_c(f_x,0)]$$

当 $f_x = 0$ 时,$H_c \star H_c$ 的值为 1,故 $G_i(0) = G_c(0)$,即像强度频谱的零频分量在两种情况下相等,但对频率为 $2/b$ 的分量,由于这时的 $H_c \star H_c$ 值小于 1,故 $G_c\left(\frac{2}{b}\right) >$

$G_i\left(\dfrac{2}{b}\right)$,即在这个频率上相干像强度频谱的幅度要比非相干像强度的频谱幅度大一些,所以相干像的对比度也大一些。从这个意义上说,相干照明优于非相干照明。

3.8.3 两点分辨

分辨率是评判系统成像质量的一个重要指标。非相干成像系统所使用的是瑞利分辨判据,用它来表示理想光学系统的分辨限。对于衍射受限的圆形光瞳情况,点光源在像面上产生的衍射斑的强度分布称为艾里斑。根据瑞利判据,对两个强度相等的非相干点源,若一个点源产生的艾里斑中心恰与第二个点源产生的艾里斑的第一个零点重合,则认为这两个点源刚好能够分辨。若把两个点源像中心取在 $x = \pm 1.92$ 处,则这一条件刚好满足,其强度分布为

$$I(x) = \left[\frac{2J_1(\pi x - 1.92)}{\pi x - 1.92}\right]^2 + \left[\frac{2J_1(\pi x + 1.92)}{\pi x + 1.92}\right]^2 \quad (3-8-5)$$

在图 3-8-1 中给出了刚能分辨的两个点源所产生的强度分布曲线,中心凹陷大小为峰值的 19%,这时在像面上得到的最小分辨限 σ 等于艾里斑图样的核半径,即

$$\sigma = 1.22 \frac{\lambda d_i}{D} \quad (3-8-6)$$

式中,D 为出瞳直径。

相干照明时,两点源产生的艾里斑按复振幅叠加,叠加的结果强烈依赖于两点源之间的相位关系。为了说明问题,仍取两个像点的距离为瑞利间隔,看相干照明时是否也能分辨。因为是相干成像,两点源的像强度分布应为其复振幅相加结果的模的平方,即

$$I(x) = \left|\frac{2J_1(\pi x - 1.92)}{\pi x - 1.92} + \frac{2J_1(\pi x + 1.92)}{\pi x + 1.92}e^{j\phi}\right|^2 \quad (3-8-7)$$

式中,ϕ 为两个点源的相对相位差。图 3-8-2 对于 ϕ 分别为 0、$\dfrac{\pi}{2}$ 和 π 三种情

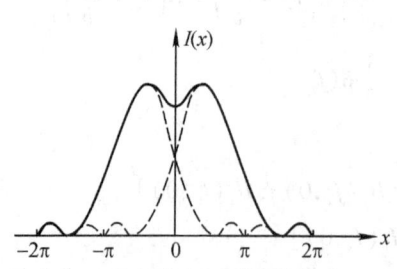

图 3-8-1 刚能分辨的两个
非相干点源的像强度分布

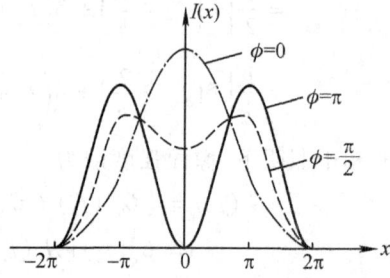

图 3-8-2 相距为瑞利间隔的
两个相干点源的像强度分布

况画出了像强度分布。当 $\phi = 0$ 时，两个点源的相位相同，$I(x)$ 不出现中心凹陷，因此两个点完全不能分辨。当 $\phi = \dfrac{\pi}{2}$ 时，$I(x)$ 与非相干照明完全相同，刚好能够分辨。当 $\phi = \pi$ 时，两个点源的相位相反，$I(x)$ 的中心凹陷为零，这两点比非相干照明时分辨得更为清楚。

因此，瑞利分辨判据仅适用于非相干成像系统，对于相干成像系统能否分辨两个点源，要看它们的相位关系。

3.8.4 其他效应

非相干系统和相干系统对锐边（sharp edge）的响应迥然不同。图 3-8-3 画出了一个具有圆形光瞳的系统对一个阶跃透射物的理论响应曲线，阶跃透射物的振幅透射比是

$$t(x,y) = \begin{cases} 0 & x < 0 \\ 1 & x \geq 0 \end{cases}$$

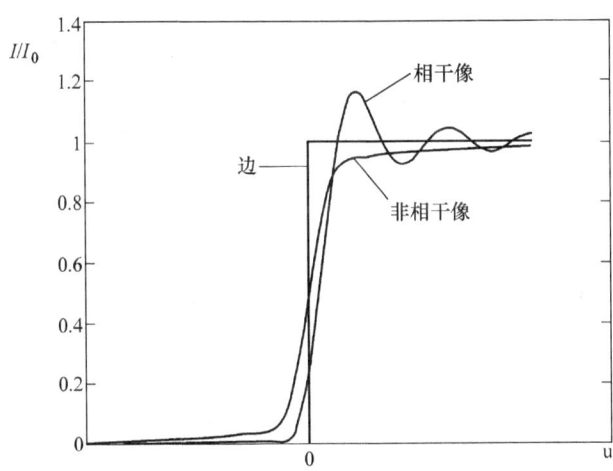

图 3-8-3 一个阶跃物在相干和非相干照明下的像

从图 3-8-3 可以看出，相干系统显现出相当显著的"振铃振荡"（ringing）。这个性质类似于传递函数随频率下降过于陡峭的视频放大器电路中所出现的振铃振荡。相干成像系统的传递函数具有陡峭的不连续性，但 OTF 的下降则平缓得多。相干成像的另一个重要性质是，它在真实的边缘位置上的强度值只有强度渐近值的1/4，而非相干像在此位置的强度值则是强度渐近值的1/2。如果在光电检测系统中设定边缘的检测阈值是在强度达到其渐近值一半的地方，那么在非相干

情形下将得到边的位置的正确估计,而在相干情形下的估计则是错的,偏向锐边的亮侧。由于一些实际的光学系统介于完全的相干成像和完全的非相干像成像之间,即处于部分相干成像状态,这时的锐边的像将呈现更复杂的现象,必须按照部分相干成像的理论进行分析。对边缘成像的分析不只是具有理论意义,还具有实际价值。众所周知,在大规模集成电路生产中,广泛使用以线条为基本图形的光掩模进行光刻制版,必须精确测定光掩模线条尺寸。对实际的显微成像系统光场相干性进行分析(相干、非相干或部分相干),设定正确的检测阈值,采用光电阈值法来自动瞄准测量,可以提高瞄准精度和检测效率。

此外,还必须提到所谓散斑效应,这个效应在高度相干照明下很容易观察到,例如一个透明片物分别用相干光和非相干光通过一个漫射体(例如一片毛玻璃)照明所摄得的像。相干像上的颗粒状特性是漫射体所引入的复杂而随机的波前扰动和光的相干性的直接结果。像中的颗粒性来自漫射体中间隔紧密而相位随机的散射单元互相的干涉。可以证明单个散斑的大小大约是像(或物)上一个分辨单元(resolution cell)的大小(参阅第11章)。在非相干照明情况下,这种干涉是不能发生的,像上没有散斑。因此,当感兴趣的特定物体接近光学系统的分辨极限时,如果采用相干光照明,散斑效应将是相当讨厌的事。在观察时使毛玻璃运动,能够使得在测量过程中照明的相干性部分破坏而散斑被"部分洗掉",可以在一定程度上解决这个问题。可是,在常规的全息术中(全息术由于其本性几乎永远是一个相干成像过程),使漫射体运动是不可能的,因而散斑在全息成像中仍然是一个特殊的问题。

高度相干照明对可能存在于到观察者的传播过程上的光学缺陷是特别敏感的。例如,透镜上微小的尘粒可以引起十分显著的衍射图样叠加在像上。上面讨论的一个合理的结论是,人们应该尽可能选用非相干照明,以避免与相干照明有关的各种弊端。但是,在许多情况中,要么简单地无法实现非相干照明,要么由于某一基本原因不得使用非相干照明。这些情况包括高分辨显微术、相干光学信息处理和全息术。

虽然散斑开始是作为提高光学成像和全息照相质量的障碍来研究的,人们致力于消除散斑的影响。但到20世纪60年代末,人们意识到散斑不仅是一种全息照相不可避免的噪声,而且可能是一种不可多得的随机编码的手段。利用其对平滑表面进行的编码,陆续提出了各种利用激光散斑的测量方法,由散斑照相测量发展到散斑干涉测量,由参考束型散斑干涉方法发展到双光束干涉,剪切散斑干涉,通过电子散斑干涉测量,直到电子散斑照相。而80年代又与全息方法结合产生测量三维变形的全息散斑干涉法。甚至在非相干照明的条件下利用人造散斑进行照相测量。这些相关的散斑干涉计量将在第11章中做深入研究和讨论。

习 题

3.1 参看图3-4-1,在推导相干成像系统点扩散函数式(3-4-5)时,对于积分号前的相位因子

$$\exp\left[j\frac{k}{2d_o}(x_o^2 + y_o^2)\right] \approx \exp\left[j\frac{k}{2d_o}\left(\frac{x_i^2 + y_i^2}{M^2}\right)\right]$$

试问:(1) 物面上半径多大时,相位因子

$$\exp\left[j\frac{k}{2d_o}(x_o^2 + y_o^2)\right]$$

相对于它在原点之值正好改变 π 弧度?

(2) 设光瞳函数是一个半径为 a 的圆,那么在物面上相应 h 的第一个零点的半径是多少?

(3) 由这些结果,设观察是在透镜光轴附近进行,那么 a、λ 和 d_o 之间存在什么关系时可以弃去相位因子 $\exp\left[j\frac{k}{2d_o}(x_o^2 + y_o^2)\right]$?

3.2 一个余弦型振幅光栅,复振幅透过率为

$$t(x_o, y_o) = \frac{1}{2} + \frac{1}{2}\cos 2\pi f_o x_o$$

放在图3-4-1所示的成像系统的物面上,用单色平面波倾斜照明,平面波的传播方向在 $x_o - z$ 平面内,与 z 轴(z 轴与 $x_o - y_o$ 平面垂直,指向右方)夹角为 θ。透镜焦距为 f,孔径为 D。

(1) 求物体透射光场的频谱;

(2) 使像面出现条纹的最大 θ 角等于多少?求此时像面强度分布。

(3) 若 θ 采用上述极大值,使像面上出现条纹的最大光栅频率是多少?与 $\theta = 0$ 时的截止频率比较,结论如何?

3.3 光学传递函数在 $f_x = f_y = 0$ 处都等于1,这是为什么?光学传递函数的值可能大于1吗?如果光学系统真的实现了点物成点像,这时的光学传递函数怎样?

3.4 试证明:当非相干成像系统的点扩散函数 $h_I(x_i, y_i)$ 成点对称时,则其光学传递函数是实函数。

3.5 非相干成像系统的出瞳是由大量随机分布的小圆孔组成。小圆孔的直径都为 $2a$,出瞳到像面的距离为 d_i,光波长为 λ,这种系统可用来实现非相干低通滤波。系统的截止频率近似为多大?

3.6 试用场的观点证明在物的共轭面上得到物体的像。

3.7 试写出平移模糊系统、大气扰动系统的传递函数。

3.8 有一光楔(即薄楔形棱镜),其折射率为 n,顶角 α 很小,当一束傍轴平行光入射其上时,出射光仍为平行光,只是光束方向向底边偏转了一角度 $(n-1)\alpha$,试根据这一事实,导出光束的相位变换函数 t。

3.9 考虑一个想要的强场(振幅为 A)和一个不想要的弱场(振幅为 a)的相加。你可以假设 $A \gg a$。

(1) 当两个场相干时,计算由于不想要的场的出现而引起的对想要的强度的干扰 $\Delta I/|A|^2$。

(2) 当两个场相互不相干时,重复这一计算。

第4章 部分相干理论

在前几章讨论光的干涉、衍射以及传播特性时,常假设光源为一几何点,且具有严格的单色性。这样的光波扰动具有完全的相干性,干涉图的对比度可以达到1。除此以外,则假设光源为完全不相干的,用完全不相干的光源照明得不到干涉条纹,干涉图的对比度为零。实际光源有一定的大小,发出的光波扰动也不可能是严格单色的。同时实际光源发出的光波扰动经过一定距离的传播也不可能是完全不相干的。用实际光源照明做杨氏干涉实验产生的干涉条纹对比度小于1大于0,一般是可以观察到的。即使用通常认为完全不相干的太阳光来照明,只要两个小孔靠得很近,也能看到杨氏干涉条纹。这种介乎完全相干和完全不相干之间的情况,就是部分相干理论研究的内容。

4.1 实多色场的复值表示

第1章中已经说明了线性系统的本征函数是形为 $\exp(-j2\pi\nu t)$ 的复指数函数。输入到线性系统的复指数函数产生的输出也是复指数函数,系统的作用仅体现为对幅值和相位的影响。因此用复指数函数表达一个实值信号来进行线性系统分析常常是方便的。复数表示的方法是构造一个复指数函数使得其实部为原来的实值信号,这样一来若仅对复值信号做线性运算,在运算的任何一步,只要取复数信号的实部,就可以确定相应的实值信号。前几章中已经用复指数函数表达单色光场,现在推广到非单色光场。在非单色光场情况下,对应于原来的实值信号所构造的复指数函数通常称为解析信号。

设实值的非单色光场用 $u^r(t)$ 表示,在时间频率域中,其傅里叶谱为 $\tilde{u}^r(\nu)$,定义 $u(t)$ 为 $u^r(t)$ 的解析信号表示

$$u(t) \equiv 2\int_0^\infty \tilde{u}^r(\nu)\exp(-j2\pi\nu t)d\nu$$

$$= \int_{-\infty}^\infty [1+\text{sgn}\nu]\tilde{u}^r(\nu)\exp(-j2\pi\nu t)d\nu \qquad (4-1-1)$$

上式定义说明,$u^r(t)$ 的解析信号不含 $u^r(t)$ 的负(时间)频率分量,其正频分量则是 $u^r(t)$ 的两倍,即便 $\tilde{u}^r(\nu)$ 在零点之值为 δ 函数,复数信号 $u(t)$ 的实部也可保证与原来的实值信号 $u^r(t)$ 相同。$u(t)$ 的上述积分表示可以导出解析信号的一些重要性质。对式(4-1-1)中方括号里的两项分别进行积分,第一项得到原

函数,第二项可利用符号函数 sgn 的傅里叶变换与卷积定理计算,从而有

$$u(t) = u^r(t) + \frac{j}{\pi} \fint_{-\infty}^{\infty} \frac{u^r(\xi)}{\xi - t} d\xi \qquad (4-1-2a)$$

式中的符号 $\fint_{-\infty}^{\infty}$ 表示必须取积分的柯西主值,即

$$\frac{1}{\pi} \fint_{-\infty}^{\infty} \frac{u^r(\xi)}{\xi - t} d\xi \equiv \frac{1}{\pi} \lim_{\varepsilon \to 0} \left[\int_{-\infty}^{t-\varepsilon} \frac{u^r(\xi)}{\xi - t} d\xi + \int_{t+\varepsilon}^{+\infty} \frac{u^r(\xi)}{\xi - t} d\xi \right]$$

$$(4-1-2b)$$

积分变换式(4-1-2b)称为实值信号 $u^r(t)$ 的希尔伯特变换。式(4-1-2a)证明,解析信号的实部也的确是原来的实值信号,解析信号的虚部是原来的实值信号的希尔伯特变换。而且解析信号虚部的(时间)频谱可从实部的(时间)频谱乘以 $-j\mathrm{sgn}\nu$ 得出

$$\mathscr{F}\{u^i(t)\} = -j\mathrm{sgn}\nu \cdot \tilde{u}^r(\nu) \qquad (4-1-2c)$$

式(4-1-2c)表示的最后一个性质有一个有用的解释。解析信号的虚部可以从将实部通过一个线性时不变滤波器而得到,滤波器的传递函数是 $-j\mathrm{sgn}\nu$。这样一个滤波器称为希尔伯特滤波器。因此,从实值信号构造解析信号的过程可以表示成图 4-1-1 所示的流程。实多色场可以用这样得到的解析信号表示。

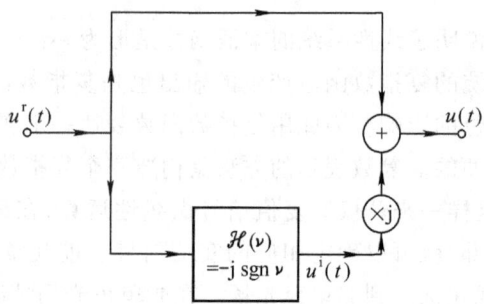

图 4-1-1 从一个实值信号构造一个解析信号

从实值信号构造解析信号的必要性可以这样说明:作为实值信号,对时间作傅里叶变换得到的傅里叶谱必然有负频分量。但是作为随时间变化的实多色场,负时间频率是没有意义的,也就是说,负时间频率分量不应该存在。另一方面,实值信号的傅里叶谱是厄米型函数,其正、负时间频率分量的模是相等的。实多色场作傅里叶变换得到的傅里叶谱中的负时间频率分量,尽管由于负时间频率没有意义而不应该存在,可是在傅里叶变换中它还是分走了一半的能量(功率)。为了用一个信号函数既能够表示实多色场没有负频分量的本质,又不损失能量(功率),构造式(4-1-1)表示的解析信号就变得必要而又合理。在讨论所有部分相干理论的过程中,会一直用解析信号表示多色的光场,在以下的

章节中凡是涉及实多色场也都用解析信号(函数)来表示。还要注意的是,本章中多数涉及的是时间函数与频率,有时会在涉及时间函数与频率的同时涉及空间函数与空间频率,读者应适时地进行理解与区分。

4.2 时间相干性、自相干函数与复自相干度

光的相干性顾名思义就是指作为电磁波的光场产生干涉现象的本领。一般把光的相干性分为两个方面,时间相干性和空间相干性。前者源于光源的有限谱宽,后者源于光源的有限大小,本节讨论光的时间相干性。

4.2.1 非单色光的分振幅干涉及其数学描述

在分振幅干涉的情况下,光源发出的光束被延迟后的部分与未被延迟的光束本身在干涉场中叠加,光波以这种形式发生干涉的能力称为光的时间相干性。迈克尔逊干涉仪是最典型的利用时间相干性产生干涉现象的仪器[如图4-2-1(a)所示]。仪器中探测器 D 接收的光强随程差 $2h$ 呈余弦变化。由于有限的相干长度(时间)的限制,该余弦曲线的振幅逐渐减小[如图4-2-1(b)所示]。这种 $I_D - h$ 曲线称为干涉图,它描述了由时间相干性产生的干涉现象。

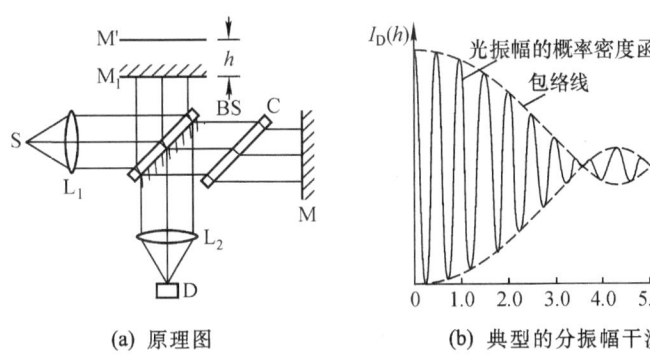

(a) 原理图   (b) 典型的分振幅干涉图

图 4-2-1　迈克尔逊干涉仪

假设在图4-2-1所示的迈克尔逊干涉仪装置中,落到探测器 D 上未被延迟的光束与被延迟后的光束分别用解析信号 $u(t)$ 和 $u\left(t + \dfrac{2h}{c}\right)$ 表示,c 是真空中的光速。探测器 D 接收的光振动是两束光叠加的结果

$$u_D(t) = K_1 u(t) + K_2 u\left(t + \frac{2h}{c}\right) \qquad (4-2-1)$$

式中,常数因子 K_1 和 K_2 分别为两路光的振幅衰减因子,均可为复数。由于探测

器的响应时间比光振动的时间周期长得多,而且各有限长的波列之间初相位和长度分布的随机性导致了光强的随机变化,定义 P 点的光强为无限长时间的平均值

$$I_D = \langle u_D(t) u_D^*(t) \rangle \qquad (4-2-2)$$

式中,角括号表示求时间平均,定义为

$$\langle f(t) \rangle = \lim_{T \to \infty} \frac{1}{2T} \int_{-T}^{T} f(t) \mathrm{d}t$$

把式(4-2-1)代入式(4-2-2),得到光强为

$$I_D(h) = K_1^2 \langle u(t) u^*(t) \rangle + K_2^2 \left\langle u\left(t + \frac{2h}{c}\right) u^*\left(t + \frac{2h}{c}\right) \right\rangle$$
$$+ K_1 K_2 \left\langle u(t) u^*\left(t + \frac{2h}{c}\right) \right\rangle + K_1 K_2 \left\langle u^*(t) u\left(t + \frac{2h}{c}\right) \right\rangle \qquad (4-2-3)$$

4.2.2 自相干函数与复自相干度

这里讨论的光场是平稳的,其统计性质不随时间改变,因而所探测的光强 $I_D(h)$ 与选择时刻无关。定义光场自相干函数 $\Gamma(\tau)$ 为

$$\Gamma(\tau) \equiv \langle u(t) u^*(t+\tau) \rangle = \left\langle u(t) u^*\left(t + \frac{2h}{c}\right) \right\rangle \qquad (4-2-4)$$

当 $\tau = 0$ 时,有

$$\Gamma(0) = \langle u(t) u^*(t) \rangle = \left\langle u\left(t + \frac{2h}{c}\right) u^*\left(t + \frac{2h}{c}\right) \right\rangle = I_0$$

显然 $\Gamma(0)$ 是落到探测器 D 上不衰减的单个光束光强 I_0。考虑振幅衰减因子,则落到探测器 D 上两光束光强分别为 $I_1 = K_1^2 \Gamma(0)$ 和 $I_2 = K_2^2 \Gamma(0)$。公式(4-2-3)可以最终表示为

$$I_D(h) = (K_1^2 + K_2^2) I_0 + 2 K_1 K_2 \mathrm{Re}\left[\Gamma\left(\frac{2h}{c}\right)\right]$$
$$= I_1 + I_2 + 2 [I_1 I_2]^{1/2} \mathrm{Re}[\gamma(\tau)] \qquad (4-2-5)$$

式中,定义归一化的自相干函数

$$\gamma(\tau) = \Gamma(\tau)/\Gamma(0) \qquad (4-2-6)$$

为复自相干度。式(4-2-6)表明两束光在探测器 D 上叠加因时间相干性产生干涉现象取决于自相干函数或复自相干度。为了进一步理解 $\gamma(\tau)$ 的意义,设光的中心频率为 $\bar{\nu}$,把复自相干度表示为下面的一般形式

$$\gamma(\tau) = |\gamma(\tau)| \exp[j\alpha(\tau) - j2\pi\bar{\nu}\tau] \qquad (4-2-7)$$

式中,$\alpha(\tau) \equiv \arg\{\gamma(\tau)\} + 2\pi\bar{\nu}\tau$。式(4-2-5)可以进一步写为

$$I_D(h) = I_1 + I_2 + 2[I_1 I_2]^{1/2} \left| \gamma_{12}\left(\frac{2h}{c}\right) \right| \cos\left[\alpha_{12}\left(\frac{2h}{c}\right) - 2\pi \frac{2h}{\lambda} \right] \quad (4-2-8)$$

显然式(4-2-8)描绘的干涉光强变化与图4-2-1(b)所示是一致的。在原点附近,干涉图中的余弦函数得到最大的调制,当程差增加时,调制度逐渐下降到零。此外各条纹还可能受到一个相位调制 $\alpha\left(\frac{2h}{c}\right)$,依光谱的本性而定。式(4-2-8)中 $\left| \gamma_{12}\left(\frac{2h}{c}\right) \right|$ 表示了余弦函数包络线的函数形式。因此,自相干函数及复自相干度,尤其复自相干度是能够揭示光的时间相干性本质的物理量。

根据迈克尔逊对条纹对比度的定义

$$V = \frac{I_{\max} - I_{\min}}{I_{\max} + I_{\min}} \quad (4-2-9)$$

由式(4-2-9)可得两路光衰减相同时对比度为

$$V = \left| \gamma\left(\frac{2h}{c}\right) \right| \quad (4-2-10\text{a})$$

两路光衰减不同时对比度为

$$V = \frac{2K_1 K_2}{K_1^2 + K_2^2} \left| \gamma\left(\frac{2h}{c}\right) \right| \quad (4-2-10\text{b})$$

这说明干涉条纹对比度也取决于复自相干度。另外利用施瓦茨不等式还可以证明

$$0 \leq |\gamma(\tau)| \leq 1 \quad (4-2-11)$$

干涉图中的余弦函数包络线和干涉条纹对比度都是可以测量的,因此复自相干度是可以测量的。进一步对光强做定量测量还可以确定自相干函数。

4.2.3 复自相干度与光功率谱密度的关系

平稳随机过程的自相关函数与其功率谱密度有密切关系。由式(4-2-4)可以看出,自相干函数就是把光振动当成由大量有限长的波列组成的随机过程的自相关函数,而这一随机过程的功率谱密度就是光源的功率谱密度即通常所理解的光谱分布。此处自相关函数为复值的解析信号 $u(t)$ 的自相关函数,而光源的功率谱密度则是相应实信号 $u^r(t)$ 的功率谱密度 $g^r(\nu)$。由随机过程的维纳-辛钦定理可知,复值的解析信号 $u(t)$ 的自相关函数 $\Gamma(\tau)$ 与其功率谱密度 $g(\nu)$ 互为傅里叶变换。

$$g(\nu) = \int_{-\infty}^{\infty} \Gamma(\tau) \exp(\mathrm{j} 2\pi \nu \tau) \mathrm{d}\tau \quad (4-2-12)$$

其中

$$\Gamma(\tau) = \langle [u^r(t) + ju^i(t)][u^r(t+\tau) - ju^i(t+\tau)] \rangle$$
$$= \Gamma^{r,r}(\tau) + \Gamma^{i,i}(\tau) + j[\Gamma^{i,r}(\tau) - \Gamma^{r,i}(\tau)]$$

然而自相关函数 $\Gamma(\tau)$ 中第一项的傅里叶变换

$$g^r(\nu) = \int_{-\infty}^{\infty} \Gamma^{r,r}(\tau) \exp(j2\pi\nu\tau) d\tau \qquad (4-2-13)$$

正是相应实信号 $u^r(t)$ 的功率谱密度 $g^r(\nu)$。其他三项的傅里叶变换可以根据解析信号的性质式(4-1-2c)计算出来，第二项为

$$\mathscr{F}\{\Gamma^{i,i}(\tau)\} = \mathscr{F}\{\langle u^i(t)u^{i*}(t+\tau) \rangle\}$$
$$= \mathscr{F}\{\langle [\mathscr{F}^{-1}(-j\,\mathrm{sgn}\nu)] * u^r(t)$$
$$\times [\mathscr{F}^{-1}(-j\,\mathrm{sgn}\nu)]^* * u^{r*}(t+\tau) \rangle\}$$
$$= |-j\,\mathrm{sgn}\nu|^2 \mathscr{F}\{\langle u^r(t)u^{r*}(t+\tau) \rangle\}$$
$$= |-j\,\mathrm{sgn}\nu|^2 g^r(\nu)$$

同理有

$$\mathscr{F}\{\Gamma^{r,i}(\tau)\} = \mathscr{F}\{\langle u^r(t)u^{i*}(t+\tau) \rangle\} = (-j\,\mathrm{sgn}\nu)^* g^r(\nu)$$
$$\mathscr{F}\{\Gamma^{i,r}(\tau)\} = \mathscr{F}\{\langle u^i(t)u^{r*}(t+\tau) \rangle\} = (-j\,\mathrm{sgn}\nu) g^r(\nu)$$

将式(4-2-13)以及上述结果全部代回式(4-2-12)，得到

$$g(\nu) = \begin{cases} 4g^r(\nu) & \nu > 0 \\ 0 & \nu < 0 \end{cases} \qquad (4-2-14)$$

从而自相关函数 $\Gamma(\tau)$ 可用光源的功率谱密度即相应实信号 $u^r(t)$ 的功率谱密度 $g^r(\nu)$ 表示

$$\Gamma(\tau) = \int_0^\infty 4g^r(\nu) \exp(-j2\pi\nu\tau) d\nu \qquad (4-2-15)$$

等效地，可以把复自相干度表示成

$$\gamma(\tau) = \frac{\int_0^\infty 4g^r(\nu) \exp(-j2\pi\nu\tau) d\nu}{\int_0^\infty 4g^r(\nu) d\nu} = \int_0^\infty \hat{g}(\nu) \exp(-j2\pi\nu\tau) d\nu$$

$$(4-2-16)$$

式中，归一化功率谱密度 $\hat{g}(\nu)$ 为

$$\hat{g}(\nu) = \begin{cases} \dfrac{g^{\mathrm{r}}(\nu)}{\int_0^\infty g^{\mathrm{r}}(\nu)\mathrm{d}\nu} & \nu > 0 \\ 0 & \nu < 0 \end{cases} \qquad (4-2-17)$$

至此已成功地建立了复自相干度和光源的归一化功率谱密度之间的关系，这两个物理量都是可测量的。从而不仅可以由已知光源的功率谱密度计算其复自相干度，也可以反过来，由干涉仪记录的干涉图来计算光源的功率谱密度从而得到光谱曲线。这种方法就是傅里叶变换光谱学的基础。傅里叶频谱变换技术取消了狭缝的限制，可以充分利用光能，分辨率高，信噪比大，特别适用于红外吸收光谱做气体分析，目前已经发展得相当成熟，并已用于工业生产中。

4.2.4 相干时间和相干长度

衡量光的相干性的常用物理量是相干时间和相干长度。尽管不像自相关函数和复自相干度那样与干涉条纹对比度及光源的光谱分布有定量的关系，但因为它们很方便，仍然广泛使用着。相干长度的物理概念很直观，就是波列的长度，相应光传播通过相干长度需要的时间就是相干时间。作为随机现象的发光过程，其波列的长度和相应光传播通过相干长度需要的时间自然也是随机的，也难于测量。以往都是用光谱曲线的半功率带宽 $\Delta\nu$ 来计算。相干时间和相干长度分别定义为

$$\tau_c \equiv \frac{1}{\Delta\nu} \qquad (4-2-18\mathrm{a})$$

$$l_c \equiv c\,\tau_c = \frac{c}{\Delta\nu} = \frac{\overline{\lambda}^2}{\Delta\lambda} \qquad (4-2-18\mathrm{b})$$

因为半功率带宽仅是光谱曲线的一个特征参数，这样定义的相干时间和相干长度并不能很好地反映光源的时间相干性。由复自相干度可以给出较为精确的定义，其中由 Mandel 定义的相干时间最自然也最常用

$$\tau_c \equiv \int_{-\infty}^{\infty} |\gamma(\tau)|^2 \mathrm{d}\tau \qquad (4-2-18\mathrm{c})$$

式 (4-2-18c) 的定义只有对光谱曲线是理论上的矩形线型时才与式 (4-2-18a) 的定义一致。单谱线型主要决定于多普勒频移的低压气体放电管，其光谱曲线呈高斯型，而单谱线型主要由辐射原子或分子的相对频繁的碰撞决定的高压气体放电管，其光谱曲线呈洛伦兹型。对于这两种情况，式 (4-2-18c) 的定义可以与式 (4-2-18a) 的定义得到的结果保持数量级的一致。表 4-2-1 给出了这三种典型谱线的归一化功率谱密度 $\hat{g}(\nu)$、复自相干度 $\gamma(\tau)$、相干时间 τ_c。图 4-2-2 为这三种典型谱线的归一化功率谱密度和复自相干度曲线。

表 4-2-1　三种典型谱线的 $\hat{g}(\nu)$、$\gamma(\tau)$、τ_c

	$\hat{g}(\nu)$	$\gamma(\tau)$	τ_c
高斯型谱线	$\dfrac{2\sqrt{\ln 2}}{\sqrt{\pi}\Delta\nu}$ $\times\exp\left[-\left(2\sqrt{\ln 2}\dfrac{\nu-\bar\nu}{\Delta\nu}\right)^2\right]$	$\exp\left[-\left(\dfrac{\pi\Delta\nu\,\tau}{2\sqrt{\ln 2}}\right)^2\right]$ $\times\exp(-\mathrm{j}2\pi\bar\nu\,\tau)$	$\sqrt{\dfrac{2\ln 2}{\pi}}\dfrac{1}{\Delta\nu}$ $=\dfrac{0.664}{\Delta\nu}$
洛伦兹型谱线	$\dfrac{2(\pi\Delta\nu)^{-1}}{1+\left(2\dfrac{\nu-\bar\nu}{\Delta\nu}\right)^2}$	$\exp[-\pi\Delta\nu\lvert\tau\rvert]\exp(-\mathrm{j}2\pi\bar\nu\tau)$	$\dfrac{1}{\pi\Delta\nu}=\dfrac{0.318}{\Delta\nu}$
矩形谱线	$\dfrac{1}{\Delta\nu}\mathrm{rect}\left(\dfrac{\nu-\bar\nu}{\Delta\nu}\right)$	$\mathrm{sinc}(\Delta\nu\,\tau)\exp(-\mathrm{j}2\pi\bar\nu\,\tau)$	$\dfrac{1}{\Delta\nu}$

其中：$\bar\nu$ 为中心频率，$\Delta\nu$ 为半功率带宽。

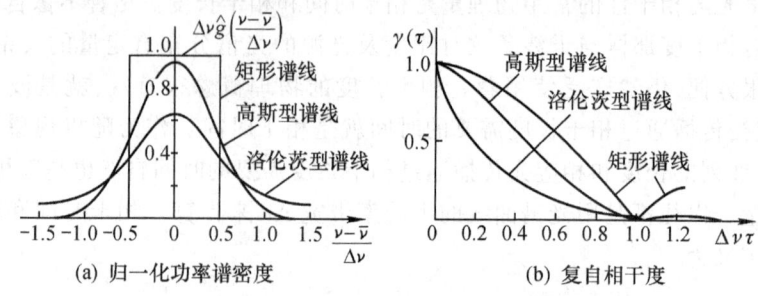

图 4-2-2　三种典型谱线的归一化功率谱密度和复自相干度曲线

在本节的最后还要说明一点，这里没有注重区分时间平均和系综平均的概念，是因为通常在光学中遇到的系统是平稳和各态历经的（参阅文献[2]第 658 页）。平稳性意味着所有的系综平均都与时间原点无关，而各态历经性意味着每一系综平均都等于包含在该系综内的任一典型成员的相应的时间平均。在以后讨论空间相干性时，本书中还会混用时间平均和系综平均的概念。尽管光学中遇到的系统，严格讲来在空间域都不是平稳和各态历经的，但是在局部空间域，这个假设基本成立。对此，本书以后仅在必要时予以讨论，一般不再提及。

4.3　空间相干性、互相干函数和复相干度

在考察空间相干性时，关心的是光束与它在空间移动后的光束（但基本不延迟）之间发生干涉的能力。光束的这种分割称为波前（面）分割。在分波面干涉的情况下，即使光源是严格的单色光源，有不受限制的时间相干性，也有可能因空间相干性的限制观察不到干涉条纹。本节由分波面干涉出发讨论光的空间

相干性。因为空间相干性与时间相干性的关系密不可分,本节首先对分波面干涉进行一般性分析,建立互相干函数和复相干度的概念,再讨论平稳光场的普遍的干涉定律、互谱密度函数及其与互相干函数关系,最后介绍互相干函数和互相干度的测量。

4.3.1 分波面干涉及其数学描述

杨氏干涉实验是最典型的分波面干涉实验(参见图 4-3-1)。由窄带非单色扩展光源发出的光波面通过两个针孔 P_1 和 P_2,而后在干涉场中重新相遇,光波在接近零光程差的条件下进行干涉。当光源是一个几何点且接近单色时,在观察屏上会产生如图 4-3-2(a)中虚线所示的余弦型亮度分布。当它扩展成两个相互独立的点光源 S_1 和 S_2 时,将产生两组余弦条纹而按强度叠加,结果使条纹的对比度降低。如果两个针孔 P_1 和 P_2 之间距离加大,甚至会导致两组条纹相抵消,对比度降低到零[参见图 4-3-2(b)]。这表明相同光源(两个针孔)发出的波面上的不同点之间发生干涉的能力可能不同。光的空间相干性对分波面干涉是否能够发生起着决定性的影响,但是也应当注意到,接近零光程差意味着光程差不为零,因此在分波面干涉实验中时间相干性也会影响干涉条纹的生成。换句话说,在研究分波面干涉实验时要同时考虑空间相干性和时间相干性,把相干性的概念推广到非单色光干涉的普遍情况。

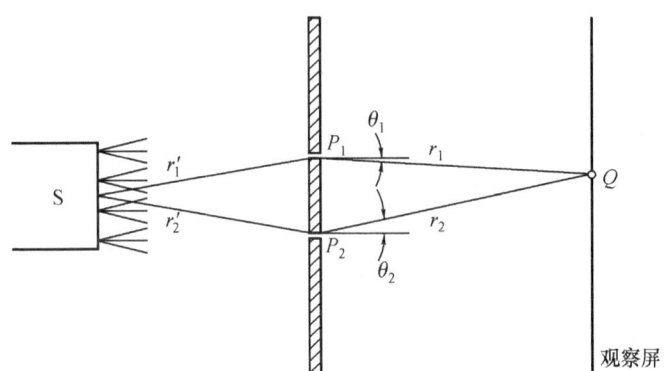

图 4-3-1 杨氏干涉实验装置

在图 4-3-1 所示的杨氏干涉实验装置中,考察 P_1、P_2 点发出的光振动相对延迟时间 τ 后($\tau \ll \tau_c$),在空间另一点 Q 所产生的干涉现象。相对时间延迟 τ 通过光程差($P_2Q - P_1Q$)的形式体现出来。图中光源是有限谱宽的扩展光源,针孔 P_1 和 P_2 到观察屏上任一点 Q 的距离分别为 r_1 和 r_2,t 时刻 P_1 和 P_2 点的光振动分别用解析信号 $u(P_1,t)$ 和 $u(P_2,t)$ 表示。t 时刻 Q 点的光振动是两个

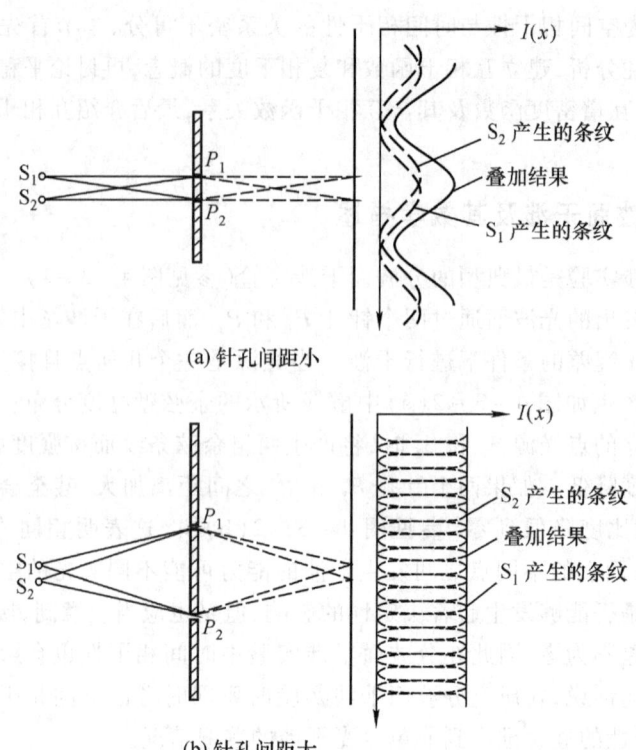

(a) 针孔间距小

(b) 针孔间距大

图 4-3-2 同一窄带扩展光源照明下,空间不同点对之间发生干涉的能力

光波叠加的结果

$$u(Q,t) = K_1(Q,P_1)u(P_1,t-t_1) + K_2(Q,P_2)u(P_2,t-t_2) \quad (4-3-1)$$

式中,$t_1 = r_1/c, t_2 = r_2/c$(c 是真空中的光速,因为此处实验是在空气或真空中进行的)。常数因子 $K_1(Q,P_1)$ 和 $K_2(Q,P_2)$ 称为传播因子,它们分别和 r_1 和 r_2 成反比,和针孔大小及实验的几何布局(P_1 和 P_2 处的入射角和衍射角)有关,而与时间无关。因为从 P_1 和 P_2 发出的次级子波相位与初级波相位相差 $\pi/2$,所以 $K_1(Q,P_1)$ 和 $K_2(Q,P_2)$ 都是纯虚数[2]。和前面讨论时间相干性时一样,定义 P 点的光强为无限长时间的平均值

$$I(Q) = \langle u(Q,t)u^*(Q,t) \rangle \quad (4-3-2)$$

式中,角括号表示求时间平均。把式(4-3-2)代入式(4-3-1),得到

$$\begin{aligned}I(Q) = & |K_1(Q,P_1)|^2 \langle u(P_1,t-t_1)u^*(P_1,t-t_1) \rangle \\ & + |K_2(Q,P_2)|^2 \langle u(P_2,t-t_2)u^*(P_2,t-t_2) \rangle \\ & + K_1(Q,P_1)K_2^*(Q,P_2) \langle u(P_1,t-t_1)u^*(P_2,t-t_2) \rangle \\ & + K_1^*(Q,P_1)K_2(Q,P_2) \langle u^*(P_1,t-t_1)u(P_2,t-t_2) \rangle \end{aligned} \quad (4-3-3)$$

式(4-3-3)是杨氏干涉实验中光强分布的基本公式,是研究光的相干性的基本出发点。

4.3.2 互相干函数和复相干度

不失一般性,可以认为光场是平稳的,其统计性质不随时间改变,因而所探测的光强 $I(P)$ 与选择时刻无关。可以定义

$$\Gamma_{12}(\tau) = \langle u(P_1,t-t_1)u^*(P_2,t-t_2) \rangle = \langle u(P_1,t+\tau)u^*(P_2,t) \rangle$$

(4-3-4a)

式中,$\tau = t_2 - t_1$,$\Gamma_{12}(\tau)$ 表示相对时延为 τ 的 P_1 和 P_2 点光振动的相关函数,称为光场的互相干函数。显然

$$\Gamma_{12}^*(\tau) = \langle u^*(P_1,t-t_1)u(P_2,t-t_2) \rangle = \langle u^*(P_1,t+\tau)u(P_2,t) \rangle$$

(4-3-4b)

当 P_1 与 P_2 点重合时,互相关函数退化为 P_1 与 P_2 点分别照明 Q 点的自相关函数

$$\langle u(P_1,t+\tau)u^*(P_1,t) \rangle = \Gamma_{11}(\tau)$$

$$\langle u(P_2,t+\tau)u^*(P_2,t) \rangle = \Gamma_{22}(\tau)$$

进而有

$$\langle u(P_1,t-t_1)u^*(P_1,t-t_1) \rangle = \langle u(P_1,t)u^*(P_1,t) \rangle = \Gamma_{11}(0)$$

$$\langle u(P_2,t-t_2)u^*(P_2,t-t_2) \rangle = \langle u(P_2,t)u^*(P_2,t) \rangle = \Gamma_{22}(0)$$

显然 $\Gamma_{11}(0)$ 和 $\Gamma_{22}(0)$ 分别是 P_1 和 P_2 点的光强。单孔 P_1 和 P_2 分别在 Q 点产生的光强为

$$I_1(Q) = |K_1(Q,P_1)|^2 \Gamma_{11}(0) \quad (4-3-5a)$$

$$I_2(Q) = |K_2(Q,P_2)|^2 \Gamma_{22}(0) \quad (4-3-5b)$$

考虑到 $K_1(Q,P_1)$ 和 $K_2(Q,P_2)$ 是纯虚数,式(4-3-3)可以简化为

$$I(Q) = I_1(Q) + I_2(Q) + 2K_1(Q,P_1)K_2(Q,P_2)\text{Re}[\Gamma_{12}(\tau)]$$

(4-3-6)

将 $\Gamma_{12}(\tau)$ 归一化,定义归一化的互相干函数为复相干度

$$\gamma_{12}(\tau) = \frac{\Gamma_{12}(\tau)}{[\Gamma_{11}(0)\Gamma_{22}(0)]^{1/2}} \quad (4-3-7)$$

式(4-3-6)还可以表示为

$$I(Q) = I_1(Q) + I_2(Q) + 2[I_1(Q)I_2(Q)]^{1/2}\text{Re}[\gamma_{12}(\tau)] \quad (4-3-8)$$

式(4-3-8)是平稳光场的普遍的干涉定律,它表明两束光在 Q 点叠加所引起的光强度与每束光在 Q 点的强度以及复相干度实部的值有关。利用施瓦茨不等式可以证明

$$|\Gamma_{12}(\tau)| \leq [\Gamma_{11}(0)\Gamma_{22}(0)]^{1/2} \quad (4-3-9)$$

再由式(4-3-7)可知

$$0 \leq |\gamma_{12}(\tau)| \leq 1 \quad (4-3-10)$$

为了进一步理解复相干度 γ_{12} 的意义，设光的平均频率为 $\bar{\nu}$，并且将复相干度表示为

$$\gamma_{12}(\tau) = |\gamma_{12}(\tau)| \exp[j\alpha_{12}(\tau) + j2\pi\bar{\nu}\tau] \quad (4-3-11)$$

式中

$$\alpha_{12}(\tau) = \arg[\gamma_{12}(\tau)] - 2\pi\bar{\nu}\tau \quad (4-3-12)$$

式(4-3-8)可以写为

$$I(Q) = I_1(Q) + I_2(Q) + 2[I_1(Q)I_2(Q)]^{1/2} |\gamma_{12}(\tau)| \cos[\alpha_{12}(\tau) + 2\pi\bar{\nu}\tau]$$
$$(4-3-13)$$

当 $|\gamma_{12}(\tau)|$ 取最大值 1 时，Q 点的强度与频率为 $\bar{\nu}$ 的两个单色光波在该点叠加所产生的干涉结果相同，两束光在 P_1 和 P_2 点光振动之间的相位差为 $\alpha_{12}(\tau)$。这种情况下，相对时延 τ 的 P_1 和 P_2 点的光振动是相干的。当 $|\gamma_{12}(\tau)|$ 取最小值零时，干涉项为零，Q 点强度为两束光波在 Q 点产生光强的简单相加，因此 P_1 和 P_2 点的光振动是非相干的。当 $0 < |\gamma_{12}(\tau)| < 1$，$P_1$ 和 P_2 点的光振动是部分相干的，$|\gamma_{12}(\tau)|$ 表示它们的相干度。

互相干函数和复相干度是两个十分重要的物理量，它们表示光场中两个不同点的光振动的关联程度。P_1 和 P_2 点光振动的振幅和相位都随时间无规则涨落，若彼此的涨落完全独立无关，它们乘积的时间平均值 $\langle u(P_1, t+\tau)u^*(P_2, t)\rangle$ 为零，因而 $\Gamma_{12}(\tau)$ 和 $\gamma_{12}(\tau)$ 等于零，这两个不同点的光振动是非相干的。如果它们各自随时间无规则涨落时，相对相位保持某种联系，光场乘积的时间平均值就不会为零，P_1 和 P_2 点的光振动就会是相干或部分相干的。来自这两点的光波场叠加，才会产生干涉效应。相关程度愈高，干涉效应愈明显。

与自相干函数类似，可以定义互相干函数的傅里叶变换为交叉谱密度函数即互谱密度函数

$$\Gamma_{12}(\tau) = \int_{-\infty}^{\infty} g_{12}(\nu) \exp(-j2\pi\nu\tau) d\nu \quad (4-3-14)$$

遵照导出式(4-2-15)的方法，可以证明互相干函数 $\Gamma_{12}(\tau)$ 也是一个解析信号，具有单侧傅里叶谱，并可用表示 P_1 和 P_2 两点光扰动的实信号互谱密度函数来表示

$$\Gamma_{12}(\tau) = \int_0^{\infty} 4g_{12}^r(\nu) \exp(-j2\pi\nu\tau) d\nu \quad (4-3-15)$$

式中，实信号互谱密度函数 $g_{12}^r(\nu) = \int_{-\infty}^{\infty} \Gamma_{12}^r(\tau) \exp(j2\pi\nu\tau) d\nu$ 是实信号互相干函数 $\Gamma_{12}^r(\tau)$ 的傅里叶变换。对于互谱密度函数有兴趣的读者还可以参阅参考

文献[8,10,11]。

4.3.3 互相干函数和互相干度的测量

互相干函数和互相干度是两个点的光扰动的相关函数,尽管光扰动本身是无法测量的,互相干函数和互相干度却是可以测量的物理量。从式(4-3-6)可以看出,为了对给定的任一点对 P_1 和 P_2 以及给定的任何一个 τ 值求出 $\text{Re}[\gamma_{12}(\tau)]$ 的值,只要将图4-3-1所示的杨氏干涉实验装置中的两个小孔置于 P_1 和 P_2 的位置,然后在使得 $P_2Q - P_1Q = c\tau$ 的 Q 点测量光强 $I(Q)$,再分别测量来自每一个针孔的光强 $I_1(Q)$ 和 $I_2(Q)$。利用这三个观测值,由下式计算

$$\text{Re}[\gamma_{12}(\tau)] = \frac{I(Q) - I_1(Q) - I_2(Q)}{2[I_1(Q)I_2(Q)]^{1/2}} \quad (4-3-16)$$

为了进一步确定 $\text{Re}[\Gamma_{12}(\tau)]$,还必须测量每一个针孔处的光强 $I(P_1)$ 和 $I(P_2)$,即 $\Gamma_{11}(0)$ 和 $\Gamma_{22}(0)$,由式(4-3-17)进行计算

$$\text{Re}[\Gamma_{12}(\tau)] = [I(P_1)I(P_2)]^{1/2}\gamma_{12}(\tau)$$

$$= \frac{1}{2}\sqrt{\frac{I(P_1)I(P_2)}{I_1(Q)I_2(Q)}}[I(Q) - I_1(Q) - I_2(Q)]$$

$$(4-3-17)$$

上述方法测量的是互相干函数和互相干度的实部,要测量它们的幅值 $|\gamma_{12}(\tau)|$ 和相位偏离 $\alpha_{12}(\tau)$,需要利用观测平面上的干涉条纹分布。根据式(4-3-13),在干涉条纹出现极值的地方可由其几何尺寸和上述方法测量出的观测值计算幅值 $|\gamma_{12}(\tau)|$ 和参数 τ,以及 $\alpha_{12}(\tau)$。其他位置,也就是说,参数 τ 不对应极值时的互相干度可由适当的插值方法计算。此外,还有用测量干涉条纹对比度计算互相干度的方法,不再一一说明。

还要指出的一点是,互相干函数和互相干度的测量不仅仅是空间相干性的测量。在杨氏干涉实验中,采用有限谱宽的扩展光源照明两个针孔,观察屏上从中心向两侧干涉条纹对比度逐渐减小。这一物理现象中包含了空间相干性效应,也包含了时间相干性效应。只有在零光程差或者说 $\tau = 0$ 附近,干涉条纹的对比度才反映同一时刻 P_1 和 P_2 点光振动的互相关性质,即单纯的空间相干性效应。

4.4 准单色条件、互强度和复相干因子

前几节已经讲述了光的时间与空间相干性及其一般描述方法和各种有关物理量。这些概念从理论上完备地描述了光的相干性,但是因为空间相干性

与时间相干性的关系密不可分,用这些方法和物理量来讨论部分相干光的传播是极复杂的。幸好实际用来传输、存储、处理信息的光学系统常常满足所谓"准单色条件"。在这一条件下,空间相干性可以与时间相干性分离,或者说可以在研究空间相干性时忽略时间相干性的限制。由此产生的两个物理量——互强度和复相干因子,以及用它们描述的准单色光得到了广泛的实际应用。

4.4.1 准单色条件

准单色条件包括窄带条件[式(4-4-1a)]和小程差条件[式(4-4-1b)]两个部分(参阅图4-3-1)

$$\Delta\nu \ll \bar{\nu} \tag{4-4-1a}$$

$$\frac{(r_2+r_2')-(r_1+r_1')}{c} \ll \tau_c \tag{4-4-1b}$$

在准单色条件下,互相干函数和复相干度可以近似分解为与程差有关和与程差无关的两个因子的乘积。与程差有关的因子会反映时间相干性对互相干函数和复相干度的影响,而与程差无关的因子则只表现空间相干性的作用。现从式(4-3-15)出发进行这一简化。

4.4.2 互强度和复相干因子

窄带条件下,只有在频率 $\nu=\bar{\nu}$ 附近的 $\Delta\nu$ 区域内 $g_{12}^r(\nu)$ 不为零,因此仅有单侧傅里叶谱的互相干函数 $\Gamma_{12}(\tau)$ 可以表示为

$$\begin{aligned}\Gamma_{12}(\tau) &= \exp(-j2\pi\bar{\nu}\tau)\int_0^\infty 4g_{12}^r(\nu)\exp[-j2\pi(\nu-\bar{\nu})\tau]d\nu \\ &= \exp(-j2\pi\bar{\nu}\tau)\int_{\bar{\nu}-\Delta\nu/2}^{\bar{\nu}+\Delta\nu/2} 4g_{12}^r(\nu)\exp[-j2\pi(\nu-\bar{\nu})\tau]d\nu\end{aligned}$$

$$(4-4-2)$$

小程差条件[式(4-4-1b)]意味着 $\tau\Delta\nu \ll 1$,因此式(4-4-2)积分号内的指数函数在积分区域内可近似为 1。又因为 $\Gamma_{12}(0)=\int_0^\infty 4g_{12}^r(\nu)d\nu$,互相干函数 $\Gamma_{12}(\tau)$ 可以进而表示为

$$\Gamma_{12}(\tau) = \exp(-j2\pi\bar{\nu}\tau)\Gamma_{12}(0) \tag{4-4-3a}$$

类似地,用同样的方法可以把复相干度表示为

$$\gamma_{12}(\tau) = \exp(-j2\pi\bar{\nu}\tau)\gamma_{12}(0) \tag{4-4-3b}$$

在式(4-4-3)中,$\Gamma_{12}(0)$ 和 $\gamma_{12}(0)$ 为只与 P_1 和 P_2 点光振动有关的物理量,它们体现了空间两点的光振动之间关联的程度。指数函数 $\exp(-j2\pi\bar{\nu}\tau)$ 实

际上是 $|\gamma(\tau)|=1$ 且 $\alpha(\tau)=0$ 时的 $\gamma(\tau)$，是频率为 $\bar{\nu}$ 的纯粹单色光的复自相干度，其时间相干性是没有限制的。这就是说，在准单色条件下，空间两点的光振动传播某一距离后是否产生干涉现象完全取决于其空间相干性。因此定义表征准单色条件下空间相干性的物理量 $\Gamma_{12}(0)$ 为互强度 J_{12}，同时定义复相干因子 μ_{12} 如下

$$J_{12} = \Gamma_{12}(0) = \langle u(P_1,t)u^*(P_2,t)\rangle = \langle A(P_1,t)A^*(P_2,t)\rangle \quad (4-4-4a)$$

$$\mu_{12} = \gamma_{12}(0) = J_{12}/[I(P_1)I(P_2)]^{\frac{1}{2}} = |\mu_{12}|\exp(j\beta_{12}) \quad (4-4-4b)$$

准单色条件下，分波面的干涉条纹光强分布为

$$I(Q) = I_1(Q) + I_2(Q) + 2[I_1(Q)I_2(Q)]^{1/2}|\mu_{12}|\cos[\beta_{12}+2\pi\bar{\nu}\tau]$$
$$(4-4-5)$$

互强度 J_{12} 和复相干因子 μ_{12} 与干涉场中的位置无关，与时间相干性无关。干涉图在整个观测区域中具有恒定的可见度和相位。式(4-4-5)表示的干涉条纹分布与前面所有和空间相干性有关的干涉条纹分布公式相比较都更为简洁与方便。

4.4.3 相干面积

与时间相干性的度量——相干长度和相干时间相类似，可以定义空间相干性的度量——相干面积为

$$A_c = \int_{-\infty}^{\infty} |\mu(\Delta x, \Delta y)|^2 d\Delta x d\Delta y \quad (4-4-6a)$$

假设相干面积为圆形，还可定义最大空间相干间隔为

$$d_c = \sqrt{4A_c/\pi} \quad (4-4-6b)$$

上面介绍了互相干函数和互相干度的测量方法，这些方法自然可用来测量互强度 J_{12} 和复相干因子 μ_{12}。下面还会讨论计算互强度和复相干因子的范西特-策尼克定理。该定理为部分相干性的研究提供了一种十分重要的方法。这里先介绍根据该定理得到的一个有用的结论：对于面积为 A_s 的均匀非相干光源，在离光源 Z 处垂直于光传播方向上的相干面积可由下式计算

$$A_c = \frac{(\bar{\lambda}Z)^2}{A_s} = \frac{(\bar{\lambda})^2}{\Omega_s} \quad (4-4-6c)$$

式中，Ω_s 为光源对观测面中心所张的立体角。

光的相干性参数很多，现将其中几个主要的参数列于表 4-4-1 中，以帮助读者学习理解。

表 4-4-1 光的相干性参数

符号	定义	名称	用途	示意图
$\Gamma_{11}(\tau)$	$\langle u(P_1,t+\tau)u^*(P_1,t)\rangle$	自相干函数	时间相干性,当 $K_1=K_2$ 时,可见度: $V=|\gamma_{11}(\tau)|$	
$\gamma_{11}(\tau)$	$\Gamma_{11}(\tau)/\Gamma_{11}(0)$ $=\Gamma_{11}(\tau)/I(P_1)$	复自相干度		
τ_c	$\int_{-\infty}^{\infty}|\gamma_{11}(\tau)|^2 d\tau \approx \dfrac{1}{\Delta\nu}$	相干时间		
l_c	$c\cdot\tau_c \approx \dfrac{c}{\Delta\nu} = \dfrac{\overline{\lambda}^2}{\Delta\lambda}$	相干长度		
J_{12}	$\langle u(P_1,t)u^*(P_2,t)\rangle$ $=\Gamma_{12}(0)$	互强度	准单色条件下的空间相干性,当 $I_1(Q)=I_2(Q)$ 时,可见度:$V=|\mu_{12}|$ $\Delta\nu\ll\nu$ $\delta\ll l_c(\tau\ll\tau_c)$	
μ_{12}	$\dfrac{J_{12}}{(J_{11}J_{22})^{1/2}}=\gamma_{12}(0)$	复相干因子		
A_c	$\iint_{-\infty}^{\infty}|\mu(\Delta x,\Delta y)|^2 d\Delta x d\Delta y$	相干面积		
d_c	$\sqrt{4A_c/\pi}$	空间相干间隔		
$\Gamma_{12}(\tau)$	$\langle u(P_1,t+\tau)u^*(P_2,t)\rangle$	互相干函数	时间相干性与空间相干性	
$\gamma_{12}(\tau)$	$\Gamma_{12}(\tau)/[\Gamma_{11}(0)\Gamma_{22}(0)]^{1/2}$	复(互)相干度		

4.5 准单色光的传播和衍射

前几节介绍了描述光的相干性的方法和有关物理量的定义,从这一节开始利用这些方法和定义讨论部分相干光的传播和衍射,以了解作为信息载体时部分相干光的传输特性。

在单色场中,光场分布可由复振幅分布完备地描述,它是空间任意坐标的函数。而在非单色场中,空间任一点的光扰动随时间做无规则变化。需要关注的是光场的统计性质,应在时间－空间坐标系中考察两个不同点的光扰动的关联程度。因而互相干函数是描述光场性质的基本参量。注意光场中不同位置,互相干函数是不同的。从这个意义上讲,光波在传播过程中,光场的相干性亦随之传播。由实扰动 $u^r(t)$ 满足的标量波动方程出发,可以导出真空中互相干函数所遵循的波动方程,进而得到互强度传播所满足的亥姆霍兹方程。求解这些方程,便可根据光波传播的路径上曲面 Σ_1 所有各对点的互强度,确定光波照明的任一曲面 Σ_2 上的所有各对点的互强度(参见图4-5-1)。与之等价的方法是以惠更斯－菲涅耳原理为基础进行计算。我们只介绍较为简单的后一种方法。

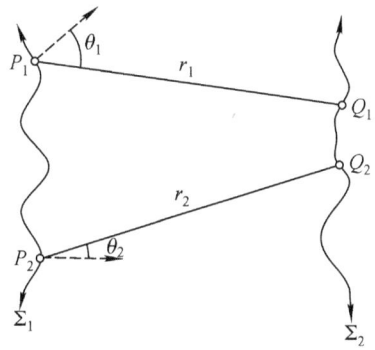

图4-5-1 互相干性传播的几何示意图

4.5.1 自由空间中准单色场互相干性的传播

由解析信号定义出发,P 点的实值的非单色光场的解析信号 $u(P,t)$ 记为

$$u(P,t) \equiv 2\int_0^\infty \tilde{u}^r(P,\nu)\exp(-\mathrm{j}2\pi\nu t)\mathrm{d}\nu \qquad (4-5-1)$$

式中,P 点的非单色光场用 $u^r(P,t)$ 表示,其傅里叶谱为 $\tilde{u}^r(P,\nu)$。式(4-5-1)表明,P 点的非单色场的解析信号可看做许多单色扰动的线性组合。对每一频率为 ν 的单色光,权重因子为 $\tilde{u}_T^r(P,\nu)$。它从 Σ_1 传播到 Σ_2 的规律满足惠更斯－菲涅耳原理[参阅式(2-3-1)]

$$\tilde{u}^r(Q,\nu) = \frac{1}{\mathrm{j}\lambda r}\int_{\Sigma_1}\tilde{u}^r(P,\nu)K(\theta)\exp\left(\mathrm{j}2\pi\frac{r}{\lambda}\right)\mathrm{d}s \qquad (4-5-2)$$

式中,$K(\theta)$ 为方向因子;r 为由 Σ_1 上 P 点到 Σ_2 的 Q 点之间的距离。Σ_2 面上 Q 点光扰动同样可用解析信号表示

$$u(Q,t) = 2\int_0^\infty \tilde{u}^r(Q,\nu)\exp(-\mathrm{j}2\pi\nu t)\mathrm{d}\nu \qquad (4-5-3)$$

式中,$\tilde{u}^r(Q,\nu)$ 为非单色光场 $u^r(Q,t)$ 的傅里叶谱。把式(4-5-2)代入式(4-5-3),并交换积分顺序,得到

$$\begin{aligned}u(Q,t) &= 2\int_0^\infty \tilde{u}^r(Q,\nu)\exp(-\mathrm{j}2\pi\nu t)\mathrm{d}\nu \\ &= 2\int_0^\infty \left[\frac{1}{\mathrm{j}\lambda r}\int_{\Sigma_1}\tilde{u}^r(P,\nu)K(\theta)\exp\left(\mathrm{j}2\pi\frac{r}{\lambda}\right)\mathrm{d}s\right]\exp(-\mathrm{j}2\pi\nu t)\mathrm{d}\nu \\ &= \int_{\Sigma_1}\frac{K(\theta)}{\mathrm{j}r}\left\{\int_0^\infty \frac{2}{\lambda}\tilde{u}^r(P,\nu)\exp\left[-\mathrm{j}2\pi\nu\left(t-\frac{r}{c}\right)\right]\mathrm{d}\nu\right\}\mathrm{d}s \qquad (4-5-4)\end{aligned}$$

式中,$c = \lambda \nu$。注意到在窄带光条件下,可认为 $\lambda \approx \bar{\lambda}$,$\bar{\lambda}$ 为中心波长。将 λ 近似为中心波长 $\bar{\lambda}$,提到内层积分以外,并利用式(4-5-1),即可得到

$$u(Q,t) = \int_{\Sigma_1} \frac{1}{j\bar{\lambda}r} u\left(P, t - \frac{r}{c}\right) K(\theta) ds \quad (4-5-5)$$

公式(4-5-5)描述了窄带光波传播的规律。

现在来讨论互相干函数的传播。在图 4-5-1 中 Σ_2 面上的互相干函数定义为

$$\Gamma(Q_1, Q_2; \tau) = \langle u(Q_1, t+\tau) u^*(Q_2, t) \rangle \quad (4-5-6)$$

根据公式(4-5-5),可以把 Σ_2 面上的光场与 Σ_1 面上的光场联系起来

$$u(Q_1, t+\tau) = \int_{\Sigma_1} \frac{1}{j\bar{\lambda}r_1} u\left(P_1, t + \tau - \frac{r_1}{c}\right) K(\theta_1) ds_1 \quad (4-5-7a)$$

$$u^*(Q_2, t) = \int_{\Sigma_1} \frac{-1}{j\bar{\lambda}r_2} u^*\left(P_2, t - \frac{r_2}{c}\right) K(\theta_2) ds_2 \quad (4-5-7b)$$

式中,θ_1 和 θ_2 分别是 r_1 和 r_2 与该点处波面法线的夹角。将式(4-5-7)代入式(4-5-6),并交换积分与求时间平均的顺序得

$$\Gamma(Q_1, Q_2; \tau) = \int_{\Sigma_1} \int_{\Sigma_1} \frac{\langle u\left(P_1, t + \tau - \frac{r_1}{c}\right) u^*\left(P_2, t - \frac{r_2}{c}\right)\rangle}{\bar{\lambda}^2 r_1 r_2} K(\theta_1) K(\theta_2) ds_1 ds_2$$

将积分中的时间平均表示为互相干函数的形式,得

$$\Gamma(Q_1, Q_2; \tau) = \int_{\Sigma_1} \int_{\Sigma_1} \Gamma\left(P_1, P_2; \tau + \frac{r_2 - r_1}{c}\right) \frac{K(\theta_1)}{\bar{\lambda}r_1} \frac{K(\theta_2)}{\bar{\lambda}r_2} ds_1 ds_2$$

$$(4-5-8)$$

上式给出了窄带光的辐射场中,曲面 Σ_1 和 Σ_2 上互相干函数的关系。进一步施加准单色条件的限制,把互相干函数表示成互强度的形式[参阅式(4-4-3)及式(4-4-4)],有

$$\Gamma(Q_1, Q_2; 0) = J(Q_1, Q_2)$$

$$\Gamma\left(P_1, P_2; \frac{r_2 - r_1}{c}\right) = J(P_1, P_2) \exp\left(j2\pi \frac{r_2 - r_1}{\bar{\lambda}}\right)$$

式(4-5-8)可以改写为

$$J(Q_1, Q_2) = \int_{\Sigma_1} \int_{\Sigma_1} J(P_1, P_2) \frac{\exp[j\bar{k}(r_2 - r_1)]}{\bar{\lambda}^2 r_1 r_2} K(\theta_1) K(\theta_2) ds_1 ds_2$$

$$(4-5-9)$$

这就是自由空间的准单色场中互强度传播公式。当 Q_1 和 Q_2 重合为一点 Q,可

得到 Σ_2 面上强度分布为

$$I(Q) = \int_{\Sigma_1}\int_{\Sigma_1} J(P_1,P_2)\frac{\exp[j\bar{k}(r_2-r_1)]}{\bar{\lambda}^2 r_1 r_2}K(\theta_1)K(\theta_2)\mathrm{d}s_1\mathrm{d}s_2$$

$$(4-5-10)$$

令 $I(P_1)$ 和 $I(P_2)$ 分别表示 P_1 和 P_2 点的强度,有

$$I(P_1) = \Gamma_{11}(0) = \langle u(P_1,t)u^*(P_1,t)\rangle$$

$$I(P_2) = \Gamma_{22}(0) = \langle u(P_2,t)u^*(P_2,t)\rangle$$

则 $J(P_1,P_2)$ 可以表示为

$$J(P_1,P_2) = [I(P_1)I(P_2)]^{1/2}\mu(P_1,P_2)$$

式(4-5-10)则可以改写为

$$I(Q) = \int_{\Sigma_1}\int_{\Sigma_1}[I(P_1)I(P_2)]^{1/2}\mu(P_1,P_2)\frac{\exp[j\bar{k}(r_2-r_1)]}{\bar{\lambda}^2 r_1 r_2}K(\theta_1)K(\theta_2)\mathrm{d}s_1\mathrm{d}s_2$$

$$(4-5-11)$$

上式表明,Q 点的光强等于 Σ_1 上每一对点所作的贡献之和(见图 4-5-2)。每一对点产生的响应为 $\dfrac{\exp[j\bar{k}(r_2-r_1)]}{\bar{\lambda}^2 r_1 r_2}K(\theta_1)K(\theta_2)$,每一对点的贡献依赖于这两点的强度以及相应的复相干因子 $\mu(P_1,P_2)$。式(4-5-11)可以看做是部分相干场中强度传播的惠更斯-菲涅耳原理。它与描述单色光波场传播的较初等的惠更斯-菲涅耳公式的相似性并不奇怪,因为互强度的传播也遵循亥姆霍兹方程。

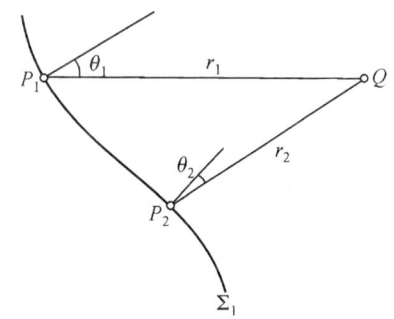

图 4-5-2 计算 Q 点光强有关的几何关系

讨论自由空间中准单色场互相干性传播的另一个重要结论是,当对于所有的 $P_1 \ne P_2$ 和所有的 τ 都有 $\Gamma(P_1,P_2;\tau)=0$ 时,式(4-5-8)积分为零。这就意味着按照这样方式定义的非相干场是不能传播的,也就是说,完全不相干的表面是不能辐射的。可以证明,对一个传播的波,相干性至少在一个波长的线度上存在(参阅文献[10]第 189 页)。但是,对于一般的光学系统,波长相对于波面的尺度可以看做无穷小量,因此非相干场的互强度通常近似表示为

$$J(P_1,P_2) = \kappa I(P_1)\delta(x_1-x_2,y_1-y_2) \qquad (4-5-12)$$

式中,(x_1,x_2)、(y_1,y_2) 分别为 P_1、P_2 的坐标;$\delta(\ )$ 为二维 δ 函数;κ 为一个适当的

常系数。

4.5.2 薄透明物体对互强度的影响

现在讨论光波通过一个薄的透明物体时光场相干性的变化。物体的折射率为 n,用实函数 $A(P)$ 描述物体的吸收作用,它使透射光振幅衰减。为方便起见,设 n 和 $A(P)$ 都与光的波长无关。用 $\delta(P)$ 描述 P 点透过的场所受到的时间延迟,它与 P 点的厚度 $d(P)$ 有关(见图 4-5-3)

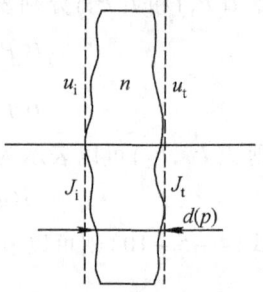

$$\delta(P) = \frac{d(P)}{c/n} + \frac{d_0 - d(P)}{c} = \frac{(n-1)d(P)}{c} + \frac{d_0}{c} \tag{4-5-13a}$$

透射光场 u_t 与入射光场 u_i 之间关系为

$$u_t(P;t) = A(P)u_i[P;t-\delta(P)] \tag{4-5-13b}$$

图 4-5-3 薄透明物体

互相干函数为

$$\begin{aligned}
\Gamma_t(P_1,P_2;\tau) &= \langle u_t(P_1;t+\tau)u_t^*(P_2;t)\rangle \\
&= A(P_1)A(P_2)\langle u_i[P_1;t+\tau-\delta(P_1)]u_i^*[P_2;t-\delta(P_2)]\rangle \\
&= A(P_1)A(P_2)\Gamma_i[P_1,P_2;\tau-\delta(P_1)+\delta(P_2)] \tag{4-5-14}
\end{aligned}$$

上式给出了入射和透射的互相干函数之间的关系。在准单色条件下,即当谱线很窄以及物体造成的时延差 $|\delta(P_1) - \delta(P_2)|$ 远小于相干时间 τ_c,有

$$\begin{aligned}
&\Gamma_i[P_1,P_2;\tau-\delta(P_1)+\delta(P_2)] \\
&= J_i(P_1,P_2)\exp(j2\pi\bar{\nu}\tau)\exp[-j2\pi\bar{\nu}\delta(P_1)] \cdot \exp[j2\pi\bar{\nu}\delta(P_2)]
\end{aligned} \tag{4-5-15}$$

$$\Gamma_t(P_1,P_2;\tau) = J_t(P_1,P_2)\exp(j2\pi\bar{\nu}\tau) \tag{4-5-16}$$

把它们代入式(4-5-14),得到

$$J_t(P_1,P_2) = A(P_1)\exp[-j2\pi\bar{\nu}\delta(P_1)]A(P_2)\exp[j2\pi\bar{\nu}\delta(P_2)]J_i(P_1,P_2) \tag{4-5-17}$$

令

$$t(P) = A(P)\exp[-j2\pi\bar{\nu}\delta(P)] \tag{4-5-18}$$

$t(P)$ 相当于物体对频率为 $\bar{\nu}$ 的单色光的复振幅透过率。最终有

$$J_t(P_1,P_2) = t(P_1)t^*(P_2)J_i(P_1,P_2) \tag{4-5-19}$$

式(4-5-19)表明,P_1、P_2 两点互强度在透过物体时,受到这两点的振幅及相位透过率的影响。式(4-5-19)适用于孔径、薄透镜和薄的振幅型或相位型物体,它揭示出物体本身信息是如何调制载波的互强度变化的。

4.5.3 部分相干光的衍射

现在讨论部分相干光照明孔径的衍射现象。如图 4-5-4 所示,孔径位于 $x_1 - y_1$ 平面,观察平面为与之平行的 $x_2 - y_2$ 平面,它们之间距离为 z。孔径的复振幅透过率可以用 $t(x_1, y_1)$ 表示,若照明光波在孔径前的互强度为 J_1,则孔径后方透射互强度 J_1' 为

$$J_1'(x_1, y_1; x_1', y_1') = t(x_1, y_1)t^*(x_1', y_1')J_1(x_1, y_1; x_1', y_1') \quad (4-5-20)$$

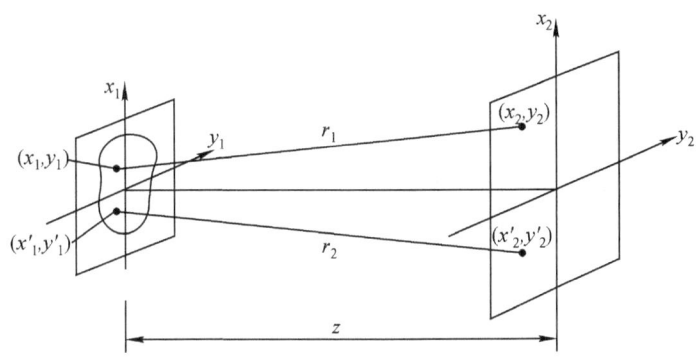

图 4-5-4 部分相干光衍射示意图

考虑在小角度近似下,有 $K(\theta_1)K(\theta_2) \approx 1$。根据式(4-5-9),观察平面光场互强度 J_2 可用孔径后方透射互强度 J_1' 表示为

$$J_2(x_2, y_2; x_2', y_2') = \iiiint_{-\infty}^{\infty} J_1'(x_1, y_1; x_1', y_1') \frac{\exp[j\bar{k}(r_1 - r_2)]}{\bar{\lambda}^2 r_1 r_2} dx_1 dy_1 dx_1' dy_1'$$

$$(4-5-21)$$

式中,积分域已扩展到无穷,因为对于孔径平面上所有没有光传播到 $x_2 - y_2$ 平面的点对 J_1' 为零。引入 2.3 节中研究菲涅耳衍射用到的傍轴近似,式(4-5-21)可以改写为

$$J_2(x_2, y_2; x_2', y_2') = \frac{\exp(j\theta)}{\bar{\lambda}^2 z^2} \iiiint_{-\infty}^{\infty} J_1'(x_1, y_1; x_1', y_1')$$

$$\times \exp\left\{\frac{j\bar{k}}{2z}[(x_1^2 + y_1^2) - (x_1'^2 + y_1'^2)]\right\}$$

$$\times \exp\left[-j\frac{\bar{k}}{z}(x_2 x_1 + y_2 y_1 - x_2' x_1' - y_2' y_1')\right] dx_1 dy_1 dx_1' dy_1'$$

其中

$$\theta = \frac{\bar{k}}{2z}[(x_2^2 + y_2^2) - (x_2'^2 + y_2'^2)] \qquad (4-5-22\text{a})$$

如果两个平面之间距离增加到足够大,从而满足夫琅禾费条件,上式可进一步改写为

$$J_2(x_2, y_2; x_2', y_2') = \frac{\exp(j\theta)}{\bar{\lambda}^2 z^2} \iiiint_{-\infty}^{\infty} J_1'(x_1, y_1; x_1', y_1')$$

$$\times \exp\left[-j\frac{2\pi}{\bar{\lambda} z}(x_2 x_1 + y_2 y_1 - x_2' x_1' - y_2' y_1')\right] dx_1 dy_1 dx_1' dy_1'$$

$$(4-5-22\text{b})$$

上式表明,在远场条件下,J_2 正比于 J_1' 的四维傅里叶变换。当 Q_1 和 Q_2 点重合,即 $x_2 = x_2'$ 和 $y_2 = y_2'$,可以得到观察平面上强度分布

$$I(x_2, y_2) = \frac{1}{\bar{\lambda}^2 z^2} \iiiint_{-\infty}^{\infty} J_1'(x_1, y_1; x_1', y_1')$$

$$\times \exp\left\{-j\frac{2\pi}{\bar{\lambda} z}[x_2(x_1 - x_1') + y_2(y_1 - y_1')]\right\} dx_1 dy_1 dx_1' dy_1' \quad (4-5-23)$$

强度分布 $I(x_2, y_2)$ 和孔径平面互强度 J_1' 之间存在着准确的傅里叶变换关系。

对于许多实际情况(参阅 4.6 节),非相干光源发出的光波照明孔径时 J_1 可以表示为

$$J_1(x_1, y_1; x_1', y_1') = I_0 \mu_1(\Delta x_1, \Delta y_1)$$

式中,$\Delta x_1 = x_1 - x_1'$,$\Delta y_1 = y_1 - y_1'$。上式表明,复相干因子仅依赖于孔径平面上两点坐标差。于是透射互强度 J_1' 即式(4-5-20)可改写为

$$J_1'(x_1, y_1; x_1', y_1') = t(x_1, y_1) t^*(x_1 - \Delta x_1, y_1 - \Delta y_1) I_0 \mu_1(\Delta x_1, \Delta y_1)$$

$$(4-5-24)$$

将式(4-5-24)代入式(4-5-23),得到

$$I(x_2, y_2) = \frac{I_0}{\bar{\lambda}^2 z^2} \iint_{-\infty}^{\infty} \mathscr{T}(\Delta x_1, \Delta y_1) \mu_1(\Delta x_1, \Delta y_1)$$

$$\times \exp\left\{-j\frac{2\pi}{\bar{\lambda} z}[x_2 \Delta x_1 + y_2 \Delta y_1]\right\} d\Delta x_1 d\Delta y_1 \qquad (4-5-25\text{a})$$

其中

$$\mathscr{T}(\Delta x_1, \Delta y_1) = \iint_{-\infty}^{\infty} t(x_1, y_1) t^*(x_1 - \Delta x_1, y_1 - \Delta y_1) dx_1 dy_1$$

$$(4-5-25\text{b})$$

式(4-5-25)表明,衍射图样的强度分布是孔径自相关函数 $\mathscr{T}$ 与入射光波复相

干因子 μ_1 乘积的二维傅里叶变换。公式(4-5-25)可看做远场条件下部分相干光的普遍的衍射公式。从它可以导出相干和非相干的极端情况下的规律。当采用完全相干的平面波照明孔径，$\mu_1 = 1$。于是

$$I(x_2, y_2) = \frac{I_0}{\lambda^2 z^2} \iint_{-\infty}^{\infty} \mathcal{T}(\Delta x_1, \Delta y_1) \exp\left\{-j\frac{2\pi}{\lambda z}\left[x_2 \Delta x_1 + y_2 \Delta y_1\right]\right\} d\Delta x_1 d\Delta y_1$$

$$(4-5-26)$$

假定照明光波在孔径上产生的相干面积比孔径尺寸小得多，孔径可看做是非相干照明。这时对于 μ_1 不为零的区域来说，自相关函数 $\mathcal{T}(\Delta x_1, \Delta y_1)$，即错位孔径的重叠面积近似等于最大值 A（孔径面积），所以

$$I(x_2, y_2) = \frac{I_0 A}{\lambda^2 z^2} \iint_{-\infty}^{\infty} \mu_1(\Delta x_1, \Delta y_1) \exp\left\{-j\frac{2\pi}{\lambda z}\left[x_2 \Delta x_1 + y_2 \Delta y_1\right]\right\} d\Delta x_1 d\Delta y_1$$

$$(4-5-27)$$

可看出观察平面上强度分布已和孔径形状没有关系，仅决定于复相干因子。在部分相干光照明孔径的一般情况，衍射图样的强度 $I(x_2, y_2)$ 既然等于乘积 $\mathcal{T}\mu_1$ 的傅里叶变换，由卷积定理，$I(x_2, y_2)$ 就应是 $\mathcal{T}$ 和 μ_1 各自变换式的卷积。卷积的效应是使衍射图样平滑化。照明光的相干面积愈小，平滑化愈明显。对这种平滑化可以做更直观的解释。采用非相干光源照明孔径时，每个光源上的点发出的光可认为对孔径给予完全相干照明，产生相应的衍射图样。每个衍射图样的中心取决于相应点源的位置。对于非相干光源来说，所有衍射图样按强度叠加，产生的合成衍射图样是平滑化的。

4.6 范西特-策尼克定理

在研究部分相干光衍射的时候，观察平面上任何一点的光振动都是由孔径平面上所有各点的贡献叠加而成的(参阅图4-5-4)。因此，即使孔径平面上的光场是非相干的，观察平面上任何两点的光振动都存在一定程度的联系，也就是说有一定的相干性。作为近代光学中最重要的定理之一的范西特-策尼克(Van Cittert-Zernike)定理，就是讨论这一由准单色(窄带)空间非相干光源照明而产生的光场的互强度。

4.6.1 范西特-策尼克定理

如图4-6-1所示，Σ_1 与 Σ_2 平面相互平行，距离为 z。两个平面之间距离足够大，满足夫琅禾费条件。Σ_1 上放置一准单色扩展光源。由它发出的非相干光照明 Σ_2 面。现在来确定 Σ_2 面上任意两点 Q_1 和 Q_2 的互强度和复相干度。

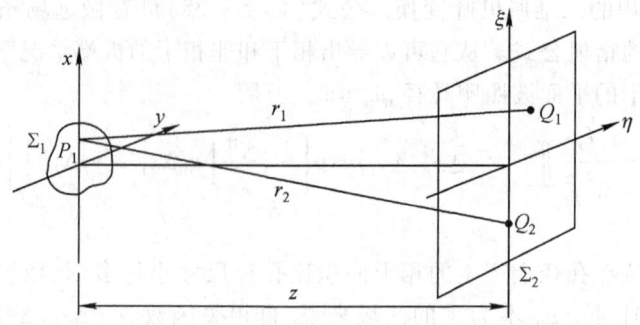

图 4-6-1 范西特-策尼克定理的几何关系

根据部分相干光衍射的互强度关系式(4-5-22b), $Q_1(\xi_1,\eta_1)$ 和 $Q_2(\xi_2,\eta_2)$ 之间的互强度可用 Σ_1 面的扩展光源上 $P_1(x_1,y_1)$ 和 $P_2(x_2,y_2)$ 点的互强度表示为

$$J(\xi_2,\eta_2;\xi_1,\eta_1) = \frac{\exp(j\Psi)}{\bar{\lambda}^2 z^2} \iiiint_{-\infty}^{\infty} J(x_2,y_2;x_1,y_1)$$

$$\exp\left[-j\frac{2\pi}{\bar{\lambda}z}(\xi_2 x_2 + \eta_2 y_2 - \xi_1 x_1 - \eta_1 y_1)\right] dx_2 dy_2 dx_1 dy_1 \quad (4-6-1a)$$

式中

$$\Psi = \frac{\bar{k}}{2z}[(\xi_2^2 + \eta_2^2) - (\xi_1^2 + \eta_1^2)] = \frac{\bar{k}}{2z}(\rho_2^2 - \rho_1^2) \quad (4-6-1b)$$

ρ_1 和 ρ_2 分别为 Q_1 和 Q_2 两点到光轴的距离。对非相干光源,两个不同点的光振动是统计无关的,因而

$$J(x_2,y_2;x_1,y_1) = I(x_1,y_1)\delta(x_2 - x_1, y_2 - y_1) \quad (4-6-2)$$

把它代入式(4-6-1),并利用 δ 函数筛选性质,得到屏幕 Σ_2 面上互强度为

$$J(\xi_2,\eta_2;\xi_1,\eta_1) = \frac{\exp(j\Psi)}{\bar{\lambda}^2 z^2} \iint_{-\infty}^{\infty} I(x_1,y_1)\exp\left\{-j\frac{2\pi}{\bar{\lambda}z}[x_1\Delta\xi + y_1\Delta\eta]\right\} dx_1 dy_1$$

$$(4-6-3)$$

式中, $\Delta\xi = \xi_2 - \xi_1$, $\Delta\eta = \eta_2 - \eta_1$。$x_1$ 和 y_1 作为积分哑元,下标可以去掉。显然式(4-6-3)是一个傅里叶变换式,它说明观察平面 Σ_2 上互强度是 Σ_1 面上的扩展光源光强分布的傅里叶变换, Q_1 和 Q_2 两点的互强度仅取决于两点的坐标差。这就是范西特-策尼克定理。

把这一定理表示成归一化形式往往更方便。为此先计算 Q_1 和 Q_2 两点的光强。在式(4-6-3)中令 $\xi_2 = \xi_1$、$\eta_2 = \eta_1$,便可得到

$$I(\xi_1,\eta_1) = I(\xi_2,\eta_2) = \frac{1}{\lambda^2 z^2} \iint_{-\infty}^{\infty} I(x,y) \mathrm{d}x\mathrm{d}y \qquad (4-6-4)$$

于是

$$\mu(\xi_2,\eta_2;\xi_1,\eta_1) = \frac{J(\xi_2,\eta_2;\xi_1,\eta_1)}{[I(\xi_1,\eta_1)I(\xi_2,\eta_2)]^{\frac{1}{2}}}$$

$$= \frac{\exp(\mathrm{j}\Psi) \iint_{-\infty}^{\infty} I(x_1,y_1) \exp\left\{-\mathrm{j}\frac{2\pi}{\lambda z}[x_1\Delta\xi + y_1\Delta\eta]\right\}\mathrm{d}x_1\mathrm{d}y_1}{\iint_{-\infty}^{\infty} I(x,y)\mathrm{d}x\mathrm{d}y}$$

$$(4-6-5)$$

式(4-6-5)给出了十分重要的结论:即当光源本身线度以及观察区域线度都比二者距离 z 小得多时,观察区域上复相干因子正比于光源强度分布的归一化傅里叶变换。

相位因子 $\mathrm{e}^{\mathrm{j}\Psi}$ 并不影响复相干因子的模 $|\mu(Q_1,Q_2)|$,也就是说,不影响我们判断 Q_1 和 Q_2 两点在杨氏干涉实验中产生的干涉条纹的对比度。$|\mu(Q_1,Q_2)|$ 只和观察平面上选定的 Q_1 和 Q_2 两点的坐标差 $(\Delta\xi,\Delta\eta)$ 有关。注意当这两点到光轴距离相等时,$\Psi = 0$;或者当 $z \gg \frac{2}{\lambda}(\rho_1^2 - \rho_2^2)$ 时,$\Psi \ll \frac{\pi}{2}$。在这两种情况下,式(4-6-5)中就可直接弃去相位因子 $\mathrm{e}^{\mathrm{j}\Psi}$。

根据范西特-策尼克定理,不难看出,对于面积为 A_s 的均匀非相干光源,在离光源 z 处垂直于光传播方向上的相干面积,可用式(4-4-6c)计算。

4.6.2 均匀圆形光源

作为应用范西特-策尼克定理的例子,我们计算一个直径为 b 的均匀亮度的准单色圆形光源所产生的光场复相干因子。设辐射光强分布为

$$I(x,y) = I_1 \mathrm{circ}\left(\frac{\sqrt{x^2+y^2}}{b/2}\right) \qquad (4-6-6)$$

根据式(4-6-5)可以算出

$$\mu_{12} = \mu(Q_1,Q_2) = \left[\frac{2J_1(\nu)}{\nu}\right]\mathrm{e}^{\mathrm{j}\Psi} \qquad (4-6-7)$$

式中,J_1 为一阶第一类贝塞尔函数;Ψ 定义见式(4-6-1b),而

$$\nu = \frac{\pi b}{\lambda z}\sqrt{\Delta\xi^2 + \Delta\eta^2} = \frac{\pi}{\lambda}\alpha d \qquad (4-6-8)$$

其中,$\alpha = b/z$ 是光源对 Q_1、Q_2 两点连线中心点的张角(如图4-6-2所示),即

光源的角直径。$d = \sqrt{\Delta\xi^2 + \Delta\eta^2}$ 为 Q_1、Q_2 两点之间的距离。如果令 $\beta = d/z$，它是 Q_1 和 Q_2 点相对光源中心的张角，则有

$$\nu = \frac{\pi}{\lambda}b\beta \qquad (4-6-9)$$

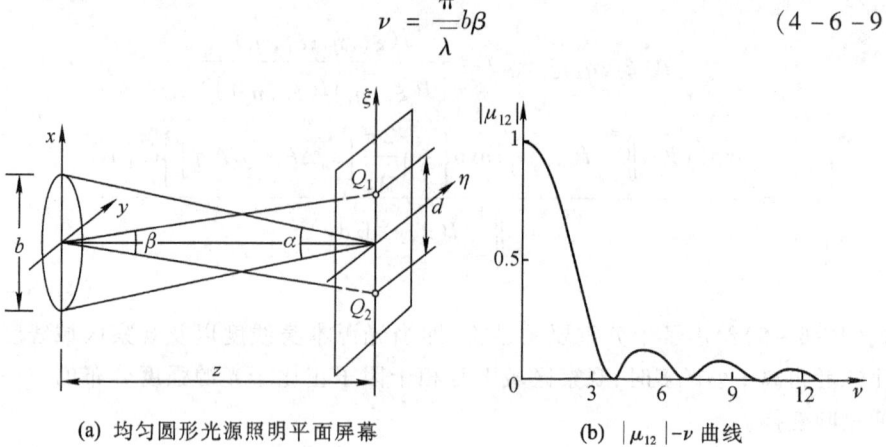

(a) 均匀圆形光源照明平面屏幕　　(b) $|\mu_{12}|-\nu$ 曲线

图 4-6-2　均匀圆形光源照明时屏上的相干度

图 4-6-2 中给出 $|\mu_{12}|$ 相对 ν 变化的曲线。显然 ν 值很小时，$|\mu_{12}|$ 的值较高。所以减小 α（即减小光源尺寸 b 或增大距离 z），或者减小 Q_1、Q_2 两点的间距 d，都可以使 Q_1、Q_2 两点的空间相干性提高。此时，尽管组成光源的不同点源之间完全是无关联的，但每一个点源在 Q_1 和 Q_2 产生的光振动的相位差接近于相等，因而 Q_1、Q_2 两点仍是高度相干的。对于点光源或无穷远处光源照明的情况，$|\mu_{12}|$ 接近最大值 1。

随着 ν 增大，相干性减小。当 $\nu = 3.833$，$|\mu_{12}|$ 为第一零极小，相应孔距

$$d = \frac{3.833\overline{\lambda}}{\pi\alpha} = \frac{1.22\overline{\lambda}}{\alpha} \qquad (4-6-10)$$

或者

$$d\alpha = 1.22\overline{\lambda} \qquad (4-6-11)$$

等效地，可导出

$$b\beta = 1.22\overline{\lambda} \qquad (4-6-12)$$

这时 Q_1 和 Q_2 点的场是完全不相干的。若把观察屏放在这两个针孔后的任一平面，都看不到干涉条纹。ν 进一步增大，又会产生一点相干性；当 $\nu = 7.016$，又变为完全不相干。由于 ν 通过 $J_1(\nu)$ 的每个零点时，$J_1(\nu)$ 改变符号，μ_{12} 将产生 π 的相移。

完全相干或非相干在实际上并不容易实现。只是把部分相干的某些情况近似看做是相干或非相干的。有必要选择合适的判据作为相干与非相干区域的界

限。若取 $\nu = 1$ 时，$|\mu_{12}| = 0.88$。它对理想值 1 偏离 12%，可认为是最大允许偏离。此时

$$d_c = \frac{0.32\bar{\lambda}}{\alpha} \tag{4-6-13}$$

以 d_c 为直径的圆面积 A_c 称为相干面积。准单色均匀圆形光源照明的空间两点，如果位于这一圆形区域内，则可看做近似相干照明的情况。这是相干面积的另一种定义［参阅式(4-4-6)］。和相干长度(时间)的不同定义类似，式(4-6-13)与式(4-4-6)两种定义有区别也有联系。式(4-4-6)从理论上讲比较严谨，具有普遍性。但是式(4-6-13)的物理意义似乎更加清晰，比较实用。例如把太阳看做均匀亮度的圆形光源，它对地面张角 α 为 $0°32' \approx 0.0093 \text{ rad}$。取 $\bar{\lambda}$ 为 5.5×10^{-5} cm，用式(4-6-13)可得相干面积是以 $d_c = 0.019$ mm 为直径的圆。由此可以清楚地了解到，在此圆以内复相干因子的幅值大于 0.88，任何两点都是空间相干的。

4.6.3 迈克尔逊测星干涉仪

范西特-策尼克定理的一个重要应用是确定星体的角直径。假定星体可以看做是准单色的均匀圆形光源，可以测出干涉条纹对比度由最大降为零时的 d 值，即光扰动互不相干的两点的距离，由式(4-6-11)，星体角直径

$$\alpha = \frac{1.22\bar{\lambda}}{d} \tag{4-6-14}$$

这正是迈克尔逊测星干涉仪的工作原理。

图 4-6-3 中给出了迈克尔逊干涉仪原理光路。在望远物镜前放置一块开有双孔的挡光板，小孔位置对称于光轴。用两个相距很远的可移动反射镜 M_1 和 M_2 收集来自遥远星体的光线，反射光再经反射镜 M_3 和 M_4 反射，分别穿过两个小孔进入物镜，在透镜后焦面上产生干涉图样。反射镜 M_1 和 M_2 之间的距离就相当于式(4-6-14)中的 d。在迈克尔逊装置中，两块反射镜可在一根长导轨上移动。这根长导轨装在威尔逊天文台 100 in (英寸) 的反射望远镜上。改变 M_1 和 M_2 间距，干涉条纹对比将发生变化。1920 年 12 月，迈克尔逊首先用这个装置测量了猎户座上方一颗橙色的星，即参宿四。当调到 $d = 121$ in (307.33 cm) 时，干涉条纹消失，$|\mu_{12}| = 0$。取 $\bar{\lambda} = 570$ nm，可计算出

$$\alpha = \frac{1.22 \times 5\,700 \times 10^{-8}}{307.33} \text{ rad} = 22.6 \times 10^{-8} \text{ rad} = 0.047''$$

为了测量更小的星体，反射镜的间距就必须更大，这是测星干涉仪结构上的主要限制。迈克尔逊测星干涉仪也可用于测双星的角间距。

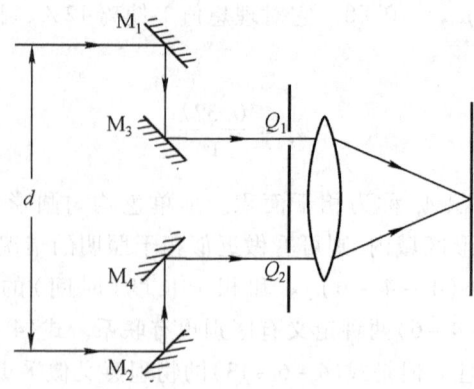

图 4-6-3 迈克尔逊测星干涉仪原理光路

光场的相干性质既然可通过干涉现象反映出来,在干涉图样中就包含着光源本身的信息。傅里叶变换光谱学表明,可以由干涉图的对比,或者说时间相干度测定点光源的光谱分布。而范西特-策尼克定理表明,可以由干涉图样的对比,或者说空间相干性的测定准单色扩展光源的光强分布。若光源具有均匀亮度,则可直接测定光源的尺寸。

4.7 部分相干场中透镜的傅里叶变换性质

用范西特-策尼克定理解决了准单色非相干光源照明产生的光场的互强度问题后,根据准单色光衍射和互强度传播的规律,就有可能研究部分相干光照明的光学系统的性质。和第 3 章类似,首先讨论单个透镜的傅里叶变换性质,讨论准单色光场中薄的凸透镜前后焦面上互强度的关系。

如图 4-7-1 所示,若已知前焦面上互强度为 $J'_o(x_o,y_o;x'_o,y'_o)$,可沿光波传播方向逐面计算三个特定平面上的互强度:紧靠透镜前后的平面上的互强度 $J_1(x,y;x',y')$ 和 $J'_1(x,y;x',y')$ 以及后焦面上互强度 $J_f(x_f,y_f;x'_f,y'_f)$。

由互强度传播公式(4-5-23)可得,紧靠透镜前平面上的互强度可表示为

$$J_1(x,y;x',y') = \frac{\exp(j\theta)}{\bar{\lambda}^2 f^2} \iiint_{-\infty}^{\infty} J'_o(x_o,y_o;x'_o,y'_o)$$

$$\times \exp\left\{\frac{j\bar{k}}{2f}\left[(x_o^2+y_o^2)-(x'^2_o+y'^2_o)\right]\right\}$$

$$\times \exp\left[-j\frac{\bar{k}}{f}(xx_o+yy_o-x'x'_o-y'y'_o)\right]dx_o dy_o dx'_o dy'_o$$

其中
$$\theta = \frac{\bar{k}}{2f}[(x^2+y^2)-(x'^2+y'^2)] \quad (4-7-1)$$

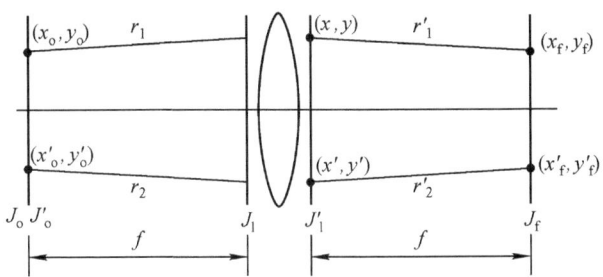

图 4-7-1 薄透镜前后焦面上互强度的关系

根据式(4-5-19)光场中 P_1、P_2 两点互强度在透过物体时,受到透明物体上这两点的振幅及相位透过率的影响。不考虑透镜孔径的有限大小,代入透镜的二次相位因子,透镜前后平面上互强度的关系可表示为

$$J_1'(x,y;x',y') = t_1(x,y)t_1^*(x',y')J_1(x,y;x',y')$$

$$= \exp\left\{-\mathrm{j}\frac{\bar{k}}{2f}\left[(x^2+y^2)-(x'^2+y'^2)\right]\right\}J_1(x,y;x',y')$$

(4-7-2)

再一次利用互强度传播公式(4-5-23),将后焦面上互强度 $J_f(x_f,y_f;x_f',y_f')$ 先表示为透镜后平面上的互强度,同时利用式(4-7-2)表示为透镜前平面上的互强度,得到

$$J_f(x_f,y_f;x_f',y_f')$$
$$= \frac{1}{\bar{\lambda}^2 f^2}\exp\left\{\mathrm{j}\frac{\bar{k}}{2f}\left[(x_f^2+y_f^2)-(x_f'^2+y_f'^2)\right]\right\}\iiiint_{-\infty}^{\infty} J_1(x,y;x',y')$$
$$\times \exp\left[-\mathrm{j}\frac{2\pi}{\bar{\lambda}f}(x_f'x'+y_f'y'-x_fx-y_fy)\right]\mathrm{d}x\mathrm{d}y\mathrm{d}x'\mathrm{d}y' \quad (4-7-3)$$

将式(4-7-1)代入式(4-7-3)得到一个八重积分。可利用高斯函数的傅里叶变换,先对 x、y、x'、y' 积分

$$\iiiint_{-\infty}^{\infty}\exp\left\{\mathrm{j}\frac{\bar{k}}{2f}\left[(x^2+y^2)-(x'^2+y'^2)\right]\right\}$$
$$\times \exp\left\{\mathrm{j}\frac{2\pi}{\bar{\lambda}f}\left[(x_o'+x_f')x'+(y_o'+y_f')y'-(x_o+x_f)x-(y_o+y_f)y\right]\right\}\mathrm{d}x\mathrm{d}y\mathrm{d}x'\mathrm{d}y'$$
$$= (\bar{\lambda}f)^2\exp\left\{\mathrm{j}\frac{\bar{k}}{2f}\left[(x_o'+x_f')^2+(y_o'+y_f')^2-(x_o+x_f)^2-(y_o+y_f)^2\right]\right\}$$

(4-7-4)

式(4-7-3)最终变成

$$J_f(x_f, y_f; x'_f, y'_f) = \frac{1}{\lambda^2 f^2} \iiiint_{-\infty}^{\infty} J'_o(x_o, y_o; x'_o, y'_o)$$

$$\times \exp\left[-j\frac{2\pi}{\lambda f}\left(x'_f x'_o + y'_f y'_o - x_f x_o - y_f y_o\right)\right] dx_o dy_o dx'_o dy'_o \quad (4-7-5)$$

若令

$$f_x = \frac{x_f}{\lambda f}, f_y = \frac{y_f}{\lambda f} \quad 及 \quad f'_x = \frac{-x'_f}{\lambda f}, f'_y = \frac{-y'_f}{\lambda f} \quad (4-7-6)$$

则

$$J_f(x_f, y_f; x'_f, y'_f) = \frac{1}{\lambda^2 f^2} \iiiint_{-\infty}^{\infty} J'_o(x_o, y_o; x'_o, y'_o)$$

$$\times \exp[-j2\pi(f_x x_o + f_y y_o + f'_x x'_o + f'_y y'_o)] dx_o dy_o dx'_o dy'_o \quad (4-7-7)$$

上式表明，薄的凸透镜前后焦面上互强度之间构成一个四维傅里叶变换对。注意：这一重要结论是在准单色近似的条件下才成立的。

在式(4-7-5)中，令 $x_f = x'_f, y_f = y'_f$，两点合成一点，互强度变成光强，得到

$$I_f(x_f, y_f) = \frac{1}{\lambda^2 f^2} \iiiint_{-\infty}^{\infty} J'_o(x_o, y_o; x'_o, y'_o)$$

$$\times \exp\left\{-j\frac{2\pi}{\lambda f}\left[x_f(x_o - x'_o) + y_f(y_o - y'_o)\right]\right\} dx_o dy_o dx'_o dy'_o \quad (4-7-8)$$

如果透镜前焦面的互强度是由部分相干光照明一个薄透明物体产生的，则可用照明物体的光场互强度将透镜前焦面的互强度表示成

$$J'_o(x_o, y_o; x'_o, y'_o) = t(x_o, y_o) t^*(x'_o, y'_o) J_o(x_o, y_o; x'_o, y'_o) \quad (4-7-9)$$

式中，$t(x_o, y_o)$ 表示薄透明物体的振幅和相位透过率。将式(4-7-9)代入式(4-7-7)，则

$$J_f(x_f, y_f; x'_f, y'_f) = \frac{1}{\lambda^2 f^2} \iiiint_{-\infty}^{\infty} t(x_o, y_o) t^*(x'_o, y'_o) J_o(x_o, y_o; x'_o, y'_o)$$

$$\times \exp[-j2\pi(f_x x_o + f_y y_o + f'_x x'_o + f'_y y'_o)] dx_o dy_o dx'_o dy'_o \quad (4-7-10)$$

这说明透镜后焦面上光场互强度携带了物体本身及照明光场相干性的全部信息。

4.8 部分相干光成像

对于部分相干光成像，讨论仍然限制在准单色光照明的范围以内。也就是

说,本节研究的光学系统用窄带光照明,而且系统的几何关系满足傍轴条件。在准单色光照明的情况下,光学系统传递的基本物理量,也就是信息的载体是互强度。首先在空域讨论准单色光照明光学系统的物像关系,再转到频域对光学系统进行频谱分析,给出系统的传递函数。

4.8.1 准单色光照明光学系统的物像关系

参阅图 4-8-1,处于物面上的物体发出的准单色光互强度分布为 $J_o'(x_o,y_o;x_o',y_o')$,它可以是透射也可以是反射照明产生的。不失一般性,假设透射照明的准单色光互强度分布为 $J_o(x_o,y_o;x_o',y_o')$,透明物体的复振幅透过率为 $t(x_o,y_o)$,它们与 $J_o'(x_o,y_o;x_o',y_o')$ 之间的关系可用式(4-7-9)表示。系统物、像面之间复振幅满足成像关系,当系统用波长为 $\bar{\lambda}$ 的单色光照明时,点扩散函数为 $h(x_o,y_o;x_i,y_i)$。也就是说,准单色光条件下,复振幅成像过程可以用物面的复振幅分布与点扩散函数的卷积来描述。但是,准单色光照明下,物像的互强度分布和光强分布之间关系并不能够用准单色光复振幅点扩散函数来直接表达。根据互强度的定义,物、像面的互强度分布可以用物、像面的解析函数形式的复振幅 $u_o(x_o,y_o)$ 和 $u_i(x_i,y_i)$ 表示为

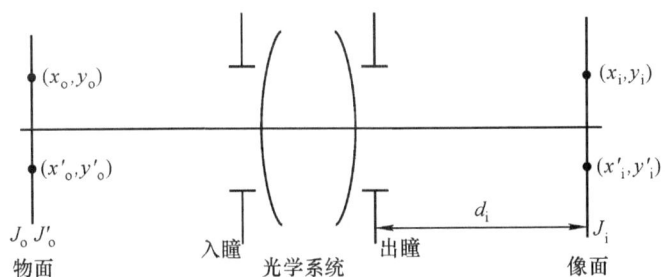

图 4-8-1 准单色光照明光学成像系统

$$J_o'(x_o,y_o;x_o',y_o') = \langle u_o(x_o,y_o)u_o^*(x_o',y_o') \rangle \quad (4-8-1a)$$

$$J_i'(x_i,y_i;x_i',y_i') = \langle u_i(x_i,y_i)u_i^*(x_i',y_i') \rangle \quad (4-8-1b)$$

在式(4-8-1)中将像面的复振幅分布用物面的复振幅分布与点扩散函数的卷积代替,得到

$$J_i(x_i,y_i;x_i',y_i') = \left\langle \iint_{-\infty}^{\infty} u_o(x_o,y_o)h(x_i-x_o,y_i-y_o)\mathrm{d}x_o\mathrm{d}y_o \right.$$
$$\left. \times \iint_{-\infty}^{\infty} u_o^*(x_o',y_o')h^*(x_i'-x_o',y_i'-y_o')\mathrm{d}x_o'\mathrm{d}y_o' \right\rangle$$

再交换积分与求时间平均的顺序,有

$$J_i(x_i,y_i;x_i',y_i') = \iiiint_{-\infty}^{\infty} J_o'(x_o,y_o;x_o',y_o')$$
$$\times h(x_i-x_o,y_i-y_o)h^*(x_i'-x_o',y_i'-y_o')\mathrm{d}x_o\mathrm{d}y_o\mathrm{d}x_o'\mathrm{d}y_o' \qquad (4-8-2)$$

这是一个四维的卷积积分。因而成像系统可以看成是互强度传递的空间不变线性系统。系统在空间域对于互强度传播的脉冲响应函数为 $h(x,y)h^*(x',y')$，它与输入互强度 J_o' 的卷积可得出输出互强度 J_i。

当像面上考察互强度的两点合为一点时，得到像面的光强分布
$$I_i(x_i,y_i) = \iiiint_{-\infty}^{\infty} J_o'(x_o,y_o;x_o',y_o')$$
$$\times h(x_i-x_o,y_i-y_o)h^*(x_i-x_o',y_i-y_o')\mathrm{d}x_o\mathrm{d}y_o\mathrm{d}x_o'\mathrm{d}y_o' \qquad (4-8-3)$$

透射照明的情况下，对透过率为 $t(x_o,y_o)$ 的透明物体，输出与输入面互强度关系为
$$J_i(x_i,y_i;x_i',y_i') = \iiiint_{-\infty}^{\infty} t(x_o,y_o)t^*(x_o',y_o')J_o(x_o,y_o;x_o',y_o')$$
$$\times h(x_i-x_o,y_i-y_o)h^*(x_i'-x_o',y_i'-y_o')\mathrm{d}x_o\mathrm{d}y_o\mathrm{d}x_o'\mathrm{d}y_o' \qquad (4-8-4)$$

这说明物体信息在传递过程中受到光学系统相干成像脉冲响应以及照明光场相干性的联合影响。

对于非相干光成像，物光场的互强度可用式(4-5-12)代入式(4-8-3)，得到
$$I_i(x_i,y_i) = \kappa \iint_{-\infty}^{\infty} I_o(x_o,y_o)|h(x_i-x_o,y_i-y_o)|^2\mathrm{d}x_o\mathrm{d}y_o \qquad (4-8-5)$$

定义光强脉冲响应为
$$h_I(x_i-x_o,y_i-y_o) = |h(x_i-x_o,y_i-y_o)|^2 \qquad (4-8-6)$$

则有非相干光成像时的物、像光强度分布之间关系如下
$$I_i(x_i,y_i) = \kappa \iint_{-\infty}^{\infty} I_o(x_o,y_o)h_I(x_i-x_o,y_i-y_o)\mathrm{d}x_o\mathrm{d}y_o \qquad (4-8-7)$$

4.8.2 准单色光照明下光学系统的频率响应

对式(4-8-2)用卷积定理，得到
$$\boldsymbol{J}_i(f_x,f_y;f_x',f_y') = \boldsymbol{J}_o(f_x,f_y;f_x',f_y')\boldsymbol{\mu}(f_x,f_y;f_x',f_y')$$
$$(4-8-8)$$

式中，$\boldsymbol{J}_i$、$\boldsymbol{J}_o$、$\boldsymbol{\mu}$ 分别为输出互强度 J_i、输入互强度 J_o' 及脉冲响应函数 $h(x,y)h^*(x',y')$ 的四维傅里叶变换。该式说明，如果把输入、输出互强度分解为不同频率组合 $(f_x,f_y;f_x',f_y')$ 的四维谐波分量，每个谐波分量由物面传播到像面过程中都会独立地受到频率响应 μ 的影响。μ 称为准单色光照明时光学成像系统的部分相干传递函数。它描述了系统对互强度在频域的传递特性。并且因为脉冲响应 $h(x,y)h^*(x',y')$ 是可分离变量的函数，部分相干传递函数可以用相干传递函数 $H_c(f_x,f_y)$ 表示为

$$\mu(f_x, f_y; f'_x, f'_y) = H_c(f_x, f_y)H_c^*(-f'_x, -f'_y) \quad (4-8-9)$$

对于衍射受限系统,相干传递函数与系统的光瞳函数之间有直接的联系

$$H_c(f_x, f_y) = P(\overline{\lambda}d_i f_x, \overline{\lambda}d_i f_y)$$

因而部分相干传递函数可以用光瞳函数表示为

$$\mu(f_x, f_y; f'_x, f'_y) = P(\overline{\lambda}d_i f_x, \overline{\lambda}d_i f_y)P^*(-\overline{\lambda}d_i f'_x, -\overline{\lambda}d_i f'_y)$$
$$(4-8-10)$$

下面将不同照明情况光学成像系统在空域和频域中的作用作一小结,列于表 4-8-1 中。

表 4-8-1 光学成像系统的作用

照明	相干	非相干	部分相干
基本量	复振幅 $U(x,y)$	强度 $I(x,y)$	互强度 $J(x,y;x',y')$
空间响应函数	$h(x,y)$	$h_1(x,y) = \|h(x,y)\|^2$	$h(x,y)h^*(x',y')$
频率响应函数	$H_c(f_x, f_y)$	$\mathscr{H}(f_x, f_y) = \dfrac{H_c(f_x, f_y) \star H_c(f_x, f_y)}{\iint_{-\infty}^{\infty}\|H_c(\xi, \eta)\|^2 d\xi d\eta}$	$\mu(f_x, f_y; f'_x, f'_y) = H_c(f_x, f_y)H_c^*(-f'_x, -f'_y)$
空域物像关系	$U_i(x,y) = U_o(x,y) * h(x,y)$	$I_i(x,y) = I_o(x,y) * h_1(x,y)$	$J_i(x,y;x',y') = J'_o(x,y;x',y') * [h(x,y)h^*(x',y')]$
频域物像关系	$G_i(f_x, f_y) = G_o(f_x, f_y) \times H_c(f_x, f_y)$	$\mathscr{A}_i(f_x, f_y) = \mathscr{A}_o(f_x, f_y) \times \mathscr{H}(f_x, f_y)$	$\mathbf{J}_i(f_x, f_y; f'_x, f'_y) = \mathbf{J}_o(f_x, f_y; f'_x, f'_y) \times \mu(f_x, f_y; f'_x, f'_y)$

为了对成像过程中相干性的影响有一个比较形象的认识,图 4-8-2 给出复相干因子 μ 取不同值时,两个相邻点物成像的强度分布。系统出瞳为直径 l 的圆,出瞳到像面的距离为 d_i,两个几何像点的距离为 $\delta = 1.2672\dfrac{\overline{\lambda}d_i}{l}$ 时,对应完全相干照明,即 $\mu=1.0$,两个像点恰好不能分辨,强度分布曲线仅在 $x=0$ 处有一个峰值。而 $\mu=0$ 时对应非相干照明,两点可以分辨;当 $\mu=-1.0$,也对应完全相干照明,但是相位差为 π。此时像面两点中间 $x=0$ 处光强降低到零,得到最佳分辨情况。由此可见,在部分相干成像时,不能简单运用瑞利分辨率判据,必须考虑照明光相干性的影响。

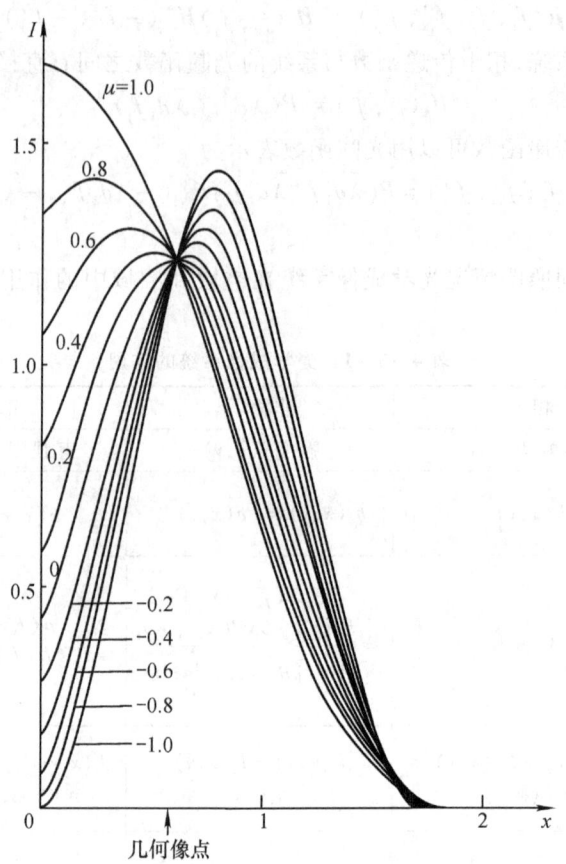

（曲线相对于 $x=0$ 对称，只画出一半）

参数 μ 表示不同的复相干因子，I 和 x 已归一化

图 4-8-2 两个点物成像的强度分布

习　　题

4.1 若光波的波长宽度为 $\Delta\lambda$，频率宽度为 $\Delta\nu$，试证明：$\left|\dfrac{\Delta\nu}{\nu}\right|=\left|\dfrac{\Delta\lambda}{\lambda}\right|$。设光波波长为 $\bar{\lambda}=632.8$ nm，$\Delta\lambda=2\times10^{-8}$ nm，试计算它的频宽 $\Delta\nu$。若把光谱分布看成是矩形线型，那么相干长度 $l_c=$?

4.2 设迈克尔逊干涉仪所用的光源为 $\lambda_1=589.0$ nm，$\lambda_2=589.6$ nm 的钠双线，每一谱线的宽度为 0.01 nm。(1) 试求光场的复自相干度的模。(2) 当移动一臂时，可见到的条纹总数大约为多少？(3) 可见度有几个变化周期？每个周期有多少条纹？

4.3 假定气体激光器以 N 个等强度的纵模振荡,其归一化功率谱密度可表示为
$$\hat{g}(\nu) = \frac{1}{N}\sum_{n=-(N-1)/2}^{(N-1)/2}\delta(\nu - \bar{\nu} + n\Delta\nu)$$
式中,$\Delta\nu$ 是纵模间隔,$\bar{\nu}$ 为中心频率,并假定 N 为奇数。

(1) 证明复自相干度的模为
$$|\gamma(\tau)| = \left|\frac{\sin(N\pi\Delta\nu\tau)}{N\sin(\pi\Delta\nu\tau)}\right|$$

(2) 若 $N=3$,且 $0 \leq \tau \leq 1/\Delta\nu$,画出 $|\gamma(\tau)|$ 与 $\Delta\nu\tau$ 的关系曲线。

4.4 在衍射实验中采用一个均匀非相干光源,波长 $\bar{\lambda} = 550$ nm,紧靠光源之前放置一个直径为 1 mm 的小圆孔,若希望对远处直径为 1 mm 的圆孔产生近似相干的照明,求衍射孔径到光源的最小距离。

4.5 用迈克尔逊测星干涉仪测量距离地面 1 光年(约 10^{16} m)的一颗星的直径。当反射镜 M_1 与 M_2 之间距离调到 6 m 时,干涉条纹消失。若平均波长 $\bar{\lambda} = 550$ nm,求这颗星的直径。

4.6 在杨氏双孔干涉实验中(如图 4-1 所示),用缝宽为 a 的准单色缝光源照明,其均匀分布的辐射光强为 I_0,中心波长 $\bar{\lambda} = 600$ nm。(1) 写出距照明狭缝 z 处的间距为 d 的双孔 Q_1 和 Q_2(不考虑孔的大小)之间的复相干因子表达式。(2) 若双孔均在与狭缝垂直的 x-y 平面内且 $a = 0.1$ mm,$z = 1$ m,$d = 3$ mm,求观察屏上的杨氏干涉条纹的对比度。(3) 若 z 和 d 仍然取上述值,要求观察屏上干涉条纹的对比度为 0.41,缝光源的宽度应为多少?(4) 若缝光源用 x-y 平面内两个相距为 a 的准单色点光源代替,如何表达 Q_1 和 Q_2 两点之间的复相干因子?

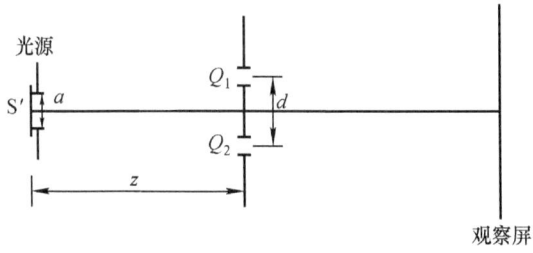

图 4-1 习题 4.6 图

4.7 一准单色光源照明与其相距为 z 的平面上任意两点 P_1 和 P_2,试问在傍轴条件下这两点之间的复相干因子幅值为多大?

4.8 在图 4-2 所示的记录全息图的光路中,非相干光源的强度在直径为 b 的圆孔内是均匀的,$\beta = 10°$。为使物体漫反射光与反射镜的参考光在 H 面上

的复相干因子 $|\mu_{12}|$ 不小于0.88，光源前所加的小孔的最大允许直径是多少（$\bar{\lambda} = 600$ nm）？

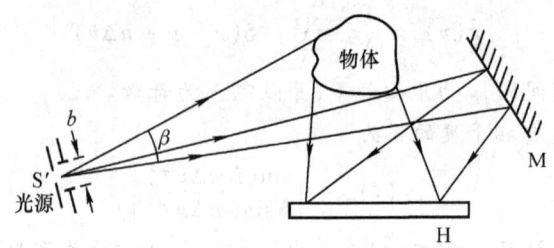

图 4-2 习题 4.8 图

第5章 光全息术

5.1 引 言

与普通照相不同,全息照相有两个突出的特点:一是三维立体性;二是可分割性。

所谓三维立体性,是指全息照片再现出来的像是三维立体的,具有如同观看真实物体一样的立体感,这一性质与现有的立体电影有着本质的区别。

所谓可分割性,是指全息照片的碎片照样能反映出整个物体的像来,并不会因为照片的破碎而失去像的完整性。

全息照相之所以具有上述特点,是因为全息照相与普通照相的方法截然不同。普通照相在胶片上记录的是物光的振幅信息(仅体现于光强分布),而全息照相在记录振幅信息的同时,还记录了物光的相位信息,"全息"(Holography)也因此而得名。

全息术最初是由英籍匈牙利科学家丹尼斯·盖伯(Dennis Gabor)于1948年提出来的,他的目的是想利用全息术提高电子显微镜的分辨率,在布拉格(Bragg)和策尼克(Zernike)的研究基础上,盖伯找到了一种避免相位信息丢失的技巧。但是由于这种技术要求高度相干性及高强度的光源而一度发展缓慢。整个20世纪50年代,一些科学家大大扩展了盖伯的理论并加深了对这一新的成像技术的理解。直到1960年第一台激光器问世,解决了相干光源问题,继而在1962年美国科学家利思(Leith)和乌帕特尼克斯(Upatnieks)提出了离轴全息图以后,全息技术的研究才获得突飞猛进的发展,并越来越为人们所重视。近40年来,全息技术的研究日趋广泛深入,逐渐开辟了全息应用的新领域,成为近代光学的一个重要分支。

纵观历史,全息术的发展可分为四个阶段:第一阶段是萌芽时期,是用汞灯做光源,摄制同轴全息图,称为第一代全息;第二阶段是用激光记录、激光再现的离轴全息图,称为第二代全息;第三阶段是激光记录、白光再现的全息图,称为第三代全息,主要包括白光反射全息、像全息、彩虹全息、真彩色全息及合成全息等,使光全息术在显示领域充分展现其优越性;第四阶段是用白光记录、白光再现的全息图,称为第四代全息,这是一个极具诱惑力的方向,正在吸引着人们去研究、去探索。

本章将从全息原理入手,重点介绍与全息术有关的一般知识,而其主要的应用方面将分别在第 7、8、9、11 章中详细介绍。

5.2　全息术原理——波前记录与再现

当人眼接收到不失真的物光的全部信息时,两眼产生视差的结果,便看到了三维立体像。眼睛只要能接收到物光,便产生看见物体的视觉,而该物体是否真实存在,眼睛并不能觉察。如果物本身并不存在,则眼睛看到的就称为"像"。许多光学系统成像虽具有三维立体性,却是实时"器件",不能称为"照片"。只有那些没有实物存在时仍能显示出与实物一样的三维立体像的东西,才能称为"立体照片"。"立体照片"能将实物发出的物光的全部信息"冻结"其上,需要时,又能在特定的光照条件下将物光"复活",使其继续向前传播,再现出像来。在全息术中这种"照片"就称为"全息图"(hologram)。"冻结"物光的过程称为"波前记录",而"复活"信息称为"波前再现"。

5.2.1　波前记录

1. 干涉场分布与波面相位的一一对应关系

盖伯避免相位信息丢失的技巧是利用干涉方法。当两束光相干时,其干涉场分布(包括干涉条纹的形状、疏密及明暗分布)与这两束光的波面特性(振幅及相位)密切相关。例如两束平面波相干,干涉场等强度面是明暗相间的平面族;两束球面波相干,干涉场为一组旋转双曲面;平面波和同轴的球面波相干,干涉场是旋转抛物面;平面波与复杂波面相干,得到复杂的干涉场分布;等等。但无论是简单的还是复杂的分布,一种分布只对应着唯一的相干方式,若两束光的波面形状有微小的改变,或者两者的相对位置有微小改变(如相交角度改变),都会引起干涉场分布的改变。因而,干涉场的分布与波面相位可以说是一一对应。由此可以推知,利用干涉场的条纹可以"冻结"住相位信息。

2. 干涉法记录波前

基于前面的分析,可利用感光材料来记录干涉场的条纹,可以达到"冻结"物光相位信息的目的。具体方法是在物光到达感光板的同时,用另一束已知振幅及相位且能与之相干的光波(称为参考光)同时照射感光板。曝光后,感光板上记录到的是两者相干涉的条纹。由前面讲述的一一对应关系可知,物光的振幅和相位信息便以干涉条纹的形状、疏密和强度的形式"冻结"在感光的全息干板上。这就是波前记录的过程。需要说明一点,记录用的感光材料有多种,将在本章最后一节介绍,此前都用干板或胶片进行分析。

3. 数学模型

如图 5-2-1(a)所示,全息干板 H 上设置 (x,y) 坐标,设物光和参考光的

复振幅分别为

$$O(x,y) = O_0(x,y)\exp[j\phi_o(x,y)]$$
$$R(x,y) = R_0(x,y)\exp[j\phi_r(x,y)]$$
(5-2-1)

其中，O_0、ϕ_o 分别是物光到达全息干板 H 上的振幅和相位分布；R_0、ϕ_r 分别是参考光的振幅和相位分布。干涉场光振幅应是两者的相干叠加，H 上的总光场为

$$U(x,y) = O(x,y) + R(x,y) \quad (5-2-2)$$

干板记录的是干涉场的光强分布，曝光光强为

$$I(x,y) = U(x,y) \cdot U^*(x,y)$$
$$= |O|^2 + |R|^2 + O \cdot R^* + O^* \cdot R \quad (5-2-3)$$

经线性处理后，底片的透过率函数 t_H 与曝光光强成正比

$$t_H(x,y) \propto I(x,y) \quad (5-2-4)$$

略去一个无关紧要的比例常数，上式可直接写成

$$t_H(x,y) = |O|^2 + |R|^2 + O \cdot R^* + O^* \cdot R \quad (5-2-5)$$

这样得到的底片就是全息照片，又称全息图。一般说来，这是一种最初级的全息照片。

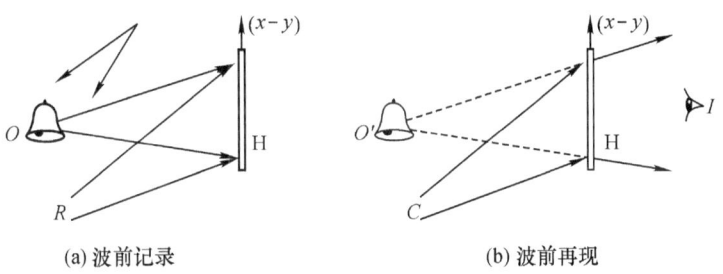

图 5-2-1 波前记录与再现示意图

5.2.2 波前再现

波前再现是使记录时被"冻结"在全息干板上的物波前在特定条件下"复活"，构成与原物波前完全相同的新的波前继续传播，形成三维立体像的过程。波前再现需借助于照明光波[如图 5-2-1(b)所示]，而该照明光波必须满足一定的条件才有可能再现原物的波前，通过数学模型可进一步了解这一条件。

1. 数学模型

设照明光表示为

$$C(x,y) = C_0(x,y)\exp[j\phi_c(x,y)] \quad (5-2-6)$$

其中，C_0、ϕ_c 分别为照明光的振幅和相位分布。当用照明光 $C(x,y)$ 照射全息图 H 时，透过 H 后的光振幅 $U'(x,y)$ 由下式确定

将式(5-2-1)和式(5-2-5)的关系代入,得到

$$U'(x,y) = C(x,y) \cdot t_H(x,y)$$

$$U'(x,y) = C_0(x,y)\exp[j\phi_c(x,y)] \cdot [|O|^2 + |R|^2 + O \cdot R^* + O^* \cdot R]$$

$$= C_0 O_0^2 \exp[j\phi_c(x,y)] + C_0 R_0^2 \exp[j\phi_c(x,y)]$$

$$+ C_0 O_0 R_0 \exp[j(\phi_o - \phi_r + \phi_c)]$$

$$+ C_0 O_0 R_0 \exp[-j(\phi_o - \phi_r - \phi_c)] \quad (5-2-7)$$

式(5-2-7)称为全息学基本方程,方程右边各项的意义为:

第一、二项:与再现光相似,它具有与 $C(x,y)$ 完全相同的相位分布,只是振幅分布不同,因而它将以与再现光 $C(x,y)$ 相同的方式传播。

第三项:包含物的相位信息,但还含有附加相位。这一项最有希望重现物光。

第四项:包含物的共轭相位信息。这一项有可能形成共轭像。

以上四项均是衍射的结果,能否得到与原物相同的像,还要取决于 $C(x,y)$ 的选择。

2. 波前再现的几个特例

(1) $C(x,y) = R(x,y)$,即再现光与参考光相同,也就是说用原参考光再现。这时有 $C_0(x,y) = R_0(x,y)$,$\phi_c = \phi_r$,式(5-2-7)变为以下形式

$$U'(x,y) = R_0(O_0^2 + R_0^2)\exp[j\phi_r]$$

$$+ R_0^2 O_0 \exp[j\phi_o]$$

$$+ R_0^2 O_0 \exp[-j(\phi_o - 2\phi_r)] \quad (5-2-8)$$

从式(5-2-8)可明显看出,第一、二项合并为一项,保留了参考光的信息;第三项与原物光基本相同,只增加了一个常数因子。因此,正是第三项再现了物光,所成的像称为原始像(虚像);第四项为共轭项,它除了与物光共轭外,还附加了一个相位因子,因而这一项成为畸变了的共轭像,是实像。图 5-2-2 示出了这种情况。有时也把原始像称为一级像,把共轭像称为负一级像,而把保留照明光成分的项称为零级。

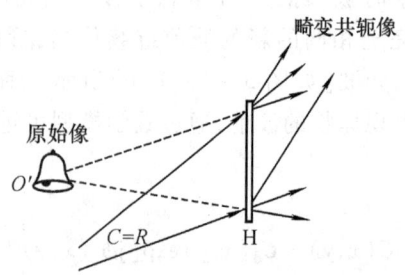

图 5-2-2 用原参考光作为照明光再现的情况

(2) $C(x,y) = R^*(x,y)$,称为共轭再现,即采用与参考光共轭的光波再现(如图 5-2-3 所示)。这时有 $C_0(x,y) = R_0(x,y)$,$\phi_c = -\phi_r$,式(5-2-7)变为

$$U'(x,y) = R_0(O_0^2 + R_0^2)\exp[-j\phi_r]$$
$$+ R_0^2 O_0 \exp[j(\phi_o - 2\phi_r)]$$
$$+ R_0^2 O_0 \exp[-j\phi_o] \qquad (5-2-9)$$

由式(5-2-9)可见,第一、二项合并,仍保留了参考光的特征;第三项是畸变了的虚像;第四项是与原物相像的实像,但出现了景深反演,即原来近的部位变远了,原来远的部位变近了,称为赝实像。赝实像给人的感觉是颇为有趣的。图 5-2-3(a)示出了这种情况。共轭光的获得有两个途径,一种是采用逆光路,如图 5-2-3(a)所示;一种是采用轴对称光路,如图 5-2-3(b)所示。

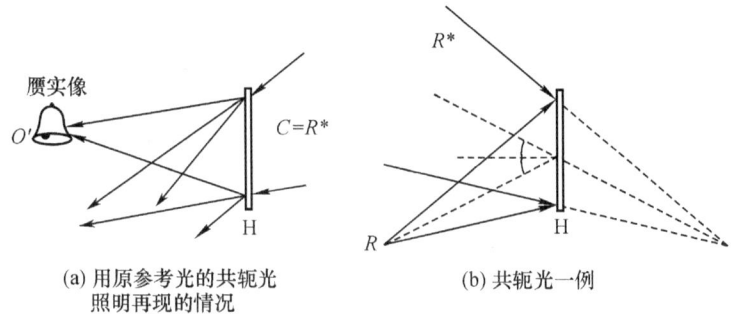

(a) 用原参考光的共轭光照明再现的情况

(b) 共轭光一例

图 5-2-3 赝实像的产生

(3) 其他情况:如再现光既不同于参考光又不与参考光共轭,则要看偏离 $R(x,y)$ 的程度而定,分以下三种情况讨论:

① 照射角度的偏离:如再现光与参考光波面形状相同,只是相对全息图的入射角有偏离。偏离角小时仍出现再现像;随着角度的增大,再现像由畸变直至消失。可见,全息图只在一个有限的角度范围内能再现物波前。利用这一特性,可采用不同角度的参考光在同一张全息片上记录多重全息图,再现时只要依次改变再现光角度,便可依次显示出不同的像来。

② 波长的改变:如再现光与参考光只是波长存在差异,则再现像除波长改变外还会出现尺寸上的放大或缩小,同时改变与全息图的相对距离。

③ 波面的改变:前面曾介绍的共轭光再现便是一例。一般情况下,再现光波面的改变都会使原始像发生畸变。然而,在有些情况下却恰恰需要这种畸变,这将留作以后再介绍。

上述全息记录和再现原理已经充分说明全息照片能够再现出三维立体像的原因。另外,由于全息图上每一点都记录有物上所有点发出的波的全部信息,因

此每一点都可以在参考光照射下再现出像的整体。不过,只有对再现像有贡献的点越多,像的亮度才能越高。而且由于点越多,再现时的照明孔径也越大,像的分辨率就越高,可以观察三维立体像的视角也越宽。

前面已经反复研究了式(5-2-7)中四项的特性,还应当注意到,在全息图上这四项是相互重叠在一起的。然而,由于光是独立传播的,再现时在全息图上相互重叠的上述四项将分别沿三个不同方向传播。只要这些方向之间夹角比较大,离开全息图不远就可以分离开来,在不同方向上观察,这四项产生的图像并不会互相干扰。这就是利思和乌帕特尼克斯提出离轴全息图的原理。但是在激光器问世以前,离轴全息并不能实现。因为在图5-2-1(a)所示的记录光路中,如用普通光源,在全息底片上便不能保证光程差都在相干长度以内。初期的全息图,即盖伯全息图,只能采用如图5-2-4所示的同轴光路。物光波、参考光波和再现光波必须沿同一方向传播,以保证相干性的要求。这种情况下,式(5-2-7)中四项再现的结果相互重叠,不能分离。在再现光和共轭像的背景下,很难得到高质量的原始再现像。因此全息术的快速发展是在发明离轴全息图以后。

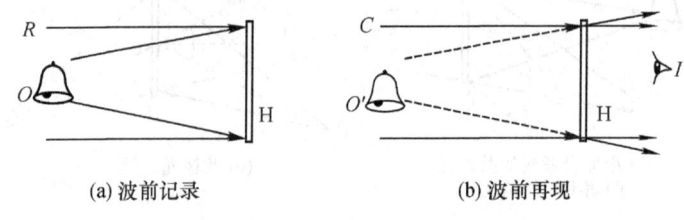

(a) 波前记录　　　　　　(b) 波前再现

图5-2-4　同轴全息图的记录和再现

5.2.3　全息实验装置

1. 相干光源——激光器

全息图的记录依赖于光的干涉,因而光源相干性的好坏显得十分重要。上一章已经说明光的相干性包括时间相干性和空间相干性。要想记录质量好的全息图,要求光的相干长度足够长,相干面积足够大。通常用于全息记录的光源多为气体激光器,单模输出连续发光,其相干性完全可以满足要求。常见的激光器和它们的主谱线波长及相应的记录介质类型列于表5-2-1中。

在某些技术中还会用到脉冲激光器或双脉冲激光器。有时为了增加激光的相干长度,必须安装法布里-珀罗标准具,例如进口氩离子激光器就常带有这种标准具。

近年来,半导体激光器以其体积小、价格低、寿命长、使用方便等优点开始走上市场,其良好的相干性也正在引起全息研究人员的关注和重视,在全息领域的应用前景正初露端倪。

表5-2-1 常用激光器的主谱线波长和相应记录介质一览表

激光器类别	常用主谱线波长/nm	相应记录介质
氦氖(He-Ne)激光器	632.8	银盐明胶(红敏) 光致聚合物(红敏)
半导体激光器	640.0	银盐明胶(红敏) 光致聚合物(红敏)
氩离子(Ar+)激光器	514.5	银盐明胶(蓝敏)
	488.0	光刻胶
	457.9	重铬酸盐明胶,光致聚合物(蓝敏)
氦镉(He-Cd)激光器	441.6 325.0	银盐明胶(蓝敏) 光刻胶,光致聚合物(蓝敏)
氪离子(Kr+)激光器	337.0~356.0	光刻胶
红宝石激光器(脉冲)	694.3	红敏介质
YAG激光器(半导体泵浦)	倍频532.0	银盐明胶(绿敏) 光致聚合物(绿敏)

2. 防震平台及光学元器件

防震平台也称全息台,专用于全息实验,主要功能是隔震,台面多用铁板(或磁性钢板)制成。由于记录在全息图上的是间隔很密的干涉条纹,其线密度高达10^3 lp/mm(线对/毫米)量级,而曝光时间却较长,一般从几秒到几分钟甚至几十分钟,所以要求光路必须达到较高稳定度,曝光过程中光程差的变化量不得超过$\lambda/10$,否则将无法记录高质量的全息图。但大地的震动是不会停止的,加之汽车的疾驶、室内空气的流动以及人员的走动等外界干扰常会引起实验台的震动,从而引起干涉条纹的晃动。这些影响都会导致全息记录的失败,因而全息台必须消除上述种种影响。隔震的手段是多种多样的,所见较多的是用气垫、弹簧、橡皮、海绵、沙子及锯末等。另外,光学元件夹具底座多为钢铁制品,可用磁铁牢固地定位在台面上,以保证较高的稳定度。

全息实验还需要种类颇多的光学元件用于分光、折光、扩束、滤波、准直、成像、散射等,以构成各种光路系统。常用的光学元件主要有:

(1) 反射镜(M):用于改变光束传播方向,要求表面光学加工精度高、平面度好、反射率高。通常是利用真空镀膜技术在光学玻璃表面上镀以金属膜或介质膜,以适应不同波长的高反射率要求。

(2) 扩束镜(SL):用于使激光器输出的细激光束扩展成所需的宽光束。常用显微物镜作为扩束镜,它的焦距短,扩展效果好。

(3) 针孔滤波器(F):用于对扩束后的光场实行低通滤波,允许衍射斑的零级通过,以消除一切高频干扰信号,它们大多来源于光学元件的缺陷、划痕、污迹或尘埃微粒等。经针孔滤波后的光斑看起来比较"干净"。由于针孔的线度极小,一般达几微米到几十微米,调节精度要求很高,因而大多安装在五维精密微调架上。

(4) 光分束器(BS):用于将一束光分为两束或多束光,以保证全息图记录光路所需要的相干性,因而也称"分光镜"。分光后各路光强之比称为分束比,分束比可以是连续变化的,也可以是阶跃变化的。目前常见的分束器是在玻璃平晶上镀上金属膜或介质膜制成的,而特殊的分束器则要用计算机设计通过微细光学加工技术获得。

(5) 透镜(L):包括球透镜、柱透镜、抛物面透镜、透镜阵列等,用于对光波实行准直、成像、聚焦、傅里叶变换等功能。对于特殊要求,如消色差、消像差等,还要专门设计,特殊加工。

(6) 散射器(D):用于得到漫散射光场。通常用毛玻璃、乳白塑料板或硫酸纸。特殊需要时,还可制成各种面型,如球面、柱面等。

(7) 空间光调制器:用于合成全息或数字全息记录时的二维图像输入。

(8) 偏振片(P):用于产生线偏振光或检测偏振状态,或用于某些类型空间光调制器的图像读出。

(9) 波长片($\lambda/2$):用于改变光束的偏振方向,以满足全息记录的需要。

(10) 激光功率计/照度计:用于测量激光功率或全息记录介质接受到的光照度。

(11) 曝光定时器(电子快门):全息记录时用于精确控制曝光时间。

光学元件一般都安装在金属夹具上,要求安全、稳固。

3. 全息实验光路设计原则

实际的全息实验光路无固定模式,视全息图的种类而定,但都必须遵循以下几条原则:

(1) 光程差的要求:从光源到干板,参与干涉的各路光束所经过的光程应尽量接近,即应使光程差尽可能小。

(2) 物参比的要求:物光和参考光照射到干板表面的光强之比一般控制在1:2至1:10以内,否则将降低干涉条纹的对比度,降低衍射效率。具体比例要根据物表面反射(或散射)特性、物的大小种类、全息图的类别,以及记录介质特性等因素而定。物参比选择不当,还会降低全息图的信噪比。

(3) 空间频率的限制：由于记录介质的分辨率是有限的，因而物光和参考光的夹角应选择适当，使全息图的空间频率（条纹密度）不得大于所选用记录介质的分辨率。

(4) 光学元件使用数量要尽可能少，这一方面是为了减少不必要的光能量损失，另一方面也为了减少引入光噪声的渠道。

5.3 基元全息图分析

前面已经讲到，全息图记录到的实际上是一些纵横分布的干涉条纹，这些干涉条纹的形状、疏密、强度分布完全取决于物光和参考光的波前特性以及两者之间的相互位置关系。为了研究干涉条纹的分布特性和规律，先介绍几种最简单的条纹结构，而那些复杂的结构则可看成是这些简单结构的组合。

点物与点源产生的条纹结构在物理光学中已有详细讨论，这里引用其结论。

1. 平面波与平面波相干[如图 5-3-1(a)所示]

当物光波与参考光波均为平面波，即点光源位于无穷远时，干涉场的峰值强度面是平行等距的平面族，其面间距 d 与两束光的夹角 θ 有关

$$2d\sin(\theta/2) = \lambda_0 \qquad (5-3-1)$$

其中，λ_0 是记录光波的波长。

2. 平面波与球面波相干

当物光波是点源发出的球面波而参考光为平面波时，干涉场的峰值强度面是一族旋转抛物面，如图 5-3-1(b)所示。

3. 球面波与球面波相干

当物光波和参考光波都是由点源发出的发散球面波时，干涉场的峰值强度面变为一组旋转双曲面，旋转轴是两个点光源的连线[如图 5-3-1(c)所示]。而当物波是发散球面波，参考波是会聚球面波时，干涉场的强度峰值面演化为一组旋转椭圆。两个点源位置恰是椭圆的两个焦点[如图 5-3-1(d)所示]。

在图 5-3-1 中，用虚线表示了记录干板的位置。显而易见，干板在干涉场中所处位置不同，记录到的基元全息图结构也就不同。例如图 5-3-1(a)中位置 1，是傅里叶变换全息图的结构。图 5-3-1(b)~(d)中位置 1 则是同轴全息图，条纹基本形状是内疏外密的同心圆环；位置 2 是离轴全息图结构；位置 3 是透射体积全息图；位置 4 是反射体积全息图；位置 5 则是无透镜傅里叶变换全息图的结构等。

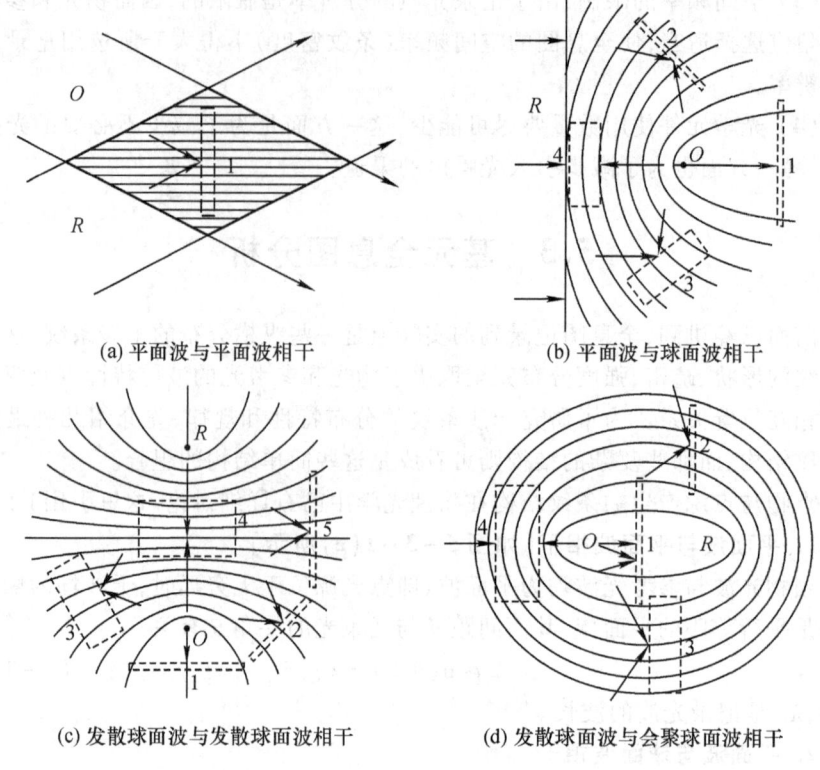

图 5-3-1 基元全息图示意图[5-1]

5.4 平面全息图及其衍射效率

在本节开始之前,先介绍全息图的分类,便于读者理解以后内容中出现的有关名词术语。事实上,对种类繁多的各种全息图很难进行统一的分类,因为所谓的"类"都是相对某一特定的分类依据而言的,这种依据大致有六种,以下就按这六种依据介绍对全息图的分类:

(1) 按照记录介质的膜厚分类,有平面全息图和体积全息图两类。

(2) 按照透过率函数的特点分类,有振幅型和相位型两类,而相位型又可分为表面浮雕型和折射率型两类。

(3) 按照所记录的物光波的特点,可分为菲涅耳全息图、夫琅禾费全息图和傅里叶变换全息图三类。

(4) 按照再现时照明光的种类,可分为激光再现和白光再现两类。

(5) 按照再现时照明光和衍射光的方向特点,可分为透射型和反射型两类。

(6) 按照所显示的再现像的特征,有像面全息、彩虹全息、360°合成全息、真彩色全息等。

以上六类实际上又是相互穿插、相互渗透的,例如第 3 项中的三类全息图都属第 1 项中的平面全息图,而第 6 项中所列又都属第 4 项中的白光再现全息图,同时又多属体全息,可制成透射型,也可制成反射型。

本节重点介绍平面全息图。所谓"平面全息图"是指二维全息图,只需考虑 x-y 平面上的振幅透过率分布,而无须考虑干板乳胶的厚度。这种全息图的记录材料较薄,一般符合下式所限制的条件

$$h < 10nd^2/(2\pi\lambda) \qquad (5-4-1)$$

式中,n 为乳胶折射率;d 为条纹间距;λ 为曝光波长。

平面全息图的种类很多,采用不同的光路可以得到不同的物信息,本节只介绍最主要的几种平面全息图。

5.4.1 菲涅耳全息图[5-1]

菲涅耳全息图直接记录物光波本身,不需要变换透镜和成像透镜,仅要求干板与物体的距离满足菲涅耳近似条件,图 5-2-1 和图 5-2-4 记录的都是菲涅耳全息图。

1. 菲涅耳全息记录与再现原理

为数学推导方便,在图 5-2-1 上建立 O-xyz 坐标,如图 5-4-1 所示。

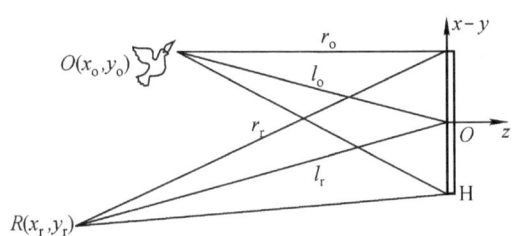

图 5-4-1 菲涅耳全息图记录光路中各量的关系

设物是一个以原点 O 为中心、半径为 l_o 的曲面,其光振幅可记作

$$O(x_o,y_o) = O_0(x_o,y_o)\exp[j\phi_o(x_o,y_o)] \qquad (5-4-2)$$

与式(2-3-3)不同,对 r_o 的简化在以原点 O 为中心、半径为 l_o 的球面上进行。因为 $x_o^2 + y_o^2 + z_o^2 = l_o^2$,$r_o$ 可近似为

$$r_o = \left[z_o^2 + (x-x_o)^2 + (y-y_o)^2\right]^{\frac{1}{2}} = l_o\left[1 + \frac{x^2+y^2-2(xx_o+yy_o)}{l_o^2}\right]^{\frac{1}{2}}$$

$$\approx l_o + \frac{x^2+y^2-2(xx_o+yy_o)}{2l_o}$$

条件是 $[x^2+y^2-2(xx_o+yy_o)]^2/8l_o^3 << \lambda$。因此全息图平面 x、y 上的物光波可写成

$$O(x,y) = \frac{1}{j\lambda_o l_o}\exp\left[j\frac{k_o}{2l_o}(x^2+y^2)\right]$$

$$\times \iint_{\Sigma_o} O(x_o,y_o)\exp\left[-j\frac{k_o}{l_o}(xx_o+yy_o)\right]dx_o dy_o \quad (5-4-3)$$

式中，Σ_o 为物光衍射孔径。同理，参考点源位于 (x_r,y_r,l_r)，参考光波在全息图平面上的光振幅为

$$R(x,y) = R_0\exp\left[jk_0\left(\frac{x^2+y^2}{2l_r}-\frac{xx_r+yy_r}{l_r}\right)\right] \quad (5-4-4)$$

以上两式中，$k_0=2\pi/\lambda_0$，λ_0 是记录光波的波长。全息图曝光强度 $I(x,y)$ 可用 5.2 节中的式 (5-2-3) 表示。在线性处理条件下，忽略常数因子后全息图振幅透过率 $t_H(x,y)$ 一般可表示为式 (5-2-5)

$$t_H(x,y) = |O|^2 + |R|^2 + O\cdot R^* + O^*\cdot R$$

设再现照明光为 $C(x,y)$，同样近似表示为

$$C(x,y) = C_0\exp\left[jk\left(\frac{x^2+y^2}{2l_c}-\frac{xx_c+yy_c}{l_c}\right)\right] \quad (5-4-5)$$

式中，$k=2\pi/\lambda$，λ 是再现光波的波长。全息图后的光场为

$$U'_H(x,y) = t_H(x,y)\cdot C(x,y) \quad (5-4-6)$$

和式 (5-2-5) 一样，它由四项组成，式中第三项与原始像有关。设对应的像点坐标为 (x_i,y_i,z_i)，第三项成像光波应表达为

$$U'_3(x_i,y_i) = O\cdot R^*\cdot C \quad (5-4-7)$$

将式 (5-4-3)、式 (5-4-4)、式 (5-4-5) 三式关系代入，简化合并后得到

$$U'_3(x_i,y_i) =$$

$$\frac{R_0 C_0}{\lambda\lambda_0 l_i l_o}\iint_{\Sigma_r} O(x_o,y_o)\left\{\iint_{\Sigma_h}\exp\left[j\pi(x^2+y^2)\left(\frac{1}{\lambda l_c}-\frac{1}{\lambda l_i}+\frac{1}{\lambda_0 l_o}-\frac{1}{\lambda_0 l_r}\right)\right]\right.$$

$$\times \exp\left[-j2\pi x\left(\frac{x_c}{\lambda l_c}-\frac{x_i}{\lambda l_i}+\frac{x_o}{\lambda_0 l_o}-\frac{x_r}{\lambda_0 l_r}\right)\right]$$

$$\left.\times \exp\left[-j2\pi y\left(\frac{y_c}{\lambda l_c}-\frac{y_i}{\lambda l_i}+\frac{y_o}{\lambda_0 l_o}-\frac{y_r}{\lambda_0 l_r}\right)\right]dxdy\right\}dx_o dy_o \quad (5-4-8)$$

式中，Σ_h 为记录下的全息图孔径。由于菲涅耳全息图兼有衍射和成像的功能，与普通透镜成像条件相似。如令上式中 (x^2+y^2) 的系数为零，内层积分结果为 δ 函数，就可得出 $U'_3(x_i,y_i)$ 与 $O(x_o,y_o)$ 相似的结论。(x^2+y^2) 的系数为零的

条件是

$$\frac{1}{l_i} - \frac{1}{l_c} = \mu \left(\frac{1}{l_o} - \frac{1}{l_r} \right) \tag{5-4-9}$$

式中,$\mu = \lambda/\lambda_0$。式(5-4-9)就是菲涅耳全息图的物像距关系式。事实上,物体和全息图的大小总是有限的,所以可将对(x_o,y_o)和(x,y)的积分限扩至无限,再利用δ函数的性质$\delta(ax) = \delta(x)/|a|$[参阅附录式(A-3)],可将式(5-4-8)简化并改写为

$$U_3'(x_i, y_i) = \frac{R_0 C_0 l_o}{\mu l_i} O \left(-\frac{l_o x_c}{\mu l_c} + \frac{l_o x_i}{\mu l_i} + \frac{l_o x_r}{l_r}, \frac{l_o y_c}{\mu l_c} + \frac{l_o y_i}{\mu l_i} + \frac{l_o y_r}{l_r} \right) \tag{5-4-10}$$

显然,像分布$U_3'(x_i,y_i)$与物分布$O(x_o,y_o)$是相似的。像的位置改变是由于照明光源的位置(x_c,y_c,z_c)不同于参考光源的位置(x_r,y_r,z_r)引起的。

式(5-4-10)中函数O的坐标分别等于x_o和y_o时,可以求出像点的坐标关系为

$$\frac{x_i}{l_i} = \frac{x_c}{l_c} + \mu \left(\frac{x_o}{l_o} - \frac{x_r}{l_r} \right) \tag{5-4-11a}$$

$$\frac{y_i}{l_i} = \frac{y_c}{l_c} + \mu \left(\frac{y_o}{l_o} - \frac{y_r}{l_r} \right) \tag{5-4-11b}$$

式中,l_i可由式(5-4-9)计算

$$\frac{1}{l_i} = \frac{1}{l_c} + \mu \left(\frac{1}{l_o} - \frac{1}{l_r} \right) \tag{5-4-11c}$$

以上讨论均对原始像而言,至于共轭像,可用类似方法推导,所得共轭像点的关系式为

$$\frac{x_i}{l_i} = \frac{x_c}{l_c} - \mu \left(\frac{x_o}{l_o} - \frac{x_r}{l_r} \right) \tag{5-4-12a}$$

$$\frac{y_i}{l_i} = \frac{y_c}{l_c} - \mu \left(\frac{y_o}{l_o} - \frac{y_r}{l_r} \right) \tag{5-4-12b}$$

$$\frac{1}{l_i} = \frac{1}{l_c} - \mu \left(\frac{1}{l_o} - \frac{1}{l_r} \right) \tag{5-4-12c}$$

将式(5-4-11c)和式(5-4-12c)与普通透镜的物像关系式比较,有

$$\pm \mu \left(\frac{1}{l_o} - \frac{1}{l_r} \right) = \frac{1}{f'} \tag{5-4-13}$$

式中,$f' = \pm l_o l_r / [\mu(l_r - l_o)]$是全息图的像方焦距,正、负号分别对应原始像和共轭像的情况。由此可见,菲涅耳全息图除记录了物体的信息外,还兼有正、负透镜成像的作用,所以再现过程无须加透镜即能自行成像。

为了讨论成像的放大率,利用菲涅耳近似即近轴近似,用物像的z方向坐标代替物、像距(如$z_o = l_o$),并将原始像和共轭像的两种情况合起来,式

(5-4-11)~式(5-4-12)可改写为

$$z_i = \left[\frac{1}{z_c} \pm \mu\left(\frac{1}{z_o} - \frac{1}{z_r}\right)\right]^{-1} = \frac{z_o z_r z_c}{z_r z_o \mp \mu z_c z_o \pm \mu z_c z_r} \quad (5-4-14a)$$

$$x_i = \frac{z_i}{z_c} x_c \pm \mu\left(\frac{z_i}{z_o} x_o - \frac{z_i}{z_r} x_r\right) = \frac{\pm \mu z_r z_c x_o \mp \mu z_c z_o x_r + z_r z_o x_c}{z_r z_o \mp \mu z_c z_o \pm \mu z_c z_r} \quad (5-4-14b)$$

$$y_i = \frac{z_i}{z_c} y_c \pm \mu\left(\frac{z_i}{z_o} y_o - \frac{z_i}{z_r} y_r\right) = \frac{\pm \mu z_r z_c y_o \mp \mu z_c z_o y_r + z_r z_o y_c}{z_r z_o \mp \mu z_c z_o \pm \mu z_c z_r} \quad (5-4-14c)$$

式中,正、负号分别对应原始像和共轭像的情况。成像的横向放大率为

$$M = \left|\frac{\Delta x_i}{\Delta x_o}\right| = \left|\frac{\Delta y_i}{y_o}\right| = \left|\mu \frac{z_i}{z_o}\right| = \left|1 - \frac{z_o}{z_r} \pm \frac{z_o}{\mu z_c}\right|^{-1} \quad (5-4-15)$$

2. 线模糊与色模糊

上述分析中参考光源和再现光源都假设为点光源,实际光源却是有一定大小的。实际光源上每一个点作为参考光源会产生全息图上的不同光栅结构,作为再现光源会产生不同的再现像,一个物点将对应产生多个像点,也就是说,用扩展光源作参考光源和再现光源时会导致再现像的展宽,这个现象称为线模糊。设参考光源和再现光源的线度分别为 ΔR 和 ΔC(如图 5-4-2 所示),不难证明像的展宽 Δl 为(习题 5.3)

$$\Delta l = \left(\frac{\Delta R}{l_r} + \frac{\Delta C}{l_c}\right) l_i \quad (5-4-16)$$

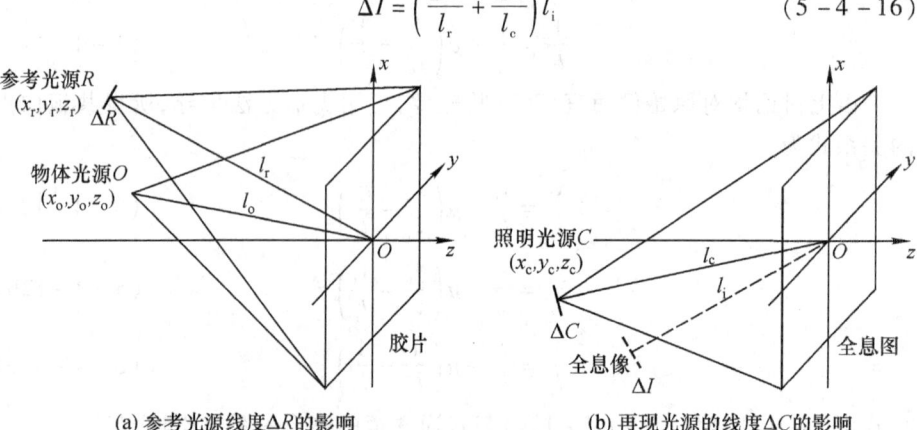

(a) 参考光源线度 ΔR 的影响　　(b) 再现光源的线度 ΔC 的影响

图 5-4-2　菲涅耳全息图光路中光源大小产生的线模糊

再现像由于照明光源的线宽 $\Delta \lambda$ 而展宽的现象称为色模糊。如果色模糊量超过人眼或观察系统的分辨率,则影响像的质量。色模糊是由于全息图的光栅结构产生色散现象而引起的。所以色模糊量应与波长范围 $\Delta \lambda$ 和色散率 $\frac{\partial \theta_{xi}}{\partial \lambda}$ 成比例,如果再现时像距是 l_i,则色模糊量 Δl_λ 为

$$\Delta l_\lambda = l_i \Delta\lambda \frac{\partial \theta_{xi}}{\partial \lambda} \qquad (5-4-17)$$

式中,θ_{xi}为出射角在$x-z$面内的投影。设物的中心位置和参考光、再现光源均位于$x-z$面内(如图5-4-3所示),则在x方向全息图具有最大的空间频率,也就是说在$x-z$面内的色模糊量最大,因而只需讨论在这个面内的影响。将式(5-4-11a)写成入射角、出射角的形式

$$\sin\theta_{xi} = \sin\theta_{xc} + \mu(\sin\theta_{xo} - \sin\theta_{xr})$$

从而求得

$$\frac{\mathrm{d}\theta_{xi}}{\mathrm{d}\lambda} = \frac{\sin\theta_{xo} - \sin\theta_{xr}}{\lambda_0 \cos\theta_{xi}}$$

代入式(5-4-17)可得原始像的线色模糊量为

$$\Delta l_\lambda = \frac{\Delta\lambda}{\lambda_0}(\sin\theta_{xo} - \sin\theta_{xr})\frac{l_i}{\cos\theta_{xi}} \qquad (5-4-18)$$

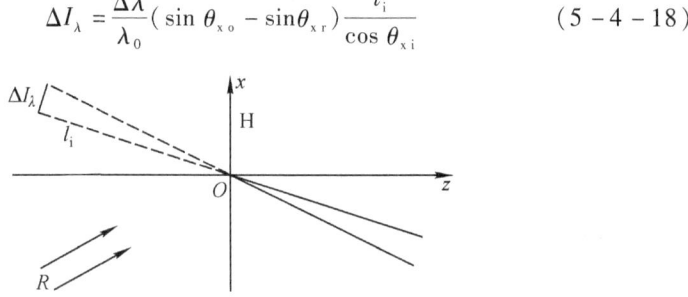

图5-4-3 菲涅耳全息图在$x-z$面产生的色模糊量

3. 菲涅耳全息图记录与再现光路

菲涅耳全息图的实际记录光路如图5-4-4所示。其中,BS是分束镜,它将激光器出射的激光分成两束,分别通过反射镜M_1和M_2的反射,再分别通过扩束镜和针孔滤波器SL_1和SL_2构成发散球面波,前者作为参考光R,后者照明物体O,由O漫射的光波作为物光波,同时照射到全息干板H上,曝光后即得到菲涅耳全息图。图中,SH是快门,由它控制曝光时间以得到最佳曝光量。

菲涅耳全息图的再现常采用"原参考光再现"和"共轭再现"两种。这一点,在5.1.3中已分析过。应该说明的是,在前一种情况下,再现原始像位于记录时物体的位置,且与物体完全相同,与此同时还存在一个畸变的共轭像[即式(5-2-8)中的第四项],其虚实特性与记录时的参数l_o与l_r有关(如图5-4-1所示),当$l_o < l_r/2$时,出现虚像;而当$l_o > l_r/2$时为实像,该实像是一个景深反演的畸变的赝像。当用参考光波的共轭光照明全息图即"共轭再现"时,将得到物体的不畸变的实赝像,这在实际应用中是十分有意义的。

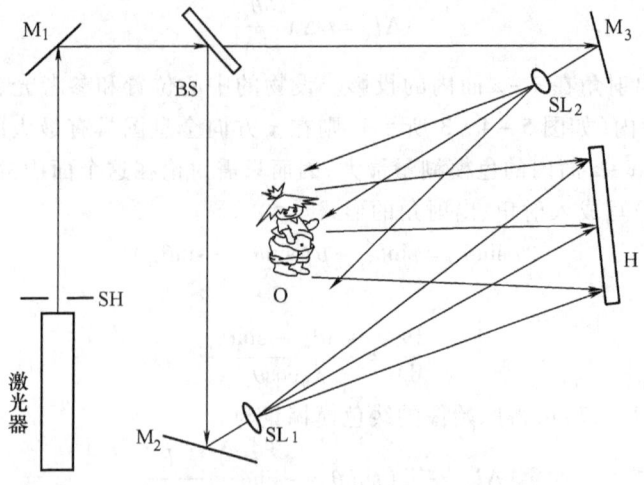

图 5-4-4 菲涅耳全息图记录光路

5.4.2 傅里叶变换全息图

这种全息图记录的并非物光波本身,而是物的傅里叶谱。第 3 章关于透镜的傅里叶变换性质说明,透镜后焦面的光场分布是其前焦面光场分布的傅里叶变换,可以利用透镜记录傅里叶变换全息图。

1. 记录原理

记录光路如图 5-4-5 所示。物 $O(x,y)$ 置于透镜前焦面,用平行光照明。这里的物一般以平面透明片为宜。在透镜 L 后焦面上得到它的傅里叶频谱。将全息干板置于后焦面上,用斜入射的平行光作为参考光,记录傅里叶变换全息图。

设物光波为 $O(x_o,y_o) = O_0(x_o,y_o)\exp[j\phi_o(x_o,y_o)]$,参考光可利用置于前焦面上的点光源产生,设其位置坐标为 $(-b,0)$,数学表述为一个 δ 函数

$$R(x_o,y_o) = R_0\delta(x_o+b,y_o) \tag{5-4-19}$$

经透镜变换后到达干板处的光振动是它们的傅里叶频谱之和

$$\begin{aligned} U_H &= \mathscr{F}\{O\} + \mathscr{F}\{R\} = \mathscr{O}(f_x,f_y) + \mathscr{R}(f_x,f_y) \\ &= \iint_{-\infty}^{\infty} O(x_o,y_o)\exp[-j2\pi(f_x x_o + f_y y_o)]dx_o dy_o \\ &\quad + R_0\exp[j2\pi f_x b] \end{aligned} \tag{5-4-20}$$

式中,$\mathscr{O}$ 表示 O 的傅里叶变换;$\mathscr{R}$ 表示 R 的傅里叶变换;$f_x = x/(\lambda f)$,$f_y = y/(\lambda f)$ 为空间频率分量,其中 x、y 为透镜后焦面的空间坐标,f 为透镜焦距。曝光光强为

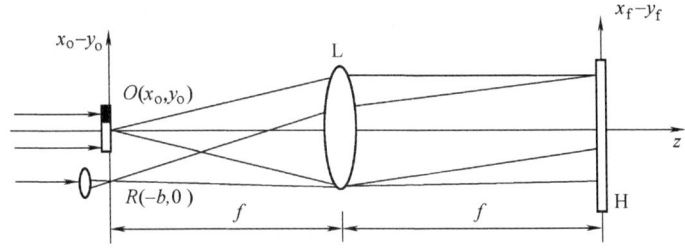

图 5-4-5　傅里叶变换全息图记录光路

$$\begin{aligned}I(f_x,f_y) &= (\mathscr{O}+\mathscr{R})\cdot(\mathscr{O}+\mathscr{R})^*\\ &= |\mathscr{O}(f_x,f_y)|^2 + R_0^2 + R_0\mathscr{O}(f_x,f_y)\exp[-j2\pi f_x b]\\ &\quad + R_0\mathscr{O}^*(f_x,f_y)\exp[j2\pi f_x b]\end{aligned} \qquad (5-4-21)$$

经线性处理后,全息图的透过率正比于 I。将式(5-4-20)、式(5-4-21)代入并整理,省略常系数,得到全息图透过率

$$\begin{aligned}t_H(f_x,f_y) &= |\mathscr{O}(f_x,f_y)|^2 + R_0^2 + 2R_0\iint_{-\infty}^{\infty}O_0(x_o,y_o)\\ &\quad \cos\{2\pi[f_x(x_o+b)+f_y y_o]-\phi_o\}dx_o dy_o\end{aligned} \qquad (5-4-22)$$

由式(5-4-22)明显看出,傅里叶全息图有两个特点:一是它所记录的确是物的频谱;二是全息图的条纹结构有序,呈多族余弦光栅按一定规律线性重叠而成。

2. 再现原理

再现光路如图 5-4-6 所示。用平行光垂直入射到全息图上,数学表述为

$$C(x,y) = C_0\exp(j\phi_c) = 1$$

全息图后的光振幅为

$$\begin{aligned}U'_H &= C\cdot t_H \approx t_H\\ &= |\mathscr{O}|^2 + R_0^2 + R_0\mathscr{O}(f_x,f_y)\exp[-j2\pi f_x b]\\ &\quad + R_0\mathscr{O}^*(f_x,f_y)\exp[j2\pi f_x b]\end{aligned} \qquad (5-4-23)$$

分析式(5-4-23)可知,第三项包含着物的频谱,第四项是共轭频谱,由于该两项的附加相位 $\exp[-j2\pi f_x b]$ 和 $\exp[j2\pi f_x b]$ 只在指数上差一个符号,所以它们必然对称分布于零级两侧,倾角分别为 $\theta_x = \pm\arcsin(b/f)$。

为获得物的再现像,必须将全息图置于透镜前焦面上,后焦面得到它的傅里叶变换。当取反射坐标时,得到的是逆变换

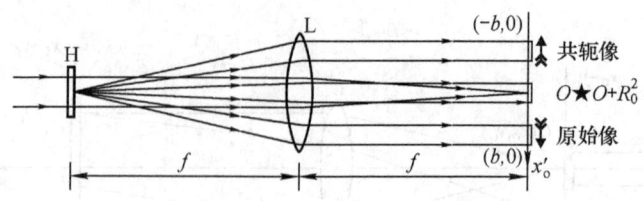

图 5-4-6　傅里叶变换全息图再现光路

$$U_f = \mathscr{F}^{-1}\{U'_H\} \tag{5-4-24}$$

将式(5-4-23)代入式(5-4-24),得到四项

第一项:
$$\begin{aligned}U_{f1} &= \mathscr{F}^{-1}\{|\mathscr{O}(f_x,f_y)|^2\} \\ &= \mathscr{F}^{-1}\{\mathscr{O}(f_x,f_y)\cdot\mathscr{O}^*(f_x,f_y)\} \\ &= O(x'_o,y'_o) * O^*(-x'_o,-y'_o) \\ &= O(x'_o,y'_o) \star O(x'_o,y'_o)\end{aligned} \tag{5-4-25}$$

这一项是物函数的自相关(★),因频率较低,故分布于原点附近。

第二项:$U_{f2}=\mathscr{F}^{-1}\{R_0^2\}$,是 δ 函数,形成焦点处的亮点,称为零级。

第三项:
$$\begin{aligned}U_{f3} &= \mathscr{F}^{-1}\{R_0\mathscr{O}(f_x,f_y)\exp(-j2\pi f_x b)\} \\ &= \iint_{-\infty}^{\infty} R_0\mathscr{O}(f_x,f_y)\exp[-j2\pi f_x b]\exp[j2\pi(f_x x'_o+f_y y'_o)]df_x df_y \\ &= \iint_{-\infty}^{\infty} R_0\mathscr{O}(f_x,f_y)\exp\{j2\pi[f_x(x'_o-b)+f_y y'_o]\}df_x df_y\end{aligned} \tag{5-4-26}$$

将 $\iint_{-\infty}^{\infty} O(x_o,y_o)\exp[-j2\pi(f_x x_o+f_y y_o)]dx_o dy_o$ 取代 $\mathscr{O}(f_x,f_y)$,得

$$U_{f3}=O(x'_o-b,y'_o)$$

因此第三项代表物的原始像,中心位置在(b,0)处,是一倒立实像。

第四项:$U_{f4}=\mathscr{F}^{-1}\{R_0\mathscr{O}^*(f_x,f_y)\exp(j2\pi f_x b)\}=O^*(-x'_o-b,-y'_o)$,代表物的共轭像,位置在(-b,0)处,是一正立实赝像。

3. 傅里叶变换全息图的某些性质特点及应用

(1) 衍射像分离的条件:要使再现时各衍射项能分离开,则记录时参考点源位置与物的尺寸要选择合适,一般来说,b 必须大于物体尺寸的 3/2 倍。

(2) 记录介质的分辨率:对记录介质分辨率的要求不受物体本身精细结构的影响,而取决于全息图中最精细的光栅结构,因而应该满足 $R \geq 4f_{xo}$,其中 R 为记录介质分辨率,f_{xo} 表示全息图的频谱成分,即全息图干涉条纹的空间频率。

(3) 再现像的分辨率:再现像的分辨率取决于全息图的宽度,它所记录的空间频率越丰富(即高频信息越多),分辨率就越高。因而透镜孔径的限制将起很大作用,孔径越大,截止频率越高。最理想的是将物紧靠透镜。

(4) 和菲涅耳全息一样,光源尺寸及再现光源线宽都会影响再现像的质量。再现时产生的像的线模糊和色模糊会影响分辨率,因而对记录时点源的尺寸及再现光源线宽要严格限制。

(5) 傅里叶全息图所记录的干涉条纹的排列是有序的,所以特别适用于计算全息。

(6) 傅里叶全息图记录的是频谱,而不是物本身。对于大部分低频物来说,其频谱都非常集中,直径仅 1 mm 左右,记录时若用细光束作参考光,可使全息图的面积小于 2 mm^2,所以特别适用于高密度全息存储。

(7) 傅里叶全息图的光能集中在原点附近,为避免曝光不均匀,在调节光路时可使干板稍稍离焦,以便得到线性处理的全息图。

当物不是处于透镜的前焦面上,后焦面上得到的不再是物光分布的傅里叶变换而是其夫琅禾费衍射,两者的区别只差一个相位因子。所以所有记录傅里叶变换全息图的系统只要改变其参考光的波面曲率,所记录的全息图就是夫琅禾费全息图。

5.4.3 无透镜傅里叶变换全息图

无透镜傅里叶变换全息图在记录和再现时都不用透镜。

1. 记录原理

记录光路如图 5-4-7 所示。用平行光照明物,参考点源置于物面($-b$,0)处($b \ll z_o$)。根据菲涅耳衍射公式可知,干板处的光振幅由两部分组成:

物光波:

$$U(x,y) = -\frac{j}{\lambda z_o}\exp\left\{\left[j\frac{k}{2z_o}\left(x^2+y^2\right)\right]\right\}\mathscr{F}\left\{O(x_o,y_o)\exp\left[j\frac{k}{2z_o}\left(x_o^2+y_o^2\right)\right]\right\}$$

$$= C'\exp\left[j\frac{k}{2z_o}\left(x^2+y^2\right)\right]\exp\left[j\frac{k}{2z_o}(x^2+y^2)\right]\mathscr{O}(f_x,f_y)\Big|_{f_x=\frac{x}{\lambda z_o},f_y=\frac{y}{\lambda z_o}}$$

$$(5-4-27)$$

参考光波:

$$R(x,y) = R_0\exp\left[j\frac{k}{2z_o}\left(x^2+y^2\right)\right]\exp(j2\pi f_x b)\Big|_{f_x=\frac{x}{\lambda z_o}}$$

曝光光强:

$$I(x,y) = |U(x,y)+R(x,y)|^2$$

$$= U\cdot U^* + R_0^2 + C'R_0\mathscr{O}(f_x,f_y)\exp(j2\pi f_x b)$$

$$+ C'^* R_0 \mathcal{O}^* (f_x, f_y) \exp(j2\pi f_x b) \qquad (5-4-28)$$

进行线性处理后,透过率 $t_H \propto I$。由式(5-4-28)可以看出,物光波和参考光波中的二次相位因子在曝光光强表达式中相互抵消。这就是可以省去透镜记录傅里叶变换全息图的原因。

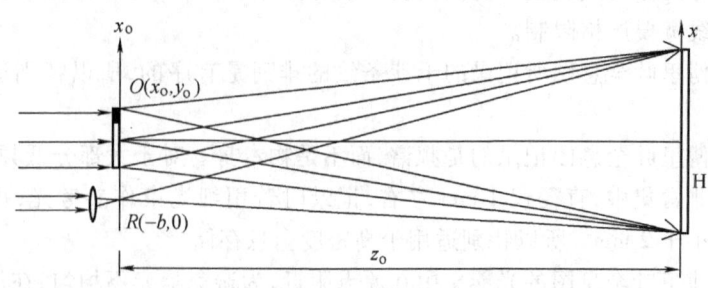

图 5-4-7 无透镜傅里叶变换全息图记录光路

2. 再现原理

图 5-4-8 是再现光路,全息图用球面波照明,设点源在轴上,与全息图距离 z_c 处。与原始像有关的第三项为

$$U_3 = C' R_0 \mathcal{O} (f_x, f_y) \exp(-j2\pi f_x b) \exp\left[j\frac{k}{2z_o}(x^2 + y^2)\right] \exp\left[j\frac{k}{2}\left(\frac{1}{z_c} - \frac{1}{z_o}\right)(x^2 + y^2)\right] \qquad (5-4-29)$$

与式(5-4-27)相比较可知,这就是产生原始像的项,所不同的只是增加了两个因子。其一是 $(-j2\pi f_x b)$,它代表倾斜因子,表示再现物波的倾斜角为 $\theta = \arcsin(b/z_o)$;其二是式中最后一项,它代表一个附加的相位因子,与薄透镜的透过率公式 $\exp[-jk/2f(x^2+y^2)]$ 相比较,这一附加相位相当于一个焦距为 $f^{-1} = 1/z_o - 1/z_c$ 的薄透镜的作用,z_o 和 z_c 的关系决定了再现像的大小:

(1) 当 $z_c = z_o$,附加相位为零,可重现物光波,在 $(b, 0)$ 处得到一个原始像,是正立虚像。

(2) 当 $|z_c| > |z_o|$ 时,可得到放大虚像。

(3) 当 $|z_c| < |z_o|$ 时,可得到缩小虚像。

与共轭像有关的第四项为

$$U_4 = C'^* R_0 \mathcal{O}^* (f_x, f_y) \exp(j2\pi f_x b) \exp\left[j\frac{k}{2z_o}(x^2 + y^2)\right]$$
$$\times \exp\left[j\frac{k}{2}\left(\frac{1}{z_c} - \frac{1}{z_o}\right)(x^2 + y^2)\right] \qquad (5-4-30)$$

由式(5-4-30)分析可知,与原始像对称的$(-b,0)$处可得共轭像,是倒立实像。其放大率与原始像的规律相同,取决于z_c与z_o的关系。

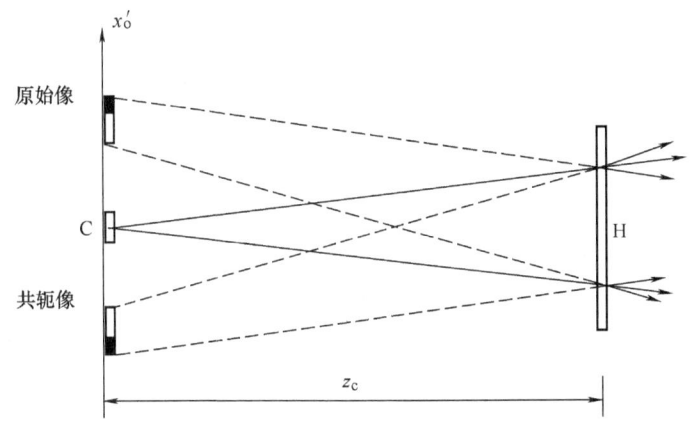

图 5-4-8 无透镜傅里叶变换全息图再现光路

如想得到实像,可利用图 5-4-9 所示的有透镜光路系统实现。全息图紧靠透镜放置(镜前、镜后均可),用平行光照明。透镜的作用是对衍射波进行一次傅里叶变换,在后焦面上得到实像,原始像和共轭像对称地位于焦点两侧,前者倒立,后者正立。若透镜焦距为f',则它们的位置坐标分别为$(f'/z_o,b)$和$(-f'/z_o,b)$。

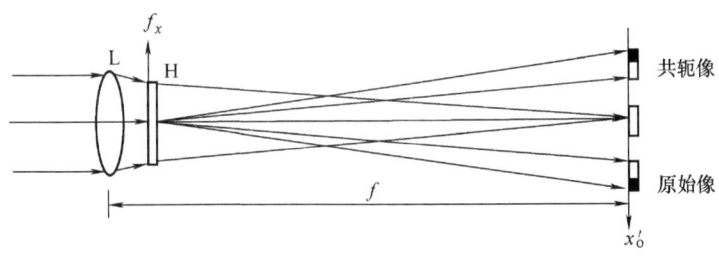

图 5-4-9 有透镜再现光路系统

图 5-4-7 所示的无透镜傅里叶变换全息图记录光路中,如果z_o足够大以至满足夫琅禾费衍射条件,利用平行光参考光,记录的将是夫琅禾费全息图。在傅里叶变换全息图记录光路中(如图 5-4-5 所示),当物不是处于透镜的前焦

面上时,后焦面上得到的不再是物光分布的傅里叶变换而是其夫琅禾费衍射,两者的区别只差一个二次相位因子,记录的也是夫琅禾费全息图。所有记录傅里叶变换全息图的系统只要改变其参考光的波面曲率,所记录的全息图都是夫琅禾费全息图。和傅里叶变换全息图一样,夫琅禾费全息图主要用于高密度信息存储,本书不再专门予以讨论。

5.4.4 傅里叶变换全息图的两个特例

1. 用空间调制的光波对傅里叶变换全息图实行再现

在记录全息图时如用点源作参考光,而再现光是一个被平行光照明的透过率为 $t_c(x_o,y_o)$ 的透明片的频谱,结果可在输出面上得到卷积和自相关运算。光路采用 $4f$ 系统,如图 5-4-10 所示,t_c 置于输入面上,用平行光照明,谱面上得到 $T_c(f_x,f_y)$

$$T_c(f_x,f_y) = \mathscr{F}\{t_c(x_o,y_o)\}$$

将傅里叶全息图置于频谱面,中心在原点上,则谱面后得到两者的乘积

$$T_c(f_x,f_y) \cdot t_H(f_x,f_y)$$
$$= T_c \cdot [\ |\mathscr{O}|^2 + R_0^2 + R_0\mathscr{O}\exp(-j2\pi f_x b) + R_0\mathscr{O}^*\exp(j2\pi f_x b)] \quad (5-4-31)$$

输出面得到式(5-4-31)的逆变换

$$\mathscr{F}^{-1}\{T_c \cdot t_H\} = \mathscr{F}^{-1}\{T_c\} * \mathscr{F}^{-1}\{t_H\}$$
$$= t_c * \mathscr{F}^{-1}\{t_H\} \quad (5-4-32)$$

将式(5-4-31)代入,得到四项,逐项分析如下

$$U_1 = O(x_o',y_o') \star O(x_o',y_o') * t_c(x_o',y_o')$$

该项的自相关有一峰值类似于 δ 函数,所以卷积结果为 t_c,是输入的透明片的几何像;

$U_2 = O_0 R_0 \cdot t_c$ 与上一项一样,是输入的透明片的几何像;

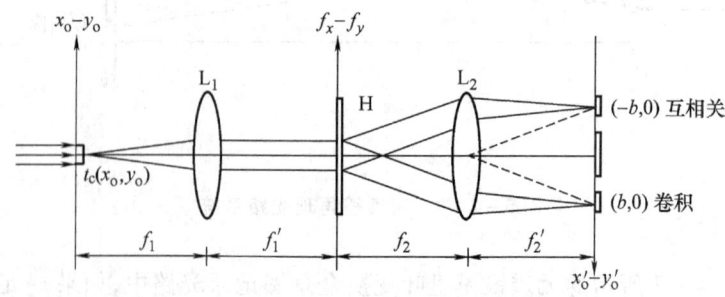

图 5-4-10 用空间调制的光波对傅里叶变换全息图实行再现的光学系统

$U_3 = t_c(x'_o, y'_o) * R_0 O(x'_o - b, y'_o)$ 是中心在 $(b,0)$ 位置的 t_c 与 O 的卷积；

$U_4 = t_c(x'_o, y'_o) * R_0 O^*(-x'_o - b, -y'_o) = t_c \star O$ 是中心在 $(-b,0)$ 处的 t_c 与 O 的互相关，它呈现为一个模糊斑。

可见，用空间调制的光波再现傅里叶全息图时，可同时实现卷积和互相关操作。我们可以设想，若用原物光作为再现光波，即

$$t_c(x_o, y_o) = O(x_o, y_o) \tag{5-4-33}$$

在输出面上得到四项：

U_1 和 U_2 将是物的几何像；$U_3 = R_0 O(x'_o - b, y'_o) * O(x'_o, y'_o)$，为物的自卷积；$U_4 = R_0 O^*(-x'_o - b, -y'_o) * O(x'_o, y'_o) = R_0 O \star O$，为物的自相关，呈现亮点。

这一特性在光学信息处理中将用于特征识别。上述傅里叶全息图实际上正是特征识别的关键器件——匹配滤波器。这种全息图当用物光再现时，得到自相关输出，呈现亮点；而用其他光波再现时，得到互相关，只呈现一个模糊斑，以此来达到识别目标特征的目的。

2. 用空间调制的光波作参考光记录傅里叶变换全息图

在记录时用空间调制的光波作为参考光，即用透过率为 $R(x_o, y_o)$ 的透明片代替点源，置于 $(-b,0)$ 处，全息干板记录到的物波为

$$\mathscr{O}(f_x, f_y) = \mathscr{F}\{O(x_o, y_o)\}$$

参考光为

$$\mathscr{F}\{R(x_o, y_o)\} = \mathscr{R}(f_x, f_y) \exp(j2\pi f_x b)$$

曝光后经线性处理，全息图透过率表达为

$$\begin{aligned}t_H(f_x, f_y) &= [\mathscr{O} + \mathscr{R}\exp(j2\pi f_x b)] \cdot [\mathscr{O}^* + \mathscr{R}^* \exp(-j2\pi f_x b)] \\ &= \mathscr{O} \cdot \mathscr{O}^* + \mathscr{R} \cdot \mathscr{R}^* + \mathscr{O} \cdot \mathscr{R}^* \exp(-j2\pi f_x b) \\ &\quad + \mathscr{O}^* \cdot \mathscr{R} \exp(j2\pi f_x b)\end{aligned} \tag{5-4-34}$$

记录光路如图 5-4-11(a)所示。再现仍在 $4f$ 系统中进行，以下分两种情况讨论：

（1）用参考光再现[如图 5-4-11(b)所示]：

将 $R(x_o, y_o)$ 置于输入面原点位置，用平行光照明，H 置于频谱面。入射到 H 上的光振幅为 $\mathscr{R}(f_x, f_y)$，H 后的光振动为

$$\begin{aligned}&\mathscr{R}(f_x, f_y) \cdot t_H(f_x, f_y) \\ &= \mathscr{O} \cdot \mathscr{O}^* \cdot \mathscr{R} + \mathscr{R} \cdot \mathscr{R} \cdot \mathscr{R}^* + \mathscr{O} \cdot \mathscr{R} \cdot \mathscr{R}^* \exp(-j2\pi f_x b) \\ &\quad + \mathscr{O}^* \cdot \mathscr{R} \cdot \mathscr{R} \exp(j2\pi f_x b)\end{aligned} \tag{5-4-35}$$

输出面得到上式各项的逆变换，共分四项：

$$U_1 = [O \star O] * R, \qquad U_2 = [R \star R] * R$$

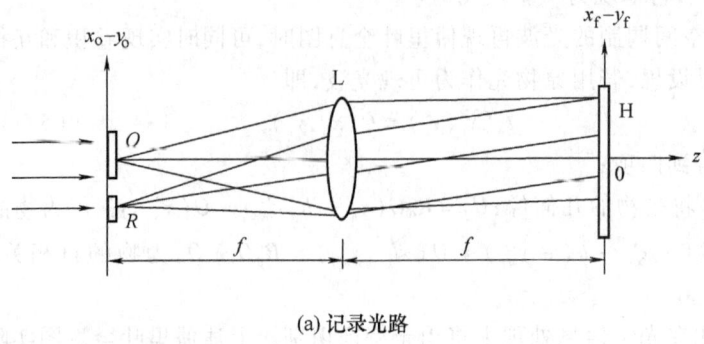

(a) 记录光路

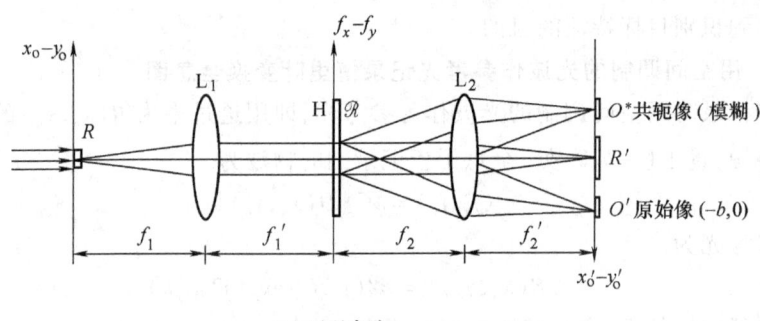

(b) 再现光路 1

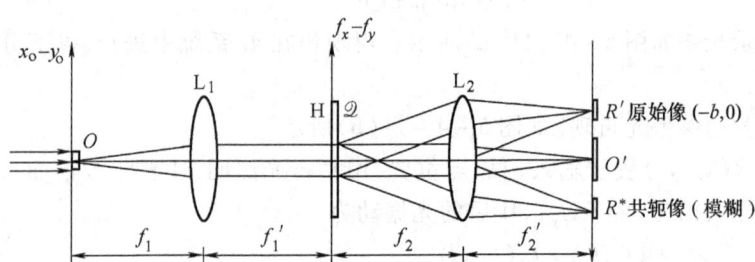

(c) 再现光路 2

图 5-4-11 用空间调制的参考光记录傅里叶变换全息图

以上两项都是位于原点的 R 的几何像；

$$U_3 = O * [R \star R] * \delta(x'_o - b, y'_o) = O(x'_o - b, y'_o) * [R \star R]$$
$$\approx O(x'_o - b, y'_o)$$

表示在 $(b,0)$ 处得到原物的像；

$$U_4 = O^*(-x'_o, -y'_o) * [R * R] * \delta(x'_o + b, y'_o)$$

因为 $[R * R]$ 有平滑作用，所以在 $(-b,0)$ 处得到物的共轭像，较模糊。

（2）用物光再现[如图 5-4-11(c) 所示]：

$$U_1 + U_2 = (O \star O + R \star R) * O$$

是物的几何像；

$$U_3 = (O * O) * R^*(-x'_o, -y'_o) * \delta(x'_o - b, y'_o)$$

表示在 $(b,0)$ 处得到参考光的共轭像，是个模糊像；

$$U_4 = (O \star O) * R(x'_o, y'_o) * \delta(x'_o + b, y'_o)$$
$$= (O \star O) * R(x'_o + b, y'_o)$$
$$\approx R(x'_o + b, y'_o)$$

表示在 $(-b,0)$ 位置得到参考光的原始像。

由以上分析可见，对于全息图而言，物波和参考波的作用是相同的。如用参考物再现，可得到物的原始像（一级衍射），零级是参考物的几何像；而用物波再现，可得到参考物的原始像，零级是物的几何像。这一特点启发人们制成全息翻译器，例如分别用"中国"和"China"的透明片作为物和参考物，制作傅里叶全息图，当用"中国"片再现时，输出面出现"China"字样；而用"China"再现时，输出为"中国"字样。

5.4.5 像全息图

物体靠近记录介质，或利用成像系统使物体成像在记录介质附近，就可以拍摄像全息图。当物体的像位于记录介质面上时，称为像面全息。这时对于记录介质来讲，物体的像就是被记录的物，物距为零，再现的像距也相应为零。由式(5-4-16)和式(5-4-18)可以看出，这时线模糊与色模糊也为零。这说明对于像面全息，可以用宽光源和白光照明再现出清晰的像。自然对于物体靠近记录介质的像全息图，线模糊与色模糊也非常小。显然这个特性对于全息的实际应用有极重要的意义。因此像全息图是一类极重要的全息图。像全息图的数学模型和菲涅耳全息是相同的，只是物、像距为零，这里不再赘述。

像全息图记录时所用的像光波一般有两种方式：一种是透镜成像（如图 5-4-12 所示）；另一种是用全息图的再现像（如图 5-4-13 所示）。后一种方法需要先对物体记录一张菲涅耳全息图，用原参考光波的共轭光波作为照明光波再现出一实像。将这个实像成在记录介质面上，与参考光波叠制成像全息图。像全息图可以用扩展白光光源照明再现,不管参考光是发散光波还是平行光,都可以用一个灯丝稍集中的白炽灯,按记录时参考光的方向照明进行再现。

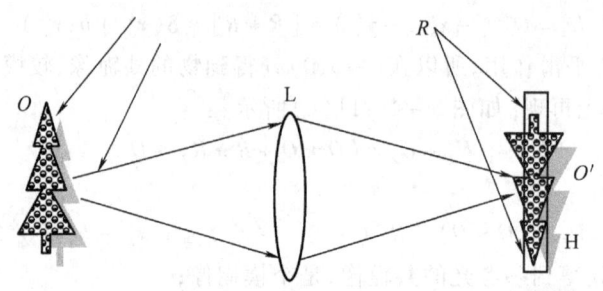

图 5-4-12　用透镜成像方式记录像全息图

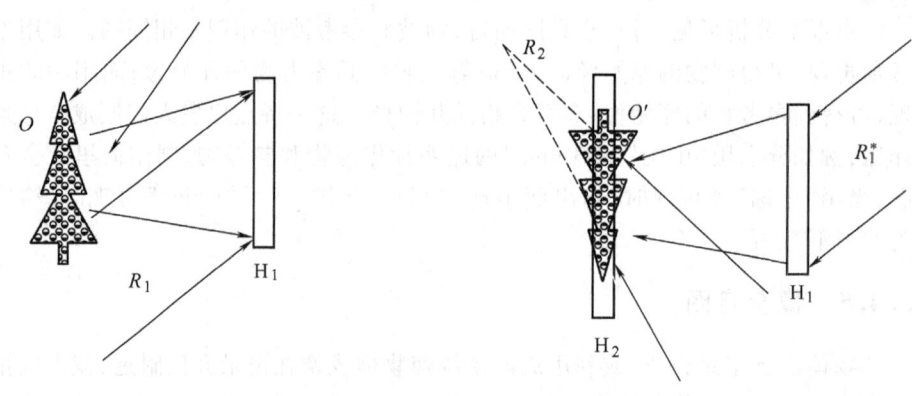

图 5-4-13　用全息图的再现像记录像全息图

5.4.6　相位全息图

一般说来,全息图的透过率函数是一个复数,通常表示为

$$t_H(x,y) = t_0(x,y) \cdot \exp[j\phi_H(x,y)] \quad (5-4-36)$$

当 ϕ_H = 常数时,$t_H = t_0$,全息图变成单纯的振幅全息图。而当 t_0 = 常数时,全息图变为相位全息图,这种全息图对光是透明的,但由于其内部折射率或厚度分布不均,当光波从全息图通过时,其相位被调制,从而使记录在上面的物信息得以

恢复。由于相位全息图的衍射效率一般比较高,所以在全息术中占有相当重要的地位。

1. 相位全息图的类型

（1）折射率型:如全息图的相位分布是由折射率变化引起的,称为折射率型全息图。例如将银盐干板制成的全息图置于氧化剂中漂白,可得到折射率全息图。常用的氧化剂有铁氰化钾、氯化汞、氯化铁、重铬酸铵、溴化铜及溴蒸气等。再如用重铬酸盐明胶或光致聚合物制成的全息图,也属折射率型。

（2）表面浮雕型:若相位分布是由记录介质表面厚度变化而引起的,则称为表面浮雕型。如将银盐干板制成的全息图置于鞣化漂白液中,经干燥便可制得浮雕型全息图;再如用光致抗蚀剂(光刻胶)做记录介质,得到的全息图也是浮雕型。

2. 相位全息图的记录与再现原理

设物光: $O(x,y) = O_0(x,y) \cdot \exp[j\phi_o(x,y)]$

参考光: $R(x,y) = R_0(x,y) \cdot \exp[j\phi_r(x,y)]$

曝光光强分布为

$$I(x,y) = |O(x,y) + R(x,y)|^2$$

经线性处理后得到

$$\phi_H(x,y) \propto I(x,y)$$

全息图透过率为

$$\begin{aligned} t_H(x,y) &= t_0(x,y) \cdot \exp[j\phi_H(x,y)] \\ &\approx t_0 \cdot \exp[j(O_0^2 + R_0^2)] \cdot \exp[j2O_0R_0\cos(\phi_o - \phi_r)] \\ &= k \cdot \exp[ja\cos\theta] \end{aligned} \quad (5-4-37)$$

其中,$k = t_0 \cdot \exp[j(O_0^2 + R_0^2)]$, $a = 2O_0R_0$, $\theta = (\phi_o - \phi_r)$。利用贝塞尔展开式展开 $\exp[ja\cos\theta]$,再利用欧拉公式最终导出 t_H 的具体形式(仅取一维)

$$\begin{aligned} t_H(x) = k\Big\{ &J_0(a) + 2\sum_{n=1}^{\infty}(-1)^n J_{2n}(a)\cos(2n\theta) \\ &+ j2\sum_{n=1}^{\infty}(-1)^n J_{2n+1}(a)\cos[(2n+1)\theta] \Big\} \end{aligned} \quad (5-4-38)$$

式中,$J_m(a)$ 是 m 阶贝塞尔函数,每个 $J_m(a)$ 与第 m 级衍射光波的振幅成比例。一般情况下,式(5-4-38)中所有衍射级均同时出现,不像振幅全息图那样只出现正、负一级。当 $m=1$ 时(即 $n=0$)给出正、负一级像

$$\begin{aligned} t_{H\pm 1}(x) &= k[j2J_1(a)\cos\theta] = j2kJ_1(a) \cdot \frac{1}{2}[\exp(j\theta) + \exp(-j\theta)] \\ &= jkJ_1(a)\{\exp[j(\phi_o - \phi_r)] + \exp[-j(\phi_o - \phi_r)]\} \end{aligned} \quad (5-4-39)$$

再现时若用原参考光照明,则正、负一级像为

$$U_{\pm 1}(x) = R_0 \exp[j\phi_r(x)] \cdot t_{H\pm 1}(x)$$
$$= jkR_0 J_1(a)\{\exp(j\phi_o) + \exp[-j(\phi_o - 2\phi_r)]\}$$
$$(5-4-40)$$

式中,第一项是原始像;第二项是共轭像。

5.4.7 平面全息图的衍射效率

1. 定义

平面全息图的衍射效率定义为:衍射成像光波的光通量与再现时照明光的总光通量之比。衍射效率越高,表示成像光波的光能量越大,全息再现像则越明亮。上述定义用公式表示为

$$\eta = 衍射成像光通量/再现光总光通量 \quad (5-4-41)$$

以下就振幅型和相位型两种全息图的衍射效率进行分析。

2. 振幅全息图衍射效率

对于正弦型振幅全息图,其振幅透过率函数表达式为

$$t_H(x,y) = t_0(x,y) + t_1(x,y)\cos(2\pi f_x x)$$
$$= t_0 + (t_1/2)[\exp(j2\pi f_x x) + \exp(-j2\pi f_x x)] \quad (5-4-42)$$

式中,t_0 为平均透过率;t_1 是调制幅度,其大小与记录时参、物光强比以及记录介质的调制传递函数有关。在理想的最佳条件下,应有 $t_0 = 1/2, t_1 = 1/2$。

当用振幅为 a 的照明光对全息图再现时,其正一级衍射光的振幅应为

$$U_{+1} = at_1/2 = a/4$$

衍射负一级亦然。衍射效率是对强度而言,因而由定义可知,其最佳衍射效率为

$$\eta = \frac{(a/4)^2 \cdot \Sigma_H}{a^2 \cdot \Sigma_H} = \frac{1}{16} = 6.25\% \quad (5-4-43)$$

式中,Σ_H 是全息图的面积。

对于非正弦型振幅全息图,其透过率函数表达式为

$$t_H(x) = t_0 + \frac{1}{2}\sum_{m=1}^{\infty} t_m[\exp(j2\pi f_{xm}x) + \exp(-j2\pi f_{xm}x)]$$

$$(5-4-44)$$

同样,理想的最佳条件是矩形函数,此时应有 $t_0 = 1/2, t_1 = 2/\pi$。在振幅为 a 的平行光照射下,正一级的衍射效率应为

$$\eta = \frac{(a/\pi)^2 \cdot \Sigma_H}{a^2 \cdot \Sigma_H} = \frac{1}{\pi^2} = 10.13\% \quad (5-4-45)$$

可见,矩形振幅全息图较正弦型的衍射效率高。

3. 相位全息图的衍射效率

和前面的思路相似,这里仍以正弦型相位全息图和矩形型相位全息图为例进行分析。

正弦型相位全息图的透过率函数可表示为

$$t_H(x) = t_0(x)\exp[j\phi_H(x)]$$
$$= t_0\exp[j(\phi_0 + \phi_1\cos 2\pi f_x x)] \quad (5-4-46)$$

忽略介质的吸收,有 $t_0 = 1$,且有

$$\exp[j\phi_1\cos 2\pi f_x x] = \sum_{m=-\infty}^{\infty} j^m J_m(\phi_1)\exp(-jm2\pi f_x x)] \quad (5-4-47)$$

式中,$J_m(\phi_1)$是m阶贝塞尔函数。第m阶衍射光的效率公式应为

$$\eta = |j^m J_m(\phi_1)|^2 \quad (5-4-48)$$

ϕ_1的值取决于记录介质特性以及记录和处理条件。ϕ_1不同,J_m的值有很大差别,这一点从图 5-4-14 所示的 J_m-ϕ_1 曲线可以看出,从中可得到最大衍射效率的理论值为

$$\eta_{\max} = 33.9\%$$

而对于矩形型相位全息图,同样的分析可知,在理想情况下,其最大衍射效率理论值为

$$\eta_{\max} = 40.4\%$$

显然,对于相位全息图而言,矩形型的衍射效率亦高于正弦型。

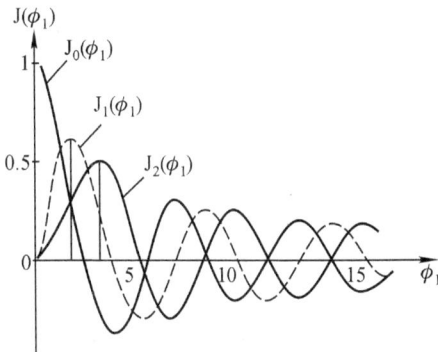

图 5-4-14　J_m-ϕ_1 曲线[23]

各种类型全息图的最大衍射效率列于表 5-5-2 中,在 5.5 节的最后给出。

5.5 体积全息图

当用于全息记录的感光胶膜厚度足够厚时,它在物光和参考光的干涉场中将记录到明暗相间的三维空间曲面族,这种全息图在再现过程中将主要显示出体效应,与前一节所介绍的平面全息图的特点有很大差别。这一类全息图称为体积全息图(通常称为体全息图)。通常把胶膜厚度满足关系式

$$h \geq 10 \cdot \frac{nd^2}{2\pi\lambda} \quad (5-5-1)$$

的全息图都归为体全息图加以分析和研究。式中,d 表示干涉条纹周期;n 为记录介质的折射率;λ 为记录波长。

5.5.1 体全息图的记录与再现

为讨论方便起见,下面先讨论物光波和参考光波都是平面波的情形。根据光的干涉原理,在记录介质内部应形成等间距的平面族结构,称为体光栅。如图 5-5-1(a)所示,图中 θ_1 和 θ_2 分别是参考光和物光在介质内的入射角。条纹面应处于 R 和 O 两光夹角的角平分线,它与两束光的夹角 θ 应满足关系式

$$\theta = (\theta_1 - \theta_2)/2 \quad (5-5-2)$$

体光栅常数 Λ 应满足关系式

$$2\Lambda \sin\theta = \lambda \quad (5-5-3)$$

式中,λ 为光波在介质内传播的波长。

体全息图对光的衍射作用与布拉格(Bragg)对晶体的 X 射线衍射现象所作的解释十分相似,因而常借用所谓的"布拉格定律"来讨论体全息图的波前再现,并把式(5-5-3)称为"布拉格条件",把角度 θ 称为"布拉格角"。只有当再现光波完全满足该布拉格条件时才能得到最强的衍射光。图 5-5-1(b)是其再现示意图。

具体说来,若把条纹面看做反射镜面,则只有当相邻条纹面的反射光的光程差均满足同相相加的条件,即等于光波的一个波长时,才能使衍射光达到极强。因此,仅当照明光束的入射角满足布拉格条件,其波长与记录波长相同时,上述条件才能得以满足。若波长和角度稍有偏移,衍射光强将大幅度下降,并迅速降为零。

体全息图对于角度和波长如此苛刻的选择性,造成了它特殊的应用前景。其一是体全息图可以用白光再现。因为在由多种波长构成的复合光中,仅有一种波长即与记录光波相同波长的光才能达到衍射极大,而其余波长都不能出现足够亮度的衍射像,避免了色串扰的出现。其二是体全息图可用于大容量高效

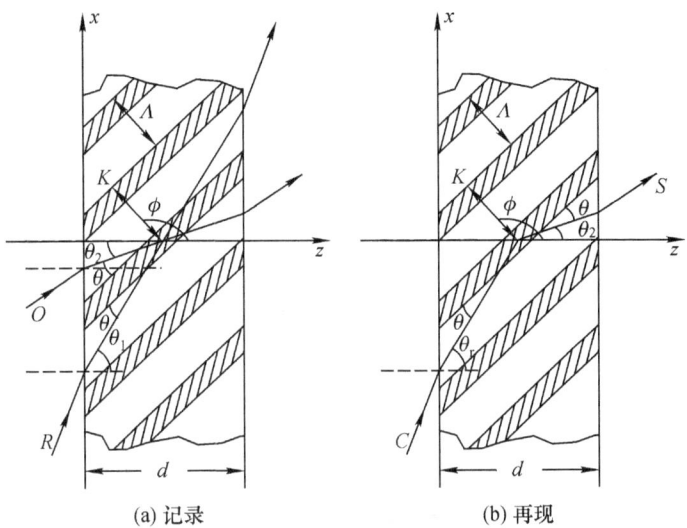

(a) 记录　　　　　(b) 再现

图 5-5-1　体全息图的记录与再现光路示意图[24]

率全息存储,因为当照明光角度稍有偏离,便不能得到衍射像,因而可以以很小的角度间隔存储多重三维图像而不发生像串扰。详细阐述请见第 7 章。

5.5.2　透射体全息和反射体全息

体全息图可分为透射和反射两种,其主要区别在于记录时物光和参考光的传播方向不同而造成体全息图内部干涉层面的不同趋向,从而进一步使两者在再现特性上有所区别。图 5-5-2(a)是记录透射体全息图的情形。物光和参考光从介质的同侧射入,介质内干涉面几乎与介质表面垂直,因而再现时[如图 5-5-2(b)所示]表现为较强的角度选择性。当用白光再现时,入射角度的改变将引起再现像波长的改变。

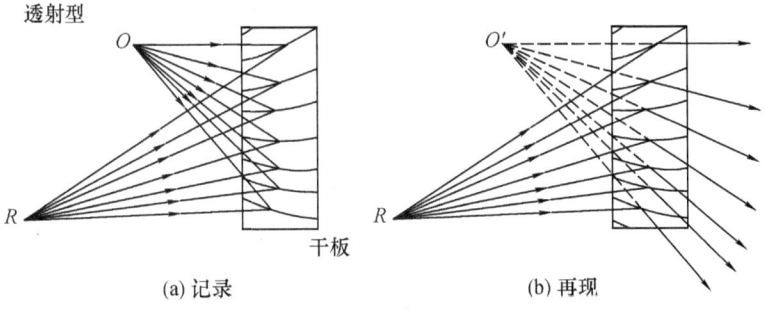

(a) 记录　　　　　(b) 再现

图 5-5-2　透射体全息图记录与再现示意图

图 5-5-3(a)是记录反射体全息图的情形。物光和参考光从介质的两侧相向射入,介质内干涉面几乎与介质表面平行(注意浮雕型记录材料不可用在此处),因而再现时[如图 5-5-3(b)所示]表现为较强的波长选择性。反射体全息能避免色串扰的出现,是一种较好的白光再现全息图。用白光再现反射体全息时,只能得到单色再现像,其波长与记录波长相同。但在实际中,往往由于记录介质在后处理过程中发生乳胶的收缩,条纹间隔变小,使再现像波长发生"蓝移"。例如,用 $\lambda = 633$ nm 红光记录的全息图,再现时会出现绿色或蓝色图像。为了避免这种情况的发生,需在介质后处理中增加防缩处理步骤。

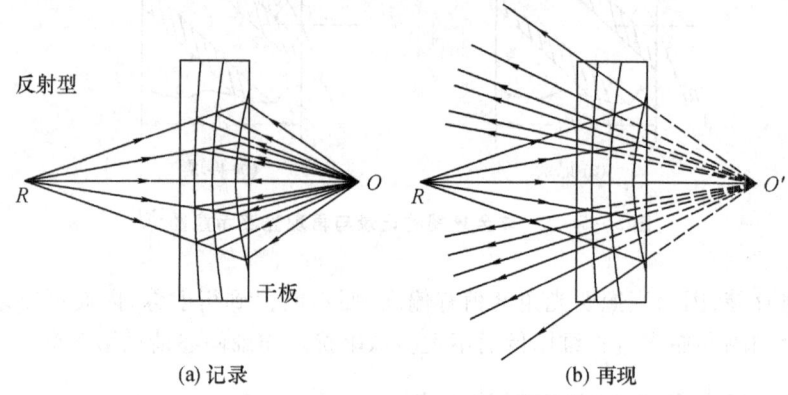

(a) 记录   (b) 再现

图 5-5-3   反射体全息图记录与再现示意图

5.5.3 体全息图的衍射效率

  体全息图衍射效率的定义与 5.4 节中介绍的平面全息图衍射效率的定义是相同的,但其理论分析却复杂得多。依据科格尼克(Kolgenik)在 1969 年提出的耦合波理论,以麦克斯韦方程组为基础,根据记录介质的电学或光学常数被调制的情况,直接解方程组,求出衍射效率的公式。详细的阐述将在第 7 章中给出,这里仅作一般的介绍。

  体全息图的衍射效率随全息图类型的不同,可对衍射效率公式作不同的简化。而体全息图的分类无论是透射体全息还是反射体全息都可依据表 5-5-1 所示的方法分类。表中"无吸收相位全息图"是指记录介质的吸收可以忽略的情形;"混合型全息图"是指既包含振幅调制又包含相位调制的全息图。

  表 5-5-2 给出了全息图衍射效率的理论最大值。从表中可明显看出,余弦相位型体全息图在衍射效率方面具有最大优势,而余弦振幅型透射体全息的衍射效率最低。

表 5-5-1 体全息图的分类[23]

按调制情况	按光栅方向	按照明方向
1. 无吸收相位全息图	1. 非倾斜光栅	1. 布拉格入射
2. 有吸收相位全息图		2. 偏离布拉格入射
3. 振幅全息图	2. 倾斜光栅	3. 布拉格入射,波长偏移
4. 混合型全息图		

表 5-5-2 各种全息图衍射效率理论最大值[21]

全息图类型	平面全息图			
调制方式	余弦振幅	矩形振幅	余弦相位	矩形相位
衍射效率	0.063	0.101	0.339	0.404
全息图类型	透射体全息图		反射体全息图	
调制方式	余弦振幅	余弦相位	余弦振幅	余弦相位
衍射效率	0.037	1.000	0.072	1.000

5.6 计算全息术及其应用

计算全息术是20世纪中后期发展起来的一个学科分支,它将先进的计算机技术与光全息术结合起来,可以实现光全息术无法实现或难以实现的某些特殊功能。光全息术是利用光的干涉原理,借助于参考光将物光波的复振幅记录在感光材料上,能够实现这种记录的必要条件是物体的真实存在。然而在很多实际应用中理想的"物体"是很难制作成功的,例如,用于检测光学元件加工质量的标准件,用于光学信息处理的各种特殊的空间滤波器,用于数据存储系统的相移器,用于工程设计的复杂模型等。但是,用计算全息术就不难实现了。近年来,计算全息术发展极其迅速,已成功地应用在三维显示、全息干涉计量、空间滤波、光学信息存储和激光扫描等诸多方面,随着计算机技术的日趋成熟和普及,计算全息术已越来越受到人们的重视。

5.6.1 计算全息图

计算全息图是先用计算机制作全息图,然后用光学方法再现。具体过程分为五步,包括对物光信息的采集、处理、编码、存储和再现,以下分别进行概括说明。

1. 物光信息的采集

由于要采用计算机进行处理,因而物光信息的采集是指确定物光信息的函数形式,一般表现为复振幅透过率函数(或反射率函数)。对于实际存在的物体,可利用扫描仪或数字摄像机进行数据采集。而对于那些实际不存在的物体,可将其函数形式直接从键盘输入计算机。一般情况下,物函数多为空间连续分布函数。为适应计算机处理,必须利用抽样定理将其离散化。这里应考虑抽样点的选取问题,抽样点过少,会丢失许多物信息而使再现像质量下降;抽样点过多,会使计算速度过慢。一般取抽样单元数不超过物的空间带宽积,即满足关系式

$$M \cdot N \leqslant \Delta x \cdot \Delta y \cdot \Delta f_x \cdot \Delta f_y \tag{5-6-1}$$

式中,M、N 分别为 x 方向和 y 方向的抽样单元数;Δx 和 Δy 为物体的空间宽度;Δf_x 和 Δf_y 为物的频带宽度。

2. 物光信息的处理

光波从物到全息图,必然经过一个传播过程,而到达全息图的光场复振幅函数必然对应于物函数的某种变换,物信息的处理是指由计算机完成物函数的这种变换。显然,对于不同的全息图,变换的内容是不同的。例如,对于傅里叶变换全息图,必须使用计算机完成物函数的傅里叶变换,得到全息图平面的光场复振幅函数。为了提高效率,通常采用快速傅里叶变换。由于傅里叶变换全息图上条纹排列比较有序,因而计算全息多采用傅里叶变换全息图。再如,对于菲涅耳全息图,必须计算物函数经菲涅耳衍射到达全息图的函数分布。最方便的是像全息,由于到达全息图平面的是物体的几何像,因而只需由计算机完成物函数的坐标缩放变换即可。值得注意的是,全息图平面上函数的抽样数不得少于物函数的抽样数。

3. 信息的编码

到达全息图的物光波通常呈现为复数形式,包括振幅信息和相位信息。由于计算全息在"锁定"相位信息方面可以通过两种途径,因而它比光全息术要灵活得多。相位和振幅信息的"锁定"是通过编码方式实现的。一种途径是人们比较熟悉的对光全息术的计算机仿真,即借助参考光波与物光波干涉来"锁定"相位信息,用计算机算出全息图上干涉条纹的分布函数,即全息图的透过率函数 t_H。这种编码方式称为干涉型编码方式,用这种方法制作的全息图称为干涉型计算全息图。

另一种编码方式是计算全息术所特有的,称为迂回相位法。它利用全息图上两个独立的参量来分别编码物函数的振幅和相位。由于这两个独立参量均为非负的实数,因而可用一般的记录介质记录。考虑到计算机绘制的全息图没有灰阶,是二进制的,因而这种方法是在一个抽样单元内用一个长方形透明孔来反

映物函数在这一点的值。孔的宽度 B_{mn} 是一个常量,令其高度 H_{mn} 与物函数归一化振幅成正比,孔的中心点离抽样点的距离 d_{mn} 与其相位成比例。设物函数在第 (m,n) 个抽样点的表达式为

$$O_{mn} = A_{mn} \exp[j\phi_{mn}] \qquad (5-6-2)$$

式中,m、n 分别表示 x、y 方向的抽样序号;A_{mn} 是物波的归一化振幅(即以物的最大振幅值对其他值进行归一);ϕ_{mn} 为物波在该抽样点的相位。图 5-6-1 是该抽样单元示意图,图中各量的关系为

$$H_{mn} = A_{mn} y_0$$

$$d_{mn} = \frac{x_0}{2\pi}\phi_{mn}$$

$$B_{mn} = B(常数) \qquad (5-6-3)$$

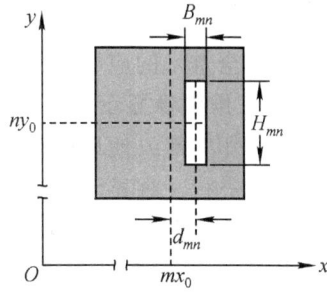

图 5-6-1 中,mx_0、ny_0 表示抽样单元的中心位置。迂回相位编码法的种类很多,这里不再赘述,请参阅有关文献[21,22,25]。

图 5-6-1 迂回相位编码示意图

4. 信息的存储与再现

由于计算全息图通常都用光学方法实现波前再现,因而存储手段必须与此相适应。信息存储的方法有多种,最普遍的一种是用计算机绘图仪将计算机处理的结果直接画在纸上,然后用精密照相拍制在照相底片上,适当放大或缩小到合适的尺寸,制成实用的全息图。对于用迂回编码法和干涉编码法形成的振幅型全息图,都可以用这种方法。此外,还可用图形发生器、光绘仪、显微密度仪、激光光束扫描记录装置等来制作振幅型计算全息图。而对于浮雕型相位计算全息图(如相息图),由于只记录物的相位信息,因此还必须用光刻机、离子束刻蚀机或电子束刻蚀机等制作。

计算全息图的再现方法是根据全息图类型来确定的,它还与编码方法有关。例如,对于用干涉编码法制作的傅里叶变换全息图,可以用如图 5-6-2 所示的光学系统来再现。用置于 $(-b,0)$ 处的点光源通过透镜 L_1 生成平行光,照明透

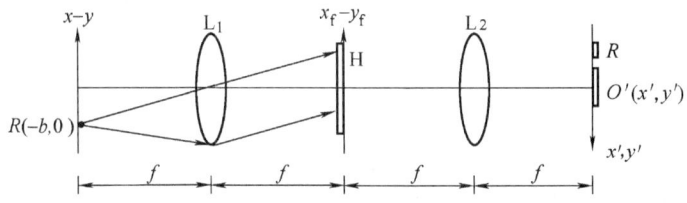

图 5-6-2 干涉编码法计算傅里叶变换全息图的再现光路

镜 L_2 前焦面上的计算全息图 H,在透镜 L_2 后焦面处光轴上观察再现像。对于用迂回编码法制作的全息图,必须在编码之初就把再现条件设计在内。为便于计算,一般选择平面波作为再现照明光,垂直或者斜入射照射全息图。但照明光必须满足一定条件(习题 5.11),才可保证在一个抽样单元内获得从 0 到 2π 变化的相位差,从而使得物函数的相位信息可用矩孔沿 x 方向的位移量来表征。

5.6.2 计算全息术的应用

计算全息术的应用已经比较广泛,这里仅举几例。

1. 三维图像显示

对于那些能方便地用数字来描述但却难以实际制作的物体,可利用计算全息来对其进行三维显示。全息图的种类原则上可有菲涅耳全息图、像全息图或傅里叶变换全息图等,甚至彩虹全息图也可用计算全息来制作。但是,如果物函数比较复杂,计算量就变得非常大,因而,用于二维物体或简单的三维物体的显示还是可行的。

2. 计算全息元件

计算全息术的一个重要应用领域是制作全息元件,主要是指用光学方法或其他方法难以实现的具有特殊功能的元件。例如:用于校正普通全息元件像差用的像差校正器;用于搜索和捕捉小目标的激光扫描器,可实现多束光同时扫描,还可实现高速扫描;用于数据存储中进行编码的相移器等。用计算全息术可制作功能特殊的全息透镜,例如在校正眼睛视力的眼科手术中,要求把激光聚成十字线,如图 5-6-3(a)所示;在某些应用中还要求在透镜焦面上出现各种形状的聚焦线,如环形[如图 5-6-3(b)所示]、任意曲线形[如图 5-6-3(c)所示]、任意形状[如图 5-6-3(d)、(e)、(f)所示],甚至还要求形成纵向焦线[如图 5-6-3(g)所示],这类透镜只能用计算全息术来制作。

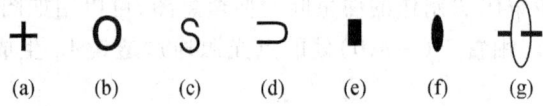

图 5-6-3 特殊的计算全息透镜的聚焦线示意图

3. 光学检测

在光学检测中,常用干涉计量法。如对非球面透镜或非球面反射镜的质量进行检测,需借助于标准波面。然而制作一个能产生标准波面的实际的非球面元件是一件困难的事情。利用计算全息术可以很容易地解决这类问题,而且精度很高。

4. 光学信息处理中的应用

在光学信息处理中,常用到各种空间滤波器。例如用于图像消模糊的逆滤波器,用于像边缘增强或图像加减的微分滤波器,以及用于其他图像处理的各种带通滤波器等。这些滤波器的制作,用计算全息术要比用光学方法更易于实现。图 5-6-4 是用迂回相位法制作的用于消模糊的维纳滤波器,它是用计算机和 CTS-1 型平板绘图仪绘制的,计算和绘图时间为 75 min。

应该看到,计算全息术弥补了纯光学全息的某些不足,它可以实现纯光学全息无法做到或难以做到的事

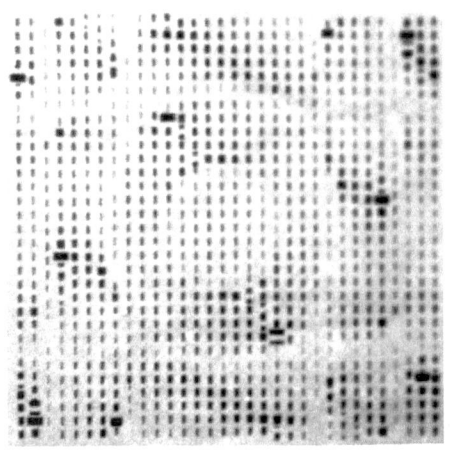

图 5-6-4 计算全息滤波器[25]

情,计算全息术的另一个优点是它对环境的要求远远不如光全息术那样苛刻。用计算机计算和绘图,远比在全息防震台上操作要便利得多。但另一方面由于计算全息术只能形成平面全息图,即使利用某些技巧使其二元化,但振幅型计算全息图的最大衍射效率只能达到 10% 左右,要想得到更高衍射效率,必须制作相位型计算全息图,例如被称为"相息图"的浮雕纯相位全息图,其衍射效率可高达 100%。

5.7 全息记录介质

全息记录介质是记录全息图的载体,因而要求记录材料有较高的分辨率、较强的衍射效率、较大的动态范围和较高的感光灵敏度。目前用于全息记录的材料种类繁多,除了最传统的卤化银乳胶外,还有重铬酸明胶、光致抗蚀剂、光导热塑、光致变色材料、液晶等。近年来还出现了光致聚合物、光折变晶体,以及活体小杆细菌制成的称为"小杆细菌视紫红质(BR)"的生物型实时记录材料。按全息记录形成的全息图类型,记录介质可分为振幅型、相位型和混合型三类,这里仅介绍具有代表性的六种材料。

5.7.1 卤化银乳胶

一般卤化银乳胶(silver halide emulsion)广泛用于拍摄照片,超细微粒卤化银则是用于全息记录最早、也是应用最广泛的一种全息记录介质。它通常用于记录振幅型全息图,但如进行适当的漂白处理,可转变为相位型全息图,而有时

又常显现出混合型特性。

胶片(或干板)的结构如图5-7-1所示,卤化银乳胶均匀涂布在片基上,构成软片或干板。

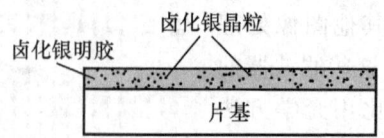

图5-7-1 全息干板的结构示意图

1. 记录的物理过程

曝光:卤化银盐在光的作用下先是分解为银离子(Ag^+)和卤元素离子(如Br^-),而后银离子俘获了由光电效应击出的电子,还原成单个金属银原子,以微粒的形式散布在乳胶内部,形成一种潜像。银粒子的疏密取决于曝光量的大小,但这样析出的银粒子密度是很小的,并不能直接用人眼观察到,而只是形成了进一步显影的中心。

显影:在显影液还原剂的作用下,显影中心周围的卤化银大量地被还原成金属银,没有显影中心的卤化银还原慢得多,从而形成黑度不等的影像。

定影:显影以后的乳胶板是不稳定的,因为还有大量的未被曝光的卤化银晶粒存在于胶体之中,一旦受到光照,还会继续上述光化学反应,因而必须经定影处理,其作用是使未反应的卤化银晶粒溶于定影液中,保持已成型的影像的稳定性。

漂白:在某些应用中需把乳胶板漂白,即利用漂白剂的氧化作用,使底板上黑色的金属银变成近乎透明的卤化银盐。使全息图由振幅型转化为相位型,以提高衍射效率。漂白的机理随漂白剂种类的不同而不同,可参考文献[26]。

2. 卤化银乳胶的特性

(1) 几个物理量的定义

为讨论乳胶性能,首先定义几个有关的物理量:

① 曝光量 E:定义为入射到感光表面上每单位面积的光能量,单位常用mJ/cm^2(毫焦耳/厘米^2)或 $\mu J/cm^2$(微焦耳/厘米^2)。

② 入射光强度 I:定义为单位时间里通过单位面积的光能量,单位常用mW/cm^2(毫瓦/厘米^2)或 $\mu W/cm^2$(微瓦/厘米^2)。

③ 曝光时间 T:定义为记录介质受光照射的时间,一般用分或秒为单位。

上述三个物理量的关系为

$$E = I \cdot T \tag{5-7-1}$$

④ 透过率 τ:定义为透射光强和入射光强之比,即强度透过率

$$\tau = I_{透射}/I_{入射} \qquad (5-7-2)$$

⑤ 光密度 D：也称黑度。它定义为透过率倒数的对数

$$D = \lg(1/\tau) = -\lg\tau \qquad (5-7-3)$$

（2）乳胶的性能：

① 感光特性 描述胶片感光性能的最普遍方法是照片的光密度 D 与曝光量的对数 $\lg E$ 之间的关系曲线，简称 H-D 曲线（以 Hurter-Driffield 命名）。图 5-7-2 所示的曲线就是一种乳胶的 H-D 曲线，可大致分为五段：AB 段的密度 D_0 与曝光量无关，它是未曝光的部分经显影后出现的黑度，俗称"灰雾"；BC 段称为"趾部"，表示曝光不足的部分；CD 段是线性区，此处 D 与 $\lg E$ 成正比关系，意为曝光量以几何级数增加时，黑度按等差级数增加；DE 段为饱和区，称为

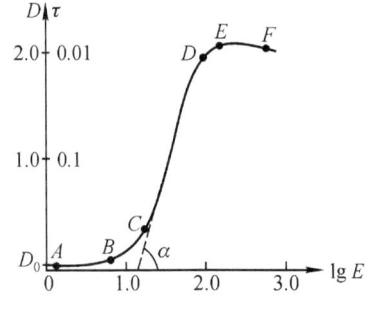

E 的单位为 $\mu J/cm^2$

图 5-7-2 卤化银乳胶的 H-D 曲线

"肩部"；EF 段为过饱和区，此处出现反转现象，曝光量增大时黑度反而降低。

一般的照相多用线性区。设 CD 段的斜率为 $\tan\alpha$，常用胶片的 γ 值表示

$$\gamma = \tan\alpha \qquad (5-7-4)$$

γ 也常称为反差系数。天津 I 型干板 $\gamma \approx 4.4$；Ⅱ 型干板 $\gamma \approx 4.0$；649F 光谱干板 $\gamma = 10$。γ 值越高说明反差越大。$\gamma \leq 1$ 的胶片称为低反差胶片；$\gamma = 2 \sim 3$ 则称为高反差胶片。γ 值的大小除与胶片型号有关外，还与曝光量和显影条件有关，若选择反差较低的显影剂 D76，γ 值会降低；若选用高反差显影剂，γ 值将明显提高。可见，选择合适的胶片型号，采用适当的曝光量，选用合适的显影剂，适当控制显影时间和显影温度，可获得预期的 γ 值。

② 分辨率 这是反映乳胶特性的一项重要指标，它反映了乳胶区分记录其上的图像精细结构的能力，也就是说反映了乳胶能记录的空间最小周期，单位通常用"pl/mm（线对/毫米）"。分辨率的高低通常取决于乳胶内部银颗粒的大小和分布情况，而银颗粒的大小除取决于卤化银颗粒的大小外，还与曝光量和显影条件等有关。用稀释显影法可以提高乳化银乳胶的分辨率。

③ 信噪比 这也是反映记录介质优劣的重要特性之一。它等于记录其上的信号和噪声的强度之比，通常表示为"S/N"，S 和 N 分别表示信号和噪声的光强度。形成噪声的因素很多，就介质本身而言，其颗粒不均匀性或表面粗糙形成的光散射、化学处理时显影液的种类选择不当、显影速度过快及漂白处理等都会不同程度地产生噪声。提高信噪比的途径，一是尽可能减小卤化银的颗粒尺寸；二是选择适当的显影液和显影速度，或选其他方法显影。例如

苏州大学信息光学工程研究所研制的 SDUF-1 型超微粒卤化银乳胶,其颗粒线度降至 20 nm,采用改进的物理显影法,使衍射效率超过 50%,信噪比大于 45,比常规材料提高将近一倍。

表 5-7-1 列出了国内常用的几种卤化银乳胶板的主要性能指标。

表 5-7-1 常用卤化银乳胶干板的性能[21,23,26]

型 号	乳胶厚度/μm	灵敏波长/nm	适用波长/nm	曝光量/(μJ/cm^2)	极限分辨率/(1/mm)
天津 CS-I 型	7~8	633	530~700	30	>3 000
天津 CS-III 型	7~8	514	400~560	20~30	>3 000
HP633P	10	633	633	10	>5 000
Kodak 649F	6~17	全色	全色	80	>3 000
Agfa 10E75	6	694.3	600~750	50	3 000
Agfa 10E56	6	514	<600	100	3 000

3. 卤化银乳胶的常规处理方法

卤化银乳胶板曝光后的化学处理是很重要的环节,前面已经提到,不同的处理方法会导致不同的结果,然而由于乳胶干板种类繁多,又用于多种不同的目的,因此化学处理的方法无法一言以蔽之。这里仅介绍最常用的方法。其过程为:显影—停显(水洗)—定影—水洗—干燥—漂白。

(1) 显影:D-19 是最常用的高反差显影剂,显影时间 2~5 min;D-76 是一种低调显影剂,适用于曝光量范围很宽的傅里叶变换全息图。C 型显影液是专为提高透射全息图衍射效率和信噪比而配置的,由于显影速度快,可使曝光量由原来的 120 μJ/cm^2 降至 35 μJ/cm^2,显影时间缩短为 20 s 以内。显影温度一般控制在 18~20 ℃。

(2) 停显:一般用水冲洗即可达到停显效果,但用停显液效果更好。选用酸性停显液可中和显影液中的碱性,以免显影过度、显影不均或产生灰雾。

(3) 定影:常规的定影液是 F-5,时间在 5 min 以上。对于用 C 液显影的干板,一般可配制 F-24 定影液进行定影处理。

(4) 水洗:目的是清除底片上的定影液和其他物质。水洗必须充分,常采用流水冲洗 5~10 min。

(5) 干燥:将冲洗过的全息干板倾斜靠于架子上,令其自然干燥。有时为缩短时间,可浸入无水乙醇中约 1 min,取出后吹干。

(6) 漂白:有时为了提高衍射效率,可将全息图进行漂白处理,使其转化为相位型。漂白液的种类很多,漂白的机理和结果也各不相同。漂白后的全息图有的呈折射率型,也有的呈浮雕型。

前面提到的物理显影法是另一种较好的处理方法,全息图经特殊配置的显影液处理后,无须定影,直接用水冲洗即可获得高衍射效率和高信噪比。

还有一种方法是显影后先漂白后定影,其特点是在获得高衍射效率的同时,获得较好的稳定度,不会因发生还原反应而使全息图变黑,有利于长期保存。

化学处理所用各种药液的配方请参阅文献[21]或[26]。

5.7.2 重铬酸盐明胶

重铬酸盐明胶(DCG)是一种很重要的全息记录材料,它几乎具有相位全息图的理想特性。明胶内可产生很大的折射率变化,制成厚的相位型体全息图,它的衍射效率最高可达 100%。因而,它在全息显示和全息光学元件方面有着极其诱人的应用前景。图 5-7-3 是 DCG 光栅的 $\eta - H$ 曲线,其衍射效率可超过 90%。重铬酸盐明胶的另一个优点是分辨率高,可高达 5 000 线对/mm 以上,这是其他许多介质无法相比的。因而 DCG 全息图的再现像质极细腻。第三个优点是噪声低,再现像显得很"干净"。

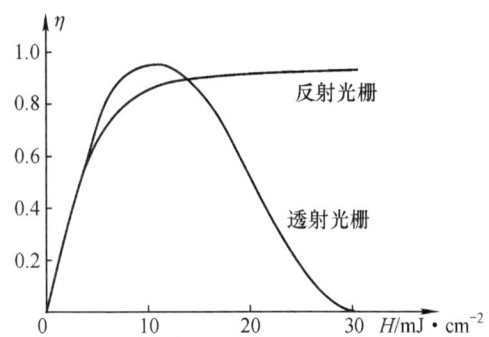

图 5-7-3 DCG 光栅的 $\eta - H$ 曲线[27]

重铬酸盐明胶的曝光机理十分复杂,其处理过程也与卤化银明胶完全不同,感兴趣者可参阅有关文献[26]。

DCG 的缺点一是灵敏度低,从图 5-7-3 中可明显看出其曝光量达 10 mJ/cm² 量级;二是稳定度差,在高温高湿度环境下容易消像。在实际应用中需经封胶处理,才能长期保存。

5.7.3 光致抗蚀剂

光致抗蚀剂(photoresist)也是一种重要的全息记录材料,由于它能形成浮雕型相位全息图,因而受到全息压印复制工艺的特别宠爱,这将在第 9 章中详细说明。

全息记录中使用最普遍的光致抗蚀剂是光刻胶。光刻胶分为正胶和负胶,常采用正胶记录浮雕型全息图。其曝光机理是:光刻胶在光子作用下发生光化学反应,其结果使曝光部分比未曝光部分溶解速率快 200 倍。曝光后的干板置于稀碱溶液中显影,曝光区便迅速溶解,相比之下未曝光区溶解极其缓慢,使光刻胶表面形成凹凸不平的浮雕状条纹,再用水冲洗掉表面的碱溶液,完成后处理过程。

图 5-7-4 是光刻胶的光谱吸收曲线图,从图中明显看出,它对紫外光灵敏度较高,曝光时间可达秒量级,而对于全息照相常用的可见光波段,灵敏度要低得多。对氦镉激光的 441.6 nm 谱线灵敏度降低近一半,而若用氩离子激光 457.9 nm 谱线,灵敏度降得更低,曝光量一般为 50~120 mJ/cm^2,曝光时间通常为几百秒甚至几十分钟。

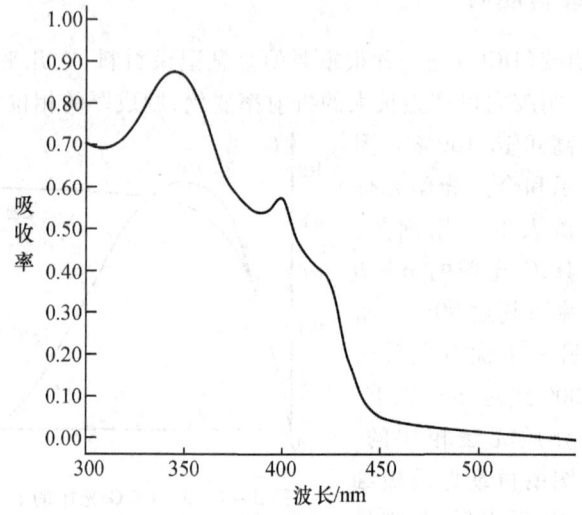

图 5-7-4　光刻胶的光谱吸收曲线[16]

常用的显影液是 NaOH 溶液,浓度取 0.7%~1.2%,显影温度控制在 20±1 ℃,显影时间在 10 s 以内为宜。光刻胶板在显影液中若浸泡时间过长,会使表面粗糙而影响表面质量,降低信噪比;显影过短则衍射效率低,因而曝光量的适当选择尤其重要。

光刻胶的分辨率较卤化银乳胶低,一般达 1 500 lp/mm 以上。

5.7.4　光导热塑

光导热塑(photothermoplastic)是一种可重复性使用的全息记录材料,属浮雕型相位记录介质,它对可见光敏感,其结构示于图 5-7-5 中。图 5-7-6 示出了它的记录过程和浮雕结构形成的机理:

(1) 第一步在暗室中敏化,采用高压电网充电(约几千伏),在热塑料和透明导体间建立均匀电位差。

(2) 第二步在干涉光场中曝光,光照射区内光电导放电,电荷密度与曝光光强成比例。

(3) 第三步再充电。

(4) 第四步显影、定影,先加热使塑料软化,在电场作用下变形,然后再冷却使塑料硬化,形成浮雕型相位全息图。

光导热塑可擦除后重复使用,方法很简单,只需在无外电场存在时适当加热使塑料软化,恢复平度以后再冷却即可,如图 5-7-6(e)所示。光导热塑的分辨率较低,小于 2 000 lp/mm,但衍射效率高,尤其是它的可存可擦性具有一定吸引力。

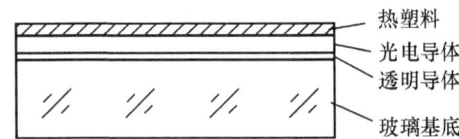

图 5-7-5 光导热塑全息记录干板的结构

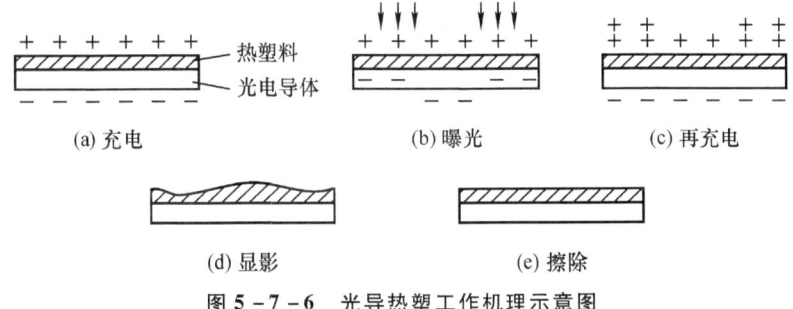

图 5-7-6 光导热塑工作机理示意图

5.7.5 光致聚合物

光致聚合物(photopolymer)是一种感光性高分子材料。前面已介绍的几种材料如卤化银乳胶,虽具高灵敏度、光谱响应范围宽和分辨率高的优点,但衍射效率和信噪比都不高;再如重铬酸明胶,虽具有高分辨率、高衍射效率和高信噪比的优点,但其感光灵敏度欠佳,且对环境的湿度、温度过于敏感,图像稳定性差。感光性高分子材料以其具有高灵敏度、高分辨率、高衍射效率、光谱响应宽、加工简便、宽容度大、存储稳定等优点脱颖而出,成为一种比较理想的全息记录材料而受人关注,并成为研究和开发的热点。

光聚合是用光化学方法产生自由基或离子引发单体发生聚合反应。单体可以直接受光激发引起聚合,也可由光引发剂或光敏剂受光作用引发单体聚合。全息记录材料一般采用后者,称为光引发聚合。

光致聚合全息记录材料的工作机理大致可概括为[26]：

在曝光前，感光层中的单体和成膜树脂是均匀分布的，激光曝光使形成亮干涉条纹的曝光区的单体开始聚合，并迅速链增长，随着单体转换成高聚合物发生体积收缩，促使未曝光暗区的单体向曝光区扩散，从而使曝光区与未曝光区的单体密度形成梯度分布，即曝光区的单体浓度大，未曝光区的单体浓度低。如果成膜树脂和单体的折射率差别大，就能形成折射率调制，产生全息图像。激光曝光以后的均匀曝光和后烘都是使单体进一步聚合和扩散，进一步提高曝光区和未曝光区折射率差，从而提高衍射效率，并使图像更稳定。

目前市场上光致聚合全息材料的产品还不多见，比较早的产品有美国杜邦(Du Pout)公司生产的 HRF 系列和 OmniDex 系列光聚合全息记录材料及美国波拉(Polaroid)公司开发的 DMP-128 系列感光性高分子材料。国内外的研究者近年来也在不断研究和开发新的产品，并正在取得进展。国内由首都师范大学研制的 RSP-I 型光聚合全息记录材料已问世数年，其全息产品也已多次公开展示。现以 RSP-I 型全息干板为例，说明此类光聚合记录材料特殊的处理过程。

由于 RSP-I 型全息干板的透明度较好，因而适合于制作透射型全息图和白光反射型全息图。红敏全息干板的曝光波长取 633 nm 时，曝光量为 $1\sim5$ mJ/cm^2，环境的相对湿度要求为 40%~50%。曝光后的干板先在水中短时间浸泡，然后分别在 40%~80% 的异丙醇溶液中逐次进行脱水，时间由 10 s 至 60 s 不等，最后在 100% 的异丙醇中适当浸泡，直至图像出现，立即用热风吹干。这样制得的全息图衍射效率可达 99% 以上。这种全息干板的分辨率也极高，超过 5 000 lp/mm，可用于全息显示和全息光学元件的制作，因而被认为是比较有前途的一种全息记录材料。

5.7.6 光折变晶体

光折变晶体(Photorefractive Crystal)是指在光辐射作用下通过光生载流子的空间分布使折射率发生变化的晶体。光折变晶体是一种可重复使用的实时记录材料，目前多用于光计算中作为空间光调制器、信息存储器或相位共轭器件。由于某些晶体的分辨率较低，因而在全息技术中的使用还受到某些限制，然而它的可存可擦的特性受到特别重视。关于光折变晶体的分类及曝光机理将在第 7 章中详细阐述，而对于它在空间光调制器方面的应用将在第 6 章中介绍。限于篇幅，本节将不再赘述。

习　题

5.1　两束夹角为 $\theta=45°$ 的平面波在记录平面上产生干涉，已知光波波长为 632.8 nm,求对称情况下(两平面波的入射角相等)该平面上记录的全息光栅的空间频率。

5.2 如图5-1所示,点光源 $A(0,-40,-150)$ 和 $B(0,30,-100)$ 发出的球面波在记录平面上产生干涉:

(1) 写出两个球面波在记录平面上复振幅分布的表达式;

(2) 写出干涉条纹强度分布的表达式;

(3) 设全息干板的尺寸为 100 mm × 100 mm,$\lambda = 632.8$ nm,求全息图上最高和最低空间频率,并说明这对记录介质的分辨率有何要求。

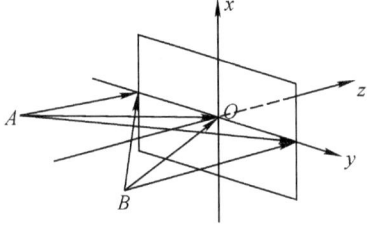

图 5-1 习题 5.2 图

5.3 请依据全息照相原理说明一个漫射物体的菲涅耳全息图。

(1) 为什么不能用白光再现?试证明图 5-2-7 所记录和再现的菲涅耳全息图的线模糊和色模糊的表达式(5-4-16)和式(5-4-18);

(2) 为什么全息图的碎片仍能再现出物体完整的像?碎片尺寸的大小对再现像质量有哪些影响?

(3) 由全息图再现的三维立体像与普通立体电影看到的立体像有何本质的区别?

5.4 用波长 $\lambda_0 = 632.8$ nm 记录的全息图,然后用 $\lambda = 488.0$ nm 的光波再现,试问:

(1) 若 $l_o = 10$ cm,$l_c = l_r = \infty$,像距 $l_i = ?$

(2) 若 $l_o = 10$ cm,$l_r = 20$ cm,$l_c = \infty$,$l_i = ?$;

(3) 第二种情况中,若 l_c 改为 $l_c = -50$ cm,$l_i = ?$;

(4) 若再现波长与记录波长相同,求以上三种情况像的放大率 $M = ?$

5.5 如图 5-2 所示,用一束平面波 R 和会聚球面波 A 相干,记录的全息图称为同轴全息透镜(HL),通常将其焦距 f 定义为会聚球面波点源 A 的距离 z_A。

(1) 试依据菲涅耳全息图的物像关系公式(5-4-11)~式(5-4-12),证明该全息透镜的成像公式为

$$\frac{1}{d_i} - \frac{1}{d_o} = \pm \frac{\mu}{f}$$

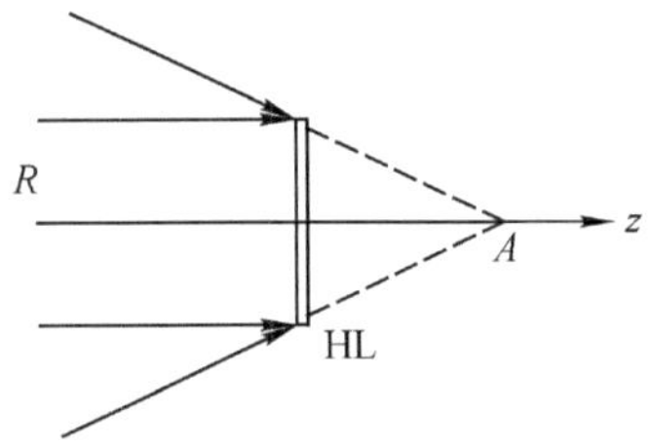

图 5-2 习题 5.5 图

式中,d_i 为像距;d_o 为物距;f 为焦距;$\mu = \lambda/\lambda_0$ (λ_0 为记录波长,λ 为再现波长),等号右边的正号表示正透镜,负号表示它同时又具有负透镜的功能。

(2) 若已知 $z_A = 20$ cm,$\lambda_0 = 632.8$ nm,物距为 $d_o = -10$ cm,物高为 $h_o =$

2 mm，物波长为 $\lambda = 488.0$ nm，问：能得到几个像？求出它们的位置和大小，并说明其虚、实和正、倒。

5.6 用图 5.2 光路制作一个全息透镜，记录波长为 $\lambda_0 = 488.0$ nm，$z_A = 20$ cm，然后用白光平面波再现，显然由于色散效应，不同波长的焦点将不再重合。请计算对应波长分别为 $\lambda_1 = 400.0$ nm、$\lambda_2 = 500.0$ nm、$\lambda_3 = 600.0$ nm 的透镜焦距。

5.7 用图 5-3 所示光路记录和再现傅里叶变换全息图。透镜 L_1 和 L_2 的焦距分别为 f_1 和 f_2，参考光角度为 θ，求再现像的位置和全息成像的放大倍率。

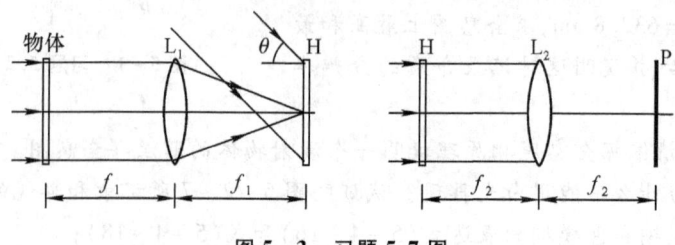

图 5-3 习题 5.7 图

5.8 根据布拉格条件式(5-5-3)，试解释为什么当体全息图乳胶收缩时，再现像波长会发生"蓝移"现象；而当乳胶膨胀时，又会发生"红移"现象。

5.9 说明在用迂回相位法制作计算全息图时，为什么可用长方形孔的中心离抽样点的距离 d_{nm} 来表征物函数的相位值？应满足怎样的条件才能保证这一表征的实施？

5.10 试说明为什么光刻胶只能用来记录透射体全息图，而不能用来记录反射体全息图。重铬酸明胶和光致聚合物可以记录反射体全息图吗？请分别说明理由。

第 6 章 空间光调制器

6.1 概 述

人们已经认识到,光波作为信息载体具有特别显著的优点。其一,是光波的频率高达 10^{14} Hz 以上,比现有的信息载波,如无线电波、微波的频率要高出几个数量级,因此,它有极大的带宽,或者说具有极大的信息容量,光纤通信正是以此为基础,得到迅猛发展的;其二,是光波的并行性,光波是独立传播的,两束甚至于多束光在空间传播时相遇,可以互不干扰。这为光学信息的多路并行传输和处理提供了可能性。原有的以串行输入/输出为基础的各种光调制器已经不能满足光互连、光学信息处理的大容量和并行性的要求,能实时地或快速地二维输入、输出的传感器,以及具有运算功能的二维器件便应运而生。这些器件即为空间光调制器。它们已经成为光互连、光学信息处理、光计算、光学神经网络等技术中最基本的功能器件之一。本章将介绍几种主要的空间光调制器的原理、结构和特性。

6.1.1 空间光调制器的基本结构与分类[6-1~6-4]

空间光调制器是由英语的 Spatial Light Modulator 直译过来的,常缩写成 SLM。顾名思义,它是一种能对光波的空间分布进行调制的器件。空间光调制器能对光波的某种或某些特性(例如相位、振幅或强度、频率、偏振态等)的一维或二维分布进行空间和时间的变换或调制。换句话说,其输出光信号是随控制(电的或光的)信号变化的空间和时间的函数。

空间光调制器结构的基本特点在于,它是由许多基本的独立单元组成的一维线阵或二维阵列。这些独立单元可以是物理上分割的小单元,也可以是无物理边界的、连续的整体,只是由于器件材料的分辨率和输入图像或信号的空间分辨率有限,而形成的一个一个小单元。这些小单元可以独立地接收光学或电学的输入信号,并利用各种物理效应改变自身的光学特性(相位、振幅、强度、频率或偏振态等),从而实现对输入光波的空间调制或变换。习惯上,把这些小独立单元称为空间光调制器的"像素",把控制像素的光电信号称为"写入光"或"写入(电)信号",把照明整个器件并被调制的输入光波称为"读出光",经过空间光调制器后出射的光波称为"输出光"。

显然,读出光应该能照明空间光调制器的所有像素,并能接收写入光或写入电信号传递给它的信息,经调制或变换转换成输出光。按读出光工作方式分,可有透射式[如图6-1-1(a)、(c)所示]或反射式[如图6-1-1(b)、(d)所示]。

而写入光或写入电信号应含有控制调制器各个像素的信息。把这些信息分别传送到相应像素位置上去的过程称为"寻址"(或"编址")。如果采用写入光实现这一过程,称为光寻址;采用写入电信号时,称为电寻址。

光寻址通常采用一个二维光强分布(如一幅图像)作为写入光,使其成像在空间光调制器的像素平面上,并使写入光的像素与空间光调制器的像素一一对应,从而实现寻址。光寻址时,所有像素的寻址同时完成,所以它是一种并行寻址。其特点是寻址速度最快,而且像素的大小,原则上只受写入光成像光学系统分辨率的限制。采用光寻址时,要防止写入光与读出光之间的串扰。常见的方法是采用反射式空间光调制器,在调制器内部设置一个光隔离层,使写入光与读出光位于调制器两侧,如图6-1-1(b)、(d)所示。对于透射式,读出光和写入光可以使用不同的波长,再利用滤光片除去输出光中的写入光,从而消除它们之间的串扰。

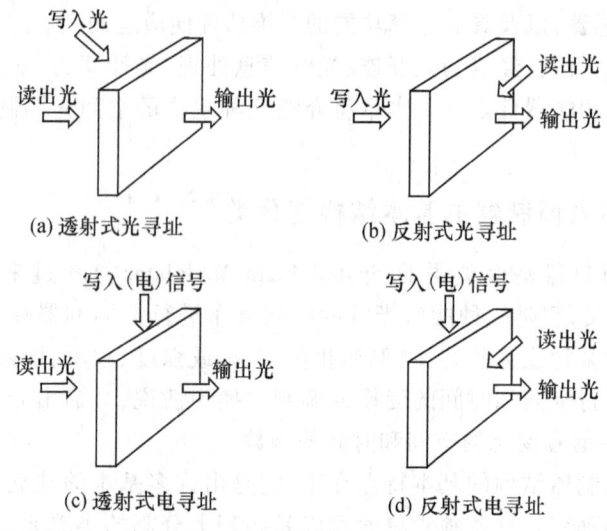

图 6-1-1 空间光调制器示意图

采用电寻址时,因为电信号是一个时间序列,原则上只能依次地输送到调制器的各个像素上去,所以电寻址是一种串行寻址方式。实现电寻址有多种形式。例如,在空间光调制器的表面设置两组正交的栅状电极,用逐行扫描的方法使写入电信号作用到相应的像素上去,完成寻址。再如,利用电荷耦合器(CCD)和一个附加的电荷转移机构,把写入电信号转换成调制器上的电压分布来完成寻址。电寻址与光寻址相比有一些弱点,由于串行方式,使它的信息处理速度降低;由于电极几何尺寸和透过率的限制,其分辨率和填充系数(像素的有效通光面积与像素的总面积之比)都有所降低。但目前它是光学信息处理与现代电子技术、特别是计算机-多媒体技术相结合,构成光电混合系统的有效方式,已得到了广泛的应用。

目前,国际上报道的已实用化的空间光调制器有40多种,它们的工作原理不同,结构不同,特性也不相同。对这些空间光调制器还没有一个统一的分类方法。除上述按寻址方式和读出方式分类外,有时也按其工作原理来分。空间光调制器中能用于调制或变换的物理效应很多,例如,泡克尔斯效应(即线性电光效应)、克尔效应(即二次电光效应)、声光效应、磁光效应、半导体的自电光效应、光折变效应等。能够利用这些物理效应的材料也很多,例如,液晶、各种光电晶体、声光晶体、磁光材料、铁电陶瓷等。本章以所利用的物理效应为主线索,选择一些空间光调制器作为代表,介绍它们的工作原理、结构及特性。限于篇幅,光折变效应空间光调制器将在第7章光学信息存储技术中介绍,声光空间光调制器和其他空间光调制器及其应用举例可参见参考文献[6-1~6-6]。

6.1.2 空间光调制器的功能

按空间光调制器在光学信息处理或光互连系统中的位置来区分,它们可用作系统的输入器件,也可在系统中用作变换或运算器件。原则上也可以用于系统输出端,但这类器件的行为,目前尚未完全研究清楚[6-1]。

1. 输入器件

空间光调制器作为输入器件,其功能主要是将待处理的信息转换成光学处理系统所要求的输入形式。它们主要能实现以下几种转换。

(1) 电-光转换和串行-并行转换

一个随时间变化的串行电信号(例如摄像机或计算机输出的图像信号)输入到一个光学处理系统中去,往往需要做两方面的转换:一是将串行输入方式转换成并行方式,即转换成在空间上排列成一维或二维阵列的形式;二是将电信号转换成光信号。电寻址空间光调制器可以同时完成这两种转换。例如,用一束光强均匀的光波作为写入光,串行的图像电信号作为写入信号,并用它控制空间光调制器上相应的各个像素的透过率或反射率,这样一来输出光的光强就形成了一个携带输入信息(即图像)的空间分布,从而可以输入到光学处理系统中。

(2) 非相干光-相干光转换

一般地说,实际物体的像是非相干图像。而实时光学处理系统一般只能处理相干图像。利用光寻址空间光调制器可以将非相干图像转换成相干图像。用一束振幅均匀的光波作为读出光,用非相干光组成的图像作为写入光,并用其光强分布控制空间光调制器表面上各像素的振幅透过率或反射率,这样一来输出光便是一束携带写入图像的相干光束,可以输入给实时光处理系统。

(3) 波长转换

有时待处理的图像是在一特定的波长下获得的,而光学处理系统必须在另一波长下工作,这样就必须由一个传感器来完成波长的转换。利用空间光调制器可以实现这一转换。例如,待处理的是红外图像,用它作为写入光,用一束均匀的单色光作为读出光,其波长恰好满足光学处理系统的要求,这样输出光就获得了所需波长的图像信息。

2. 处理和运算功能器件

(1) 放大器

当写入光较弱时,采用一束空间分布均匀、光强大的光束作为读出光,这时可得到信息被放大的输出光。这时的空间光调制器可看做一维或二维的光放大器,或者图像增强器。普通的像增强器只能增强非相干图像。而空间光调制器可以获得增强的相干光图像,还可以同时完成波长变换。

(2) 乘法器与算数运算功能

对大多数空间光调制器来说,信号相乘是其固有的性能。如果读出光携带一个矢量或一个矩阵的信息,写入光或写入电信号携带一个矩阵信息,并用它控制空间光调制器的透过率或反射率,则输出光在空间光调制器表面上的光强分布即等于读出光信号与写入光或写入电信号的乘积,即实现了矢量-矩阵或矩阵-矩阵之间的乘法。如果写入光(或电信号)和读出光携带的是图像信息,则可以实现图像相乘。

如果同时输入两个相干光图像或数字化的光强,空间光调制器还可以实现图像相加或相减。另外,空间光调制器还可以进行一些与基本相乘功能有关的操作,例如,可编程匹配滤波、波前共轭、用计算机或用光学方法控制的可重建互连等。

(3) 对比度反转

在减法运算或逻辑非运算中,需要使二维图像的对比度反转,即写入光的亮区在输出光(图像)中转变成暗区,反之,写入光中的暗区在输出光中变为亮区。这种功能是利用特殊设计的光调制特性来实现的。例如,在表面形变空间光调制器中,写入光光强大的像素(即亮区)上可变形材料形成的浮雕光栅槽深度变浅,读出光照射后衍射效率变低,从而使输出光相应像素变成暗区。再如,利用像素材料的双折射性质,并在像素材料前后两侧放置一对偏振器,则可实现对读出光强度的调制。若两偏振器的透光轴方向平行,透过率随写入信号增大而增大;反之,两偏振器透射轴方向正交时,透过率随写入信号增大而减小,从而可实现对比度反转。

(4) 量化操作和阈值操作

量化操作即是把连续变化的写入模拟信号按大小分成若干分立的等级值,即模拟数字转换。最简单的量化操作是把写入信号分成两个输出值(0,1),即设定一个值(称为阈值),当写入信号大于此值时,输出为"1"(例如具有一定大小的光强);当写入信号小于此值时,输出为"0"(无输出光)。这种操作称为阈值操作。量化操作和阈值操作在数字计算、数字图像处理中特别重要,它可使处理后的信号减小失真。

利用空间光调制器实现量化操作和阈值操作,要求空间光调制器对写入光具有很陡的响应特性,或者说具有很陡的输入–输出特性曲线,如图6-1-2所示。当写入信号小于某一值时,输出基本为零;当写入信号大于这个值时,输出很快就达到极大(饱和)值。在许多空间光调制器中3个基本参数:输入阈值光强(或电平)I_t、低输出光强I_L和高输出光强I_H都是可调的。

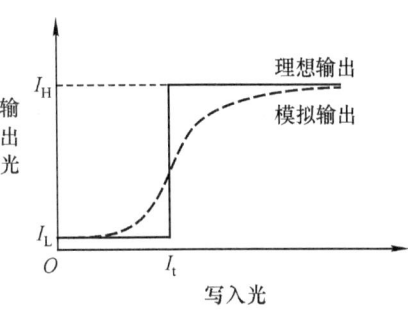

图 6-1-2 理想的阈值特性

此外,有些空间光调制器还可实现某些非线性变换、逻辑运算,包括与(AND)、或(OR)、非(NOT)、异或(XOR)等;PROM器件、光折变器件等空间光调制器还有存储功能。这些功能将在相应的章节中介绍。

6.1.3 空间光调制器的基本性能参数

一般说来,器件性能包括一般性能和具体技术性能参数。对空间光调制器,一般性能可指:工作方式为光寻址或电寻址、读出光是透射式或反射式、是振幅型或相位型(即只对读出光的振幅、强度分布进行调制或只对读出光的相位分布进行调制)、读出光和写入光的工作波长或波长范围以及有效工作面积等。空间光调制器功能不同,描述其性能具体技术性能参数也不同,也不能要求每个性能参数都最佳。就它们的主要技术性能参数介绍如下。

1. 输入–输出特性曲线

空间光调制器的透射率或输出光强随写入信号的变化曲线称为输入–输出特性曲线,简称特性曲线或响应曲线。如图6-1-2所示,其纵坐标为透过率(或反射率)或输出光的(相对)强度;横坐标为写入信号的大小,对光寻址空间光调制器其单位用光能密度单位(J/m^2)或光功率密度单位(W/m^2),对电寻址空间光调制器其单位为信号电压单位(V)或电流单位(A)。

2. 灵敏度

不同类型的空间光调制器,其灵敏度的含义也不同。大致可有三种定义:阈值灵敏度、指定值灵敏度和特性曲线斜率。阈值灵敏度是指使透过率(或反射率)产生刚可察觉的变化所需要的最小写入信号大小,其倒数又称为器件灵敏度。与其含义相似的另外一个参数是开关能量,它是指使器件能够操作的、每个像素所需的最小写入信号能量,单位为 pJ 或 μJ。指定值灵敏度是指使透过率(或反射率)的变化达到某一特定值所需写入信号的大小,"指定值"通常采用最大、最小透过率(或反射率)之差(百分数)。特性曲线斜率是透过率(或反射率)的改变量与输入信号改变量之比,即透过率(或反射率)对输入信号的微商,它表示透过率(或反射率)随输入信号变化的灵敏度,通常指特性曲线上直线段(线性部分)的斜率。

3. 对比度

对比度又称反差。对于振幅或强度调制器,对比度可定义为最大输出与最小输出之比,即

$$\gamma = \langle I_{max}\rangle / \langle I_{min}\rangle \quad (6-1-1)$$

式中,I_{max} 和 I_{min} 分别是在空间均匀的写入信号下的最大和最小光强(或透过率),$\langle\ \rangle$ 表示对空间求平均。这是由于器件材料和功能的非均匀性造成每个像束的输出特性并非完全一致。对于这种缺陷往往还可用光学均匀性来描述。对比度还可以用另外一个参数——动态范围(DR)来表示,它是对比度的对数,一般不带单位,也可以分贝(dB)为单位,这时有

$$DR = 10\log_{10}\gamma \quad (dB) \quad (6-1-2)$$

例如,铌酸锂($LiNbO_3$)微通道空间光调制器的对比度可达 100:1,动态范围为 2 dB 或 20 dB。

4. 灰阶数

透过率(T)的另外一种表述方式为灰度或称为光学密度(D),二者之间的关系为

$$D = -\log_{10} T \quad (6-1-3)$$

由于存在光学均匀性和器件噪声的问题,即使在稳定的写入信号作用下,同一像素的透过率也会在一定范围内随机涨落。对整个器件而言,在其动态范围之内,可分辨的灰度值的数目也是有限的。这个灰度值数目称为灰阶数。灰阶数为 2 的器件称为二元的,其余统称为多灰阶的。

在许多文献中常出现另一个参数,有用动态范围 R,它定义为

$$R = (\langle I_{max}\rangle - \langle I_{min}\rangle)/\Delta I \quad (6-1-4)$$

式中,ΔI 表示当用空间均匀地写入信号输入,并把器件偏置在它的传递函数最

灵敏区中心时,输出光强度的空间涨落的均方根值。有时也把 R 称为可分辨的灰度等级数,即灰阶数。

5. 调制传递函数与分辨率

空间光调制器的调制传递函数采用写入信号的调制度与输出光的调制度之比来描述。如果写入光强度为正弦分布,则由均匀读出光得到的输出光强度也是同频率的正弦分布,但二者的调制度一般不再相同。它们的调制度定义为

$$M = A/A_0 = (I_{max} - I_{min})/(I_{max} + I_{min}) \quad (6-1-5)$$

式中,A 为余弦光强分布的振幅;A_0 为平均光强;I_{max}、I_{min} 分别为最大和最小光强。则器件的调制传递函数可定义为

$$MTF = M_0/M_w = (I_{max} - I_{min})/[M_w(I_{max} + I_{min})] \quad (6-1-6)$$

式中,M_0、M_w、I_{max} 和 I_{min} 分别表示输出光调制度、写入光调制度和输出光的最大、最小光强。实际上,空间光调制器的调制传递函数 MTF 和调制度 M 都是空间频率的函数。一般来说,空间频率越高,MTF 值越小。往往给出 MTF 随空间频率的变化曲线,同时标出 $MTF = 0.5$ 所对应的空间频率。有时,又把这一频率称为截止频率 f_{cut} 或带宽。其含义则在于,当空间频率高于 f_{cut} 的信号通过空间光调制器时,MTF 值变小,这部分信号被丢失或减少,使信号整体发生较严重的畸变;当空间频率小于 f_{cut} 的信号通过空间光调制器时,MTF 值下降较少,丢失的信息较少,较好地保持了写入光的大部分信息。

空间光调制器的分辨率是指通过器件后输出光所能分辨的最大空间频率。对光寻址空间光调制器,往往选用 MTF 等于一个接近于零的值(例如 0.05)时所对应的空间频率作为其分辨率,单位为每毫米"线对"数(lp/mm)。对电寻址空间光调制器,通常用单位长度上的"地址"数(像素数)作为分辨率,单位是 pixel/mm 或 1/mm。一般认为两个像素构成一个线对。

6. 空间带宽积(SBP)

对于各个方向的分辨率均相同的器件,若分辨率以 pixel/mm 为单位,空间带宽积等于分辨率平方与工作面积的乘积;若分辨率以 lp/mm 为单位时,空间带宽积等于分辨率平方与工作面积的乘积的四倍,它是一个无量纲参数。对于电寻址器件,空间带宽积恰好等于像素数目;对于其他器件,可以用空间带宽积来衡量像素数目和像素大小。

7. 单幅信息容量

单幅信息容量是指,当空间光调制器的所有像素都受到写入信号的调制并保持稳定时,输出光所能携带的最大信息容量。它等于灰阶数的以 2 为底的对数与空间带宽积的乘积,单位为比特(bit),即

$$C = SBP \log_2 N \quad (6-1-7)$$

式中,C 为单幅信息容量;SBP 为空间带宽积;N 为灰阶数。

8. 响应速度

响应速度或响应时间,粗略地讲,是指写入信号作用到器件上并得到相应的输出光所需时间。对空间光调制器来说,还可用更具体、明确的参数来描述这一特性。除采用与电脉冲相同的前(后)沿时间外,更多地采用写入时间和擦除时间来具体描述空间光调制器的响应速度。

9. 帧频

帧频是指空间光调制器在单位时间里所能处理的图像帧数,单位为帧/秒(frame/s)。从某种意义上说,它反映了空间光调制器处理信息的速度。

10. 信息流量

信息流量(throughput)等于单幅信息容量与帧频的乘积。它是空间、时间特性的一个综合指标,单位为 bit/s。

11. 存储(记忆)时间

空间光调制器对读出光的调制作用,在写入光被撤除之后并不会立即消失,而是要继续保持一段时间。这段时间称为存储时间。严格的定义应为:写入信号撤除后,被调制量减小到最大值的 a(a 为大于 0 小于 1 的某一指定值)倍时所需时间称为器件的存储时间。对于那些用于信息存储的器件,自然希望存储时间越长越好;而对于用于变换和运算等功能的器件则希望存储时间越短越好,以利于提高信息处理速度。

上述参数分别描述了空间光调制器三个不同方面的性能。其中 1~4 项描述了空间光调制器的输入特性,5~7 项描述了空间光调制器的空间特性,8~11 项描述了器件的时间特性。

6.2 液晶光阀

6.2.1 液晶的光电特性

1. 液晶结构

有些物质的分子没有固定的排列,可以自由移动,因而具有液体的流动性,但同时它的分子排列取向又存在一定的规律性,因而又具有晶体的各向异性的特点。这种介于固相和液相之间的相态称为液晶相,具有液晶相的物质称为液晶物质。常见的主要是一些有机化合物(例如芳香族化合物)及它们的混合物。这些物质处在液晶相时,就称为液晶。

液晶物质在温度升高时其相变过程是由固相变成液晶相,再到液相。也就是说,存在一个相当宽的温度范围,使它处在固-液相之间的过渡状态,即液晶相。这种在一定温度范围内呈现液晶相的物质称为热致液晶。还有一种液晶物质,将其溶解于水或有机溶剂中形成浓的溶液而进入液晶相,称为溶致液晶。在空间光调制器中,使用的大多为热致液晶。

大部分液晶分子呈长棒状,长度在几个纳米量级,直径在零点几个纳米量级。从分子排列的有序性来区分液晶,大致可分为三类:层状(近晶型)、丝状(向列型)和螺旋状(胆甾型)。为讨论方便,引入一个单位矢量 n 来描述液晶分子的排列状态,n 被称为指向矢,它可视为液晶长棒分子的长轴取向。

近晶型液晶分子排列的基本特点是,其指向矢 n 在较大范围内有很好的规律性,在各分子位置附近的较小的范围内也有一定规律性,从而使其大体上呈层状排列,每层内的取向矢 n 互相平行或垂直于层面或成一确定角度,如图 6-2-1(a)所示。因此,近晶型液晶具有宏观的电学和光学的各向异性特点。实验表明,在光频范围内,近晶型液晶相当于一个正单轴晶体(折射率 $n_o > n_e$)。

向列型液晶分子的排列比较杂乱,不再分层,但指向矢的方向大体一致,如图 6-2-1(b)所示。向列型液晶也具有类似于单轴晶体的光学特性。

胆甾型液晶的分子也呈分层排列,每层内的分子指向矢大体一致,并平行于层面,但相邻层中分子指向矢的方向依次转过一个角度,总体呈现螺旋结构,如图 6-2-1(c)所示。

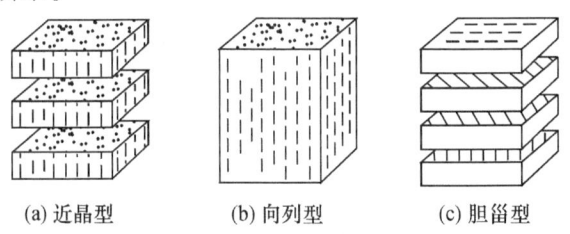

(a)近晶型　　(b)向列型　　(c)胆甾型

图 6-2-1　液晶分子排列的三种类型

目前空间光调制器中应用最多的是向列型液晶。液晶分子指向矢 n 可用外界条件来控制,一种方法是受电磁场控制,另一种是受液晶表面处理方式控制。

2. 液晶盒对分子指向矢的作用

在实际使用中,一般是把一薄层液晶注入两片玻璃基片中,构成液晶盒。若用布或其他纤维织物定向打磨基片,可使指向矢 n 顺着打磨方向平行于基片排列。若此时相对的两基片上 n 排列取向互相平行,称为沿面排列液晶盒。若在基片表面涂一层特殊材料(如卵酸脂),可使 n 垂直于基片表面排列,这时称为垂面排列液晶盒。

如果在外部条件作用下液晶中各处的指向矢 n 偏离了它们在平衡状态下的方向,则称液晶发生了形变。发生形变的液晶内部也会像弹性体一样产生一个反抗形变的回复力矩。液晶的形变包括三种类型:展曲、弯曲和扭曲。如果一个沿面排列液晶盒的两个基片做成尖劈形,那么液晶会出现如图 6-2-2(a)所示的展曲形变;如垂面排列液晶盒的两个基片做成尖劈形,则出现如图 6-2-2(b)所示的弯曲形变。如果把一个沿面排列的液晶盒的一个玻璃基片绕垂直于它表面的轴转过一个角度 $\phi_0(0<\phi_0<\pi)$,则出现如图 6-2-3 所示的扭曲形变,ϕ_0 称为扭曲角。由于基片对液晶长棒分子施加了扭矩,而长棒分子之间又具有回复力矩,两者的共同作用使液晶盒中不同位置上的分子取向转过了不同的角度 ϕ,这样的液晶盒称为扭曲排列向列液晶盒,简称向列液晶盒。

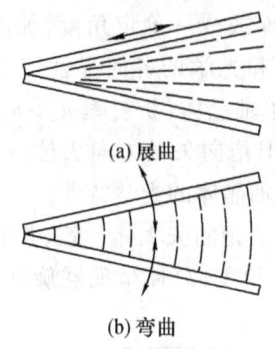

图 6-2-2 向列液晶的两种形变示意图

图 6-2-3 向列液晶扭曲形变(90°扭曲液晶盒)示意图[7]

3. 双折射与扭曲效应

在向列液晶中,液晶的指向矢 **n** 有大致相同的方向,而液晶本身是各向异性的。由于对称性,在垂直于 **n** 的平面内,其物理性质应该是各向同性的,这一点类似于单轴晶体。因此可把各向异性的物理量分解成两部分:一是平行于 **n** 的分量,二是垂直于 **n** 的分量。例如,介电常数 ε 可分解成平行分量 $\varepsilon_{//}$ 和垂直分量 $\varepsilon_\perp$,介电常数的二阶张量元可表示为

$$\varepsilon_{ij} = \varepsilon_\perp \delta_{ij} + \varepsilon_a n_i n_j \quad (6-2-1)$$

$$\varepsilon_a = \varepsilon_{//} - \varepsilon_\perp \quad (6-2-2)$$

式中 i、$j = 1、2、3$,分别代表 x、y、z 三个坐标轴,而

$$\delta_{ij} = \begin{cases} 1 & i = j \\ 0 & i \neq j \end{cases}$$

n_i 和 n_j 分别为 **n** 的分量。如果取 **n** 的方向为 z 轴的方向,则有,$n_x = n_y = 0$。于是,$\varepsilon_{xx} = \varepsilon_{yy} = \varepsilon_\perp$,而 $\varepsilon_{ij}(i \neq j)$ 的各分量均为 0,$n_z = 1$。将其代入式(6-2-1),得 $\varepsilon_{zz} = \varepsilon_{//}$,这就是主轴坐标系,$x$、$y$、$z$ 为三个主轴。当 $\varepsilon_{//} > \varepsilon_\perp$,即 $\varepsilon_a > 0$ 时,称为正(p)型液晶;反之,当 $\varepsilon_{//} < \varepsilon_\perp$,即 $\varepsilon_a < 0$ 时,称为负(n)型液晶。上述状态显然可与单轴晶体相对应,即光束通过液晶时也会出现双折射现象。

在图 6-2-3 所示的扭曲液晶盒中,由于取向矢的方向沿螺旋线连续转过一定角度,因而可视为液晶的主轴(z 轴)不是直线而是螺旋线。如果液晶盒的扭曲角 $\phi_0 = 90°$,在入射光路中加一起偏器,并使偏振方向平行于基片上原设定的方向(即基片上分子的指向矢的方向),这样,入射的线偏振光的偏振方向将与基片上液晶分子的取向矢一致,可视为 e 光。在通过 90°扭曲液晶盒后,其偏振方向也将转过 90°,恰好与出射面基片上液晶分子的取向矢同向。若在出射光路中放置一检偏器,令其偏振轴的方向与起偏器的偏振方向平行,这时从检偏器透过的光为 o 光;若使检偏器与起偏器的偏振方向正交,则透过的光强为最大。扭曲液晶盒的这种使特定方向线偏振光偏振方向旋转一个角度 ϕ_0 的现象称为扭曲效应。

4. 电控双折射效应

实际上,液晶的长棒分子可以看做一个电偶极子,它具有一个永久的偶极矩。对正型液晶来说,它的偶极矩与液晶分子的长棒方向平行或基本平行,即基本平行于指向矢 n;负型液晶的偶极矩则基本上垂直于分子长轴,即垂直于指向矢 n。这样,在电场 E 的作用下正型液晶指向矢将趋向于平行于 E 的方向排列,而负型液晶的指向矢则趋向于垂直于 E 的方向排列。但是,由于液晶盒基片对液晶分子有力矩作用,液晶分子之间也存在回复力矩,因而液晶分子会同时出现三种形变:展曲、弯曲和扭曲。在液晶盒的不同位置,外加电场的强弱不同,以及液晶盒的种类不同,都会使上述三种形变的程度出现区别,因而产生不同的电光效应。在强电场作用下,液晶盒中大部分分子的指向矢将按照电场 E 的作用排列($n /\!/ E$ 或 $n \perp E$),只有基片表面附近的少量分子出现展曲和弯曲,但无扭曲形变。当电场较弱时,电场力还不足以使分子指向矢平行(或垂直)于电场,只有当电场的电压达到一定值时,液晶分子才会出现改变扭曲角大小的效应,这时展曲和弯曲的影响还很小。电场处于中等强度时的情况较为复杂,三种形变将同时出现。请看以下实例。

用正型液晶制成 45°扭曲液晶盒,并在盒的一侧放置一反射镜,构成反射型器件。在入射光路中放置一个起偏器,令其偏振轴方向平行于液晶盒入射面上指向矢 n 的方向。在出射光路中放一检偏器,令其偏振轴的方向与起偏器的偏振轴方向正交,如图 6-2-4 所示。当电极上的电压 $V=0$ 时,入射的线偏振光通过液晶盒后偏振方向被转过 45°,但经过反射后再次通过液晶盒时,偏振方向又被反向旋转,恢复到原入射光的偏振方向上,因而检偏器透过率为 0。当电极上加一个中等电压时,形成了一个中等强度的电场,这时液晶分子出现展曲形变,指向矢并未完全平行于电场 E,但已出现倾斜,朝着垂面排列液晶的趋势变化[如图 6-2-4(b)所示]。同时,电场对液晶分子的扭曲形变也有影响。这种中等强度电场作用的结果,是使液晶同时出现双折射效应和扭曲效应,故又称混

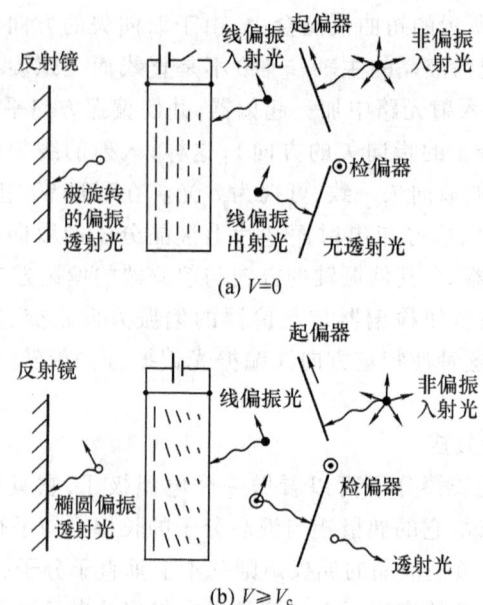

图 6-2-4 混合场效应器件的原理示意图

合场效应。这时,入射的线偏振光通过液晶后,变成同时含有两个正交偏振方向的分量(o 光和 e 光)的椭圆偏振光。由于液晶分子的倾斜对于正、逆方向传播的光的非对称性,经反射后再次通过液晶盒的偏振光,则可以有一部分通过检偏器,透过的光强与电压的大小有关。图 6-2-5 是一个 45°扭曲液晶盒的混合场效应特性曲线。实验中采用了联二苯向列液晶材料,液晶层厚度 $d = 2\ \mu m$。从曲线可见,当 $V \geqslant V_c = 3.5\ V$ 时,透过率发生突变。

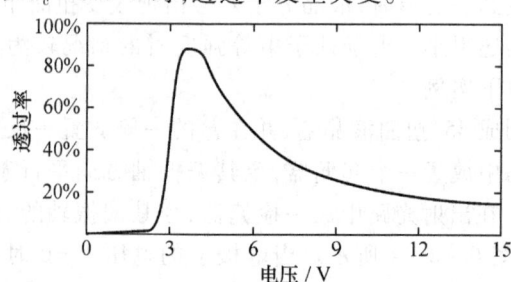

图 6-2-5 45°扭曲液晶盒的混合场效应实验曲线[6-8]

5. 动态散射效应

当液晶盒上所加交变电场的频率小于某一临界值、电场强度(电压)大于某一临界值时,液晶分子将产生紊乱运动,使各处的折射率随时间发生变化,从而使入射光受到散射,透过率下降。这种现象称为动态散射效应。图 6-2-5 中可看到电压增大到一定值后,液晶盒的透过率迅速下降,这正是动态散射效应的结果。此外,交变电场的频率越低,其临界电场(电压)值越小。实验表明,对厚度为 25 μm 的 MBBA 液晶,当电场频率为 1 kHz 时,不产生动态散射效应。

以上介绍的电控双折射效应、扭曲向列效应、混合场效应和动态散射效应都是向列液晶的电光效应,即在电场作用下改变了液晶分子的排列方向,从而导致其光学特性的变化。对其他类型的液晶还有一些电光效应,如胆甾型液晶的相变效应、宾主效应、铁电液晶的场效应等[6-3],这里不一一介绍了。

6.2.2 光学寻址液晶光阀

硫化镉液晶光阀(LCLV)是利用液晶混合场效应制成的一种光学寻址空间光调制器。它是用硫化镉(CdS)作为光导层而得名,其结构如图 6-2-6 所示,它是一个由多层薄膜材料组成的夹层结构。在两片玻璃基片的里面是两层铟-锡氧化物制成的透明电极。电极里面是硫化镉(CdS)光电导层(厚度为 5~10 μm)、锑化镉(CdTe)光阻挡层、介质反射膜和液晶盒。光阻挡层的作用是阻挡左侧的写入光与右侧的读出光相互窜扰。液晶层厚度一般取 $d < 10$ μm,很多情况下 d 仅为 2 μm。器件的面积可达 50×50 mm^2。根据器件的不同用途和不同要求可采用各种液晶盒,例如为利用混合场效应采用前面介绍的 45°扭曲液晶盒。

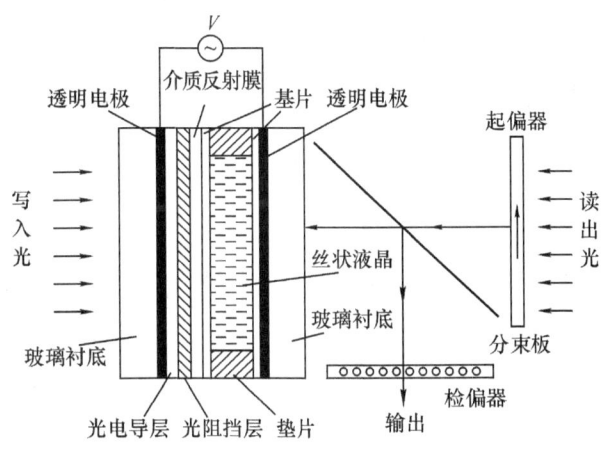

图 6-2-6 硫化镉 LCLV 结构示意图

工作时将待处理的非相干图像从左侧成像在光电导层上,把它作为写入光。读出光束从右侧入射,经起偏器使其偏振方向与液晶右侧分子指向矢方向一致。经透明电极、液晶盒之后,在左侧的介质反射膜处返回,再次穿过液晶层,经偏振分束板后,通过一个透光轴方向与起偏器偏振方向垂直的检偏器,成为输出光束。

加在两透明电极上的外电压,作用在液晶层、反射膜、光阻挡层和光电导层上。由于光阻挡层和反射膜都很薄,交流阻抗很小,外电压主要降落在液晶层和光电导层上。控制液晶电光效应的实际电压值,由光电导层与液晶层的实际阻抗之比来决定,这又取决于光电导层上光照的情况。对写入光图像上的暗区,光电导层上光照很少,电阻很大,外电压主要分配到光电导层上,而液晶层上电压较小,不足以产生有效的电光效应,仍保持45°扭曲排列结构,则读出光在相应的暗区像素上基本没有受到调制作用,输出光束相应的仍保持较小输出。反之,对写入光图像上照度大的像素区,相应的光电导层阻抗较小,外电压大部分落在液晶层相应像区上,由于混合场效应,使在该区输出光达到最大输出。对于写入光图像上其他照度区域,输出光束中相应像素的输出光强也就介于最大值与最小值之间,这样输出光束的光强空间分布就按照写入光图像的空间分布所调制,显然它实现了非相干/相干光图像转换功能。此外,它还可用作波长转换、图像增强。

混合场效应液晶光阀是一种光学并行寻址器,其优点是输出图像反差高、功耗小、写入图像灵敏高,但这种液晶光阀的空间分辨率还不够高,仅适用于一般的图像处理。硅液晶光阀(Si-LCLV)也是一种光学寻址空间光调制器,它同样是利用液晶的混合场效应工作的,只是用半导体硅(Si)代替硫化镉作为光电导层,并把读出光工作方式改为反射式,这一改进使液晶盒具有更好的"关断状态",从而得到较好的反差;同时,改善了 LCLV 的响应时间[6-9]。

6.2.3 电寻址液晶光阀

电荷耦合器寻址液晶光阀(CCD-LCLV)是一种电寻址的空间调制器,其结构如图 6-2-7 所示。它的特点是用 CCD 电路代替了前面介绍的 CdS-LCLV 中的光电导层和光阻挡层,而液晶仍用45°扭曲液晶盒。

CCD 是一种由 MOS 结构单元组成的阵列器件,基本功能是在每个 MOS 结构单元中,都可存储一定数量的电荷(即信息),每个单元中的电荷在时钟脉冲信号控制下,可以依次转移到相邻单元中去(即图 6-2-7 中串行寄存器),然后,在时钟脉冲信号控制下,整行转移到相邻的一行中去,

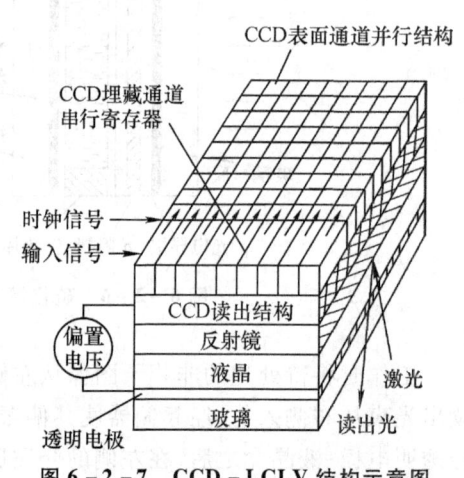

图 6-2-7 CCD-LCLV 结构示意图

多次重复,形成电荷的并行结构(面阵)。也就是说,CCD 电路的作用是把一个串行的输入电压信号转变成电荷的二维矩阵分布,从而改变电极上的电压,实现对读出光的二维空间调制。

目前 CCD - LCLV 的工作面积为 5 mm×5 mm,像元素为 512×512,分辨率为 50 lp/mm,串行数据写入速率大于 6.5 MHz,相当于每秒 100 帧二进制图像,反差为 50:1[6-10]。

另一种电学寻址的液晶光阀是矩阵寻址液晶光阀。它的特点是液晶盒基片上透明电极不是整个面上的片状电极,而是由一组平行条带组成的栅状电极,前、后两基片上的电极栅条互相垂直,从而把两组电极间的液晶分割成了按矩阵形式排列的像素。对两组电极上的每条栅条电极施加合适的电压信号,就可以控制液晶像素的透过率,实现空间调制。

铁电液晶(FLC)光阀和表面稳定铁电液晶(SSFLC)光阀是又一种电学寻址空间光调制器。由于它采用了性能良好的近晶型铁电液晶,使器件的响应速度提高了几个数量级,室温下,上升和下降时间可达 180 ns。反差也有很大改善,室温下达 1 500:1[6-11,6-12]。

液晶光阀空间光调制器在光学信息处理、光互连及光计算系统中具有多种用途。首先,它可用作输入变换器,例如前面提到的相干光与非相干光的变换、波长变换、串行电信号与并行光信号(或图像)的变换器,或用作输入寻址器。其次,LCLV 还可用于实时变化的光互连、并行的光学逻辑运算、光学数字运算、光学矩阵运算,进而实现解方程组等有关数学运算。同时,它也可用于图像处理,如边缘增强、图像加减等。

6.3 电光效应器件

6.3.1 晶体的电光效应及其电光调制原理

1. 折射率椭球方程

电磁场在介质中应满足物质关联方程,对光波来说在各向异性晶体中传播时,其电位移矢量 D' 和电场强度 E' 之间的关联方程为

$$D' = \varepsilon \cdot E' \qquad (6-3-1)$$

式中,$\varepsilon E'$ 为晶体的介电常数张量,在直角坐标系中也写成矩阵形式

$$\varepsilon = \begin{pmatrix} \varepsilon_{xx} & \varepsilon_{xy} & \varepsilon_{xz} \\ \varepsilon_{yx} & \varepsilon_{yy} & \varepsilon_{yz} \\ \varepsilon_{zx} & \varepsilon_{zy} & \varepsilon_{zz} \end{pmatrix} \qquad (6-3-2)$$

晶体的介电常数张量为对称张量,即

$$\varepsilon_{ij} = \varepsilon_{ji} \quad (i, j = x, y, z) \tag{6-3-3}$$

在一定条件下,可选择适当的直角坐标系,使 ε 成为对角线张量形式

$$\boldsymbol{\varepsilon} = \begin{pmatrix} \varepsilon_{xx} & 0 & 0 \\ 0 & \varepsilon_{yy} & 0 \\ 0 & 0 & \varepsilon_{zz} \end{pmatrix} \tag{6-3-4}$$

此时的直角坐标系称为晶体主轴坐标系。若 $\varepsilon_x = \varepsilon_y = \varepsilon_z$,则晶体为各向同性晶体;若 $\varepsilon_x = \varepsilon_y \neq \varepsilon_z$,则晶体为单轴晶体;若 $\varepsilon_x \neq \varepsilon_y \neq \varepsilon_z$,则晶体为双轴晶体。

为方便起见,常引入逆介电常数张量 $\boldsymbol{\eta}$,它与 $\boldsymbol{\varepsilon}$ 的关系为

$$\boldsymbol{\eta} \equiv \varepsilon_0 (\boldsymbol{\varepsilon}^{-1}) \tag{6-3-5}$$

式中,ε_0 为真空介电常数;$\boldsymbol{\varepsilon}^{-1}$ 是 $\boldsymbol{\varepsilon}$ 的逆张量,即

$$(\boldsymbol{\varepsilon}^{-1})(\boldsymbol{\varepsilon}) = \begin{pmatrix} 1 & 0 & 0 \\ 0 & 1 & 0 \\ 0 & 0 & 1 \end{pmatrix} \tag{6-3-6}$$

晶体的 $\boldsymbol{\varepsilon}$ 为对称张量,$\boldsymbol{\eta}$ 也必定为对称张量。在主轴坐标系中有

$$\boldsymbol{\eta} = \varepsilon_0 \begin{pmatrix} \dfrac{1}{\varepsilon_{xx}} & 0 & 0 \\ 0 & \dfrac{1}{\varepsilon_{yy}} & 0 \\ 0 & 0 & \dfrac{1}{\varepsilon_{zz}} \end{pmatrix} \tag{6-3-7}$$

利用式(6-3-5),可将式(6-3-2)改写成

$$\boldsymbol{E}' = \frac{1}{\varepsilon_0} \boldsymbol{\eta} \cdot \boldsymbol{D}' \tag{6-3-8}$$

晶体中光波的能量密度 U 和电能密度 U_e 为

$$U = 2U_e = \boldsymbol{D}' \cdot \boldsymbol{E}' \tag{6-3-9}$$

将式(6-3-8)代入式(6-3-9),有

$$U = \frac{1}{\varepsilon_0} \boldsymbol{D}' \cdot (\boldsymbol{\eta} \cdot \boldsymbol{D}')$$

或写成求和形式

$$\varepsilon_0 U = \sum_{i,j} \eta_{ij} D'_i D'_j \tag{6-3-10}$$

令

$$\boldsymbol{r} = \boldsymbol{D}' / (\varepsilon_0 U)^{1/2}$$

或

$$r_i = D'_i / (\varepsilon_0 U)^{1/2} \quad (i = x, y, z) \tag{6-3-11}$$

式(6-3-10)可改写成

$$\sum_{i,j} \eta_{ij} r_i r_j = 1 \quad (i, j = x, y, z) \tag{6-3-12}$$

式(6-3-12)为直角坐标系下的椭球方程,称为折射率椭球方程,它所描述的椭球面为折射率椭球。在晶体主轴坐标系中,$i \neq j$ 时,$\eta_{ij} = 0$,则式(6-3-12)简化为

$$\eta_{xx}x^2 + \eta_{yy}y^2 + \eta_{zz}z^2 = 1 \qquad (6-3-13)$$

或写成

$$\frac{x^2}{n_x^2} + \frac{y^2}{n_y^2} + \frac{z^2}{n_z^2} = 1 \qquad (6-3-14)$$

式中,$n_i = (\varepsilon_i/\varepsilon_0)^{1/2}$, $i = x, y, z$。此时折射率椭球的三个主轴方向,就是晶体的三个主轴方向,n_i 即为晶体的三个主折射率。

2. 晶体的电光效应

通常情况下,$\boldsymbol{\eta}$ 是一个常数张量。当外界条件改变时,$\boldsymbol{\eta}$ 也会随着改变。$\boldsymbol{\eta}$ 随外电场 $\boldsymbol{E}$ 变化的现象称为晶体的电光效应。$\boldsymbol{\eta}$ 与外电场 $\boldsymbol{E}$ 的关系可写成 $\boldsymbol{\eta}$ 的幂级数展开式形式

$$\eta_{ij}(z) = \eta_{ij}(0) + \sum_{k} r_{ijk}E_k + \sum_{k,l} S_{ijkl}E_k E_l \qquad (6-3-15)$$

式中略去三次以上的高次项,等式右边第一项为外电场 $\boldsymbol{E} = 0$ 时的 $\boldsymbol{\eta}$ 分量,E_k、E_l 为外电场 $\boldsymbol{E}$ 的分量;r_{ijk} 为 E_k 项系数,故称为线性电光系数或泡克尔斯系数;S_{ijkl} 为 $E_k E_l$ 项的系数,故称为二次电光系数,或克尔系数。由于 $r_{ijk} \neq 0$,外电场 $\boldsymbol{E}$ 引起 η_{ij} 的变化,称为线性电光效应或泡克尔斯效应。由于 $S_{ijkl} \neq 0$,外电场 $\boldsymbol{E}$ 引起的 η_{ij} 的变化称为二次电光效应或克尔效应。

为了书写方便,由 $\boldsymbol{\eta}$ 的对称性可知 r_{ijk} 的对称性,即 $r_{ijk} = r_{jik}$。因此 r_{ijk} 具有 18 个独立分量,写成

$$\begin{pmatrix} r_{111} & r_{112} & r_{113} \\ r_{221} & r_{222} & r_{223} \\ r_{331} & r_{332} & r_{333} \\ r_{231} & r_{232} & r_{233} \\ r_{131} & r_{132} & r_{133} \\ r_{121} & r_{122} & r_{123} \end{pmatrix} \Rightarrow \begin{pmatrix} r_{11} & r_{12} & r_{13} \\ r_{21} & r_{22} & r_{23} \\ r_{31} & r_{32} & r_{33} \\ r_{41} & r_{42} & r_{43} \\ r_{51} & r_{52} & r_{53} \\ r_{61} & r_{62} & r_{63} \end{pmatrix} \qquad (6-3-16)$$

式中,第二个矩阵元素的下角标作了简化,其对应关系为:$(1,1) \to 1$,$(2,2) \to 2$,$(3,3) \to 3$,$(2,3) \to 4$,$(1,3) \to 5$,$(1,2) \to 6$。式(6-3-16)称为线性电光(或泡克尔斯)系数矩阵。

晶体的电光效应与其晶格点阵结构,特别是晶格点列对称性有关。具有中心对称晶格点阵结构的晶体,可以证明 $r_{ij1} = r_{ij2} = r_{ij3} = 0$,$(i,j = x,y)$,即不能呈现线性电光效应。正因为如此,才有可能使相对较弱的二次电光(克尔)效应表现出来。换句话说,具有非中心对称晶格点阵结构晶体,具有线性电光(泡克尔

斯)效应,而具有中心对称晶格点阵结构的晶体,具有二次电光(克尔)效应。

常见的电光晶体有许多。例如:磷酸二氢钾(KH_2PO_4,简写 KDP),无外电场时为单轴晶体,电光系数矩阵中,只有 r_{41}、r_{52}、r_{63} 不为零。对 $\lambda = 633$ nm,$r_{41} = r_{52} = 8 \times 10^{-12}$ m/V,$r_{63} = 11 \times 10^{-12}$ m/V。铌酸锂($LiNbO_3$)晶体在无外电场时,也是一种单轴晶体,其线性电光系数矩阵为

$$\begin{pmatrix} 0 & -r_{22} & r_{13} \\ 0 & r_{22} & r_{13} \\ 0 & 0 & r_{33} \\ 0 & r_{51} & 0 \\ r_{51} & 0 & 0 \\ -r_{22} & 0 & 0 \end{pmatrix}$$

对 $\lambda = 633$ nm,$r_{13} = 9.6 \times 10^{-12}$ m/V,$r_{22} = 6.8 \times 10^{-12}$ m/V,$r_{33} = 30.9 \times 10^{-12}$ m/V,$r_{51} = 32.6 \times 10^{-12}$ m/V。砷化镓(GaAs)、锗酸铋($Bi_{12}GeO_{20}$,简写 BGO)和硅酸铋($Bi_{12}SiO_{20}$,简写 BSO)在无外电场时,均是光学各向同性,它们的线性电光系数矩阵具有相同的形式

$$\begin{pmatrix} 0 & 0 & 0 \\ 0 & 0 & 0 \\ 0 & 0 & 0 \\ r_{41} & 0 & 0 \\ 0 & r_{41} & 0 \\ 0 & 0 & r_{41} \end{pmatrix}$$

对 GaAs,$r_{41} = 1.2 \times 10^{-12}$ m/V ($\lambda = 3.39$ μm);对 BGO,有 $r_{41} = 3.22 \times 10^{-12}$ m/V ($\lambda = 666$ nm);对 BSO,$r_{41} = 5.0 \times 10^{-12}$ m/V ($\lambda = 633$ nm)。

当有外电场存在时,晶体的 η_{ij} 将发生变化,折射率椭球发生变化。选择一定的电场方向,原来光学各向同性的晶体会变成单轴或双轴晶体,单轴晶体变成双轴晶体,或者原来单轴晶体的主轴方向不变,但主轴折射率发生变化。

例 6.3.1 写出外电场方向平行于铌酸锂晶体 z 方向时的折射率椭球方程及三个主折射率 n'_x、n'_y 和 n'_z。

解:此时有

$$E = E_z k \quad (6-3-17)$$

利用式(6-3-15),并略去含克尔系数的二次项,可得到 $LiNbO_3$ 晶体 $\eta_{ij}(E)$ 近似表达式

$$\begin{cases} \eta_{11}(E) = \eta_{11}(0) + r_{13}E_z = 1/n_o^2 + r_{13}E_z \\ \eta_{22}(E) = \eta_{22}(0) + r_{23}E_z = 1/n_o^2 + r_{13}E_z \\ \eta_{33}(E) = \eta_{33}(0) + r_{33}E_z = 1/n_e^2 + r_{33}E_z \\ \eta_{23}(E) = \eta_{32}(E) = \eta_{23}(0) + r_{43}E_z = 0 \\ \eta_{13}(E) = \eta_{31}(E) = \eta_{13}(0) + r_{52}E_z = 0 \\ \eta_{12}(E) = \eta_{21}(E) = \eta_{12}(0) + r_{63}E_z = 0 \end{cases} \quad (6-3-18)$$

再将式(6-3-18)和 LiNbO$_3$ 的电光系数矩阵代入式(6-3-12)可得 LiNbO$_3$ 晶体在 z 方向外电场中的折射率椭球方程

$$\left(\frac{1}{n_o^2} + r_{13}E_z\right)x^2 + \left(\frac{1}{n_o^2} + r_{13}E_z\right)y^2 + \left(\frac{1}{n_e^2} + r_{33}E_z\right)z^2 = 1 \quad (6-3-19)$$

式(6-3-18)中没有出现交叉项,说明 LiNbO$_3$ 在 z 方向电场中主轴没有转动,但三个主折射率都有所变化,不过仍保持为一个光轴沿 z 方向的单轴晶体。把式(6-3-19)改成下面形式

$$\frac{x^2}{n_x'^2} + \frac{y^2}{n_y'^2} + \frac{z^2}{n_z'^2} = 1 \quad (6-3-20)$$

其中

$$\begin{cases} \dfrac{1}{n_x'^2} = \dfrac{1}{n_o^2} + r_{13}E_z & (6-3-21\text{a}) \\[6pt] \dfrac{1}{n_y'^2} = \dfrac{1}{n_o^2} + r_{13}E_z & (6-3-21\text{b}) \\[6pt] \dfrac{1}{n_z'^2} = \dfrac{1}{n_e^2} + r_{33}E_z & (6-3-21\text{c}) \end{cases}$$

由于

$$|r_{13}E_z| \ll 1/n_o^2 \quad (6-3-22)$$

由式(6-3-21a),可得

$$r_{13}E_z = \frac{1}{n_x'^2} - \frac{1}{n_o^2}$$

$$= \frac{n_o^2 - n_x'^2}{n_x'^2 \cdot n_o^2} \approx \frac{2(n_o - n_x')}{n_o^3}$$

即

$$n_x' \approx n_o - \frac{1}{2}n_o^3 r_{13}E_z \quad (6-3-23\text{a})$$

同理,可得

$$n_y' = n_x' \approx n_o - \frac{1}{2}n_o^3 r_{13}E_z \quad (6-3-23\text{b})$$

$$n'_z \approx n_e - \frac{1}{2} n_e^3 r_{33} E_z \qquad (6-3-23c)$$

若把晶体切成片状,使表面垂直于晶体 z 轴,在前、后两面镀制透明电极,让单色平面波垂直表面入射。此时,光传播方向与外电场方向一致,由此产生的电光效应称为纵向电光效应。由前面的讨论不难看出,对 $LiNbO_3$ 晶体,纵向电光效应只能使光波传播相位随外电场而变,或者说,只能进行相位调制,而不能使光波的偏振态随外电场变化,即不能进行偏振调制。

若使外电场方向仍为 z 方向,令光波沿 y 或 x 方向传播,则 $LiNbO_3$ 呈现双折射性质,晶体双折率为

$$n'_x - n'_z \approx (n_o - n_e) - \frac{1}{2}(n_o^3 r_{13} - n_e^3 r_{33}) E_z \qquad (6-3-24)$$

这就是说,入射到晶体上的一个线偏振波,其振动方向与 x 轴有一夹角 θ($\theta \neq \mu \cdot \pi/2, \mu = 1,2,3,\cdots$),它则会分解成两个线偏振波,振动方向分别沿 x 轴和 z 轴,分别对应折射率 n_x 和 n_z。这两个线偏振分量的相位延迟不同,用双折率表示其差 $n_x - n_z = n_o - n_e$。当加上外电场 E_z 后,主轴方向未变,但双折率却随外电场 E_z 而变。换言之,对厚度确定的 $LiNbO_3$ 晶片,出射光的偏振态与 E_z 有关。或者说,用外电场调制了出射光的偏振态。这种光传播方向与外电场方向垂直情况下的电光效应又称为横向电光效应。

例 6.3.2 GaAs、BGO 和 BSO 晶体,写出在 z 方向外电场中的折射率椭球方程及三个主折射率 n_x'、n_y' 和 n_z'。

解:此时 $\eta_{ij}(E)$ 为

$$\begin{cases} \eta_{11}(E) = \eta_{11}(0) = 1/n^2 \\ \eta_{22}(E) = \eta_{22}(0) = 1/n^2 \\ \eta_{33}(E) = \eta_{33}(0) = 1/n^2 \\ \eta_{23}(E) = \eta_{32}(E) = \eta_{23}(0) = 0 \\ \eta_{13}(E) = \eta_{31}(E) = \eta_{13}(0) = 0 \\ \eta_{12}(E) = \eta_{21}(E) = \eta_{12}(0) + r_{63} E_z = r_{41} E_z \end{cases} \qquad (6-3-25)$$

其折射率椭球方程为

$$\frac{x^2}{n^2} + \frac{y^2}{n^2} + \frac{z^2}{n^2} + 2r_{41} E_z xy = 1 \qquad (6-3-26)$$

式中,n 为无外电场时晶体折射率。式(6-3-26)中出现交叉项,说明外电场改变了晶体原来晶轴的方向。令坐标轴绕 z 轴旋转 $45°$,得到新坐标系 x'、y'、z'。新、旧坐标系中,空间任意一点的坐标关系为

$$\begin{cases} x = x'\cos 45° - y'\sin 45° = \dfrac{\sqrt{2}}{2}(x' - y') \\ y = x'\sin 45° + y'\cos 45° = \dfrac{\sqrt{2}}{2}(x' + y') \\ z = z' \end{cases} \quad (6-3-27)$$

将式(6-3-27)代入式(6-3-26),可得到新坐标系下的折射率椭球方程

$$\left(\frac{1}{n^2} + r_{41}E_z\right)x'^2 + \left(\frac{1}{n^2} - r_{41}E_z\right)y'^2 + \frac{1}{n^2}z'^2 = 1 \quad (6-3-28)$$

或写成如下形式

$$\frac{x^2}{n_x'^2} + \frac{y^2}{n_y'^2} + \frac{z^2}{n_z'^2} = 1 \quad (6-3-29)$$

其中

$$\begin{cases} \dfrac{1}{n_x'^2} = \dfrac{1}{n^2} + r_{41}E_z \\ \dfrac{1}{n_y'^2} = \dfrac{1}{n^2} - r_{41}E_z \\ \dfrac{1}{n_x'^2} = \dfrac{1}{n^2} \end{cases} \quad (6-3-30)$$

同样,可写出三个主轴折射率的近似表达式为

$$\begin{cases} n_x' \approx n + \dfrac{1}{2}n^3 r_{41}E_z \\ n_y' \approx n - \dfrac{1}{2}n^3 r_{41}E_z \\ n_z' = n \end{cases} \quad (6-3-31)$$

可以看出,电光效应使各向同性的晶体 GaAs、BGO 和 BSO 的光轴绕 z 轴转过 $45°$,当光波沿 z 方向传播时,变成了双轴晶体。其双折率为

$$n_y'^2 - n_x'^2 = -n^3 r_{41}E_z \quad (6-3-32)$$

更具有代表意义的是 KDP 晶体,无论是 z 方向电场还是 x 方向电场,都会使其晶体光轴旋转,变成双轴晶体(见习题 6.5)。

3. 光波的电光调制

电光调制是指利用晶体的电光效应,通过控制外电场来改变晶体折射率或双折射率,从而改变输出光波的相位或强度(振幅),通常称为相位调制和强度(或振幅)调制。

(1)相位调制

采用任何种类电光晶体,利用纵向或横向电光效应都可以实现光波的相位调制。以纵向电光效应为例,令读出光 I_r 通过厚度为 d 的晶片并沿晶片的 x'(或

y')轴方向偏振,则通过晶片的光程为

$$L = n'_x d = nd \pm \frac{1}{2} n^3 r E_z d \qquad (6-3-33)$$

式中,n 为 n_o 或 n_e;r 表示 r_{13}、r_{41} 或 r_{63} 分别对应 $LiNbO_3$、$BSO(GaAs)$ 和 KDP。晶片的表面镀有透明电极,并加上电压 V,则纵向电场为

$$E_z = V/d \qquad (6-3-34)$$

由式(6-3-33)和式(6-3-34)可得光波通过晶片的相位延迟为

$$\phi' = \frac{2\pi}{\lambda} L = \frac{2\pi}{\lambda} nd \pm \frac{\pi}{\lambda} n^3 rV \qquad (6-3-35)$$

式中,λ 为光波在真空中波长。使用中,只关心由外电场产生的附加相位延迟,因此略去式(6-3-35)中表示恒定相位延迟的第一项

$$\phi = \pm \frac{\pi}{\lambda} n^3 rV \qquad (6-3-36)$$

把产生相位延迟 $\phi = \pm \pi$ 时的电压定义为相位调制半波电压,则有

$$V_{\pi\phi} = \frac{\lambda}{n^3 r} \qquad (6-3-37)$$

将式(6-3-37)代入式(6-3-36),有

$$\phi = \pm \pi V/V_{\pi\phi} \qquad (6-3-38)$$

外加电压调制了附加相位的大小,称为相位调制。对于 $LiNbO_3$ 晶体,$V_{\pi\phi} = 5.5 \times 10^3$ V;对 KDP 晶体,$V_{\pi\phi} = 16.8 \times 10^3$ V。说明一般情况下纵向电光效应的半波电压都很高,灵敏度很低。

有些器件,例如 Si-PLZT 空间光调制器(参见 6.3.4),特别是光波导电光调制器中,还采用横向电光效应。以 $LiNbO_3$ 为例,外电场沿 z 方向,光波沿 y(或 x)方向传播,并沿 z 方向偏振,此时输出光波的相位延迟为

$$\phi = \pm \frac{\pi}{\lambda} n_e^3 r_{33} L \frac{V}{G} \qquad (6-3-39)$$

式中,G 表示电极间距;L 表示电极间晶体的厚(或长)度。若 G 减到 10 μm 数量级,则 $V_{\pi\varphi}$ 可减到几伏。

(2) 振幅调制与强度调制

在光波导电光调制中,实现强度调制的一种方法是对两束光波中的一路(或两路)进行相位调制,再使两束光干涉,从而把相位调制转化为强度调制。在空间光调制器中,最常见的振幅(或强度)调制方法是通过改变晶体双折率,进而改变光波偏振态,再配合适当的检偏器,从而实现振幅(或强度)调制的。换言之,通过检偏器把偏振调制转化为强度调制。

以纵向电光效应为例说明振幅(或强度)调制过程,光路如图 6-3-1 所示。图中,P 和 A 分别是起偏器和检偏器,箭头表示透射光偏振方向;Q 是四分

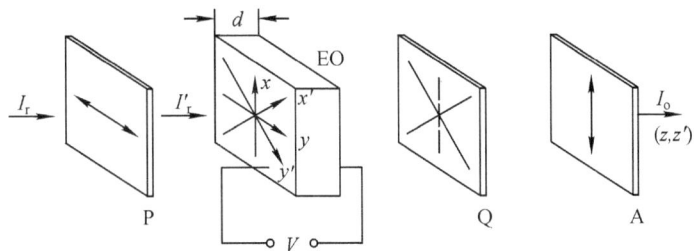

图 6-3-1 纵向电光效应振幅调制光路示意图

之一波片。读出光 I_r(可以是自然光)通过起偏器 P,变成线偏振光 I'_r(其强度为 $I_r/2$),在通过 BSO 或 KDP 晶片 EO 时,分解成两个线偏振分量,振动方向分别沿 x' 和 y' 轴。由于双折射,出射时两个分量之间产生相位差

$$\Delta\phi = \frac{2\pi}{\lambda}(n'_y - n'_x)d = \frac{2\pi}{\lambda}n^3 rE_z d = \frac{2\pi}{\lambda}n^3 rV \quad (6-3-40)$$

式中,n 和 r 对 BSO 应分别为 n 和 r_{41};对 KDP 则应分别为 n 和 r_{63}。暂时先略去 $\lambda/4$ 片 Q 的作用。利用 $x'-y'$ 坐标系中的琼斯矩阵,可求出输出光分量的振幅 E_{xo} 和 E_{yo}

$$\begin{pmatrix} E_{xo} \\ E_{yo} \end{pmatrix} = \begin{pmatrix} \cos^2(-45°) & \sin(-45°)\cos(-45°) \\ \sin(-45°)\cos(-45°) & \sin^2(-45°) \end{pmatrix}$$

$$\times \begin{pmatrix} 1 & 0 \\ 0 & \exp(j\Delta\phi) \end{pmatrix} \begin{pmatrix} \sqrt{I_r/2} \\ \sqrt{2I_r}/2 \end{pmatrix}$$

$$= [1-\exp(j\Delta\phi)](\sqrt{I_r}/2)\begin{pmatrix} I/2 \\ -I/2 \end{pmatrix} \quad (6-3-41)$$

式中,第一个等号后的两个矩阵分别为检片器 A 和电光晶片 EO 的琼斯矩阵[6-13]。由例 6.3.2 可知,电光效应使 BSO 和 KDP 晶体的光轴绕 z 轴转过一个角度 $\psi = -45°$(参见图 6-3-1)。由于读出光 I'_r 的光强为 $I_r/2$,所以 I'_r 分量的振幅为 $\sqrt{(I_r/2)}$,则

$$\cos(-45°) = \sqrt{2}/2$$

由此式可得到输出光与读出光的光强比和振幅比分别为

$$\frac{I_o}{I_r} = (|E_{xo}|^2 + |E_{yo}|^2)/I_r = \frac{1}{2}\sin^2\left(\frac{\Delta\phi}{2}\right) \quad (6-3-42)$$

$$\frac{\sqrt{I_o}}{\sqrt{I_r}} = \frac{1}{\sqrt{2}}\left|\sin\left(\frac{\Delta\phi}{2}\right)\right| \quad (6-3-43)$$

式(6-3-42)和式(6-3-43)说明光波受到外加电压的调制,称为强度调制与

振幅调制。当外电场 $E=0$ 时,$\Delta\phi=0$,$I_o=0$;当 E 使 $\Delta\phi=(2m+1)\pi$,($m=0$,$1,2,3,\cdots$)时,I_o 最大($=I_r/2$)。使 $\Delta\phi=\pi$ 的电压值,称为振幅调制半波电压,记作 $V_{\pi a}$。

$$V_{\pi a}=\lambda/(2n^3 r)=(1/2)V_{\pi\phi} \qquad (6-3-44)$$

它等于相位调制半波电压的一半。式(6-3-42)和式(6-3-43)可改写成

$$I_o/I_r=\frac{1}{2}\sin^2\left(\frac{\pi}{2}\frac{V}{V_{\pi a}}\right) \qquad (6-3-45)$$

$$\sqrt{I_o}/\sqrt{I_r}=\frac{1}{\sqrt{2}}\left|\sin\left(\frac{\pi}{2}\frac{V}{V_{\pi a}}\right)\right| \qquad (6-3-46)$$

可以看出,在 $V \ll V_{\pi a}$ 时,振幅调制($\sqrt{I_o}/\sqrt{I_r}$)近似与 V 成正比;而强度调制(I_o/I_r)近似与 V^2 成正比。

很多情况下,希望光强调制能与电压 V 成正比,实际上考虑 $\sin^2\phi$ 曲线,选择合适的工作区间,可以近似实现线性调制。在 EO 上加一固定偏置电压 $V_B = \pm V_{\pi a}/2$,式(6-3-45)变为

$$\begin{aligned}I_o/I_r &= \frac{1}{2}\sin^2\left(\frac{\pi}{2}\cdot\frac{V\pm V_B}{V_{\pi a}}\right) \\ &= \frac{1}{2}\sin^2\left(\frac{\pi}{2}\cdot\frac{V}{V_{\pi a}}\pm\frac{\pi}{4}\right) \\ &= \frac{1}{4}\left[1\pm\sin\left(\pi\cdot\frac{V}{V_{\pi a}}\right)\right]\end{aligned} \qquad (6-3-47)$$

当 $V \ll V_{\pi a}$ 时,则有

$$\frac{I_o}{I_r}\approx\frac{1}{4}\left(1\pm\frac{\pi V}{V_{\pi a}}\right) \qquad (6-3-48)$$

如图 6-3-2 所示,选择偏置电压 $V_B = \pm V_{\pi a}/2$,实际上就是把工作点偏置在 $\Delta\phi = \pm\pi/4$ 的 A、B 点上,从而使工作区间在 $\sin^2\Delta\phi$ 的近似线性段上。实际上不用偏置电压,而用 $\lambda/4$ 片 Q 完全可以起到同样的偏置作用,只要对调 $\lambda/4$ 片快、慢轴方向,就可将工作点分别偏置在 $\pm\pi/4$ 位置上。值得注意的是,有偏置时,当 $V=0$ 时,输出光 $I_o \neq 0$,相当于有一直流分量;而且工作点选在 A 时,I_o 随 V 增大而增大;工作点选在 B 时,I_o 随 V 增大而减小,这一特点可实现对比度反转。

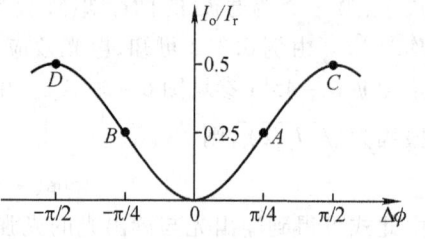

图 6-3-2 线性光强调制工作点的偏置

6.3.2 泡克尔斯读出光调制器

泡克尔斯读出光调制器(Pockels Readout Optical Modulator,简称 PROM)是利用 BSO(或 BGO)等晶体的光电导特性和线性电光效应而制成的光寻址空间光调制器。

1. PROM 的结构

PROM 可做成透射式也可做成反射式,图 6-3-3 为反射式 PROM 的结构示意图。BSO 晶片表面垂直于[001]方向,厚度在 150～300 μm。其两侧各有一层绝缘层,大多采用对二甲苯基,厚度为几微米。在 BSO 晶片右侧表面与绝缘层之间有一层双色反射层,对蓝光透明,对红光反射。绝缘层外采用 ITO 镀制透明电极。

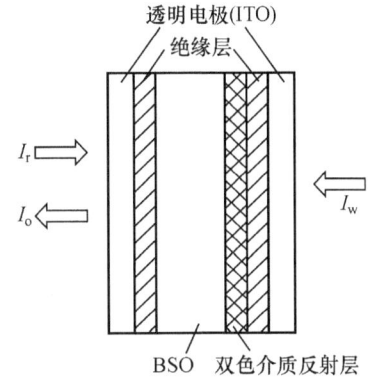

图 6-3-3 反射式 PROM 的结构示意图

2. PROM 的基本工作原理

PROM 有多种工作模式,但每种工作模式的过程基本相同,即擦除与激发—写入—读出。这里仅以一种瞬间短路的模式说明工作过程。

擦除与激发:首先给 PROM 加上直流电压 V_0。V_0 的大小应根据 PROM 的半波电压和工作模式来选取。透射式 PROM 的 $V_{\pi a}=3.9$ kV,反射式 PROM 的 $V_{\pi a}=1.95$ kV。这一电压被分配到 BSO 晶片与绝缘层上,如图 6-3-4(a)所示。然后用脉冲氙灯对其进行瞬时、均匀照射。由于 BSO 具有光电导性,在光照下晶体产生大量电子-空穴对,使 BSO 成为导体,BSO 上的压降为 0,如图 6-3-4(b)所示。实际上,在外电场作用下,BSO 内电子-空穴对定向移动,在其左、右两侧界面上产生了正、负电荷积累,从而在 BSO 内形成了一个与外电场方向相反的均匀的内电场。关闭氙灯之后,将 PROM 两电极突然短路。此时,外电场撤消,又无光照射 BSO,使其失去导电性能,界面上的积累电荷被保留下来,即内电场被保留下来。故晶体上出现 $-V_0$ 电压降,如图 6-3-4(c)所示。由于氙灯照射时光强分布是均匀的,BSO 界面电荷分布也是均匀的,内电场也必然是均匀的。这一过程无论 BSO 中原来是否存在已输入的图像,都如此。因此它既是 PROM 的激发过程,也是其擦除过程,两个功能同时完成。

写入:将载有输入图像信息的短波长(蓝色)光作为写入光,自图 6-3-3 右侧照射 PROM,由于双色反射层可通过蓝光,它将成像在 BSO 晶片右表面上。在图像的亮区,由于光电导效应产生电子-空穴对。电子在内电场作用下,向 BSO 的左侧表面迁移,正、负电荷分离后形成的附加电场将抵消一部分内电场,使这些区域的电压降减小。在图像的暗区,则由于电子-空穴对很少,电压降变

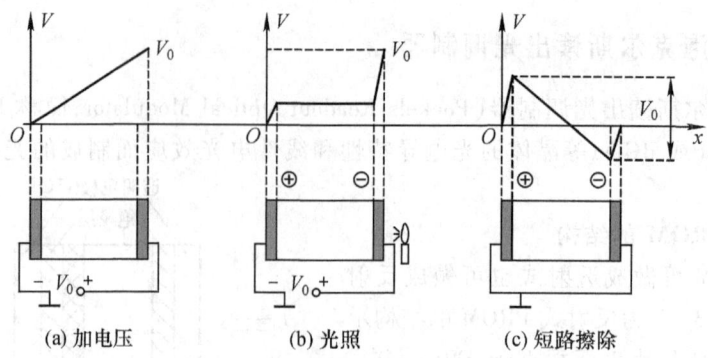

(a) 加电压   (b) 光照   (c) 短路擦除

图 6-3-4 PROM 工作过程(擦除与激发)

化也小,甚至基本保持 V_0 不变。这样一来,原来图像的空间光强分布,经 BSO 的光电导效应转换成空间电压分布,即把图像信息"写入"了 PROM。值得注意的是,电压 V 与曝光量不成线性关系,而是指数关系

$$V = V_0 \exp(-kE) \quad (6-3-49)$$

式中,k 为一常数。由式(6-3-49)可以看出,BSO 上暗区压降大,而亮区压降迅速减小。

读出:采用长波长(例如 $\lambda = 633$ nm)的红光作为读出光,这是因为 BSO 晶体的光电导效应对红光的灵敏度很低,例如 $\lambda = 633$ nm 的红光的灵敏度仅为 $\lambda = 400$ nm 蓝紫光的 1/200 左右。红光作为读出光基本上不会破坏蓝光写入的电压图像。

通常读出光采用单色线偏振光,由左侧射入 PROM,并分解成振动方向平行于 x' 轴和 y' 轴的两个线偏振分量(参考图 6-3-1)。由于 BSO 晶片的双折射,它们在晶片中的相位延迟会不同。经双色反射层反射后(参考图 6-3-3),它们再次通过晶片,且相位延迟的差异加倍,最后由左方射出,形成输出光 I_o。I_o 波面各处的偏振态受到按写入图像形成的电场(电压)分布的调制。如果令其通过检偏器,则 I_o 上各像元素的振幅或光强也获得相应调制,大小应满足式(6-3-46)或式(6-3-45)。若使读出光沿 x' 或 y' 方向偏振,且不加偏振器,则可获得相位调制。

概括地说,PROM 的工作过程就是,首先在外电场帮助下建立 BSO 的内电场,实现 BSO 的擦除与激发。然后,通过短波长光的光电导效应,把空间光强分布转换成空间电压(电场)分布,实现图像的写入。最后,通过长波长的线性电光效应把空间电压分布恢复成光强(振幅或相位)分布,实现图像的读出。

外接直流电压 V_0 基本全都加在 BSO 晶片上,因此选择 V_0 值,实际上就是选择 BSO 的偏置电压或者说选择工作点。例如,前面讨论的情况中,反射式

PROM,其 $V_{\pi a} = 1\,950$ V,若取 $V_0 \approx 2\,000$ V,实际上,就选取了工作点在 $V_0 = V_{\pi a}$ 处(见图 6-3-2 的 C 点或 D 点)。在写入图像的暗区,输出光与写入光光强之比 I_o/I_r 最大。随着写入光强的增大,$\Delta\phi$ 减小,I_o/I_r 也将减小,即 PROM 输出的是对比反转图像。若取 $V_0 = 1\,000$ V,实际上把工作点选在 $V_0 = V_{\pi a}/2$ 处(见图 6-3-2 中的 A 点或 B 点)。此时,输出有较好的线性度,但灵敏度和衍射效率下降[6-4]。

除了前面所述"短路"工作模式外,更多采用倍压工作模式。这种模式在氙灯关闭后,不是将外电路短路,而是将外接电源电极反向,仍与 PROM 电极相接。此时,外电源电场与保留的 BSO 内电场方向相同。因此,写入时 BSO 晶片上的电压为原来外接电压 V_0 的两倍。若反射式 PROM 仍选择工作点在 $V_{\pi a}$ 处,只需取 $V_0 = 1\,000$ V。显然这种工作模式降低了对电源工作电压的要求。

3. 典型性能[6-14,6-15]

(1) 灵敏度:工作点在 $V_{\pi a}$ 处,写入光 $\lambda = 488$ nm,I_o/I_r 下降到其最大值的 $1/e$ 时,所需曝光量为 6 μJ/cm^2;典型 PROM 需要 5~600 μJ/cm^2 的写入光能量。

(2) 反差(对比度):>500,最大可达 10^4。

(3) 分辨率:典型值为 100 lp/mm。

(4) 写—读—擦循环周期:<1/600 s。

(5) 有效工作面积:约 4 cm^2,最大 35 mm×35 mm。

(6) 工作波长:写入光 400~500 nm;
　　　　　　　读出光 600~800 nm。

红光对 BSO 的光电导效应虽然很弱,但对写入图像还会产生一定破坏,因此 PROM 不能在读出光长期照明下工作。

6.3.3 微通道板空间光调制器

微通道板空间光调制器(Microchannel Spatial Light Modulator,缩写为 MSLM)的写入端配置了微通道板,对光信号有增益,灵敏度很高,因此很受重视。大多数 MSLM 属于光寻址空间光调制器。

1. 结构[6-16]

MSLM 结构如图 6-3-5 所示,整个器件是真空封闭的。其中,光电阴极对不同的写入光波长配以不同材料。光电阴极的作用是将光学图像转换成电图像。微通道板(MCP)是由半导体微孔玻璃构成的,每个微孔即是一个微通道,对应一个像素,排列成阵列。每个微孔的直径为 10 μm,整个 MCP 的直径约为 25 mm。微通道具有电子倍增功能,电子增益为 10^4。如果用两个 MCP 串接,增益可达 10^7。栅极是一种网格状电极,它对自微通道板射出的电子加速,直接射向介质膜反射镜的表面。介质膜反射镜的左侧表面,接受来自微通道板的电子,同时能反射自右方射来的读出光,构成反射工作模式。电光晶体板大多是采用 $LiNbO_3$ 或 $LiTaO_3$ 晶体,厚度为 0.5 mm,大多数情况是利用它的纵向电光效应对读出光进行调制的。图中,V_K 是微通道板高压电源,正端接地,一般电压为 1 kV;V_A 为栅极偏压电源;V_B 为电光晶体板偏压,可根据需要调节;R_K 和 R_B 为保护电阻。

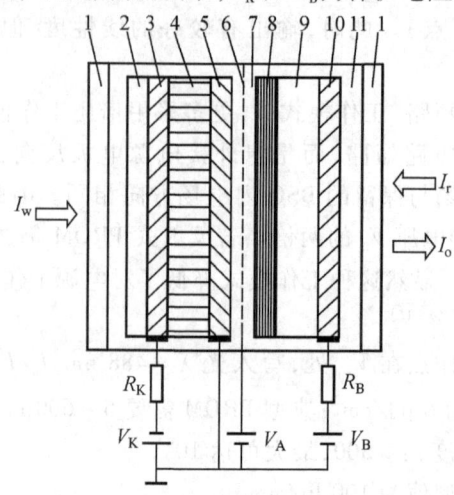

图 6-3-5 微通道板空间光调制器结构图
1—真空室窗口;2—光电阴极;3—透明电极;4—微通道板;5—接地电极;6—栅极;
7—真空隙;8—介质膜反射镜;9—电光晶体板;10—透明电极;11—真空室

2. 工作过程

用相干或非相干光图像作为写入光,照射在光电阴极上,并形成光电子图像,然后经 MCP 增强,经栅极加速,投射到介质膜反射镜上后形成电荷图像。该电荷图像与外加电场一起在纵向电光效应作用下,对电光晶体板的折射率进行了空间调制。读出光大多采用相干光(例如 $\lambda = 633$ nm 的 He-Ne 激光),从右侧照射,经电光晶体板后,由介质反射镜反射,再次通过电光晶体板。通过电光晶体板时,由于纵向线性电光效应产生的双折射的作用,对其进行了偏振态调制。在检偏器的配合下,最后输出振幅或强度被调制的相干光图像。

电子图像在介质膜反射镜上形成电荷图像的过程中,调节各电压 V_K、V_B 和 V_A 的大小,可以控制电子的入射动能,从而决定电子是淀积在介质膜上,还是把介质膜上原来淀积的电荷轰出来,使其产生二次电子发射效应。大多 MCP 写入过程采用电子淀积模式,即采用较低的电压,产生较低电子动能,使电子淀积在介质膜上。而在擦除过程中,采用二次电子发射模式,即采用较高的电压,使电子获得较高动能,依次将原来淀积在介质膜上的电子轰出去,以实现擦除电子图像的目的。

3. 性能

市场上商品 MSLM 的典型特性参数为[6-15]：

(1) 空间分辨率：20 lp/mm

(2) 对比度：>1 000

(3) 灵敏度：约 30 nJ/cm^2

(4) 最大读出光强：0.1 W/cm^2

(5) 写入时间响应：10 ms

  擦除时间响应：20 ms

(6) 存储时间：几天

(7) 输入窗口直径：15 mm

MSLM 的最大优点是灵敏度十分高，而且还可以直接对写入图像进行多种处理，使用比较灵活。因此，它不仅用于非相干 – 相干光转换、波长转换，而且还可以直接进行图像加减运算和光学阈值操作。

6.3.4 Si – PLZT 空间光调制器

1. PLZT 陶瓷

PLZT 是一种陶瓷材料，它的主要成分是铅(Pb)、镧(La)、锆(Zr)和钛(Ti)。取四种主要元素符号的第一个字母，构成缩写 PLZT。其分子式为 $[(Pb_{1-x}La_x)(Zr_yTi_{1-y})_{1-x/4}O_3]$。改变 La 的浓度，可以使 PLZT 呈现各种不同的光电特性（线性电光效应或二次电光效应）、光弹效应（即应力双折射效应）和铁电性质（即在外电场作用下发生极化，撤除外电场后分子极化并不消失，存在"电滞效应"）。PLZT 陶瓷是一种多晶态材料，宏观上没有确定的主轴方向，但是如果沿某一方向在陶瓷材料上加一个外电场，则可呈现单轴晶体的光学性质，且光轴沿外电场方向。由于光波沿光轴方向通过单轴晶体时，其偏振态不变，在 Si – PLZT 空间光调制器中不能利用纵向电光效应，只能利用横向电光效应，实现电光调制。还有一些 PLZT 空间光调制器则是利用光弹效应、铁电性质制成的。

2. 结构与工作过程

Si – PLZT 是一种光寻址空间光调制器，它由许多完全相同的小单元（像素）排成阵列而构成。每个单元中包含硅光电探测器、功率放大电路和 PLZT 电光调制器三个主要部分。图 6 – 3 – 6 示出了一个单元的构成。硅光电探测器将光信号转换成电信号；再由硅功率放大电路将电信号放大。根据需要，还可在此部分增加某些处理功能的电路，如积分、微分电路等；然后，放大电信号以电压形式加在 PLZT 电光调制器的电极上，并通过横向电光效应对 PLZT 的折射率进行调制。写入光 I_w 沿垂直纸面方向照明器件，并把写入图像传递到各个光电探测器上。读出光 I_r 也沿垂直于纸面的方向照明器件，如果 I_r 偏振方向平行于电极方向,在通过 PLZT 电光调制器后,I_o 得到相位调制。如果 I_r 偏振方向与电极方向成 45°角,则 I_r 的偏振态受到调制,经检偏器可获得强度调制。Si - PLZT 也有透射式和反射式两种。反射式,由于读出光两次通过 PLZT,受到的调制比透射式大一倍。目前,又开发出一种反射式 PLZT,其写入光和读出光从器件同一侧入射,输出光从左侧出射。这样,器件的一侧表面则可覆盖一层大面积金属板,从而减小器件内电路发热对 PLZT 陶瓷性能的影响。

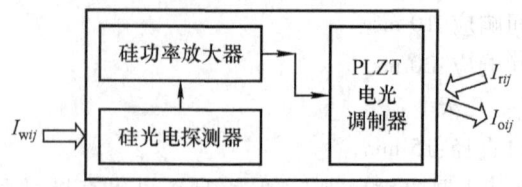

图 6 - 3 - 6 Si - PLZT 中一个单元功能器件的示意图[6-16]

Si - PLZT 选用两种材料制作,是为了发挥两种材料的优势。PLZT 是无机物中光电系数很大的材料。因此,用它制作调制器,其半波电压较低(仅几十伏)。而且 PLZT 价格低廉,加工性能好,可与硅集成。硅具有极为优越的光电特性,光电转换灵敏度高,响应速度快,而且制备工艺成熟,并可集成各种微电子器件。有些文献上把它称为灵巧(smart)空间光调制器。

6.4 磁光空间光调制器

6.4.1 磁性材料的磁化特性与磁光效应

1. 磁滞特性

磁性材料的磁化过程往往用磁滞回线来描述,如图 6 - 4 - 1 所示。在外磁场的诱导下,材料被磁化,其磁感应强度 B 的方向与外磁场的场强度 H 一致。撤除 H 后($H = 0$),材料的 B 并不恢复为零,仍保持一个"剩磁强度"B_s,其方向与原来的 H 方向一致。当外磁场反向,$|H| < H_c$ 时,B_s 基本不受影响。当反向外磁场 $|H| \geq H_c$ 时,B_s 的方向才会随之改变。这一临界值 H_c 称为"矫顽力"。这就意味着,磁性材料以其剩磁强度的方向"记忆"了原来的外磁场方向,并且这种记忆是比较稳定的,只有反向外磁场大于 H_c 时才能改变它。这是利用磁性材料来记录信息的基本原理。

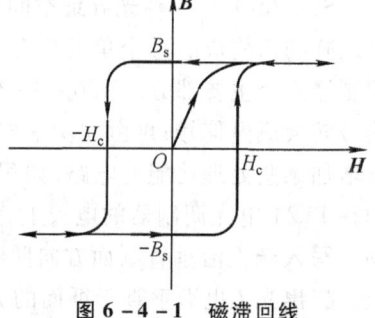

图 6 - 4 - 1 磁滞回线

2. 法拉第(Faraday)效应

这是某些磁性材料呈现的一种磁光特性,具有这类特性的材料称为磁光介质。当线偏振光沿外磁场 H 的方向通过磁光介质时,其偏振方向将会偏转一个角度 θ_F

$$\theta_F = V \int_0^L \boldsymbol{H} \cdot \mathrm{d}\boldsymbol{l} \qquad (6-4-1)$$

式中,L 为光波在磁光介质中传播的路程;V 为韦尔代(Verdet)常数。当偏振方向发生左旋时,V 为正;反之为负。但不论哪类物质,即不论 V 是正还是负,旋转方向均与光波传播方向无关,只与磁场方向有关。例如,在 $V > 0$ 的材料中,光平行于磁场方向传播时为左旋,反向平行于磁场方向传播时,为右旋。当线偏振光通过磁场中的磁光介质时,若法拉第旋转角为 θ,当它沿反方向返回时,将再旋转 θ 角。因此,通过介质后的总旋转角度为 2θ,而不是零。

3. 克尔(Kerr)磁光效应

当线偏振光入射到磁性介质表面时,其反射光束的偏振方向发生偏转,该偏转角称为克尔角,偏转方向与磁性介质的磁感应强度(剩磁强度 $\boldsymbol{B}_s$)的方向有关。

法拉第旋光效应和克尔磁光效应都可以作为磁光空间光调制器(MOSLM)信息读取的物理基础。在 MOSLM 中主要利用前者,而在光盘的读出时主要利用后者。

6.4.2 器件结构

器件基底可采用非磁性介质,例如,钇铁石榴石,厚度为 0.5 mm。用外延的方法在其表面生长一层磁光介质单晶薄膜,例如钇铁石榴石单晶膜,使晶轴与表面垂直。然后用光刻—腐蚀工艺将薄膜刻蚀成一组二维平台(像素)阵列,平台厚度约为 5 μm,长度约为几十微米,间距 6~18 μm,再采用光刻-淀积工艺,在平台的水平和垂直方向,分别淀积,形成行和列寻址电极;行电极与列电极之间,则有绝缘层将其分开。图 6-4-2 示出了 MOSLM 的像素结构。每个像素的右上角有一个离子注入区,它的作用是局部减少矫顽力。器件芯片装在铝基底上,芯片周围有一个环状预置磁饱和线圈。芯片前、后各有一片起偏器和检偏器。其结构的侧视图如图 6-4-3 所示。

6.4.3 工作原理

1. 写入信息的记录

由于稳定的剩磁方向有两个,所以记录的信息只能是二元的。如果以某一剩磁方向代表信息"1",则相反的方向代表信息"0"。MOSLM 的写入信息就是一个二进制的二维数据阵列。

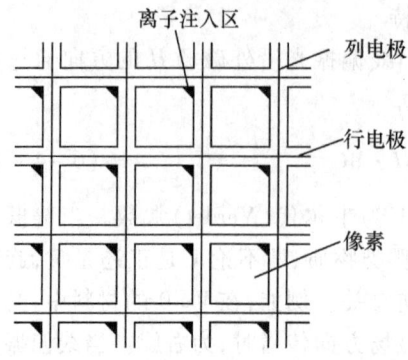 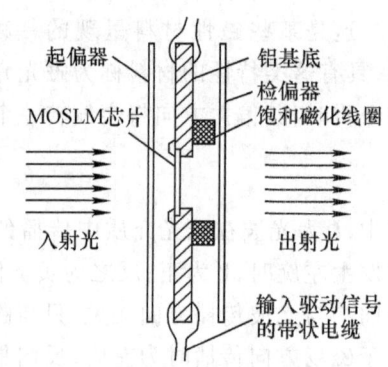

图6-4-2 MOSLM 像素结构示意图　　图6-4-3 MOSLM 器件结构侧视图[17]

使用前,先在饱和线圈中通电,在 MOSLM 的芯区产生一个均匀的强外磁场($>H_c$)。当撤去外磁场后,每个像素的磁性薄膜内都具有相同方向的剩磁。记录写入信息时,利用矩阵寻址方法,通过在行、列电极上施加一定的电流,在确定需要改变剩磁方向的像素上产生较强的局部反向外磁场,使该像素发生剩磁方向反转的效果。

图6-4-4 画出了寻址电极中的电流在其交叉点附近的四个相邻元素 A、B、C、D 处产生磁场的情况。L_1 和 L_2 分别是某条列寻址电极和某条行寻址电极。当需要使图中像素 D 发生反转时,应按箭头所示方向在 L_1 和 L_2 中通过电流。假定初始磁化时,所有像素的剩磁方向都是垂直薄膜表面(图中纸面),自内向外。根据安培定律右手法则,L_1、L_2 中电流在 A、B、C、D 处产生的磁场方向如图中所示。其中,⊙代表由内向外,⊗代表由外向内。每个像素中,右侧的符号代表 L_1 中电流产生的磁场方向,左侧符号代表 L_2 中电流产生的磁场方向。可见,像素中 A、C 的外磁场方向相反,互相抵消,不能改变剩磁状态。像素 B 中的外磁场与剩磁场方向相同,也不会改变剩磁状态。只有像素 D 中的外磁场与原来的剩磁方向相反,只要外磁场足够大,便可以使剩磁方向反转。

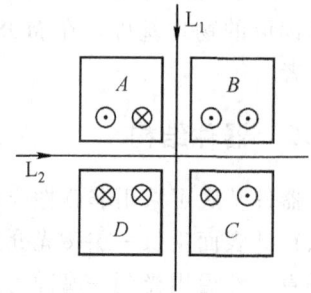

图6-4-4 寻址电极中的电流和它们产生的磁场

对于远离 L_1、L_2 交叉点的像素,磁场强度逐渐减弱,不可能像像素 D 那样,同时得到两个同向强磁场。所以,适当选择电极中电流大小,便可只在 D 的右上角离子注入区,造成大于 H_c 的反向磁场(该区矫顽力 H_c 已被局部减小),使该区磁化状态反转,形成"反转核"。再通过反转核边界的自发扩展,最后,使整个像素 D 的剩磁方向反转。这样利用逐行写入的方式,便能把二元的电子写入信号转变成按二维阵列排列的、以剩磁方向表征的信息阵列。

2. 信息的读出

如图 6-4-5 所示,假定两个像素 1 和 2,已被写入信号调制成具有相反方向(如箭头所示)的剩磁强度。读出光经起偏器后,成为沿 y 方向偏振的线偏振光 P。通过这两个像素后,由于法拉第效应,其偏振方向将分别偏转一个角度 θ 和 $-\theta$;得到振动方向分别为 P_1 和 P_2 的出射光。如果检偏器 A 的透光方向与 y 轴成 ϕ 角,则 P_1 透过 A 之后,光强正比于 $\cos^2(\phi-\theta)$;P_2 透过 A 之后,光强正比于 $\cos^2(\phi+\theta)$;实现了光强调制或振幅调制。其中两种特殊情况最受重视。

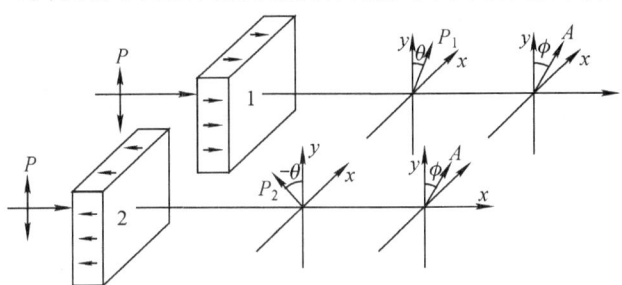

图 6-4-5 MOSLM 的信息读出

(1) 适当选取 ϕ,使 $\phi-\theta=90°$,则 P_1 透过 A 后光强为 0,即为暗场,或称关态。P_2 透过 A 后,光强正比于 $\sin^2 2\theta$,成为明场,或称开态。显然,若 $\theta=45°$,对比度最大,或称全对比输出。

(2) 选取 $\phi=±90°$,即检偏器 A 与起偏器正交,此时,只有 x 分量通过。由于 P_1 和 P_2 的 x 分量只方向相反(相位差为 π),而大小还是一样的,所以此时不能直接实现光强调制,只能实现相位调制或极性调制。

6.4.4 器件性能[6-4,6-14]

MOSLM 的优点是写入速度快,单个像素开关速度达 10 ns 量级,帧频高于 100 Hz。像素为 128×128 的阵列器件帧频达 2 000 Hz。它的存储特性非常稳定。对比度高于 200:1,速度可达 1 000:1。现有阵列像素数有 128×128、256×256 和 512×512 等多种。

MOSLM 主要的缺陷是对读出光能利用率比较低。MOSLM 的这一限制,是由于它本质上是一个二元器件,每个像素只有两个状态可供选择,不能进行多灰阶操作。目前有各种方法弥补这一缺陷[6-3,6-4]。

MOSLM 已在光学模式识别、白光信息处理、图像编码、光互连和可编程光学器件等方向得到应用。

6.5 表面形变空间光调制器

表面形变(deformable surface)空间光调制器的面型可以在写入信息的控制下发生变化,读出光在其表面反射或透射时受到相位或振幅调制。用作形变材料的物质多种多样,例如热塑材料、弹性材料、液体、塑料或金属薄膜、玻璃薄膜板和电致伸缩材料等。除光导热塑和油膜等少数器件工作在透射模式外,大多数表面形变空间光调制器以反射模式工作。近期发展起来的变形反射镜器件(Deformable Mirror Devices,简写 DMD),则是采用连续的反射镜薄膜或分立的反射镜工作。表面形变器件多数以静电力产生形变的驱动力,少数利用电致伸缩效应或机械作用产生驱动力。

表面形变空间光调制器的品种繁多,各种器件往往根据所用材料或工作模式来命名。有人采用表面形变分布和驱动力分布是连续的还是分立的来分类,把这种器件分成[6-3]连续-连续型器件、连续-分立型器件和分立-分立型器件三类器件。也有人采用形变材料或工作模式来区分,也分成三类[6-4]:弹性体器件、薄膜器件和悬臂梁式器件,如图 6-5-1 所示。这里仅以两个实例,介绍这类器件的特点。

6.5.1 G-E 表面形变空间光调制器

这种空间光调制器是由瑞典 Neuchatal 大学与 Gredag AG. Eidophor 公司合作开发的。前面加上"G-E"是为了避免与整个这类器件混淆。器件结构如图 6-5-2 所示,它是一种光学寻址空间光调制器。它采用凝胶层作为形变弹性体。凝胶在电场作用下,可发生形变,形变程度与电场平方成正比。棱镜的作用是保证读出光束能以大于全反射临界角的角度入射,从而在胶层与空气的界面发生全反射。靠近光电导体的阻挡层的作用是进一步消除残余的读出光与写入光间的串扰。

该器件的工作原理简述如下:在透明电极和栅状电极之间施加适当交变电压(一般为 200~300 V,频率为 50~100 Hz)以后,凝胶层靠近空气隙的表面发生形变,形成表面浮雕光栅。加交变电压的作用是防止形变随时间衰减。如果没有写入光 I_w 照明,读出光 I_r 经玻璃棱镜和透明电极射入凝胶层,在与空气隙相邻的凝胶层上表面发生全反射。由于表面浮雕光栅的衍射,反射光的能量集中分布在若干个衍射主极大方向上。凝胶表面浮雕光栅一般可近似为余弦相位光栅,由式(5-4-48)可知第 m 级主极大的光强为

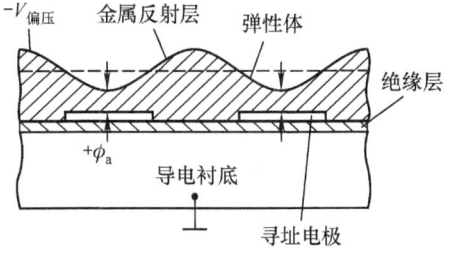

(a) 弹性体器件

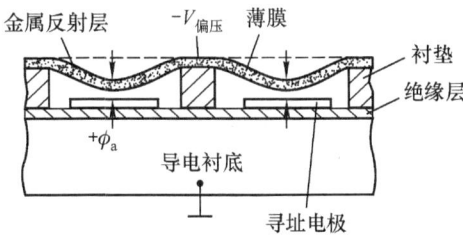

(b) 薄膜器件

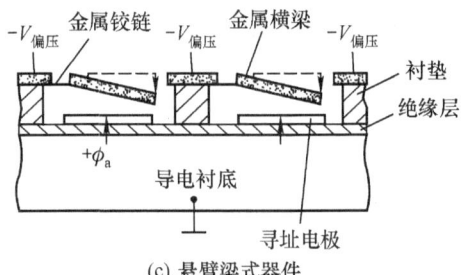

(c) 悬臂梁式器件

图 6-5-1　表面形变空间光调制器种类

$$I_m(a) = I_o J_m^2 \left(\frac{4\pi}{\lambda} na\cos\alpha \right) \qquad (6-5-1)$$

式中，J_m 为第 m 阶贝塞尔函数；$2a$ 是光栅形变幅度的峰峰值；n 为凝胶折射率；λ 为读出光波长；α 为读出光在胶层中的入射角。与式(5-4-48)相比，多出两个因子：折射率 n 和倾斜因子 $\cos\alpha$。可见第 m 级衍射光的强度将随光栅形变幅度 a 而变。当写入光束 I_w 以图像光强分布的形式照明光电导层时，光电导层的电阻也会产生不同程度的变化(减小)，使电极上的电压也发生程度不同的变化。写入光图像中光强越大的区域，电压下降越多，从而表面形变幅度变得越小，浮雕变得越平滑，读出光束衍射后就变得越弱。相反，写入光图像光强越小的区域，电压下降越小，表面变形的幅度减小得越不明显，衍射光强仍然较强。输出光束 I_o 通常都设法只利用光栅的某一级衍射，方法是在频谱面上放置小孔光阑，滤除零级和其他衍射级。这样就得到了按写入光图像调制的输出光束。不过输

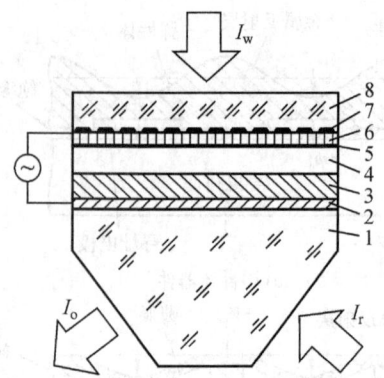

图 6-5-2　G-E 表面形变空间光调制器结构示意图
1—玻璃棱镜；2—透明电极；3—胶层；4—空气隙；5—阻挡层；
6—光敏电阻层；7—栅状电极；8—玻璃衬底

出光的像是对比度反转的"负像"。

该器件的性能如下[6-19]：白光写入时，写入灵敏度的典型值为 0.3 mW/cm^2，对比度约为 40∶1，水平（垂直于电极栅方向）分辨率为 4 lp/mm，垂直分辨率为 10 lp/mm，器件响应速度较快，上升和下降时间均为 10 ms，其孔径为 30 mm × 50 mm，并具有良好的光学均匀性。它最初在大屏幕投影电视中用作光放大器，在相干光学信息处理系统中用作非相干-相干光转换器和信息处理器件。

6.5.2　数字微反射镜空间光调制器

数字微反射镜器件（Digital Micromirror Device，简写 DMD）是在变形镜器件特别是变形镜光阀的基础上发展起来的。它是大规模集成电路技术、微机电系统（Micro-electrical-Micromachanic-systems，简写为 MEMS）技术和微光学（micro optics）技术三者结合的典型产物之一。它是用硅基片的 RAM 存储阵列控制同一基片上的硅微镜阵列反射而成像的二维空间光调制器。

图 6-5-3 所示为 DMD 单元结构。采用大规模集成电路标准 CMOS 工艺制作好静态 RAM 存储器阵列，每个单元中 RAM 上都有两条寻址电极和"着陆平台"（landing pads），其上有立柱支撑、并由铰链连接的可转动微反射镜覆盖。支撑柱用聚合物，铰链和反射镜用铝箔制成。采用光刻—淀积—刻蚀等微机电制作技术加工成二维阵列。每个镜面的尺寸为 16 μm × 16 μm，总面积为 37 mm × 22 mm，像素为 2 048 × 1 152。

器件工作时，在反射镜上加负偏压，一个寻址电极上加 +5 V（数字"1"），另一寻址电极接地（数字"0"），这样就形成一个差动电压，产生一个力矩，使反射镜绕扭臂梁旋转，直到接触"着陆平台"为止。由于"着陆平台"的限制，使镜面

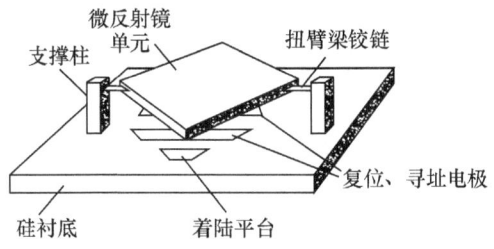

图 6-5-3 DMD 单元结构示意图[6-19]

的偏转角度 θ 保持一定值($\pm 10°$),且在 DMD 整个面积上有很好的一致性。在扭矩的作用下,反射镜将一直锁定于该位置上,不管它下面的存储器的数据是否变化,直到复位信号出现为止。这样,每一单元都有三个稳态 $\theta = +10°$、$\theta = 0°$ 和 $\theta = -10°$。$\theta = 0°$ 对应于无寻址信号(两个寻址电极电压均为 0)的情况。

DMD 作为非相干光调制器,用于数字投影成像系统,是说明其工作原理的很好实例。如图 6-5-4 所示,光源发出的光束与光学系统光轴的夹角为 $2\theta = 20°$。当某一像素的反射镜 $\theta = -10°$ 或 $\theta = 0°$ 时,反射光不能通过投影物镜。当该像素被寻址电极电压驱动,使反射镜偏转 $\theta = +10°$ 时,它反射的光束刚好沿光轴方向通过投影物镜成像在屏上,此状态称为"开启"("ON")。反之,$\theta = -10°$ 时,DMD 的状态称为"关闭"("OFF")。DMD 一般由视频数字信号

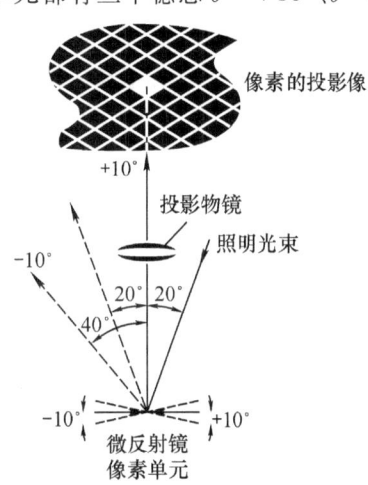

图 6-5-4 DMD 在数字投影成像系统中的工作原理[6-19]

驱动。在每一帧的时间内,某一像素处于两种状态的占空比,决定了该像素的灰阶,也就是说,灰阶是由入射光的二元脉冲宽度调制实现,人的眼睛在把这一"数字"图像翻译成"模拟"图像。一般灰阶数为 $2^8 = 256$。颜色则通过两种方式加到图像中去,一个方法是在照明光路中加一个由 R、G、B 三原色滤色镜构成的调色盘,它与视频信号严格同步,在每一帧的时间间隔内转一圈,在各色盘范围内再分别用像素 ON/OFF 的占空比调节 R、G、B 的强度比,从而在一帧的时间间隔内合成所要求的颜色。由于每种颜色的灰阶都是 8 bit(即 256 种),总共可产生 256^3 ($\approx 1\,600$ 万)种不同颜色。

6.6 自电光效应器件空间光调制器

半导体多量子阱(MQW)结构具有许多特性,例如很强的电光特性、很快的响应速度,非线性光学特性,可采用微电子技术制作并与微电子器件集成等。目前,半导体 MQW 结构已成为制作电光空间光调制器的极具生命力的材料。利用半导体材料 MQW 结构已经开发了多种电光调制、电吸收、自电光效应、声光空间光调制器,其中自电光效应器件(Self-Electro-optic-Effect Devices,缩写 SEED)是最具生命力和代表性的典型例子。

某些半导体材料对特定的频率的光子的吸收率随外电场而改变,这种现象称为电吸收效应。当光子能量接近材料的能隙宽度时,电吸收效应尤为明显。在半导体材料中,吸收率随外电场变化的灵敏度比较低。但在量子阱结构中吸收率随外电场变化具有很高的灵敏度。所谓多量子阱结构,是由两种不同半导体材料薄膜重叠交替而构成的。常利用分子束外延技术交替生长 GaAs 和 GaAlAs 薄膜数十层,每层薄膜厚度约为 10 nm,总厚度不到 1 μm。这些薄膜层起到束缚电子-空穴对的作用,称为量子阱。尺寸这样小的量子阱结构中,呈现明显的吸收峰,在垂直于薄膜表面的外电场作用下,吸收峰的位置会向低光子能量(即长波长)方向移动,造成对固定能量光子(即固定波长)的吸收率变化。但吸收峰移动时,其强度没有明显降低。故量子阱材料的电吸收效应有很高的灵敏度。这种现象称为量子限制斯塔克效应(QRSE)。

在 p 型-本征型-n 型(pin)半导体光电二极管的本征层中布置多量子阱结构,即构成了 SEED。它不仅具有明显的吸收峰和量子限制斯塔克效应,而且还同时具有光电效应。在 SEED 上加反向偏置电压,当用某一波长的单色光照射它时,便会产生光电流 I_p,如图 6-6-1 所示。这一光电流将影响外电路端电压,从而改变 SEED 的偏压大小。而偏压的变化又改变了 MQW 内的电场强度,进而引起吸收率的变化。当然,吸收率的变化又将改变光电流的大小,继而又改变偏压、电场强度、吸收率……由此可见,SEED 是一种具有电光交替反馈过程的器件,故得名自电光效应器件。

当照明光光强变化或偏置电压、外电路电流改变时,都会产生上述反馈过程。适当配置外电路,可出现正反馈过程,也可出现负反馈过程。出现正反馈时,SEED 可实现光学双稳、电学双稳、光电振荡等功能;出现负反馈时,SEED 可实现电寻址或光寻址的自线性化光强调制,即用于空间光调制器[6-3],[6-4],将 SEED 做成阵列形式并布设寻址电极,则构成空间光调制器。

SEED 空间光调制器的突出优点是灵敏度高、功耗小、速度快,其开关能量可达 1 pJ,而理论上可达 fJ,响应时间已达 100 ps,理论上可短到 1 ps。

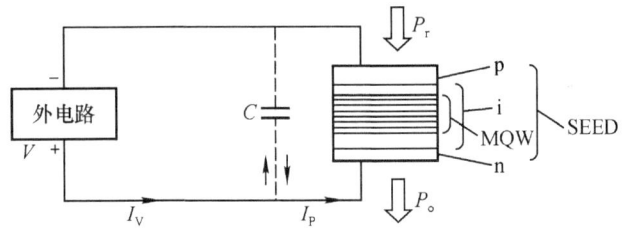

图 6-6-1 SEED 单元结构及工作电路

面阵 SEED 已实现 256×256 像素，但其对比度还不够高，目前只达到 10:1 [6-3],[6-4],[6-20]。

习 题

6.1 置于两正交偏振片中的垂直排列液晶盒，在电控双折射效应中，电压 $V = V_c$ 时透过率最大，试从双折射和干涉角度说明此时对应何种情况，为什么透过率最大。

6.2 分析 P 型 45°扭曲液晶盒在混合场效应中，液晶分子指向矢的变化是如何改变液晶双折射的，说明为什么最后能生成椭圆偏振光。

6.3 在利用混合场效应时，为什么采用 45°扭曲液晶盒，而不采用 90°扭曲液晶盒？

6.4 试写出 KDP 晶体的线性电光系数矩阵、在外电场 $E = E_x i + E_y j + E_z k$ 作用下 $\eta_{ij}(E)$ 的各分量及其折射率椭球方程。

6.5 试写出外电场 E 与 KDP 晶体 z 轴方向平行时的折射率椭球方程，并证明其变成双轴晶体，写出此时的三个主折射率 n'_x、n'_y 和 n'_z。

6.6 试写出外电场 E 与 KDP 晶体 x 轴方向平行时的折射率椭球方程，并证明其晶轴发生旋转，从而变成了双轴晶体，并写出此时的三个主折射率 n'_x、n'_y 和 n'_z，说明 n'_y 和 n'_z 近似与 E_x^2 成正比。

6.7 设 MOSLM 将线偏振光的偏振方向分别旋转 $-45°$ 和 $45°$，作为数字"0"和"1"的输入。

(1) 描述如何利用 MOSLM 实现二进制相位滤波器功能。

(2) 如果 MOSLM 仅旋转 $-9°$ 和 $9°$，此相位滤波器的强度透过率是多少？（提示：使用马留定律）

6.8 在使用 MOSLM 时是否需要使读出光的偏振方向与 MOSLM 的某一特定轴方向一致？为什么？

第7章 光信息存储技术

7.1 引 言

随着社会的进步、生产和科学技术的发展,需要存储、传输、处理和利用的信息量在急剧增加,这对信息存储技术也提出了越来越强烈的要求。信息从信息源传输到受众,是通过信道传输的。图7-1-1是信息传输方框图。图中将"存储"作为传输通道的终端之一,实际上已存储的信息又可作为下一轮传输的信息源。此外,在信息传输链路中,由于各个环节的速度可能不相同,还需要存储器作为中间的环节。因此存储也可以看成是信息传输过程中具有延时和中继功能的重要一环[7-1]。人的大脑作为信息的最终归宿,据研究,存储容量在 10^{15} bit 以上,迄今为止还没有任何单个存储器件能够超过。

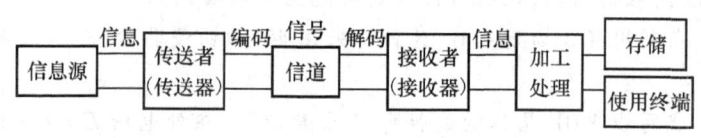

图 7-1-1　信息传输方框图

人们对存储器件性能的要求,首先是容量(或密度)以及写(存)和读(取)数据的传输速率,存取等待时间,持久性(包括使用期和保存期),误码率和噪声特性,符号间干扰和串扰,可否直接重写,非破坏性读出和选择性擦除,功耗和热耗散要求,等等;对于包括存储器件在内的整个存储系统,还要考虑系统可靠性或平均损坏时间,是否可拆卸。此外器件和系统的成本也是不可忽视的因素。

在当今的计算机系统中,存储器的性能与处理器相比是落后的。若把建立地址的时间包括在内,从响应最快的高速缓存器(静态随机存取存储器 SRAM)存取一次数据也要花费计算机的几个时钟周期。若把所有要用到的数据都保存在最容易读写的位置——处理器芯片中,成本太高。因此计算机系统都采用存储器分级结构:紧靠处理器的寄存器和高速缓存器寻址最快,等待时间最短,但每兆字节容量的成本也最昂贵。芯片外的主存储器(通常是动态随机存取存储器 DRAM)较便宜,因而能做成大容量的器件。各种磁盘、磁带技术与相应的驱动器相结合,可以实现更大的存储容量,也称为海量存储设备(mass storage)。这些远离处理器的外存储器件容量大,价格低廉,但由于它们的机械运动属性,存取等待时间长,数据传输速率低。

随着社会的进步,传统的存储信息的媒质(如纸张、磁体)已不能完全满足需要。

当前的趋势是对图像和声音的处理及通信的需求日益高涨(即所谓"多媒体革命"),全球计算机网络(例如万维网)的广泛采用,以及娱乐、教育和计算机工业的结合。用于数字图书馆、医学成像、运动画面产生和发行以及多媒体教育和训练等对存储器件的需求,形成庞大的存储产品市场[7-2]。如此迫切的需求推动了信息存储各个领域的研究和发展。光存储的技术也应运而生,并迅速发展成为信息技术中的一个支柱产业。

人的信息来源是通过视觉、听觉、触觉等感觉器官直接或间接从信息源获取。其中以光为信息载体的视觉信息色彩纷呈,又可包含大视场、大景深的快速运动图像,其信息丰富的程度远远超过其他的信息获取方式,因而成为人类的主要信息来源。远古的人类就知道利用光来快速传递信息,例如我国商周时代就有"烽火戏诸侯"的故事;但是在很长的时期内,人们存储信息的方式一直局限于直接保存包含信息的实物(如结绳计数)或符号(如各种形式的书籍文字)。直到 150 多年前发明照相术,才真正开始了用光学方法存储信息的时代。

照相术通过光诱导乳胶中物质的光化学反应,改变乳胶局部透过率,从而实现信息的存储。由光学照相术发展而来的缩微照相术,由于能够高保真度地存储高分辨率图像,其保持文物、古籍等物品原貌的能力无可替代,在今天的海量信息存储领域仍然占有重要的位置。但是这种存储技术需要复杂费时的湿法后处理,作为一种"离线"读写方式,难于像磁盘、光盘一样与现代通信设备以及计算机联机,因而在扩大信息交流方面存在限制。

当前,光学存储主要指与计算机和其他通信系统联机的海量存储技术。与传统的磁性存储技术相比,光学存储有以下特点:

(1) 存储密度高。理论估计,光学存储的面密度为 $1/\lambda^2$ 的数量级,其中 λ 是用于存储的光的波长。光学方法可以寻址记录材料的整个体积,存储的体密度可达 $1/\lambda^3$ [7-3]。按 $\lambda = 500$ nm 计算,存储密度为 1 TB/cm^3 的数量级。若同时在大量可分辨的窄光谱凹陷中进行记录,存储密度还可提高 1~3 个数量级,这是当前任何其他数据存储技术所无法匹敌的。

(2) 并行程度高。由于光束可以携带图像即二维数据页,通过对照明光束波面的二维调制,光学存储器件能广泛地提供并行输入/输出和数据传输。

(3) 抗电磁干扰。外界电磁干扰的频率都远远低于光频,因此光不受外界电磁场的干扰,不同光束之间也很难互相干扰。

(4) 存储寿命长。磁存储的信息一般只能保存 2~3 年。而只要光存储介质稳定,寿命一般在 10 年以上。

(5) 非接触式读/写信息。用光读写,不会磨损和划伤存储体,这不仅延长了存储寿命,而且使存储体可以自由拆卸、移动和更换,因而可以做成真正海量的存储器。

(6) 信息价格位低 由于光学存储密度高,其信息价格位可比磁记录低几十倍。

由于这些优点,使得自从激光器发明以来,光学存储技术就一直受到人们的关注。

从原理上讲,只要材料的某种性质对光敏感,在被信息调制过的光束照射下,能产生物理、化学性质的改变,并且这种改变能在随后的读出过程中使读出光的性质发生变化,都可以作为光学存储的介质。光学存储按存储介质的厚度可分为面存储(二维存储)和体存储(三维存储),按数据存取的方式可分为逐位存储(又称光学打点式存储)和页面并行式存储,按鉴别存储数据的方式可分为位置选择存储和频率选择存储等。目前最普遍、最成熟的光学存储技术是光盘存储,正在发展中的技术还有很多种。本章首先介绍光盘存储技术及其发展趋势,然后介绍超高密度光存储的几种备选技术,重点讨论光全息存储技术的原理、优点和应用,并对频域光存储技术略加介绍。

7.2 光盘存储[7-4]

激光具有高度的单色性、方向性和相干性,经聚焦后可在记录介质中形成极微小的光照微区(直径为光波长的线度,即 $1~\mu m$ 以下),使光照部分发生物理、化学变化,从而使光照微区的某种光学性质(反射率、折射率、偏振特性等)与周围介质有较大反衬度,以实现信息的存储。这就是光盘存储的原理。在信息的"写入"过程中,通常使写入激光束的强度被待存储信息(模拟量或数字量)所调制,而记录介质上有无物理、化学性质的变化代表了信息的有无。在信息的"读出"过程中,用低强度的稳定激光束扫描信息轨道,随着光盘的高速旋转,介质表面的反射光强度(或其他性质)随存储的信息位而变化。用光电探测器检测反射光信号并加以解调,便可取出所需要的信息。光盘是在衬盘上淀积了记录介质及其保护膜的盘片,在记录介质表面沿螺旋形轨道,以记录斑的形式写入大量的信息位(参见图 7-2-1),因此光盘是按位存储的二维存储介质。第一代光盘(Compact Disk,CD)记录轨道的密度可达 1 000 道/mm 数量级,这种类似光栅的结构使光盘在白光照明下呈现绚丽的彩色。

光盘存储除了具有存储密度高、抗电磁干扰、存储寿命长、非接触式读/写信息以及信息位价格低廉等优点外,还具有信息载噪比(CNR)高的突出优点。载噪比是载波电平与噪声电平之比,以分贝(dB)表示。光盘载噪比均在 50 dB 以

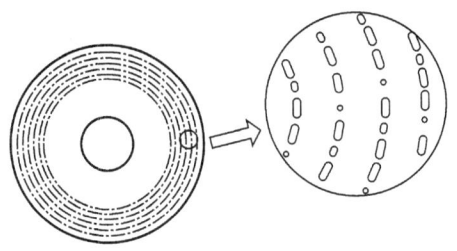

图7-2-1 光盘记录斑示意图

上,且多次读/写后不降低。因此,光盘多次读出的音质和图像清晰度是磁带和磁盘所无法比拟的。另外,光盘的信息传输速率也比较高。现有的光盘每一通道数据速率可达 50 Mb/s 以上,通过改进光学系统和选择适当的激光波长,还可以提高数据速率。

1. 光盘的类型

作为计算机系统外部设备的数字光盘存储技术,按其功能划分主要有以下四种。

(1) 只读存储光盘(Read Only Memory, ROM)

只读式存储光盘的记录介质主要是光刻胶,记录方式多数采用经声光调制的聚焦氦离子激光,将信息刻录在介质上制成母盘(参见图7-2-2),然后进行大量模压复制。由于制作工艺和设备的限制,这种光盘只能用来播放已经记录在盘片上的信息,用户不能自行写入。CD只读、CD音像和LV都属此类。配备了CD-ROM驱动器的微机,也可读取大量光盘中存储的软件和多媒体信息。

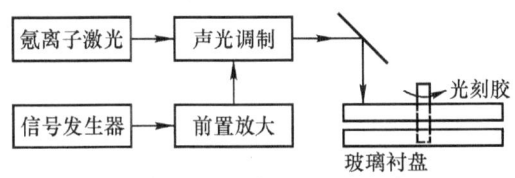

图7-2-2 只读光盘记录示意图

(2) 一次写入光盘(Write Once Read Memory,缩写为 WORM;或称 Direct Read After Write,缩写为 DRAW)

一次写入光盘利用聚焦激光在介质的微区产生不可逆的物理和化学变化写入信息。这类光盘具有写、读两种功能,用户可以自行一次写入,写完即可读,但信息一经写入便不可擦除,也不能反复使用。它特别适合于文档及图像的存储和检索。

为了保证光盘能被用户写入,实现写后即读(DRAW),记录的数据能够实时加以检验,一次写入光盘上应有的地址码(信道号、扇区号及同步信号等)都以标准格式预先刻录并复制在光盘的衬盘上。光盘的存储介质应当是不需经过中间处理的类型。除了分辨率高、对比度高、抗缺陷性能强等对光盘存储介质的共同要求外,一次写入光盘还要求介质具有较高的记录灵敏度和较好的记录阈值,并且存储介质的力、热及光学性能应与预格式化衬盘相匹配。

一次写入光盘的写入过程主要是利用激光的热效应,其记录方式有烧蚀型、起泡型、熔绒型、合金型、相变型等很多种。目前一次写入光盘已经实现商品化。

(3) 可擦重写光盘(Rewrite,或 Erasable – DRAW 即 EDAW)

这类光盘除用来写、读信息外,还可将已经记录在光盘上的信息擦去,然后再写入新的信息;但写、擦是分开的两个过程,需要两束不同的激光和先后两个动作才能完成,即先用擦激光将某一信道上的信息擦除,然后再用写激光将新的信息写入。这种先擦后写的两步过程限制了数据的存取时间和传输速率,因而尚未应用到计算机系统的主内存即随机存取存储器(Random Access Memory,RAM)。但是,用这类光盘可以代替磁带,用在海量脱机存储和图像数字存储方面。

可擦重写光盘是利用记录介质在两个稳定态之间的可逆变化来实现反复的写与擦。光盘可擦重写技术的关键是解决新的存储介质材料。经过多年的努力,已在磁光型(热磁反转型)存储材料上得到突破而获得实用化。

磁光型存储介质具有磁各向异性,在垂直于薄膜表面方向有一易磁化轴,产生垂直磁记录磁畴。在写入信息之前,用一定强度的磁场 H_0 对介质进行初始磁化,使各磁畴单元具有相同的磁化方向。

写入时,磁光读/写头的脉冲激光聚焦到介质表面,光照微区温度升至居里温度(T_c)或补偿温度(T_{comp})时,净磁化强度为零(退磁)。此时通过读/写头中的线圈施加一反偏磁场,使微斑反向磁化。而介质中无光照的相邻磁畴,仍保持原来的磁化方向,从而实现磁化方向相反的反差记录。

读出时,利用克尔磁光效应来检测微区磁畴的磁化方向,从而实现信息的读出。克尔磁光效应是克尔(Kerr)在 1877 年发现的。当线偏振光入射到磁性介质时,反射光束的偏振面会发生旋转,这个旋转角称为克尔角。若用线偏振光扫描录有信息的信道,光束经过磁化方向"向上"的微斑的反射,反射光的偏振方向会绕反射线右旋一个角度 θ_k。反之,若扫到磁化方向"向下"的微斑,反射光的偏振方向则左旋一个 θ_k,以 $-\theta_k$ 表示,如图 7-2-3 所示。实际读出时,将检偏器调整到使与 $-\theta_k$ 对应的偏振光为消光位置,来自下磁化微斑的反射光不能通过检偏器到达探测器,而从上磁化微斑反射的光束则可通过 $\sin(2\theta_k)$ 的分量,探测器便有效地读出了已写入的信号。目前磁光盘的克尔角数值不大,一般只有零点几度。要获得较高的信噪比,必须进行大 θ_k 角材料的研究。

擦除时,用原来的写入光束扫描信息道,并施加与初始 H_0 方向相同的偏置

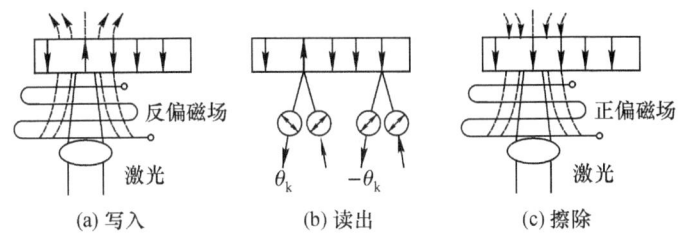

图 7-2-3 磁光光盘的原理

磁场,则微区磁畴的磁化方向又会恢复原状,从而擦除了原有的信息。由于磁畴磁化方向翻转的速率有限,故磁光光盘一般需要两次操作来写入信息,第一次是擦除原有轨道上的信息;第二次是写入新信息。

(4) 直接重写光盘(Overwrite)

前面介绍的可擦重写磁光盘,在记录信息时往往需要两次动作,即先将信道上原有的信息擦除,然后再写入新的信息。这可以用一束激光的两次动作完成,也可用擦除光束和随后的写入光束配合完成。无论采取哪种方式,都将限制光盘数据传输速率的提高。目前光盘存储技术的研究热点,一是提高可擦重写光盘的性能;二是研究直接重写光盘。直接重写光盘可用一束激光、一次动作录入信息,也就是在写入新信息的同时自动擦除原有信息,无须两次动作。显然,这种光盘能够有效地提高数据传输率,有希望应用到计算机系统的随机存取存储器。

实现直接重写的可能途径之一,是利用激光束的粒子作用,在极短的时间内使介质完成快速晶化。这种光致晶化的可逆相变过程可以非常快。当擦除激光脉宽与写入激光脉宽相当时(20~50 ns),相变光盘可进行直接重写,从而大大缩短了数据的存取时间。近年来,国内外的大量研究工作都围绕着降低擦除时间(加快晶化速度)、提高晶态和非晶态的反衬度以及多次擦除中材料稳定性等方面进行。

2. 光盘存储器

光盘存储器是在光盘已经设计定型、各项性能参数都已确定的情况下,特定盘片的驱动器。光盘读取和检索信息的功能,要靠光盘驱动器实现。实用的光盘驱动器虽然小巧紧凑,却是光、机、电相结合的高技术产物。它包括提供高质量读出光束和引导检索出的光信号的精密光学系统、产生信息读出信号、再现盘片格式化地址信号、检测光盘聚焦误差信号和跟踪误差信号的电子学电路,以及实现光束高精度跟踪的伺服控制系统。

这里简要介绍光盘存储器的光学系统。各类光盘存储器的光学系统大体相似,都采用半导体激光器作光源,光学头及光学系统或采用一束激光一套光路进行信息的写/读(如只读存储器及一次写入存储器);或用两个独立的光源、配置两套光路，一套用来读/写；另一套用来擦除（如可擦重写存储器）。直接重写式相变光盘存储器，在信息写入的同时自动擦除原有信息，因而也只需一束激光、一套光路完成全部读、写、擦功能，故可以和一次写入存储器兼容以便制成多功能相变光盘存储器。

光学系统是围绕着以下几方面配置的：从半导体激光器发出的激光一般都有较大的发散角，为了更有效地利用光能量，首先要把半导体激光器中发出的发散光束准直成平行光束。半导体激光束的截面为椭圆，需要经过整形变成圆光束，才能最后在光盘上聚焦成圆光斑，满足读/写的要求。要采取措施使沿同一光路传输的入射到光盘的光束和从光盘反射回来的光束不致发生干涉。要防止光盘表面的反射光进入到激光器，否则会在激光输出中增加显著的噪声。由于写/读光束和擦除光束都是用同一个物镜聚焦在光盘上，因此，要高效地将经过准直以后的写/读光束和擦除光束耦合到同一光路中。

根据光盘存储介质的不同，其光学系统大致可分为单光束光学系统和双光束光学系统两类。单光束光学系统适合于只读光盘和一次写入光盘，具备信息的写/读功能。对于直接重写相变光盘原则上也可使用，只是激光器的功率及脉冲要求不同，因而激光器的驱动电路也不同。图 7 – 2 – 4 给出其主要部分的示意图。

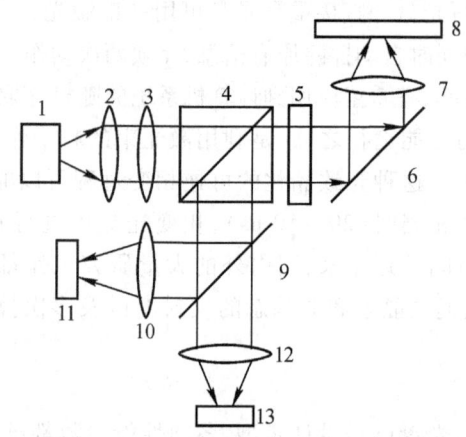

图 7 – 2 – 4 单光束光学系统的光路示意图

1—光源（半导体激光器）；2、3—透镜；4—偏振分束器；
5—四分之一波片；6—反射镜；7—聚焦物镜；
8—光盘；9—分束镜；10—透镜；11—读出探测器；
12—透镜；13—聚焦、跟踪误差探测器

双光束光学系统（如图 7 – 2 – 5 所示）用于可擦重写光盘。器件 1 ~ 8、10 ~ 13 构成写/读光路，器件 14 ~ 19、5 ~ 8、20 ~ 21 构成擦除光路。一些关键器件的作用如下：5 是二向色反射镜，为一干涉滤光镜，只反射特定波长的入射光；11 是刀口,将从光盘反射回来的激光分割为两部分,分别进入探测器 12 和 13,得到读出和聚焦、跟踪误差信号;18、19 是一对正、负柱面透镜,改变光束为椭圆截面,以利擦除;17 是偏振分束器;1 是写/读激光器(0.83 μm);14 是擦除激光器(0.78 μm)。

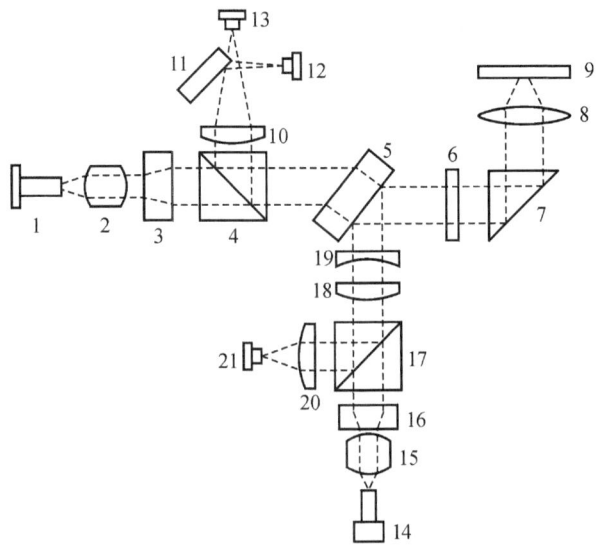

图 7-2-5 双光束光学系统的光路示意图

3. 光盘存储技术的进展[7-5,7-6]

上述 CD 系列光存储技术被称为第一代光盘技术,其主要特点是应用 GaAlAs 半导体激光器为读取和记录光源,其激光束波长在 780～830nm 之间。随后出现的 DVD(Digital Versatile Disk)光盘及其读/写技术则被称为第二代光盘技术,其主要特点是以 GaAlInP 半导体激光器为光源,激光波长在 630～650nm。随着对数据容量的需求越来越大,以及短波长激光二极管(GaN 蓝绿色激光器)的研制成功,发展了以蓝光技术为特征的第三代光盘存储技术,包括 BD(Blue-Ray Disk 蓝光盘)方案和 HD-DVD (High Density Digital Versatile Disk)方案。相对于 CD 和 DVD 光盘系列,HD-DVD 和 BD 具有更高的面存储密度和数据传输速率。这三代光盘技术的主要参数指标见表 7-2-1。

在光盘存储中,由于受衍射极限的限制,焦点处记录斑直径与激光波长 λ 成正比,与聚焦系统的数值孔径(NA)成反比,空间分辨率为 $\lambda/(2NA)$ 量级。在光盘产品的发展历史中,从 CD 光盘到蓝光光盘,沿用了一条通过缩短激光器波长、增大数值孔径来减小记录斑尺寸和提高存储容量的技术路线。但是随着 $\lambda/(NA)$ 值的降低,聚焦激光斑的焦深迅速减小,对盘片的抖动和倾斜更敏感,对盘片厚度均匀度要求更高,这些因素对光学系统的容差和伺服系统提出了更严格的要求,需要具有更精密的盘片制造设备和更高的复制工艺。因此,单纯依靠压缩记录光斑尺寸来提高光盘存储容量已经接近了极限。为了在二维光存储和衍射极限的范畴内进一步提高光盘的存储容量,可以采用多阶技术、多波长技术等将蓝光技术进行扩展。

表 7-2-1　CD、DVD、HD-DVD 和 BD 的性能与参数对比

参　　数	CD	DVD	HD-DVD	BD
容量/GB	0.65	4.7	15	25
激光波长/nm	780	650	405	405
数值孔径	0.45	0.6	0.65	0.85
数据记录点大小/μm	1.74	1.08	0.62	0.48
道间距/μm	1.6	0.74	0.46	0.32
数据传输速率/(Mb/s)	1.44	10	13	36
光学头工作距离/mm	1.2	0.6	0.6	0.1

多阶技术是指在一个记录单位的空间上可以记录多于 1 位(2 阶)的灰阶信息。常规光盘可以认为记录的是聚焦激光束的有无,所以一个记录斑(信息符)只能记录 1 比特信息。而多阶技术记录的是聚焦激光的强度,故在采用相同波长的激光器、相同数值孔径物镜和相同特性的记录介质的前提下,如果采用常规记录方式时的存储总容量为 C,则多阶存储容量为 $C_n = C\log_2 n$,其中 n 为每个记录斑上可以检测到的信号幅值阶数(灰阶数)。将蓝光与多阶技术相结合可以获得更高的存储容量[7-7]。

彩色多波长存储是由清华大学光盘中心提出的一种能够实现超高密度存储的方法。该技术采用不同敏感波段的单层混合或多层光致变色材料作为记录层,用多种波长激光器通过合光和分光装置实现多记录层的并行读/写,并且可以通过控制记录层的总厚度在焦深之内实现对多个记录层的统一寻址。光致变色反应是一个可逆转化过程,在光子($h\nu_1$)的照射下,光致变色介质由开环态 a 转变为具有与之不同吸收光谱的闭环态 b;而态 b 在另一波长的光($h\nu_2$)的照射下通过光化学反应或者通过热反应再转变为态 a。用这两种稳定状态表示数字 "0" 和 "1",则光致变色介质就能用于数字存储[7-8]。二芳基乙烯是近几年来发展起来的一类优良的有机光致变色材料。清华大学的科学家将三种二芳基乙烯材料混合于同一记录层中进行了三波长光致变色存储的实验。实验表明,三种记录材料间几乎没有串扰产生,但对多波长记录层的制作工艺及非破坏性读出还需要进一步研究。这项技术可有效地提高存储容量和存取速度,为低成本实现高密度光存储提供了新的思路[7-9]。

为了进一步提高光存储的存储密度和容量,可循的途径有两条:一是进一步压缩记录符的尺寸使之突破衍射极限的限制;二是将存储由二维平面扩展至三维空间。下一节中将介绍超衍射极限分辨率的高密度光存储方案。

7.3 超分辨率光存储技术[7-10~7-12]

众所周知,在衍射受限的光学系统中,光束聚焦光斑的直径 d 与光波长 λ 成正比,而与镜头的数值孔径 NA 成反比,即 $d=1.22\lambda/(NA)$。在光盘存储技术中,受信息调制的激光束通过物镜聚焦于光盘存储介质层上,记录点的尺寸也决定于光学系统的这一衍射极限。要提高存储的位密度,就要缩短激光波长和加大物镜的数值孔径。从表 7-2-1 可以看出,从 CD 到 DVD,再到 BD 的发展就沿着这个方向,其容量提高了数十倍。但发展到蓝光光盘之后,再沿这条路线来进一步提高光盘容量的话,将在激光器技术、大数值孔径非球面透镜制作技术、高精度盘片制作技术等诸多方面面临着难以解决的技术问题,因此人们寻求超衍射极限光存储技术。

超衍射极限技术可以通过远场和近场两个途径。

所谓远场是指可以用光传播的衍射理论来描述光场行为的距离范围,对于高密度光存储技术而言,光学头与存储记录介质之间的距离远大于光波长时就称为远场。$d=1.22\lambda/(NA)$ 也正是远场条件下的衍射极限。为了突破这一衍射极限,可以采用光学切趾术(apodization,又称变迹术)。在第 3 章关于光学成像系统的讨论中介绍过,根据阿贝衍射理论,成像系统分辨率对应于其频率响应,并进而由系统的光瞳函数所决定。而根据光学系统的衍射极限的瑞利判据可知,通过压缩艾里斑尺寸可以提高分辨率。例如在相干照明时,如果两个点源的相位相反,可以得到超过瑞利衍射极限的两点分辨率。将同样的概念应用于单个点源的成像,由于在点源形成的艾里斑范围内光场总是相干的,如果在光学系统的孔径上加装光瞳滤波器,改变光瞳函数的复振幅(包括相位和振幅)分布来控制光学系统出瞳的传递函数,可以减小像面艾里斑的尺寸,实现超衍射极限的分辨率,这就是光学切趾术。将这种技术应用到现有光盘的光学头中,可以在不改变物镜的数值孔径或波长情况下减小记录光斑,在理想情况下,能使聚焦光斑缩小 80% 左右,再辅以采用蓝光激光器和改进编码方式,可期望达到 10~15GB 的容量。

光学头与存储记录介质之间的距离小于波长量级的范围称为近场。近年来发展的基于近场光学的高密度光存储,其成像分辨率可以突破衍射极限。近场光学的高密度光存储主要有以下三种方案:

(1) 采用固体浸没透镜的读/写光学头。

(2) 扫描探针显微镜型。

(3) 超分辨近场结构型。

1. 固态浸没透镜技术(Solid Immersion Lens,SIL)

一种典型的近场光学超分辨率技术是通过使用高数值孔径的固体浸没透镜来减小记录光斑的直径。SIL 读/写头结构示意图如图 7-3-1 所示。激光首先由物镜 L_1 会聚,经平切的半球形或超半球形透镜 SIL 聚焦,聚焦在 SIL 底面的光斑通过近场耦合将光能量传输到光盘记录介质上,形成超衍射分辨光斑,实现高密度记录。SIL 可以通过较大的光通量,它与盘片的距离即飞行高度,需保持在近场(亚波长)范围内。聚焦光斑直径随 SIL 的介质折射率及飞行高度的不同而不同。

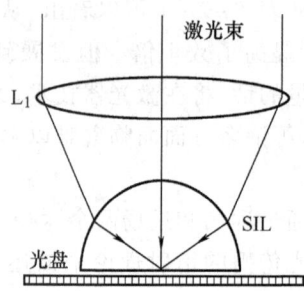

图 7-3-1 SIL 读/写头结构示意图

这种方案理论上可达到的光斑直径为 125nm,相应的存储密度为 $40Gb/in^2$。这种方案系统结构与现行光驱兼容性好,光能量损失小,读/写速度相应得到提高,而且可以利用许多现有光驱制造的相关技术和微细制造技术。因此利用 SIL 进行近场光学存储具有较大的发展前景,被认为是最接近实用化的方案。但是 SIL 的方案也存在它的不足,其记录光斑的尺寸仍然依赖高数值孔径的固体浸没透镜,因而最终还是要受到衍射极限的限制,严格来讲还不是真正的超分辨技术,能达到的存储密度也无法与下面的近场纳米孔径探针及近场结构型技术相比。

2. 孔径探针近场光学存储

近场光学理论研究涉及纳米尺度光波的物理特征与现象,如隐失波的分布、局域场增强、非传播场转换等。可以说近场光学是光学通向纳米科学技术的桥梁。所谓"近场"意味着在纳米距离上进行光信号的操作、存储和探测等。例如近场光学显微术中,传统光学的镜头被纳米孔径光学探针所代替。将纳米孔径探针置于距物体纳米距离内,仅来自于孔径附近纳米局域空间的光信号被收集。当探针在近场区域对样品进行扫描成像时,物体上的纳米特征能够被分辨成像。同样,近场光学技术也可以用于高密度存储。

采用扫描探针显微术(probe scanning microscopy, PSM)原理的光存储技术方案中,纳米孔径探针仍然是其核心元件。将激光束耦合进光纤探针,通过纳米孔径进行记录和读取,如果记录介质距小孔相当近,通过小孔的光便在光盘上形成尺寸与小孔相当的记录点。20世纪90年代已有报道用扫描近场光学显微镜的光纤探针在磁光介质和相变介质上获得60nm的记录点。这些成果显示了近场光学高密度存储的巨大潜力。但这种技术也存在着一些缺点。首先由于光纤纳米孔径探针的效率一般只有10^{-4},光能量损失大,读/写信号微弱,信噪比差。其次,探针与记录介质的纳米间距测控比较难,响应速度较慢。以上问题限制了读/写速度。另一个缺点是光纤探针极易损坏和受到污染,这些都限制了孔径探针近场光学存储方案的发展。

3. 超分辨率近场结构型(Super-RENS)方案[7-11,7-13]

1998年,日本学者提出了一种超分辨近场结构(Super-RENS)光盘,此种技术可以用一般光驱的读/写头,在记录层上写入或读出一个小于光学衍射极限尺寸的记录点,被认为是光学存储技术的一大突破。Super-RENS具有多层膜系,其典型结构如图7-3-2所示。这种结构的巧妙在于在记录层的上方还有一层特殊的掩模层,它是具有三阶非线性双稳态开关特性的薄膜。当聚焦激光照射到与记录介质薄膜有纳米级间距的掩模层时,虽然聚焦光斑的尺寸受衍射极限限制,但高斯光斑中心部分的极高光强与掩模层介质相互作用的结果,使掩模层中产生纳米尺度散射小孔,其作用类似于近场光学显微镜的扫描探针在读/写时的作用,因此也称为孔径层。例如以Sb作为相变材料的孔径层时,可以获得$\lambda/7$的空间分辨率。孔径层的产生使得超分辨衍射极限的光信息存取得以实现。我国科技工作者也在Super-RENS方面做了大量实验,使用扫描电镜(SEM)对相变介质上超分辨记录条件下的结果与用传统相变光盘(CD2R/W)进行对照,证实了Super-RENS的超分辨记录效果。

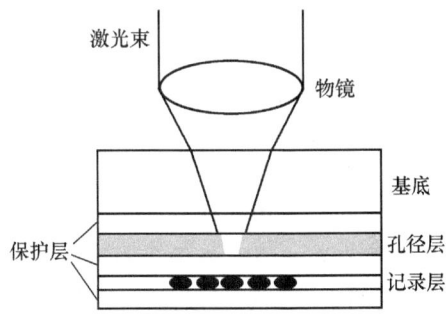

图7-3-2 Super-RENS结构示意图

Super-RENS存储方法的优点是：近场距离固定，因此飞行高度固定且易于控制；近场孔径尺寸可以通过改变到达盘面的激光功率来调整；可以和现有的光盘技术兼容，从而减少开发费用和周期。但是Super-RENS存储方法要求孔径层材料有很强的三阶非线性双稳态开关特性、响应速度快、热稳定好以及低噪声等。仍以Sb作为相变材料的孔径层为例，在250 nm的记录点上获得的信噪比（CNR）仅为20 dB，如果要使原始误码率优于10^{-5}，CNR通常应当高于45dB。目前有很多研究人员在提高CNR，提高热稳定性，寻找合适的孔径层材料以及孔径层的工作机制等方面进行研究。

实验研究表明，近场光学存储密度能达到45Gbit/in^2，比现有光盘技术提高了几个数量级。如果能解决记录机理、速度、材料、信噪比、阈值、系统等问题，近场光学数据存储有可能成为新一代计算机数据存储的重要方法和手段。

和磁盘一样，上述的各种光盘技术都无法将信息存储在材料的整个体积，多层光盘虽然能提高存储容量，但允许的层数毕竟有限。同时，磁盘和光盘的机械运动寻址方式和按位存储的本质，限制了数据传输率的进一步提高。

计算机处理能力的快速增长，以及为了满足多媒体（文本、声音和图像）娱乐和处理对存储容量及传输速率的渴求，导致了对体积光学存储的高度兴趣。为了充分利用存储材料的整个体积以提高存储的体密度和存储容量，有必要将光学存储从平面式的二维光盘存储扩展到体积式的三维存储。

7.4 三维光学存储：双光子存储

将光学打点式存储扩展到三维的一种途径是利用双光子过程。双光子过程指的是：介质中的分子同时吸收2个光子，通过一个虚拟中间态而被激发到高的电子能态。双光子激发过程的速率正比于入射光强度的平方，故两个光子必须在时间和空间上都相互重叠，在光强度极高的光束聚焦区域才能引起双光子吸收。由于到达激发态所需的光子能量为单光子吸收所需能量的一半，因此双光子吸收过程可用红外或近红外激光作光源。同时双光子吸收过程被局限在焦点附近的很小区域（体积为λ^3数量级），随后发生的介质理化特性（包括折射率、吸收率、荧光特性、或材料电特性等）改变也被局限在这个极小的体积范围中，使其具有优越的空间分辨率和空间选择性。

双光子光存储模式主要有双光束双光子写入和单光束双光子写入两种。在双光束双光子存储系统中，两束激光既可以是等能量的光子，也可以是不等能量的光子。两光束通过不同的光路和控制系统，沿不同方向照射并聚焦到材料的同一区域，确定了一个微小的重叠区域。在此区域中发生双光子过程后，材料分子的理化特性发生改变，从而记录了一个信息位。信息仅仅存储在两光束相交的地方,使得三维体积中的任何一点都可以被独立地寻址。这种写入模式的局限性是速度慢、存储体的体积和尺寸受限、写入设备体积庞大而且昂贵难以实用。因此目前的研究工作中普遍采用单光束双光子写入系统,这种系统结构的写入方式较为简单[7-14]。

单光束双光子三维光存储及读取系统如图 7-4-1 所示。高峰值功率的脉冲激光器作为双光子写入和读出光源。写入时,脉冲激光经过滤色、衰减和准直扩束后,由物镜聚焦在存储介质上,扫描台在计算机的控制下,使存储介质在 $x-y$ 平面进行扫描式移动,物镜可在音圈电机控制下在 z 向移动,实现双光子三维光信息存储。读出时,脉冲激光经过滤色、衰减和准直扩束后,通过二向色镜由物镜聚焦于存储介质上进行扫描,存储点发出的荧光作为读出信号返回该光学系统,经分色镜、透镜和小孔光阑进入光电探测器。这是一种反射式共焦扫描读出方式,具有简单的光学系统和较高的轴向分辨率。

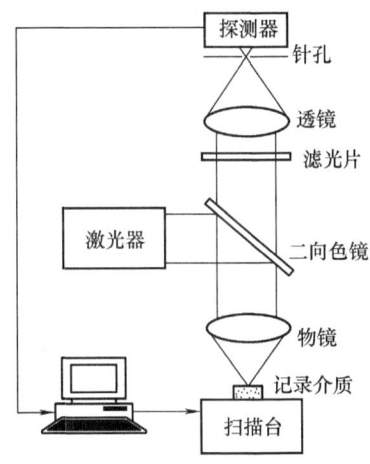

图 7-4-1 双光子三维存储与读出系统示意图

双光子存储不仅可以沿光盘的平面记录信息,还可以沿与光盘表面垂直方向记录数据,同时大大降低光盘中记录层之间的距离,提高记录层的数量。这无疑能大大提高存储的容量。尽管目前双光子存储在实用化的过程中仍然有许多问题需要解决,但在未来巨大潜在需求的影响下,该技术有望获得快速的发展并得到实际应用。但是,这种空间打点式的三维寻址方式难以实现高度并行的无机械运动寻址。特别是,由于材料稳定性和室温寿命的原因,这一技术离实用化还有相当的距离。要寻求一种既能增加存储容量,又能减少存取时间,还能保持较低的信息位价格的海量存储技术,光全息存储则是一条可循的途径。

7.5 三维光学存储:体全息存储

从激光全息术发展的初期,全息图就被看做是有希望的光存储器件。在全息存储器中,物光束经过空间调制而携带信息,参考光束以特定方向直接到达记录介质。不同的数据图像与不同的参考波面一一对应,在两相干光束相交的介质体积中形成干涉条纹。在写入过程中,材料对干涉条纹照明发生响应而产生折射率分布,因而在材料中形成类似光栅结构的全息图。读出过程利用了光栅结构的衍射,用适当选择的参考光(是写入过程中某一参考光的复现)照明全息图,使衍射光束经受空间调制,从而几乎是精确地复现出写入过程中与此参考光相干涉的数据光束的波面。这就是全息图存储信息的基本原理。与已经成熟的磁性存储技术和光盘存储技术相比,全息存储有以下特点和优点:

(1) 高冗余度。以全息图的形式存储的信息是分布式的,每一信息单元都存储在全息图的整个表面上(或整个体积中),故记录介质局部的缺陷和损伤不会引起信息的丢失或误码。这得益于全息图的波面再现性质,是其他任何存储技术所无法具有的。

(2) 高存储容量。三维光学存储的存储容量上限($\sim 1/\lambda^3$)同样适用于全息存储。

(3) 非常高的数据传输速率和很快的存取时间。全息图采用面向页面的数据存储方式,即数据是以页面的形式存储和恢复的。一页中的所有位都并行地记录和读出,而不是像磁盘和光盘那样,数据位以串行方式逐点存取。此外,全息存储器不一定要用磁盘和光盘存储系统中必需的机电式读/写头,而可以用无惯性的光束偏转(例如声光偏转器)、参考光束的空间相位调制或波长调谐等手段,在数据检索过程中有可能进行非机械的寻址[7-15],使寻址一个数据页面的时间小于100 μs,而磁盘系统的机械寻址需要10 ms。

(4) 可进行并行内容寻址。全息存储器可以直接输出数据页或图像的光学再现,这使信息检索以后的处理更为灵活。例如,任何全息存储器通过工作在傅里叶变换域都能够执行相关操作。采用适当的光学系统,有可能一次读出存储在整个全息存储器中的全部信息,或在读出过程中同时与给定的输入图像进行相关,完全并行地进行面向图像(页面)的检索和识别操作。这种独特的性能可以实现用内容寻址的存储器(CAM),成为全光计算或光电混合计算的关键器件之一,在光学神经网络、光互连以及在模式识别和自动控制等应用领域(可以统称为光计算)中有广阔的应用前景。

早在全息术发展的初期,信息的全息存储就引起了广泛的注意。20世纪60年代末发现光折变效应以后,特别是进入80年代,光学计算研究的热潮重新激起人们对全息存储的兴趣,国际上争相在存储方法和存储材料等方面加紧进行研究。持续近20年的体全息存储研究热潮已取得极大的进展,存储容量迅速提高,存储器性能不断改进,高密度全息存储技术正日益走向实用[7-16]。

7.5.1 体全息的基本原理

第5.5节已介绍了体全息的基本原理,并且指出,体全息图再现对于角度和波长具有极苛刻的选择性。当照明光角度稍有偏离,便不能得到衍射像,因而可以以很小的角度间隔存储多重三维图像而不发生像串扰,实现角度复用。本节由布拉格衍射出发,用耦合波理论分析体光栅的衍射效率和选择性,详细介绍大容量体全息存储的原理。

1. 体光栅与布拉格衍射

两束在 $x-z$ 面内传播的平面光波入射到厚度为 d 的感光介质上,在介质内部干涉形成如图5-5-1所示的三维光栅。假设介质内所有光波矢量的模均为 k,参考光和物光束在介质内的光波矢量分别为 k_1 和 k_2,它们与 z 轴的夹角分别为 θ_1 和 θ_2,在介质中形成的干涉条纹面将平分两光束之间的夹角,即 $\theta = (\theta_1 - \theta_2)/2$,而条纹面间的距离为

$$\Lambda = \frac{\lambda}{2\sin\theta} \quad (7-5-1)$$

全息记录的结果,在介质中产生与干涉条纹面相应的折射率和吸收率变化,即体全息图。定义光栅矢量 K,其方向沿条纹面法线方向,即

$$K = k_1 - k_2 \quad (7-5-2)$$

其大小为

$$K = 2\pi/\Lambda \quad (7-5-3)$$

按照三维光栅的衍射理论,为了使连续散射波同相位相加,使总的衍射波振幅到达极大值,则介质内照明光束的波长 λ、照明光束与峰值条纹面之间的夹角 θ 以及条纹面的间距 Λ 三者之间必须满足式(7-5-1),即布拉格定律[式(5-5-3)]。

由此可见,光栅矢量与两个写入光波矢量构成等腰三角形。读出时,入射光波矢量若与两写入光束之一平行,则布拉格条件将自动满足,再现出另一个写入光波。入射光和衍射光的波矢量再次与光栅矢量形成等腰三角形。介质内所有光波矢量的大小均为

$$k = 2\pi/\lambda \quad (7-5-4)$$

以该值为半径作矢量圆,得到如图7-5-1和图7-5-2所示的透射体光栅的 k 矢量图。图中 ϕ 是光栅矢量 K 与 z 轴的夹角,称为倾斜角。这一几何图像对于体光栅的分析很有用处。

当用光波 k_r 在满足布拉格条件($\theta_r = \theta_1$)再现全息图时,衍射角 $\theta_s = \theta_2$,衍射

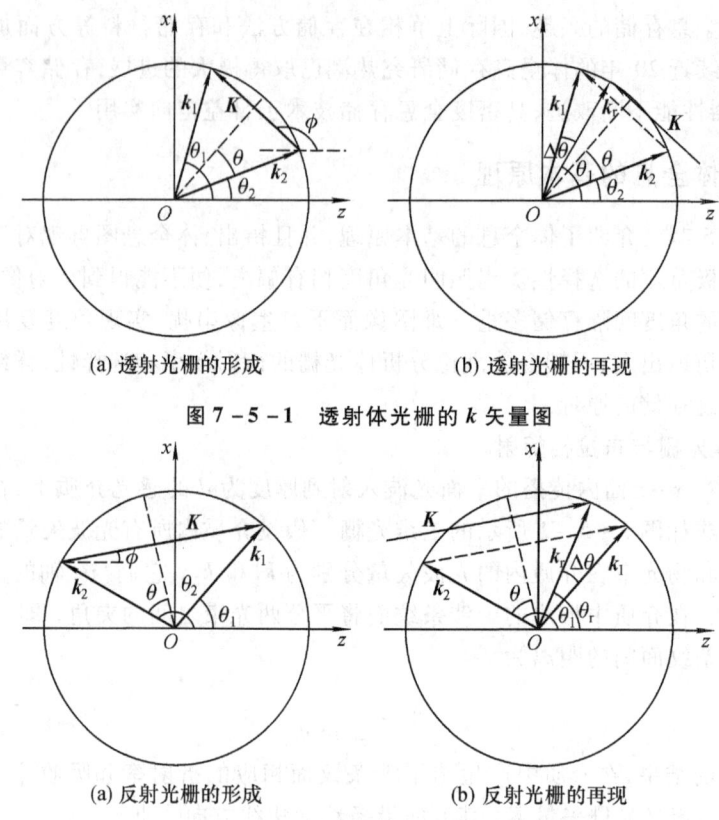

(a) 透射光栅的形成　　　　(b) 透射光栅的再现

图 7-5-1　透射体光栅的 k 矢量图

(a) 反射光栅的形成　　　　(b) 反射光栅的再现

图 7-5-2　反射体光栅的 k 矢量图

光波即为原物光波,此时衍射效率最大。当再现光波偏离布拉格角入射($\theta_r = \theta_1 + \Delta\theta$)时,$\Delta\theta$ 为偏离角[见图 7-5-1(b)、7-5-2(b)],这时衍射效率将随 $\Delta\theta$ 的增大迅速下降。另一方面,当再现光的波长偏离布拉格入射的正确波长,即 $k_r \neq 2\pi/\lambda$ 时,衍射效率也将明显下降。因此,布拉格定律[式(7-5-1)]表明,如果再现光的波长和光栅间距已被确定,则再现光的入射角便唯一确定;或者,如果再现光的入射角和光栅间距已被确定,则再现光的波长便唯一确定。否则,任何违反布拉格条件的角度或波长改变都将导致衍射效率的明显下降。所以体全息具有高的角度和波长选择性。下面用耦合波理论建立三维光栅衍射的数理模型,以便进一步讨论其衍射特性。

2. 耦合波理论

Kogelnik[7-17]首先将耦合波理论用于分析体光栅的衍射。其主要思想是从麦克斯韦方程出发,根据体全息介质记录的空间调制电学和光学常数,直接求解描述照明光波和衍射光波的耦合微分方程组,得到体光栅在布拉格角附近读出时的衍射效率。这一理论广泛用于各种体光栅衍射特性的分析,给出定量的结果。一维耦合波理论基于如下假设：

（1）光栅被恒定振幅的平面光波形成和再现。

（2）介质的介电常数和电导率的空间调制按余弦规律变化。

（3）照明光波以布拉格角或在其附近入射，因此介质内仅出现照明光波和一级衍射光波，而忽略其他所有的衍射级。

（4）在一个光波长范围内光波振幅的变化很小，因此光波振幅的二阶微分也可以忽略。

在图 5-5-1 中取 $x-z$ 平面为入射面，体光栅占据从 $x=0$ 到 $x=d$ 的区域，光栅矢量 $\boldsymbol{K}$ 在 $x-z$ 平面内，倾斜角为 ϕ。根据假设2，介质的相对介电常数 ε_r 和电导率 σ 可以表示为

$$\varepsilon_r = \varepsilon_{r0} + \varepsilon_{r1}\cos(\boldsymbol{K}\cdot\boldsymbol{r}) \qquad \varepsilon_{r1} \ll \varepsilon_{r0} \qquad (7-5-5)$$

$$\sigma = \sigma_0 + \sigma_1\cos(\boldsymbol{K}\cdot\boldsymbol{r}) \qquad \sigma_1 \ll \sigma_0 \qquad (7-5-6)$$

由于介质折射率与介电常数的关系为 $n = \sqrt{\varepsilon_r}$，在介电常数的调制度 $\varepsilon_{r1} \ll 1$ 的条件下，折射率的空间变化可以写为

$$n = n_0 + n_1\cos(\boldsymbol{K}\cdot\boldsymbol{r})$$

式中

$$n_0 = \sqrt{\varepsilon_{r0}}, n_1 = \frac{\varepsilon_{r1}}{2\sqrt{\varepsilon_{r0}}} \qquad (7-5-7)$$

为简单起见，设光沿 y 方向线偏振。由麦克斯韦方程组出发，可以导出光波电场 $\boldsymbol{E}$ 在有吸收介质中满足的波动方程

$$\nabla^2 \boldsymbol{E} - \mu_0\sigma\frac{\partial \boldsymbol{E}}{\partial t} - \mu_0\varepsilon_0\varepsilon_r\frac{\partial^2 \boldsymbol{E}}{\partial t^2} = 0 \qquad (7-5-8)$$

式中，μ_0 和 ε_0 分别是自由空间的磁导率和介电常数。对于频率为 ω 的单色平面光波，可由上式进一步导出电场复振幅 E 满足的亥姆霍兹方程

$$\nabla^2 E + \gamma^2 E = 0 \qquad (7-5-9)$$

式中，$\gamma^2 = -j\omega\mu_0\sigma + \omega^2\mu_0\varepsilon_0\varepsilon_r$，将式(7-5-5)和式(7-5-6)代入式(7-5-9)，可得

$$\gamma^2 = \beta^2 - 2j\alpha\beta + 4\kappa\beta\cos(\boldsymbol{K}\cdot\boldsymbol{r}) \qquad (7-5-10\text{a})$$

其中

$$\beta = \omega(\mu_0\varepsilon_0\varepsilon_{r0})^{1/2}, \quad \alpha = \frac{\sigma_0}{2}\left(\frac{\mu_0}{\varepsilon_0\varepsilon_{r0}}\right)^{1/2}$$

$$\kappa = \frac{\pi n_1}{\lambda} - j\frac{\alpha_1}{2} \qquad (7-5-10\text{b})$$

式中，β 代表在折射率为 $n_0 = \sqrt{\varepsilon_{r0}}$ 的介质中光波的传播常数；α 是记录介质的平均吸收系数；$\alpha_1 = \frac{\sigma_1}{2}\left(\frac{\mu_0}{\varepsilon_0\varepsilon_{r0}}\right)^{1/2}$ 是介质吸收系数的调制幅度；κ 称为耦合常数。

设照明光波和衍射光波的复振幅分别为 E_r 和 E_s，它们的波矢量 $\boldsymbol{k}_r$ 和 $\boldsymbol{k}_s$ 与 z 轴的夹角分别为 θ_r 和 θ_s，则

$$E_r = E_r(z)\exp(-j\boldsymbol{k}_r \cdot \boldsymbol{r}) \quad (7-5-11a)$$

$$E_s = E_s(z)\exp(-j\boldsymbol{k}_s \cdot \boldsymbol{r}) \quad (7-5-11b)$$

式中，$\boldsymbol{r}$ 为矢径；$E_r(z)$ 和 $E_s(z)$ 均为随 z 缓慢变化的振幅。对于已经存在的体光栅矢量 $\boldsymbol{K}$，如果入射光满足布拉格条件，则入射光波矢、光栅矢量和衍射光波矢构成封闭的等腰三角形，$\boldsymbol{k}_s = \boldsymbol{k}_r - \boldsymbol{K}$，容易由 $\boldsymbol{k}$ 矢量圆确定衍射光的方向，并且 $k_r = k_s = \beta$。但是当入射光略微偏离布拉格条件时，如何确定衍射光的方向，是比较复杂的问题。Kogelnik 假定矢量 $\boldsymbol{k}_s$ 仍与 $\boldsymbol{k}_r$ 和 $\boldsymbol{K}$ 组成封闭三角形，这样 $\boldsymbol{k}_s$ 的端点将不在 $\boldsymbol{k}$ 矢量圆上，因而 $k_s \neq \beta$，如图 7-5-3 所示。至于这样定义的 $\boldsymbol{k}_s$ 是否正确的问题，主要看用此试解式 (7-5-11) 能否得到有物理意义并与实验相符的结果。同时应当指出的是，当布拉格条件不满足时，由 $\boldsymbol{k}_s = \boldsymbol{k}_r - \boldsymbol{K}$ 定义的 $\boldsymbol{k}_s$ 并不表示波在周期性介质中的传播常数。基于以上假设，波矢 $\boldsymbol{k}_r$ 和 $\boldsymbol{k}_s$ 可分别表示为

$$\boldsymbol{k}_r = \beta \begin{bmatrix} \sin\theta_r \\ 0 \\ \cos\theta_r \end{bmatrix} = \begin{bmatrix} k_{rx} \\ 0 \\ k_{rz} \end{bmatrix} \quad (7-5-12a)$$

$$\boldsymbol{k}_s = \beta \begin{bmatrix} \sin\theta_r - \dfrac{K}{\beta}\sin\phi \\ 0 \\ \cos\theta_r - \dfrac{K}{\beta}\cos\phi \end{bmatrix} = \begin{bmatrix} k_{sx} \\ 0 \\ k_{sz} \end{bmatrix} \quad (7-5-12b)$$

其中，衍射光的方向余弦

$$\sin\theta_s = k_{sx}/\beta = \sin\theta_r - K\sin\phi/\beta, \quad \cos\theta_s = k_{sz}/\beta = \cos\theta_r - K\cos\phi/\beta$$
$$(7-5-13)$$

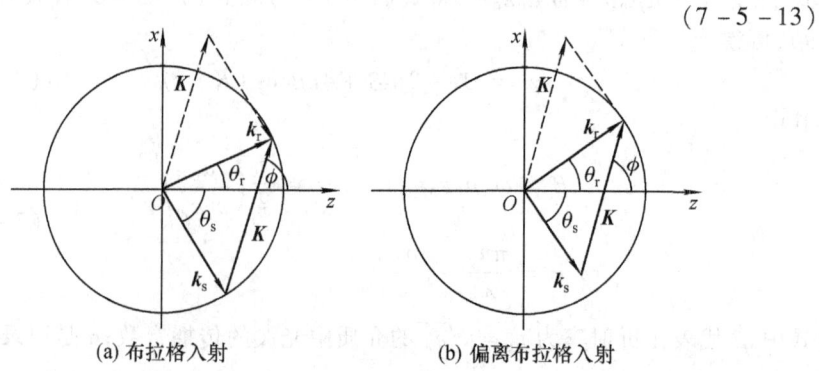

(a) 布拉格入射 (b) 偏离布拉格入射

图 7-5-3 体全息再现的几何关系

容易证明,在满足布拉格条件时,$K = 2\beta\cos(\phi - \theta_r)$,式(7-5-12b)给出 $k_s = \beta$。

将体全息图中的总光场

$$E = E_r(z)\exp(-j\boldsymbol{k}_r \cdot \boldsymbol{r}) + E_s(z)\exp(-j\boldsymbol{k}_s \cdot \boldsymbol{r}) \quad (7-5-14)$$

代入亥姆霍兹方程式(7-5-9),得

$$\exp(-j\boldsymbol{k}_r \cdot \boldsymbol{r})\left\{\frac{d^2 E_r}{dz^2} - 2j\beta\cos\theta_r \frac{dE_r}{dz} - 2j\alpha\beta E_r + 2\kappa\beta E_s\right\}$$

$$+ \exp(-j\boldsymbol{k}_s \cdot \boldsymbol{r})\left\{\frac{d^2 E_s}{dz^2} - 2jk_{sz}\frac{dE_s}{dz} + (\beta^2 - k_s^2 - 2j\alpha\beta)E_s + 2\kappa\beta E_r\right\}$$

$$+ 2\kappa\beta\{E_s\exp[-j(2\boldsymbol{k}_s - \boldsymbol{k}_r) \cdot \boldsymbol{r}] + E_r\exp[-j(2\boldsymbol{k}_r - \boldsymbol{k}_s) \cdot \boldsymbol{r}]\} = 0$$

$$(7-5-15)$$

由于不存在高级衍射,上式左边第三项可以忽略。令含 $\exp(-j\boldsymbol{k}_r \cdot \boldsymbol{r})$ 和 $\exp(-j\boldsymbol{k}_s \cdot \boldsymbol{r})$ 项的系数分别为零,并略去二阶微商项,即得到 $E_r(z)$ 和 $E_s(z)$ 的耦合微分方程组

$$\frac{dE_r}{dz} + \frac{\alpha}{\cos\theta_r}E_r = -j\frac{\kappa}{\cos\theta_r}E_s \quad (7-5-16a)$$

$$\frac{dE_s}{dz} + \frac{\alpha + j\delta}{\cos\theta_s}E_s = -j\frac{\kappa}{\cos\theta_s}E_r \quad (7-5-16b)$$

式中,$\delta = \frac{\beta^2 - k_s^2}{2\beta}$ 是由于照明光波不满足布拉格条件而引入的相位失配。由式(7-5-12b)可解出

$$\delta = K\cos(\phi - \theta_r) - \frac{K^2\lambda}{4\pi n_0} \quad (7-5-17)$$

当入射波的入射角对布拉格入射角 θ_0 的偏离为 $\Delta\theta$,其波长对布拉格波长 λ_0 的偏移量为 $\Delta\lambda$ 时,相位失配因子 δ 可表示为

$$\delta = \Delta\theta K\sin(\phi - \theta_0) - \frac{\Delta\lambda K^2}{4\pi n_0} \quad (7-5-18)$$

从耦合波方程式(7-5-16)可以看出衍射过程的物理本质。光波振幅沿着 z 的改变是由于介质的吸收(αE_r 和 αE_s)或者一个光波对另一个光波的耦合(κE_s 和 κE_r)而引起的,耦合常数 κ 描述了照明光波和衍射光波之间耦合的强弱,其值越大,耦合越强烈。当 $\kappa = 0$ 时,没有耦合,也就没有衍射。对于偏离布拉格条件的情况,照明光波和衍射光波不再同步,耦合强度减弱,相位失配因子增大,使衍射光波的振幅逐渐减小,以致为零。

耦合波方程式(7-5-16)的通解为

$$E_r(z) = E_{r1}\exp(\gamma_1 z) + E_{r2}\exp(\gamma_2 z) \quad (7-5-19a)$$

$$E_s(z) = E_{s1}\exp(\gamma_1 z) + E_{s2}\exp(\gamma_2 z) \quad (7-5-19b)$$

式中

$$\gamma_{1,2} = -\frac{1}{2}\left(\frac{\alpha}{\cos\theta_r} + \frac{\alpha}{\cos\theta_s} + \frac{j\delta}{\cos\theta_s}\right)$$

$$\pm \frac{1}{2}\left[\left(\frac{\alpha}{\cos\theta_r} - \frac{\alpha}{\cos\theta_s} - \frac{j\delta}{\cos\theta_s}\right)^2 - \frac{4\kappa^2}{\cos\theta_r\cos\theta_s}\right]^{\frac{1}{2}} \quad (7-5-20)$$

γ 的脚标 1 和 2 分别对应平方根号前取正号和负号。E_{r1}、E_{r2} 和 E_{s1}、E_{s2} 均为常数,由边界条件决定。

3. 体光栅的衍射效率和选择性

(1) 衍射效率

假设照明光波的振幅为 1,将透射全息图的边界条件

$$E_r(0) = 1, \quad E_s(0) = 0$$

和反射全息图的边界条件

$$E_r(0) = 1, \quad E_s(d) = 0$$

(其中 d 为两光波相互作用区间的长度)分别代入式(7-5-19),得到透射全息图和反射全息图的衍射光振幅为

透射 $\qquad E_s(d) = j\dfrac{\kappa}{\cos\theta_s(\gamma_1-\gamma_2)}[\exp(\gamma_2 d) - \exp(\gamma_1 d)] \quad (7-5-21a)$

反射 $\quad E_s(0) = -j\kappa\left[\alpha + j\delta + \cos\theta_s \dfrac{\gamma_1\exp(\gamma_2 d) - \gamma_2\exp(\gamma_1 d)}{\exp(\gamma_2 d) - \exp(\gamma_1 d)}\right]^{-1}$

$$(7-5-21b)$$

而光栅的衍射效率可由下面的公式求出:

透射 $\qquad \eta = (\cos\theta_s/\cos\theta_r)E_s(d)E_s^*(d) \quad (7-5-22a)$

反射 $\qquad \eta = (|\cos\theta_s|/\cos\theta_r)E_s(0)E_s^*(0) \quad (7-5-22b)$

下面对两种最简单最普通的情况给出具体结果。

① 无吸收的透射型相位光栅:衍射光波的改变仅由折射率的空间变化而产生。这时光栅的衍射效率为

$$\eta = \frac{\sin^2(\nu^2+\xi^2)^{\frac{1}{2}}}{1+(\xi/\nu)^2} \quad (7-5-23)$$

式中,参数 ν、ξ 分别称为光栅调制参量和布拉格失配参量,由下两式给出

$$\nu = \frac{\pi\Delta n d}{\lambda(\cos\theta_r\cos\theta_s)^{\frac{1}{2}}} \quad (7-5-24)$$

$$\xi = \frac{\delta d}{2\cos\theta_s} \quad (7-5-25)$$

式中,Δn 即为式(7-5-7)中的 n_1。当读出光满足布拉格条件入射时,由式(7-5-18)和式(7-5-25)知 $\xi=0$,此时衍射效率为

$$\eta_0 = \sin^2 \nu \qquad (7-5-26)$$

结合式(7-5-24)可见,在布拉格角入射时,衍射效率将随介质的厚度 d 及其折射率的空间调制幅度 Δn 的增加而增加,当调制参量 $\nu = \pi/2$ 时, $\eta_0 = 100\%$ 。

根据式(7-5-23),可以给出无吸收透射相位全息图归一化的衍射效率 η/η_0 (η_0 为满足布拉格条件时的衍射效率)随布拉格失配量 ξ 的变化曲线,如图 7-5-4 所示,三条曲线分别对应三个不同的调制参量 $\nu = \pi/4$、$\nu = \pi/2$ 和 $\nu = 3\pi/4$。当 $\nu = \pi/2$ 时, $\eta_0 = 100\%$; $\nu = \pi/4$ 或 $\nu = 3\pi/4$ 时, $\eta_0 = 50\%$。

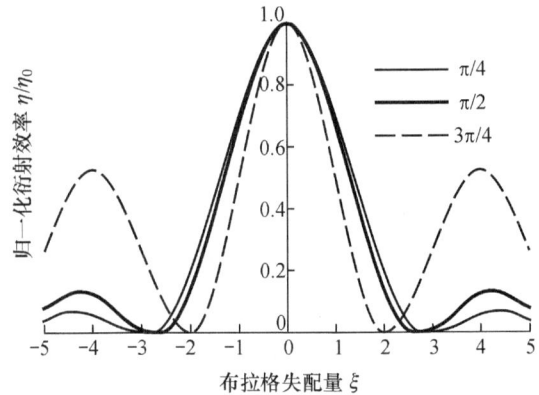

图 7-5-4 无吸收透射光栅的归一化衍射效率 η/η_0 随布拉格失配量 ξ 的变化曲线

由图 7-5-4 看出,当 $\xi = 0$ 时,衍射效率最大,随着 $|\xi|$ 值的增大, η 迅速下降,当 $|\xi|$ 值增大到一定程度时, η 下降至零。

② 无吸收反射型相位光栅:

衍射效率为

$$\eta = \frac{\text{sh}^2 (\nu^2 - \xi^2)^{1/2}}{\text{sh}^2 (\nu^2 - \xi^2)^{1/2} + [1 - (\xi/\nu)^2]} \qquad (7-5-27)$$

参量 ν 和 ξ 仍由式(7-5-24)和式(7-5-25)给出。布拉格入射时, $\xi = 0$,此时衍射效率为

$$\eta = \tanh^2 \nu \qquad (7-5-28)$$

同样可作出归一化的衍射效率 η/η_0 与布拉格失配量 ξ 的变化曲线,如图 7-5-5 所示。图中给出了对应调制参量分别为 $\nu = \pi/4$、$\pi/2$ 和 $3\pi/4$ 的三条曲线。相应的 $\eta_0 = 43\%$、84% 和 96%。注意当 $|\xi| > \nu$ 时,式(7-5-27)中的双曲函数将变成正弦函数。由图知,曲线随 ν 值的增大而变宽,这与透射光栅的情形正好相反。

由上面的讨论可知,不论是透射光栅还是反射光栅,其衍射效率对布拉格失

配量 ξ 十分敏感。由于参量 ξ 的改变量与角度的偏移量 $\Delta\theta$ 以及波长的偏移量 $\Delta\lambda$ 成正比[见式(7-5-18)和式(7-5-25)],因此,入射光的角度或波长偏离布拉格条件会导致衍射效率迅速下降。体积全息图的这一特性称之为角度和波长的灵敏性,或者说选择性。图7-5-4和图7-5-5中的特性曲线又称为选择性曲线,被广泛用来评价体光栅的角度和波长的选择性。

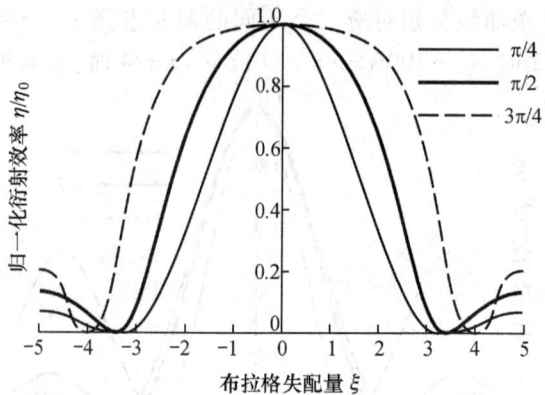

图 7-5-5 无吸收反射光栅的归一化衍射效率 η/η_0 随布拉格失配量 ξ 的变化曲线

(2) 角度选择性

如果再现光的波长与记录时的波长相同,即式(7-5-18)中的 $\Delta\lambda=0$,于是,结合式(7-5-18)和式(7-5-25)有

$$\xi = \Delta\theta K d \sin(\phi - \theta_0)/(2\cos\theta_s) \qquad (7-5-29)$$

式中, K 由式(7-5-3)表示。通常将对应着 $\eta-\xi$ 曲线(见图7-5-4和图7-5-5)的主瓣全宽度定义为选择角,用 $\Delta\Theta$ 表示。又由式(7-5-23)知,当 $\nu^2 + \xi^2 = \pi^2$ 时,$\eta=0$。因此,透射光栅的选择角可由下面的公式求出

$$\Delta\Theta = \frac{2(\pi^2-\nu^2)^{1/2}\lambda_a}{\pi n d} \frac{\cos\theta_s}{|\sin(2\varphi)|} \qquad (7-5-30)$$

式中,λ_a 为空气中的波长。计算时可认为衍射光波的角 θ_s 等于记录时物光波的角度,$2\varphi=\theta_r-\theta_s$ 是记录时参考光、物光之间的夹角。式中各角度均为介质中的值,由折射定律即可求出空气中的选择角。

当 $\theta_r=-\theta_s$ 时,即两写入光束对称入射,形成非倾斜光栅,则式(7-5-30)可表示为

$$\Delta\Theta = \frac{(\pi^2-\nu^2)^{1/2}\lambda_a}{\pi n d |\sin\theta_r|} \qquad (7-5-31)$$

对于反射光栅,在衍射效率的零点位置附近 $|\xi|>|\nu|$,这样,式(7-5-

27)可写成

$$\eta = \frac{\nu^2 \sin^2(\xi^2 - \nu^2)}{(\xi^2 - \nu^2) + \nu^2 \sin^2(\xi^2 - \nu^2)} \quad (7-5-32)$$

当 $\xi^2 - \nu^2 = \pi^2$,即 $\xi = (\pi^2 + \nu^2)^{1/2}$ 时,$\eta = 0$,于是可得到反射光栅的选择角为

$$\Delta\Theta = \frac{2(\pi^2 + \nu^2)^{1/2} \lambda_a}{\pi n d} \frac{\cos\theta_s}{|\sin(2\varphi)|} \quad (7-5-33)$$

这里 $2\varphi = \theta_r - \theta_s$ 仍为参考光和物光之间的夹角,对于非倾斜光栅选择角为

$$\Delta\Theta = \frac{(\pi^2 + \nu^2)^{1/2} \lambda_a}{\pi n d |\sin\theta_r|} \quad (7-5-34)$$

式中,所有角度均为介质中的值,根据折射定律,同样可计算出该选择角在空气中的值。

由式(7-5-30)和式(7-5-33)可知,对于给定的物光入射角,参考光和物光之间的夹角为 90°时,选择角最小。依据式(7-5-31)和式(7-5-34)可作出非倾斜光栅选择角与参考光角度的关系曲线,从而可以看出在同等条件下,透射全息图的角度选择性比反射全息图要灵敏。

注意,本节中讨论的是参考光角度在同一个包括光栅矢量的平面内变化时的角度选择性,相应的选择角又称为水平选择角[7-18]。

(3) 波长选择性

当再现光的波长与记录波长不同,但以记录时参考光的角度入射时,由此引起的相位失配可由式(7-5-18)可得

$$\delta = \frac{-\Delta\lambda K^2}{4\pi n}$$

结合式(7-5-23)、式(7-5-25)和式(7-5-27),可求出使衍射效率降低到第一个零点时的波长偏移量为

透射光栅 $\quad\Delta\lambda = \dfrac{(\pi^2 - \nu^2)^{1/2} \lambda_a^2 \cos\theta_s}{\pi n d (1 - \cos 2\varphi)} \quad (7-5-35a)$

反射光栅 $\quad\Delta\lambda = \dfrac{(\pi^2 + \nu^2)^{1/2} \lambda_a^2 \cos\theta_s}{\pi n d (1 - \cos 2\varphi)} \quad (7-5-35b)$

式中,2φ 仍为介质内两写入光束的夹角。此波长偏移量称为全息图的带宽。对于非倾斜光栅的特殊情况,全息图带宽为

透射光栅 $\quad\Delta\lambda = (\pi^2 - \nu^2)^{1/2} \lambda_a^2 / (2\pi n d \tan\theta_r \sin\theta_r) \quad (7-5-36a)$

反射光栅 $\quad\Delta\lambda = (\pi^2 + \nu^2)^{1/2} \lambda_a^2 / (2\pi n d \cos\theta_r) \quad (7-5-36b)$

式中,$\Delta\lambda$ 和 λ_a 均为空气中的值;θ_r 为介质中的值。由上两式作图可知,反射全息图对波长的偏离比透射全息图要灵敏得多,而且带宽几乎不随两写入光夹角

的变化而变化。根据式(7-5-35b),当两写入光束在介质内的夹角 $2\varphi = \pi$ 时,反射全息图的 $\Delta\lambda$ 最小,即波长选择性最好。

根据体全息的角度和波长选择性,可以利用不同角度入射的光,或不同波长的光,在同一体积中记录许多不同的全息图,而且记录介质越厚,选择角和带宽就越小,因而记录的全息图就越多。例如,大容量体全息存储的材料,其厚度在 cm 量级,这时选择角仅有百分之几甚至千分之几度,因而可在这种厚的记录介质中存储大量的全息图而无显著的串扰噪声,这就是大容量存储的依据。

Kogelnik 的耦合波理论以近乎完美的形式给出了体光栅的衍射特性,但由于该理论的一维本质,它原则上只适合于光栅输入、输出面尺寸(与之相应的是入射光束和衍射光束的尺寸)远大于光栅厚度的情况。这种情况下光栅可以分为透射型和反射型两类。但在现代体光栅的许多应用中,光栅尺寸趋向于小型化,使用方式也有了邻面入射式即所谓 90°光路。对这一类体光栅衍射特性(例如衍射效率和角度及波长选择性)的分析需要更为精确的衍射理论,二维理论即受到极大的关注。所谓二维理论,是假定在垂直于光栅条纹平面($x-y$ 平面)的方向上材料的性质和光波的性质均无变化,但在光栅条纹平面上两个方向的变化均不可忽略。对于一类"完全重叠型"光栅(即有限宽度的两光束在记录介质中相交,在相交的全部区域中形成的全息光栅),二维理论的闭形式解析解和数值解可以解决包含了非均匀的写入光振幅分布、介质吸收、相位光栅和振幅光栅以及非布拉格入射等相当普遍的情况下的光栅衍射问题[7-19,7-20]。

7.5.2 体全息存储材料的存储机理与特性

全息图的质量在很大程度上取决于记录材料的特性。体全息存储的记录材料,要求其厚度远大于光波长,而且介质的整个体积内部都应该能对光照产生响应。膜层较厚的卤化银乳胶在经过漂白处理以后,介质内部产生折射率改变,因此也可以看成是体全息记录材料。其他还有重铬酸盐明胶、光致变色材料等。这些材料虽然都能呈现体积存储的效应,但是膜厚有限,因而不易实现大容量的全息存储。目前应用于体全息存储的主流材料有光折变材料和光致聚合物材料两大类。

1. 光折变材料的存储机理

光折变材料的存储机理是光致折射率变化效应,简称为光折变效应,指在光辐照下,某些电光材料的折射率随光强的空间分布而变化的现象。光折变效应是发生在电光材料内部的一种复杂的光电过程。在光辐照下,具有一定杂质或缺陷的电光晶体内部形成与辐照光强空间分布对应的空间电荷分布,并且由此产生相应的空间电荷场。由于线性电光效应,在晶体内形成折射率的空间调制即相位光栅;与此同时入射光又被自身写入的相位光栅衍射。由此可见,光折变晶体中的折射率相位光栅属于动态光栅,这使光折变材料适合于进行实时全息记录。光折变材料中的全息图还可以通过一系列技术加以固定。这些优良性能使光折变材料成为体全息存储的首选材料。

电光晶体中的杂质、缺陷和空位,在晶体禁带隙中形成中间能级,即构成施主和受主能级,成为光激发电荷的主要来源。采用 Kukhtarev[7-21]等人提出的带输运模型,光折变晶体内部复杂的光电过程可以描述如下:

(1) 在适当波长的空间非均匀分布的光辐照下,晶体内的施主(受主)被电离产生电子(空穴);同时电子(空穴)从中间能级受激跃迁至导带(价带)。

(2) 光激发载流子在导带(价带)内可自由迁移。光激发载流子具有三种迁移机制:扩散(载流子由于浓度不同而扩散迁移)、漂移(载流子在外场或晶体内极化电场作用下的漂移)和异常光生伏打效应(均匀铁电体材料在均匀光照下,产生沿自发极化方向的光生伏打电流)。在光折变效应中,上述三种迁移机制单独作用或联合作用完成了光折变晶体内部载流子的迁移过程。

(3) 迁移的电子(空穴)可以被重新俘获,经过再激发、再迁移、再俘获,最终离开光照区而在暗光区被电子(空穴)陷阱俘获。由此导致晶体内空间电荷分布的变化,使空间电荷分离,从而形成了相应于光场分布的空间电荷场。

(4) 空间电荷场通过线性电光效应(泡克尔斯效应),在晶体内形成折射率的空间调制变化,产生折射率调制的相位光栅。

现采用一个简化模型来讨论光折变光栅的建立[7-22]。假设光强仅沿一维变化。当沿 x 方向变化的光强 $I(x)$ 照明光折变材料时,折射率改变为 $\Delta n(x)$。下面逐步讲述引起这一效应的中间各步过程(如图 7-5-6 所示)及制约这些过程的一套简化的方程。

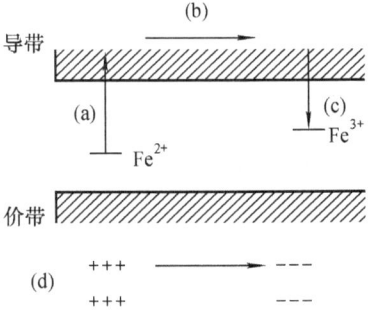

图 7-5-6 说明铌酸锂晶体光折变过程的能级图

(a) 光电离;(b) 扩散;(c) 复合;(d) 形成空间电荷并产生电场。Fe^{2+} 杂质中心作为施主,电离后变成 Fe^{3+},而 Fe^{3+} 中心作为陷阱,复合后变成 Fe^{2+}。

(a) 光生载流子的产生。在位置 x 的一个电子吸收一个光子,从施主能级跃迁到导带。这一光电离过程的速率 $G(x)$ 正比于光强度和未电离的施主的数

密度，可表示为

$$G(x) = s(N_D - N_D^+)I(x) \tag{7-5-37}$$

式中，N_D 是施主的数密度；N_D^+ 是已电离的施主的数密度；s 是一常数，称为光电离截面。

(b) 扩散。因为 $I(x)$ 是非均匀的，激发出的电子的数密度 $\rho(x)$ 也是非均匀的，因而电子从高浓度区向低浓度区扩散。用 μ_e 表示电子的迁移率，T 表示温度，则扩散引起的电流密度为 $k_B T \mu_e \dfrac{d\rho}{dx}$，其中 k_B 是玻耳兹曼常数。

(c) 复合。电子被陷阱捕获，即与空穴复合。复合速率 $R(x)$ 正比于导带电子的数密度 $\rho(x)$ 以及已电离的施主（陷阱）的数密度 N_D^+，故有

$$R(x) = \gamma_R \rho(x) N_D^+ \tag{7-5-38}$$

式中，比例常数 γ_R 称为复合率。在平衡时，复合速率等于光电离速率，$R(x) = G(x)$，故

$$s(N_D - N_D^+)I(x) = \gamma_R \rho(x) N_D^+ \tag{7-5-39}$$

由此可得

$$\rho(x) = \frac{s}{\gamma_R} \cdot \frac{N_D - N_D^+}{N_D^+} I(x) \tag{7-5-40}$$

每个光生电子留下一个正离子电荷。若电子被捕获（复合），它在不同的位置留下负电荷，其结果是，形成非均匀的空间电荷分布。

(d) 空间电荷场及折射率光栅。非均匀的空间电荷产生与位置有关的空间电荷场 $E(x)$。在稳态下，$E(x)$ 引起的漂移电流密度必须与扩散电流密度大小相等、符号相反，使总电流密度为零，即

$$J = e\mu_e \rho(x) E(x) - k_B T \mu_e \frac{d\rho}{dx} = 0 \tag{7-5-41}$$

此处 e 是电子的电量。于是可以确定这一电场的稳态值为

$$E(x) = \frac{k_B T}{e} \cdot \frac{1}{\rho(x)} \cdot \frac{d\rho}{dx} \tag{7-5-42}$$

由于材料具有电光效应，光致空间电荷场 $E(x)$ 按下式改变材料的局部折射率

$$\Delta n(x) = -\frac{1}{2} n^3 r E(x) \tag{7-5-43}$$

式中，n 是不存在电场时材料的折射率；r 是材料的有效电光系数。

假定式 (7-5-40) 中的比值 $(N_D/N_D^+ - 1)$ 近似为与 x 无关的常数，这样比较容易得到折射率改变 $\Delta n(x)$ 与引起这一改变的入射光强 $I(x)$ 之间的关系。在这种情况下，$\rho(x)$ 正比于 $I(x)$，故式 (7-5-42) 给出

$$E(x) = \frac{k_B T}{e} \cdot \frac{1}{I(x)} \cdot \frac{dI}{dx} \qquad (7-5-44)$$

把上式代入式(7-5-43),得出折射率改变与入射光强分布之间的关系

$$\Delta n(x) = -\frac{1}{2}n^3 r \frac{k_B T}{e} \cdot \frac{1}{I(x)} \cdot \frac{dI}{dx} \qquad (7-5-45)$$

为了得到上面的简单理论,已经做了许多假设。首先是考虑材料中只存在一种光折变中心,在光照下产生导带电子;同时认为电子的热激发与光电离相比可以忽略,导带中所有的电子都是由光电离引起的。对于光折变晶体材料,这一近似通常是成立的。在光电子迁移机制中仅考虑了扩散和漂移,忽略了异常光生伏打效应。对于硅酸铋($Bi_{12}SO_{20}$)类和钛酸钡($BaTiO_3$)等光折变材料,这一近似通常是成立的;但对于铌酸锂($LiNbO_3$)等铁电晶体,光生伏打效应通常是不可忽略的。在式(7-5-40)~式(7-5-45)的推导中,假定了未电离的与已电离的施主数密度之比近似均匀,而实际上光电离过程是随空间而变的。由于光电子在导带中的寿命(复合时间)远小于光栅建立时间,使已电离的施主数密度总是非常接近其受光辐照以前的值,故这一假定近似成立。这里还未考虑外加电场的影响,而实际上在某些应用中经常要施加外电场。然而,尽管有这么多假设,上面的简化理论仍然描述了光折变效应的基本部分。

例 7.5.1 余弦型空间光强分布产生的光折变光栅。

两个单色平面波相干涉产生余弦条纹型的光强分布,条纹间隔为 Λ,调制度为 m,平均光强为 I_0,则非均匀的入射光强可表示为

$$I(x) = I_0\left(1 + m\cos\frac{2\pi x}{\Lambda}\right) \qquad (7-5-46)$$

如图 7-5-7 所示。将它代入式(7-5-44)和式(7-5-45),得到光折变晶体内部电场和折射率分布分别为

$$E(x) = E_{max}\frac{-\sin(2\pi x/\Lambda)}{1 + m\cos(2\pi x/\Lambda)}, \quad \Delta n(x) = \Delta n_{max}\frac{\sin(2\pi x/\Lambda)}{1 + m\cos(2\pi x/\Lambda)}$$

$$(7-5-47)$$

式中,$E_{max} = 2\pi[k_B T/(e\Lambda)]m$、$\Delta n_{max} = \frac{1}{2}n^3 r E_{max}$ 分别为 $E(x)$ 和 $\Delta n(x)$ 的最大值。

若 $\Lambda = 1\ \mu m, m = 1, T = 300\ K$,可计算出 $E_{max} = 1.6 \times 10^5\ V/m$。这一内部的空间电荷电场相当于在 1 cm 宽的晶体两端加 1.6 kV 的电压。最大折射率改变正比于干涉条纹对比度 m 和电光系数 r,而反比于条纹的空间周期 Λ。折射率变化 $\Delta n(x)$ 对照明的平均值 I_0 不敏感。

若干涉条纹的对比度 m 较小,式(7-5-47)分母中的第二项可以忽略。则内部电场和折射率变化是正弦型,即折射率光栅相对入射光干涉图样的分布有

π/2 的相移

$$\Delta n(x) \approx \Delta n_{max} \sin\frac{2\pi x}{\Lambda} = \Delta n_{max}\cos\left[\frac{2\pi x}{\Lambda} - \frac{\pi}{2}\right] = \Delta n_{max}\cos\left[\frac{2\pi}{\Lambda}\left(x - \frac{\Lambda}{4}\right)\right] \tag{7-5-48}$$

或者说光栅条纹相对干涉图案移动了 1/4 个条纹,如图 7-5-7 所示。

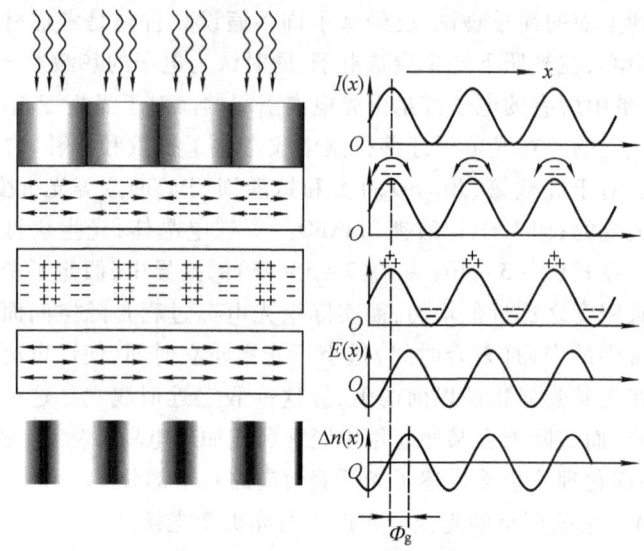

图 7-5-7 空间电荷场和折射率光栅形成的示意图

光折变光栅与产生它的干涉条纹之间存在相移,这是光折变光栅与普通全息光栅的一个重要区别,也是光折变光栅的重要性质,它使光折变效应在光波耦合、相干光放大和相位共轭等领域有广泛的应用。光栅相移通常记作 Φ_g。本例中由于未计入外加电场和异常光伏效应对光电子迁移的影响,在扩散占优势的光折变过程中,$\Phi_g \approx \pi/2$。在更复杂的情况下,Φ_g 可在 $0 \sim \pi/2$ 之间变化。

在 $\Phi_g = 0$ 的情形下,光折变光栅在布拉格条件下的峰值衍射效率可以表示为

透射型光栅

$$\eta = \frac{4m}{(1+m)^2}\sin^2\left(\frac{\Gamma d}{2}\right) \tag{7-5-49}$$

反射型光栅

$$\eta = \tanh^2\left(\frac{\sqrt{m}}{1+m}\Gamma d\right) \tag{7-5-50}$$

式中,d 是晶体的厚度,而

$$\Gamma = \frac{2\pi\Delta n}{m\lambda\cos\theta} \tag{7-5-51}$$

称为光折变光栅的耦合常数。若取 $m=1$,则由式(7-5-49)和式(7-5-50)得到与 Kogelnik 耦合波理论式(7-5-26)和式(7-5-28)一致的结果。关于更详尽的光折变理论及其导出的在不同 Φ_g 情形下衍射效率的计算,可以参阅文献[7-21,7-23]。

2. 光致聚合物材料的全息存储机理

光致聚合物是通过光化学反应的原理来存储信息的,其成分包括成膜树脂、活性单体、光引发剂、光敏剂(必要时加入链转移剂)、增塑剂、消泡剂、分散剂等。其基本聚合方式可分为自由基聚合和阳离子聚合。以自由基聚合为例,光照使引发剂分解产生初始自由基,初始自由基与单体加成,形成单体自由基,这也称为链引发阶段。由链引发阶段形成的单体自由基不断加成大量单体分子,构成链增长反应,每加成一次,产生一个新的自由基,其结构与前一自由基大体相同,只不过多一个单体单元,这称为链增长阶段。最终为链终止阶段,增长的活性链带有独电子,当两个链自由基相遇时,独电子消失而使链终止。有时链自由基有可能从单体、引发剂等夺取一个原子而终止,这些失去原子的分子则变为自由基,继续增长。这种把活性种子转移给另一分子使反应继续下去,而原来活性种子本身却终止的反应称为链转移反应。链转移的结果可以避免聚合物分子量过高,引起加工成型困难,所以可人为加入链转移剂来调节聚合链的长度。

光致聚合物材料的全息记录过程可以用图7-5-8来说明。

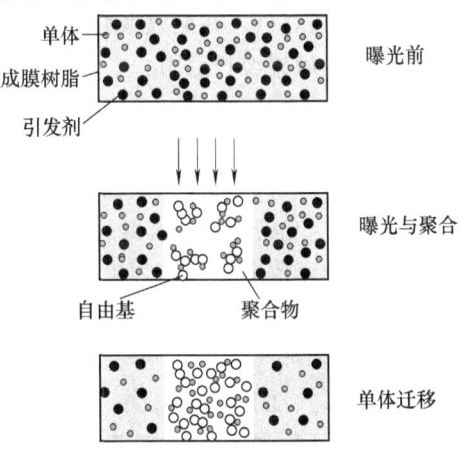

图7-5-8 光致聚合物中全息光栅的形成

一般认为在曝光前感光层中的单体和成膜树脂是均匀分布的,全息曝光使亮干涉条纹的曝光区的单体开始聚合,并迅速链增长;随着单体转换成高聚物,曝光区的活性单体浓度降低,促使未曝光暗区的活性单体向曝光区扩散,从而使得曝光区和未曝光区的单体浓度形成梯度分布,即曝光区的单体浓度大,未曝光区单体浓度低;如果成膜树脂和单体的折射率差别大,就能形成折射率调制,产生全息光栅。激光曝光以后的均匀曝光和后烘都是使单体进一步聚合和扩散，进一步提高曝光区和未曝光区折射率差，从而提高衍射效率和使全息图更稳定[7-24]。

光致聚合物材料是一种新型的光全息存储材料，相对于传统的光全息存储材料具有高感光灵敏度、高衍射效率、高分辨率、高信噪比等优点，并可完全干法处理及快速显影，产生的全息图像具有高的几何保真度，并可长期保存。光致聚合物材料制备工艺相对简单，可依据需要灵活调整组分，如通过掺入不同的光敏剂选择工作波长，实现蓝、绿光等短波长记录，提高记录密度；还可通过选择单体成分提高衍射效率，增大动态范围，增加存储密度和容量。光致聚合物的另一优点是成本低廉，更适宜市场推广。所以光致聚合物以其优良的性能及简单的制备工艺，有可能成为新一代光全息存储的主体材料。

3. 材料的全息存储特性

为了多重全息存储的目的，主要关心的记录材料性能有以下几方面：

(1) 光谱响应

用于全息存储的记录材料应当对写入激光波长敏感。目前，全息记录主要采用连续的可见激光如氩离子(488/514 nm 谱线)和氦氖(633 nm 谱线)激光。随着光电子技术的发展，半导体激光器和倍频固体激光器等光源，在全息存储中的作用也愈来愈重要。在光折变材料中进行适当的掺杂和热处理，可以使得敏感波长的范围覆盖从近紫外到近红外。在光致聚合物中采用不同的染料敏化剂及引发体系，也可以改变材料的敏感波长范围。

(2) 动态范围

传统上动态范围指最大可能的折射率改变，即式(7-5-47)中的 Δn_{max}。给定这一指标，可以根据耦合波理论近似地确定晶体中光栅可能达到的最大衍射效率。实际上通常是通过测定光栅的饱和衍射效率来近似确定 Δn_{max} 的值。

在高密度全息存储领域，动态范围是人们为了考察材料高密度全息存储的能力而定义的参量，用 $M^{\#}$ 表示。它反映了全息存储材料的存储潜力，是影响存储容量的一个重要因素。其定义是

$$M^{\#} = M\eta^{\frac{1}{2}} \qquad (7-5-52)$$

式中，M 是在等衍射效率条件下同一个记录位置所记录的全息图数；η 是最终每一个全息图的衍射效率。

在弱耦合条件下，光栅强度

$$\nu = \sqrt{\eta} \qquad (7-5-53)$$

可以看到动态范围 $M^{\#}$ 就是 M 个全息图的光栅强度之和

$$M^{\#} = \sum_{i=1}^{M} \nu_i \qquad (7-5-54)$$

可见动态范围与 Δn_{max} 有关,但并不等同于 Δn_{max}。通常采取实验测量方法来确定材料的动态范围:在同一体积内采用角度复用 M 个全息图,测量出每个全息图的光栅强度 ν_i。根据式(7-5-54),将这 M 个全息图的光栅强度累计即是该材料的有效动态范围。

(3) 响应时间常数

响应时间是全息存储的重要特性参量,它表征了体全栅光栅的动态特征。对于光折变光栅有写入时间常数 τ_W 和擦除时间常数 τ_E。折射率光栅的动态建立过程可表示为[7-25]

$$\Delta n(t) = \Delta n_{max}(1 - e^{-\frac{t}{\tau_W}}) \qquad (7-5-55)$$

式中,τ_W 为写入时间常数;Δn_{max} 是饱和折射率调制度,即在光照时间远大于光栅写入时间常数 τ_W 后,晶体的折射率变化值。同时由光折变光栅的形成机理可知,已经写入了光栅的晶体被其敏感波长的均匀光照射后,陷阱中被捕俘的电子再次被激发,并在晶体内重新分布,会使晶体内相位光栅消失,使光折变晶体恢复常态。这种现象称为光擦除。擦除过程中折射率变化表示为

$$\Delta n(t) = \Delta n_0 e^{-\frac{t}{\tau_E}} \qquad (7-5-56)$$

式中,Δn_0 是擦除开始时刻的 Δn 值;τ_E 称为擦除时间常数。

对于光致聚合物光栅,描述光栅建立的动态过程的时间常数主要有单体的聚合速率常数和单体扩散的时间常数[7-26]。

(4) 灵敏度

灵敏度指材料受到光照后,其响应的灵敏程度,是直接影响到全息存储器的写入速度及写入过程能耗的一个重要性能指标。材料的全息记录灵敏度 S_n 有多种定义。一种较实用的定义是在 1 mm 厚的材料中记录衍射效率为 1% 的光栅所需要的能量密度 $W(1\%)$,单位为 mJ/cm^2。在高密度全息存储领域比较普遍接受的另一种定义是:在记录的初始阶段,灵敏度正比于单位写入光强在单位厚度的材料中产生的折射率变化速率,数学表达式为

$$S = \frac{\left.\frac{\partial \sqrt{\eta}}{\partial t}\right|_{t=0}}{Id} \qquad (7-5-57)$$

式中,η 是衍射效率;I 是总的写入光强;d 是材料的厚度。这样定义的灵敏度单位为 cmJ^{-1}。

(5) 存储持久性

全息图的存储持久性用其暗存储时间(即记录以后在黑暗条件下初始的折射率变化的分布仍然保存的时间)来表征。光致聚合物材料由于聚合反应的不可逆性成为优良的只读存储介质,信息可以长期保存。而由于光折变效应的可

逆性,常用光折变晶体的暗存储时间从数秒(BaTiO$_3$和SBN)到数年(LiTaO$_3$)不等。存储持久性较短的材料适合于实时信号处理、相干光放大和光学相位共轭。然而,只读存储器要求长的存储持久性。在这种情况下可以采用固定(定影)技术,使固定后的光栅有较长的存储寿命并且对读出光不敏感,因此高效率有实用价值的固定技术成为当前的研究热点[7-27]。

(6) 散射噪声

散射噪声是全息记录材料的本质性问题。材料中任何缺陷会使光散射成球面波,这些散射波会与初始的入射波相干涉,形成噪声相位光栅;与此同时,入射光作为读出光通过噪声光栅的自衍射(此时布拉格条件自动满足),入射光能量向散射光转移,产生放大的散射光,并且材料中存在的多束散射光同时写入了多组相位光栅。由于散射光在空间无规则分布,因此这些相位光栅叠加成噪声光栅。如何有效地克服光折变晶体中的散射噪声也是当前研究的热点。

7.5.3 全息存储器的数据传输速率

数据传输(I/O)速率是衡量计算机存储设备的重要性能指标,因而也是评价全息存储器性能的一项重要指标。它的大小与存储器的存取时间(access time)t_{at}、组页器的位容量M_p、组页器的填充时间t_f(也称为组页器的开关时间)和每个数据页全息图记录时间t_{in}有关,即决定于数据存入存储器或从存储器中取出存储数据所需要的时间。存取时间可分为潜伏时间和传送时间两部分。存储设备的物理移动(例如磁盘的旋转和读/写头的定位)时间是属于潜伏时间,数据在传输通路上由于电子元件、电子线路等引起的时间延迟属于传送时间。对于全息存储器而言,潜伏时间主要相当于数据页(全息图)的寻址时间t_a;传送时间主要包括每个数据页的读出时间t_p,它受到再现衍射光功率在探测器上的积分时间、探测器的响应时间和探测器电子系统的数据传输时间限制。

目前能够获得的计算机大容量数据存储器基本上是磁性存储器和二维光学存储器即光盘,它们都利用机械部件使存储介质运动,按位串行读取,因而速度受到限制。全息存储器的优点在于不仅具有巨大的存储容量,而且同时可以具有极高的读取速度,这是由于每次读出的是整个数据页。然而,全息存储器的数据存入和取出时间一般是很不对称的,取出时间远小于数据存入时间。下面分别讨论影响体全息存储器数据存入和读取速度的主要因素。

1. 数据页的存入速率

体全息存储器的数据存入速率主要受全息图的记录时间τ_{in}影响,取决于记录介质的灵敏度和所要求的衍射效率。若不考虑复用情况,则数据存入速率R_{in}为

$$R_{in} = M_p/(\tau_{in} + t_f) \qquad (7-5-58)$$

式中，M_p 是每个数据页中的像素数目。

对于复用全息存储，为了得到比较均匀的衍射效率，需要采用一定的曝光记录时序。当使用顺序曝光方式时，每个数据页的记录时间是不同的，只能给出平均存入速率；同时还要考虑全息图寻址时间 t_a。例如在 100 μm 厚的光致聚合物（HRF – 150 型）上[7-28]，实验达到的记录速率是 0.7 Mb/s。此时，每个全息图的平均记录时间是 840 ms，数据页像素数目为 5.9×10^5，共记录了 50 个全息图，总的入射光强度是 2 mW/cm²，每个全息图的衍射效率约为 0.35%。若将总的入射光强度提高到 128 mW/cm²，全息图的平均记录时间就可以减少到 13 ms，记录速率可达到 45 Mb/s。

2. 数据页的读取速度

对于大多数全息存储系统而言，数据页的读取速度（存储器的读出数据传输速率）满足下面的不等式

$$R_{\text{out}} \leqslant \frac{M_p}{t_a + t_p} \tag{7-5-59}$$

如果选择这样的数据：$M_p = 1\,024 \times 1\,024$，$t_a$ 和 t_p 都等于 1 μs，那么计算可得到 $R_{\text{out}} \leqslant 512$ Gb/s，相当于每秒 62.5 G 字节的数据传输速率，这是非常可观的。下面分别讨论寻址时间 t_a 和每个数据页的读出时间 t_p 的影响。

（1）数据页的读出时间

每个数据页的读出时间 t_p 由探测器和相关的电子放大器的噪声决定，而探测系统的噪声特性可以由在足够低的误码率下探测一个比特信息所需接收的最少入射光子数 μ 决定，产生这个数目的光子数所需要的读出时间 t_p 为[7-28]

$$t_p = \frac{hc\mu M_p}{\eta P_r \lambda} \tag{7-5-60}$$

式中，h 是普朗克常数；c 是真空中的光速；λ 是真空中的光波长，$hc/\lambda = h\nu$ 为一个光子的能量；M_p 是每个数据页中的像素数，这里假设一个像素表示一个比特信息，那么 μM_p 表示一个数据页面所需接收的最少入射光子数；而 P_r 是读出参考光束的功率，η 是全息数据页的衍射效率，则 ηP_r 表示单位时间内衍射到该数据页面的总的光能量。若每个数据页包含的像素数目等于探测器的像素数目，则最大数据传输速率 R_{out} 为

$$R_{\text{out}} = \frac{M_p}{t_p} = \frac{\eta P_r \lambda}{\mu hc} \tag{7-5-61}$$

根据上式可知，探测一个比特数据所需要的光子数 μ 越少，最大数据传输速率 R_{out} 越高；可以通过降低对光子数 μ 的要求来提高 R_{out}，可能的方法包括使用有内部增益的探测器或者使用高阻抗的前端积分放大器。

下面分析所需要的入射光子数 μ 与探测器件特性参数之间的关系。考虑到

每个数据页的读出时间必须要大于或等于探测器的响应时间才能得到较好的图像信噪比,在这里取读出时间为允许的最小值,即认为每个数据页的读出时间约等于探测器的响应时间,并将响应时间用每个数据页的读出时间 t_p 表示。

光电探测器的本征信噪比 SNR 与入射光子数 μ 及响应时间 t_p 的关系通常可以表示为[7-29]

$$SNR = \frac{q^2\varepsilon^2\mu^2 R_L}{32kT_n t_p} \qquad (7-5-62)$$

式中,q 为电子电荷;k 是玻耳兹曼常数;ε 是探测器的量子效率;R_L 是负载和放大器输入阻抗的复合阻抗;T_n 是等效噪声温度。

在通常的探测器-放大器结构中,R_L 与响应时间 t_p 有如下关系

$$t_p \approx 2\pi(R_L C) \qquad (7-5-63)$$

式中,C 是电容,结合式(7-5-62)和式(7-5-63)两式,可得

$$\mu = (64\pi kT_n C \cdot SNR)^{1/2}/(q\varepsilon) \qquad (7-5-64)$$

当知道了探测器-放大器的特性,即 ε、C、T_n 之后,对于给定的信噪比 SNR,从式(7-5-64)可计算出探测器所需要接收的光子数 μ,再用式(7-5-61)可估算出最大数据传输速率。

如果探测器为面阵商业化 CCD,则可以直接利用更直观的性能参数估算出所需要接收的光子数 μ。下面利用探测器的一些实际参数对最大数据传输速率 R_{out} 进行估算。典型商业化 CCD 摄像机每个像素的等效噪声曝光量约为 1.8×10^{-4} pJ/cm²,这里等效噪声曝光量是指产生与探测器噪声强度相等的信号强度所需要的曝光量。当激光工作波长为 500 nm 时,每个光子的能量约为 4×10^{-19} J。直接计算得到每个探测器像素就需要接收大约 26 个光子。当然,为了得到较高的信噪比,取 $\mu = 500$;同时,一个数据页的像素数目取为 500×500,读出参考光束的功率为 200 mW,衍射效率为 10^{-5},可估算出探测器的响应时间为 25 μs,数据传输速率为 10 Gb/s。

(2) 数据页的寻址时间

全息存储器不仅可以如磁存储器和 CD-ROM 那样利用机械运动进行寻址,还可以使用声光偏转器件和电光偏转器件等无机械运动器件寻址,因而有可能达到很高的数据页寻址速度。在大规模复用存储时,读出光束通常需要较大的角度变化范围,电光偏转器件在角度偏转范围较大时需要很高的偏置电压,因此不太适合于大规模全息存储的寻址应用。声光偏转器件是目前最佳的寻址器件,它的寻址时间在 1~10 μs 之间。这样,限制读出参考光角度变化速度的根本因素则是 CCD 探测器的积分时间(通常用 CCD 探测器的积分时间来表示其响应时间);如果数据页的寻址速度太快,由于 CCD 积分时间的限制,必定造成重构图像的模糊。

若体全息存储材料是块状晶体,可以使用两个声光偏转器实现对角度复用和空间复用的全息图进行无机械运动的寻址。Sharp 等人在 1996 年就测量了声光偏转器随机寻址一个页面所需的时间(页随机寻址时间),采用的声光偏转器有效孔径直径为 9.3 mm,时间带宽积为 750,页随机寻址时间达到了 16 ± 2 μs,这样每秒可以寻址 6.25×10^4 个数据页;如若存储的图像是二值化数字数据,每页数据量为 320×264,则数据读出速率为 5.28 Gb/s[7-30]。

7.5.4 全息存储的应用举例

1. 数字数据的存储

随着数字电子计算机系统运算能力和性能的提高,数字化信息领域不断扩展,人们迫切地需要有用于数字数据存储的更大容量、更快速度、较低价格的存储器。现有的存储器器件在容量和性能上尚不能完全满足人们在诸如虚拟现实、网络计算机、复杂多媒体文档、视频服务器、图像数据库和航空航天领域等应用中数据存储的需求。光学全息存储由于同时具有容量大、数据传输速率高、随机存取时间短的特点,可望在未来的数字数据存储领域发挥巨大作用。1994年,Heanue 等人[7-31]把数字化的压缩图像和视频数据存储在一个全息存储器中,读出之后进行解码、显示和播放。由再现数据恢复的图像其质量没有明显下降,误码率为 10^{-6},完全能够满足压缩视频存储的需要,从而验证了全息存储在这一领域中的应用潜力。

1997 年,Drolet 等[7-32]人设计了一个紧凑型集成化的角度复用全息存储模块,如图 7-5-9 所示。该模块包括一个 $BaTiO_3$ 光折变晶体、一对液晶光束偏

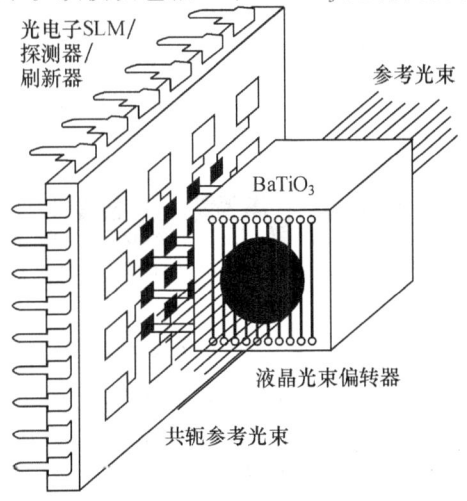

图 7-5-9 紧凑型集成化的角度复用全息存储模块(根据参考文献[7-32])

转器(图中只能见到一个,另一个在晶体后面)和光电子集成电路(OEIC)。液晶光束偏转器用做角度复用寻址器件,而光电子集成电路既在记录时起着反射型空间光调制器的作用,又在读出时起着 CCD 探测器阵列的作用。用于再现的读出光束是与记录全息图时的参考光束互为共轭的,相应的共轭重构衍射光自聚焦回到 OEIC 上。共轭参考光束可以用相位共轭反射镜产生,而对于平面波来说,就是一个对传的光束。此模块具有以下优点:在这一模块中由于采用共轭读出方式,衍射光逆向经过信号光束记录时所通过的路径(从 SLM 到记录介质),不需要额外的再现光路和成像光路,这样,整个模块可以做得非常紧凑;另外共轭读出方式还校正了线性相位畸变。而 OEIC 则是模块中最具特色的器件,它的每个像素都具有存储、光探测和调制功能,不需要经过计算机的传输,它们就可以完成像素之间的局部数据传输(如探测器到存储器,存储器到调制器)。因此,该全息存储模块还具有动态刷新的功能。

2. 多灰度级模拟图像存储

在现实生活中,人们获取的大量的图像信息是模拟图像,如光学仪器对景物的直接成像、图像信息的显示等,同时,光学信息处理系统固有的二维并行处理能力特别适合于图像信息的处理,也迫切需要能够高速并行输出二维图像的存储器,这些图像可能是视频图像,也可能是光学合成孔径雷达图像[7-33]或高分辨率的军用目标[7-34]。

模拟图像的全息存储通常有两种方式,一种是将模拟图像编码成二值化图像,再以全息图方式存储在晶体中。这里包括压缩编码和空间区域编码。压缩编码方式均采用了数字图像处理中的编码方法,如 JPEG,在显示时再进行解码。而空间区域编码方式是利用空间光调制器的多个像素表示一个灰度级像素,一般会牺牲掉组页器的空间分辨率。图 7-5-10 示出一种补空间区域编码方式,对图像灰度级范围从 0~3 进行编码,可以提高全息存储器灰度图像的关联输出精度。

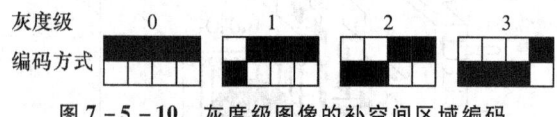

图 7-5-10 灰度级图像的补空间区域编码

另一种是直接将灰度图像以全息存图方式记录在存储器中,可以利用 SLM 每个像素的振幅调制能力显示不同的灰度级,也可以将非相干光学模拟图像由光寻址 SLM 转换成相干图像,再直接输入到全息存储器中。光学模式识别和机器视觉系统特别需要这样的图像存储器。

3. 模式识别与相关器

有了一幅全息图,则两束相互干涉后产生此全息图的光束中的任何一束都可用来重现出另一束。在全息存储器中,这就意味着不仅可以以适当的角度把一束参考光束射入晶体中从而选择读出一个全息数据页,而且也可以进行相反的过程。即用一幅存储的图像照射晶体,就会产生一个近似于参考光束的光束,这一光束通常是以适当角度从晶体中射出的平面波。

用一块透镜可把此光波聚焦在一个小斑点上,它的侧向位置由平面波的角度决定,因而这一侧向位置显示了输入图像的身分。如果用来照射晶体的图像不属于存储模式库,结果将得到多个参考光束,因而就有多个聚焦光点。每个光点的亮度与输入的图像同每一个存储模式之间的相似程度成比例。换句话说,光点阵列就是依据输入图像与存储的图像数据库之间的相似性对输入图像进行的编码。

根据以上原理可以实现输入图像的识别和分类。这样的系统若采用大容量全息存储器记录数据库,则存储介质同时又是运算功能器件;可以充分发挥光学的高速并行处理能力,克服通常光学模式识别系统中串行按位存储器产生的数据通过瓶颈。当全息存储器中记录的全息图是傅里叶变换全息图时,这些全息图相当于相干光学相关器中的匹配滤波器,而输入图像与存储的图像数据库之间的相似性是根据相关运算得到的。

光学相关器采用匹配滤波器进行相关检测,是光学模式识别的一种重要手段,其典型结构是一个 $4f$ 系统,如图 7-5-11 所示。一般包括两个步骤,第一步用全息方法制作匹配滤波器 $H(\mu,\nu)$,匹配滤波器定义为与目标信号 $g(x,y)$ 的频谱 $G(\mu,\nu)$ 复共轭的空间滤波器,即 $H(\mu,\nu) = G^*(\mu,\nu)$。如图所示,将目标信号 $g(x,y)$ 放在输入平面 P_1 上,在 P_2 平面放置记录介质并引入平行参考光束记录傅里叶变换全息图。在线性记录条件下,全息图的复振幅透过率 $t(\mu,\nu)$ 正比于曝光光强,即

$$t(\mu,\nu) \propto |G(\mu,\nu) + A\exp(-j2\pi\mu f\sin\theta)|^2$$
$$\propto A^2 + |G(\mu,\nu)|^2 + AG^*(\mu,\nu)\exp(-j2\pi\mu f\sin\theta) + AG(\mu,\nu)\exp(j2\pi\mu f\sin\theta)$$
$$(7-5-65)$$

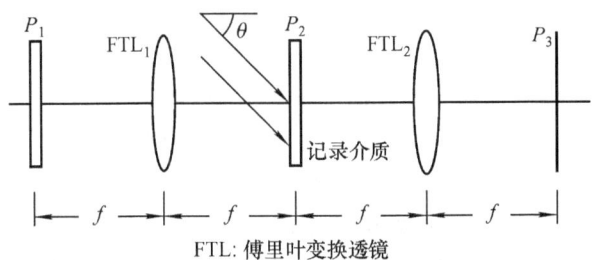

图 7-5-11 光学相关器原理图

式中第三项是所要求的匹配滤波函数,多出的线性相位因子将使相关输出函数在 P_3 平面上的位置偏离开中心原点。

第二步是相关识别,此时设位于 P_1 平面的输入信号为 $f(x,y)$,由目标信号和其他信号组成,全息图复位于 P_2 平面上,挡掉参考光,则全息图的输出为 $t(\mu,\nu)F(\mu,\nu)$;经过透镜 FTL_2 作傅里叶逆变换,在 P_3 平面上的场分布亦由三项组成,其中第一项对称于像面坐标原点分布;第二项是以点 $(-f\sin\theta,0)$ 为中心分布的卷积函数;第三项是以点 $(f\sin\theta,0)$ 为中心分布的相关函数,既包含了目标信号的自相关,又包含了目标信号与其他信号的互相关,这正是所需要的。可以根据是否出现自相关峰值以及它的位置判断输入信号中是否存在目标信号及其在输入平面的位置。

近年来,全息存储器的这一应用领域受到了研究人员的极大关注,各种结构、设计方案和初步的实验结果纷纷见诸报道。有人将全息存储器仅作为图像数据库,再现的图像作为相关器的输入[7-35];虽然存储器的读出可以具有很高的速度,但每次只能完成一幅图像之间的相关运算。全息存储器也可以位于 $4f$ 系统的滤波器位置,作为匹配滤波器数据库;如果采用复用技术在同一体积中存储多个傅里叶变换全息图,那么一幅输入图像可以同时与所有存储的图像进行相关。下面就介绍一个这样的图像相关识别系统,它采用复用的全息存储器[7-36,7-37]制导小车行驶,其中光学相关器的示意图如图 7-5-12 所示。

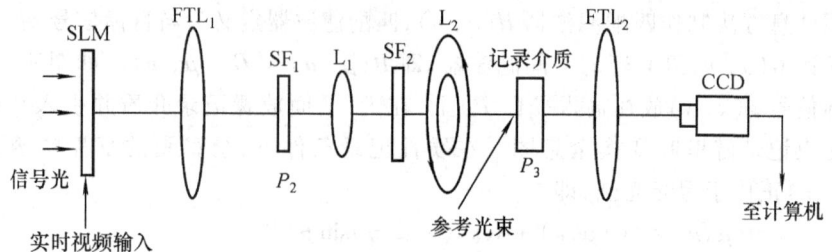

图 7-5-12 小车制导中全息存储光学相关器示意图

从小车上射频输出的视频信号通过 SLM 进入光学相关器。激光光源为 200 mW 的倍频 Nd:YAG 激光器,工作波长为 532 nm。透镜 FTL_1 在平面 P_2 产生输入图像的傅里叶变换。然后用一个十字形空间滤波器 SF_1 进行滤波,目的有两个,一是阻挡掉因 SLM 的像素结构产生的较高的衍射级;二是阻挡掉输入图像的低频分量,使输入图像边缘增强,大大减小不同图像之间的互相关。透镜 L_1 和 L_2 的作用是将滤波后的图像频谱 1:1 地成像到平面 P_3 上的全息图记录材料中。在两个透镜之间,SLM 的像平面上再放置第二个空间滤波器 SF_2,用来去除尖锐的 SLM 的矩形边框,这些边框对于所有的图像都是相同的。记录材料是在玻璃片基上涂敷的光致聚合物薄膜,膜厚 100 μm。

1995 年,Allen 等人采用这个系统来引导一辆小车在美国加州理工学院电气工程大楼的走廊和实验室中行驶。他们把选定的走廊和房间的图景存储在全息存储器中,此存储器与实验室工作台上的一台数字计算机相连,并通过无线电把图像传送给小车。在小车上装有电视摄像机提供视觉图像输入。当小车作机动行驶时,计算机便把摄像机摄得的图像同全息存储器中存储的图像进行比较。一旦它发现一幅熟悉的图像,便引导小车沿着事先规定的若干路径中的一条路径行驶,每条路径定义为从存储器中取出的一系列图像。在存储器中存储了 1 000 幅图像,但他们发现仅需要 53 幅图像便可引导小车穿过建筑物中的若干房间行驶。

2004 年,欧阳川等[7-38]人设计并构建了小型体全息存储及相关系统,在块状铌酸锂晶体中采用体全息存储技术实现了基于 1 000 幅人脸库图像的相关识别,并通过子波变换滤波预处理提取图像边缘特征,得到了较为准确的识别结果。王大勇等[7-39]人采用热固定技术在块状铌酸锂晶体中构建了 1 020 幅全息图像的非易失性图像库,并采用多重频谱滤波方法改进了体全息存储图像相关识别的识别率。基于体全息存储的相关识别要求在存储介质的同一体积内复用存储大量库图像,这样可保证相关器能够在一次输出中获得输入图像与所有库图像的相关结果。为此,他们都采用了角度分维复用方式。所谓角度分维复用,就是不仅利用水平角度选择性在同一个平面内改变参考光角度存储不同的全息图,而且利用垂直角度选择性使参考光角度可以在垂直面内改变。通过角度分维复用方式,参考光二维扫描记录全息图,可以克服光学系统有限孔径的限制,在介质的同一体积内进行大容量存储;同时使并行相关输出由一维扩充至二维,有利于充分利用探测器的面积,保证了光学识别的快速性和并行性。

4. 关联存储器

关联存储器的概念分别起源于两个不同的领域:神经网络和全息术。现在这两个领域已经相互交叉渗透形成了光学神经网络,全息存储器常常在其中起着互联的作用,存储着大量的互联权重[7-40]。光折变晶体全息存储器构造关联存储器的示意图如图 7-5-13 所示[7-41]。这种系统的基础即是前面叙述的光学相关器。一般也分为两步,首先利用角度复用参考光束在光折变晶体中记录各种参考图像的傅里叶变换全息图,如图 7-5-13(a)所示,对关联存储器进行操作,如图 7-5-13(b)所示。输入一幅图像,假设是已存储的某幅参考图像的一部分。由于输入图像和已存的每一幅参考图像进行相关,重构出参考光束,并在透镜 L_2 的后焦面上产生一系列相关点,各个相关点的强度由对应的参考图像和输入图像之间的相关程度决定。下一步就是选择最强的相关点(参考光),因为同输入图像最为匹配、最接近的参考图像是与最强的参考光相联系的,若将此参考光反馈回到光折变晶体中,就会再现出关联的存储图像。显然,这种选择需要引进某种非线性,即大大地衰减其他不需要的相关点(参考光)。在图 7-5-13(b)中,是利用一个自泵浦相位共轭镜来实现非线性处理和反馈操作的,也可以由其他的方式(如光电反馈)实现。因此,总的说来,关联存储器包括两个关键单元:光学相关器和非线性处理单元;非线性处理单元是对相关器的输出产生优者全胜的竞争。

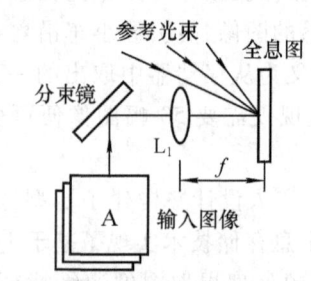

(a) 角度复用多重全息图记录

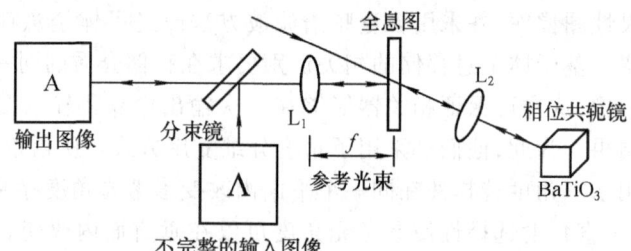

(b) 通过相关和非线性反馈读出最相似的匹配图像

图 7-5-13 关联存储器基本原理图

5. 超大容量全息存储器

在记录材料的整个体积中存储信息,有可能实现超大容量的全息存储器。例如三维盘式全息存储方案,就是实现超大容量存储的一种途径。全息盘潜在的高数据传输率不是依靠盘面转速的提高,而是通过整页并行读出实现的,这也将相应地缓解系统对高速机械运动的要求。随着材料技术的进步,有可能制备具有良好光学质量的大块厚片光折变晶体(例如铌酸锂晶体)和大面积均匀的光致聚合物薄膜,这为盘式全息存储创造了条件。

全息存储盘的页面式三维存储性质,决定了它与常规二维光盘有显著的不同,首先就在于信息页面的复用结构,即如何使用盘式介质相对大的表面积。已经发展了几种盘式全息存储的方案。图 7-5-14 给出基于分块全息存储技术的全息盘式存储的示意图。图中沿盘面上的同心圆轨道上划分为互不重叠的空间位置(全息块),每个位置上可以复用存储大量全息图。可以用傅里叶全息图也可以用像面全息图。参考光束采用平面波。复用方式可以是角度复用、波长复用或相位复用。光路构型可以是透射型(图中未示出),也可以是如图中所示的反射型。

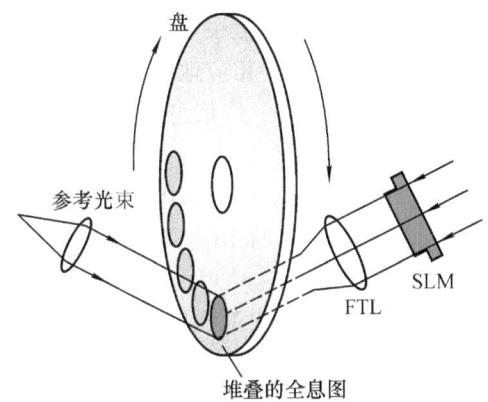

图7-5-14 基于分块全息存储技术的全息存储盘的示意图

为了便于与常规二维存储盘比较,三维全息存储盘的存储密度也通常表达成面密度的形式。为了使存储密度最大化,Li 和 Psaltis 曾对分块式全息存储盘的存储密度进行了详细讨论,并对角度复用和波长复用分别给出了一系列优化的参数[7-42]。他们的计算结果表明,角度复用和波长复用可以存储的全息图总数大致相同,在 16~30mm 厚的盘片中才能实现 120~160 b/μm^2 的面密度,故这种分块式的存储方案也是不够现实的。

近十余年来,针对盘式全息存储的研究取得很大进展[7-43—7-45]。在复用存储方案方面,采用球面参考光的空间 - 角度复用、位移复用、随机相位调制复用等技术使存储面密度不断刷新;反射式盘片和同轴光路的提出,使全息光盘驱动器与常规光驱的兼容有了可能;空间光调制器、阵列光探测器等光电子器件技术以及伺服控制技术的发展,使得全息盘的读出速率在实验室中已达到 10GB/s;在盘式存储介质方面,单盘容量可达 200GB 以上的阳离子开环型和双化合物型的光致聚合物光盘介质逐步商品化。尽管全息光存储技术在实验室中已经获得了令人瞩目的成就,其真正大规模实用化还面临许多挑战,包括稳定、高效、低成本的存储介质、兼顾高存储密度和易于寻址的写读复用技术、抑制光学噪声降低误码率的高速编码译码技术,以及能够发挥体全息存储潜在优势的新型周边光电器件和伺服控制系统等,都是需要解决的关键问题,也始终在吸引各国研发人员的不懈努力。

7.6 四维光学存储

光盘存储可以称为"位置选择光存储",三维全息存储可以称为"布拉格选择光存储",它们由于受到衍射限制,代表一个信息位的光能量最小的聚焦体积在 $1/\lambda^3$ 的数量级,或 10^{-12} cm^3 左右。相应地,1 bit 所占据的空间中含有 $10^6 \sim 10^7$ 个分子。如果能用一个分子存储一位信息,存储密度便能在现行光存储的基础上提高 $10^6 \sim 10^7$ 倍。问题是要有适当的选择或识别分子的方法。持续光谱烧孔(Persistent Spectral Hole - Burning, PSHB)技术正是利用对不同频率的光吸收率不同来识别不同分子的[7-46]。采用 PSHB 光学存储技术,有可能使光存储的记录密度提高 $3 \sim 4$ 个数量级。

物质原子的发射或吸收谱线有一定的宽度。单个原子的谱线宽度取决于与谱线相关的能级 E_2 和 E_1,这些能级均有一定的宽度。由于受激原子处在激发态只有有限的寿命,这就造成原子跃迁谱线的自然线宽。大量原子和分子之间的无规碰撞和晶格热振动会使谱线进一步加宽。由于引起加宽的物理因素对每个原子都是等同的,这类宽度称为均匀加宽,其特点是不能把谱线线型函数上某一特定频率与某些特定原子联系起来。

固体工作物质中,晶格缺陷(位错、空位等晶体不均匀性)引起微小的内部应变,这使处于缺陷部位的激活粒子的能级发生位移,导致处于晶体不同格位的激活离子发射(或吸收)的中心频率有微小的移动;而通常看到的荧光谱线是不同格位的激活离子所发射的谱线叠加在一起形成的包络。格位环境完全相同的离子发射(或吸收)的光谱宽度为均匀加宽,而整个包络线的宽度为非均匀加宽。非均匀加宽的特点是不同原子(离子)只对谱线内与它的中心频率相应的部分有贡献,因而可以将谱线上某一频率范围认为是由一部分特定原子发射(或吸收)的。

如果用频率为 ω_0、线宽很窄的强激光(烧孔激光)激发非均匀加宽的工作物质,同时用另一束窄带可调谐激光扫描该物质的非均匀加宽的吸收谱线,则在吸收频带上激发光频率 ω_0 处会出现一个凹陷,这就是"光谱烧孔"。其原因是在窄带强激光激发下,与激光共振的那部分离子几乎全部被激发到激发态 E_2,测量这些离子从基态 E_1 到激发态 E_2 的吸收时,就出现吸收饱和线型;而不与窄带激发光共振的离子仍有正常的吸收。用激光扫过整个吸收线,测透射光强时就会在吸收线型上出现凹陷,也就是"孔",参见图 7-6-1。

把烧孔激光调谐到荧光吸收谱带内的不同频率位置,孔就出现在不同的频率上。有孔和无孔就可以表示"1"和"0"两个状态。孔的存在时间就是电子在激发态的寿命。用测量透射光强的方法就可以检测孔的有无。这一原理用于光

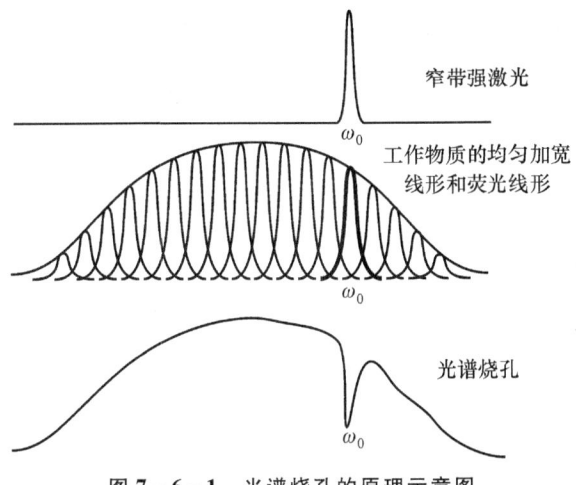

图 7-6-1 光谱烧孔的原理示意图

信息存储就是"频率选择光存储",它与前述光盘存储和双光子存储方案显然是不同的。光谱烧孔方法有可能突破光存储密度的衍射限制,因为光谱烧孔除了利用记录材料的空间维度以外,还可利用光频率维度。在光斑平面位置不变的情况下,调谐激光频率在吸收谱带内烧出多个孔,可实现在一个光斑位置上存储多个信息,存储密度可提高 1~3 个数量级。

上面描述的"孔"是瞬态孔,激发激光停止后,激发态电子回到基态,孔也就消失了,信息不能长久保存。但如果强激光激发的结果使与之共振的离子发生光化学或光物理变化,这种变化能持续较长的时间,则"孔"也能保存较长的时间,这就是所谓"持续光谱烧孔"。

在材料同一位置可烧光谱孔的个数,即 PSHB 存储对烧孔激光频率的复用度,取决于材料的非均匀线宽与均匀线宽之比。例如在液氦温度(4 K)下,BaFCl:Sm^{2+} 中 Sm^{2+} 的 $^7F_0$ 态到 $^5D_0$ 态的吸收谱线非均匀宽度为 13 GHz,而孔的宽度为 20 MHz 至数百兆赫,因样品而异。则在液氦温度下,可烧数十至数百个孔。但是,孔的宽度随温度升高以超线性方式迅速增大,而非均匀宽度则基本不随温度变化。在液氮温度(77 K),孔宽已接近吸收谱线的非均匀宽度了,无法烧出孔。可以说,工作温度是这一存储方法最主要的限制。

最初的光谱烧孔方法是将光盘存储扩展到频率维度,现在已实现光谱烧孔的全息存储。全息图的记录是通过不同子集分子的光学特性而实现的。Kohler 等人用扫频记录技术,在单一光谱烧孔材料样品中以不同频率和不同外加电场值记录了 2 000 个高分辨率全息图像[7-47]。Kachru 和 Shen 使用掺稀土的烧孔材料,在输入/输出(I/O)速率方面取得了显著进展。他们采用高速声光调制器,在其所覆盖的频率范围内逐步改变激光的频率,从而实现复用存储 500 幅全息图,每幅含有 512×488 像素。这样无须任何机械式的光束扫描,实现以30 Hz的帧速(视频速率)随机访问 500 幅全息图[7-48]。Renn 等人在掺氯聚乙烯醇缩丁醛薄膜型光谱烧孔材料中利用其整个吸引带记录了 12 000 幅图像,达到了由非均匀线宽与均匀线宽之比值所确定的理论极限[7-49]。

用 PSHB 技术做成实用的存储器,要求材料的荧光线宽与孔宽的比值大,能在高于 77 K 的温度下形成为数很多的孔,并且形成的孔能在室温下保存,经过多次读出也不会擦除已经存储的信息等。要找到符合这些条件的 PSHB 材料确实非常困难。因此在 PSHB 技术实用化以前,还有大量问题需要解决。

上面介绍的将 PSHB 技术与全息技术结合的例子中,还只涉及平面全息图的存储。如果将 PSHB 技术与体全息技术相结合,将可实现真正意义上的四维光学存储,其应用前景将不可限量。

习 题

7.1 某种光盘的记录范围为内径 80 mm、外径 180 mm 的环形区域,记录轨道的间距为 $2~\mu m$。假设各轨道记录位的线密度均相同,记录微斑的尺寸为 $0.6~\mu m$,试估算其单面记录容量。

7.2 证明布拉格条件式(7-5-1)等效于式(7-5-17)中相位失配 $\delta = 0$ 的情形,因而式(7-5-18)描述了体光栅读出不满足布拉格条件时的相位失配。

7.3 用波长为 532 nm 的激光在光折变晶体中记录非倾斜透射光栅,参考光与物光的夹角为 30°(空气中)。欲用波长为 633 nm 的探针光实时监测光栅记录过程中衍射效率的变化,计算探针光的入射角(假设在此二波长晶体折射率均为 2.27)。

7.4 为了与实验测量的选择角相比较,需要有体光栅在空气中的选择角的表达式。试对小调制度近似($\nu \ll 1$),从式(7-5-31)出发,导出一个计算非倾斜透射光栅空气中的选择角的表达式(所有角度均应为空气中可测量的值)。

7.5 铌酸锂晶体折射率 $n = 2.28$,厚度 $d = 3$ mm,全息时间常数之比 $\tau_E/\tau_W = 4$,饱和折射率调制度 $\Delta n_{max} = 5 \times 10^{-5}$,用 $\lambda = 532$ nm 的激光在晶体中记录纯角度复用的全息图,物光角度 $\theta_s = 30°$,参考光角度范围 $\theta_r = 20° \sim 40°$,若要求等衍射效率记录且目标衍射效率设定为 10^{-5},试分析影响存储容量的主要因素。为了提高存储容量,应当在哪些方面予以改进?

7.6 用做组页器的空间光调制器为 24mm × 36 mm 的矩形液晶器件,含有 480 × 640 个正方形像素。用焦距为 15 mm 的傅里叶变换透镜和 633 nm 激光记录傅里叶变换全息图,则允许的参考光斑最小尺寸为多少?

7.7 用一种高级语言编写计算机程序,计算在光折变晶体中角度复用存储 100 幅全息图的曝光时间序列。计算用到的参数为:饱和衍射效率 0.5,目标衍射效率 10^{-5},写入时间常数 60 s,擦除时间常数 700 s,透射式准对称光路。

第8章 光学信息处理技术

8.1 引　言

　　光学信息处理是20世纪60年代随着激光器的问世而发展起来的一个新的研究方向,是现代信息处理技术中一个重要组成部分,在现代光学中占有很重要的地位。所谓光学信息,是指光的强度(或振幅)、相位、颜色(波长)和偏振态等。光学信息处理是基于光学频谱分析,利用傅里叶综合技术,通过空域或频域调制,借助空间滤波技术对光学信息进行处理的过程,较多用于对二维图像的处理。

　　事实上,早在1873年,著名德国科学家阿贝(Abbe)创建了二次成像理论,就已经为光学信息处理打下了一定的理论基础。1935年,物理学家策尼克(Zernike)发明了相衬显微镜,将相位分布转化为强度分布,成功地直接观察到微小的相位物体——细菌,用光学方法实现了图像处理,解决了由于染色而导致细菌大量死亡的问题。策尼克的成功为光学信息处理技术的发展作出了新的贡献。1963年,范德拉格特(A. Vander Lugt)提出了复数空间滤波的概念,使光学信息处理进入了一个广泛应用的新阶段。

　　此后,光学信息处理作为一门十分活跃的学科发展极快。20世纪80年代以后,随着高新技术的蓬勃兴起,世界进入了一个"信息爆炸时代",要求对超大量信息具有快速处理的能力。例如核武器设计、战略防御计划、中长期天气预报、空间技术、气体动力学、机器人视觉、人工智能等许多方面都对数据处理提出了超高速和超大容量的要求。要想在预定的时间段内获得准确的结果,要求计算速度必须达到$10^{12} \sim 10^{15}$次/秒。几乎同时发展起来的电子计算机技术随着电子功能器件的日益完善,以其速度快、使用方便而一度成为信息处理的主要手段。然而,由于其自身的先天性局限,如"冯·诺依曼瓶颈"问题、RC问题、时钟歪斜问题、电磁场干扰问题、互连带宽问题等限制,要想完成这种超高速计算已显得力不从心,即使是当今最先进的所谓"神经计算机"也无法满足时代提出的要求。光以其速度快、抗干扰能力强、可大量并行处理等特点逐渐显示其在信息处理方面独特的优越性。在光学信息处理基础上发展起来的光计算研究及其相关技术已为该领域注入了新的生命,成为十分活跃的一个学科方向[8-1]。

　　由于光学信息处理的内容及其丰富,涉及的面也极广,本章篇幅有限,很难全面地反映该领域所取得的丰硕成果,因此只介绍光学信息处理的主体——光学图像处理技术。由于利用了光的并行传输和并行处理的优点,对于光学图像二维信号的处理可以并行完成,所以通常的操作都以二维图像的形式进行,"光学图像处理"是一种简便而形象的称谓。从应用角度考虑,光学图像处理主要包括图像的相加和相减、微分、相乘和积分、相关和卷积等运算,以及图像的彩色增强技术、假彩色化、消除图像噪声、消除模糊、特征识别和特殊信息提取等;而从处理方法和手段上可按照光学系统的照明特性,分为相干处理和非相干处理两类。本章首先介绍光学图像处理的理论基础和基本方法,然后介绍具有代表性的几种处理方法以及应用实例,包括相干光学信息处理、非相干光学信息处理和白光信息处理三类。

8.2 光学频谱分析系统和空间滤波

8.2.1 阿贝(Abbe)成像理论

1873年,阿贝首次提出了一个与几何光学成像传统理论完全不同的成像概念。该理论认为相干照明下透镜成像过程可分为两步:首先,物面上发出的光波经透镜,在其后焦面上产生夫琅禾费衍射,得到第一次衍射像;然后,该衍射像作为新的相干波源,由它发出的次波在像面上干涉而构成物体的像,称为第二次衍射像。因此该理论也常被称为"阿贝二次衍射成像理论"。

图 8-2-1 是上述成像过程的示意图。其中物面 x_o-y_o 用相干平行光照明,在频谱面 x_f-y_f 上得到物的频谱,这是第一次成像过程,实际上是经过了一次傅里叶变换;由频谱面到像面 x_i-y_i,实际上是完成了一次夫琅禾费衍射过程,等于又经过了一次傅里叶变换。当像面取反射坐标时,后一次变换可视为傅里叶逆变换。经上述两次变换,像面上形成的是物体的像。

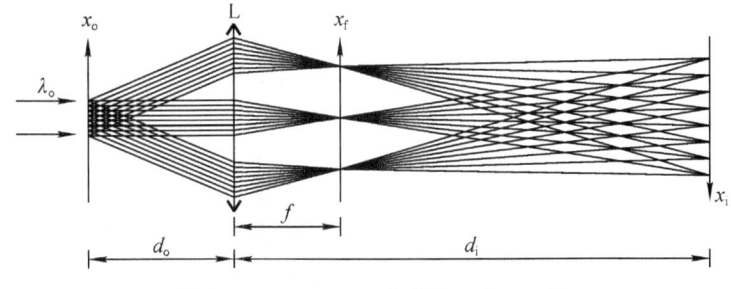

图 8-2-1 阿贝二次成像理论示意图

根据傅里叶分析可知,频谱面上的光场分布与物的结构密切相关,原点附近分布着物的低频信息,即傅里叶低频分量;离原点较远处,分布着物的较高的频率分量,即傅里叶高频分量。

8.2.2 阿贝-波特(Abbe-Porter)实验

为了验证阿贝提出的成像理论,阿贝于1873年、波特于1906年分别做了实验,这就是著名的阿贝-波特实验。实验装置与图8-2-1所示相同,物面采用正交光栅(即细丝网格状物),由相干单色平行光照明;频谱面上放置滤波器,以各种方式改变物的频谱结构,在像面上可观察到各种与物不同的像。图8-2-2表示部分实验内容及结果。图8-2-3是部分实验结果照片,其中的照片(A)、(B)、(C)分别对应图8-2-2中的A、B、C三种滤波情况。

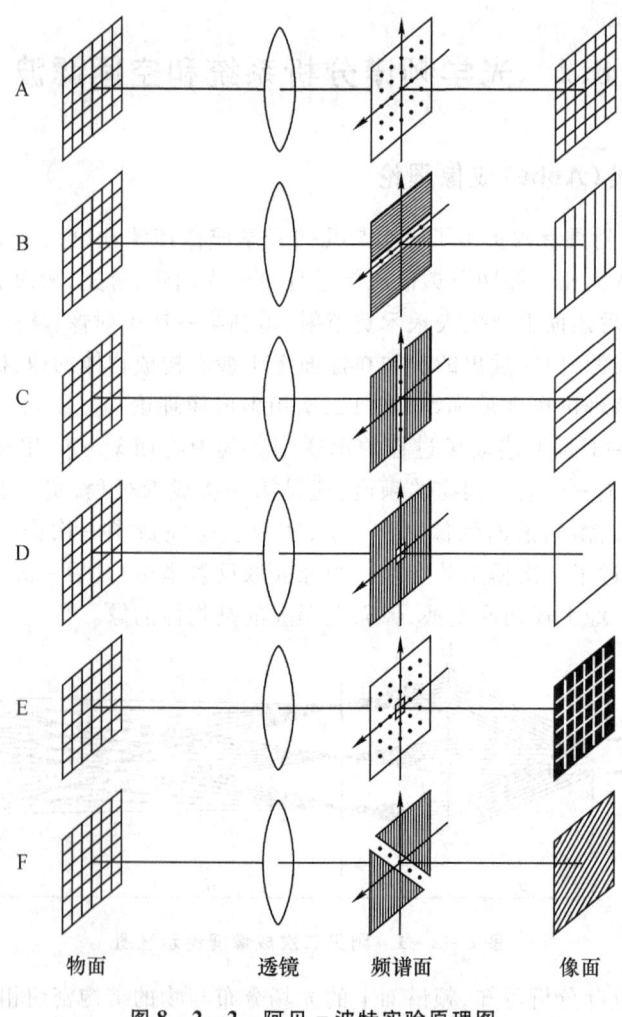

图8-2-2 阿贝-波特实验原理图

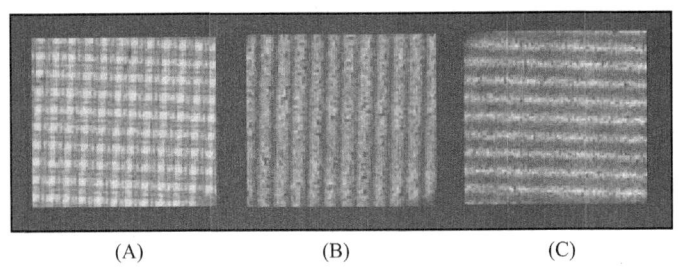

(A) (B) (C)

图 8-2-3 阿贝-波特实验部分结果照片

由实验结果归纳出如下几点结论:

(1) 实验充分证明了阿贝成像理论的正确性:像的结构直接依赖于频谱的结构,只要改变频谱的组分,便能够改变像的结构。

(2) 实验充分证明了傅里叶分析的正确性:

① 频谱面上的横向分布是物的纵向结构的信息(图 8-2-2B);频谱面上的纵向分布是物的横向结构的信息(图 8-2-2C)。

② 零频分量是一个直流分量,它只代表像的本底(图 8-2-2D)。

③ 阻挡零频分量,在一定条件下可使像发生衬度反转(图 8-2-2E)。

④ 仅允许低频分量通过时,像的边缘锐度降低;仅允许高频分量通过时,像的边缘效应增强。

⑤ 采用选择型滤波器,可望完全改变像的性质(图 8-2-2F)。

8.2.3 空间频率滤波系统

空间频率滤波是相干光学处理中一种最简单的方式,它利用了透镜的傅里叶变换特性,把透镜作为一个频谱分析仪,利用空间滤波的方式改变物的频谱结构,继而使像得到改善。空间滤波所使用的光学系统实际上就是一个光学频谱分析系统,其形式有许多种,这里介绍常见的两种类型。

1. 三透镜系统

三透镜系统惯称 $4f$ 系统,前面已略作介绍。三个透镜的相互关系如图 8-2-4 所示,其中 L_1、L_2、L_3 分别起着准直、变换和成像的作用。被处理的光学图像置于 P_1 平面(称为输入面),由单色相干光照明(S 为相干点源),滤波器置于 P_2 平面(即频谱面),P_3 平面为输出面。为讨论方便,令三透镜焦距相等,均为 f。设物的透过率为 $t(x_1, y_1)$,滤波器透过率为 $F(f_x, f_y)$,则频谱面后的光场复振幅为

$$u'_2 = T(f_x, f_y) \cdot F(f_x, f_y) \quad (8-2-1)$$

其中
$$T(f_x, f_y) = \mathscr{F}\{t(x_1, y_1)\} \quad (8-2-2)$$

$$f_x = x_2/(\lambda f)$$

$$f_y = y_2/(\lambda f) \qquad (8-2-3)$$

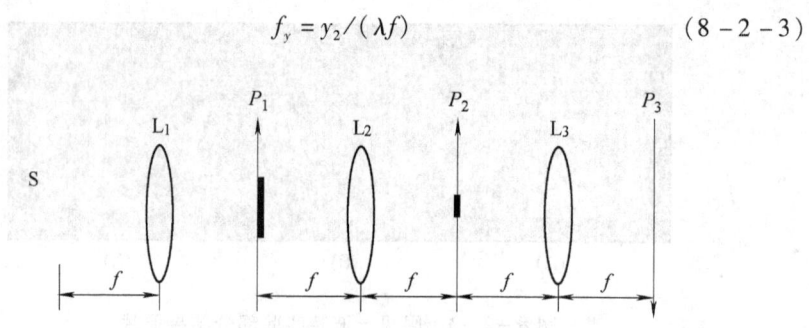

图 8-2-4 三透镜空间滤波系统

式中,$\mathscr{F}\{\}$为傅里叶变换算符;f_x,f_y为空间频率坐标;λ为单色点光源波长。输出面由于实行了坐标反转(如图 8-2-4 所示),得到的应是 u_2' 的傅里叶逆变换,即

$$\begin{aligned} u_3' &= \mathscr{F}^{-1}\{u_2'\} \\ &= \mathscr{F}^{-1}\{T(f_x,f_y) \cdot F(f_x,f_y)\} \\ &= \mathscr{F}^{-1}\{T(f_x,f_y)\} * \mathscr{F}^{-1}\{F(f_x,f_y)\} \\ &= t(x_3,y_3) * \mathscr{F}^{-1}\{F(f_x,f_y)\} \end{aligned} \qquad (8-2-4)$$

式(8-2-4)表示输出面得到的结果,是物的几何像与滤波器逆变换的卷积,用"*"表示卷积运算。由此可知,改变滤波器的振幅透过率函数,可望改变几何像的结构。

2. 二透镜系统

若取消准直透镜 L_1,直接用点光源照明,可以用两个透镜构成空间滤波系统。图 8-2-5(a)、(b)是两种二透镜系统的示意图。图 8-2-5(a)中,单色点光源 S 与频谱面对于 L_1 是一对共轭面($1/d_o + 1/d_i = 1/f_1$),物面和像面分别置于 L_1 前焦面和 L_2 后焦面。图 8-2-5(b)是另一种二透镜系统,单色点光源与频谱面相对于 L_1 仍保持共轭关系,但物面放在 L_1 后紧贴透镜放置;在 L_2 前紧贴透镜放置频谱面;像面和物面对于 L_2 又是一对共轭面。根据透镜的傅里叶变换性质可知,与 $4f$ 系统一样,在这两种系统中,频谱面得到的是物的傅里叶谱,而像面上的光场复振幅仍满足公式(8-2-4)关系。实际系统中,为了消除像差,很少使用单透镜实现傅里叶变换,而多用透镜组。

8.2.4 空间滤波的傅里叶分析[8-2]

利用透镜的傅里叶变换性质可对空间滤波作傅里叶分析。为叙述方便,仅讨论一维情况,并利用 $4f$ 系统进行滤波操作。设物为一维栅状物——朗奇(Ronchi)光栅,其透过率函数为一组矩形函数(如图 8-2-6 所示)

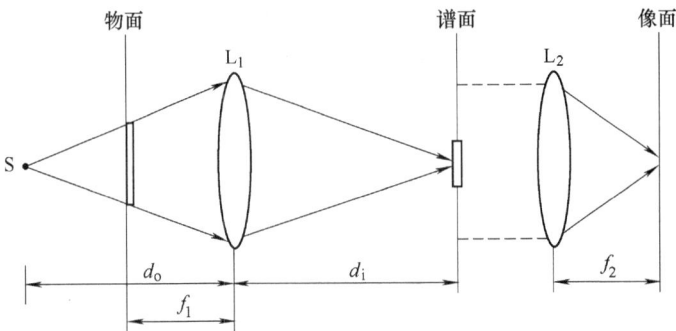

(a) 物面置于L_1前焦面,像面置于L_2后焦面

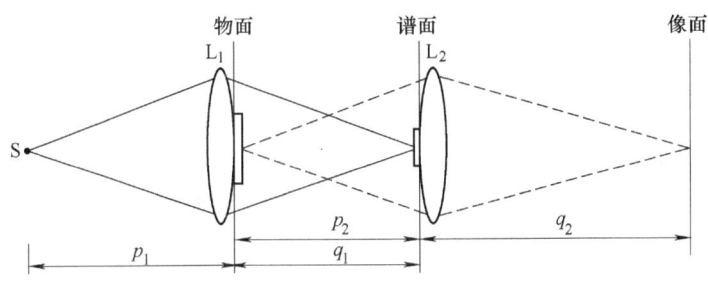

(b) 物面紧贴L_1后,频谱面紧贴L_2前

图 8-2-5 二透镜空间滤波系统

$$t(x_1) = \sum_{m=-\infty}^{\infty} \text{rect}[(x_1 - md)/a] \qquad (8-2-5)$$

式中,d 为缝间距;a 为缝宽,栅状物可看成由无限个这样的狭缝构成。它实际上是矩形函数 $\text{rect}(x_1/a)$ 和梳状函数 $\text{comb}(x_1/d)$ 的卷积

$$t(x_1) = (1/d) \cdot \text{rect}(x_1/a) * \text{comb}(x_1/d)$$

栅状物总宽度为 B(如图 8-2-6 所示),上式还应多乘一个因子

$$t(x_1) = \{(1/d) \cdot \text{rect}(x_1/a) * \text{comb}(x_1/d)\} \cdot \text{rect}(x_1/B) \qquad (8-2-6)$$

将物置于 $4f$ 系统输入面上,可在频谱面上得到它的傅里叶变换

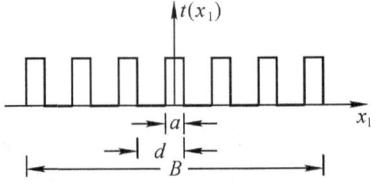

图 8-2-6 朗奇光栅的透过率函数

$$T(f_x) = \mathscr{F}\{t(x_1)\} = (aB/d)\{\text{sinc}(Bf_x) + \text{sinc}(a/d) \cdot \text{sinc}[B(f_x - 1/d)]$$
$$+ \text{sinc}(a/d) \cdot \text{sinc}[B(f_x + 1/d)] + \cdots\} \qquad (8-2-7)$$

式中 $f_x = x_2/(\lambda f_2)$。式中第一项为零级谱,第二、三项分别为正、负一级谱,后面依次为高级频谱。式(8-2-7)所示的频谱的强度分布示于图 8-2-7 中,它实际上是栅状物的夫琅禾费衍射图样。其强度呈现为一系列亮点,每一个亮点是一个 sinc 函数,其中心分别位于 $f_x = m/d(m = 0, \pm 1, \pm 2, \cdots)$,其幅值受单缝衍射限制,它的包络是一个单缝夫琅禾费衍射图样。

在未进行空间滤波前,输出面上得到的是式(8-2-7)的傅里叶逆变换 $\mathscr{F}^{-1}\{T(f_x)\}$(取反射坐标),它应是原物的像 $t(x_3)$。

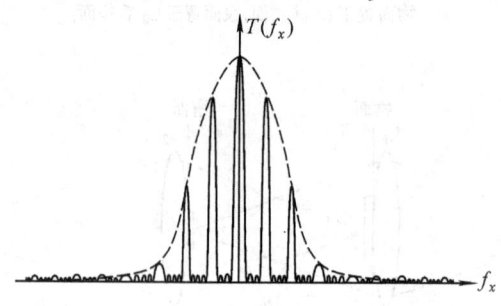

图 8-2-7 频谱面上的振幅分布

滤波器采用狭缝或开孔式二进制(0,1)光阑,置于频谱面上。现分四种情况讨论:

(1) 滤波器是一个通光孔,只允许零级通过,其透过率函数为
$$F(f_x) = \begin{cases} 1 & |f_x| < 1/B \\ 0 & |f_x| \text{为其他值} \end{cases} \qquad (8-2-8)$$

在滤波器后,仅有式(8-2-7)中的第一项通过,其余项均被挡住,因而频谱面后的光振幅为
$$T(f_x) \cdot F(f_x) = (aB/d)\text{sinc}(Bf_x) \qquad (8-2-9)$$

输出面上得到式(8-2-9)的傅里叶逆变换
$$t'(x_3) = \mathscr{F}^{-1}\{T(f_x) \cdot F(f_x)\}$$
$$= \mathscr{F}^{-1}\{(aB/d)\text{sinc}(Bf_x)\}$$
$$= (a/d)\text{rect}(x_3/B) \qquad (8-2-10)$$

式(8-2-10)表示一个强度均匀的亮区,其振幅衰减为 a/d,亮区宽度为 B,与栅状物宽度相同,栅状结构完全消失,这与实验结果相符(见图 8-2-2D)。

(2) 滤波器是一个狭缝,使零级和正、负一级频谱通过。滤波后的光场复振幅为式(8-2-7)的前三项。输出面得到它的傅里叶逆变换
$$t'(x_3) = (a/d)[\text{rect}(x_3/B) + \text{sinc}(a/d)\text{rect}(x_3/B)\exp(j2\pi x_3/d)$$

$$+ \text{sinc}(a/d)\text{rect}(x_3/B)\exp(-\text{j}2\pi x_3/d)]$$
$$= (a/d)\text{rect}(x_3/B)[1 + 2\text{sinc}(a/d)\cos(2\pi x_3/d)] \quad (8-2-11)$$

分析式(8-2-11)可知,像与物的周期相同,但振幅分布不同,这是由于失去高频信息而造成边缘锐度消失的缘故。以上两例均示于图 8-2-8 中。

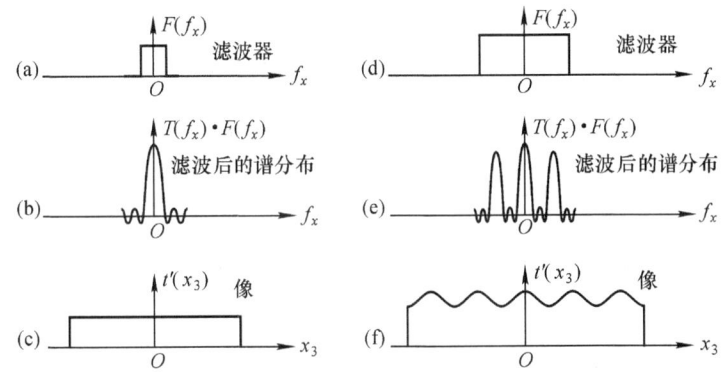

图 8-2-8　只允许零级通过或只允许零级和正、负一级谱通过时的情况[8-2]

(3) 滤波器为双狭缝,只允许正、负二级频谱通过。滤波后的光场复振幅为
$$T(f_x) \cdot F(f_x) = (aB/d)\text{sinc}(2a/d)\{\text{sinc}[B(f_x - 2/d)] + \text{sinc}[B(f_x + 2/d)]\}$$
$$(8-2-12)$$

输出振幅为
$$t'(x_3) = (2a/d)\text{sinc}(2a/d)\text{rect}(x_3/B)\cos(4\pi x_3/d) \quad (8-2-13)$$

可见当只允许正、负二级频谱通过时,像振幅的周期是物周期的 1/2,图 8-2-9 示出了本例所述情况。实验中观察到的输出一般表现为强度分布,因而本例的像强度分布周期应是物周期的 1/4,这从图 8-2-9(c)中很容易推断出来。

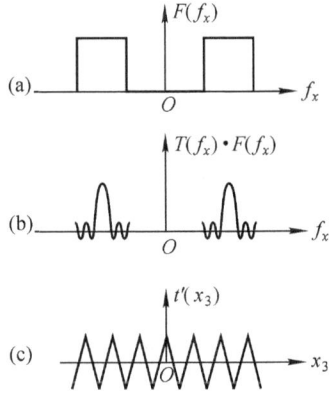

图 8-2-9　只允许正、负二级谱通过时的情况[8-2]

(4) 滤波器为一光屏,只阻挡零级,允许其他频谱通过。经过傅里叶变换后,像的分布有两种可能的情况:

① 当 $a = d/2$ 时,即栅状物的缝宽等于缝间隙时,像的振幅分布具有周期性,其周期与物周期相同,但强度是均匀的,如图 8 - 2 - 10 所示。

② 当 $a > d/2$ 时,像的振幅分布向下错位(如图 8 - 2 - 11 所示),强度分布出现衬度反转,原来的亮区变为暗区,原来的暗区变为亮区。

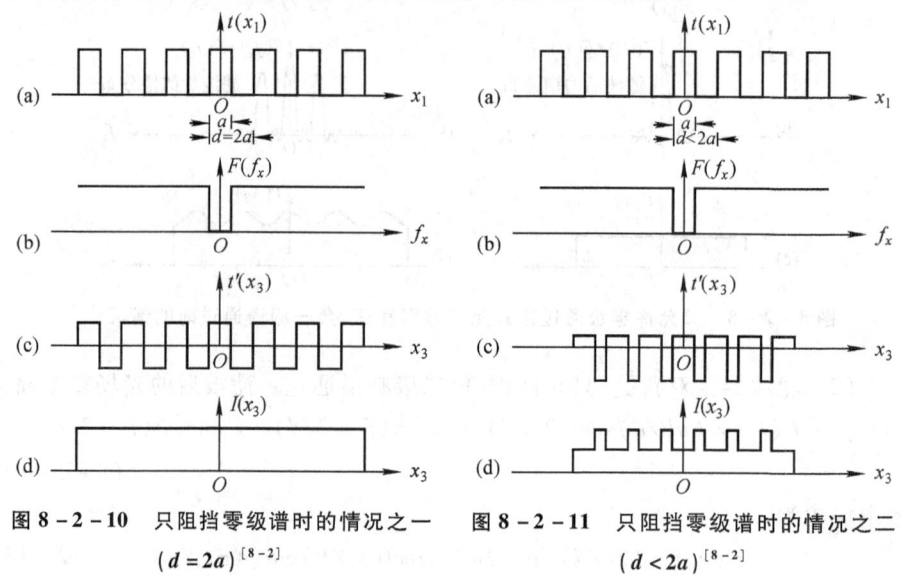

图 8 - 2 - 10　只阻挡零级谱时的情况之一 $(d = 2a)$[8-2]

图 8 - 2 - 11　只阻挡零级谱时的情况之二 $(d < 2a)$[8-2]

以上理论分析与实验结果完全相符,可见利用空间滤波技术可以成功地改变像的结构。

8.2.5　滤波器的种类及应用举例[8-3]

滤波器分为振幅型和相位型两类,可根据需要选择不同的滤波器。

1. 振幅型滤波器

振幅型滤波器只改变傅里叶频谱的振幅分布,不改变它的相位分布,通常用 $F(f_x,f_y)$ 表示。它是一个振幅分布函数,其值可在 0~1 的范围内变化。如滤波器的透过率函数表达式为

$$F(f_x,f_y) = \begin{cases} 1 & 孔内 \\ 0 & 孔外 \end{cases}$$

则称其为二元振幅型滤波器。根据不同的滤波频段又可分为低通、高通和带通三类,其功能及应用举例如下:

(1) 低通滤波器:用于滤去频谱中的高频部分,只允许低频通过。图 8 - 2 - 12(a)示出了它的一般结构,具体形状及尺寸可根据需要自行设计,以阻

挡高频为目的。

低通滤波器主要用于消除图像中的高频噪声。例如电视图像照片、新闻传真照片等往往含有密度较高的网点,由于周期短、频率高,它们的频谱分布展宽。用低通滤波器可有效地阻挡高频成分,以消除网点对图像的干扰,但由于同时损失了物的高频信息而使像边缘模糊。图 8 - 2 - 12(b)是一张带有高频噪声的照片,经低通滤波后这种噪声被成功地消除了,如图 8 - 2 - 12(c)所示。

(a) 低通滤波器结构

(b) 带有高频干扰的输入图像　　(c) 滤波后的输出图像

图 8 - 2 - 12　用低通滤波器消除图像中的高频干扰

（2）高通滤波器:用于滤除频谱中的低频部分,以增强像的边缘,或实现衬度反转。其大体结构如图 8 - 2 - 13 所示,中央光屏的尺寸由物体低频分布的宽度而定。

高通滤波器主要用于增强模糊图像的边缘,以提高对图像的识别能力。由于能量损失较大,所以输出结果一般较暗。

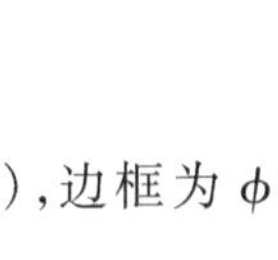

图 8 - 2 - 13　高通滤波器结构示意图

（3）带通滤波器:用于选择某些频谱分量通过,阻挡另一些分量。带通滤波器形式很多,这里仅举几例。

例 8.2.1　正交光栅上污点的清除。

设正交光栅的透过率为 $t_0(x_1,y_1)$,其上的污点为 $g(x_1,y_1)$,边框为 $\phi(x_1,y_1)$,如图 8 - 2 - 14 所示。输入面光振幅为

$$t(x_1,y_1) = t_0 \cdot g \cdot \phi$$

设 T_0、G、Φ 分别是 t_0、g、ϕ 的频谱,则频谱面得到

$$T(f_x,f_y) = T_0 * G * \Phi$$

式中,"*"表示卷积。由于 t_0 是正交光栅,因而它的频谱 T_0 为 sinc 函数构成的二维阵列,G、Φ 分别为一阶贝塞尔函数。由于 g 的宽度小于 ϕ 的宽度,所以 G 的尺寸大于 Φ,图 8-2-15 示出了它的一维剖面。卷积的结果是以每个阵列点为中心的一阶贝塞尔函数阵列。由于 G 的尺寸大于 Φ,所以可采用这样的带通滤波器,在每一个阵列点位置开一个通光小孔,其孔径应选择恰好使 Φ 通过,而使 G 的第一个暗点被阻挡。滤波后可在像面上得到去除了污点的正交光栅。

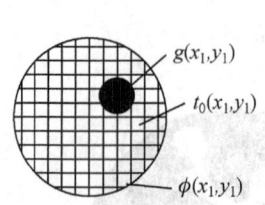
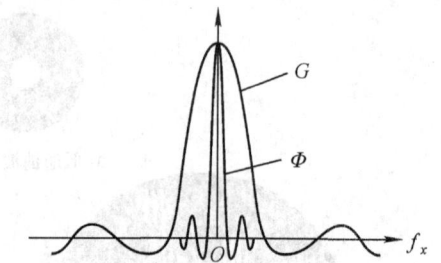

图 8-2-14　带有污点的正交光栅　　　图 8-2-15　零级频谱函数的一维剖面示意图

例 8.2.2　缩短光栅的周期。

采用图 8-2-9(a)所示的带通滤波狭缝,可有选择地允许光栅的某些频谱分量通过,以改变光栅的周期。如允许正、负一级通过,光栅的周期缩短一倍;如允许正、负二级和零级通过,光栅的周期也缩短一倍。

例 8.2.3　抑制周期性信号中的噪声。

如蛋白质结晶的高倍率电子显微镜照片中的噪声是随机分布的,而结晶本身却有着严格的周期性,因而噪声的频谱是随机的,结晶的频谱是有规律的点阵列。用适当的针孔阵列作为滤波器,把噪声的频谱挡住,只允许结晶的频谱通过,可有效地改善照片的信噪比。

(4) 方向滤波器:这实际上也是一种带通滤波器,只是带有较强的方向性。这里仅举几例。

例 8.2.4　印制电路中掩模疵点的检查。

印制电路掩模的构成是横向或纵向的线条[如图 8-2-16(a)所示],因而它的频谱较多分布在 x、y 轴附近。而疵点的形状往往是不规则的,线度也较小,所以其频谱必定较宽,在离轴一定距离处都有分布。可用图 8-2-16(b)所示的十字形滤波器将轴线附近的信息阻挡,提取出疵点信息,输出面上仅显示出疵点的图像,如图 8-2-16(c)所示。

例 8.2.5　组合照片上接缝的去除。

航空摄影得到的组合照片往往留有接缝,如图 8-2-17(a)所示。接缝的频谱分布在与之垂直的轴上,利用如图 8-2-17(b)所示的条形滤波器,将该频谱阻挡,可在像面上得到理想的照片,如图 8-2-17(c)所示。

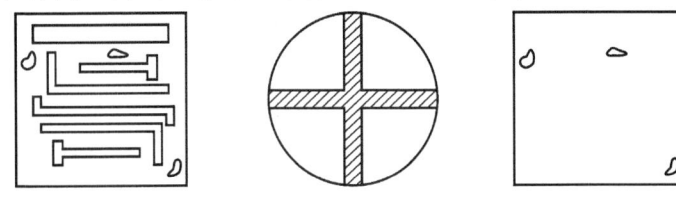

(a) 带有疵点的掩模板　　(b) 方向滤波器的结构　　(c) 提取出的疵点

图 8-2-16　印制电路中掩模板上疵点的检查

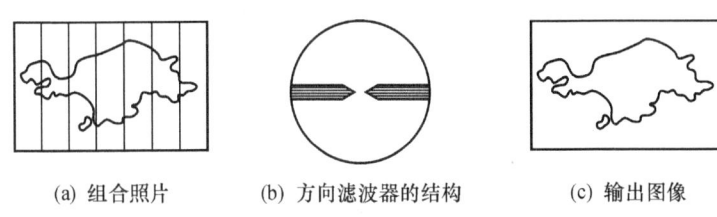

(a) 组合照片　　(b) 方向滤波器的结构　　(c) 输出图像

图 8-2-17　去除组合照片接缝示意图

例 8.2.6　地震记录中强信号的提取。

由地震检测记录特点可知,弱信号起伏很小,总体分布是横向线条,如图 8-2-18(a)所示,因此其频谱主要分布在纵向上。采用图 8-2-18(b)所示的滤波器,可将强信号提取出来,如图 8-2-18(c)所示,以便分析震情。

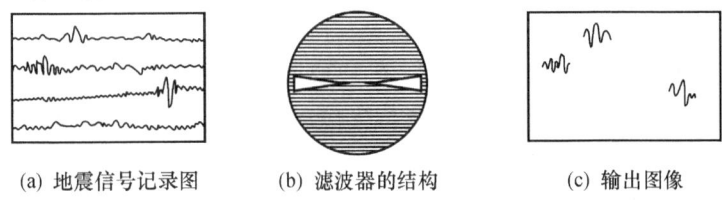

(a) 地震信号记录图　　(b) 滤波器的结构　　(c) 输出图像

图 8-2-18　地震记录中强信号的提取

2. 相位型滤波器·相衬显微镜

相位型滤波器只改变傅里叶频谱的相位分布,不改变它的振幅分布,其主要功能是用于观察相位物体。所谓"相位物体"是指本身只存在折射率的分布不均或表面高度的分布不均的物体。当用相干光照明时,物体各部分都是透明的,其透过率只包含相位分布函数

$$t_0(x_1, y_1) = \exp[j\phi(x_1, y_1)]$$

用普通显微镜将无法观察这种相位物体。只有将相位信息变换为振幅信息,才有可能用肉眼直接观察到物体。1935 年,策尼克(Zernike)发明了相衬显微镜,解决了相位到振幅的变换,因此而获得诺贝尔奖。

已知当相位的改变量(即相移)ϕ 小于 1 rad 时,其透过率函数可作如

下近似

$$t_0(x_1,y_1) \approx 1 + j\phi(x_1,y_1) \qquad (8-2-14)$$

未经滤波时,像的强度分布为

$$I = |(1+j\phi)(1-j\phi)| \approx 1$$

根本无法观察到物体的图像,像面上只是一片均匀的光场。当在滤波面上放置一个相位滤波器,使物的零级谱的相位增加 $\pi/2$(或 $3\pi/2$),则可使像的强度分布与物的相位分布成线性关系。由式(8-2-14)可得,物的频谱

$$\begin{aligned}T(f_x,f_y) &= \mathscr{F}\{t_0(x_1,y_1)\} \\ &= \delta(f_x,f_y) + j\Phi(f_x,f_y)\end{aligned} \qquad (8-2-15)$$

式中,第一项为零频,第二项为衍射项,其中 $\Phi(f_x,f_y) = \mathscr{F}\{\phi(x_1,y_1)\}$。频谱面放置相位滤波器,其后的光场分布为

$$\begin{aligned}T'(f_x,f_y) &= \delta(f_x,f_y)\cdot\exp(\pm j\pi/2) + j\Phi(f_x,f_y) \\ &= j[\pm\delta(f_x,f_y) + \Phi(f_x,f_y)]\end{aligned} \qquad (8-2-16)$$

式中,"−"对应 $\pi/2$,"+"对应 $3\pi/2$。像的强度分布为

$$I_i = |\mathscr{F}^{-1}\{T'(f_x,f_y)\}|^2$$
$$\approx 1 \pm 2\phi(x_3,y_3) \qquad (8-2-17)$$

(以上近似意味着省略了 $\phi(x_3,y_3)$ 的高次项)。由式(8-2-17)可见,像强度 I_i 与相位 ϕ 呈线性关系,也就是说像强度随物的相位分布线性地分布,这就实现了相位到振幅(强度)的变换。式(8-2-17)中的 ± 号代表正相位反衬和负相位反衬,前者表示相位越大,像强度越大,后者则相反。

相位滤波器主要用于将相位型物转换成振幅型像的显示。例如用相衬显微镜观察透明生物切片;利用相位滤波系统检查透明光学元件内部折射率是否均匀,或检查抛光表面的质量等。

8.3 相干光学信息处理

在空间频率滤波的基础上,建立了光学信息处理的概念。相干光学信息处理是光学信息处理的一个重要组成部分,采用的方法多为频域调制,即对输入光信号的频谱进行复空间滤波,得到所需要的输出。

8.3.1 相干光学信息处理系统

相干光学信息处理系统的结构是根据具体的图像处理要求而定的,种类繁多,这里只介绍最基本的一种。由于相干处理是在频域进行调制,因而采用三透镜系统,也称 $4f$ 系统。其二维处理系统的结构如图 8-3-1 所示,S 为相干点源,L_1 为准直透镜,L_2 和 L_3 为傅里叶变换透镜,P_1、P_2 和 P_3 平面分别为输入面、

变换(调制)面和输出面,也可称为物面、频谱面和像面,它们的空间位置和间距如图中所示,其中 f_1、f_2、f_3 分别是三个透镜的焦距。输入图像信号置于 P_1 平面,由点源 S 发出的球面波经 L_1 准直后垂直照明 P_1 平面,在 P_2 平面上将得到频谱。将 P_3 平面的坐标反转,可在 P_3 平面上得到频谱的逆傅里叶变换。如 P_2 平面上不加任何滤波措施,P_3 平面上将得到与输入图像相似的几何像。

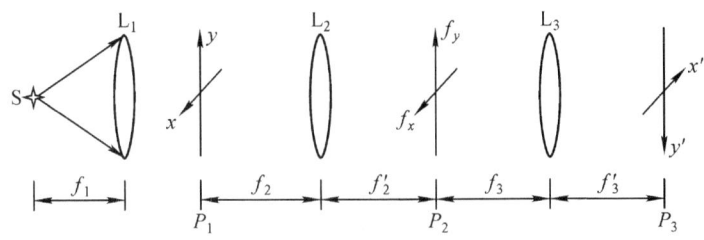

图 8 - 3 - 1 二维光学信息处理系统

设输入图像的振幅透过率为 $t(x,y)$,平面照明波的振幅为 1,则达到 P_2 的光场复振幅为

$$u_2 = \mathscr{F}[t(x,y)] = T(f_x, f_y) \qquad (8-3-1)$$

若在 P_2 置一振幅透过率为 $F(f_x, f_y)$ 的空间滤波器(或称光调制器),则 P_2 平面后的光场为

$$u'_2 = T(f_x, f_y) \cdot F(f_x, f_y) \qquad (8-3-2)$$

再经 L_3 进行傅里叶变换,到达 P_3 的光场为

$$u'_3 = t(x', y') * f(x', y') \qquad (8-3-3)$$

式中

$$f(x', y') = \mathscr{F}^{-1}[F(f_x, f_y)] \qquad (8-3-4)$$

式(8-3-3)说明,P_3 平面上得到的是输入图像与滤波器逆变换的卷积。

8.3.2 多重像的产生

利用正交光栅调制输入图像的频谱,有望得到多重像的输出。设输入图像为 $g(x,y)$ 置于 P_1 平面;P_2 平面放置一正交朗奇光栅,其振幅透过率为

$$F(f_x, f_y) = \left[\sum_{m=-\infty}^{\infty} \text{rect}\left(\frac{f_x - md}{d/2}\right)\right] \cdot \left[\sum_{n=-\infty}^{\infty} \text{rect}\left(\frac{f_y - nd}{d/2}\right)\right] \qquad (8-3-5)$$

式中,d 为光栅常数。上式也可写成卷积形式,即

$$F(f_x, f_y) = \left[\frac{1}{d}\text{rect}\left(\frac{f_x}{d/2}\right) * \text{comb}\left(\frac{f_x}{d}\right)\right] \cdot \left[\frac{1}{d}\text{rect}\left(\frac{f_y}{d/2}\right) * \text{comb}\left(\frac{f_y}{d}\right)\right]$$

$$(8-3-6)$$

式中,* 表示卷积。在 P_2 平面后的光场将是图像频谱和光栅透过率的乘积

$$u'_2 = \mathscr{F}[g(x,y)] \cdot F(f_x, f_y) \tag{8-3-7}$$

由式(8-3-3)可知 P_3 平面得到的输出光场为两者逆变换的卷积

$$u_3 = g(x', y') * \mathscr{F}^{-1}\{F(f_x, f_y)\} \tag{8-3-8}$$

将式(8-3-5)、式(8-3-6)代入式(8-3-8),略去繁杂的计算过程和无关紧要的常系数,最终可得到

$$u_3 = g(x', y') * \sum_{m=-\infty}^{\infty} \mathrm{sinc}\left(\frac{x' - m/d}{2/d}\right) * \sum_{n=-\infty}^{\infty} \mathrm{sinc}\left(\frac{y' - n/d}{2/d}\right) \tag{8-3-9}$$

式中后两项的卷积形成了一个 sinc 函数的阵列,事实上它可近似看成是 δ 函数阵列,物函数与之卷积的结果是在 P_3 平面上构成输入图形的多重像,如图 8-3-2 所示。需要说明的是,上面的推导过程中忽略了光栅孔径和透镜孔径的影响,但这无碍于对多重像产生过程的物理概念的理解。

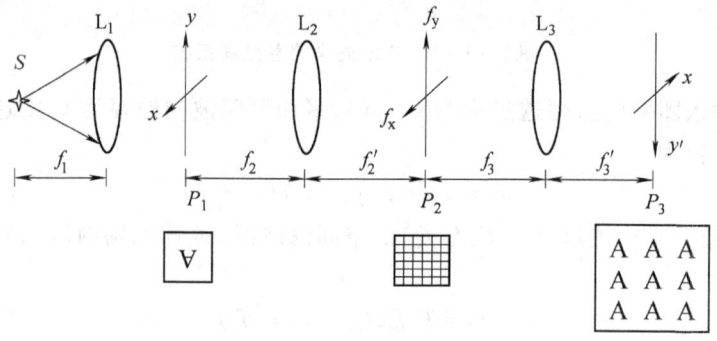

图 8-3-2 产生多重像的光学系统

8.3.3 图像的相加和相减

实现图像相加和相减的方法很多,有用一维光栅进行调制的,也有用复合光栅进行调制的,还有用散斑照相方法进行调制的,这里只介绍两种用光栅调制的方法。

1. 用一维光栅调制

将两个即将进行相加和相减操作的图像 A、B 对称地置于图 8-3-1 所示的二维光学信息处理系统输入面上,设它们的中心分别在 $x = \pm l$ 处;频谱面上置一正弦型振幅光栅,其线密度 f_g(亦称空间频率)应满足关系式;$f_g = l/(\lambda f)$,其中 f 为透镜焦距,λ 为光源的波长。一定条件下在输出面的原点处可得到 A、B 图像相减的结果。不妨抛开数学推导,仅从物理图像上对其过程的机理加以研究。已知,正弦型光栅的频谱包括三项:零级、正一级和负一级。对于一个中心在 $x = l$ 的图像,经光栅在频域调制后,可在输出面上得到三个像。零级像位

于 $x'=l$ 处,正、负一级对称分布于两侧,由于 f_g 受 $l/(\lambda f)$ 的限制,因而必有一级像处在输出面的原点处,另一级中心在 $x'=2l$ 处。同理,对位于 $x=-l$ 的图像,它在输出面的三个像分别分布于 $x'=-2l、-l、0$ 位置,因此,A 的正一级像与 B 的负一级像在像面原点重叠。由于照明光是相干的,该处光振幅应是两者光振幅的代数和。根据波的叠加原理,当两者相位相反时,得到相减结果;当两者相位相同时,又将得到相加的结果。通过改变调制光栅在频谱面的横向位置,可控制两者的相位关系。数学分析及实验表明,当调制光栅的 1/4 周期处于原点位置时,可在像面得到相减结果;而当调制光栅的零点处于原点时,可在像面得到相加结果。图 8-3-3(a)、(b)分别表示图像的相减和相加操作。

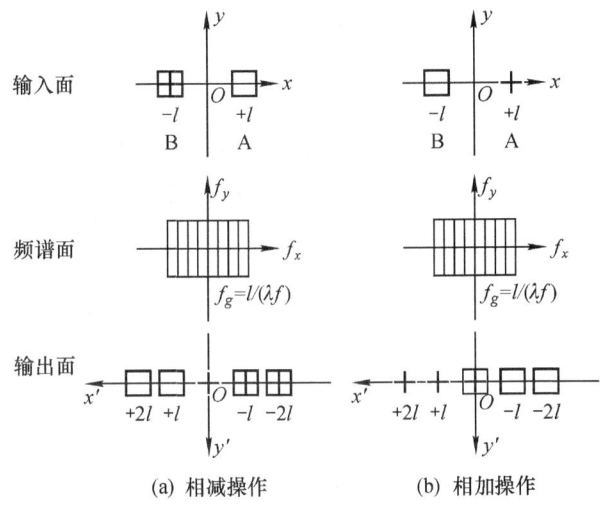

图 8-3-3 用一维光栅调制实现图像的相加和相减运算的示意图[8-3]

2. 用复合光栅调制

在频谱面上用复合光栅取代上例中的一维光栅,亦可在适当条件下得到图像的相加或相减输出。所谓复合光栅,是指两套取向一致但空间频率有微小差异的一维正弦光栅用全息方法叠合在同一张底片上制成的光栅,具体方法将在 8.3.4 中介绍。设两套光栅的空间频率分别为 f_g 和 $f_g - \Delta f_g$,由于莫尔效应,在复合光栅表面可见到粗大的条纹结构,称为"莫尔条纹"。将图像 A、B 对称置于输入面上坐标原点两侧,间距为 Δx,并使它与 x 满足关系式

$$\Delta x = \Delta f_g \lambda f \tag{8-3-10}$$

在频谱面后得到复合光栅透过率 G 与图像频谱的乘积

$$u'_2 = T \cdot G \tag{8-3-11}$$

式中,T 表示将 A、B 看成是同一幅图像时的频谱,根据傅里叶变换原理,P_3 平面上的光扰动应为

$$u_3 = \mathscr{F}^{-1}\{T\} * \mathscr{F}^{-1}\{G\} \qquad (8-3-12)$$

因为 G 是两套光栅复合而成，因而它的傅里叶逆变换应包括六项，即每套光栅都各有一个零级、一个正一级和一个负一级衍射斑，式(8-3-12)运算的结果将出现六重图像，其位置受两套光栅的空间频率和透镜焦距 f 及波长的制约，如图 8-3-4(a)所示。图中 A 和 B 的下角标表示相应的光栅序号，上角标表示衍射级序号。为便于区别，把两套光栅各自形成的衍射像分别画在上、下两条水平线上，而实际上它们是空间重叠的。显然两个零级将完全重叠在一起。由式 (8-3-10)的关系可知，A_1^{-1} 和 B_2^{-1} 将在空间重叠，而 A_2^{+1} 和 B_1^{+1} 也将重叠。数学上很容易推算出：当复合光栅相对坐标原点的位移量恰等于半个莫尔条纹时，两个正一级像的相位差等于 π，该处得到图像 A、B 的相减结果；而当复合光栅恢复到坐标原点位置时，两个像的相位差为 0，得到图像 A、B 相加的结果。值得注意的是，待处理图像的尺寸不得大于 Δx，否则会出现图像的重叠而干扰处理的结果。图 8-3-4(b)示出了在输出面上得到的用复合光栅调制实现图像相减的实验结果照片，两侧是原图像，中间是相减结果。

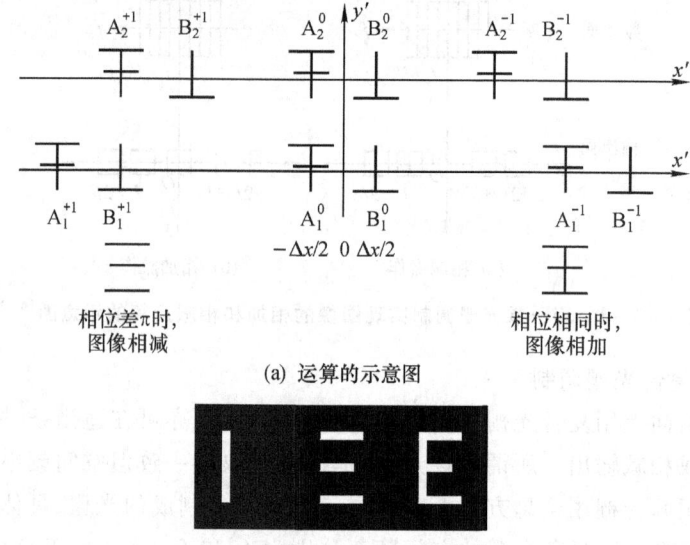

(a) 运算的示意图

(b) 图像相减的实验结果[8-3]

图 8-3-4 用复合光栅调制实现图像相加和相减

3. 其他方法

除上述两例外，图像相减操作还可用空域调制方法。例如利用朗奇光栅对图像负片加以调制，用两次曝光法将 A、B 两个图像记录在同一张底片上，只是前、后两次曝光之间将光栅的位置横向位移半个周期，使 A、B 两个图像的相同部分维持原状，相异部分被光栅所调制，然后在频谱面上用高通滤波，可在像面上得到 A、B 的相减输出。这里所用的二进制光栅可用计算全息的方法制作。

数学推导请参阅参考文献[8-2]。

4. 应用

图像相减操作在许多方面已经得到应用,通过对卫星拍摄的照片的图像相减处理,可用于监测海洋面积的改变、陆地板块移动的速度,可用于监测地壳运动的变迁,如山脉的升高或降低,还可用于对各种自然灾害灾情的监测,如森林大火、洪水等灾情的发展;对侦察卫星发回的照片进行相减操作,可提高监测敌方军事部署变化的敏感度和准确度;还可用于对人体内部器官的检查,通过不同时期的 X 光片进行相减处理,及时发现病变的所在;用于检测工件的加工,可通过与标准件图片的相减结果检查工件外形加工是否合格,并能显示出缺陷的所在;等等。

8.3.4 光学微分-像边缘增强

前面曾介绍过利用高通滤波可使像边缘增强,但由于光能量损失太大,因而使像的能见度大大降低,减弱了信号。利用光学微分法可以得到较满意的结果。

1. 光学系统及微分原理

光学微分的光路系统仍采用 $4f$ 系统,待微分的图像置于输入面的原点位置,微分滤波器置于频谱面上,当位置调整适当时可在输出面得到微分图形。

设输入图像为 $t_0(x_0,y_0)$,它的傅里叶频谱为 $T(f_x,f_y)$,由傅里叶变换定义可知,输出图像是 $T(f_x,f_y)$ 的逆变换

$$t(x',y') = \iint_\infty T(f_x,f_y)\exp[j2\pi(f_x x' + f_y y')]df_x df_y \bigg|_{f_x=\frac{x'}{\lambda f},f_y=\frac{y'}{\lambda f}}$$

(8-3-13)

若想得到图像的微分输出,那么在 P_2 平面后的光扰动必须满足

$$u'_2 = \mathscr{F}\left\{\frac{\partial t(x',y')}{\partial x'}\right\} \qquad (8-3-14)$$

根据傅里叶变换的微商定理,由式(8-3-13)可得

$$\mathscr{F}\left\{\frac{\partial t(x',y')}{\partial x'}\right\} = j2\pi f_x T(f_x,f_y) \qquad (8-3-15)$$

显然,置于频谱面上的滤波器的振幅透过率应为

$$G(x_f,y_f) = j2\pi x_f/(\lambda f) \qquad (8-3-16)$$

实际上,微分滤波器的振幅透过率只需满足正比于 x_f,即可达到微分的目的。图 8-3-5 画出了图像分别沿 x 方向和 y 方向进行微分的过程示意图。

2. 微分滤波器的制作

微分滤波器可用多种方法制作,例如可用光学全息方法,也可用计算机全息法制作。这里仅介绍前一种方法,这种全息微分滤波器实际上是一枚复合光栅,

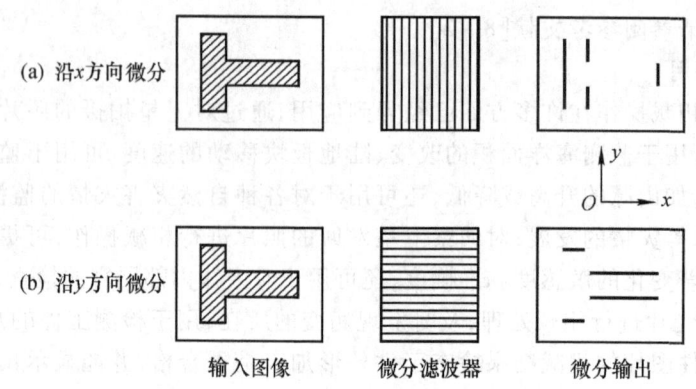

图 8-3-5 光学微分处理过程示意图

它由两套空间取向完全一致、空间频率差为 Δf 的一维正弦型振幅光栅叠合而成。制作复合光栅的光路如图 8-3-6 所示。由氦-氖激光器发出的激光经分束镜 BS、反射镜 M_1、M_2 后再扩束形成两束一定夹角的相干光投射到全息干板上,当扩束镜与干板的距离足够远时,干板上接收到的可近似看成平行光。干板架置于一个能在水平面内转动的平台上。第一次曝光时,干板对于两束光呈对称状态;第二次曝光前将平台转过一微小角度 $\Delta\theta$,曝光后经处理便得到复合光栅,也就是微分滤波器。

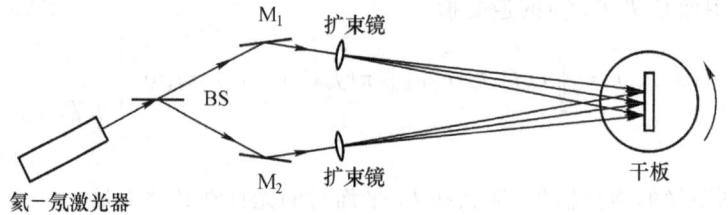

图 8-3-6 微分滤波器的制作光路

设第一次曝光得到光栅的频率为 f_{go},第二次曝光得到光栅频率应该为

$$f_g = f_{go} \cdot \cos \Delta\theta \quad (8-3-17)$$

两套光栅复合的结果,会在其表面产生明显的莫尔条纹,条纹密度取决于 $\Delta f_g = f_g - f_{go}$ 的大小,Δf_g 越大,莫尔条纹越密。

根据全息学原理,复合光栅的振幅透过率应正比于两次曝光强度之和,即

$$\begin{aligned} G(x_f, y_f) = & [1 + \exp(j2\pi f_{go} x_f) + \exp(-j2\pi f_{go} x_f)]/2 \\ & + [1 + \exp(j2\pi f_{go} x_f \cdot \cos \Delta\theta) \\ & + \exp(-j2\pi f_{go} x_f \cdot \cos \Delta\theta)]/2 \quad (8-3-18) \end{aligned}$$

经推导可知,当复合光栅中心相对于坐标原点有一位移量恰好等于半条莫尔条纹时,$G(x_f, y_f) \propto x_f$ 的条件成立,说明复合光栅可以起到微分滤波器的作用。

3. 用复合光栅进行微分滤波操作的机理

置于原点的物的频谱受一个一维正弦光栅调制,在输出面可得到三个衍射像:零级像在原点,正、负一级像对称分布于两侧,其间距 l 由光栅的空间频率 f_g 确定: $l = f_{g0}\lambda f$,其中 f 为透镜焦距。当用复合光栅调制后,除了上述的三个像外,另一套空间频率为 $f_g - \Delta f_g$ 的光栅也将调制出三个衍射像。除零级与前面的零级重合外,正、负一级也对称分布于两侧,它们的间距 l' 由这一套光栅的空间频率 $f_g - \Delta f_g$ 决定: $l' = (f_g - \Delta f_g)\lambda f$。由于 Δf_g 很小,所以 l 与 l' 相差也很小,使两个同级衍射像沿 x 方向只错开很小的距离。当复合光栅位置调节适当时,可使两个同级衍射像正好相差 π 相位,相干叠加时重叠部分相消,只余下错开的部分,因为沿 x 方向的线度很小,因而转换成强度时形成很细的亮线,构成了光学微分图形。图 8-3-7 是微分滤波器的照片,图 8-3-8(a) 示出了图像经一维微分的实验结果。

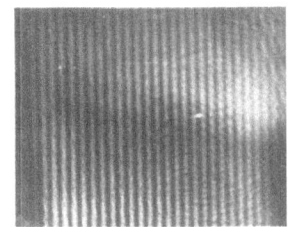

图 8-3-7 微分滤波器照片[8-3]

微分滤波器还可用于对相位物进行光学微分,勾画出相位物的边缘。图 8-3-8(b) 是对制作在光刻胶板上的相位图像进行光学微分的实验结果照片。

(a) 图像在 x 方向上微分　　　　(b) 对相位图像进行微分

图 8-3-8 微分滤波操作的实验结果照片[8-3]

4. 光学微分的应用

人的视觉对于物的轮廓十分敏感,轮廓也是物体的重要特征之一,只要能看到轮廓线,便可大体分辨出是何种物体。因而如果将模糊图片(如透过云层的卫星照片、雾中摄影片)进行光学微分,勾画出物体的轮廓来,便能加以识别,这在军事侦察上颇为有用。微分滤波用于相位物,也有应用价值。例如,可用光学微分检测透明光学元件内部缺陷或折射率的不均匀性,也可用于检测相位型光学元件的加工是否符合设计要求等。

8.3.5 光学图像识别

对光学图像的特征加以识别,是图像处理的一个极其重要的应用方面。这种识别大多体现在输出光信号出现较高的峰值,尽管目标本身并无明显的峰值,然而它的自相关必然出现较其他信号强得多的峰值。据此,可从众多噪声信号中识别我们感兴趣的目标。特征识别的方法已有很多,这里介绍最基本的两种方法,即"傅里叶变换法"和"傅里叶联合变换相关识别法"。

1. 傅里叶变换法

直接利用傅里叶变换手段对光学图像特征进行识别,其关键元件是称为"匹配滤波器"的全息元件。

(1) 匹配滤波器的作用

所谓匹配滤波器,是指与输入信号相匹配的滤波器。换言之,该滤波器的振幅透过率 $F(f_x,f_y)$ 与输入信号 $t_0(x_0,y_0)$ 的傅里叶变换 $T_0(f_x,f_y)$ 应相互共轭,数学表示为

$$T_0(f_x,f_y) = \mathscr{F}\{t_0(x_0,y_0)\} \qquad (8-3-19)$$

$$F(f_x,f_y) = T_0^*(f_x,f_y) \qquad (8-3-20)$$

将匹配滤波器置于 $4f$ 系统的 P_2 平面, P_2 后的光场为

$$u_2' = T_0(f_x,f_y) \cdot T_0^*(f_x,f_y) \qquad (8-3-21)$$

P_3 平面得到

$$\begin{aligned}u_3 &= t_0(x',y') * t_0^*(-x',-y') \\ &= t_0(x',y') \star t_0(x',y')\end{aligned} \qquad (8-3-22)$$

式中, $*$ 表示卷积, $\star$ 表示相关。式(8-3-22)显示,在 P_3 平面得到物的自相关,呈现为一个亮点。若输入光信号 $t(x_0,y_0) \neq t_0(x_0,y_0)$,则 P_3 平面得到类似下式所示结果

$$\begin{aligned}u_3 &= t(x',y') * t_0^*(-x',-y') \\ &= t(x',y') \star t_0(x',y')\end{aligned} \qquad (8-3-23)$$

这是两个不同图像的互相运算,在 P_3 平面上呈现为一个弥散的亮斑。

(2) 匹配滤波器的制作

匹配滤波器是物函数的傅里叶变换的复共轭,因而用全息法制作较为方便,可以采用计算全息术制作,也可用光学全息法制作。这里仅介绍用光学全息制作的方法。

第一步先将与之匹配的目标物 $t_0(x_0,y_0)$ 制成透明片。在图 5-4-5 所示系统中用光学全息法制作它的傅里叶变换全息图。全息图的振幅透过率函数与式(5-4-21)所示的曝光强度成正比,可表示为

$$F(f_x,f_y) = (T+R) \cdot (T+R)^*$$
$$= |T(f_x,f_y)|^2 + R_0^2 + R_0 T(f_x,f_y)\exp(-j2\pi f_x b)$$
$$+ R_0 T^*(f_x,f_y)\exp(j2\pi f_x b) \qquad (8-3-24)$$

式中,$f_x = x/(\lambda f)$,$f_y = y/(\lambda f)$为空间频率;R是参考波的傅里叶变换;R_0是其复振幅;b是参考点源的位置参数(如图5-4-5所示)。式(8-3-24)中第四项内的$T^*(f_x,f_y)$就是所希望的匹配滤波器的振幅透过率。显然,将这样一张傅里叶变换全息图置于滤波平面上,必将在输出面P_3的特定位置出现识别的结果,即前面所说的自相关亮点或互相关模糊斑。

(3) 特征识别光学系统

利用傅里叶变换手段进行光学图像的特征识别处理,采用$4f$系统较为便利,图8-3-9是特征识别系统示意图。被识别的图像置于图中的$x_o - y_o$输入平面,匹配滤波器$T^*(f_x,f_y)$置于$f_x - f_y$滤波平面,图像识别结果出现在输出面$x'_o - y'_o$上。

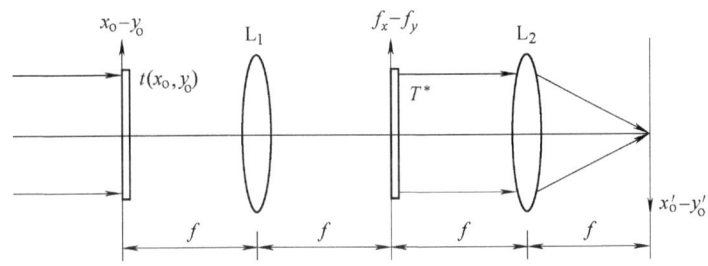

图 8-3-9 用傅里叶变换实现特征识别的光学系统

2. 傅里叶联合变换相关识别法[8-4][8-5]

该方法采用联合傅里叶变换光学相关器,通过实现两个图像的相关运算,实现光学图像的识别。其原理是将两个图像A、B的透明片置于傅里叶变换透镜的前焦面上,在x轴上距离原点的位移移量分别为a和$-a$(如图8-3-10所示),则两者的透过率可分别表示为$g_1(x_o - a, y_o)$和$g_2(x_o + a, y_o)$,用相干平面波垂直照明,经透镜变换后得到两者频谱的相干叠加,其强度称为"功率谱"。用感光材料记录该功率谱,得到一张"功率谱全息图",其实质是傅里叶变换全息图(见图中的H),此时两个图像的频谱互为全息记录的物光和参考光。

根据傅里叶变换全息原理可知,这种全息图的透过率函数$t_H(f_x,f_y)$可用数学形式表示为

$$t_H(f_x,f_y) = |G_A|^2 + |G_B|^2 + G_A \cdot G_B^* \cdot \exp[j4\pi a f_x] + G_A^* \cdot G_B \cdot \exp[-j4\pi a f_x]$$
$$(8-3-25)$$

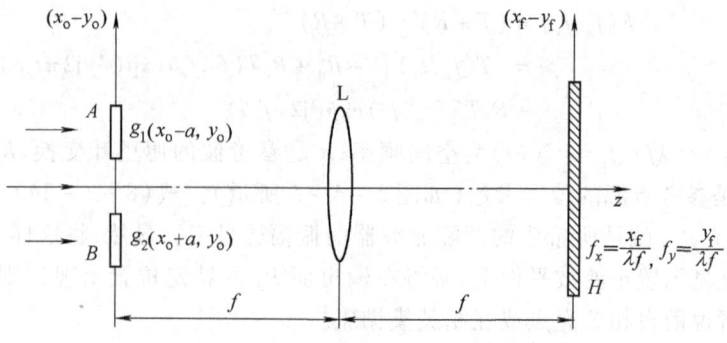

图 8-3-10 傅里叶变换全息图的记录

式中,$G_A(f_x,f_y)$ 和 $G_B(f_x,f_y)$ 分别是图像 A、B 的频谱函数,上角标 * 表示共轭函数。显然式(8-3-25)的第一、二项分别是图像 A、B 的频谱的强度;第三项是图像 A 的频谱与图像 B 的频谱的共轭函数的乘积,还带有因两个图像位移引入的相位倾斜因子;第四项是图像 A 的频谱的共轭函数与图像 B 的频谱的乘积,同样带有因位移引入的相位倾斜因子。

将上述记录了功率谱的傅里叶变换全息图 H 置于傅里叶逆变换的光路中,如图 8-3-11 所示。在输出面上得到透过率函数 $t_H(f_x,f_y)$ 的傅里叶逆变换。由数学推导可知,对式(8-3-25)进行傅里叶逆变换,也将得到四项。显然第一项应该是图像 A 的自相关,位置在坐标原点;同理,第二项是图像 B 的自相关,位置仍在坐标原点,并与第一项一起构成零级项;第三项和第四项都应该是图像 A 和 B 的互相关,函数形式表现为

$$\mathcal{O}_3(x',y') = \iint_\infty g_1(\xi,\eta) g_2^* [\xi-(x'+2a),\eta-y'] \mathrm{d}\xi \mathrm{d}\eta \quad (8-3-26)$$

$$\mathcal{O}_4(x',y') = \iint_\infty g_2(\xi,\eta) g_1^* [\xi-(x'-2a),\eta-y'] \mathrm{d}\xi \mathrm{d}\eta \quad (8-3-27)$$

由式(8-3-26)和式(8-3-27)可以明显看出,两个图像的互相关在输出面上分别处在 $x'=2a$ 和 $x'=-2a$ 的位置。分析可知,互相关峰的强度反映了两个图像的相似性程度。可以断定,当两者完全相同时,互相关演变为自相关,

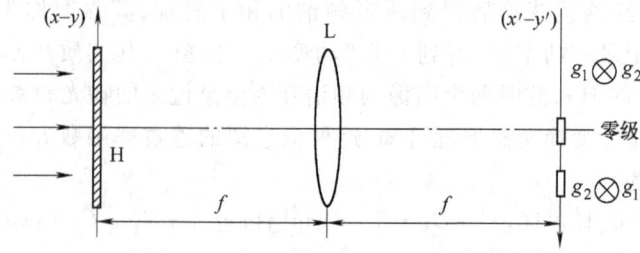

图 8-3-11 实现图像互相关的光学系统

相关峰值将达到极大值。同理,当两者毫无相同之处时,相关峰值达到极小值。由此,可通过检测输出平面上的互相关峰值,来识别未知图像与已知图像之间的关系,这在图像的特征识别中是一种十分有效的方法。

随着光电子实时器件的问世和数字技术的发展,联合变换光学相关器已发展为实时器件。主要的改进在两个方面,一是用 CCD 取代图 8-3-10 中的全息记录材料 H,接收联合傅里叶变换谱且转化为联合变换功率谱,并输出到电寻址液晶空间光调制器 LCSLM 上;二是将该 LCSLM 置于图 8-3-11 中的输入面,使其通过傅里叶逆变换形成相关输出,由 CCD 探测并判别图像的相关性。经改进后的系统称为"联合变换实时光学相关器"。

联合傅里叶变换(Joint-Fourier Transform)是重要的相关处理,目前在指纹识别、字符识别、目标识别、生物细胞识别等领域已逐步进入实用化阶段。图 8-3-12 是一种指纹识别仪的示意图[8-4],图中 CCD 相机 1 用于观察待识别指纹(目标图形),并通过计算机与已知的参考指纹图形送入空间光调制器 SLM,两者同时显示在 SLM 的左、右两个区域;用 CCD 相机 2 探测联合傅里叶变换功率谱,然后输入计算机进行二值化处理,再通过 SLM 显示出来;最后产生的相关输出也由 CCD2 探测,送入计算机显示出来。图 8-3-13 是指纹识别互相关峰的照片[8-4]。显然,当互相关峰的强度达极大值时,可以认为参与联合变换的两枚指纹是完全相同的。

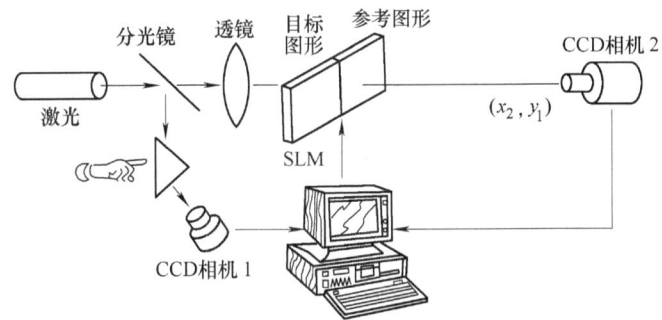

图 8-3-12 一种指纹识别仪示意图[8-4]

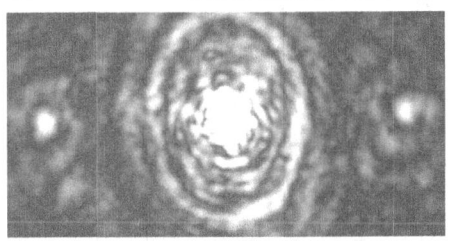

图 8-3-13 指纹识别互相关峰的照片[8-4]

光学图像识别的应用十分广泛,已为人们熟悉的指纹识别,信息锁对"钥匙"的识别,大量文字资料中特殊信息的提取等;再如智能机器人对目标图像的识别,智能机械手对传送带上不合格零件的识别和剔除,空中不明身份飞行物的识别(如对飞机机型机种的快速识别)等,都为光学图像识别带来广阔的应用前景。但值得说明的是,用傅里叶变换匹配滤波手段进行图像的特征识别处理有其局限性,由于匹配滤波器对被识别图像的尺寸缩放和方位旋转都极其敏感,因而当输入的待识别图像的尺寸和角度取向稍有偏差,或滤波器自身的空间位置稍有偏移,都会使正确匹配产生的响应急剧降低,甚至被噪声所湮没,使识别发生错误。为了解决这一困难,多年来,研究者们又发明了多种实现特征识别的变换手段。如利用梅林变换解决物体空间尺寸改变的问题,利用圆谐展开解决物体的转动问题,利用哈夫变换实现坐标变换等,再结合傅里叶变换匹配滤波操作,使其更完善、更实用[8-3]。近年来随着空间光调制器的研究和发展,各种实时器件开始进入应用阶段,用这些器件代替特征识别系统中的全息匹配滤波器,可实现图像的实时输入、滤波和输出。现今正在兴起的神经网络型光计算,在图像识别方面将更具应用前景。

8.3.6 图像消模糊

使模糊图像变清晰,这在实际中是有意义的。例如摄影中发生了移动或由于云层或雾的干扰等,都会引起照片的模糊。利用图像消模糊操作,可恢复清晰的图像。

1. 原理

模糊图像可看成是一个理想图像和造成模糊的点扩展函数的卷积,表达式为

$$g_{模糊}(x,y) = g_{理想}(x,y) * h(x,y) \quad (8-3-28)$$

消模糊过程实际上是进行图像解卷积运算。将(8-3-28)式进行傅里叶变换,可得到各量频谱之间的简单乘积关系,即

$$G_{模糊}(f_x,f_y) = G_{理想}(f_x,f_y) \cdot H(f_x,f_y) \quad (8-3-29)$$

式中,G 和 H 分别代表各对应函数的傅里叶谱。如在 $4f$ 系统的频谱平面放置一个逆滤波器,使其透过率满足 $H^{-1}(f_x,f_y)$,则在 P_2 后得到的光场复振幅为

$$u'_2(f_x,f_y) = G_{理想}(f_x,f_y) \cdot H(f_x,f_y) \cdot H^{-1}(f_x,f_y)$$
$$= G_{理想}(f_x,f_y) \quad (8-3-30)$$

显然,由于逆滤波器抵消了造成模糊的因素,因而在输出面将得到理想图像。

2. 逆滤波器的制作

H^{-1} 可用全息方法制作,但直接制作较为困难,可通过以下变换

$$H^{-1} = \frac{1}{H} = \frac{H^*}{H^*H} = \frac{H^*}{|H|^2} = H^* \cdot |H|^{-2} \qquad (8-3-31)$$

用全息方法可分别制作 H^* 和 $|H|^{-2}$，然后将两者对准叠合，便得到 H^{-1}。H^* 可利用 8.3.5 中介绍的制作匹配滤波器的方法制作；而 $|H|^{-2}$ 可通过控制照相底片处理过程中的条件实现。具体方法是将照相底片置于 $h(x,y)$ 的频谱面上拍摄其频谱的全息图，化学处理时严格控制 γ 值，使 $\gamma=2$，这样便使底片透过率与 $|H|^{-2}$ 成正比。将两个滤波器对准叠合，即构成了所需的逆滤波器。

但是也应该看到，h 的获得并不是容易的；但如果事先已知形成模糊的原因（例如位移速度或转动情况等），便可用数学方法得到 h。而如果事先并不知道形成模糊的原因及有关数据，则 h 将无法得到，这就是光学消模糊技术目前还不能得到广泛应用的原因之一。另外，相干处理噪声对图像消模糊是很不利的，因而对于消模糊而言，更多采用非相干处理方法。

图像消模糊的光学装置仍采用 $4f$ 系统，$g_{模糊}$ 置于输入面，逆滤波器 H^{-1} 置于频谱面，在输出面上得到理想的消模糊图像。图 8-3-14 是图像消模糊实例照片，其中图(a)是待处理的模糊图像，图(b)是经处理后得到的消模糊图像。

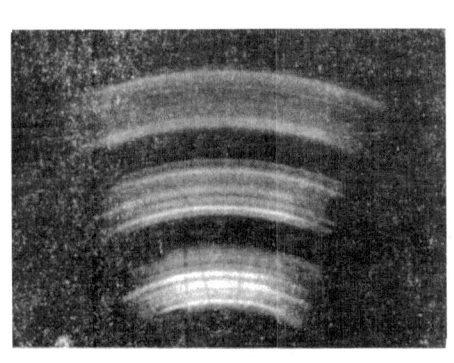 

(a) 模糊图像　　　　　　　　　　　　(b) 消模糊图像

图 8-3-14　图像消模糊实例照片[8-2]

8.3.7　综合孔径雷达

相干光学技术的一个令人感兴趣和有特色的应用是综合孔径天线雷达数据的处理[8-6][8-7]，这是光学信息处理技术早在 20 世纪 60 年代就得到成功应用的典型实例。

1. 问题的提出

用航空摄影技术从高空拍摄地形图常会遇到很多困难，例如受风、雾、云等气候因素干扰，但是如用雷达系统"摄影"，可以避开这些难题。用机载侧视雷达系统,通过发射雷达信号,并记录从地面目标反射的作为时间函数的回波,可以精确地分辨该目标相对航线的位置。使用一个方位范围极窄的雷达波束,原则上可以分辨方位,其方位分辨率大致为 $\lambda r/D$(其中,λ 为雷达信号的波长,r 为雷达天线到目标的距离,D 为天线孔径的航向尺寸)。但是"雷达图"不便于应用,必须变换为光学图像才能直接观察。由于微波波长比可见光波波长大3至4个量级,要想使"雷达图"达到光学摄影所要求的高分辨率,相应地,机载天线尺寸必须达几十甚至几百米,这是无法实现的。

2. 综合孔径技术

借助于综合孔径技术可以用有限的小尺寸天线综合出一个大孔径天线。办法是让飞机携带一个小侧视天线,在飞机运动过程中以一个较宽的雷达信号扫描地面目标,沿航线在一系列特定位置上发射雷达脉冲,这些"位置"可看成是一架大的线性天线中的一个"单元"。从地面目标返回的雷达信号借助另一束频率恒定的"参考波",将振幅和相位同时都记录下来,这样沿航线每个位置得到的记录,可看成是从线性阵列的一个单元得到的信号。用相干叠加方法对每个单元的信号进行适当处理,最后综合成一幅可变换为光学图像的高分辨率"雷达数据图"。

3. 信号的采集与记录

图 8-3-15 是采集综合孔径雷达数据的几何关系图。飞机载有宽波束天线,天线固定指向与飞行航线垂直的方向。假设在两次抽样脉冲之间飞机飞过的距离小于 $\pi/\Delta p$(Δp 是地面反射波的空间带宽),那么这样的周期脉冲就可提供距离的信息和精密的方位分辨。为简便起见,先考虑地面一个点目标 (x_n, r_n) 返回到飞机的雷达信号,它是一个时间的函数

$$S_n(t) = A_n \exp\left[j\omega_r\left(t - \frac{2r}{c}\right)\right] \qquad (8-3-32)$$

式中,A_n 是回波信号复振幅,它与发射功率、目标反射率、相移及传播衰减因子等诸多因素有关;ω_r 是雷达脉冲的射频角频率;$2r$ 是飞机与目标的往返距离;c 是光速。当满足条件时 $r \gg |x_0 - x_n|$(x_0 是飞机的瞬时位置坐标)时,r 可近似为

$$r \approx r_n + \frac{(x_0 - x_n)^2}{2r_n} \qquad (8-3-33)$$

假设飞机作匀速运动,速度为 v_0,则它与 x_0、t 的关系为

$$x_0 = v_0 t \qquad (8-3-34)$$

将式(8-3-33)、式(8-3-34)代入式(8-3-32),得

$$S_n(t) = A_n(x_n, r_n) \exp\left\{j\left[\omega_r t - \frac{4\pi r_n}{\lambda_r} - \frac{2\pi}{\lambda_r r_n}(v_0 t - x_n)^2\right]\right\} \qquad (8-3-35)$$

把被考察的地面范围看成由许多点目标汇集而成,总的回波信号应是点目标信号的叠加

$$S(t) = \sum_n S_n(t) \tag{8-3-36}$$

回波信号经过同步解调,也就是把中心角频率从 ω_r 移到更低的频率 ω'_r,同时将合成信号写成余弦形式,得到

$$S'(t) = \sum_n |A_n(x_n, r_n)| \cos\left[\omega'_r t - \frac{4\pi r_n}{\lambda_r} - \frac{2\pi}{\lambda_r r_n}(v_0 t - x_n)^2 + \phi_n\right] \tag{8-3-37}$$

式中,ϕ_n 是调制时引入的附加相位。从式(8-3-37)可看出,信号表现出余弦型"干涉条纹"的特点。

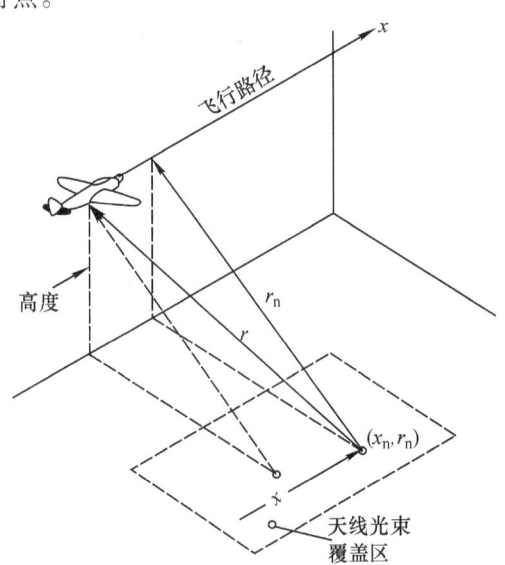

图 8-3-15 采集综合孔径雷达数据的几何说明

由以上分析可见,雷达采集到的数据信息实际上可认为是一幅雷达波形成的三维空间体全息图,对应每一组脉冲所采集到的余弦型信号可看成是飞机沿航线方向对全息图进行抽样采集的结果,它是该时刻飞机所在抽样单元上全息图的振幅透过率。与光全息不同的是每个单元上的干涉条纹所对应的物波信息,不是由统一的"照明光源""照明"物体而获得的,而是由飞机到达该单元时,由雷达天线实时发射向地面目标而引发的反射波,因而每一个抽样单元得到的回波信号便都带有这样一个特殊的"照明"方式。因此,这种"全息图"是一种特殊的"合成全息图",不能用通常意义上的全息再现方法来再现出物波,而必须经历一个较为复杂的处理过程。

为了存储式(8-3-37)所示形式的"干涉条纹",必须利用一个阴极射线

管,用调制信号 $S'(t)$ 对垂直扫描的电子束的强度进行调制。同时,利用图 8-3-16 光学系统,将电子束扫描显示记录在以水平方向常速运动的照相胶片上,记录式样示于图 8-3-17 中。不难理解,胶片上 y 方向的分布表示相继的距离扫描,而水平方向(x)表示地面目标对应于飞机的方位。

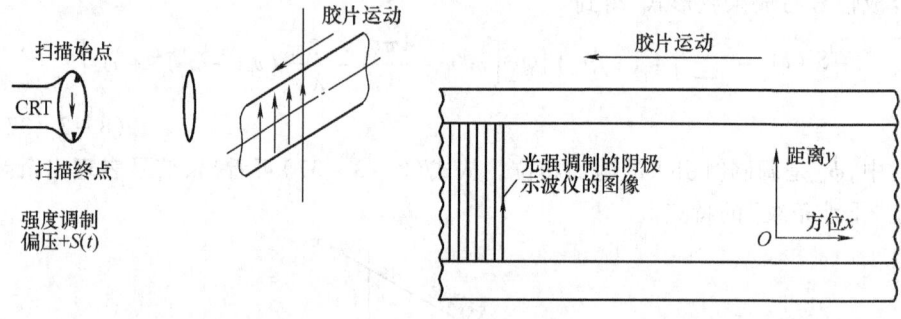

图 8-3-16 调制信号的光学记录系统示意图[8-7]

图 8-3-17 雷达信号记录格式[8-7]

设照相底片的移动速度为 v_f,当只考虑一个地面物点 (x_n, r_n) 时,即仅考虑 $y = y_n$ 的情况,底片的振幅透过率为

$$t(x_n, r_n) = t_b + \chi \sum_n |A_n(x_n, r_n)|$$
$$\times \cos\left[\frac{\omega'_r}{v_f}x - \frac{4\pi r_n}{\lambda_r} - \frac{2\pi}{\lambda_r r_n}\left(\frac{v_0}{v_f}x - x_n\right)^2 + \phi_n\right]$$

$$(8-3-38)$$

式中,t_b 是偏置透过率,以解决胶片只能记录非负的振幅的问题;χ 是常数。式 (8-3-38) 的推导用到了 $x = v_f t$ 的关系。

4. 光学图像的形成

如将式(8-3-38)中的余弦函数分解成两个指数函数,进一步分析表明,这样的底片在平行光照射下会出现三束空间分离的衍射光束。若把 N 个物点叠加的效果考虑进去,衍射光场除零级外,正一级衍射波将聚集成一条沿 y 方向的实焦线,而负一级则在胶片另一侧构成一条对称分布的虚焦线。具体推导请参见文献[8-8]。为了将所记录的"全息图"再现出"地面目标"的原形来,必须借助一个特殊的光学系统,如图 8-3-18 所示,图中锥形镜和柱面镜两个透镜的作用有关方位角的信息和有关距离的信息都被推到了无穷远,再利用球面透镜把无穷远处恢复的地形图"拉"回到它的焦平面上[8-8],形成可观察的地面图像。但是与 x_n 有关的地面部分将出现空间分离的多个像,这是由于记录过程的周期性引起的,因此,必须在照相胶片的前面置一狭缝,用于挡住多余的像。

记录胶片与输入胶片同步移动而曝光,最后合成出地面目标的光学照片。

综合孔径雷达技术巧妙地把光学信息处理技术应用到实际中,并由此推广到逆综合孔径雷达技术,用这种处理方法可从固定的台架上或从运动的台架上获得运动目标的图像,这在实际应用中也是有意义的。

随着数字处理技术的迅速发展,将综合孔径雷达技术与数字技术相结合,用于空间技术已取得极大进展。据查,美国卫星用这一技术制作的卫星照片,能清楚地显示出观察地区的地貌,其分辨率之高,就连飞驰在街上的小轿车都清晰可辨。

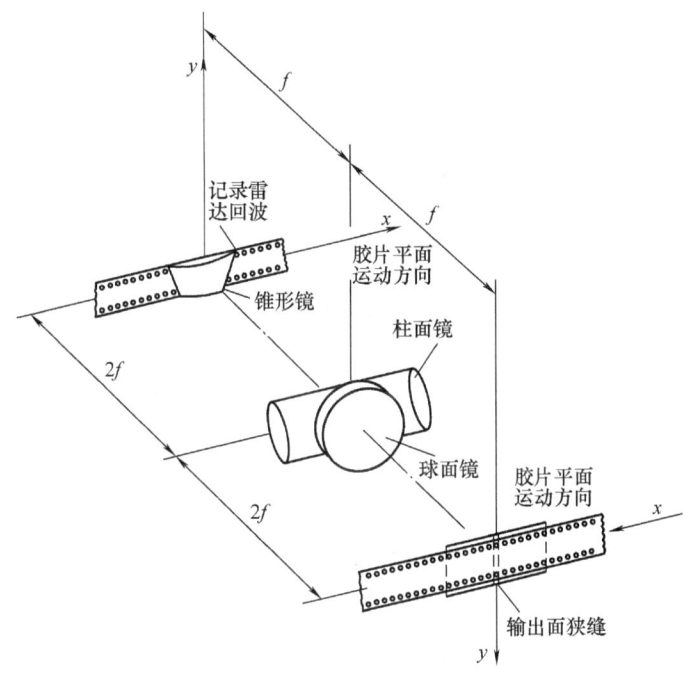

图 8-3-18 处理综合孔径雷达回波的光学系统[8-7]

8.4 非相干光学信息处理

采用相干光源可以使光学系统实现许多复杂的光学图像的处理,但是由于相干光对于系统中光学元件的缺陷、尘埃、污迹等都极其敏感,因而相干系统不可避免地存在相干噪声而降低了它的处理能力。如果用非相干光源照明,则可以大大抑制相干噪声的产生,因而它也是光学信息处理中一个重要组成部分。

由于用了非相干光源照明,使得系统中各点的光振动之间没有固定的相位差,它们是统计无关的,因而该系统对复振幅不是线性的,只对强度是线性的。

大多数非相干处理系统都是根据几何光学原理设计的,因而操作较为简便。用非相干处理系统可进行图像的多种运算和处理,这里举几例说明。

8.4.1 图像的相乘和积分

设两张透明片的强度透过率分别为$\tau_1(x,y)$和$\tau_2(x,y)$,利用图8-4-1和图8-4-2所示的系统可以很容易地实现两个图像的相乘和卷积运算。图8-4-1中,S是均匀非相干光源,经透镜L_1成放大像于(x,y)平面上,使该平面得到均匀照明。将两张透明片紧贴置于$x-y$平面上,在平面后便可得到两者的乘积,即

$$I(x,y) = k[\tau_1(x,y) \cdot \tau_2(x,y)] \quad (8-4-1)$$

式中,k是比例常数。透镜L_2的作用是将(x,y)平面上的图像成一缩小像投射在小的光电探测器D上,这时光电流的数值则正比于下式

$$I = k \iint_\infty \tau_1(x,y) \tau_2(x,y) \mathrm{d}x\mathrm{d}y \quad (8-4-2)$$

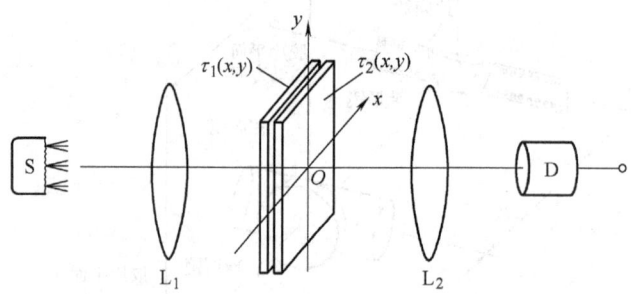

图8-4-1 实现图像相乘和积分的光学系统(一)[8-8]

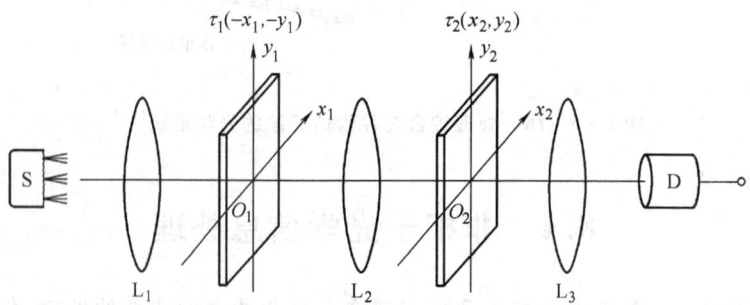

图8-4-2 实现图像相乘和积分的光学系统(二)[8-8]

显然,光电探测器上得到的便是两个图像的积分运算。但是,如果要适时更换透明片,则采用图8-4-2所示的系统更为方便。图中将两张透明片分别置于x_1-y_1和x_2-y_2两个平面上,L_2的作用是将x_1-y_1平面以放大率$M=1$成像于

x_2-y_2 平面上,L_3 与图 8-4-1 中 L_2 作用相同,用于在 D 处构成缩小像。应该说明的是,置于 x_1-y_1 上的透明片应该倒置,形成 $\tau_1(-x_1,-y_1)$,原因是 L_2 成像后将使之坐标反转。D 上产生的光电流值仍由式(8-4-2)给出。

8.4.2 图像的相关和卷积

实现图像相关运算可有两种方法,一种是运动法,另一种是无运动法。前者仍采用图 8-4-2 所示系统,τ_1 仍然反置。令 τ_1 在 x_1 方向上位移 x_0,在 y_1 方向上位移 y_0,则 D 的光电流输出将正比于

$$I = k\iint_\infty \tau_1(x-x_0,y-y_0) \cdot \tau_2(x,y)\mathrm{d}x\mathrm{d}y \qquad (8-4-3)$$

因为对于一个实函数而言,其共轭函数与其本身是相同的,用 τ_1^* 代替 τ_1,式(8-4-3)可看成是两者之间的相关运算,即 $\tau_1 \bigstar \tau_2$ 在 (x_0,y_0) 点的值。若使 τ_1 沿 x 方向以速度 v_1 匀速移动,则光电探测器将得到两者在 $y=y_0$ 处的一维相关运算,它是一个时间的函数 $I(vt)$。若在 x 方向每扫描一次,图形就向上移动 Δy_1 的距离,则得到光电流的一维阵列

$$\begin{aligned}I_\mathrm{m}(vt) &= k\iint_\infty \tau_1^*(x-vt,y-y_\mathrm{m})\tau_2(x,y)\mathrm{d}x\mathrm{d}y \\ &= \tau_1 \bigstar \tau_2\end{aligned} \qquad (8-4-4)$$

式中,(x,y) 与 (x_1,y_1) 和 (x_2,y_2) 在尺度上是相等的。式(8-4-4)是一个完整的二维相关运算,当然它在 y 方向是抽样的。

卷积运算的实现只需把 x_1-y_1 平面上的 τ_1 倒回正方向,则很容易得到两者的卷积:$\tau_1 * \tau_2$,这里不再详述。

另一种方法是无运动法,光学系统如图 8-4-3 所示,光源 S 置于 L_1 前焦面上。$\tau_1(x,y)$ 倒置紧贴 L_1 后,在相距 d 处放置 $\tau_2(x,y)$,透镜 L_2 紧贴其后,在 L_2 后焦面上测量强度分布,可得到卷积运算。其原理如下:

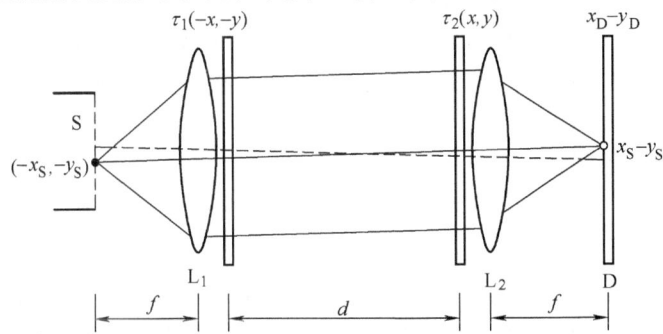

图 8-4-3 无运动而能实现相关和卷积运算的系统[8-8]

考虑 S 面上一点 $(-x_S, -y_S)$ 发出的光,经 L_1 后成为平行光透过 τ_1 照明 τ_2,照明光强度分布正比于 $\tau_1[-x+(d/f)x_S, -y+(d/f)y_S]$。经 τ_2 后由 L_2 聚焦到焦平面 $x_D - y_D$ 上。这里假定 L_1 和 L_2 焦距相等。位于 $x_D - y_D$ 的探测器测得的强度为

$$I_S = k \iint_\infty \tau_1\left(\frac{d}{f}x_S - x, \frac{d}{f}y_S - y\right) \cdot \tau_2(x,y) \mathrm{d}x \mathrm{d}y$$
$$= \tau_1 * \tau_2 \qquad (8-4-5)$$

非相光学信息处理技术还可以用于图像消模糊、图像相减等运算,详细内容可参阅文献[8-2,8-7]。当采用白光作照明光源时,又极大地拓宽了非相干处理技术的应用范围,下一节将集中讲述白光信息处理的内容。

但是也应该看到,以几何光学为基础的非相干处理系统只能处理光的强度分布,即只能处理非负的实函数,在有些应用中会受到很大的限制。另一方面,由于系统完全是根据几何光学原理设计的,对于细节过于丰富的图像,由于衍射效应其内含的高频信息往往会丢失,使得输出结果引入较大的偏差。因此,以几何光学为基础的非相干光学处理系统只能在保证几何光学定理成立的条件下才能使用。

8.5 白光信息处理

白光信息处理技术是近年来发展很快而且备受人们关注的技术,由于白光处理技术在一定程度上吸收了相干处理和非相干处理的优点,因而在应用上取得了明显的效果。本节只介绍其中最基本且具有代表性的几例。

8.5.1 θ 调制假彩色编码

对原本无色的图像在不同区域分别用取向不同的光栅进行调制,输入白光信息处理的 $4f$ 系统,在频谱面上放置适当的带通滤波器,可在输出面上得到彩色图像。由于通常同字母 θ 表示角度,用于调制输入图像的光栅采用不同的角度取向,因而形象地称这种调制方式为"θ 调制"。假彩色编码过程如下。

1. 编码片的制备

在图像的不同区域记录取向不同的光栅,必须先对图像进行编码,即制作编码物片。方法是在感光胶版上覆盖掩模,只选定图像中某一区域,其上再覆盖某一取向的朗奇光栅,进行曝光。每曝光一次更换一次掩模,同时改变光栅的取向,经多次曝光后,便在图形的不同选区完成了光栅编码,制成了编码片,如图 8-5-1(a) 所示(见书末彩色插页)。由图可见,屋顶、墙和背景三个区域分别记录了不同取向的光栅。

2. 空间滤波

将制备好的编码片输入4f系统,用白色平行光照明。由于物片被不同取向的光栅所调制,所以在频谱面上得到的将是取向不同的带状谱,图形不同区域的信息分布在不同方向的频谱上,互不干扰,这就为空间滤波创造了便利条件;又由于用白光照明,所以各级频谱呈现出的是色散的彩带,由中心向外按波长从小到大的顺序依次排列。图 8-5-1(b)即是频谱面上的彩色频谱分布示意图(图中只画出了正、负一级谱)。

选用带通滤波器置于频谱面上进行滤波。所谓"滤波器"实际上是一个被打了孔的光屏,图 8-5-1(b)中滤波器上的小圆点即表示这种通光孔。圆孔的位置根据设计的颜色分布要求设定。例如要在屋顶、墙和背底三个区域呈现红、黄、绿三种不同的颜色,则必须在三个区域分别对应的彩色谱带上的相应颜色位置打孔,分别只允许红、黄、绿颜色通过,其余的谱均被挡住。为避免因色区形状与孔的形状不匹配而引起"混频"现象,可在孔上放置相应的滤色片,以提高色纯度。

3. 假彩色输出

上例中,编码片经滤波后在 4f 系统的像面上得到假彩色编码图像输出,呈现为红屋顶、黄墙、绿背景。若改变滤波器上孔的位置,可变换出各种不同的颜色搭配[8-8]。图 8-5-2(见书末彩色插页)是用一枚玫瑰花图案编码片进行 θ 调制实验的照片,其中图(a)是在频谱面上摄取的调制物的频谱照片,图(b)是采用不同结构的滤波器在输出面获取的假彩色编码图像照片。显然,图中展示的 4 幅照片具有不同的色彩搭配。

8.5.2 光学图像的彩色增强和存储

1. 问题的提出

在彩色胶片的保存问题上人们曾伤透了脑筋,由于彩色胶片使用的化学染料不能耐久而存在褪色问题,为此人们只能不厌其烦地连年复制,这对于大量彩色图片资料、电影胶片等的长期保存造成极大的困难。另外,在远距离彩色摄影中,色彩鲜艳程度会随目标距离的增大而降低,呈现"褪色"现象,对于超过 15 km 以上的目标,即使在晴朗天气,也无法拍摄出色保真度很高的照片,这对于卫星运载的信息采集、军事目标的远距离跟踪以及其他目的的远距离摄影都造成了困难。污染问题也是彩色冲印技术无法避免的难题。因此彩色胶片的长期保存和褪色图像的彩色增强问题便提到重要位置。

众所周知,黑白胶片具有长期保存的能力,处理过程也不会出现污染,如果能将彩色的图像信息用黑白胶片保存,使用时通过光学手段将彩色信息加以恢复,甚至再加以增强,不仅有科学价值,还会带来可观的经济和社会效益,这是很有意义的。

早在20世纪70年代末80年代初，人们就提出了彩色胶片通过编码和解码可以在黑白胶片上进行存储和恢复的思想，以后数年中，这一技术不断发展。真正在应用中取得突破性进展，是在80年代末90年代初，南开大学的研究人员在这方面做出了较为突出的贡献[8-9]。此处避开冗长的数学推导[8-9]，仅从物理概念上作一分析介绍。

2. 基本原理

与上述 θ 调制的方法相似，彩色图像需采用光栅对颜色进行编码，然后在傅里叶变换在空间滤波系统中进行解码，获取恢复的彩色图像或使色彩得到增强。具体步骤如下：

(1) 彩色图像的编码和存储

最基本的编码方法是用取向不同的光栅对颜色进行编码。一种方法是将彩色胶片、滤色片、朗奇光栅和黑白照相底片按图8-5-3所示的顺序密接触曝光，滤色片分别用红、绿、蓝三原色（波长分别为 λ_r、λ_g、λ_b），光栅先后偏转三个不同角度。在同一张黑白底片上曝光三次，每次取其中一张滤色片，相应地光栅偏转一个角度。经三次曝光，得到一张经彩色编码的黑白胶片，它存储了原彩色胶片上包括颜色在内的全部信息。该技术的关键是三次曝光过程中，彩色胶片和黑白胶片的相对位置不可改变，以免在解码时造成图像的色错位而影响像质。这种方法的缺点是操作不太方便。

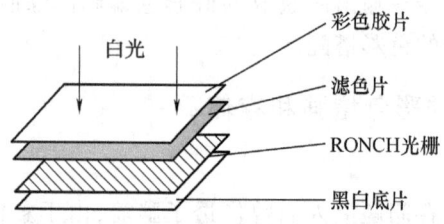

图8-5-3 彩色编码和存储方法示意图

第二种方法是利用光学成像系统（例如用照相机）将彩色胶片或彩色目标成像到黑白胶片上，由于两者不直接接触，给替换滤色片和转动光栅的操作带来便利。

第三种方法是利用计算机技术在同一块材料上制作"三色光栅"[8-10]，等价于将三套取向不同且颜色分别为三原色的一维朗奇光栅重合在一起制成的复合光栅，只在某些抽样点上加以修正。将这种"三色光栅"直接覆盖在黑白胶片上，无须另加滤色片和编码光栅，只需曝光一次，就可完成与前两种方法完全相同的彩色编码和存储操作，既简化了步骤，又可避免因操作疏忽而出现的对准误差,从根本上消除了色错位。

(2) 解码——彩色图像的恢复和色增强

所谓解码是指在白光信息处理系统中利用空间滤波操作,将存储在黑白胶片上的图像进行彩色恢复和增强,解码系统采用如图 8-5-4 所示的 $4f$ 系统。图中 S 为白光光源,经透镜 L_1 准直照明置于物面上的黑白胶片,空间滤波器置于频谱面上,在像面得到彩色图像输出。由于黑白胶片被三套取向不同的光栅所调制,它们的频谱分布与前面所述的 θ 调制相似,所不同的是输入物是按颜色而不是按区域调制的,因而,谱面上三个不同取向的频谱分别载有红、绿、蓝三种颜色的信息。然而由于照明光是白光,三个不同取向的频谱本身却呈现如图 8-5-2(a)照片所示的色散的彩带。

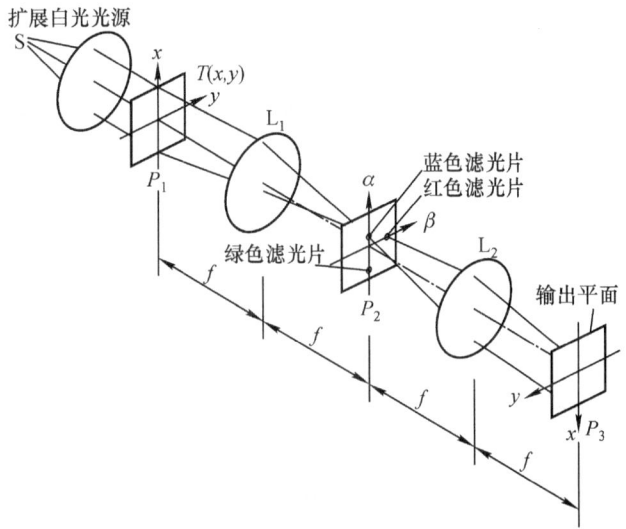

图 8-5-4 用于彩色图像恢复的白光处理系统[8-9]

采用的空间滤波器也与 θ 调制相似[如图 8-5-5(见书末彩色插页)所示],只是通光孔的位置应对应颜色编码时的情况,分别在相应的频谱带的各个级次上,在红、绿、蓝位置开孔。即在载有红色信息的色散彩带上,在红色位置开孔,仅允许红色成分通过,而将其他颜色滤除;依次类推。同样,为避免色串扰,可在频谱面上放置如图 8-5-6(见书末彩色插页)所示的彩色滤波器,以提高色纯度,并提高能量利用率。

从滤波器通过的三种颜色的光束到达输出平面时分别形成了原彩色图像的三幅分色片[如图 8-5-7(a)~(c)(见书末彩色插页)所示],它们在空间精确复合,恢复了原来的彩色图像[如图 8-5-7(d)(见书末彩色插页)所示]。显然,由于仅在一级频谱滤波而阻挡了高级次的频谱通过,输出图像中将不会出现编码片上调制光栅的踪影。

需要说明的是,用于彩色恢复的色成分来自于解码系统的白光照明光源,因而输出图像的强度仅与解码系统有关,而与原彩色照片的强度无关。即使原照片已经褪色,也不会影响恢复后的色彩的纯度和强度。

3. 应用和发展前景

由于这种方法解决了彩色胶片的长期保存问题,同时又具有色彩增强的功能,因而它的应用领域日趋广泛,主要在以下两方面:

(1) 彩色胶片的存储

大量的彩色电影胶片、彩色图片资料利用这种编码方法,可翻制成黑白编码片长期保存,信息不会丢失。使用时利用解码系统,选择优良白光照明光源,可得到优质的彩色恢复胶片或图片。可用于电影业、档案、图书、资料部门等。

(2) 褪色图像的恢复

远距离摄影,如航空摄影、卫星运载的摄影系统以及地面军事目标的远距离摄影,得到的目标图像由于距离太远而呈现"褪色"现象,使用这种白光信息处理技术可得到色彩的恢复,目前已成功地用于航空、航天、军事侦察等部门。

进一步研究表明,这种白光信息处理技术可将数字技术与之相结合[8-11,8-12],不再用黑白胶片作为载体,在许多领域将获得更实时、更灵活的应用。例如,对远距离目标的跟踪,可利用光学数字编码和数字解码的彩色图像处理系统完成对目标信息的实时采集、传输、处理,然后利用数字投影技术转换成可视彩色图像,使军事指挥人员坐在指挥所里就能实时观察到敌方动态等[8-11,8-12]。

8.5.3 黑白图像的白光密度假彩色编码

人眼对黑白图像的灰度只能分辨出 15~20 个等级,因而对于灰度相差较小的图像,人眼便不能加以分辨,这将在实际应用中丢失许多极重要的信息。实验证明,人眼对颜色的分辨能力却大得惊人,达几百种。利用光学信息处理手段,将灰度等级转换为颜色等级,可大大提高人们对图像的识别能力。所谓"白光密度"指与"灰度"相应,所谓"假彩色编码"是指编码系统输出的彩色图片所显示的各种颜色与原被摄物的真实色彩无必然联系,输出片的色彩仅由输入片的"白光密度"确定。限于篇幅,这里仍省略冗长的数学推导而仅从物理概念上加以解释,假彩色编码的方法有很多,这里仅举一例。具体步骤如下。

1. 黑白图像的编码过程

在图 8-5-8 所示的光学放大系统中,将待编码的胶片置于底片夹中,编码元件用朗奇光栅,紧密覆盖于底片上。用白光照明,曝光后经显影、定影处理,再对底片进行漂白,得到相位型编码片。以上过程用图示法示于图 8-5-9 中,图

(a)为黑白底片的透过率;图(b)为 Ronchi 光栅的透过率;图(c)为调制后的振幅型底片的透过率;图(d)为漂白后得到的相位型编码片。

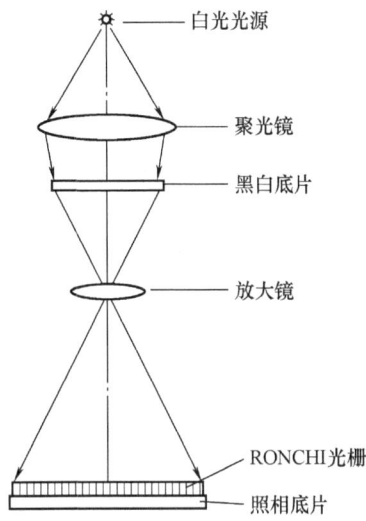

图 8-5-8　编码黑白图像的光学放大系统示意图

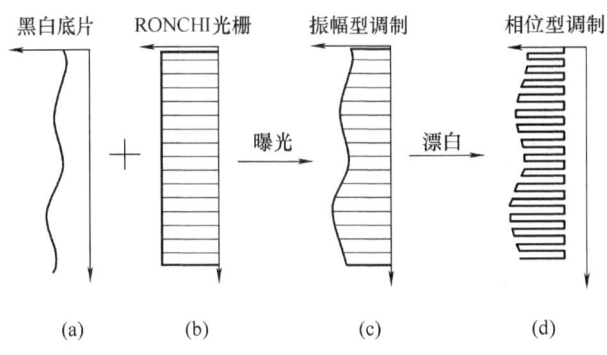

图 8-5-9　编码过程图示

2. 假彩色显示

将上述编码片输入白光处理系统,频谱面上放置滤波器,只允许 +1 级(或 0 级)通过。由于编码片是相位型的(例如可用浮雕型相位材料制作),光波通过时,其相位被输入片的乳胶厚度所调制。若频谱面上设置滤波器仅允许正一级频谱通过,则在输出面上将形成一个空间光强分布,其强度一方面与相位调制的程度有关,另一方面与照明光波波长有关。若某一小区域的相位调制量使波

长 λ_2 的光振幅达到极小,则输出面上相应区域的光强为零,出现暗区。当用白光照明时,透过编码片的光束经相位调制后的振幅分布是波长的函数,在输出面对应某一波长 λ_1 的暗点位置上将显示出它的互补色,对应 λ_2 的暗点位置,将显示 λ_2 的互补色,等等。

由于不同波长到达输出面具有各自不同的强度分布,对应各波长的暗区都不会重叠在空间同一位置,因此,输出面便呈现一幅彩色图像。又由于相位调制与编码片的乳胶厚度分布有关,而该厚度又与原照相底片的灰度有联系,因而输出图像上的色彩便直接反应了黑白底片的白光密度。由相位调制原理可知,乳胶厚度只需改变一个波长,便可使相位由 0 变到 2π,而相位每改变一个微小量,输出图像就会在颜色上呈现一个较明显的变化。因而,用这一方法得到的假彩色显示对灰度等级是十分灵敏的。但是也应看到,正因为乳胶厚度对应的假彩色变化是周期性的,因而呈现相同颜色的区域不一定对应完全相同的灰度等级,为了克服这种"非唯一性",人们又研究出"非线性相位调制假彩色编码技术及其色度理论",并与计算机数据分析和处理相结合,得到了更科学、更准确的结果,详细阐述可参阅文献[8-13]。

滤波器的选取不是唯一的,也可以仅允许零级通过,很容易证明,这时得到的假彩色输出与上面介绍的正一级滤波情况恰成互补色,如图 8-5-10 所示(见书末彩色插页)。

3. 应用举例

目前,假彩色编码技术已在许多方面得到应用,人们正在探索,使它用于更广泛的领域中。在此仅举几例:

例 8.5.1 假彩色编码技术在医学上可用于对人体器官病变的早期诊断,例如用于早期肺癌诊断。20 世纪 80 年代我国已有人用假彩色编码技术对肺部 X 光透视片(黑白)进行处理,把医生用眼睛无法辨别的灰度差别变换成明显的颜色差别显现出来,这对早期肺癌的发现有很重要的价值。

例 8.5.2 假彩色编码用于卫星摄制的地面黑白照片。例如用于对我国广大牧区草场情况的监测,可敏感地发现牧区草场退化的灾情和发生的位置;再如,对地形地貌卫星照片的分析,可以敏感地监测洪水灾害、森林火灾的情况,或大陆架的变迁等。

例 8.5.3 假彩色编码用于无损探伤,可十分敏感地获得金属内部缺陷的情况,等等。

图 8-5-11(见书末彩色插页)示出了几种白光密度假彩色编码的实例照片,从中可见经假彩色编码后照片呈现的丰富色彩。

8.5.4 多重像的产生

在 8.3.2 中介绍了用相干光学信息处理产生多重像的方法,但是由于相干噪声的干扰而影响了它的应用。例如,在复制集成电路掩模的应用中,用相干处理的方法可能会因存在噪声而造成不可避免的短路或断路点,产生大量次品。用白光处理系统可以有效地消除这类噪声,获得比较"干净"的多重像,处理手段成本低廉,对许多实际应用具有一定吸引力。

采用白光照明的 $4f$ 系统,在输入面上放置物透明片 $o(x,y)$,其上覆盖一维正弦光栅 $g_0(x,y)$,用于调制物函数。由傅里叶变换定理可知,光波到达频谱面时的复振幅是两者频谱的卷积

$$u_2 = F(f_x, f_y) * G_0(f_x, f_y) \tag{8-5-1}$$

由于白光的作用,谱面上除零级谱为白色外,其余均呈现为彩虹色带,且都含有图像的信息。选取一组频率不同的一维正弦光栅 $g_i (i = r、g、b)$ 用于对正一级频谱彩带中不同波长的频谱进行调制。例如用光栅 g_r、g_g 和 g_b 分别对红色、绿色和蓝色谱进行调制[如图 8-5-12 所示(见书末彩色插页)],设它们的空间频率分别为 ν_r、ν_g、ν_b,且它们的关系满足

$$\nu_r > \nu_g > \nu_b \tag{8-5-2}$$

频谱面后的光场复振幅为

$$u_2' = [F * G_0] \cdot (g_r + g_g + g_b) \tag{8-5-3}$$

由于只选取正一级谱,根据傅里叶变换原理,输出面上光场复振幅为

$$u_3 = f * G_r + f * G_g + f * G_b \tag{8-5-4}$$

显然由于 G_r、G_g、G_b 对应不同的波长,式(8-5-4)中三项是互不相干的。由于正弦光栅的频谱只有 0 级和正、负一级,且其频谱 G 可近似看成是三个 δ 函数的阵列,因而,式(8-5-4)中每一项卷积的结果将产生三个像,三组衍射像的零级像重合在坐标中央,形成白色像,而三组的正、负一级像以不同的间隔分布在两侧,只要图像的线宽和调频光栅的频率选取适当,输出图像便不会重叠,于是在输出面得到红、绿、蓝三色多重像。图 8-5-13(见书末彩色插页)画出了它们的相互位置关系,其中 f_r、f_g、f_b 分别表示红色、绿色、蓝色图像。实验结果表明[8-6],用白光信息处理系统得到的多重彩色像,有效地消除了相干噪声。

习 题

8.1 利用 $4f$ 系统做阿贝-波特实验,设物函数 $t(x_1, y_1)$ 为一正交光栅

$$t(x_1, y_1) = \left[\frac{1}{b_1} \text{rect}\left(\frac{x_1}{a_1}\right) * \text{comb}\left(\frac{x_1}{b_1}\right) \right] \times \left[\frac{1}{b_2} \text{rect}\left(\frac{y_1}{a_2}\right) * \text{comb}\left(\frac{y_1}{b_2}\right) \right]$$

其中 a_1、a_2 分别为 x、y 方向上缝的宽度,b_1、b_2 则是相应的缝间隔。频谱面上得

到如图 8-1(a)所示的频谱。分别用图 8-1(b)、(c)、(d)所示的三种滤波器进行滤波,求输出面上的光强分布(图中阴影区表示不透明屏)。

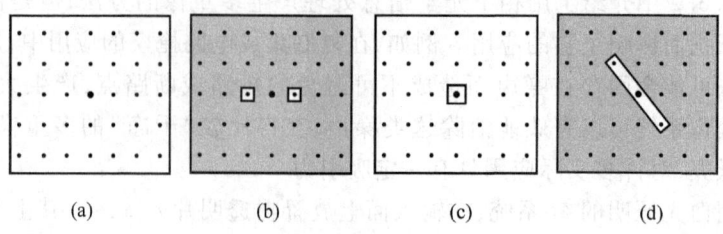

图 8-1 习题 8.1 图

8.2 采用图 8-1(b)所示滤波器对光栅频谱进行滤波,可以改变光栅的空间频率,若光栅线密度为 100 线/mm,滤波器仅允许 ±2 级频谱透过,求输出面上干板记录到的光栅的线密度。

8.3 在 $4f$ 系统中,输入物是一个无限大的矩形光栅,设光栅常数 $d=4$,线宽 $a=1$,最大透过率为 1,如不考虑透镜有限尺寸的影响,则(1) 写出傅里叶平面 P_2 上的频谱分布表达式;(2) 写出输出面复振幅和光强分布表达式;(3) 在频谱面上作高通滤波,挡住零频分量,写出输出面复振幅和光强分布表达式;(4) 若将一个 π 相位滤波器

$$H(x_2,y_2) = \begin{cases} \exp(j\pi) & x_2 \leq x_0, y_2 \leq y_0 \\ 0 & \text{其他} \end{cases}$$

放在 P_2 平面的原点上,写出输出平面复振幅和光强分布表达式,并用图形表示。

8.4 图 8-2 所示的滤波器函数可表示为

$$H(f_x,f_y) = \begin{cases} 1 & f_x > 0 \\ 0 & f_x = 0 \\ -1 & f_x < 0 \end{cases}$$

此滤波器称为希尔伯特滤波器。

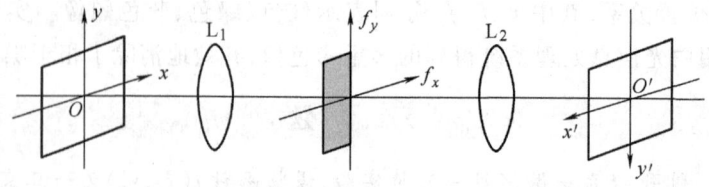

图 8-2 习题 8.4 图

证明希尔伯特滤波能够将弱相位物体的相位变化转变为光强的变化。

8.5 如图 8-3 所示,在激光束经透镜会聚的焦点上,放置孔径合适的针孔滤波器,可以提供一个比较均匀的照明光场,试说明其原理。

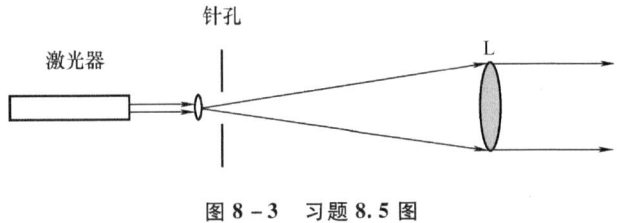

图 8-3 习题 8.5 图

8.6 光栅的复振幅透过率为
$$t(x) = \cos^2 \pi f_0 x$$
把它放在 4f 系统输入平面 P_1 上,在频谱面 P_2 上的某个一级谱位置放一块 $\lambda/2$ 相位板,求像面的强度分布。

8.7 用照相机拍摄某物体时,不慎摄因手动摄下重叠的影像,沿横向错开距离 b。为改善此照片,试设计一个逆滤波器,绘出滤波函数。

8.8 在用一维正弦光栅实现两个图像相加或相减的相干处理系统中,设图像 A、B 置于输入面 P_1 原点两侧,其振幅透过率分别为:$t_A(x_1 - l, y_1)$ 和 $t_B(x_1 + l, y_1)$;P_2 平面上光栅的空间频率为 f_0,它与 l 的关系为:$f_0 = l/(\lambda f)$,其中 λ 和 f 分别表示入射光的波长和透镜的焦距;又设坐标原点处于光栅周期的 $1/4$ 处,光栅的振幅透过率表示为
$$G(x_2, y_2) = \frac{1}{2}\left\{1 + \exp\left[j\left(2\pi f_0 x_2 + \frac{\pi}{2}\right)\right] + \exp\left[-j\left(2\pi f_0 x_2 + \frac{\pi}{2}\right)\right]\right\}$$
试从数学上证明:
(1) 在输出平面的原点位置得到图像 A、B 的相减运算;
(2) 当光栅原点与坐标原点重合时,在输出面得到它们的相加运算。

8.9 如何实现图形 O_1 和 O_2 的卷积运算?画出光路图并写出相应的数学表达式。

8.10 在 4f 系统中用复合光栅滤波器实现图像的一维微分 $\partial g/\partial x$,若输入图像 g 在 x 方向的宽度为 l,光栅频率应如何选取?

8.11 用 4f 系统通过匹配滤波器作特征识别,物 $g(x,y)$ 的匹配滤波器为 $G^*(f_x, f_y)$,当物在输入面上平移后可表示为 $g(x-a, y-b)$,求证此时输出面上相关亮点的位置坐标为 $x_i = a, y_i = b$。

8.12 用一个单透镜系统对图像进行 θ 调制假彩色编码,如图 8-4 所示。已知调制物 O_m 的光栅空间频率为 100 lp/mm,物离透镜的距离为 20 cm,图像的

几何宽度为 $6 \times 6 \ \text{cm}^2$，试问透镜的孔径至少应多大，才能保证在频谱面上可进行成功的滤波操作？（工作波长范围为 $650.0 \sim 444.4 \ \text{nm}$）。

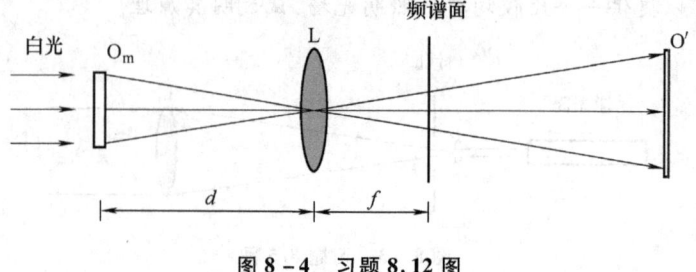

图 8-4 习题 8.12 图

第9章 图像的全息显示

9.1 引　　言

众所周知,人们对物体的三维立体视觉是由双眼视差产生的,一切能使人眼产生双眼视差的光学装置或结构就能产生三维立体视觉。自出现三维立体显示技术以来,三维立体显示方法和技术已越来越丰富多彩,现在常见的立体显示光学装置有红绿眼镜、正交偏振片眼镜、利用全反射原理的柱面光栅、专用光学立体图像观察装置以及最近出现的层析复合图像立体显示器等。其他实现立体显示的技术还有由快速电子快门实现左右眼图像分离的屏幕立体显示、人眼光轴调节实现双眼视差的计算机设计立体图片,等等。在诸多的三维显示技术中,全息技术的立体显示更显特别,它在全息记录材料上记录的是物光波的振幅和相位信息,全息图再现的是物光波,不是一对或几对立体图像。此外,用全息方法也可实现体视三维图像显示,它的特点是观察时无须其他光学器件辅助。

全息图像显示最直接的方式是激光再现全息,如图9-1-1所示。以激光作为光源记录全息图H,再以与原参考光一致的再现激光照明全息图,在全息图平面上得到与原记录物光完全一致的再现光。对相干长度有限的激光器,如He-Ne激光,被记录物体的大小或景深非常有限,这时应采取对物体分区照明的方法扩大被摄物体的景深,详见参考文献[9-1]。对相干长度较长的激光器,如带标准具的氩离子激光器,记录的场景可达数米。激光再现全息图的缺点是再现光必须用激光,这在很大程度上限制了它的使用。

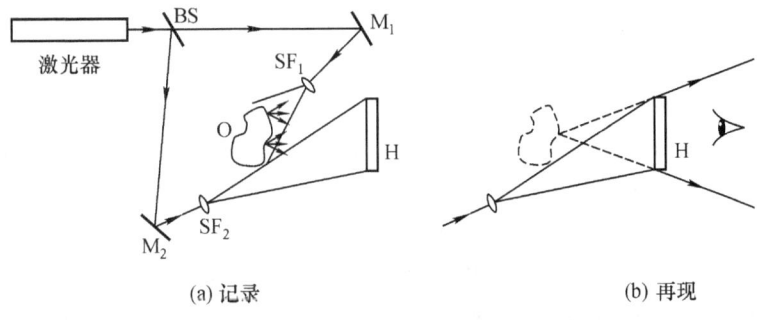

图9-1-1　激光全息的记录与再现

激光再现全息的另一种类型是脉冲全息,全息记录通常在防振的全息台上进行,记录的物体一般为静物,而脉冲全息无须在全息台上记录,并可对生物或其他运动物体进行全息记录,它的记录光源是脉冲的宽度相当窄的脉冲激光器。脉冲全息在全息干涉计量和全息电影中有广泛的应用。

第 5 章中已介绍过,用白光再现原来应当用激光再现的全息图,会出现严重的色模糊,所以如何用白光再现全息图像是显示全息的主要研究内容之一。现在实现白光再现全息通常有三种方法:像面全息、彩虹全息、反射全息。用这些手段又可制作多种类型的全息图,例如彩色全息、合成全息、消色差全息,等等。三种白光再现方法分别采用了不同的原理消除色模糊,本章节中将主要介绍彩虹全息以及其他几种白光显示全息。近几年来,一种新的与计算机紧密结合的数字像素全息出现在市场上。在制作方法上,它与常规的显示全息不同,其效果很难用通常的全息技术得到,在本章的最后将对此略作介绍。

随着全息技术的不断成熟和发展,全息技术正逐渐从实验室走向市场。市场上已见到越来越多的全息防伪标贴、全息贺卡、全息包装材料、全息艺术图片等。可以认为,全息显示技术是一项非常有前途的三维立体显示技术。随着材料科学的进步和光电器件的发展,它已显示出强大的生命力。在不久的将来,大幅全息图片广告、全息艺术人像照片,甚至全息电影、全息电视、全息激光打印机、全息立体显示屏幕、全息显微显示等全息三维显示技术会越来越多地走进人们的日常生活。

9.2 彩虹全息图

9.2.1 线全息图消色模糊原理

为理解彩虹全息实现消除色模糊的原理,先分析白光再现普通全息图产生色模糊的过程。图 9-2-1 是用白光点光源再现普通全息图的示意图。为分析简便起见,设记录的物光是点光源,再现时被衍射成色散的像。像 O′ 和 O″ 的波长分别对应 λ_A 和 λ_B。人眼在 P 点观察,白光照射在全息图 A 点,该点仅有波长为 λ_A 的衍射光进入人眼,而在全息图 B 点仅有波长为 λ_B 的衍射光进入人眼。人眼同时观察到了 O′ 和 O″,所以人眼看到的色散像是由全息图的不同区域衍射不同波长的光进入眼睛造成的。λ_A 和 λ_B 的大小由 A 点和 B 点处全息图的空间频率以及再现光源和观察位置确定。如果把记录物光波的面积限制在一窄条上,仅有 λ_A 进入人眼,这时人眼看到的像是单色像 O′,也就是消除了色模糊。如人眼在 P′点观察,进入人眼的波长为另一波长 λ_B,对应的像是 O″。所以人眼沿着与窄条垂直方向移动时,观察到的像的颜色发生变化。从以上说明看出,窄条全息图或称为线全息图能有效地消除色模糊。

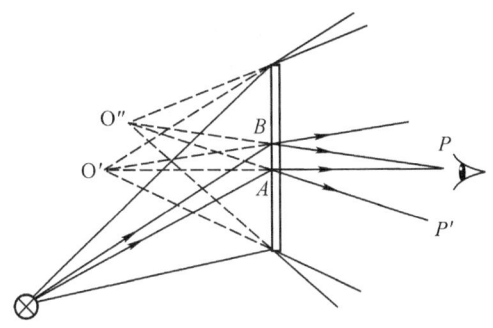

图 9-2-1 白光点光源再现全息图

以下再分析一下由多点构成的线全息图的情况。如图 9-2-2 所示,连续分布物光场中 O_A、O_B、O_C 对应的线全息图为 A、B、C。显然,如果线全息图 A、B、C 的空间频率不完全相同,并且每一线全息图的同一衍射波长 λ_A 衍射至同一观察位置 P 点,则人眼将能同时观察到三个点的单色像。如果物光场中的每一点都是如此,物光场上的每一点的信息都被限制在不同的窄条上,并每一窄条同一波长的衍射光会聚于同一点,则人眼在该点观察时,就能同时观察到完整的单色像。与观察单点像类似,人眼在垂直于线全息图方向移动时,将观察到不同颜色全息像。如果人眼不在观察点 P,而是离 P 点有一距离,如图中的 P' 点,则每一会聚于该点的线全息图的衍射波长各不相同,人眼观察到的全息像的单色性与 P 点观察的不同,像的不同部分的颜色各不相同,颜色的分布就像彩虹一样,所以这一类全息图又称为彩虹全息。因此,以彩虹全息方式观察到完整像有两个必要条件:实现线全息图和线全息图的同一波长的衍射光会聚于空间同一狭长区域。

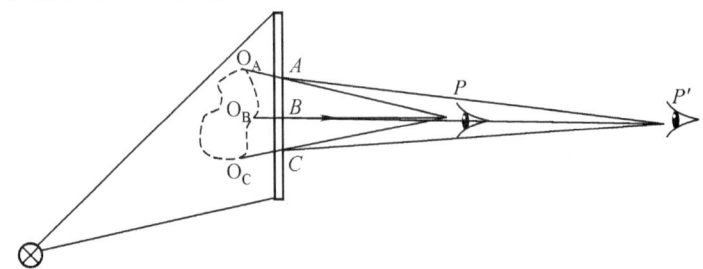

图 9-2-2 多物点构成的线全息图

9.2.2 彩虹全息图的记录

按实现彩虹全息的两个必要条件,实现彩虹全息图有多种方法,其中最典型的方法是两步法[9-2]和一步法[9-3]彩虹全息。两步法彩虹全息的记录与再现光路如图 9-2-3 所示。在两步法中,先记录一张如图 9-1-1(a)所示的激光再现全息图 H_1。第二步用参考光的共轭光再现全息图 H_1,得到共轭实像 I[参考图 9-2-3(a)]。在实像附近放置另一记录材料 H_2,记录第二张全息图。记录时在 H_1 上放置一狭缝光阑 S,狭缝方向与记录 H_2 的参考光入射面垂直。参考光 R 通常是会聚光。

由图 9-2-3(a)可见,H_2 置于 H_1 的衍射实像附近,实像上的每一点的信息均被限制在不同的窄条区域上,实现了线全息图。另一方面,每一线全息图的物光均来自同一狭缝,当 H_2 由如图 9-2-3(b)所示的共轭光路再现时,每一线全息图的同一波长衍射光将会聚同一狭缝位置。所以带狭缝的两步记录方法满足了彩虹全息的两个必要条件。实际上,狭缝 S 可以看成是 H_2 的物,共轭再现 H_2 时,将会再现出狭缝的实像,实像的位置由第 5 章的物像关系式(5-4-11)计算,由式(5-4-11)可看出不同波长的狭缝像出现在不同的空间位置。图 9-2-3(b)中只画出了红色和蓝色狭缝,人眼在狭缝的实像处观察,进入人眼瞳孔仅是单色光,看到的是单色的清晰图像,当人眼在狭缝位置处沿垂直方向移动时会看到像的颜色发生变化。

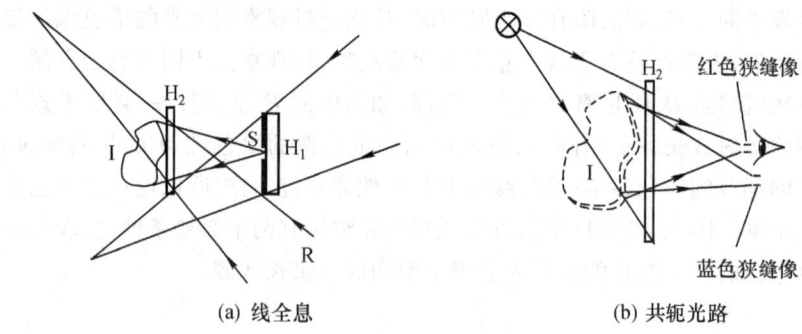

(a) 线全息   (b) 共轭光路

图 9-2-3 二步彩虹全息图

一步法彩虹全息的记录光路如图 9-2-4 所示,物体 O 置透镜 L 的两倍焦距处,它的实像为 O′,一狭缝光阑 S 距透镜的距离大于透镜焦距,其实像 S′位于透镜后大于两倍焦距处,在物的实像附近置全息记录干板,用发散光源作为参考光进行全息记录。从图中看出,像 O′的每一点信息被限制在窄条区域上。全息图再现时,再现光与原参考光一致,再现情况与二步法相似,同样具备彩虹全息的两个基本要素。

一步法与两步法彩虹全息图各有其特点。两步法记录全息图的观察范围比较大,采取合适的记录光路可能有较大的能量利用率,它的不足之处是两步记录制作过程比较烦琐,而且由于两步记录,全息图的噪声较大,但如采用低噪声的记录材料,或用低噪声的卤化银干板漂白配方,全息图的噪声可以很好地被抑制。一步法虽然噪

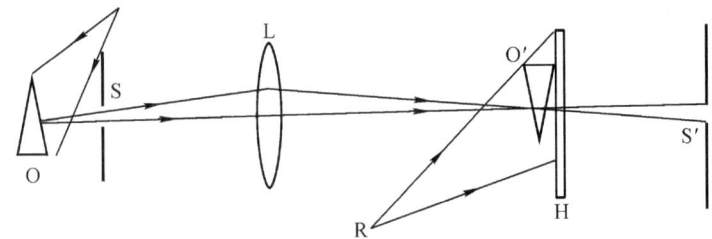

图 9-2-4 一步彩虹全息图的记录

声小,制作步骤简单,但能量利用率较低,观察范围受成像透镜相对孔径限制,制作大体积物体需成本高昂的高质量大口径透镜,这一制作方法实用范围有限。除一步法和两步法外,还有其他多种方法[9-4,9-5],例如像散彩虹全息、综合狭缝法、条形散斑屏法、零光程法、一步掩模法等。这些方法都具备彩虹全息的两个基本要素,也各有优缺点。实际工作中最常用的还是两步法。

9.2.3 彩虹全息图的像质[9-6]

彩虹全息的波像差和普通的透射菲涅耳全息一样,有关菲涅耳全息图的像差公式都可在计算彩虹全息图时使用,但彩虹全息的像质与许多因素有关,波像差仅是影响像质的一个因素,其他因素的影响比它大得多。由于彩虹全息是由眼睛观察的,彩虹全息的像质应把人眼作为光学系统的一部分,以下从五个方面讨论彩虹全息图的像质。

1. 单色性

彩虹全息的单色性描述人眼看到的全息像的色彩纯度。如进入眼睛瞳孔的衍射光波长范围在 $\lambda \sim (\lambda + \Delta\lambda)$ 内,则把 $\Delta\lambda/\lambda$ 称为全息像的单色性。图 9-2-5 表示了狭缝与线全息图的关系,点 O 代表记录的物点,ΔH 为线全息图的宽度,O 点距全息图平面距离为 z_o,狭缝距全息图距离为 z_e,狭缝宽度为 a,显然

$$a = \frac{z_o + z_e}{z_o}\Delta H \quad (9-2-1)$$

用图 9-2-6 分析彩虹全息的色散情况。以 x-O-y 面为彩虹全息图平面,x_1-O-y_1 平面为眼睛观察所在平面,图 9-2-6 所示为 y-O-z 平面。设眼睛的瞳孔直径为 D,其上下边缘点为 A 和 B。在白光再现下,像点色散成线段 EF。EF 并不与 y 轴平行,呈一角度 α。这一角度可由成像关系式(5-4-11)计算。由于线全息图的作用,色散线段未全部进入眼睛成像。显然,眼睛瞳孔的下端 B 点与线全息图上端的连线和色散线的交点 E' 点是进入眼睛的色散线段的一个端点,A 点与线全息图下端的连线和色散线的交点 F' 点是另一个端点。$E'F'$ 内

包含的谱线即为进入眼睛的衍射光波长范围。下面用成像关系式(5-4-11)对单色性作定量分析。

图 9-2-7 显示的是彩虹全息像的色散线部分，色散线段 $E'F'$ 对应的角色散 $\Delta\beta_i$ 为

$$\Delta\beta_i = \frac{E'F'\cos\alpha\cos\beta_i}{z_o} \tag{9-2-2}$$

线段 $E'F'\cos\alpha$ 由两部分组成，由图 9-2-6 的相似三角形关系

$$E'F'\cos\alpha = \frac{z_o + z_e}{z_e}\Delta H + \frac{z_o}{z_e}D \tag{9-2-3}$$

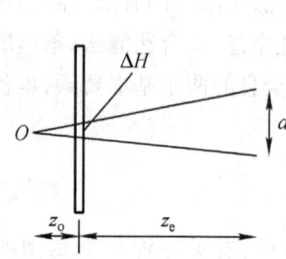

图 9-2-5 线全息图的宽度与狭缝宽度的关系

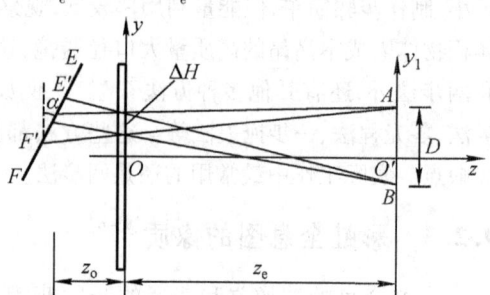

图 9-2-6 彩虹全息色散分析

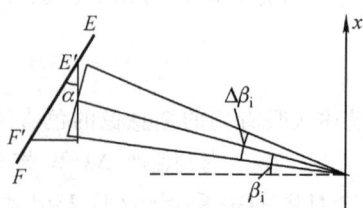

图 9-2-7 彩虹全息像的色散线

再将式(5-4-11b)改写为入射角的形式

$$\sin\beta_i = \sin\beta_c + \frac{\lambda}{\lambda_0}(\sin\beta_o - \sin\beta_r) \tag{9-2-4}$$

式中，β_o、β_r、β_c、β_i 为物光、参考光、再现参考光、再现物光在 $y-O-z$ 平面内的入射角。再现光有一定波长范围，由于波长不同而引起的再现物光角色散可由对式(9-2-4)微分得到

$$\Delta\lambda = \frac{\lambda_0 \cos\beta_i}{\sin\beta_o - \sin\beta_r}\Delta\beta_i \tag{9-2-5}$$

由于一般记录彩虹全息时物光和再现物光常取正入射，故 $\beta_o = \beta_i = 0$。以式

(9-2-2)和式(9-2-3)代入式(9-2-4),并利用式(9-2-1),得到

$$\left|\frac{\Delta\lambda}{\lambda}\right| = \frac{a+D}{z_e \sin\beta_r} \tag{9-2-6}$$

式中,取 $\lambda = \lambda_0$。从式(9-2-6)看出,若要获得较好的单色性,就要求狭缝窄,观察距离远,参考光入射角度大。

2. 色模糊

由于再现光存在带宽,再现像点会被扩展而变得模糊,这一现象称为色模糊或色差。由图9-2-6可知,彩虹全息像的色模糊量即为图中的线段 $\overline{E'F'}$,如果把这一色差分为纵向色差和横向色差,如图9-2-7所示,横向色差即为 $\overline{E'F'}\cos\alpha$,记为 Δl_λ,并设 $\beta_i = 0$,则由式(9-2-3),并利用式(9-2-1),有

$$\Delta l_\lambda = z_o \frac{D+a}{z_e} \tag{9-2-7}$$

式中,z_e 为人眼观察全息图的距离,一般为明视距离,不能改变。以下讨论其他几个量对色模糊的影响。首先,狭缝宽度 a 与色模糊有关,这一宽度越小,色模糊越小;但这一宽度不能太小,因太窄的狭缝会导致激光散斑增大,反而影响图像的分辨率。一般狭缝取 3~10 mm。其次,像的色模糊与像点离全息图的距离有关,z_o 等于零时,色模糊为零,这时即为像面全息。当式(9-2-7)中其他量均一定时,从式(9-2-7)可以估算全息图的景深。在人眼的分辨限度内(即角分辨率为1′),$|\Delta l_\lambda| \approx 0.1$ mm,如取 $D = a = 3$ mm, $z_e = 300$ mm,则 $|z_o| = 5$ mm。如放宽模糊要求,可允许 $|\Delta l_\lambda| = 1$ mm,这时 $|z_o| = 50$ mm。如记录时使全息干板位于三维图像中间,则前后景深可达 100 mm。最后,虽然式(9-2-7)中的 D 表示人眼的瞳孔直径,是一个常量,但如用照相机或摄像机拍摄全息图,拍摄设备的孔径选择应越小越好。相机拍摄的彩虹全息照片质量常不如人眼直接观察,其原因往往就在没有选择合适的孔径。

3. 线模糊

由于再现光源不是点光源而引起全息像的模糊称为线模糊,用基元全息图的成像关系可以计算出这一模糊量与光源扩展的关系。在成像关系式(5-4-11)中认为像点坐标 x_i 是再现光点坐标 x_c 的函数,由于 x_c 的改变而引起 x_i 的改变为

$$\Delta l_c = \frac{\Delta C}{l_c} z_o \tag{9-2-8}$$

式中,Δl_c 为由于扩展光源 ΔC 而引起的像点模糊。仍然以人眼的分辨极限为线模糊极限,取 $\Delta l_c = 0.1$ mm,如果 $l_c = 500$ mm,$z_o = 5$ mm,则允许光源扩展 $\Delta C = 10$ mm。所以在灯丝比较集中的白炽灯照明下,能观察到较清晰的全息像。在较宽的面光源照明下,如没有阳光直接照射的数平方米的窗口,全息像会显得非常模糊。全息图需要

方向性较强的光源照明再现,这是制约显示全息图应用的重要因素。

4. 衍射受限

彩虹全息图孔径可以看成是光学系统的光阑,它的尺寸应按线全息图考虑,所以在狭缝方向和垂直狭缝方向的分辨率不一样。在记录和再现彩虹全息时,线全息图都影响像的分辨率。在垂直狭缝方向,被记录物点的分辨极限为

$$\varepsilon_o = \frac{\lambda_0 z_o}{\Delta H} = \frac{\lambda_0 (z_e - z_o)}{a} \qquad (9-2-9)$$

再现时有类似的表达式。可见,在其他条件不变的条件下,狭缝不能太窄。

5. 全息像差

在再现波长与记录波长不同时,衍射波有较大的像差。彩虹全息应具有普通全息的一般特性,它的像差也与普通全息图相同,只是全息图的孔径按线全息图计算。如按线全息图的长度方向计算全息像差,这像差将是一个很大的量。如用 457.9 nm 的激光记录彩虹全息,当看到红色衍射像时(如衍射波长为 630 nm),在典型记录条件下,像差将达到厘米量级。但是观看彩虹全息图时,像差并没有如此显著。实际上由于人眼瞳孔的限制,只有线全息图的一部分参与了成像,如图 9-2-8

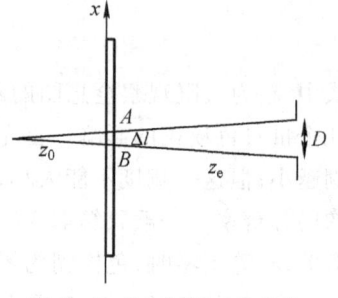

图 9-2-8　眼瞳对像差的限制作用

中的 AB 部分(图中平面与图 9-2-6 不同,是 x-O-z 平面)。显然计算像差时的孔径

$$\Delta L = \frac{z_o}{z_o + z_e} D \qquad (9-2-10)$$

由式(9-2-10)确定的孔径计算像差,全息像差是一个很小的量。虽然人眼观察彩虹全息并不因为全息像差而模糊,但实际上彩虹全息中的全息像差以另一种方式体现。首先,眼睛在观察时会发现像面是弯曲的,这在母全息图和彩虹全息图的记录波长不同时特别明显,因这时彩虹全息中已记录进母全息图的全息像差,第二次再现时将像差进一步放大。其次,人眼沿狭缝方向移动时,即图 9-2-8 中沿 x 方向移动,会发现全息像漂移,这是因为全息图上不同位置对物同一像点的成像位置不同。按全息图孔径计算出的像差点的大小就是眼睛移动观察时像点漂移的距离。

9.3　合成全息技术

用全息技术还可以实现体视三维显示,这一技术称为合成全息或准三维显

示[9-7]。它的基本方法是将一系列从不同角度拍摄的普通二维相片通过全息记录的方法记录在一张全息软片或干板上,当用白光再现全息图时,人的双眼观察到的是不同角度二维相片,以人眼的双眼视差实现三维显示。

9.3.1 二维图片的记录

用作记录合成全息的二维图片的制作方法如图9-3-1、图9-3-2所示。图9-3-1是用相机拍摄三维物体不同角度的二维照片,图(a)是相机平排,图(b)是相机排成圆弧状,或让物体转动时用电影摄影机拍摄。图9-3-2是用小透镜阵列拍摄物体不同角度的像,这一阵列可以是一维的,也可以是二维的。一维阵列与图9-3-1(a)所示的作用一样,二维阵列可以获得更多的信息量,用于记录反射全息。获得二维图片的方法不仅有照相的方法,也可以由计算机产生。先用计算机设计三维模型,再由计算机输出它们不同角度下的二维图片,这一方法甚至可以产生现实生活中不存在的物体。

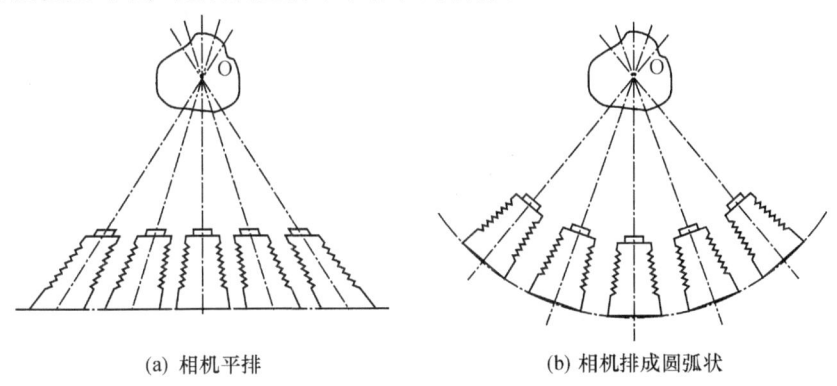

(a) 相机平排　　　　　　(b) 相机排成圆弧状

图9-3-1　用相机拍摄三维物体不同角度的二维照片

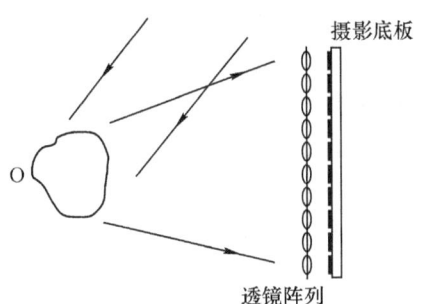

图9-3-2　用小透镜阵列拍摄物体
不同角度的像

9.3.2 平面多路合成全息[9-8]

记录平面多路合成全息的光路如图 9-3-3 所示。二维照片采用图 9-3-1(a)所示的方法拍摄。透镜 L_1 是照明系统,将激光照射在二维照片 O_1 上,透镜 L_2 是成像透镜,将二维图片成像于毛玻璃散射屏 D,透过光即成为全息记录的物光。H 是全息干板,干板前放置一狭缝 S,狭缝可以移动,狭缝无论放在什么位置,都能记录到物光。每换一张照片,狭缝换一个位置,记录一个单元全息图。再现时用参考光照明,人眼透过全息图观察,就能见到三维图像,如人眼在全息图上扫描,就能见到物体不同侧面的三维像。将这张全息图作为母全息图,可记录白光再现的彩虹全息图或反射全息图。

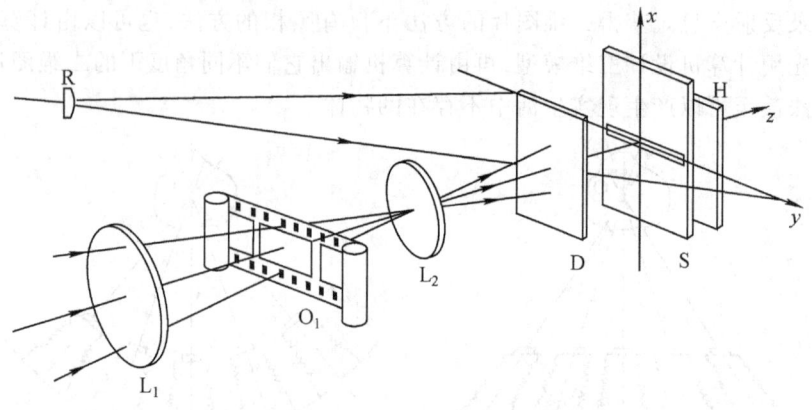

图 9-3-3 平面多路合成全息的记录光路

图 9-3-4 是用图 9-3-2 拍摄二维照片制作合成全息的示意图。漫射的激光从摄影照片的右方照射透明片。每一图像对应的小透镜将图像投影成像于原三维物体的空间,形成完整的三维像。如在三维像的位置作全息记录,将能得到准三维的全息图像。全息记录可以用彩虹全息方法记录,也可以用反射方法记录,不过要注意三维像的正或反体视,详见参考文献[9-8]。

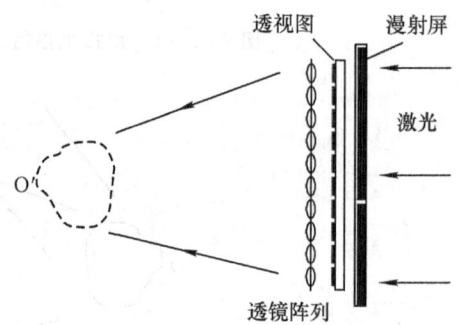

图 9-3-4 平面多路合成全息图的记录

9.3.3 360°合成全息

角度多路全息合成系统的光路如图 9-3-5 所示,L_1 是照明系统,L_2 是投影成像透镜。L_1 将平行光会聚于 L_2 处。L_3 是作为场镜用的球面透镜,CL 是柱面透镜,它们组合形成一个像散成像系统。此系统对 L_2 处的发散光成子午和弧矢两个像。O_1 是二维照片,它用图 9-3-1(b) 所示的方法得到,它被 L_2 成像于场镜 L_3 处。全息软片位于 $x-y$ 平面,前面放置一狭缝 S,全息软片与二维照片同步卷动,每一张二维照片在狭缝后形成窄条基元全息图。图 9-3-5 所示的记录系统实际上是彩虹全息记录系统。像散成像系统的子午像和弧矢像分别位于全息软片附近和软片后一定距离 E 处。这像散像包含了二维照片信息,子午像将图片信息压缩在狭缝 S 内,弧矢像的作用相当于彩虹全息的狭缝,它与参考光位于的 $y-z$ 平面垂直。图 9-3-5(b)、(c) 分别表示 $x-z$ 平面和 $y-z$ 平面内的光路。

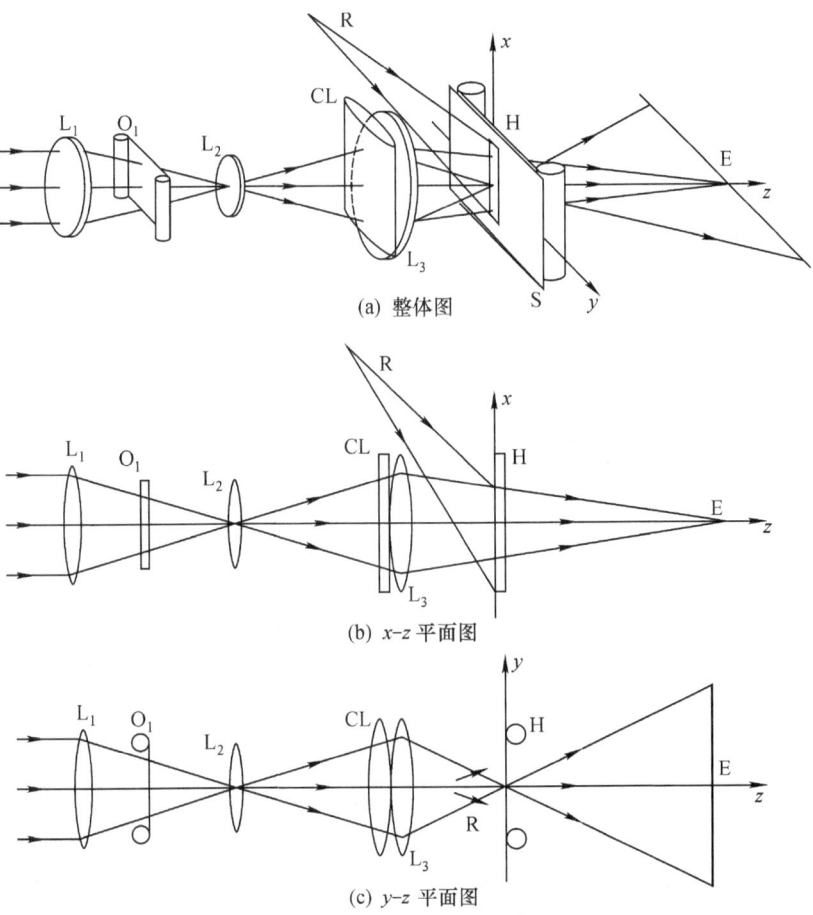

图 9-3-5 角度多路全息合成系统光路

360°合成全息的再现光路如图 9-3-6(a) 所示,将显影处理后的全息软片弯成圆筒状,其半径等于像散系统与全息软片的距离,白光点光源位于圆筒的轴上,和圆筒间的距离与原参考光发散点距软片的距离相等。图9-3-6(b)说明了人眼为什么能产生立体感,因为进入观察者左、右眼的两个像来自带有水平视差的不同的窄条单元。显然人眼与全息图过远或过近,都会影响体视效果。将圆筒装在一个电动机上,使全息图发生旋转,人眼就能通过不同的全息单元观察到三维物体的不同侧面,如果拍摄的是活动图像,由于人眼的视觉暂留,人眼观察到的将是三维活动图像。

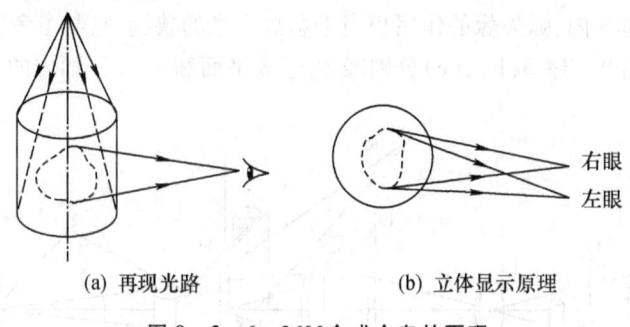

(a) 再现光路　　　　　　(b) 立体显示原理

图9-3-6　360°合成全息的再现

9.4　彩色全息术

一般情况下,用单波长激光记录的全息图是单色的。彩色全息术的目的则是记录和再现彩色三维全息图像。与普通彩色印刷技术一样,彩色全息术涉及两个基本问题:三原色信息的获取和三原色信息的再现。三原色的获取目前有两种方法:一种是用含有三原色的单台激光器或多台单色复合激光器作为光源,照明彩色物体获取三原色信息;另一种方法是对彩色二维图片进行类似于彩色印刷的分色处理,以黑白的三原色图片作为全息记录的物。在获得三原色信息后,并不是对三原色信息进行普通的全息记录就能得到彩色全息图。例如用含有三原色的激光替代单色激光作普通全息记录,则在同一张全息干板上得到的是三幅全息图,它们分别由红、绿、蓝激光相干而成,当用三色激光再现时,每一波长的激光将再现三幅不同大小和位置略有不同的全息图,三个波长的激光将再现九幅全息图,它们重叠在一起,图像显得模糊不清,这一现象称为色串扰。所以,解决色串扰是彩色全息的重要研究课题,激光再现彩色全息常用编码技术或多方向参考光解决色串扰,而白光彩色全息常采用彩虹全息或反射全息方法解决色串扰。本章主要介绍白光再现彩色全息的制作和再现。

9.4.1 彩色全息的激光器和记录材料

人眼的颜色感觉既包含生理过程,又包含心理过程,很难用普通的方法对颜色下定义,或给出定量描述。通常人们用三原色的刺激值来描述颜色,每一种颜色都用三刺激值表示,相对三刺激值称为色品,又称色度坐标 (x,y,z),它们满足下列关系

$$x + y + z = 1$$

如果两个坐标已知,由上式可确定第三个坐标,因此每一种颜色都可用平面上的一点 (x,y) 来表示。国际照明委员会的色度图如图 9-4-1 所示,图中画出的平面面积包含了所有可能的颜色,表示单色光(光谱色)的点都按波长画在色品图中马蹄形的外边缘上。如用三个光谱色按它们的比例变化来混合成彩色,按色品图的使用规则,只有色度坐标在这三个光谱色的坐标围成的三角形内颜色可以由这三光谱色混合得到,显然,这个三角形面积越大,可能匹配出的颜色就越多。

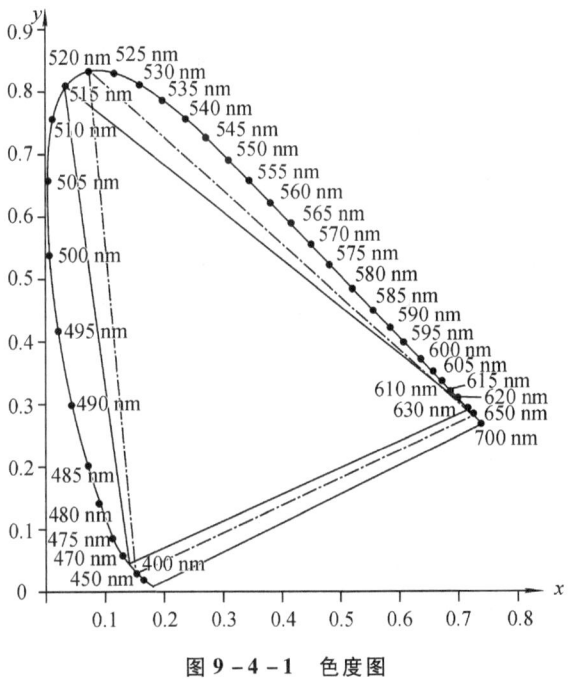

图 9-4-1 色度图

三色激光波长的选择也应按照这一原则进行。表 9-4-1 列出了现有的能用于全息记录的激光波长,从表中看出,选用氩离子激光器的 457.9 nm 和 514.5 nm 以及氦氖激光器的 632.8 nm 是一组选择,氪离子激光器的 647.1 nm

和520.8 nm以及氦镉激光器的441.6 nm也是一种选择,这两种选择既能在色品图上获得较大的三角形面积,又仅使用两种激光器,是一种经济的选择。

表 9 – 4 – 1

波长/nm	近似的颜色	激光介质	输出功率/mW
413.1	蓝紫	氪	1 000
441.6	蓝紫	氦–镉	200
457.9	蓝紫	氩	700
476.2	蓝	氪	400
476.5	蓝	氩	1 200
488.0	蓝绿	氩	3 500
496.5	蓝绿	氩	3 500
501.7	绿	氩	700
514.5	绿	氩	4 000
520.8	绿	氪	700
568.2	黄绿	氪	1 100
632.8	红	氦氖	100
647.1	红	氪	3 500

为记录彩色全息图,必须要选择合适的全息记录材料。卤化银记录介质是常用的全息记录介质。在彩色全息中或直接用全色干板,如柯达649F、Agfa8E56等,或用红敏和蓝敏的卤化银分别对红光和蓝绿光感光,然后再将这两种材料复合。折射率调制相位型的记录材料是另一种比较理想的材料。现已有红敏的重铬酸明胶、全色的光致聚合物,特别是杜邦公司的光致聚合物已进入商品化阶段。在彩色全息的记录方法的研究中有一点应值得注意,在目前的最大的显示全息市场——模压全息中,作为母板的感光材料是仅感蓝绿光的光致抗蚀剂材料,为了实现彩色模压全息,必须在制作方法上解决非全色记录材料的彩色记录问题。

9.4.2 彩色彩虹全息

用彩虹全息实现彩色全息可以这样考虑,在一张全息记录材料上记录三张彩虹全息图,它们分别是三原色全息图像,三原色中的每一原色对应的狭缝在空间重合,人眼在它们的狭缝重合处将能同时观察到三原色的全息图像,三原色的全息图像的复合就形成了彩色全息。三原色全息图像可以由三原色激光得到,也可以用电子分色设备得到。

用彩虹全息方法记录二维彩色照片的方法如图9-4-2所示[9-9]。母全息图H_M的记录光路如图9-4-2(a)所示,参照图9-1-1(a),图中仅保留了彩虹全息母全息记录干板H前的物光和参考光部分,其中O_1、O_2、O_3分别固定在毛玻璃上,它们分别是二维彩色照片的三原色分色反转片。按对应的颜色设计,

分别置入 O_1、O_2 和 O_3，并放在光路中同一位置，依次对全息干板的不同部分分别曝光。曝光部分的位置就是彩虹全息的狭缝位置，它们的确定方法作为习题（习题9.4）留给读者。经处理后得到三个狭窄子全息图 H_1、H_2 和 H_3，将它们作为母全息图记录彩虹全息，光路如图 9-4-2(b) 所示。与图 9-4-2(a) 相似，图中仅保留了彩虹全息记录干板 H 前的物光和参考光部分。由于母全息图 H_1、H_2 和 H_3 非常狭窄，每一全息图本身就相当于图 9-2-3(a) 中的狭缝，因此在全息图 H 上相当于记录了三幅彩虹全息图。当用如图 9-2-3(b) 所示光路的白光再现时，O_1、O_2 和 O_3 所对应的红、绿、蓝三狭缝重合，人眼在狭缝重合位置观察时将能看到平面彩色图像。把这一方法用于合成全息，对合成全息的每一幅二维图片进行电子分色，每一组分色片记录在同一窄条全息图上，再对这三条全息图进行类似于图 9-4-2(b) 所示的第二步记录，最后得到的是彩色合成全息。

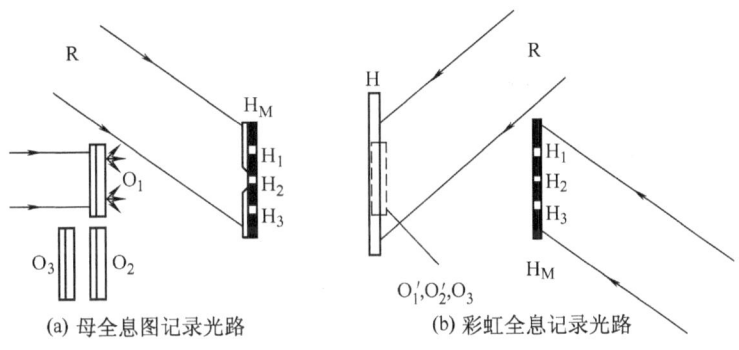

(a) 母全息图记录光路　　(b) 彩虹全息记录光路

图 9-4-2　用彩虹全息方法记录二维彩色照片

二维彩色照片的彩虹全息记录方法因能用单一波长制作而显得非常实用。真彩色模压全息和合成真彩色模压全息的光致抗蚀剂母板常采用这种方法制作。这一方法的制作难点是工艺过程复杂，透明片的信噪比较难控制，一般实验室很难制得高质量的全息图。更简便的二维彩色彩虹全息的制作方法见参考文献[9-10]。模压全息常作为商品的防伪手段，而真彩色制作技术，特别是合成真彩色全息技术被认为是有效防伪技术之一。

用彩虹全息方法制作三维彩色全息同样有两步法和一步法[9-11]。两步法记录彩色彩虹全息的光路如图 9-4-3 所示。图(a) 是记录物体的三激光三原色母全息图 H_{1i} 的光路，$i = 1、2、3$ 表示红、绿、蓝三原色，参考光用平行光。记录时分别用氦氖激光和氩离子激光的两条谱线记录红、绿、蓝三原色的三张母全息图。图(b) 是第二步记录光路，以与图(a) 参考光相同的入射角度共轭光再现母全息图，再现时注意三张母全息图的复位，用三种激光顺序将三个再现像记录在同一张全息干板 H 上。当用一发散白光按共轭方向照明 H 时，在适当的位置可观察到物体的彩色像。

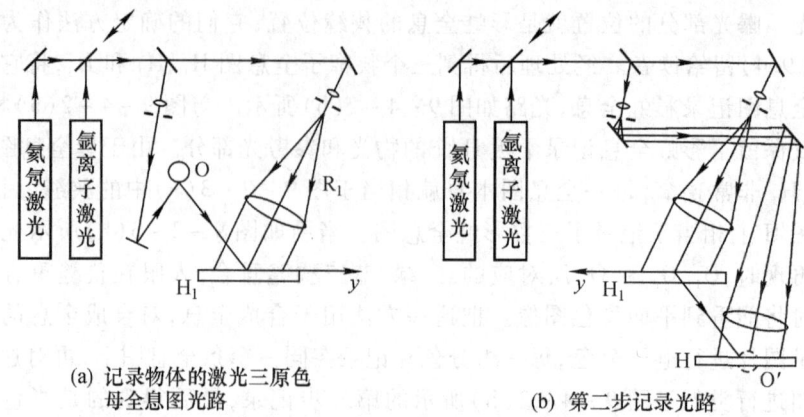

(a) 记录物体的激光三原色母全息图光路

(b) 第二步记录光路

图 9-4-3 两步法记录彩色彩虹全息的光路

一步法的彩色彩虹全息记录光路与普通一步法彩虹全息非常相似，只是将普通彩虹全息的记录激光光源换成三原色激光，曝光时如记录材料的灵敏度与三色激光的光强相匹配，可一次曝光完成，不然的话，通过调整曝光时间，分别三次记录。

要使彩色彩虹三维全息达到实用的地步，用单色激光记录彩色彩虹全息是非常重要的，其原因还是为了制作模压全息母板。已有人提出了解决这一问题的方法，但该方法的第一步母全息的记录基于透镜成像之上，视场小的问题较难解决，实用性受到很大限制。此外，两步法与一步法相比，两步法除了步骤多以外，三张全息图的对准复位必须仔细精确，实验难度较大，而一步法的缺点仍然是视场太小。总之，目前的三维真彩色彩虹全息技术离实际应用还有一段距离。

9.4.3 反射体积彩色全息

图 9-4-4 是记录反射全息的典型光路。经扩束后的激光直接照射全息记录干板 H，作为全息记录的参考光。此光束透过 H 后照明物体 O，物体的漫反射光即是反射全息记录的物光。与激光再现全息图不同的是参考光与物光分别从记录材料的正、反两面入射。记录介质胶层较厚，能将干涉条纹记录于胶层体积内，并且条纹面与记录介质表面的夹角小于 45°。反射全息的再现与透射全息不同。衍射光与入射光在全息图的同一侧。当用白光再现反射全息时，全息图并不是对所有的波长都进行衍射，而是只对其中的某一种波长有较强的衍射，对其他波长的衍射较低。也就是说，当用白光再现反射全息时，再现的图像是单色的。如果图 9-4-4 所示的扩散激光不是单色的，而是包含的三原色激光，那么在同一张全息干板中将记录三幅全息图，它们分别由三个波长干涉而成。如果

对全息干板化学处理后感光胶层的厚度不变,当用白光再现此全息图时,由于反射全息具有波长选择性,红色激光记录的全息图仅被白光中的红光再现,绿色和蓝色激光记录的全息图分别被白光中的绿色和蓝色成分再现,其结果是三原色的全息图像被同时再现,人们观察到的是真彩色的全息图像。

用反射全息方法实现彩色全息记录和再现的原理虽然简单,但实验制作还是有不少困难。首先,三原色激光的功率与记录介质的三原色灵敏度匹配问题,三原色激光的每一原色功率不是能任意选择的,为与记录介质的灵敏度匹配,必须对三原色激光分别加进衰减滤光片进行功率调节,或分别三次曝光。其次,记录介质经曝光化学处理后,一般会发生收缩或膨胀,使再现波长漂移,造成彩色失真。因此,记录介质的防收

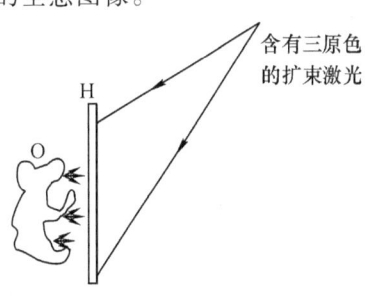

图 9-4-4 记录反射全息图的典型光路

缩工艺显得非常重要。第三,彩色全息能否被社会接受,最终取决于彩色全息图的质量。高衍射效率、高信噪比的全色记录材料对全息图质量起着至关重要的作用。卤化银材料、重铬酸明胶、光致聚合物等都是可选择的材料,其中全色的光致聚合物最具有发展潜力。

9.5 全息图的复制

全息图的制作需要激光器以及许多特殊的设备,每一张全息图都从头至尾对物体全息记录是不经济的,全息图的廉价复制也是全息显示技术的重要方面。

9.5.1 全息图的光学复制

全息图的光学复制一般仍采用干涉的方法,用激光照明原始全息图,以再现的像光束作为物光,直射光作为参考光,记录全息图。这样在获得一张优质的母全息图后,就可以用一束光照明进行复制,反射全息和透射全息都可以用这一方法进行复制。图 9-5-1 显示的是反射全息的复制光路,其中 H_M 是母全息图,H 是复制全息干板。母全息图由图 9-4-4 所示的方法制作。再现时将母全息图翻转 180°,以母全息图的原背光面变成迎光面,全息图像被 H 的透过光再现,得到凹凸与原物相反的共轭像。入射激光直接入射至 H 的光作为参考光,H_M 的再现像与参考光干涉形成反射全息。依据这一

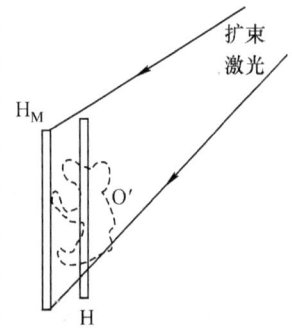

图 9-5-1 反射全息的复制光路

原理的全息摄影复制机已被研制出,它能快速廉价地复制全息图。市场上见到的"激光宝石"就是采用了这种方法复制。这种复制方法同样可以复制彩色反射全息图。

9.5.2 全息图的模压复制

模压全息技术起始于 20 世纪 70 年代,80 年代初期在美国、日本、英国等国获得迅速发展。国内的模压全息技术开始于 1985 年,以后在 90 年代初模压全息发展迅猛,模压全息生产厂家数量居世界首位。模压全息类似于凹凸印刷技术,复制成本相当低廉,是目前为数不多的商品化全息技术之一。模压全息的基本过程分三个阶段:彩虹全息光致抗蚀剂母板制作、电铸金属母板制作、模压复制。

制作模压全息的第一个过程是制作表面浮雕型全息图。模压全息是在白光再现下观察的全息图,母板是彩虹全息,记录材料通常是光致抗蚀剂,或称为光刻胶。彩虹全息的制作方法在前面已作了详细介绍,在模压全息制板中绝大部分采用两步法多色彩虹全息[9-11],也就是眼睛在一固定位置观察全息图能在全息图的不同区域见到不同颜色。多色彩虹全息的制作方法与二维彩色彩虹全息的制作方法相似,只是二维图片不是采用彩色分色片,而是设计好的二维黑白透明片。一个多色彩虹全息的黑白分色稿如图 9-5-2 所示,图(a)、图(b)、图(c)所示分别代表三种颜色,相当于图 9-4-2 中的 O_1、O_2、O_3,其中 O_3 的放置平面可以与另两幅不同,经第二步记录后,将在一合适位置同时见到三幅图像,O_1、O_2、O_3 分别是红色、绿色、蓝色,而且由于 O_3 位置的不同层面使图像具有层次感。实际上多色彩虹的物体也可以是三维物体,或同时存在三维物体和二维图片,制作方法大同小异,母全息图的狭缝数量可以超过三个,多色全息图的色彩和层次也可以有多个。

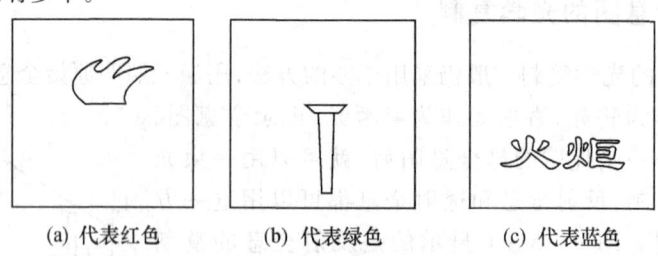

(a) 代表红色　　　　(b) 代表绿色　　　　(c) 代表蓝色

图 9-5-2　多色彩虹全息的黑白分色稿

制作彩虹全息母板除了上述基本方法外,还有一些更加简便有效的方法,如:掩模法制高信噪比的二维彩虹全息,利用全息光学元件进行单光束接触曝光记录二维彩虹全息,通过改进第二步记录时的再现光路来提高能量利用率等。此外,光刻胶母板还可以用其他全息技术得到,如:按光栅栅线方向编码的全息光栅,全息透镜或像素全息等。

电铸的目的是把光刻胶表面上的浮雕形条纹转移到金属板上,它也分三个过程:

第一个过程是对光刻胶表面金属化,通常有两种方法,真空镀膜和化学沉积。现大部分采用化学沉积方法。化学沉积的过程是:先对光刻胶板表面进行清洁敏化处理,使光刻胶表面离子化,形成均匀分布的离子颗粒(即反应中心),再使用硝酸银溶液在光刻胶表面发生银镜反应,在光刻胶表面形成一薄层银导电层,完成金属沉积过程。

第二个过程是电铸,用化学电镀的方法使金属层加厚。将表面已金属化的光刻胶板放入电铸槽中作为阴极,电铸槽中的电解液为氨基磺酸镍,以较易溶解的含硫镍作为阳极。经10 h左右的时间电铸后,金属沉积厚度约为0.1 mm。在金属层与光致抗蚀剂剥离后,金属表面上就具有了浮雕型条纹,也就形成了金属头板。

第三个过程是翻铸工作板。先将头板在钝化液中作钝化处理,使表面生成一层金属氧化物,便于在翻铸时剥离。然后在头板上用电镀的方法沉积镍,制成第二道板。再经同样的过程进行几道电铸后,即得到直接用于模压的工作镍板。

模压复制是将金属板上的条纹压印到热塑性薄膜材料上,形成模压全息图。这一阶段是在特制的模压机上完成的。将工作镍板包在模压机加热滚筒上,通过滚压的方式将金属板上的条纹压在薄膜上。薄膜可以是聚乙烯膜、聚酯膜或烫金膜,膜层可以是镀铝的或透明的。模压全息的复制效率比较高,每分钟压制15~20 m,宽度随机器的不同而不同,一般为0.16~1.2 m。

需要指出的是,模压全息图虽然以反射方式观察,但它属于透射全息,因它是表面浮雕型条纹,靠铝的反射产生观察效果。而反射全息是依靠体积条纹反射衍射再现光,衍射光通常是单色光,并且此类条纹不能采取模压的方式复制。模压全息的制作过程复杂,特别是全息制板有较高技术含量,而且技术还在不断创新,所以目前许多商品利用模压全息作为防伪标志。

9.5.3 全息图的注塑复制

全息图的注塑是指通过注塑工艺将全息图表面的浮雕型条纹复制在塑料表面,涉及的工艺技术包括非平面全息母板的设计与制作、全息镶件及模具的设计与制造和全息注塑成型工艺技术。

模压全息的制板是在平面上完成的,而注塑塑料件表面的形状不是单一的平面,所以注塑全息首先需要解决的是非平面的全息制板。现以球基面为例讨论全息母板的记录方法。注塑复制全息与模压全息一样,均是以反射方式观察的透射全息图。而在全息记录设计时,两者有所不同。为理解这一差别,应该先考虑反射衍射像的形成。

图9-5-3是以一会聚点O为物的全息图的记录与再现,如果全息图以光刻胶作为记录材料,那么透射光的相位由于受浮雕条纹的调制发生衍射。同时入射光也会被浮雕条纹反射,反射光相位同样也被调制,这一被调制的反射光就形成反射衍射像。若透射像和反射像分别为I和I',I'的位置可有两种观点计算:一种观点是认为I'的位置与用共轭光再现的共轭像的位置相同,成像位置计算可由透射成像关系中取共轭项得到;第二种观点认为是它与以图(b)中的C'为再现光的原始像位置相同。可以证明,如果图(b)中的C'与原参考光呈镜面对称,C'的再现也是一种原始再现。如果从反射像角度理解,以上两种观点等价为反射像可以看做是透射像经记录材料表面反射后的反射像,或看成是以再现光的镜面像为再现光的再现像。这两种看法对平基面的记录材料是等价的,同样,如果基面是球基面,这两种看法同样是等价的。

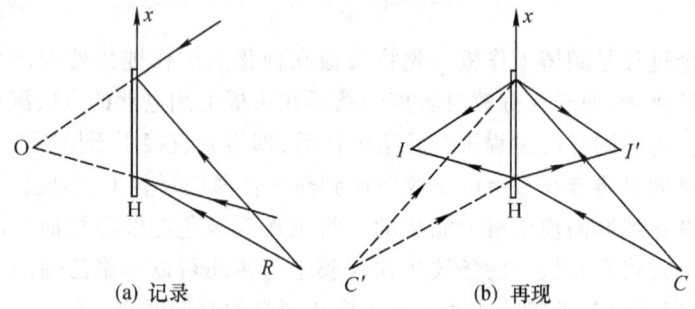

图9-5-3 以一会聚点O为物的全息图的记录与再现

仍以与第5章相似的方法研究球基面反射衍射像的物像关系。采用图9-5-4所示的光路分析记录光波和再现光波的相位函数,某一球面波在圆心位于O_0的球基面上的相位分布函数可以写成

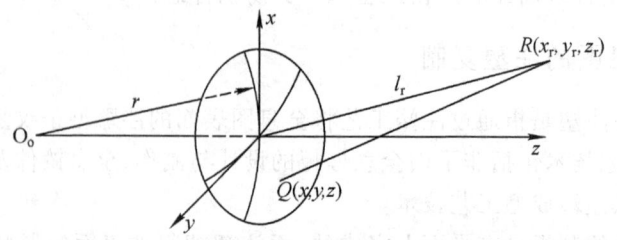

图9-5-4 分析记录光波和再现光波的相位函数图

$$\phi_j = k\{[(x-x_j)^2 + (y-y_j)^2 + (z-z_j)^2]^{1/2} - (x_j^2 + y_j^2 + z_j^2)^{1/2}\} \tag{9-5-1}$$

式中,j 分别代表 o、r、c、i,为物光、参考光、再现光和成像点,令

$$x_j^2 + y_j^2 + z_j^2 = l_j^2$$

式(9-5-1)重新写成

$$\phi_j = k\left\{l_j\left[1 + \frac{(x^2+y^2+z^2) - 2(xx_j+yy_j+zz_j)}{l_j^2}\right]^{1/2} - l_j\right\} \tag{9-5-2}$$

式中 x、y 和 z 满足球面方程

$$x^2 + y^2 + (z+r)^2 = r^2 \tag{9-5-3}$$

式中,r 为球面半径。如 j 为 o(物光)、r(参考光)、c(再现参考光)时,r 取正值;如 j 取 i(再现物光)时,由于考虑的是反射成像,r 取负值。考虑到 l_j,$r \gg x$、y、z 和 x_j、y_j、z_j,且 $l_j \approx z_j$,对式(9-5-2)的含有 1/2 次幂的项展开,并利用式(9-5-2)的展开式,忽略 $1/l^3$ 及其以上项,得到

$$\phi_j = k\left\{\frac{1}{2l_j}[x^2+y^2 - 2(xx_j+yy_j)] + p\frac{x^2+y^2}{2r}\right\} \tag{9-5-4}$$

在上式推导过程中,据符号法则,在忽略 $1/l^3$ 及其以上项条件下,利用了 $l_j = -z_j$。与式(5-4-4)相比,式(9-5-4)仅多一由于球基面带来的因子 $p(x^2+y^2)/(2r)$,其中 j 为 i 时 $p=1$,其余 $p=-1$。已知全息图再现时有相位关系

$$\phi_i = \phi_c + \phi_o - \phi_r \tag{9-5-5}$$

利用式(9-4-4),可以得到

$$\phi_i = k_c\left\{\frac{1}{2l_i}[x^2+y^2 - 2(xx_i+yy_i)] + \frac{x^2+y^2}{2r}\right\} \tag{9-5-6}$$

$$\begin{aligned}\phi_c + \phi_o - \phi_r &= k_c\left\{\frac{1}{2l_c}[x^2+y^2 - 2(xx_c+yy_c)] - \frac{x^2+y^2}{2r}\right\} \\ &+ k_o\left\{\frac{1}{2l_o}[x^2+y^2 - 2(xx_o+yy_o)] - \frac{x^2+y^2}{2r}\right\} \\ &- k_r\left\{\frac{1}{2l_r}[x^2+y^2 - 2(xx_r+yy_r)] - \frac{x^2+y^2}{2r}\right\}\end{aligned} \tag{9-5-7}$$

式(9-5-6)和式(9-5-7)中的 k_c 和 k_o 分别为再现光和记录光的空间角频率。对式(9-5-6)和式(9-5-7)按 x、y 的幂次进行系数比较,得到

$$\frac{1}{l_i} = \frac{1}{l_c} - \frac{2}{r} + \frac{\lambda_c}{\lambda_o}\left(\frac{1}{l_o} - \frac{1}{l_r}\right) \tag{9-5-8}$$

$$\frac{x_i}{l_i} = \frac{x_c}{l_c} + \frac{\lambda_c}{\lambda_o}\left(\frac{x_o}{l_o} - \frac{x_r}{l_r}\right) \tag{9-5-9}$$

$$\frac{y_i}{l_i} = \frac{y_c}{l_c} + \frac{\lambda_c}{\lambda_o}\left(\frac{y_o}{l_o} - \frac{y_r}{l_r}\right) \tag{9-5-10}$$

将式(9-5-8)~式(9-5-10)与第5章的式(5-4-11)比较,球基面反射像的位置不再与透射像呈镜面对称。它的等价再现光位置相当于 l'_c,即

$$\frac{1}{l'_c} = \frac{1}{l_c} - \frac{2}{r} \tag{9-5-11}$$

式(9-5-11)表明等价再现光源是真实再现光源的球基面反射像,也就是反射衍射像可以由真实再现光的镜面像为再现光通过计算透射像得到。式(9-5-8)也可以看成是式(5-4-11)表示的再现像经球面反射后的成像关系,所以,式(9-5-8)表明了本小节开头所述的反射衍射像计算两种观点的等价关系。

从以上的讨论可知,平基面反射像和球基面反射像在全息记录设计时应考虑的差别是两者的成像位置不同。对彩虹全息而言,全息像在全息图表面,l_c很小,l'_c也很小,球基面对全息像的位置影响不大,但对狭缝像的位置影响很大。狭缝像的位置可按式(9-5-8)计算。如再现光为无穷远,要求再现狭缝的位置在距全息图 300 mm,球基面半径为 85 mm,则母全息图离球基面的距离为66.2 mm。

在制作球基面彩虹全息之后,同样有电铸金属板过程。在经过几道翻铸后,制成用于注塑的全息模具镶块。一般电铸镍工作模厚度在 1~3 mm,对电铸板的加厚可采取电镀铜或浇铸低熔点合金的方法。对加厚的全息金属模块进行常规的机械加工和修正尺寸后,即可镶入成型模具,制成全息注塑模具。典型的全息模具型腔结构如图 9-5-5 所示。

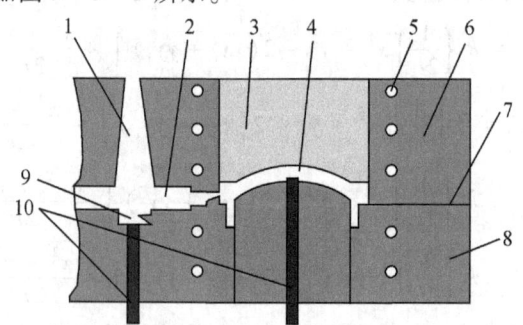

图 9-5-5　典型的全息模具型腔结构
1—主流道;2—分流道;3—全息镶件;4—全息制品;5—循环水道
6—定模;7—分型面;8—动模;9—冷料穴、拉杆;10—推杆

全息成型模具主要包括动模板、定模板、固定板、型板、滑板、浇口拉杆等部件,它的核心部件是全息型芯镶件。模具的设计应考虑几个关键点:全息芯模的可更换性,通常将全息镶件设计在定模板上;在模架的设计上要求模具分型面避

免通过全息面；为改善塑料流动性,提高全息条纹的复制深度,全息镶块模板或其固定板必须开设冷却水流道,并在全息镶件附近设置测温传感器件,以便精确控制模具温度。

全息注塑成型工艺与塑料材料有密切关系,注塑成型过程与普通注塑大致相同,但全息注塑还有许多特殊的地方。例如全息注塑中成型温度成型压力控制十分重要：复制的全息条纹是在处于粘熔态的塑料被高压射入锁闭的带有全息条纹的型腔后经冷却形成的,如果模具温度过低,塑料流动性较差,条纹复制效果较差,温度过高,易产生"飞边",制品收缩形变较大；压力过低,塑料进入型腔缓慢,紧贴全息芯模的那一层塑料在完全渗入条纹之前温度已经下降,复制效果随之变差,所以只要不出现飞边,成型压力尽可能大。

全息注塑复制是一项最近出现的新的复制技术,现已应用于太阳眼镜、防伪瓶盖、塑料包装盒、塑料小工艺品等。

9.6 数字像素全息技术

近年来,随着计算机的快速发展,计算机与全息技术的结合也越来越紧密,像素全息也正是在这一形势下出现的。像素全息是以像素为单位逐点记录干涉条纹的全息图,各像素点干涉条纹的密度和取向按一定规律分布,这一分布由计算机设计完成。像素全息与计算全息和普通全息均不相同,它实际上是介于两者之间的一种全息图。就全息图表示光场的方式而言,可以看到：普通全息中以记录的干涉条纹表示物光场在全息图表面上的分布；计算全息是以各种编码方式表示在物光场平面上某一点的振幅和相位；像素全息则是以条纹组为单位表示光场在该区域的相位信息和振幅信息,以条纹的初相位、空间频率和条纹倾角表示该区域的相位,以该光栅的衍射效率表示该区域的振幅信息。像素全息与普通全息图相比,它们的共性是条纹都是通过干涉方法得到的,但每一区域的相位和振幅是通过计算获得的。与计算全息相比,编码以区域为单位,计算量远小于计算全息。目前像素全息虽还不能控制每一区域的初相位,但在显示全息方面,已开始大量制作编码光栅图案。此外,像素全息还可制作彩色全息图、体视全息图等。用像素全息的制作方法制得的衍射图案很难用通常的全息方法制作,在目前市场上见到的许多全息包装材料、商品的防伪标识都采用了这项技术。

9.6.1 数字全息图的制作方法

两相干平行光束以一定夹角相遇时,在相遇区域形成平行直条纹,在与两光束平分线垂直的平面上记录全息图。两光束干涉条纹的间距由两束光的夹角决定,条纹方向与两束光中两条相交光线组成的平面垂直,也和该面与记录面的交线相垂直。由于两束光对称入射,光栅的条纹间距由下式决定

$$d = \frac{\lambda_0}{2\sin\theta} \quad (9-6-1)$$

式中,d 为条纹间距;λ_0 为激光波长;θ 为入射光与记录干板法线方向的夹角。

像素全息图的制作方法如图 9-6-1 所示。全息记录材料放置在由步进电机控制的二维可移动平台上,两束相干细激光束在记录材料处会聚形成干涉条纹。两束光的夹角可变,并且两束光组成的平面(入射面)可绕平台的法线转动,也就是干涉条纹的间距和条纹与平台移动方向的夹角(条纹倾角)可变。干涉条纹被记录和处理后形成光栅,此小面积光栅称为全息像素,其线度为 0.1~0.025 mm,每个像素的条纹间距和条纹倾角按一定规律分布,控制步

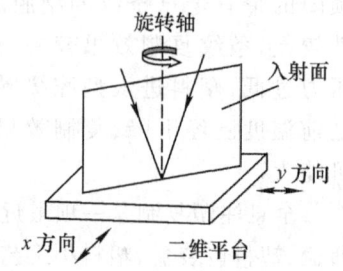

图 9-6-1 双光束干涉方法制作像素全息图

进电机移动二维平台,逐点曝光记录,完成整幅像素全息图。白光入射至每一小区域光栅时,衍射光发生色散,色散特性由条纹间距和倾角决定,当像素的条纹间距和条纹倾角按一定规律分布时,像素的衍射光就组成了有序的图案,这些图案富有极强的动感,有很强的观赏性。

形成干涉条纹的结构和方法已有不少文献介绍[9-12,9-13,9-14],这些结构应具有便于改变条纹倾角和空间频率、系统整体具有较高稳定性及适合快速运转的特点。图 9-6-2 和图 9-6-3 给出了比较实用的两种结构[9-13,9-14]。图 9-6-2 用光栅作为分束器,透镜 L 将光栅的 +1 级和 -1 级光会聚相干形成条纹,光栅转动即引起条纹倾角发生变化,如光栅不同区域的空间频率不同,则平移光栅就能改变条纹的空间频率。这一结构的优点是结构简单,分束后的光学元件的微小振动不会影响两束光的光程差,稳定性相当好,而且像素点与光栅分束点是成像关系,像素点的形状容易控制。它的缺点是光栅制作难度较大,因为制作空频能连续变化、+1 级和 -1 级光衍射效率对称且两级光有高效率的光栅是困难的。目前用重铬酸明胶制作的光栅利用效率已达 60% 以上,空频变化间隔 20 lp/mm。图 9-6-3 也是一种像素全息制作结构,它通过平移棱镜改变条纹的空间频率,旋转整个光学头改变条纹的倾角,显然它的优点是条纹空频可连续改变,但分束后器件太多,影响整体稳定性,制作速度不会太高。

9.6 数字像素全息技术

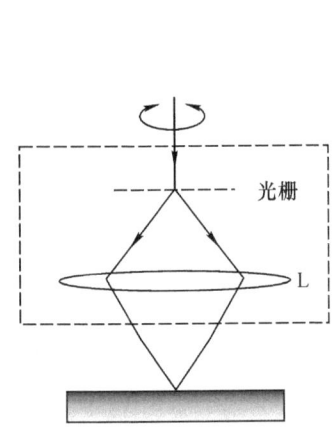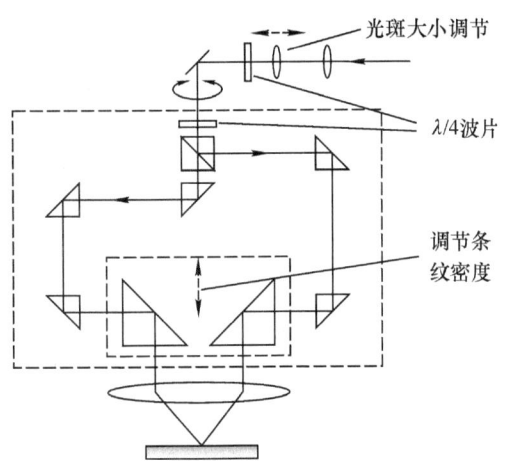

图 9-6-2　用光栅作为分束器的像素全息制作方法
图 9-6-3　条纹空间频率可连续改变的像素全息制作方法

9.6.2　数字全息图的设计

虽然目前的数字全息图最终均制成为模压全息,观察到的衍射光均为反射衍射光,但为理解方便起见,仍以透射方式对数字全息加以分析。

设计像素全息图就是将事先设计好的普通图案变换成有不同空频和倾角的光栅图案。在某一白光光源再现下,人眼在某一位置观察到图案的一部分。人眼位置变化时,人眼观察到的图像也相应发生变化。全息图平面上一点的空间频率和倾角可由再现光位置和观察位置计算确定。如图 9-6-4 所示,S 点是

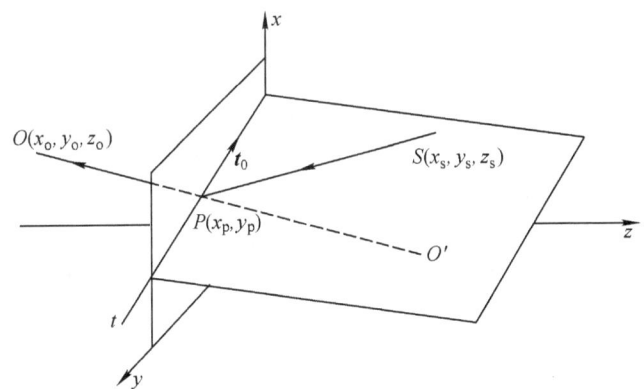

图 9-6-4　照明光、像素点和再现衍射光的相对位置关系

照明光源，O 点是观察位置，在 O 点接受全息图平面 P 点波长为 λ 的衍射光。如果在全息图平面的同一侧沿 SP 和 $O'P$ 方向用波长为 λ 的光记录光栅，则当以 SP 方向再现该区域时，衍射光必定沿 PO 方向，也就是 P 像素点的空频和条纹倾角由这两束光的干涉条纹确定。设光源的空间坐标为 (x_s, y_s, z_s)，像素点坐标为 (x_p, y_p)，观察点坐标为 (x_o, y_o, z_o)，两相干光束的方向余弦分别为

$$l_s = \cos \alpha_s = \frac{x_p - x_s}{L_s}, \ m_s = \cos \beta_s = \frac{y_p - y_s}{L_s}, \ n_s = \cos \gamma_s = \frac{z_p - z_s}{L_s}$$
(9-6-2)

$$l_o = \cos \alpha_o = \frac{x_o - x_p}{L_o}, \ m_o = \cos \beta_o = \frac{y_o - y_p}{L_o}, \ n_o = \cos \gamma_o = \frac{z_o - z_p}{L_o}$$
(9-6-3)

其中

$$L_s = \sqrt{(x_p - x_s)^2 + (y_p - y_s)^2 + (z_p - z_s)^2}$$

$$L_o = \sqrt{(x_o - x_p)^2 + (y_o - y_p)^2 + (z_o - z_p)^2}$$

两相干光的波矢量分别可以写成

$$\boldsymbol{k}_s = \left\{\frac{2\pi}{\lambda}l_s, \frac{2\pi}{\lambda}m_s, \frac{2\pi}{\lambda}n_s\right\}, \ \boldsymbol{k}_o = \left\{\frac{2\pi}{\lambda}l_o, \frac{2\pi}{\lambda}m_o, \frac{2\pi}{\lambda}n_o\right\} \quad (9-6-4)$$

由 $\boldsymbol{k}_s$ 和 $\boldsymbol{k}_o$ 相干而成的条纹面矢量 $\boldsymbol{k}_f$ 为

$$\boldsymbol{k}_f = \boldsymbol{k}_o - \boldsymbol{k}_s \quad (9-6-5)$$

$\boldsymbol{k}_s$ 和 $\boldsymbol{k}_o$ 组成的平面与 $z=0$ 平面的交线为 t，它和 $x\text{-}O\text{-}y$ 平面上的干涉条纹垂直，$\boldsymbol{k}_f$ 在 t 方向的投影为在 $x\text{-}O\text{-}y$ 面上的空间频率分量。显然，t 的方向为

$$\boldsymbol{t}_0 = (\boldsymbol{k}_o \times \boldsymbol{k}_s) \times \boldsymbol{k} \quad (9-6-6)$$

式中，$\boldsymbol{k}$ 为 z 方向单位矢量。将式(9-6-4)代入，得到直线 t 的斜率

$$k_t = \frac{m_o n_s - m_s n_o}{l_o n_s - l_s n_o} \quad (9-6-7)$$

条纹与 x 轴的夹角 α 与直线 t 和 x 轴的夹角互补，所以

$$\tan\alpha = \frac{1}{k_t} = \frac{l_o n_s - l_s n_o}{m_o n_s - m_s n_o} \quad (9-6-8)$$

从式(9-6-5)和式(9-6-6)得到 $\boldsymbol{k}_f$ 在 t 方向的投影

$$f = \frac{1}{2\pi}\boldsymbol{k}_f \cdot \frac{\boldsymbol{t}_0}{|\boldsymbol{t}_0|} = \frac{(l_o - l_s)(l_s n_o - l_o n_s) + (m_o - m_s)(m_s n_o - m_o n_s)}{\lambda \sqrt{(m_s n_o - m_o n_s)^2 + (l_s n_o - l_o n_s)^2}}$$
(9-6-9)

式(9-6-8)和式(9-6-9)分别给出了像素区域的空间频率和条纹倾角。至此，在给定的再现方向和观察方向上，确定了全息图平面上任一像素点的空频和倾角，由式(9-6-1)即可计算出两束相干光束的角度。

如设计图像共有 $m \times n$ 个点,在图像中心建立坐标系,照明点光源 S 位置位于 (x_s, y_s, z_s),而设计图像的人眼观察点位置有 M 个点,分别为 $O_1、O_2、\cdots、O_M$,它们的坐标分别为 (x_{o1}, y_{o1}, z_{o1})、(x_{o2}, y_{o2}, z_{o2})、$\cdots$、(x_{oM}, y_{oM}, z_{oM}),对应观察到的波长分别为 $\lambda_1、\lambda_2、\cdots、\lambda_M$。具有 $m \times n$ 个像素的图像分成 M 组,每组由 N_i 点组成,对应于在 O_i 观察点观察到的像素点组合,它们的坐标分别为 (x_{pi1}, y_{pi1})、(x_{pi2}, y_{pi2})、$\cdots$、(x_{piNi}, y_{piNi}),根据式(9-6-2)、式(9-6-3)、式(9-6-8)和式(9-6-9)即可计算图像上每一像素点的光栅倾角和条纹密度。

值得指出的是,如果图像面积较小,光源和观察点位置与图像平面距离较大时,每一组像素点的入射光方向余弦基本相等,观察方向的方向余弦也基本相等,这时该组像素每一点的条纹倾角均相同,空间频率则由照明光方向余弦、观察方向余弦和拟观察到的波长决定。也就是说,如果观察波长为同一波长,只要将被设计图像依观察角度分 M 组点,同一组的每一点赋予同一条纹倾角,像素点的设计将大大简化。

9.7 其他全息显示技术

9.7.1 全息电影

自激光全息照片发明以来,人们自然想到能否用全息技术拍摄全息电影,然而全息电影的拍摄和再现都存在不少困难,全息电影近 30 年的研究进展甚微。全息电影的发展主要受到几个因素的限制:

(1) 全息电影拍摄的是运动物体,与通常的全息被摄物体不同,需用脉冲激光器拍摄,脉冲激光器需要有短脉冲、高能量、每秒数十次的高重复频率的特性,现有的激光器制作水平很难达到拍摄大场景的要求。

(2) 彩色全息电影需要多波长的脉冲激光器,目前的激光器制造技术还不适合拍摄彩色全息电影。

(3) 通常的全息图孔径有限,只有很少的观察者能同时观察全息像,但全息电影的观众将达数百人,如何使数百人同时观看全息电影的技术问题现在也未解决。

虽然全息电影的研究困难重重,但人们对全息电影一直在努力探索。1976年 10 月,苏联首次放映了全息电影[9-15],光源是每秒二十次的红宝石激光,记录软片是 70 mm 的 Agfa10E75 软片,全息图像被投影到全息屏幕上,可供四个人同时观看,放映时间为 2 min,内容是手持鲜花的女孩全身像,她从屏幕的右方通过屏幕,观众可以摆动头部看到鲜花后面女孩的脸。此后美国 Decker 于 1981年用倍频的 Nd:YAG(532 nm)记录了每秒二十次的全息电影。1983 年法国的

ISL实验室也开始了倍频的YAG激光的实验工作[9-16],他们拍摄了分别称为"全息汽车"(Holomobile)和"全息泡泡"(Christian and the holo-bubbles)的两段片子,软片的宽度为126 mm,脉冲频率为25次,其中"全息汽车"拍摄的是玩具车翻倒的镜头,"全息泡泡"则是女演员向观众吹肥皂泡。1995年,美国Joseph C. Palais用氦氖激光器拍摄了三维旋转物体的全息动画[9-17],片子长1.8 m,可连续不间断观看。

  如果脉冲激光器等拍摄全息电影的设备成熟的话,全息电影的研究就集中在拍摄方法和放映上,主要涉及全息电影摄影机和全息屏幕。全息电影的典型例子是苏联的全息电影。全息电影的拍摄分室内部分和室外部分,室内部分由相干光记录,室外部分用非相干光记录,记录时加进了蝇眼透镜。这里主要介绍相干光部分。记录系统如图9-7-1所示。脉冲激光照明被摄物体O,透镜L对物体成像于全息软片附近。透镜是一大相对孔径透镜,孔径为200 mm,焦距为150 mm。参考光R直接照明软片,与物光相干,干涉条纹由全息软片记录。全息电影软片经几次拷贝后按图9-7-2所示的光路再现,具有线谱的汞镉灯光源再现全息电影软片,再现像被透镜L投影至一全息屏幕HL。O′为没有全息屏幕时的实像。全息屏幕将投影的全息像反射衍射成若干个窗口,如图中的A和B,对应的像为O_1'和O_2'。观众就在窗口处观看全息电影。全息屏幕的制作如图9-7-3所示。发散光束经补偿透镜L后入射至大口径凹面反射镜M,凹面镜的会聚于R点的反射光入射至记录干板HL的一侧。在HL的另一侧的入射光是来自A、B等点的发散光,HL记录的是R与A、B等的干涉条纹,属于反射全息元件。作为全息屏幕时,R处放置全息软片,A、B等处为观众的观察位置。单片屏幕的线度为1~2 m,把多块屏幕拼接能组成更大的全息屏幕。用三原色波长记录将能再现彩色全息电影。30余年的全息电影研究只仅仅是个开始,它的发展道路还很长。

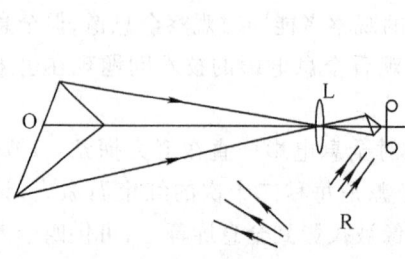

图9-7-1 全息电影的相干光记录

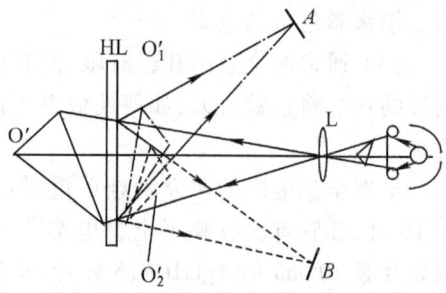

图9-7-2 全息电影的再现光路

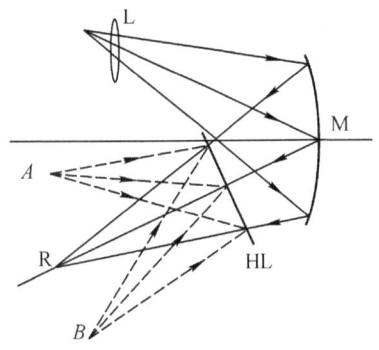

图 9-7-3　全息电影屏幕制作光路

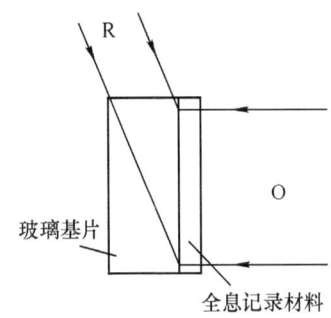

图 9-7-4　边缘照明全息制作光路

9.7.2　边缘照明全息[9-18]

普通全息图需在点光源下观察,而点光源与全息图制成一体较困难。另外,除再现光源之外的其他光源也会扰乱全息像的观察,这给观察白光再现或激光再现全息图带来一定的不便。边缘照明全息就试图解决这一问题。与普通全息图的参考光不同,边缘全息的参考光从具有一定厚度的基片边缘入射。全息图类型可以是透射式的或反射式的,光路如图 9-7-4 所示。物光 O 可以是直接的三维物体反射光,也可以是第一步全息图的再现光。再现时照明光也从边缘入射,全息图可以是彩虹全息或反射全息。这种照明方式可以使照明光源和全息图做成一体,从全息图表面入射的光不会再现全息图像,所以再现像不受其他照明条件的影响。用通常的彩色全息技术还可制成彩色边缘照明全息[9-19]。

9.7.3　虚拟全息三维显示

9.3 节谈到的合成全息中,如果二维图片是由计算机设计的,合成全息的三维图像就可以认为是一种虚拟三维物,但这种三维形像是静止的,不是互动的,本小节介绍动态的、具有互动功能的虚拟三维显示。全息虚拟三维显示的第一步是设计三维物体数据库。在如何将数据变换为虚拟三维的方式上目前有两种思路:一种是用计算全息的方法将三维数据变换为干涉条纹,再由视频系统输出条纹实现三维显示,这一方式又称视频全息。另一种方法是将三维数据变换成二维体视图像,用体视方法实现三维显示,其典型的方法是部分像素体视结构。视频全息最早由麻省理工大学介质实验室于 1989 年提出[9-20,9-21],它的结构如图 9-7-5 所示。声光调制器由计算全息的数据流控制的视频信号驱动,入射的扩束相干光被声光调制器进行相位调制,声光调制器后的光学扫描装置将被调制的激光显示成全息图像。激光被扩束成水平状的线光束入射在声光调制器上,声光调制就相当于一幅线全息图的一部分,衍射光实际上就是计算全息的衍射像。由于声光调制器的输入由视频信号控制,条纹以一定速率自左向右传播,衍射像也以同一速率移动。为获得稳定的像,需用多边形反射转镜在水平方向向相反方向扫描。声光调制器的视频输入和水平方向的扫描形成了一完整的水平方向的线全息图。垂直方向的扫描由垂直扫描反射镜完成,垂直扫描和水平扫描构成了一幅完整的计算全息图。由于声光调制的空间频率有限,用 632.8 nm 的氦氖激光再现时,衍射角最大仅为 3°左右,为扩大视场角,用 L_1 和 L_2 组成的共焦系统把视场角放大到 15°,并把全息像成像于 Ⅰ 处。由于声光调制器只有一维方向的条纹,它产生的全息图只有水平视差,通常在全息像的成像位置处放置栅线平行水平方向的柱面光栅,以便在垂直方向散射成像光束,扩大垂直方向的观察范围。

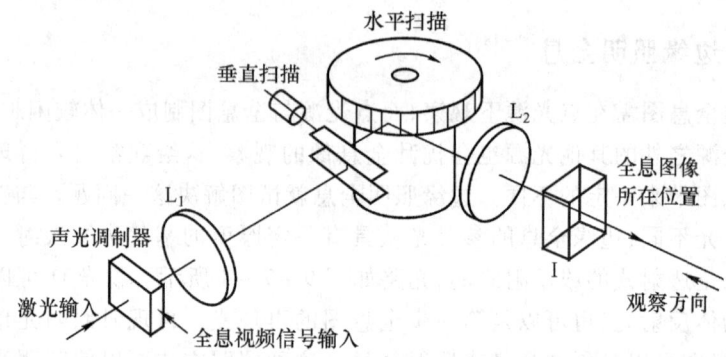

图 9-7-5 视频全息光路结构

由于声光调制器的空间带宽积(空间带宽积的定义是晶体的最大可调制空间频率×晶体窗口宽度)和窗口时间(窗口宽度/声速)有限,TeO_2 的典型值是 1 000 μm 和 20 μm,由此类调制器生成的图像面积有限,在经共焦系统对图像缩小后的图像大小约为 20 mm×20 mm。为解决这一问题,又出现了第二代视频全息显示系统[9-22],该系统采用多通道声光调制器取代单个调制器,其原理类似于多个微处理器组成的并行计算机。该系统由六个通道组成,在扫描方式和成像系统上做了较大改进,全息图像体积已达 150 mm×57.5 mm×150 mm,用三组调制器和三原色激光还可显示彩色图像,将该系统与三维传感系统结合可组成人机互动式的虚拟三维系统[9-23,9-24],其应用十分广阔。

计算机图像三维显示的另一种典型方法是部分像素体视结构[9-25,9-26,9-27],结构如图 9-7-6 所示。一衍射像素屏位于 x-y 平面,观察区域距像素屏 d,观察区域由一系列垂直方向的紧密排列的狭缝组成。每一狭缝的宽度接近人眼的瞳孔直径,屏上的每一像素区域(pixel)又有若干个由衍射光栅组成的部分像素(partial pixel)组成。当有入射光时每个部分像素的衍射光分别指向各自的狭

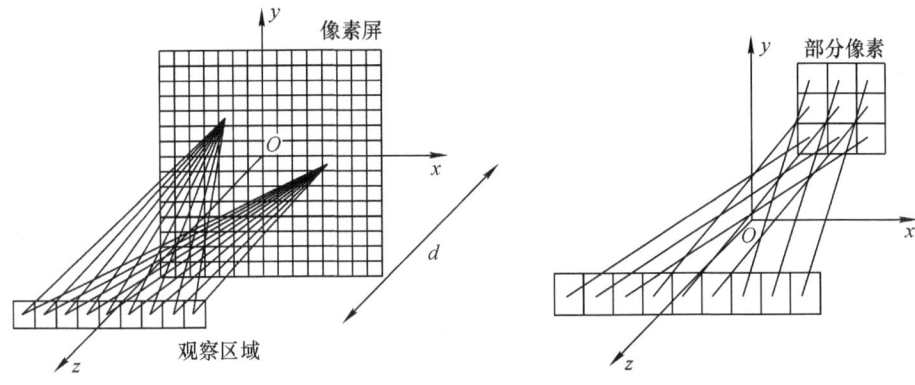

图 9-7-6 部分像素体视结构　　图 9-7-7 像素的衍射光分别指向各自的狭缝

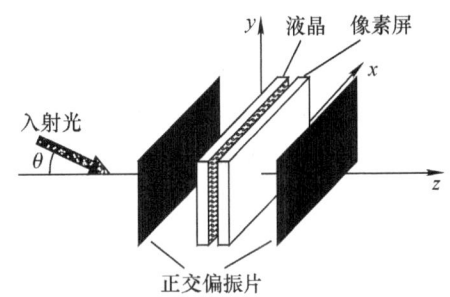

图 9-7-8 像素屏与液晶显示器制成一体的显示装置

缝,如图 9-7-7 所示。观察区域的狭缝数与一个像素区域的部分像素数相等,人的双眼位于观察区域的不同狭缝处,对同一像素区域而言,双眼观察到的是来自于该区域不同部分像素的衍射光。将像素屏与液晶显示结合在一起,液晶的像素与部分像素一一对应,图像的显示以像素屏的像素区域为单位,但不同视角的二维体视图像由相应的部分像素显示。入射光以图 9-7-8 所示的方式再现,当各视角的体视对同时显示在像素屏上时,人眼将能观察到三维图像。这种观察方式非常类似体视合成全息。衍射像素屏可以由光刻机或电子束刻蚀制作[9-28],也可用全息方法制作[9-29]。图 9-7-8 所示的方式是将像素屏与液晶显示器制成一体,这一方式的实验样机已经问世。据文献[9-30]报道,用光刻的方法制成 20 mm × 30 mm 部分像素衍射屏,每一像素为 0.22 mm × 0.22 mm,它由 16 个部分像素组成,液晶是由 480 × 640 个像素点组成的单色液晶屏。像素屏也可以与液晶屏分离,文献[9-31]报道了这类像素屏的进展,像素屏面积为 40 mm × 40 mm,每个像素由 9 个视差通道,每个通道有三个颜色通道,能再现色彩鲜艳的立体视频图像。

制作显示全息和全息立体显示的技术与方法还有许多,近期在重复擦写全息记录方面又有新进展[9-32],在新型可擦除光致聚合物上通过扫描记录方式记录体视三维全息,图像保存时间可达 3h,当用 532nm 的激光均匀照射数分钟后全息图像被擦除,之后又可以用扫描方式重新写新的全息图像,这在广告业中可以推广应用,并且如果扫描记录和擦除速度足够高,该种记录和再现方式可以成为全息电视的一种技术手段。限于篇幅,其他全息技术不可能一一介绍,感兴趣的读者可参阅有关文献。

习 题

9.1 用白光再现彩虹全息时,如果彩虹全息有实狭缝像,在狭缝实像处观察全息图,人眼将能观察到单色的全息像,试分析人眼在狭缝前后位置时的全息像的颜色分布情况。如彩虹全息再现的是虚狭缝,再分析人眼观察到的全息像情况。

9.2 用白光点光源再现彩虹全息时,人眼将能观察到由光谱色组成的单色像。如果用白光线光源作为再现光源,线光源的扩展方向与狭缝方向垂直,这时观察到的是消色差的黑白像,试解释其原因。

9.3 在一步法彩虹全息记录光路中,物的大小为 10 cm,人双眼的瞳孔间距为 6.5 cm,透镜的孔径为 20 cm,对物体 1:1 成像,如狭缝距全息图 30 cm,要求人双眼能同时看见完整的像,试计算成像透镜的相对口径。

9.4 在用横向面积分割法制作彩色彩虹全息母板的方法中,已知下列条件:三色光的中心波长分别为 645.2 nm、526.3 nm 和 444.4 nm;第一步记录时被记录物中心位于建在母全息图 H_M 的坐标系的 z 轴,物体距 H_M 30 cm;第二步记录时参考光为平行光,入射角 30°;白光再现时入射光为入射角 45°的平行光,三色再现狭缝位于 z 轴;设两次记录的波长均为 442 nm。试据以上条件,确定 H_M 上 H_1、H_2 和 H_3 的位置。如果每个狭缝的光谱带宽为 10 nm,试确定狭缝宽度。

9.5 采用图 9-1 所示的双狭缝彩虹全息记录光路,可以在同一张底片上记录两个物体的彩虹全息图,记录的方法步骤是:第一步,用挡板挡住 S_2,用 S_1 对物体 O 曝光;第二步,用挡板挡住 S_1,用 S_2 对物体 O_2 曝光。然后将显影的全息图用白光照明,人眼在不同位置即可看到不同物体的再现像。

(1) 画出再现狭缝实像的示意图,说明再现像的特点。
(2) 解释多狭缝彩虹全息图作多目标存储和假彩色编码的原理。

9.6 有人提出用蓝色单色激光以反射全息的方式也可以记录二维彩色照片,方法是:将三张分色片分别置于记录介质一侧,并用散射屏照明,在记录介质另一侧分别用三个不同角度的参考光入射,在同一记录介质上记录三张分色片,

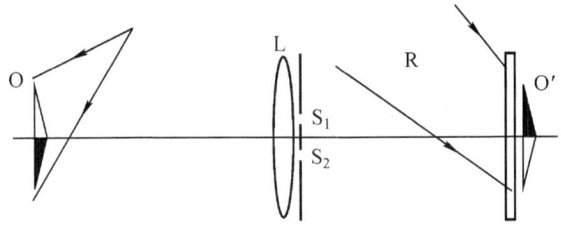

图 9-1 习题 9.5 图

当白光以某一角度再现全息图时,三分色片将分别被三原色再现,呈现彩色图像。试说明其原理,并作相应的三参考光入射角设计计算。(提示:用三棱镜与记录介质用匹配液匹配的方法可以增加参考光入射角;用布拉格条件和光栅方程进行设计,参考第 5 章和第 7 章体全息部分。)

第 10 章 光学三维传感

  光学三维传感就是指用光学的手段获得物体三维空间信息的方法和技术，目前主要是指获得物体表面三维空间信息的方法和技术。随着计算机技术、信息技术的迅速发展，极大地改变了传统的光学计量技术。光学计量初期所采用的感光胶片记录方式已为固态摄像机技术所取代，高性能的微型计算机和图像处理系统使光学图像的计算机辅助分析技术迅速发展，这些信息获取和处理技术上的进步又给光学传感和计量方法上的革新和发展以新的活力，使新的三维传感和计量方法不断涌现。为此，国际光学学会 1994 年以信息光学的前沿为主题的年会上，首次将光学三维传感列为信息光学前沿七个主要领域和方向之一。

  光学三维传感在机器视觉、实物仿形、工业检测、生物医学、影视特技、虚拟现实等领域，具有重要意义和广阔应用前景。相信看过电影《侏罗纪公园》的人一定会对影片中那活灵活现的大恐龙感到疑惑，对片中大恐龙穿墙过壁、以假乱真的场面记忆犹新，这种影视特技到底是怎么做出来的呢？这就是三维传感技术的魅力。在《侏罗纪公园》的特技制作中，技术人员先雕刻好一个恐龙的模型，然后用光学三维传感方法得到恐龙的三维彩色数字模型，再用三维动画软件使其做出各种动作，并完成与背景、人物的合成，最后才形成我们看到的惊心动魄场面。

  获取三维面形信息的基本方法可以分为两大类：被动三维传感和主动三维传感。被动三维传感采用非结构照明方式，从一个或多个摄像系统获取的二维图像中确定距离信息，形成三维面形数据。从一个摄像系统获取的二维图像中确定距离信息时，人们必须依赖对于物体形态、光照条件等的先验知识。如果这些知识不完整，对距离的计算可能产生错误。从两个或多个摄像系统获取的不同视觉方向的二维图像中，通过相关或匹配等运算可以重建物体的三维面形。双摄像机的传感系统如图 10 - 0 - 1 所示，它与人眼双目立体视觉的原理相似。从两个或多个摄像系统获取的不同视觉方向的二维图像中确定距离信息，常常要求大量的数据运算。当被测目标的结构信息过分简单或过分复杂，以及被测目标上各点反射率没有明显差异时，这种计算变得更加困难。因此，被动三维传感的方法常常用于对三维目标的识别、理解，以及用于位置、形态分析。这种方法的系统构成比较简单，在无法采用结构照明的时候更具有独特的优点。随着计算技术的发展，运算速度已不再是一个主要的限制因素。在机器视觉领域已经广泛地应用被动三维传感技术。

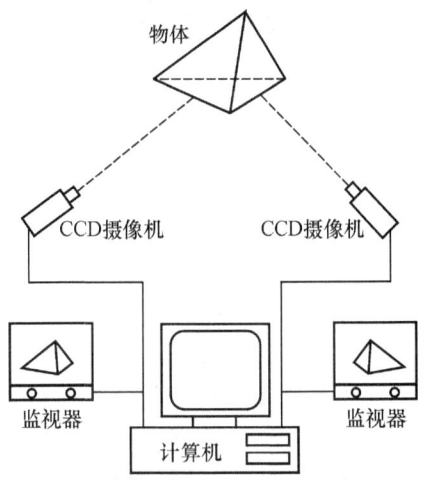

图 10-0-1 被动三维传感:双摄像机系统

主动三维传感采用结构照明方式。由于三维面形对结构光场的空间或时间调制,可以从携带有三维面形信息的观察光场中解调得到三维面形数据。由于这种方法具有较高的测量精度,因此大多数以三维面形测量为目的的三维传感系统都采用主动三维传感方式[10-1~10-4]。

作为结构照明所采用的光源,原则上可以采用激光光源和普通光源。激光具有亮度高、方向性和单色性好、易于实现强度调制等优点,所以在很多应用领域常常采用以激光为光源的三维传感系统[10-5,10-6]。采用白光光源的结构照明方式具有噪声低、结构简单的优点,特别是在面结构照明的三维传感系统中受到越来越多的重视。本章将介绍三维传感的理论、方法和三维传感系统的应用实例。

10.1 主动三维传感的基本概念

10.1.1 主动照明的三维传感方法

大多数实用的三维传感系统采用主动照明技术。投影器发出结构照明光束,接收器接收由被测三维表面返回的光信号,由于三维面形对结构照明光束产生空间或时间调制,因此解调接收到的光信号就可以得到三维面形数据。对于采用单光束的点结构照明系统,所测量的只是该光束方向上的距离。为了形成完整的三维面形数据,必须加上二维扫描机构。如果采用片状光束的线结构照明系统,每次可完成被测物体上一个剖面的测量,这时只要附加一维扫描就可以形成三维面形数据。如果采用空间编码的面结构照明系统,则可直接完成三维面形的测量。

根据三维面形对结构照明光场调制方式的不同,人们将主动三维传感方法分为时间调制与空间调制两大类。一类方法称为飞行时间法(Time-of-flight,简称 TOF),它基于三维面形对结构照明光束产生的时间调制。该方法的原理如图 10-1-1 所示。一个激光脉冲信号从发射器发出,经物体表面漫反射后,沿几乎相同的路径反向传回到接收器,检测光脉冲从发出到接收之间的时间延迟,就可以计算出距离 z。用附加的扫描装置使光束扫描整个物面可形成三维面形数据。这种方法虽然原理简单,又可以避免阴影和遮挡等问题,但是要得到较高的距离测量精度,对信号处理系统的时间分辨率有极高的要求。为了提高测量精度,实际的 TOF 系统往往采用时间调制光束,例如采用单一频率调制的激光束,然后比较发射光束和接收光束之间的相位,计算出距离[10-7]。同样,采用飞行时间法原理,最近研制出一种三维电视摄像机。这种摄像机采用红外 LED 光源,光源发出三角波调制的光照射被测物体,摄像机通过将上行的和下行的强度调制光与超快速快门照相机结合完成同步深度探测,并实时计算出深度信息。与同一个摄像机同时获取的可见光图像相结合,形成包括深度信息的三维视频图像。

另一类更常用的方法,是基于三维面形对结构照明光束产生的空间调制。例如三角法,它以传统的三角测量为基础,由于三维面形对结构照明光束产生的空间调制,改变了成像光束的角度,即改变了成像光点在检测器阵列上的位置,通过对成像光点位置的确定和系统光路的几何参数,计算出距离。三角法的原理可用图 10-1-2 表示。事实上,大多数三维面形测量仪器都源于三角测量原理,图中所示的只是一种采用单光束点结构照明的最简单的情况。采用片状光束的线结构照明是三角测量法的扩展。已经研究的另一些更复杂的三维面形测量技术,包括莫尔轮廓术、傅里叶变换轮廓术、相位测量轮廓术等也最终归结于三角测量法,只不过在不同的测量技术中采用不同的方式来从观察光场中提取三角计算中所需要的几何参数。

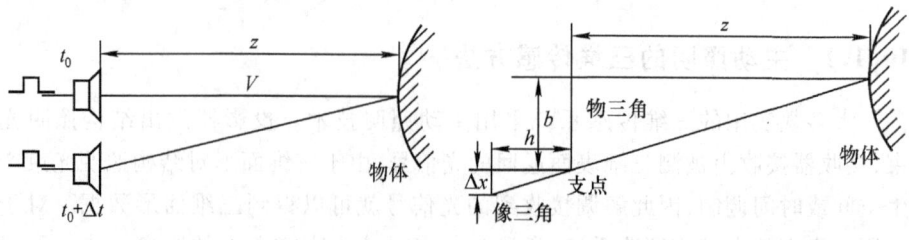

图 10-1-1 飞行时间法原理图　　　　图 10-1-2 三角测量法原理

10.1.2 三种基本的结构照明方式[10-2]

最简单的结构照明系统投射一个光点到待测物体表面,如图 10-1-3(a)所示。激光具有高亮度和良好的方向性,是理想的点结构照明光源。点结构照明将光能集中在一个点上,具有高的信噪比,可以测量较暗的和远距离的物体,由于每次只有一个点被测量,为了形成完整的三维面形,必须有附加的二维扫描。对于单点投影的三角测量系统,通常采用线阵探测器作为接收器件。

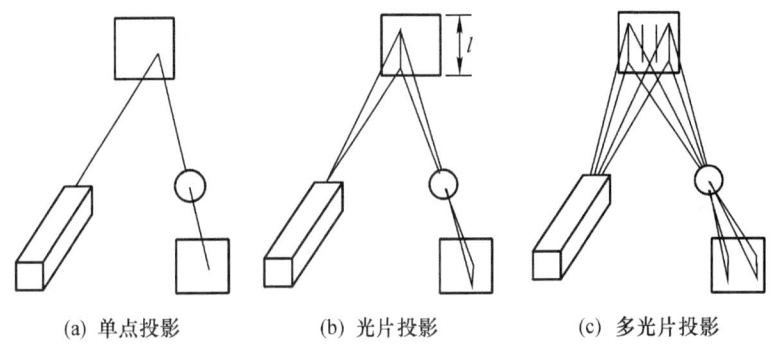

(a) 单点投影　　　(b) 光片投影　　　(c) 多光片投影

图 10-1-3　结构光三角法

第二种结构照明系统投射一个片状光束到待测物体表面,形成线结构照明,如图 10-1-3(b)所示。采用这种照明的传感系统使用二维面阵探测器作为接收器件,只需要附加一维扫描就可以形成完整的三维面形数据。在某些实际应用中,被测物体本身沿一个方向移动通过视场,例如传送带上的工件,这时只需要一个固定的线结构照明传感系统就可以完成三维面形测量任务。

第三种结构照明系统投射一个二维图形到待测物体表面,形成面结构照明。其中最简单的一种是多个片状光束构成的多线结构照明,如图 10-1-3(c)所示。与单线结构相比较,多线结构照明每次测量可以得到多个剖面的数据,设线数为 n,则附加的一维扫描移动距离相当于单线照明的 n 分之一。但是对于同样的光学系统和检测器件,多线照明所实现的深度测量范围下降到单线照明时的 n 分之一。或者说在同样的测量范围情况下,深度分辨率下降到 n 分之一。其他常用的面结构照明的二维图形还有罗奇光栅和正弦型光栅。这些面结构照明方式已在莫尔轮廓术[10-8—10-10]、相位测量轮廓术[10-11]、傅里叶变换轮廓术[10-12]及空间相位检测[10-13]等三维面形测量技术中应用,是使用最多的结构照明方式。本章将结合具体的应用背景,分析这些结构照明的特点和三维面形信息的调制与解调方案。广义上,很多种时间和/或空间编码的二维图形都可以作为面结构照明光场，其编码保证每一测量点都唯一对应一个编码。时间编码需要多幅图像，每个测量点的光学特征，即明暗（二元编码）或者灰度（灰度编码）、颜色（颜色编码）以一个唯一确定的序列变化；空间编码则通过每个测量点及其周围点的光学特征的组织进行编码，或者由多个光学信息点组成一个测量点。在后续的信号处理过程中，从观察光场中解调恢复原来的空间位置关系。

10.1.3 三维传感系统的基本组成

三维传感系统涉及现代电子、光学、计算机图像处理、计算机视觉、计算机图形学、软件等技术，是多种先进技术集成的高技术装备。系统硬件主要包括光学机械装置、图像传感器、图像存储器、扫描装置、控制模块和其他附件。计算机、计算机图像系统已成为光学三维传感系统中不可分割的一部分。

图像传感器可将二维辐射（光学图像）信息转换为容易处理和传输的电信号。从所接收的辐射来区分，主要是可见光以及不可见辐射（红外、紫外及 X 射线）；从读出方式来区分，有电子束扫描摄像管和采用移位或电荷传输扫描的固态摄像器件。摄像管是在 20 世纪 80 年代广泛使用的一种电子束摄像器件，它是由玻璃壳、光导靶和电子枪组成的电子束管。近年来，它已经被更轻便的固体摄像器件所替代。固态摄像器件是 20 世纪 70 年代在美国首先研制成的一种新型图像传感器。随着大规模集成电路工艺的不断完善和推广，许多高性能的固态摄像器件已在空间探测、光谱测量、高速传真、复印系统及各种成像技术领域得到广泛应用。由于它的基本工作原理为电荷通过半导体势阱发生转移，因此也称为电荷转移器件（CTD），它主要包含三种类型：电荷耦合器件（CCD）、CMOS 器件和电荷注入器件（CID），其中尤以电荷耦合器件（CCD）的应用更为广泛。CCD 器件是一种光电转换器件，有面阵和线阵之分，对于采用线或面结构照明的三维传感系统，主要采用面阵 CCD。普通商用面阵 CCD 摄像机的扫描帧率为 30 帧/秒，可以满足一般三维传感的要求。高速面阵 CCD 摄像机的扫描帧率达到 10 000 帧/秒，可以满足动态过程三维传感的要求。CMOS 器件是一种用传统的芯片工艺方法将光敏元件、放大器、A/D 转换器、存储器、数字信号处理器和计算机接口电路等集成在一块硅片上的图像传感器件。这种器件结构简单，集成度高，降低了功耗，减少了空间，总体成本也更低，已经在很多场合成为固态摄像器件的首选。电荷注入器件 CID 具有快速窗口扫描和恢复功能，可用于动态过程的三维传感系统。固态摄像器件这种光电子器件，具有体积小、分辨率高、畸变小、重量轻、电压及功耗低、可靠性高、寿命长等一系列优点。

图像存储设备普遍采用可插入微型计算机扩展槽的各种不同性能和存储容

量的图像卡来实现。由于集成电路的迅速发展,普通的单片图像卡可以完成 $1\,024 \times 1\,024 \times 8$ bit 图像的存储。多片的已经可以满足存储 32 幅以上 $512 \times 512 \times 8$ bit 的图像要求。在使用功能方面有单色(也称伪彩色)和彩色图像卡。目前不少图像卡还装有各种不同功能的图像处理芯片(如 TMS 34010),具有硬件快速图像处理能力。它们通过图像卡上的算术逻辑单元(ALU)、乘法器、查找表(LUT)可以实现对图像的卷积、形态学、算术逻辑运算甚至高速傅里叶变换等功能。一些图像卡还具有窗口化功能,减少专用图像监视器,只要在微机上插上图像卡便可以实现各种图像处理功能,为图像处理的普及化提供条件。

用于三维传感系统的软件基本上可分为两大类,一类是通用的图像获取与处理软件,另一类是针对不同三维传感方法的系统应用软件。图像卡供应商一般提供通用的图像获取与处理软件,这些软件中包含图像的采集、冻结、存取、直方图显示、图像的放大、缩小等基本功能和对图像的复杂运算甚至变换等功能。针对不同三维传感方法的应用软件通常由三维传感设备供应商提供。由于三维传感系统是一个光、机、电相结合的复杂的光电测量系统,三维面形重建与三维面形数据统计分析涉及数据量较大的计算,在设计和研制系统软件时,设计指导思想是注意光、机、电硬件功能与软件的整体协调,尽可能提高系统的运行效率,给用户提供一个由多层菜单驱动的比较容易掌握和使用的操作环境。例如,本章将要介绍的井底模式探测与分析系统以相位测量轮廓术方法为基础,系统软件包括光强自适应调整、相位计算、相位展开、系统参数自动校正、系统误差自动补偿等软件功能。系统还具有多种模式的图形和数据输出功能,提供任意方位三维形态显示、等高线假彩色显示、破碎坑面积和体积统计分析、井底灰度直方图与划痕显示等分析手段。

10.2 采用单光束的三维传感

10.2.1 基本原理与计算公式

最简单的结构光系统由光源投影一个单光点到被测物体表面,在另一个方向上通过成像观察光点的位置,从而计算出光源到物点的距离。投影光轴和成像光轴构成一个三角形,所以这种方法又称为三角测量法。三角测量法是一种传统的距离测量方法,具有悠久的历史。由于新的光电扫描技术与阵列型光电探测器件的发展,加之微机的控制与数据处理,使这种传统的方法有了很多新的进展及应用。

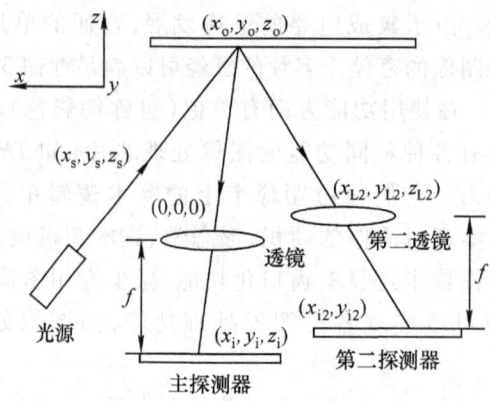

图 10-2-1 一般三角测量系统原理

图 10-2-1 是一般的三角测量系统[10-2]。图中给出了物体、光源、探测器和成像透镜孔径中心的坐标。坐标系统原点位于主探测器透镜孔径中心。像点的 (x, y) 坐标按相对于相应的成像透镜中心给出。照明光束在 x-z 和 y-z 平面上的投影线相对于 z 轴的夹角为 θ_x 和 θ_y。所以被照明的物点的坐标为

$$x_o = x_s - (z_o - z_s)\tan\theta_x \qquad (10-2-1)$$

$$y_o = y_s - (z_o - z_s)\tan\theta_y \qquad (10-2-2)$$

该点在主探测器上形成的像点坐标为

$$x_i = \frac{f}{z_o}x_o = \frac{f}{z_o}(x_s + z_s\tan\theta_x) - f\tan\theta_x \qquad (10-2-3)$$

$$y_i = \frac{f}{z_o}y_o = \frac{f}{z_o}(y_s + z_s\tan\theta_y) - f\tan\theta_y \qquad (10-2-4)$$

式中,f 是成像透镜和探测器之间的距离,对于较长的工作距离(大的 z_o),该值近似等于透镜的焦距。如果比较物面上和参考平面上的光点在探测器上的像点位置,则像点位置的差异可以表示为

$$\Delta x_i = f(x_s + z_s\tan\theta_x)\left(\frac{1}{z_o} - \frac{1}{z_{ref}}\right) \qquad (10-2-5)$$

$$\Delta y_i = f(y_s + z_s\tan\theta_y)\left(\frac{1}{z_o} - \frac{1}{z_{ref}}\right) \qquad (10-2-6)$$

用 x 方向的位移量计算物体的距离,可以得到

$$z_o = \frac{z_{ref}}{1 + \Delta x_i \cdot z_{ref}/[f(x_s + z_s\tan\theta_x)]} \qquad (10-2-7)$$

上式表明,z_o 和 Δx_i 之间存在明显的非线性关系。通常,采用一维线阵探测器,使投影光轴、成像光轴和探测器阵列位于同一平面,这时像点的位置只在 x 方向上沿探测器阵列移动,有效光源位于 x 轴上,即 $\Delta y_i = 0$,$y_s = z_s = 0$,这时上式可以

简化为

$$z_o = \frac{z_{ref}}{1 + \Delta x_i \cdot z_{ref}/(fx_s)} \quad (10-2-8)$$

这种由一个投影光轴和一个成像光轴构成的测量系统又称为单三角测量系统。这种测量方法要求投影光轴和成像光轴之间保持恒定的夹角。如果用这种系统完成一维或二维物面高度的测量,必须在整个传感器(包括投影和成像)和被测物体之间附加一维或二维的相对扫描,如果引入第二个成像系统,则可以构成双三角测量系统[10-14]。这时距离的测量可以通过比较在两个探测器上像点的差异而实现,而单三角法中距离的测量是通过比较一个相对于物面的像点和一个相对于基准面的像点而实现的。正如图 10-2-1 所示,在第二个探测器平面上像点的坐标为

$$x_{i2} = \frac{f(x_o - x_{L2})}{z_o - z_{L2}} \quad (10-2-9)$$

$$y_{i2} = \frac{f(y_o - y_{L2})}{z_o - z_{L2}} \quad (10-2-10)$$

式(10-2-3)和式(10-2-9)两式联立,可以得到

$$z_o = \frac{fx_{L2} - z_{L2}x_{i2}}{x_i - x_{i2}} \quad (10-2-11)$$

上式表明,双三角测量方法并不依赖于投影光轴与成像光轴之间保持固定的夹角。这意味着,简单地沿一个方向扫描投影光轴就可以完成一个剖面的距离测量。这两种三角测量方法的特点将在后面的应用实例中作进一步的说明。

应该指出,在三角测量法中坐标系统的建立也可以采用与图 10-2-1 不同的方法。例如,将投影光轴作为 z 轴,使基准平面与投影光轴垂直,如图 10-2-2 所示,图(a)中具有最简单的形式,投影光轴与成像光轴平行,所构成的物三角形和像三角形是相似的直角三角形。在这种测量系统中,物三角形的基线 b 和像三角形的高度 h 是已知量,物体的距离或高度 z 可以通过像三角形的基线 Δx 的测量确定。测量方程是

$$z = \frac{bh}{\Delta x} \quad (10-2-12)$$

上式表明,被测距离 z 和测量变量 Δx 之间存在单调关系,因此原理上这一技术可以适应于所有 z 值。其次,z 和 Δx 之间的非线性关系,意味着测量关系的精度将是不均匀的。

图 10-2-2(b)中,成像光轴与观察方向一致,使成像镜头工作在近轴状态,具有较大的测量范围。图中,θ 是投影光轴与成像光轴的夹角,O 是两光轴

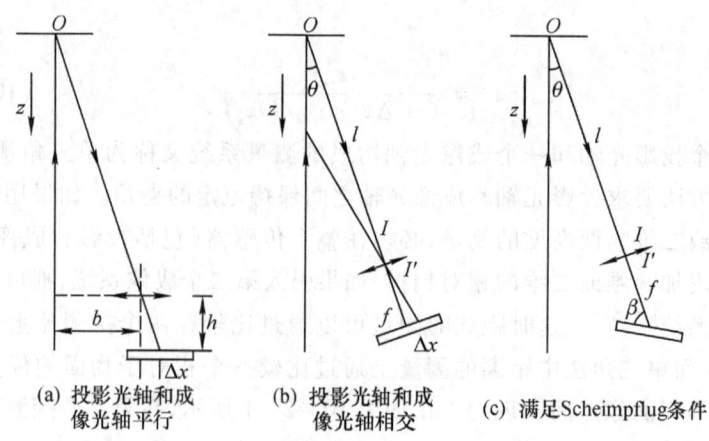

(a) 投影光轴和成像光轴平行　　(b) 投影光轴和成像光轴相交　　(c) 满足Scheimpflug条件

图 10-2-2　几种三角测量的坐标关系

交点并作为物体高度计量的原点,I 和 I' 是成像系统的入瞳和出瞳。线阵探测器与成像光轴垂直,与 I' 点的距离为 f;当物距 l 较大时,f 近似地等于成像透镜的焦距。由图中所示的几何关系可以导出

$$z = \frac{l\Delta x}{\sin\theta \cdot f + \cos\theta \cdot \Delta x} \qquad (10-2-13)$$

上式表明,在待测距离 z 和可测变量 Δx 之间仍然存在单调的和非线性的关系。在上面两种三角测量光路中,当被测物体高度变化时,像点就沿线阵探测器方向移动。但是,由于探测器基线与光轴垂直,只有一个准确调焦的位置,其余位置的像点都处于不同程度的离焦状态。由于离焦引起的像点的弥散,降低了系统的测量精度。为了解决这一问题,可以使探测器基线与成像光轴成一倾角 β,当满足 Scheimpflug 条件,即满足关系

$$\tan\theta = k \cdot \tan\beta \qquad (10-2-14)$$

时,在一定景深范围内的被测点都能正确地成像在探测器阵列上,从而保证了测量精度。上式中,k 是成像系统的放大倍率。按照 Scheimpflug 条件构成的三角测量系统如图 10-2-2(c)所示,这时待测距离 z 和可测变量 Δx 之间的关系式为

$$z = \frac{(l-f)\sin\beta \cdot \Delta x}{f\sin\theta + \cos\theta\sin\beta \cdot \Delta x} \qquad (10-2-15)$$

上面介绍的三种三角测量系统光路都是针对单三角测量法进行讨论的。实际上,双三角测量法中也可以采用上述光路条件,例如使双三角测量关系中两个成像三角都满足 Scheimpflug 条件,从而得到较高的测量精度。

10.2.2 散斑对激光三角法精度的影响

激光光源的高亮度和方向性使之成为非常理想的投影光源。激光三角法成为很多距离传感技术和由这种技术派生的三维面形测量技术的基础。前面介绍的基本原理和计算公式已经表明,待测距离 z 和可测变量 Δx(像点在探测器上的位移量)之间存在单调的和非线性的关系。这样一种传感技术的精度直接受成像光点位置测量精度的影响,因此下面的技术措施常常采用。

(1) 使用 CCD 线阵探测器或类似的阵列元件,这些器件具有高灵敏、大动态范围、无几何畸变等优点。

(2) 由于阵列元件有限的空间像素数目(例如线阵 CCD2048 具有 2 048 个可分辨单元),安排光路参数使像点覆盖几个像素单元,通过计算光点中心位置,可以达到亚像素的精度,例如采用阈值法、重心法、曲线拟合法及同态滤波等。

(3) 待测距离 z 和光点位置之间的关系除了按相应的计算公式得到外,还可以通过校准过程确定。也就是说通过测量一组已知的距离,建立待测距离 z 和光点位置之间的直接映射(表)关系,可以消除系统几何参数和像差的影响[10-15,10-16]。

人们曾试图相信,三角法距离测量精度的唯一限制来自技术方面而不是物理上的限制,例如取决于探测器有限的像素、电信号噪声等。如果这些困难能够克服,甚至成像系统的衍射限制可以通过校准过程来考虑。后来的理论研究和实验工作表明,三角法距离测量精度的限制还来自物理上的原因,激光散斑对三角法测量精度具有重要影响[10-17-10-22]。

如果物体表面是粗糙的(相对波长而言),在探测器上的像点将受散斑影响。G. Haüsler[10-23]通过冗长的统计推导,给出了由于散斑引起的光点中心的定位误差 δ_x(光点重心的标准差)为

$$\delta_x = \frac{1}{2\pi} \cdot \frac{\lambda}{\sin(u)} \qquad (10-2-16)$$

式中,$\sin(u)$是观察透镜的数值孔径;λ是激光的波长。统计定位误差略小于横向分辨率的瑞利极限。式(10-2-16)是在通常的散斑理论的假定下导出的。应特别注意的是,在推导中假定了在观察孔径内存在着很多散斑。换句话说,在物体上光点的尺寸大于相应的成像透镜的衍射脉冲响应函数的尺寸。式(10-2-16)仅对于相干情况成立。如果考虑散斑的对比度 C,可以得到更一般的定位误差表达式为

$$\delta_x = C \cdot \frac{1}{2\pi} \cdot \frac{\bar{\lambda}}{\sin(u)} \qquad (10-2-17)$$

式中,$\bar{\lambda}$是加权平均波长,散斑的对比度可以通过减少时间和/或空间相干性而减弱。上式提供了改进激光三角法测量精度的可能性,对于这一问题已经进行了大量的理论和实验研究,例如已研究了热空气扰动法、孔径扫描法等方法,有兴趣的读者可以参考有关的文献。提高测量精度的另一条途径是用信号处理的方法减弱散斑的影响。可以对成像光点的强度分布取对数运算,使相乘性的散斑转化为相加性的噪声,然后用数字滤波的方法加以滤除。

10.2.3 测量实例(鞋楦三维面形测量)[10-24,10-25]

在制鞋工业中,无论是新设计的样楦,还是大批生产的鞋楦,都必须对其楦身各特征部位的尺寸及外形进行测量检验。鞋楦测量是款式设计的基础。近年发展起来的制鞋计算机辅助设计(CAD)系统和计算机辅助制造(CAM)系统更需要整个鞋楦的三维面形数据。

1. 测量原理

测量仪采用激光三角测量原理,图 10-2-3 是原理光路图。图中,z 是旋转轴,被测鞋楦可以绕 z 轴转动和沿 z 轴移动,由氦-氖激光器投射的光线通过 z 轴并垂直 z 轴,成像光轴与投影光线夹角为 α。探测器采用 CCD 线阵,并与成像光轴成一倾角 β,以满足 Scheimpflug 条件。记被测表面一点到转轴中心的距离为 r,类似于式(10-2-15),可以得到被测距离 r 的计算式为

$$r = r_0 + \frac{(l-f)\sin\beta \cdot \Delta x}{f\sin\alpha + \cos\alpha \cdot \sin\beta \cdot \Delta x}$$

(10-2-18)

考虑到鞋楦绕 z 轴转动和沿 z 轴的移动,可以在柱坐标系统(z,θ,r)中建立鞋楦的全楦面面形表达式 $r = r(z,\theta)$。全楦面三维数据是制鞋计算机辅助设计和制鞋计算机辅助加工的基础。

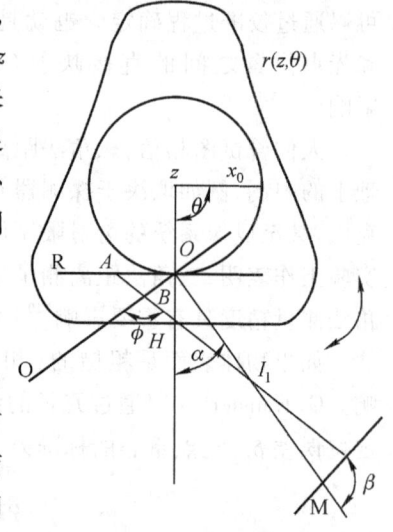

图 10-2-3 鞋楦三维测量系统原理图

2. 系统构成与特点

系统由仪器主体、微机、软件系统三部分构成。仪器主体由投影和成像光学系统、移动和转动工作台、CCD 线阵探测器和驱动电路、单片机等组成,如图10-2-4所示。根据三角测量原理和细光束相对扫描方式进行非接触光电测量。工作台带动鞋楦沿轴向移动和绕轴转动,以使投影光线能对鞋楦的整个面形进行相对扫描。驱动工作台的两路步进电机与单片机相连。由单片机控制工作台的移动和转动,完成

CCD线阵的扫描驱动、输出信号的预处理、模数转换和数据处理。单片机还完成仪器主体与微机之间数据和控制信号的双向传递。测量结果由微机输出,以数据和图形方式实时显示。仪器主体与微机之间通过RS-232标准接口实现通信。

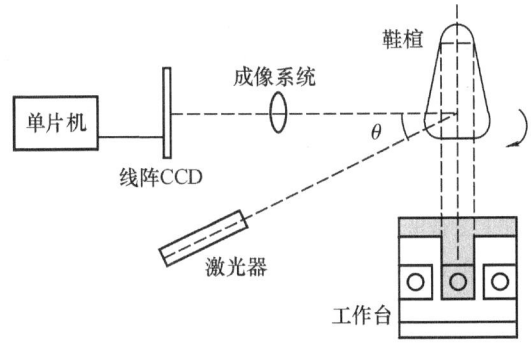

图10-2-4 仪器主体结构示意图

系统采用了光强自适应调整技术和成像光点位置高精度算法等光电信息获取与处理技术。主要技术指标如下:分辨率轴向(z)为0.1 mm,圆周为1°;测量范围,轴向为350 mm,圆周为360°,径向为90 mm,精度0.1 mm;测量速度为每分钟2 000点。系统具有自校准功能,可以在运输或重新安装之后进行自动校准,也可以定期进行自动校准。系统具有多种工作方式,可以进行全楦面测量、特征部位点测量、坐标寻址测量,以满足鞋楦测量的各种要求。测量结果可用数据和图形方式实时显示。显示功能包括:多方位鞋楦立体图形显示,楦体轮廓和楦体断面显示等。图10-2-5是测量结果的立体图形显示。这种系统也适用于同类工业零件和实物模型的三维面形测量。

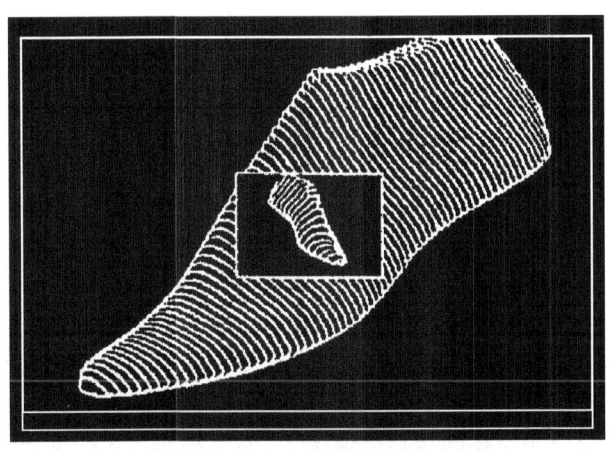

图10-2-5 测量结果的立体图形显示

10.2.4 基于激光同步扫描的三维面形测量[10-26]

在激光三角测量技术中,投影光线与成像光轴之间常常保持固定的夹角,通过计算成像光点在探测器上的位置来确定被测表面沿投影方向上的位置变化,也就是说只能测量物体一维的变化,例如在图10-2-2中的 z 坐标。这时为了测量物面上某一剖面或整个面形,就必须在传感器和被测物面之间引入一维或二维相对移动。另一种可选择的方案是,让投影光线沿物体一维方向扫描,只要在扫描过程中投影光线与成像光轴之间的夹角是已知的,就可以利用三角关系计算被扫描的物点的二维坐标(例如 z 和 x)。但是,位置传感器空间带宽积中的一大部分将用于测量 x 坐标,从而导致距离维(z)方向测量精度的下降。

1. 基本概念

激光同步扫描的基本概念在于同步地扫描投影光线和成像光轴,从而在获得大的测量视场的同时,基本上不降低距离维的测量精度。为了说明激光同步扫描的几何关系,首先分析图10-2-6所示的光路。投影光线从激光器发出,经反射镜 M_1 投向基准点 P,成像光束经反射镜 M_2 和成像透镜到达位置传感器基准点上。当反射镜 M_1 和 M_2 同步旋转时,投影光线转向另一个位置 P',由于两个反射镜同步地转动,使在位置传感器上像点的位置靠近基准点。

从以上的分析和原理图上可以看出,在同步扫描情况下,像点在位置传感器上的移动主要用于测量距离,而在只采用投影光线扫描的情况下,位置传感器的大部分还被用于测量视场坐标。因此同步扫描可以在不降低视场的情况下增加距离维的分辨率。

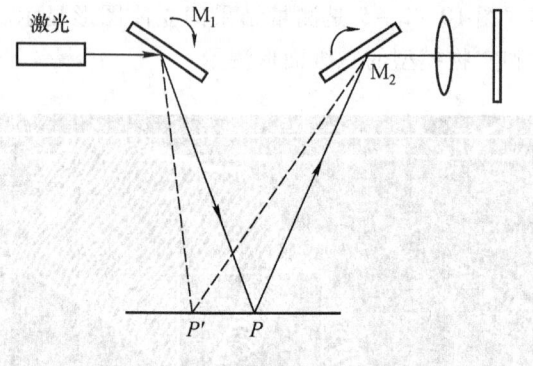

图10-2-6 同步扫描原理图

如果在同步扫描的整个过程中,都要求像点在位置传感器上的位置不变,则交点轨迹的坐标应满足一个通过基准点和两个扫描器转轴的圆的方程。交点轨迹是圆这一结论说明了在同步扫描情况下,如果物面与该圆重合,则像点将定在位置传感器的同一位置。这种方法对于测量圆形或接近圆形的表面特别有利,人们可以用低分辨的位置传感器得到高分辨的剖面测量精度。

2. 同步扫描的三维面形测量系统

下面介绍的几个系统表明,激光同步扫描在不同情况下的应用实例[10-26]。

(1) 双面镜扫描

图 10-2-7 是一个双面镜扫描系统。系统由激光光源、可旋转的双面扫描镜、两个固定反射镜、成像透镜和 CCD 线阵探测器构成。线阵与光轴的夹角满足 Scheimpflug 条件。由于扫描镜是一个双面镀膜的反射镜,保证了投影光线和成像光线的完全同步旋转。

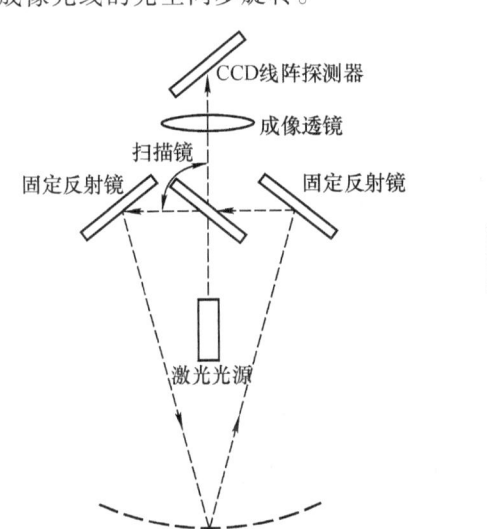

图 10-2-7 双面镜扫描系统

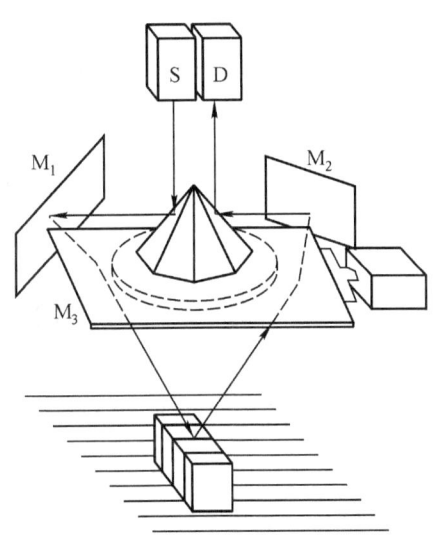

图 10-2-8 多面棱锥镜扫描

(2) 多面棱锥镜扫描

图 10-2-8 所示的系统使用了一个由六个面组成的棱锥镜。由光源 S 投影的光线经过扫描器的一个面反射到固定反射镜 M_1,经 M_1 和 M_3 两次反射后投射到物面上,从物面上的散射光线经 M_3、M_2 和棱锥镜的另一面进入位置传感器 D。多面锥棱镜的旋转完成了 x 方向的同步扫描,而 M_3 反射镜的慢速旋转完成了 y 方向的扫描,从而构成三维面形测量功能。

(3) 旋转体测量

对于旋转体的测量,常常采用图 10-2-9 所示的系统。这时基准点被设置在物体的转轴上。由于物体的旋转提供了附加的一维扫描,所以采用多面棱镜扫描器使整个系统非常简单、紧凑。

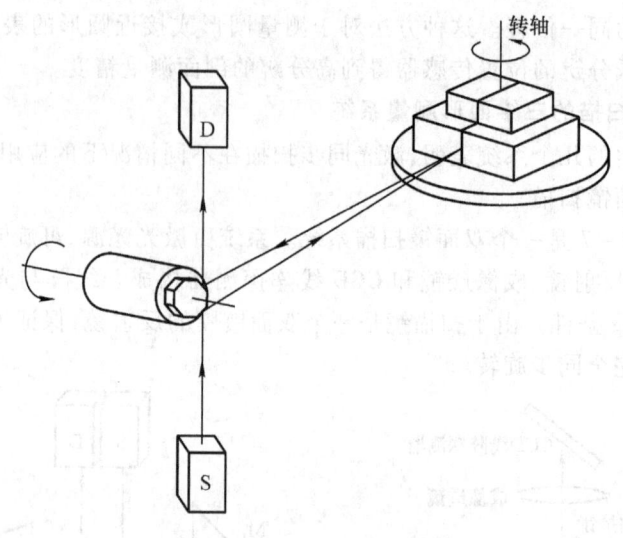

图 10-2-9 旋转体的测量

10.3 采用激光片光的三维传感

10.3.1 激光片光的产生

在采用线结构照明的三维传感系统中,投影器投射片状光束,这种光束又称片光或光刀。光刀与被测物体表面相交形成剖面线,探测器接收到的是一条受到三维面形空间调制的剖面线,解调接收到的信号就可以得到该剖面线上各点的深度数据。产生光刀的方法很多,比较典型的方法是柱面镜和球面镜组合的方法。其他的方法包括衍射法和转镜扫描法[10-27]等。

柱面镜和球面镜组合法如图 10-3-1(a)、(b)所示。激光束剖面光强呈高斯分布,经柱透镜和球面透镜后在一维方向(y轴)上发散,在另一维方向上(x轴)会聚,于投影距离 s 处聚焦,形成一条沿 y 轴扩展、宽度为

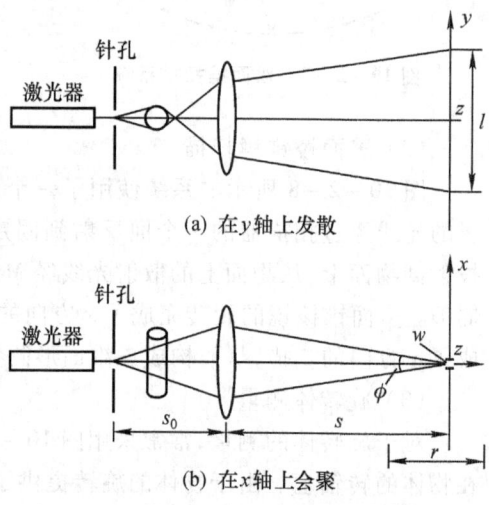

(a) 在 y 轴上发散

(b) 在 x 轴上会聚

图 10-3-1 产生光刀模式的柱面镜和球面镜组合

W 的窄细光刀,其 x 和 y 方向光强仍保持高斯函数分布。对于商用的光刀投影器,最小可达到的线宽大约为 0.1 mm,投影距离大约为 100 mm。随着投影距离的增加,最小可达到的线宽也近似地成比例增大。

10.3.2 测量原理

1. 测量原理

激光光刀被垂直投射到被测物体表面,CCD 面阵探测器从另一角度观察由于面形引起的光刀像中心的偏移,并按三角测量原理获得剖面数据。图 10-3-2 是光路原理图。θ 为成像光轴 QO 与投影光轴 PO 的夹角,α 为 CCD 阵列与成像光轴的夹角,两光轴交于 O 点。R 为参考平面,H 为面形上某一点,I 和 I' 分别是成像系统的入瞳和出瞳。H 点成像于 CCD 面阵上 N 点,N 点相对于中心像素 M 的偏移量 $\Delta = M - N$。

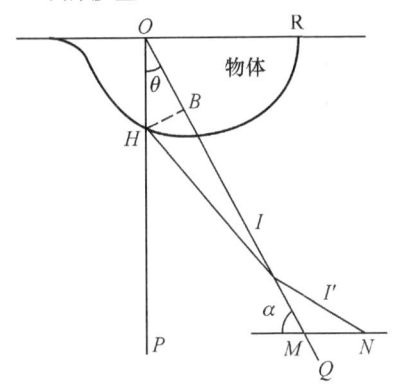 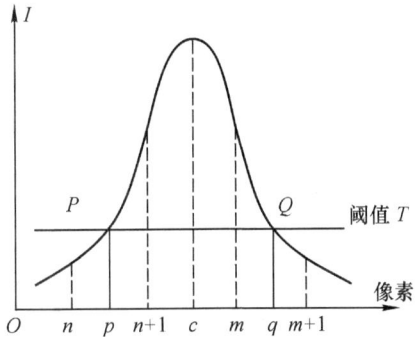

图 10-3-2 三角测量原理图　　　图 10-3-3 光刀中心的确定

在测量中,为了使被测范围内的物点都能成像于 CCD 阵列上而不产生离焦,θ 和 α 必须满足 Scheimpflug 条件,即

$$\tan\theta = \beta \cdot \tan\alpha \tag{10-3-1}$$

式中,β 为横向放大率。

由简单的几何关系,可以得到面形高度 OH 与偏移量 Δ 间的关系为

$$OH = \frac{(OI - f) \cdot \Delta \cdot \sin\alpha}{f \cdot \sin\theta + \Delta \cdot \sin\alpha \cdot \cos\theta} \tag{10-3-2}$$

式中,f 是成像系统的焦距。高度与偏移量成非线性关系。

2. 信息处理方案

为了得到被测面形的数据,就要测得光刀像点的偏移量 Δ,即必须精确地确定光带高斯分布中心位置。确定高斯分布中心有多种算法,例如极值法、阈值法、重心法、曲线拟合法等。为了处理好精度与速度的矛盾,所选择的信息处理

方案通常包括:
(1) 确定抽样窗口,多帧平均。
(2) 确定光带峰值位置,以其为中心确定一个浮动小窗口作二维卷积滤波。
(3) 采用阈值法与重心法相结合确定高斯光束中心位置。

在图 10-3-3 中,设阈值 T 与曲线交于 P、Q 两点,由线性插值可求得 P、Q 对应的位置 p、q 值为

$$q = m + \frac{T - I(m)}{I(m+1) - I(m)}$$
$$p = n + \frac{T - I(n)}{I(n+1) - I(n)} \quad (10-3-3)$$

式中,m、n 为图 10-3-3 所示的像素序号。再由重心确定中心为

$$c = p + \sum_{i=p}^{q} I(i) \cdot (i-p) \Big/ \sum_{i=p}^{q} (i-p) \quad (10-3-4)$$

式中,求和是对在 $p < i < q$ 范围内的整数像素,包括 P、Q 两点在内。原则上计算出像点中心位置,并代入式(10-3-2),就可以计算出高度值。

10.3.3 测量实例

1. 发动机叶片三维面形测量[10-28]

发动机叶片型面测量是机械行业一个量大面广和技术复杂的问题,具有重要意义和广泛的应用前景。使用三维面形自动测量方法可以测出全面形三维坐标数据,显示叶片三维形态图、横断面线图,也可对坐标点、横断面和全面形误差进行单项和综合分析。下面介绍一种采用激光光刀的叶片三维面形测量方法。测量装置的框图如图 10-3-4 所示。光刀投影器由一个氦氖激光管和一个薄等腰棱镜及一个球面透镜组合构成,其产生的光刀型空间光场投射到被测叶片的表面。CCD 面阵摄像机以视频速度获得观察光场信息,视频信号通过高速模数转换进入帧存储器,由微机进行后续的信号处理。微机通过接口同时控制工作台移动的驱动电机,使待测叶片移动。测量结果可以由 CRT 显示或绘图仪输出。

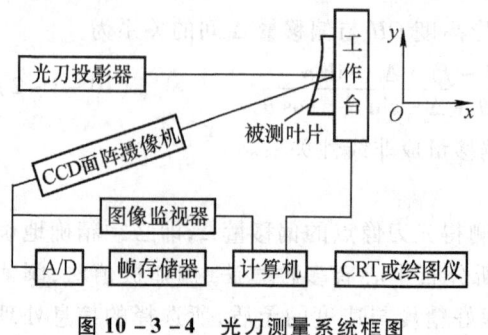

图 10-3-4 光刀测量系统框图

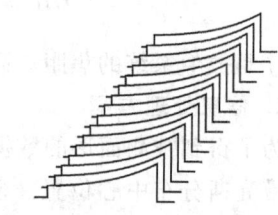

图 10-3-5 叶片的三维形态图

实验装置采用的主要系统参数如下:光刀投射距离为 400 mm,$\theta = 26.5°$,CCD 面阵为 542×582 个像素,单元像素的尺寸约为 18 μm,镜头焦距为 50 mm,采用 Pcvision 型图像采集板,帧存储器为 1024×512。被测物体为某种型号的飞机发动叶片。实验中深度测量范围确定为 65 mm,测量值与拟合值之间的均方差 $\sigma = 0.03$ mm。如果减小测量范围,测量精度可望进一步提高。图 10-3-5 是重建的叶片三维面形图。对测量结果的分析表明,测量精度主要受到 CCD 阵列的分辨率、激光散斑、系统参数和系统随机噪声等因素的影响。研究表明,激光散斑对测量精度的影响相当大,是误差的主要来源之一。降低散斑影响,提高采用激光光刀的三维传感系统的精度,一直是该领域国内外普遍关注的问题。为了减弱散斑的影响,人们已经研究了几种方法,包括热空气扰动法、孔径内扫描法等,虽然深度分辨率有所提高,但都以牺牲横向分辨率为代价,具有一定的局限性。

最近提出的降低散斑影响的新方法,采用激光片光的面内扫描,可以在保持理想几何像不变的情况下,产生空间变化的动态散斑光场,其时间平均的效果降低了散斑对测量精度的影响。这种方法的突出优点是可以在保持三维传感系统横向分辨率不变的情况下明显提高系统的深度分辨率,在片光型三维传感领域具有重要的理论意义和实用价值,可广泛用于工业检测、机器视觉、实物仿形、生物医学等领域。

2. 旋转体的 360°面形测量[10-29,10-30]

旋转体的 360°面形测量是另一类三维面形测量问题。在这一类问题中三维物体面形可以用极坐标表示为 $r = r(z, \theta)$,z 是旋转轴上的坐标,θ 为转角,r 是面形上的一点到转轴的距离。这种类型的三维面形测量很适合于采用激光光刀的三维传感技术,下面介绍的测量系统采用柱面镜和球面透镜组合的投影装置,测量系统的框图如图 10-3-6 所示。系统框图、测量原理和信息处理方案与前面介绍的发动机叶片面形测量系

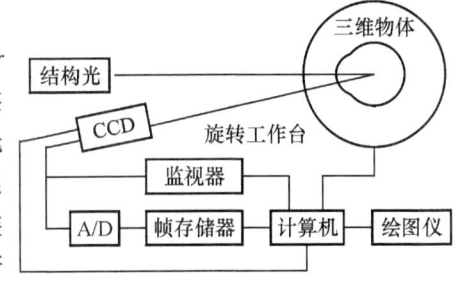

图 10-3-6 旋转 360°面形测量系统框图

统类似。被测物体置于由步进电机驱动的旋转工作台上,计算机控制步进电机,使物体绕 z 轴作等角度间隔的转动,每次测量得到物体的一个剖面数据,物体旋转一周完成 360°面形测量。图 10-3-7 是对一女孩头部石膏模型的测量结果。图 10-3-6 是重建的三维物体表面的两个视图,表明对旋转体 360°面形的完整测量。

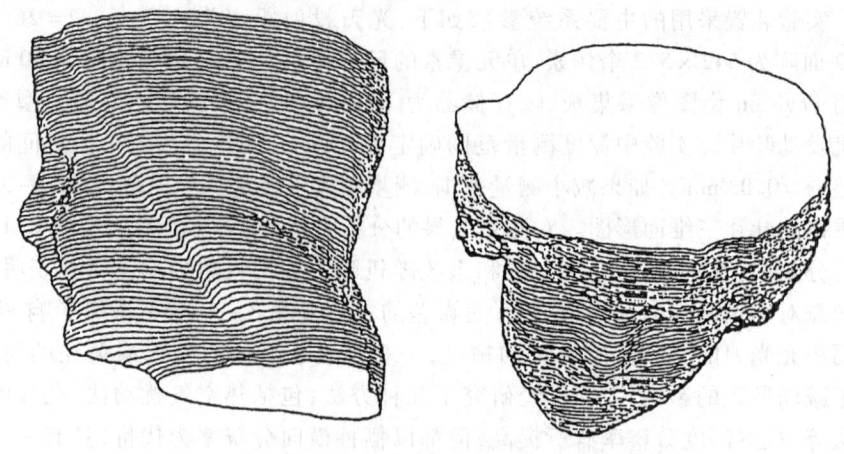

图10-3-7 头部石膏模型的测量结果

10.4 相位测量剖面术

相位测量剖面术(Phase Measuring Profilometry,简称PMP)是一种新的三维传感方法[10-31]。这种方法采用正弦光栅投影和数字相移技术,能以较低廉的光学、电子和数字硬件设备为基础,以较高的速度和精度获取和处理大量的三维数据。作为一种重要的三维传感手段,这种方法已在工业检测、实物仿型、医学诊断等领域获得广泛应用。

10.4.1 相位测量剖面术的原理

相位测量剖面术系统的框图可用图10-4-1表示,系统由投影、成像、数据获取与处理三大部分组成。当一个正弦光栅图形被投影到三维漫反射物体表面时,从成像系统获取的变形光栅像可表示为

$$I(x,y) = R(x,y)[A(x,y) + B(x,y)\cos\phi(x,y)] \quad (10-4-1)$$

式中,$R(x,y)$是物体表面不均匀的反射率;$A(x,y)$表示背景强度;$B(x,y)/A(x,y)$是条纹的对比;相位函数$\phi(x,y)$表示了条纹的变形,并且与物体的三维面形$z = h(x,y)$有关。相位和三维形状之间的关系取决于系统结构参数。由于变形光栅像与传统的干涉条纹图相类似,因此变形光栅像有时又被称为"干涉图"。在干涉计量中,光波长被作为度量微观起伏的尺度,而在PMP方法中与投影条纹间距有关的"等效波长"被作为度量三维宏观面形的尺度。人们注意到,干涉计量主要用于光学波面检测,结构光计量主要用于粗糙表面(相对于波长而言)检测,虽然这是两个完全不同的物理过程,光波长和等效波长在数量上存在巨

差异,但从广义的信息传递和变换观点来看又存在共性。这些共性主要体现在:

(1) 干涉条纹和结构光变形条纹具有相近的形态和数学表达式。

(2) 两种计量方法都采用相移测量技术和相移算法或者傅里叶分析方法计算相位,计算得到的相位被截断在反三角函数的主值范围内,因而是不连续的,为了从相位函数重建波面或重建三维面形,需要对截断相位进行相位展开。

(3) 两种方法测量精度和测量范围不同,但具有大致相同的相对测量精度。由于这种概念上和处理方法上的相似性,在数字相移干涉术中所使用的相移算法被成功地用于相位测量剖面术中。

1. 相位计算

直接分析式(10-4-1)所示的强度分布而确定相位 $\phi(x,y)$ 是困难的,而相移算法却提供了一种精确测定相位的手段。当投影的正弦光栅被移动其周期的 N 分之一时,条纹图的相位被移动 N 分之 2π,产生一个新的强度函数 $I_n(x,y)$。使用三个或更多的对应不同相移值的条纹图,相位函数 $\phi(x,y)$ 就可以独立于式(10-4-1)中的其他参数而单独提出。例如,在四步相位算法中,相位移动的增量是 $\pi/2$,所产生的四个干涉图可表示为

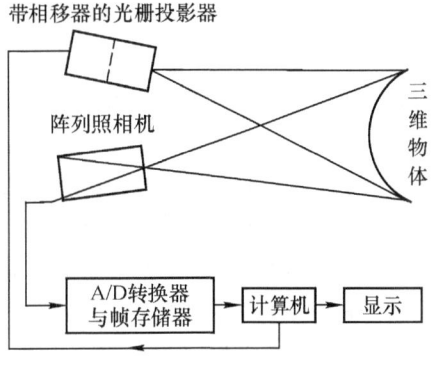

图 10-4-1 PMP 系统框图

$$I_1(x,y) = R(x,y) \cdot [A(x,y) + B(x,y)\cos\phi(x,y)]$$
$$I_2(x,y) = R(x,y) \cdot [A(x,y) - B(x,y)\sin\phi(x,y)]$$
$$I_3(x,y) = R(x,y) \cdot [A(x,y) - B(x,y)\cos\phi(x,y)]$$
$$I_4(x,y) = R(x,y) \cdot [A(x,y) + B(x,y)\sin\phi(x,y)]$$
(10-4-2)

从这四个方程中可以计算出相位函数

$$\phi(x,y) = \arctan\frac{I_4(x,y) - I_2(x,y)}{I_1(x,y) - I_3(x,y)} \quad (10-4-3)$$

对于更普遍的 N 相位算法,可以从 N 个相移条纹图中计算出相位函数。算法如下

$$\phi(x,y) = \arctan\frac{\sum_{n=1}^{N} I_n(x,y)\sin(2\pi n/N)}{\sum_{n=1}^{N} I_n(x,y)\cos(2\pi n/N)} \quad (10-4-4)$$

与对条纹图的直接几何测量相比较,相移技术具有明显的优点:

(1) 这种方法对相位测量的精度可以达到几十分之一到几百分之一个条纹周期。

(2) 这种方法对背景、对比度和噪声的变化不敏感。

(3) 计算得到相位值是一个均匀分布的正交网格上的点的测值,测点与探测器阵列或图像处理板上的阵列——对应,有利于进一步的信号处理,实现自动的三维面形测量。

2. 相位展开(phase unwrapping)

由式(10-4-3)或式(10-4-4)计算出的相位分布 $\phi(x,y)$,被截断在反三角函数的主值范围内,因而是不连续的。为了从相位函数计算被测物体的高度分布,必须将由于反三角运算引起的截断相位恢复成原有的相位分布,这一过程称为相位展开。相位展开方法可以分为空域和时域两大类。空域相位展开法是只利用一幅截断相位图来恢复连续相位分布的方法;而时域相位展开方法则借助于多幅不同灵敏度的相位图在时间轴上展开相位。本书主要介绍空域相位展开方法。在一般情况下,可以沿着截断的相位数据矩阵的行或列方向展开。具体的做法如下:在展开的方向上比较截断处相邻两个点的相位值,如果差值小于 $-\pi$,则后一点的相位值应该加上 2π;如果差值大于 π,则后一点的相位应该减 2π。下面以一维相位函数为例说明上述相位展开过程的数学表达式。假定有一维的截断相位函数 $\phi_w(j)$,$0 \leq j \leq N-1$,式中,j 是抽样点序号,N 是抽样点总数。展开后的相位函数为 $\phi_u(j)$,则相位展开过程可表示为

$$\phi_u(j) = \phi_w(j) + 2\pi n_j$$
$$n_j = \text{INT}[(\phi_w(j) - \phi_w(j-1))/2\pi + 0.5] + n_{j-1} \quad (10-4-5)$$
$$n_0 = 0$$

式中,INT 是取整算符。由于实际得到的相位数据是一个二维的抽样点阵列,所以相位展开应针对二维进行。首先沿二维数据阵列中某一列(一般可取第一列)进行相位展开,然后以该列展开后的相位为基准,沿每一行进行相位展开,得到连续分布的二维相位函数。当然也可以先对某一行进行展开,然后再对每一列进行展开。在上述相位展开过程中,实际上已经假定任何两个相邻抽样点之间的非截断相位变化小于 π,也就是说必须满足抽样定理的要求,每个条纹至少有两个抽样点,即抽样频率大于最高空间频率的两倍。只要满足这个条件,相位展开可以沿任意路径进行。

在一个复杂物体的三维传感问题中,由于物体的表面起伏较大,得到的相移条纹图形十分复杂。例如,条纹图形中存在局部阴影,条纹图形断裂,在条纹局部区域不满足抽样定理,即相邻抽样点之间的相位变化大于 π。对于这种非完备条纹图形,相位展开是一个非常困难的问题,这一问题也同样出现在干涉型计量领域。最近已研究了多种复杂相位场展开的方法,包括网格自动算法(Cellular automata)、基于调制度分析的方法、二元模板法、条纹跟踪法、最小间距树、双光栅法、非线性小数重合法等,使上述问题能够在一定程度上得到解决或部分解

决[10-32~10-38]。另一种相位展开方法是将相移技术和二元编码光栅(格雷码)方法相结合,在物体的表面起伏较大时具有较高的可靠性,已在一些商用三维测量仪器中使用。

3. 高度计算

仍然用 $\phi(x,y)$ 表示展开后的相位分布,从相位到高度的计算取决于光学系统的结构。光学系统的结构有多种形式,本节只论及两种。图 10-4-2 是采用远心光路的 PMP 系统。这种系统适用于小物体的测量,采用高频率光栅照明可以达到很高的测量精度。这种结构照明的实现方法将在后面详细介绍。

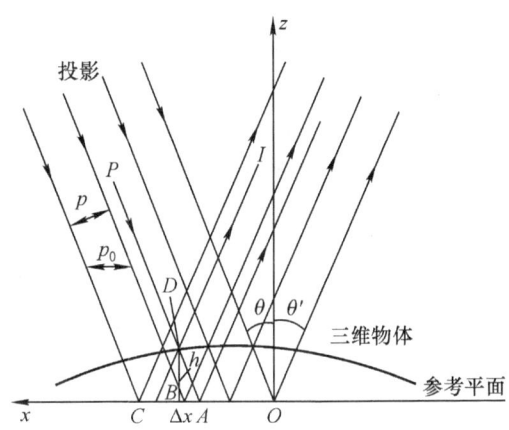

图 10-4-2 采用远心光路的 PMP

在参考平面上看到的投影正弦光栅是等周期分布的,其周期为 P_0。在参考平面上的相位分布 $\phi(x)$ 是坐标 x 的线性函数,记为

$$\phi(x) = Kx = \frac{2\pi}{P_0}x \qquad (10-4-6)$$

探测器上一点 D_c 对应参考平面上 C 点的相位为

$$\phi_C = \frac{2\pi}{P_0} \cdot OC \qquad (10-4-7)$$

该点测量的是三维表面 D 点的相位,该点相位等于参考平面 A 点的相位,为

$$\phi_D = \phi_A = \frac{2\pi}{P_0}OA \qquad (10-4-8)$$

于是有

$$AC = [P_0/(2\pi)]\phi_{CD} = [P_0/(2\pi)] \cdot (\phi_C - \phi_D)$$

记该点物体高度 $DB = h$,可得

$$h = AC/(\tan\theta + \tan\theta') \qquad (10-4-9a)$$

式中,θ 和 θ' 分别表示照明和观察方向,当观察方向垂直于参考平面时,上式简化为

$$h = AC/\tan\theta = (P_0/\tan\theta) \cdot (\phi_{CD}/2\pi) = \frac{\lambda_e \phi_{CD}}{2\pi} \quad (10-4-9b)$$

式中,λ_e 为等效波长,是一个系统参数,定义为

$$\lambda_e = P_0/\tan\theta \quad (10-4-10)$$

一个等效波长正好等于引起 2π 相位变化量的高度变化。结构照明型条纹图形可以等效为物体面形作为物光波面,而照明方向作为参考波面所产生的干涉条纹。与真实的光波干涉的区别之一在于波长的尺度存在巨大差异。以真实光波波长为尺度,人们可以计量微观的变形和不平度,以这里定义的等效波长为尺度,人们可以计量宏观的三维面形。等效波长 λ_e 是 PMP 方法中的一个重要参数,它由系统结构参数 P_0 和 θ 决定,代表了系统检测精度。

另一种采用发散照明的 PMP 系统如图 10-4-3 所示。这是一种更一般的情况,适合于测量较大的物体面形。由于投影光线是发散的,在基准平面上的相位分布已不是线性分布,因此情况比前面介绍的更复杂,需要一种相位映射算法来处理从相位到高度的计算过程。在图 10-4-3 中,P_1 和 P_2 是投影系统的入瞳和出瞳,I_2 和 I_1 是成像系统的入瞳和出瞳。成像光轴垂直于参考平面,并与投影光轴相交于参考平面上的 O 点。当正弦光栅模板被投影到参考平面上时,在参考平面上沿 x 方向的强度分布如下式所示

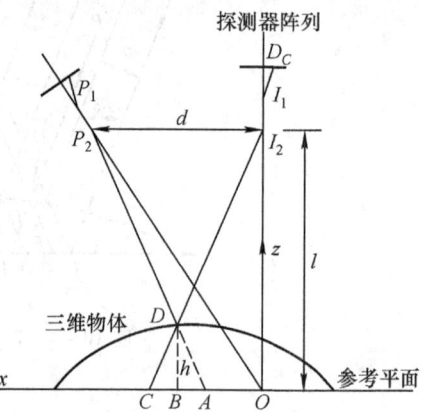

图 10-4-3 采用发散照明的 PMP

$$I_R(x,y) = A(x,y) + B(x,y)\cos\phi(x,y)$$

式中,$A(x,y)$ 是物体表面不均匀的反射率;$B(x,y)$ 是条纹的调制度;$\phi(x,y)$ 是 x 的非线性函数,但是参考平面上每一点相对于参考点 O 的相位值是唯一的和单调变化的。根据系统结构参数,可以计算在参考平面上光场的相位分布,建立参考平面坐标 (x,y) 与相位分布 $\phi(x,y)$ 之间的映射关系。将这一映射关系以数据表的形式存储在计算机中备用。映射表的建立也可以通过对一基准平面的实测确定。在测量三维物体表面时,在探测器阵列上 D_C 点可以测量物点 D 的相位 ϕ_D,它对应于参考平面上 A 点的相位 ϕ_A。另一方面由阵列上同一点 D_C 在参考平面上所对应的相位 ϕ_C 已经以映射表的形式存储在计算机中,这意味着距离 OC 是已知的。参考平面上位置 A 的确定可以先在映射表中查找与 ϕ_A 最接

近的两个相位值 ϕ_i 和 ϕ_{i+1}，使 $\phi_i \leq \phi_A \leq \phi_{i+1}$，然后通过线性插值实现。因而 OA 可以通过对相位的测量和映射关系求出，进而可得 $CA = OC - OA$。由相似三角形 P_2DI_2 和 ADC 可以计算出物点的高度分布为

$$h = \frac{AC(L/d)}{1 + AC/d} \qquad (10-4-11)$$

式中，d 和 L 是图 10-4-3 中所示系统结构的两个参数。在大多数实际应用中，$AC \ll d$，上式可进一步减化为

$$h = AC \cdot \frac{L}{d} = \frac{AC}{\tan\theta} \qquad (10-4-12)$$

综上所述，在采用远心光路和发散照明两种情况下，都可以通过对相位的测量而计算出被测物体的高度。只是前者的相位差与高度之间存在简单的线性关系，而在后一种情况下相位差与高度差之间的映射关系是非线性的。

10.4.2 产生结构照明的方法

产生相位测量轮廓术所需的结构照明的典型方法有两种，一种是采用激光光源的干涉结构照明；另一种是采用白光光源的投影型结构照明。

1. 干涉型结构光场的产生[10-39]

产生干涉型结构照明光场的系统如图 10-4-4 所示。它是一个激光照明的剪切偏振干涉计。激光发出的线偏振光束通过透镜 L_1 和针孔 P_0 组成的空间滤波器后，被沃拉斯顿棱镜剪切。相位调制器由 1/4 波片 Q 和可旋转的偏振器 P 构成。通过旋转偏振器 P，干涉图形的正弦强度分布被调制，偏振器旋转 180° 对应于 2π 相位调制。用这种方法可以产生 N 步相位所需的精密相位移动。由于针孔位于透镜的前焦点上，所产生的正弦强度分布的条纹是一种远心照明方式，在干涉场中具有线性相位分布。改变沃拉斯顿棱镜与针孔的距离可以很方便地调整条纹的周期，以适应不同三维测量要求。

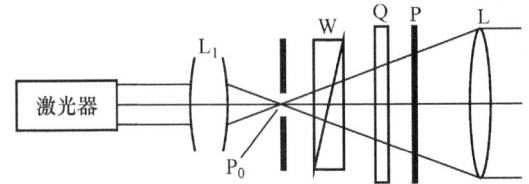

图 10-4-4 干涉型结构照明光路

2. 白光投影的结构照明[10-28,10-40~10-42]

白光投影的结构照明是由一个类似于幻灯机的投影器产生的。图 10-4-5 是一个采用这种结构照明的 PMP 工作系统。图中的投影单元由白光光源、聚光镜组、

投影透镜、正弦光栅模板和相移器组成。相移器是一个由计算机控制,并由步进电机驱动的微位移工作台。正弦光栅模板置于工作台上,可沿与投影器光轴垂直的方向移动,通过投影在基准平面或被测物体表面产生相移条纹。由于这种投影器采用了发散照明方式,可以在很大范围内产生结构照明,很适宜测量较大的物体面形。另一类电子投影仪,采用 LCD 或者 DMD 芯片,也可作为结构光投影器。其主要优点是用数字图像代替幻灯片,用电子相移代替机械相移,减少了相移误差,可灵活改变光栅周期,已被普遍采用。

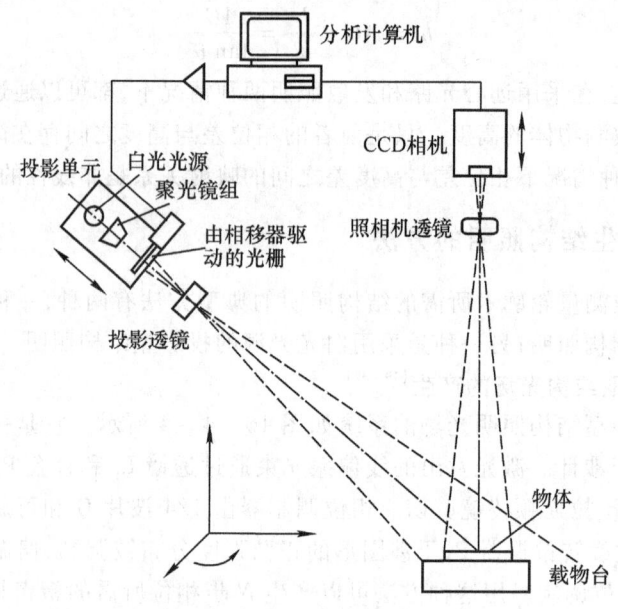

图 10 - 4 - 5　采用白光投影的 PMP 系统

10.4.3　相位测量剖面术应用举例

1. 井底模式探测与分析[10-41,10-43]

所谓井底模式(Bottomhole pattern),就是石油钻井用的牙轮钻头在钻凿岩石的过程中,钻头上的许多牙齿在井底岩石上打出的凹坑的集合。国际上先进的钻头厂家和科研单位都十分重视井底模式的研究,把它作为评价钻头的优劣、提取进一步改善钻头设计参数的有力手段。四川大学和西南石油学院在原石油部支持下,以准正弦投影光场相位测量轮廓术为基础,研制成功了用于井底模式探测的三维面形自动测量系统。该系统能以很高的速度测量整个井底模式的三维面形数据,包括井底模式上各个破碎坑的大小、形状、深度、破碎面积、破碎体积等,并对整个三维面形或指定区域进行统计分析,为钻头设计及钻井工艺研究开辟了一条新途径。采用这项技术可以把成百上千的数量化的井底模式保存在计算机的存储系统中,为各类钻头的井底模式进行统计分析、对比、择优及模式识别提供了十分有效手段。井底模式探测与分析系统是一个光、机、电相结合的计算机辅助测量系统。该系统以离焦投影的相位测量轮廓术为基础,采用全场调制和大数据量并行获取技术,使系统满足井底模式三维面形的高速度、高精度测量要求。系统设计有光强自适应调整模块,可以自动调整采样图像的增益和偏置,使之达到最佳对比度,从而大大提高了信噪比,使系统能适应不同岩石(灰岩、砂岩、花岗岩等)井底模式的测量要求。系统设置有系统参数自动校正、系统误差自动补偿等软件功能,保证了系统具有长期稳定的精度。系统还具有多种模式的图形和数据输出功能,能以图(图像和图形)文(数据与统计分析结果)相结合的方式给出三维面形数据,例如,任意方位三维形态显示、等高线假彩色显示、破碎坑面积和体积统计分析、井底灰度直方图与划痕显示和分析等。由于该系统具有这些特点,它能快速、精确地探测与分析整个井底模式,包括划痕与破碎坑大小、形状、深度、面积、体积等细节在内的井底模式三维形态的数据信息。该系统由仪器主体、图像子系统、控制电路、微机与外部设备、系统软件等五部分构成。硬件配置框图如图10-4-6所示。

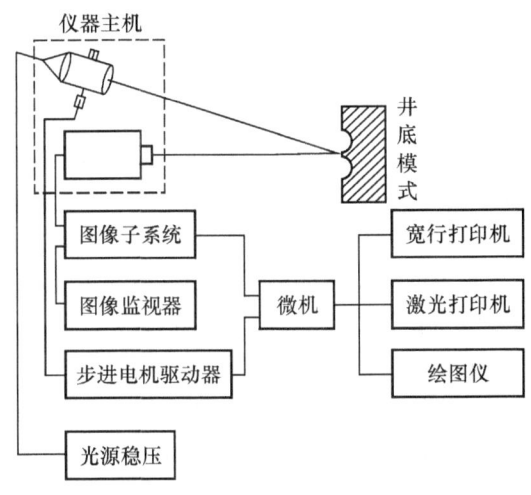

图 10-4-6 井底模式测量系统框图

图 10-4-7 是对成都石油总机石生产的 8.5×HP3 型钻头在钻压为 7.64×10^4N、转速为 60r/min 的条件下,在嘉陵江灰岩上钻出的井底模式测量的结果。

2. 口腔全牙型三维面形测量[10-32,10-33]

采用结构光照明的相位测量轮廓术在定量的医学研究中也成为一种重要的诊断工具。在某些应用领域,例如口腔全牙型三维面形测量,由于复杂的表面形

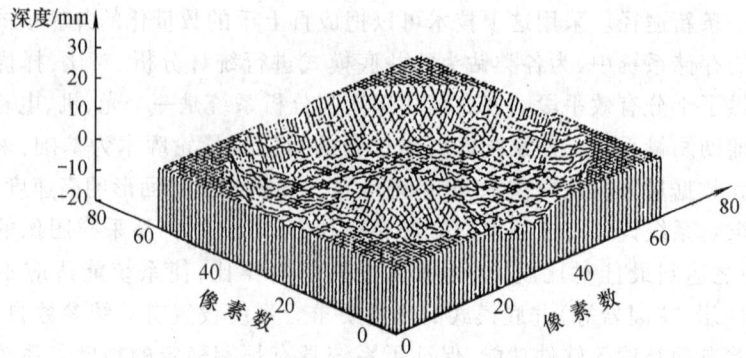

图 10-4-7 井底模式测量结果:井底三维形态图

状特征,给测量造成困难。复杂的表面起伏、表面坡度的突然变化是复杂物体三维面形测量的明显特征。这些特征将导致局部的阴影,条纹图形不连续。按照常规的算法将无法得到正确展开的相位函数,因此不能重建三维面形。复杂物体轮廓测量是一个比较困难的问题,也是这种方法实用化必须解决的关键问题。

(1) 主要问题

首先,由于结构光照明,投影和观察方向之间存在一定角度,在获取的条纹图形中存在局部阴影,在阴影区域相位具有不确定的值。其次,由于表面起伏较大,条纹图形中产生条纹裂断或周期的突变。当相邻两个抽样点之间的相位差大于 π 时,对相位函数的空间抽样不满足抽样定理的条件,这时相位展开将导致错误。相位展开的过程是一个积分过程,在一个样点上的错误将沿着相位展开的路径扩散,从而导致更大范围内的错误。所以,必须确定相位展开的区域和相位展开的路径。另一个问题是如何将被测物体与背景分离。在结构光照明的情况下正确地确定物体与背景之间的边界也并不容易。

(2) 相移条纹图形分析方法

当正弦光栅图形被投影到三维漫反射物体表面时,变形光栅像可以表示为

$$I(x,y) = I_0 B(x,y)\{1 + C(x,y)\cos[\phi(x,y)]\} \quad (10-4-13)$$

式中,I_0 是偏置强度;$B(x,y)$ 表示表面不均匀的反射率;$C(x,y)$ 是投影条纹的对比。在获取 N 帧相位条纹图形并按式(10-4-4)计算离散相位的同时,考虑一个新的参数,即条纹图形的调制函数 $M(x,y)$ 是必要的,其定义为

$$M(x,y) = \left\{\left[\sum_{n=1}^{N} I_n(x,y)\sin(2\pi n/N)\right]^2 \right.$$
$$\left. + \left[\sum_{n=1}^{N} I_n(x,y)\cos(2\pi n/N)\right]^2\right\}^{1/2} \quad (10-4-14)$$

在相位计算中调制函数 $M(x,y)$ 具有明显的几何意义,抽样点的调制深度

越低,该样点处相位值计算的误差越大。将式(10-4-13)代入式(10-4-14),可以得到

$$M(x,y) = \frac{1}{2}NI_0 B(x,y) C(x,y) \qquad (10-4-15)$$

上式表示,调制函数 $M(x,y)$ 与表面反射率和投影条纹的对比成正比。很明显,在局部阴影区域,调制度是很低的,这意味着相位有不确定的值。类似地,在表面起伏大的区域,由于照明方向角与观察方向角相对于表面法线存在很大差异,使得从成像系统看来,表面的定向反射率很低,这导致调制度下降。在物体与背景存在一定的距离时,由于有限的焦深,也使背景区域具有低的调制度。所以调制函数用来识别局部阴影、条纹不连续区域及区分被测物体和背景。基于这种认识的以调制度分析为基础的相移条纹图形分析方法成功用于口腔全牙型测量,其分析过程如图 10-4-8 所示。

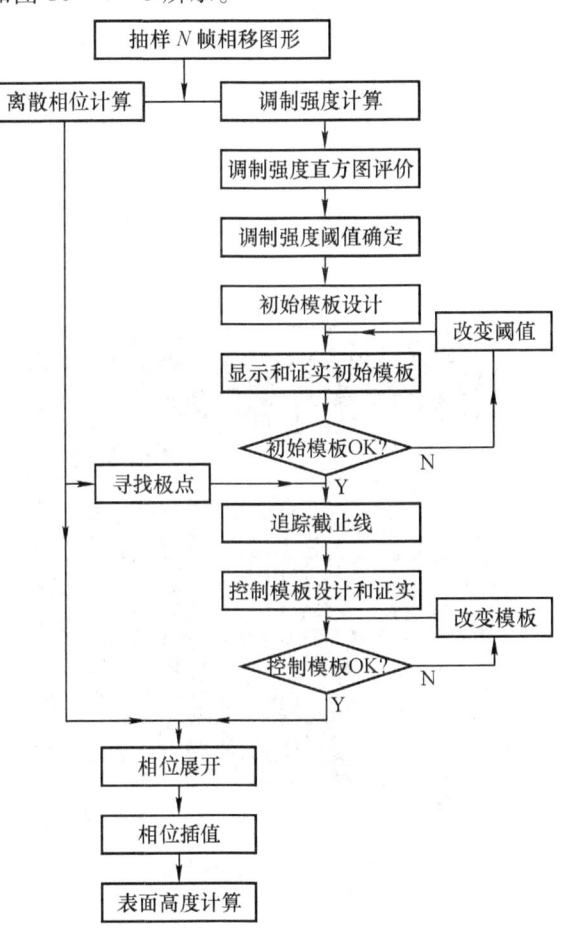

图 10-4-8 相移条纹分析流程框图

(3) 测试结果

口腔全牙型测量在口腔医学中具有重要意义。它可以用于诊断、治疗效果评价、几何参数以及对称性分析、假牙自动加工及建立口腔牙形数据档案等。下面介绍对口腔上牙托模型测试结果。图10-4-9是牙托模型实物,图10-4-10是在结构光照明条件下,N帧相移条纹图形之一。可以看出,由于复杂表面形状所引起的明显阴影、条纹图形断裂、错位等情况,该图右下角给出了条纹图形上部某一剖面的光强分布。按前面介绍的方法对相移条纹图形进行分析和处理。被测物体的最后重建结果如图10-4-11所示。图(a)是被测物体的三维形态图,图(b)是等高线图。测试结果表明,这种基于调制强度分析的相移条纹图形处理方法可以有效地解决复杂物体表面测量中的主要问题,即使在局部阴影和条纹断裂等情况下,也可以获得比较满意的测量结果。复杂物体三维面形自动测量系统不仅可用于口腔全牙型三维面形测量,其原理也适用于其他复杂面形的检测,只要进行适当的系统配置,即可用于不规则面形工业零件、叶轮、叶片、实物模型、生物体或人体的高速度、高精度、非接触的面形自动测量。在工业检测、机器视觉、产品质量监控、实物仿形、医学调查、人类工程学等众多领域具有广阔的应用前景。应该指出,上面介绍的相位展开方法除了可用于复杂物体面形测量外,还可以用于相移全息干涉计量术和光弹性应力分析中的非完备条纹图形处理[10-44,10-45]。

图10-4-9 牙托模型实物

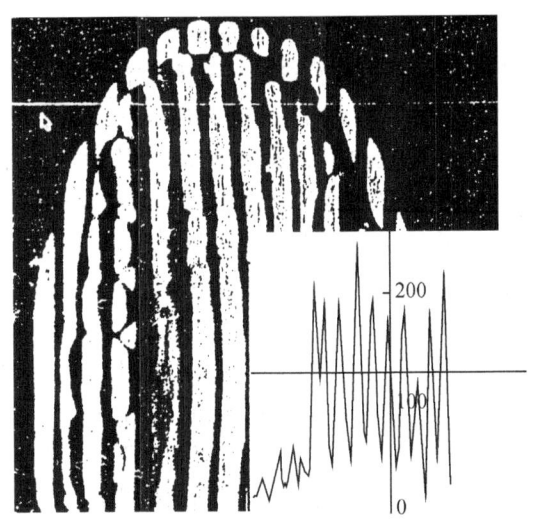

图 10-4-10 变形条纹图

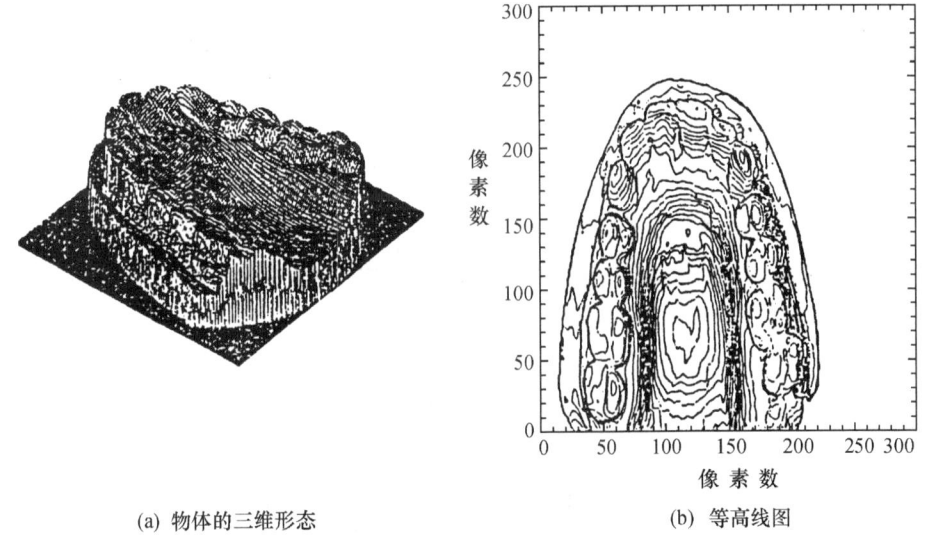

(a) 物体的三维形态　　　　　　　(b) 等高线图

图 10-4-11 物体三维表面的重建

10.5 傅里叶变换剖面术

傅里叶变换在信息光学中的作用和地位是大家所熟悉的。傅里叶变换方法还成功地用于干涉条纹的处理,用来检测光学元件的质量。1983 年, M. Takeda

和 K. Muloh 将傅里叶变换用于三维物体面形测量,提出了傅里叶变换轮廓术(Fourier Transform Profilometry,简称 FTP)。这种方法以朗奇光栅产生的结构光场投影到待测三维物体表面,得到被三维物体面形分布调制的变形条纹光场。成像系统将此变形条纹光场成像于面阵探测器上,然后用计算机对像的强度分布进行傅里叶分析、滤波和处理,得到物体的三维面形分布。这种方法数据获取速度快,具有较高精度,并适于计算机进行处理[10-9,10-46~10-49]。

10.5.1 基本原理

傅里叶变换轮廓术测量系统的光路原理如图 10-5-1 所示。图中,$E'_p E_p$ 是投影系统的光轴,$E'_c E_c$ 是成像系统光轴,两光轴相交于参考平面 R 上的 O 点。朗奇光栅 G 的栅线垂直于 $E_p E_c O$ 平面,光栅像被投影系统投影在待测物体表面。由于物体面形的调制,观察系统得到变形的光栅像,S 是接收变形光栅像的面阵检测器。由成像系统得到的变形光栅像可以记为

$$g(x,y) = r(x,y) \sum_{n=-\infty}^{\infty} A_n \exp\left\{ j[2\pi n f_0 x + n\phi(x,y)] \right\} \quad (10-5-1)$$

式中,f_0 是光栅像的基频;$r(x,y)$ 是物体表面非均匀的反射率;$\phi(x,y)$ 是物体高度分布引起的相位调制,即

$$\phi(x,y) = 2\pi f_0 BD \quad (10-5-2)$$

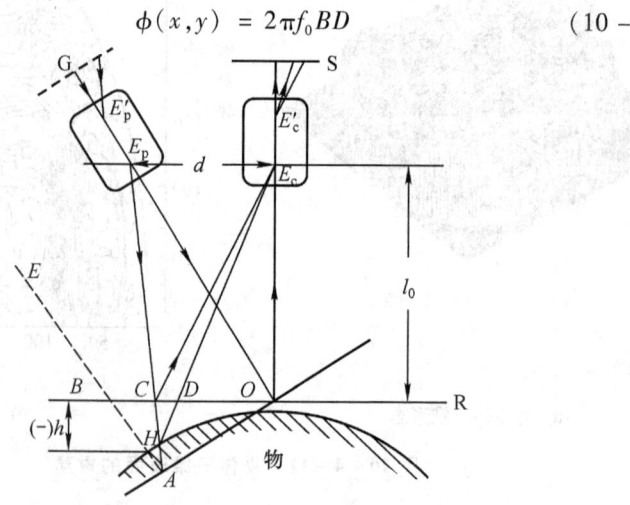

图 10-5-1 FTP 测量系统光路

当 $h(x,y) = 0$,即对参考平面 R 测量时,变形光栅像为

$$g_0(x,y) = \sum_{n=-\infty}^{\infty} A_n \exp\left\{ j[2\pi n f_0 x + n\phi_0(x,y)] \right\} \quad (10-5-3)$$

式中,$\phi_0(x,y) = 2\pi f_0 BC$。对式(10-5-1)的变形光栅像进行一维傅里叶变换,

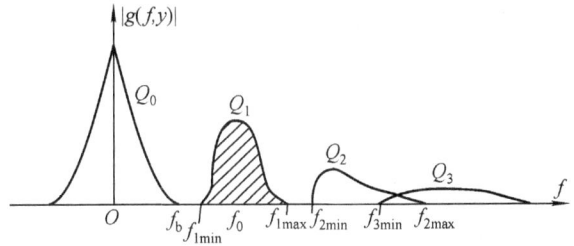

图 10 – 5 – 2 变形光栅象的空间频谱

对于某一固定的 y 坐标,其傅里叶变换谱如图 10 – 5 – 2 所示。在对频谱滤波,取出图中阴影所示的基频分量,然后作逆傅里叶变换后光场分布变为

$$g(x,y) = A_1 r(x,y)\exp\{j[2\pi f_0 x + \phi(x,y)]\} \quad (10-5-4)$$

对式(10 – 5 – 3)进行相同的运算得到

$$g_0(x,y) = A_1 \exp\{j[2\pi f_0 x + \phi_0(x,y)]\} \quad (10-5-5)$$

$\phi_0(x,y)$ 是由于投影系统的出瞳 E_p 在有限远所引入的附加相位调制,这时结构光场的照明是发散的。当投影系统的出瞳位于无穷远时,在参考平面上的相位分布是线性的,附加相位调制 $\phi_0(x,y)$ 等于零。在这种情况下,图 10 – 5 – 1 中入射线 $E_p A$ 变为 EA,即与光轴 $E_p O$ 平行。对于发散照明情况,单纯由高度引起的相位调制 $\Delta\phi(x,y)$ 为

$$\Delta\phi(x,y) = \phi(x,y) - \phi_0(x,y) = 2\pi f_0 \overline{CD} \quad (10-5-6)$$

这一相位调制可从公式(10 – 5 – 4)和式(10 – 5 – 5)通过下列运算得到

$$\Delta\phi(x,y) = \mathrm{Im}\{\ln[g(x,y)\ g_0^*(x,y)]\} \quad (10-5-7)$$

式中,* 表示共轭运算;$\mathrm{Im}\{\}$ 表示取复数的虚部。利用三角形 HCD 和 $HE_p E_c$ 的相似关系,可以得到所需的三维面形 $h(x,y)$ 为

$$h(x,y) = \frac{l_0 \Delta\phi(x,y)}{\Delta\phi(x,y) - 2\pi f_0 d} \quad (10-5-8)$$

10.5.2 FTP 方法的测量范围

由于 FTP 方法使用了傅里叶变换和在频域中的滤波运算,只有频谱中的基频分量对于重建三维面形是有效的,因此防止频谱混叠的要求限制了 FTP 可测量的最大范围。下面给出定量分析。

类似频率调制信号的瞬时频率概念,定义第 n 级频谱的局部空间频率为

$$f_n = \frac{1}{2\pi} \cdot \frac{\partial}{\partial x}[2\pi f_0 x + n\phi(x,y)]$$

$$= n f_0 + \frac{n}{2\pi}\frac{\partial\phi(x,y)}{\partial x} \quad (10-5-9)$$

从图 10-5-2 可以看出,为了防止一级频谱分量与其他各级频谱混叠,必须满足下列条件

$$(f_1)_{\min} > f_b$$
$$(f_1)_{\max} < (f_n)_{\min} \quad (n>1) \tag{10-5-10}$$

将式(10-5-9)代入,得到

$$nf_0 - \frac{n}{2\pi}\left[\frac{\partial \phi(x,y)}{\partial x}\right]_{\min} > f_0 + \frac{1}{2\pi}\left[\frac{\partial \phi(x,y)}{\partial x}\right]_{\max} \quad n>1$$

$$f_0 + \frac{1}{2\pi}\left[\frac{\partial \phi(x,y)}{\partial x}\right]_{\min} > f_b \tag{10-5-11}$$

一个更安全更实用的条件为

$$nf_0 - \frac{n}{2\pi}\left|\frac{\partial \phi(x,y)}{\partial x}\right|_{\max} > f_0 + \frac{1}{2\pi}\left|\frac{\partial \phi(x,y)}{\partial x}\right|_{\max} \quad n>1$$

$$f_0 - \frac{1}{2\pi}\left|\frac{\partial \phi(x,y)}{\partial x}\right|_{\max} > f_b \tag{10-5-12}$$

式中,$\left|\frac{\partial \phi(x,y)}{\partial x}\right|_{\max}$ 表示 $\left[\frac{\partial \phi(x,y)}{\partial x}\right]_{\max}$ 和 $\left[\frac{\partial \phi(x,y)}{\partial x}\right]_{\min}$ 中较大的一个值。

上述条件可以进一步简化为

$$\left|\frac{\partial \phi(x,y)}{\partial x}\right|_{\max} < \left(\frac{n-1}{n+1}\right)2\pi f_0 \quad (n>1)$$

$$\left|\frac{\partial \phi(x,y)}{\partial x}\right|_{\max} < 2\pi(f_0 - f_b) \tag{10-5-13}$$

因为在大多数情况下,f_b 小于 $f_0/2$,而 $(n-1)/(n+1)$ 随 n 单调增加,所以实际的限制条件是

$$\left|\frac{\partial \phi(x,y)}{\partial x}\right|_{\max} < \frac{2\pi}{3}f_0 \tag{10-5-14}$$

在讨论最大测量范围时,可以假定 $\phi(x,y)$ 大于 $\phi_0(x,y)$,在一个实际系统中还可假定 $l_0 \gg h(x,y)$,于是有

$$\phi(x,y) \approx \Delta\phi(x,y) \approx -\frac{2\pi f_0 d}{l_0}h(x,y) \tag{10-5-15}$$

将式(10-5-15)代入式(10-5-14),最后得到的限制条件是

$$\left|\frac{\partial h(x,y)}{\partial x}\right|_{\max} < \frac{l_0}{3d} \tag{10-5-16}$$

这个条件表明,最大的测量范围并不受高度分布 $h(x,h)$ 本身的限制,而是受到高度分布在与光栅垂直的方向上变化率限制。虽然增加 l_0/d 也可以增加测量范围,但这同时意味着降低了系统的灵敏度。所以在不降低系统的灵敏度

的前提下增加测量范围才有实际意义。

10.5.3 一种改进的方法[10-50,10-51]

如果考虑一种理想的情况,在空间频域只存在基频分量,这时基频分量中的最低频率可以扩展到零,而较高的频率可以扩展到$2f_0$,而不产生频率混叠,因而可以在不改变系统其他参数的条件下明显地扩大测量范围。1990 年提出的一种改进的傅里叶变换轮廓术(Improved Fourier Transform Profilometry,简称 IFTP),将 FTP 方法的测量范围扩大 3 倍。

新的方法采用正弦光栅投影代替朗奇光栅投影,同时采用 π 相位技术获取另一个 π 相移的变形条纹图像。当使用正弦光栅投影时,由成像系统得到的在物体表面上的变形光栅像可以表示为

$$g(x,y) = a(x,y) + b(x,y)\cos[2\pi f_0 x + \phi(x,y)] \quad (10-5-17)$$

在变形光栅像中,只存在零级和一级频谱分量,这意味着基频分量在高端可以扩展到$2f_0$而不发生频谱混叠。为了消除零级分量的影响,可以让投影光栅移动 1/2 个周期,即产生 π 相位移动。这就要求观察光场抽样二次,二次抽样之间光栅沿与栅线垂直方向移动半个周期,二次抽样可以表示为

$$g_1(x,y) = a(x,y) + b(x,y)\cos[2\pi f_0 x + \phi(x,y)] \quad (10-5-18)$$

$$g_2(x,y) = a(x,y) + b(x,y)\cos[2\pi f_0 x + \phi(x,y) + \pi]$$

$$= a(x,y) - b(x,y)\cos[2\pi f_0 x + \phi(x,y)] \quad (10-5-19)$$

两式相减可以得到

$$g(x,y) = 2b(x,y)\cos[2\pi f_0 + \phi(x,y)] \quad (10-5-20)$$

由此可见,采用正弦投影光场和 π 相移技术后,只留下基频分量。由$a(x,y)$引起的零级分量和其他高次分量已被抑制。所以基频分量的频带,在低端可以扩展到零,在高端可以扩展到至少$2f_0$。于是可以得到一个新的条件

$$\left|\frac{\partial \phi(x,y)}{\partial x}\right|_{\max} < 2\pi f_0 \quad (10-5-21)$$

$$\left|\frac{\partial h(x,y)}{\partial x}\right|_{\max} < \frac{l_0}{d} \quad (10-5-22)$$

与式(10-5-16)和式(10-5-22)相比较,在系统其他参数保持不变的情况下,改进的方法比原有的方法测量范围扩大 3 倍。

实际上正弦光栅投影的要求是过于严格了。实验和理论已经证明,采用离焦投影的朗奇光栅所形成的准正弦光场也可以在很大程度上抑制高阶分量,得到与正弦光栅投影类似的结果。

10.5.4 动态过程三维面形测量

在三维面形测量方法中,傅里叶变换轮廓术的主要优点是只需要采集一帧变形条纹图像,因此特别适合于动态过程的三维面形测量。动态过程的三维面形是随时间变化的量,如果能够沿时间轴对它抽样,那么单独对于每一个时刻来说,仍然可以用类似传统 FTP 方法来进行测量。

用于动态三维测量的系统光路结构与传统静态 FTP 一样,首先将一片朗奇(或正弦)光栅投影到参考平面,通过 CCD 记录下参考平面上的光强分布;然后再将光栅投影到待测物体的表面,当物体处于动态变化过程中时,用 CCD 进行快速摄像,记录下一系列变形条纹的强度分布。

为了讨论和数据处理的方便,将成像系统拍摄获得的参考平面上的条纹定义为零时刻($t=0$)获得的无形变"变形"条纹,可以将公式(10-5-3)改写为

$$g_0(x,y) = g(x,y,t=0) = g(x,y,0)$$
$$= \sum_{n=-\infty}^{+\infty} A_n r(x,y,0) \exp\{i[2n\pi f_0 x + n\phi(x,y,0)]\}$$

$$(10-5-23)$$

这样一来,CCD 拍摄到的参考平面和处于动态变化过程中的物体表面上的一系列变形条纹的强度分布就可统一写成

$$g(x,y,t) = \sum_{n=-\infty}^{+\infty} A_n r(x,y,t) \exp\{i[2n\pi f_0 x + n\phi(x,y,t)]\} \quad t=0,1,2,\cdots,s$$

$$(10-5-24)$$

式中,A_n 是傅里叶级数的系数;$r(x,y,t)$ 是不同时刻拍摄对象表面上的非均匀反射率分布函数;$\phi(x,y,t)$ 是不同时刻由于拍摄对象表面高度变化所引起的相位调制;s 为拍摄到的变形条纹总帧数。对随时间变化的变形条纹的强度分布函数 $g(x,y,t)$ 进行傅里叶变换,在得到的频谱分布中,基频包含了所需的相位信息。通过频域滤波,将其中的基频分量滤出来,然后对滤波后的基频分量进行逆傅里叶变换,得到的复分布为

$$\hat{g}(x,y,t) = A_1 r(x,y,t) \exp\{i[2\pi f_0 x + \phi(x,y,t)]\} \quad t=0,1,2,\cdots,s$$

$$(10-5-25)$$

从投影光路的几何关系可以看出,物体每个时刻的高度信息被编码在三维相位分布 $\phi(x,y,t)$ 中,而 $\Delta\phi(x,y,t) = \phi(x,y,t) - \phi(x,y,0)$ 对应着待测物体各个时刻的真实高度分布 $h(x,y,t)$,因此只需要求出 $\Delta\phi(x,y,t)$ 后再利用相位和高度的对应关系式

$$h(x,y,t) = \frac{l_0 \Delta\phi(x,y,t)}{\Delta\phi(x,y,t) - 2\pi f_0 d} \approx -\frac{l_0 \Delta\phi(x,y,t)}{2\pi f_0 d} \quad (10-5-26)$$

即可恢复出运动变化物体每个时刻的三维表面形态高度分布。

应该指出,计算得到的 $\phi(x,y,t)$ 同样被截断在反三角函数的主值范围内,因而是不连续的,需要进行三维相位展开,以确保三维相位场在二维平面 (x,y) 上的连续性和在时序上 (t) 的前后关联性。

动态过程三维面形测量在机器视觉、流体力学、高速旋转、材料变形、应力分析、振动分析、碰撞变形、爆轰过程、生物医学等领域具有重要意义和应用价值[10-48]。例如:将频闪效应与动态三维面形测量技术相结合,形成频闪结构光动态三维面形测量系统,用来完成高速旋转与瞬态过程中三维面形测量工作[10-49,10-50]。图10-5-3是旋转风扇叶片的动态面形测量结果,风扇转速为1080 r/min,图中显示了从风扇开始旋转到相对稳定的过程中,叶片某一剖面变形的情况。从这个结果可以清晰地看出,随着旋转的加快,叶片面上离转轴中心越远的区域变形量越大;当风扇转动频率越接近相对稳定时,变形量也逐渐趋于稳定值。

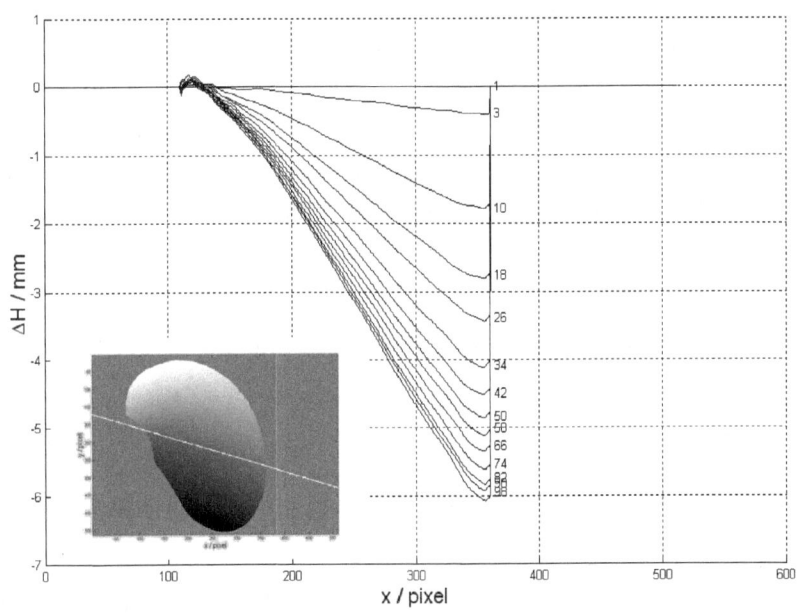

图 10-5-3 旋转风扇叶片的动态面形测量结果

动态三维面形测量技术也可用于流体力学中液面旋涡生成分析。图10-5-4是液面旋涡生成动态液面测量结果,图中显示了某一时刻液面旋涡的形态和每一时刻的旋涡剖面图。液面旋涡生成过程三维数字化的结果为流体力学分析提供了有利的手段。

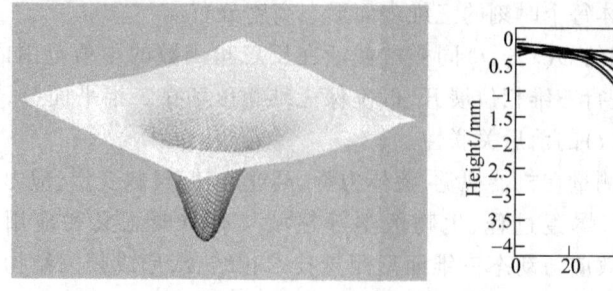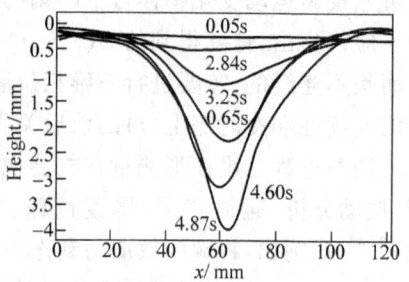

图 10-5-4 液面旋涡生成的动态面形测量结果

10.6 调制度测量轮廓术

前面介绍的相位测量轮廓术和傅里叶变换轮廓术是基于三角测量原理,即通过分析受物面调制的投影条纹的变形情况获取空间信息。由于条纹投影方向和观察方向之间存在一个角度,所以这种方法受到阴影、遮挡、相位截断的限制,不能测量剧烈的面形变化。飞行时间法虽然可以实现垂直测量,但因空间信息是靠光线的时间差得到的,对信号处理的时间分辨率有特别高的要求,所以一般用于大范围绝对距离测量。调制度测量轮廓术(Modulation Measurement Profilometry,简称 MMP)是一种新的光学三维轮廓测量方法[10-52,10-53]。它完全基于投影到待测物面上的正弦条纹的调制度分布,并且投影方向和探测方向一致,所以可以实现对物体的垂直测量,不用求解相位和相位展开,亦即可以测量物表面高度剧烈变化或不连续的区域。此方法对三维传感及机器视觉的应用具有重要的意义。

10.6.1 基本原理

将一正弦光栅投影到物体上,从与投影方向相同的方向上探测被测物体上的条纹图形,物体上的光强分布可表示为

$$I(x,y) = I_0 B(x,y) \{ 1 + C(x,y)\cos[2\pi fx + \phi_0(x,y)] \} \quad (10-6-1)$$

式中,I_0 是偏置强度;$B(x,y)$ 表示表面不均匀的反射率;$C(x,y)$ 是投影条纹的对比度;f 是投影条纹空间频率;ϕ_0 是初相位。在正弦光栅的成像面上,条纹对比度最大,而在成像面前后,即离焦像面上条纹对比度降低,在光轴方向就有一对比度分布,如图 10-6-1 所示。

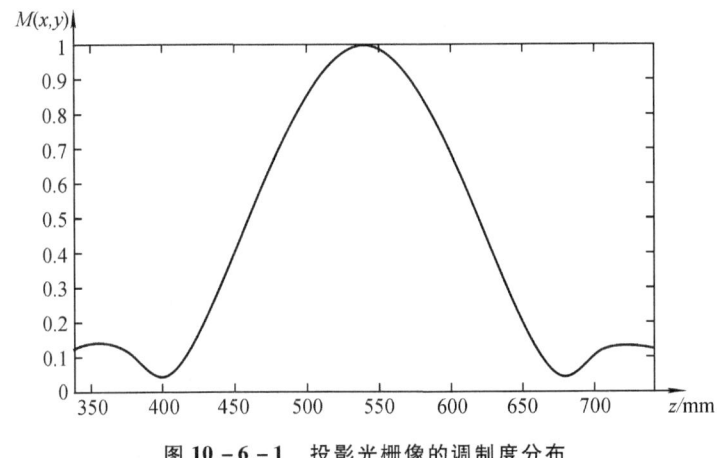

图 10-6-1 投影光栅像的调制度分布

为计算调制度,在与正弦光栅条纹垂直的方向上,以等间距移动光栅 $L(L \geq 3)$ 次,总移动量为一个光栅周期,则可得 L 帧条纹图,由此就可计算对应点的调制度。

考虑某一点的所有相移强度值,该点条纹的调制度函数 $M(x,y)$ 定义为

$$M(x,y) = \sqrt{\left[\sum_{i=0}^{L-1} I_i(x,y)\sin(2i\pi/L)\right]^2 + \left[\sum_{i=0}^{L-1} I_i(x,y)\cos(2i\pi/L)\right]^2}$$

(10-6-2)

此处 I_i 是第 i 次相移的强度值。

将方程式(10-6-1)带入方程式(10-6-2)可得如下表达式

$$M(x,y) = \frac{1}{2}LI_0 B(x,y)C(x,y) \qquad (10-6-3)$$

由此可知,调制度函数 $M(x,y)$ 与条纹对比度 $C(x,y)$ 成正比。在 MMP 测量中的调制度实际相当于就是条纹对比度。在光栅像平面上的像素点调制度最大,在光栅像平面前后的像素点调制度变小。在实际测量中,通过前后移动投影系统,保持探测系统和物体的相对位置不动,则可由物体纵深范围内的调制度三维分布得到待测物体的空间信息。

获取条纹调制度信息的另一种方法是利用傅里叶分析获取条纹调制度。简单来说,是将获取的一帧条纹图进行傅里叶变换,然后滤出傅里叶频谱中的基频成分,并作逆傅里叶变换,最后得到物面的条纹调制度信息。

10.6.2 信息处理方法

MMP 测量的装置如图 10-6-2 所示。在测量过程中,保持待测物体、分束

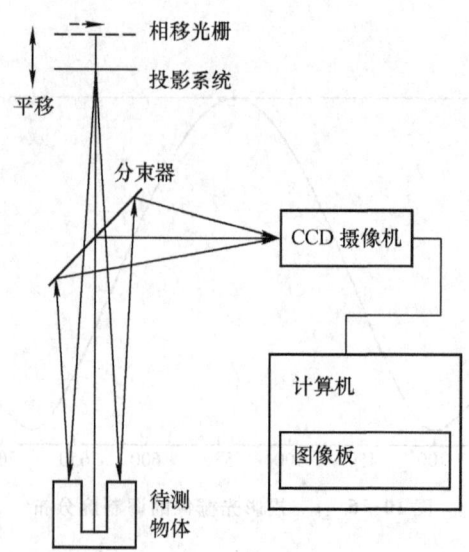

图 10-6-2 调制度测量轮廓术装置图

器、CCD 摄像机的位置不动，在投影光轴方向依次平移投影系统，使光栅的成像面扫描待测物体的纵深范围。对于相移方法，每次平移后在同一扫描面上利用相移技术获得 L 帧条纹图，由此 L 帧条纹图计算这一扫描面上所有像素点的调制度。对于傅里叶变换方法，只需一帧条纹图就可计算得到物面的条纹调制度信息。如果总平移次数为 N，则在 CCD 面阵上，相对于时间轴，就有 N 帧调制度图，如图 10-6-3 所示。对于同一像素点，就有 N 个调制度值，如图 10-6-4 所示，图中平移次数为横坐标，调制度值为纵坐标，此即 CCD 面阵上这一像素点在平移过程中的调制度分布。因为平移次数是分立的整数，所以有可能调制度最大的真实位置处于两个整数之间，这就需要用一定的算法求出调制度最大的位置。因为在几何光学近似下像平面前后的调制度分布可看做是对称的，可以采用的方法之一是在测得最大调制度的位置后，向两边取一定数目的调制度值，然后求出这些调制度值的重心位置作为调制度最大的真实位置。

如果求重心后，t 是最大调制度的真实位置且处于两个相邻的平移次数 $m-1$ 和 m 之间（$m-1$、m 是整数且 $0 \leqslant m-1$、$m \leqslant N$），则此像素点相对于参考平面的高度为

$$l_t = l_{m-1} + [t-(m-1)](l_m - l_{m-1}) - l_0 \qquad (10-6-4)$$

在式 (10-6-4) 中 l_0、l_{m-1}、l_m 分别是投影系统移动前、移动到第 $m-1$ 次位置、移动到第 m 次位置时与参考平面的距离。

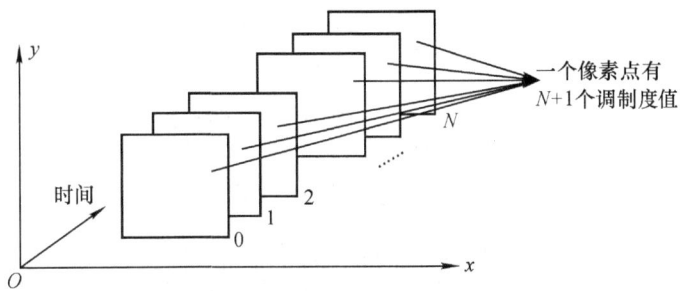

图 10 – 6 – 3　相对于时间轴的 N 幅调制度图

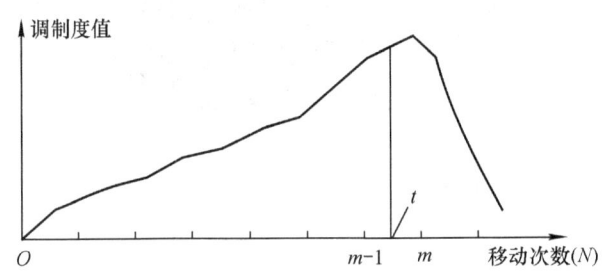

图 10 – 6 – 4　在平移过程中一像素点上的调制度分布

10.6.3　测量实例

实验系统如图 10 – 6 – 2 所示，被测物体选用的是一中心带孔（上面是方孔，下面是圆孔）的圆台模型。圆台外周和圆孔均具有垂直边界，因此用三角测量的其他方法，例如相位测量轮廓术、傅里叶变换轮廓术等，由于阴影的影响，将无法得到完整的三维面形分布。

在实验中，光栅投影系统的平移次数 N 为 24，每次平移后的相移次数为 5，总共采集 120 帧条纹图，并计算得到 24 帧调制度图。每帧图的数据量为 512×512，即在 512×512 的面上每个像素点有 24 个值。采用重心算法可以找出调制度最大的确切位置，并最后得到物体的高度分布如图 10 – 6 – 5 所示。可以看出圆台中心的上部为一方孔，下部为一圆孔，物体本身的总高度为 52 mm，测量精度为 0.5 mm。图中还给出物体的截面图。所有基于三角测量的三维传感方法的弱点是不能测量阴影区域。但在调制度测量轮廓术中，因为投影方向和观察方向一致，所以就没有阴影、遮挡等问题，亦即可测量高度有剧烈变化和空间不连续的复杂物体。调制度测量轮廓术对获取复杂物体的三维数据具有良好的应用前景。

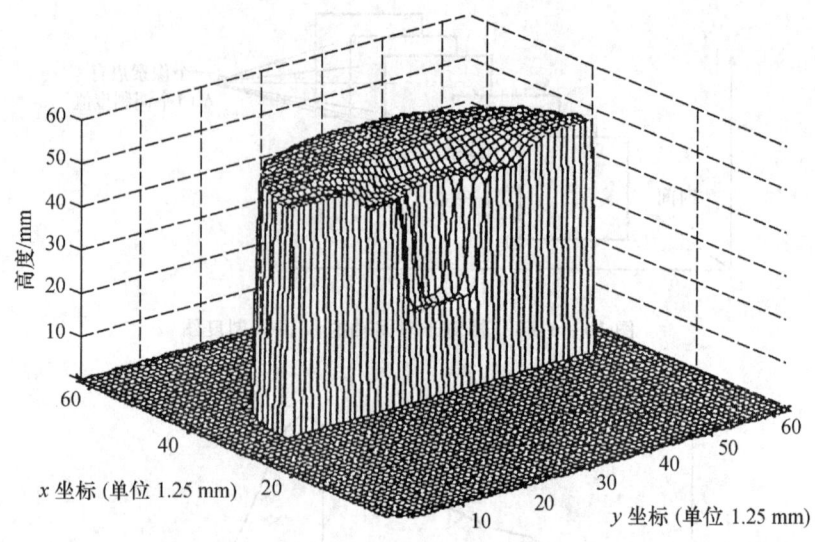

图 10-6-5 被测物体的高度分布

10.7 其他光学三维轮廓测量方法

10.7.1 采用激光扫描的三维共焦成像

采用激光扫描的三维共焦成像系统可以得到高分辨的三维像,已在材料科学、生物医学等领域应用。共焦激光扫描显微镜采用可见光或红外激光作为光源,被测试的物体由激光束顺序扫描,物体表面的散射光由检测器接收后通过计算机数据处理形成一个焦平面上的 $x-y$ 坐标显示图像,焦平面是 z 方向对物体的扫描形成共焦像序列,从而产生高分辨的三维显示。

共焦扫描光学系统的原理如图 10-7-1(a) 所示,三维共焦像的形成如图 10-7-1(b) 所示。在共焦成像系统中,照明光源被聚焦在物体表面的一个点上,一个二维光束扫描器由两个扫描反射镜构成(图中未画出详细结构),使扫描点在物方共焦平面上作 $x-y$ 方向的二维扫描,从物体表面散射的光线经同一个二维光束扫描器和半透半反镜成像在带针孔的隔板上,由针孔后方的探测器接受形成共焦像。如果让系统沿 z 方向移动以改变共焦平面的位置,可以得到一系列的共焦像。对于一个固定的 (x,y) 坐标点,其共焦像序列的强度分布如图 10-7-2 所示。图中,横坐标代表 z 轴距离,纵坐标代表接受信号的强度,强度最大的位置对应物体上 (x,y) 点的 z 坐标。因此,寻找每一个 (x,y) 点的共焦像序列的强度最大值,就可以计算出完整的三维图像。例如:一种用于眼底测量

10.7 其他光学三维轮廓测量方法 · 373 ·

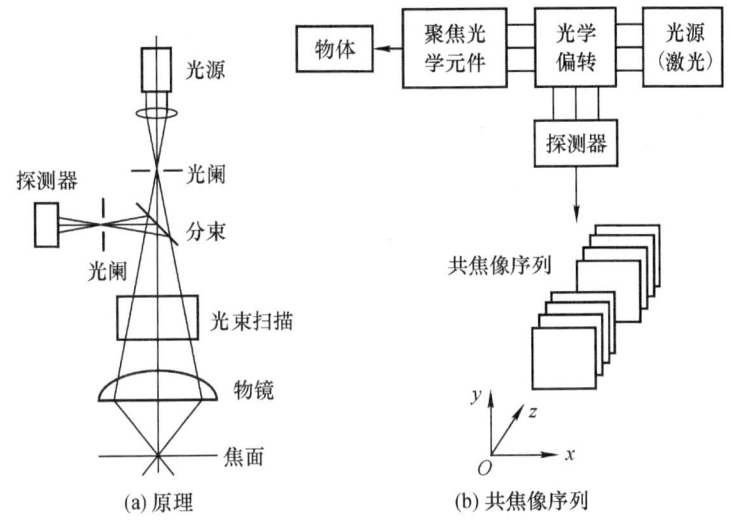

图 10-7-1 三维共焦成像系统

的共焦激光扫描显微镜,在测量过程中需要获取 32 个共焦像,共焦像对应的 z 方向深度为 0.50~4.0 mm,也就是说,相邻的两个共焦平面的间距为 16~130 μm。在图像系统中,每个共焦像由 256×256 个像素构成,数据精度为 8bit。因此,每次测量所获取的数据量约为 2MB,采用 80486 微机作数据处理,一幅三维图像的抽样时间大约为 1.5 s,计算时间大约为 90 s。

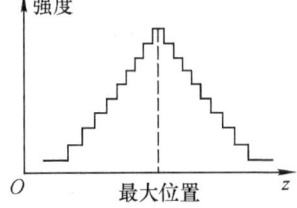

图 10-7-2 固定点共焦像序列强度分布

10.7.2 飞行时间法

飞行时间法(Time of flight,简称 TOF)[10-7]是基于直接测量激光或其他光源脉冲的飞行时间来确定物体面形的方法。飞行时间法距离测量技术与三角法一样也有悠久历史。人们很早就知道从闪电和雷声之间的时间延迟来判断雷电区的距离,某些动物视觉系统就是很好的飞行时间测量系统,例如蝙蝠的视觉系统。飞行时间的原理是相当简单的,一个信号载波(例如声波或光波)以已知的速度从测量系统发出,再从物体表面反射回到观察系统,测量时间的延迟就可以确定距离。为了得到三维面形信息,信号束必须对整个景物扫描。TOF 系统原理如图 10-7-3 所示,已知传播速度 v 和被测的飞行时间 Δt,则距离 z 可以表示为

$$z = kv\Delta t \qquad (10-7-1)$$

式中,k 是系统几何参数确定的常数。如果信号从被测系统传播到被测物面,然

后原路返回接收器,则 $k = 1/2$。这时可以避免在三角测量法中所碰到的由于阴影产生的"盲点"问题。方程式(10-6-5)与三角法中的基本方程例如式(10-2-12)的本质区别在于,距离是被测量 Δt 的线性函数,而且重要的定标因子 v 并不受测量系统的控制,也就是说,TOF 方法不容易改变精度以适应不同的测量范围。另一个不同点在于,在三角法中通过提高成像光点位置的空间分辨精度来获得距离的测量精度,而 TOF 是以对信号检测的时间分辨精度来换取距离测量精度。

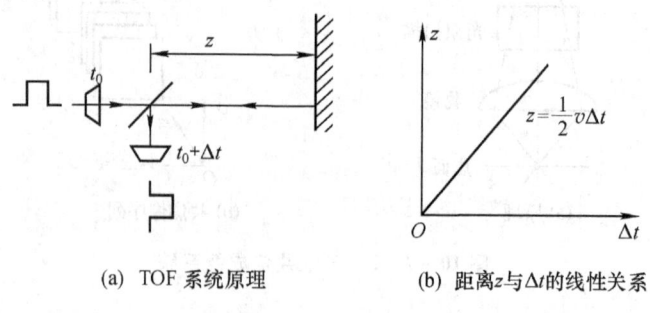

(a) TOF 系统原理　　　　(b) 距离 z 与 Δt 的线性关系

图 10-7-3　飞行时间法

1. 单脉冲技术

最初的 TOF 系统是单脉冲系统,该系统使用发射短脉冲的固体激光器。由于定时精度的限制,这种系统只具有较低的测量精度。改进信噪比的一个方法是对一个测点重复多次测量,即以时间换取精度。

2. 线性调频技术

在单脉冲情况下,被传递的信号的时间带宽积为 1。因此可以考虑用时间-带宽积大于 1 的信号来提高信噪比和测量精度,通常采用的一种方法是发射线性调频信号,即在发射期间频率线性变化的信号,这不仅提高了信噪比,而且提供了一种方便的获取距离信息的方法。

3. 相位检测技术

对时间的测量可以通过对调制光波的相位测量来实现。图 10-7-4 是采用相位检测技术的 TOF 系统框图。一个扫描镜系统将光束投射到被测物体一个点上,然后共轴返回,由光电倍增管接收。系统采用 15 mW 的 He-He 激光作光源,光束经 9 MHz 的调制器调制后投射到物体接收的信号经 9 MHz 的滤波器后与基准信号比较,然后从相位变化计算出距离的变化。

4. 小结

飞行时间法可以避免三角法中"盲点"问题,是一种很有前景的方法。但是由于光波的速度为 3×10^8 m/s,为了达到较高的距离测量精度,对于定时系统的时间分辨率有特别高的要求,这给技术上的实现带来困难。近年来高分辨阵列

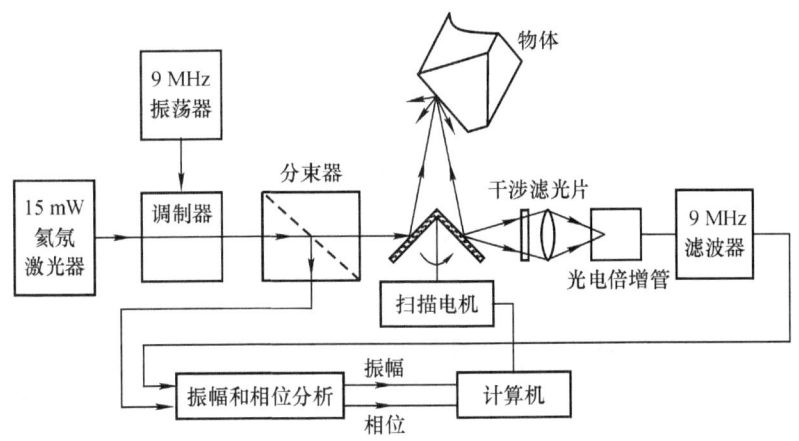

图 10-7-4 采用相位检测技术的 TOF 系统

型探测器和扫描技术的发展,使得基于位置检测的三角测量技术迅速发展,成为三维面形测量技术的一个主要发展方向。传统的飞行时间法的分辨率不高,约为 1 mm。若采用亚皮秒脉冲,分辨率可以达到亚毫米。目前采用时间相干的单光子计数法(single photon counting method),测量 1 m 的距离,深度分辨率可以达到 30 μm。飞行时间法在本质上的一些特点,将随高速电子器件的发展和系统定时精度的提高而得以充分发挥。飞行时间法与三角测量法一样将在三维面形传感领域发挥重大作用。

10.7.3 三维电视摄像机

这种摄像机采用红外 LED 光源,光源发出三角波调制的光照射被测物体,摄像机通过将上行的和下行的强度调制光与超快速快门照相机结合完成同步深度探测,并实时计算出深度信息。与同一个摄像机同时获取的可见光图像相结合,形成包括深度信息的三维视频图像。深度探测基于这样一个原理:如果照明光的强度以与光速可比较的速度变化,对物体超快速拍摄图像的强度依赖于摄像机与物体之间的距离。图 10-7-5 阐述了这个原理。

结合图 10-7-5 进一步阐述这个原理。图中显示了系统中各主要部件的安排。可见光路为获取色彩图像的光路,物体反射的可见光经过照相机透镜、分光镜和中继透镜,产生的彩色图像被一普通的电视摄像机捕获。红外光路表示的为获取深度图像的光路,近红外 LED 阵列用作强度调制光源,因为它们提供快速、直接的调制性能,且近红外光的波长为 850nm,在可见光的范围之外,因而不会和其他的可见光发生干扰。LED 照明光源发出三角调制光波,该光波从待

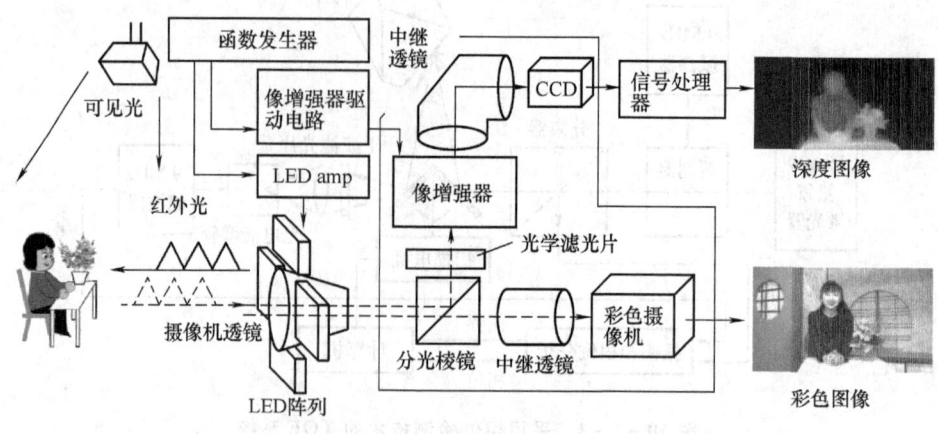

图 10-7-5 三维电视摄像机原理图

测物体特定点反回,三角光波的周期和快门开启的周期是相同的,因此特定点 P 反射回的光强度在每次快门开启的瞬间都能近乎相同的捕获到。从待测物体特定点 P 反射回的三角波和 LED 照明光源发出的三角波相比延迟 $\Delta t = 2d/v$,这是光传播一个回合所需要的时间,其中 d 表示从摄像机到点 P 的距离,v 表示光速。假定在 CCD 照相机前面的超快速快门开启的时间明显小于三角调制光波的周期。如果在三角调制波的上升沿开启快门,在曝光时间内入射到 CCD 照相机的光强随着与物体间距离 d 的增加而递减,因为随着距离的增加,延迟时间变大。在这个照明周期内,CCD 照相机的入射光强越小意味着与物体的距离越大。另一方面,如果在三角调制波的下降沿开启快门,在曝光时间内,入射到 CCD 照相机的光强随着与物体间的距离 d 递增,也是因为随着距离的增大,延迟时间变长,CCD 照相机的入射光强越大意味着距离越长。如上所述,对于任意的视频帧,不管是在三角调制波的上升沿还是下降沿开启快门,入射光强度都提供距离信息,即快门捕获的光强度都是待测物体的深度信息 d 的函数。因此,即使只使用上升沿或者下降沿时开启快门,捕获一种类型的光强,都可以反过来推导出深度信息。注意到反射回的光强还和带测物体表面的反射系数有关,物体表面反射率对深度分辨率的影响较大。将三角调制波的上升沿图像和下降沿图像结合起来就能消除反射系数的影响,从而隔离出距离信息。通过这个系统可同时得到深度图像和色彩图像,它直接由强度信息转化为深度信息,而没有相位信息量的直接参与,它的最大优点是能实时地捕获物体的深度信息和彩色信息,它的实时性和直接记录景深值,是它在虚拟演播室技术等领域中发挥巨大作用的重要原因。而其他三维测量方法大都只是实时获得某种间接的信息,例如变形条纹图像,然后进行处理,从这种信息中提取深度信息。

习 题

10.1 试比较被动三维传感和主动三维传感系统的原理、系统结构、适用范围和优缺点。

10.2 在三角测量法中通常采用的三种坐标系如图 10-2-2 所示。试推导三种坐标关系中,物体的距离或高度 z 与测量变量 Δx 之间的关系式,即三角测量法中的测量方程。

10.3 为什么说激光散斑对三角法测量精度具有重要影响?试解释公式(10-2-16)和公式(10-2-17)的物理含义,并说明如何提高激光三角法测量精度。

10.4 在相位测量剖面术中,由于变形光栅像与传统的干涉条纹图相类似,因此变形光栅像有时又被称为"干涉图"。在干涉计量中,光波长被作为度量微观起伏的尺度,而在相位测量剖面术中与投影条纹间距有关的"等效波长"被作为度量三维宏观面形的尺度。试比较这两种方法在物理概念上和条纹处理方法上的异同性。

10.5 由于实际得到的相位数据是一个二维的抽样点阵列,所以相位展开应针对二维进行。例如:首先沿二维数据阵列中某一列进行相位展开,然后以该列展开后的相位为基准,沿每一行进行相位展开,得到连续分布的二维相位函数。模仿一维相位函数的相位展开过程,推导二维截断相位函数 $\phi_w(i,j)$ 展开过程的数学表达式。

10.6 采用远心光路的 PMP 系统如图 10-4-2 所示。设图中 $\theta=30°$,$\theta'=0°$,在参考平面上看到的投影正弦光栅是等周期分布的,其周期 $P_0=5$ mm,求该系统的等效波长。如果系统对条纹相位的测量精度为 $2\pi/100$,求系统的测量精度。试讨论提高系统的测量精度的方法。

10.7 相位测量轮廓术和傅里叶变换轮廓术是基于三角测量原理,试比较调制度测量轮廓术与上面两种方法在原理上的区别,并比较三种方法的测量精度。

10.8 飞行时间法(TOF)是基于直接测量激光或其他光源脉冲的飞行时间来确定物体面形的方法。图 10-7-4 是采用相位检测技术的 TOF 系统框图,对时间的测量可以通过对调制光波的相位测量来实现。光束经 9 MHz 的调制器调制后投射到物接收的信号经 9 MHz 的滤波器后与基准信号比较,然后从相位变化计算出距离的变化。假定相位的测量精度为 $2\pi/100$,求系统的测量精度。

如果保持相位的测量精度不变,光束的调制频率提高到 90 MHz,系统的测量精度是多少?

10.9 为什么在三维电视摄像机中必须将三角调制波的上升沿图像和下降沿图像结合起来才能消除物体表面反射系数的影响?

第11章 全息散斑干涉计量

光学信息处理技术的另一个重要应用是全息散斑干涉计量。众所周知,光的干涉是精密计量的一个重要方法。用于计量的传统的光的干涉是在两束相对平滑的波阵面之间发生的,该方法直到20世纪50年代还不能用于散射表面的测量。这是因为在散射光场之间或散射光场与平滑的波阵面进行干涉时干涉条纹的分布过于复杂密集,且散射光场与散射表面之间的关系难于定量计算。60年代初,激光的产生促进了全息术的发展,由于全息术具有三维记忆功能,它可以将存在于不同时间域和空间域中的随机光场波阵面引入同一时间域和空间域中,为仅用于检测光学平滑表面的光干涉技术扩展到光学粗糙表面的检测提供了可能。从1965年的最早报道[11-1~11-3]之后,围绕不同的应用对象提出了许多方法[11-4]。对测量结果的分析也由对拍摄的全息干涉图做手工分析,发展成计算机条纹自动判读[11-5]。同时激光散斑测量自1968年关于散斑照相方法[11-6]发表以来,发展出各种不同的散斑测量方法[11-7],且与全息干涉测量方法结合产生了可以测量三维变形的全息-散斑干涉法[11-8]。最初建立在光程差分析基础上的全息干涉条纹形成的理论也被能够更精确反映粗糙表面散射光干涉现象的统计光学理论所取代[11-9,11-10]。本章将从这一理论入手,研究全息散斑干涉计量技术。

11.1 光学粗糙表面散射光场的统计特性

全息散斑干涉过程中信息的载体是作为电磁波的光,测量的对象是光学粗糙表面及其有关物理量,如面型、应变、流场等。信息加载的方式很简单,激光照射到粗糙表面上,由该表面散射的光波场就成为携带了信息的载体。研究全息散斑干涉首先要建立光学粗糙表面散射的模型。光由产生、传播到接收的过程是一个多重随机过程,但是在本章讨论的范围内,只考虑具有良好单色性的激光光源,而且一般认为工作环境是不变的。因此我们约定把讨论的对象限制为单色的线偏振空间随机光场,只在某些必要的情况下特别指出时,才涉及时间变化的光场的随机特性。

11.1.1 物面系综上物表面散射光场的统计特性[11-11]

不失一般性,假设全息散斑干涉所测量的物表面为位于 x_0-y_0 的一个平面

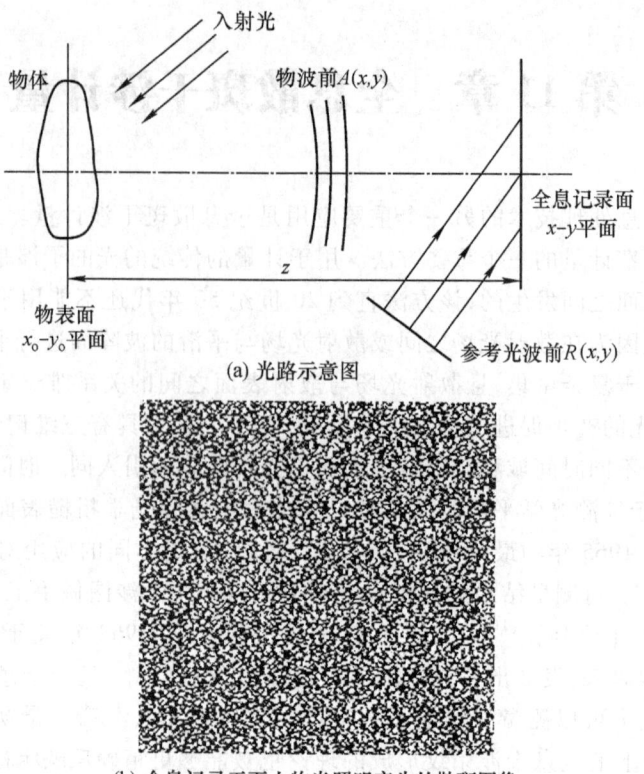

图 11-1-1 全息记录原理

(见图 11-1-1),其复反射率可表示为 $R(x_o,y_o) = r(x_o,y_o)\exp[j\phi(x_o,y_o)]$。照明光场复振幅为 $A_L(x_o,y_o)$,因而物表面散射光场可表示为

$$A_o(x_o,y_o) = R(x_o,y_o)A_L(x_o,y_o)$$
$$= r(x_o,y_o)A_L(x_o,y_o)\exp[j\phi(x_o,y_o)] \quad (11-1-1)$$

式中,$r(x_o,y_o)$ 与 $\phi(x_o,y_o)$ 是与表面特定散射基元有关的量,在物表面系综意义上,它们都是随机变量。由于照明光场一般都是空间缓变的量,散射光场特性主要由反射特性决定。大量实验表明,光学粗糙表面上的散射光场具有以下统计特性:

(1) 被测表面上各散射基元散射出的光场复振幅的模 $a(x_o,y_o)$ 与相位 $\phi(x_o,y_o)$ 彼此统计独立,不同散射基元散射出的光场复振幅彼此统计独立。

(2) 被测表面从光学上讲是粗糙的,即其表面起伏高度的标准差远大于照明光波的波长,以至于可以认为 $\phi(x_o,y_o)$ 在区间 $[-\pi,\pi]$ 上均匀分布,其概率密度函数为

$$P_\phi(\phi) = \begin{cases} \dfrac{1}{2\pi} & (-\pi,\pi) \\ 0 & (其他) \end{cases} \quad (11-1-2)$$

(3) 被测表面散射基元非常细微,与照明区域及测量系统在物面上所形成的点扩散函数的有效覆盖区域相比足够小,但与光波波长相比又足够大。由被测表面散射出的光场在物面上的相关函数可以表示为

$$J_{Ao}(\boldsymbol{r}_{o2}-\boldsymbol{r}_{o1}) = \langle A_o(\boldsymbol{r}_{o1})A_o^*(\boldsymbol{r}_{o2})\rangle = \langle I_o(\boldsymbol{r}_o)\rangle \delta(\boldsymbol{r}_{o2}-\boldsymbol{r}_{o1})$$
$$(11-1-3)$$

式中,运算符$\langle\cdot\rangle$表示系综平均运算;函数$\delta(\cdot)$为二维δ函数;$\langle I(\boldsymbol{r}_o)\rangle$为照明光场及物面宏观反射特性决定的空间缓变强度函数,矢量$\boldsymbol{r}$为坐标(x,y)的简写。该式表明,散射后物面光场不再是激光器发出的空间相干场,而是变成了严格空间非相干的。如果物表面的变化还是时间函数,严格相干的照明激光束还会变成时间部分相干场。

11.1.2 散射光场的一阶统计特性

描述光场的本质的量是复振幅,而有实际意义的量是可以记录和探测的光强。本小节不仅要讨论光场复振幅实部与虚部的联合统计特性,也要导出光强的统计特性。为了使讨论更具一般性,考察物面散射的光场经过一个线性系统传播后的光场

$$A(\boldsymbol{r}) = \int_\Sigma A_o(\boldsymbol{r}_o)h(\boldsymbol{r}-\boldsymbol{r}_o)\mathrm{d}\boldsymbol{r}_o \quad (11-1-4)$$

叠加积分中$h(\boldsymbol{r}-\boldsymbol{r}_o)$为传播权函数,$\Sigma$为照明区域。这就是众所周知的散斑场,参见图11-1-1(b)。当然一般散斑场并不要求通过线性系统才能产生,相干光照射到散射表面后传播到菲涅耳区以外都会生成散斑场。通过线性系统传播生成的散斑场是空间平稳的,便于在全息散斑干涉计量技术中应用,而且在多数情况下相干光照射到散射表面后的传播过程可以用线性系统模型做良好的近似,故本章内都假设传播过程是线性的。式(11-1-4)表明,散射光场即散斑场任一点处的复振幅的实部和虚部可表示为

$$A^R(\boldsymbol{r}) = \int_\Sigma [A_o^R(\boldsymbol{r}_o)h^R(\boldsymbol{r}-\boldsymbol{r}_o) - A_o^I(\boldsymbol{r}_o)h^I(\boldsymbol{r}-\boldsymbol{r}_o)]\mathrm{d}\boldsymbol{r}_o$$
$$A^I(\boldsymbol{r}) = \int_\Sigma [A_o^R(\boldsymbol{r}_o)h^I(\boldsymbol{r}-\boldsymbol{r}_o) + A_o^I(\boldsymbol{r}_o)h^R(\boldsymbol{r}-\boldsymbol{r}_o)]\mathrm{d}\boldsymbol{r}_o$$
$$(11-1-5)$$

由于$A^R(\boldsymbol{r})$和$A^I(\boldsymbol{r})$都是由来自照明区域内无数发光点元发出光场的叠加,根据中心极限定理,$A^R(\boldsymbol{r})$与$A^I(\boldsymbol{r})$都可以看成高斯随机变量,其统计特性可以由其统计平均值和方差完全确定。根据上述对物表面散射光场统计特性的基本假设,不难导出

$$\langle A^R(\boldsymbol{r})\rangle = \langle A^I(\boldsymbol{r})\rangle = 0 \qquad (11-1-6a)$$

$$\langle [A^R(\boldsymbol{r})]^2\rangle = \frac{1}{2}\int_\Sigma \langle I(\boldsymbol{r}_o)\rangle |h(\boldsymbol{r}-\boldsymbol{r}_o)|^2 d\boldsymbol{r}_o \qquad (11-1-6b)$$

$$\langle [A^I(\boldsymbol{r})]^2\rangle = \frac{1}{2}\int_\Sigma \langle I(\boldsymbol{r}_o)\rangle |h(\boldsymbol{r}-\boldsymbol{r}_o)|^2 d\boldsymbol{r}_o \qquad (11-1-6c)$$

$$\langle A^R(\boldsymbol{r})A^I(\boldsymbol{r})\rangle = 0 \qquad (11-1-6d)$$

这就是说，$A^R(\boldsymbol{r})$ 与 $A^I(\boldsymbol{r})$ 均值相同，方差相同，且互不相关。在随机过程理论中，满足上述条件的两个高斯随机变量称为联合圆对称的，其联合密度函数为

$$P_{R,I}[A^R(\boldsymbol{r}),A^I(\boldsymbol{r})] = \frac{1}{2\pi\sigma^2(\boldsymbol{r})}\exp\left\{-\frac{[A^R(\boldsymbol{r})]^2+[A^I(\boldsymbol{r})]^2}{2\sigma^2(\boldsymbol{r})}\right\}$$

$$(11-1-7a)$$

式中

$$\sigma^2(\boldsymbol{r}) = \frac{1}{2}\int \langle I_o(\boldsymbol{r})\rangle |h(\boldsymbol{r}-\boldsymbol{r}_o)|^2 d\boldsymbol{r}_o \qquad (11-1-7b)$$

具有这种概率密度函数的随机变量通常称为圆型复高斯随机变量。

散射光场的强度为其复振幅的模平方，而复振幅则可由强度和相位表示为

$$A^R(\boldsymbol{r}) = \sqrt{I(\boldsymbol{r})}\cos\varphi(\boldsymbol{r})$$
$$A^I(\boldsymbol{r}) = \sqrt{I(\boldsymbol{r})}\sin\varphi(\boldsymbol{r}) \qquad (11-1-8a)$$

利用多元概率变换方法[11-12]，可由此导出强度和相位的联合概率密度函数为

$$P_{I,\varphi}[I(\boldsymbol{r}),\varphi(\boldsymbol{r})] = \frac{1}{4\pi\sigma^2(\boldsymbol{r})}\exp\left[-\frac{I(\boldsymbol{r})}{2\sigma^2(\boldsymbol{r})}\right] \qquad (11-1-8b)$$

强度的概率密度函数为其边缘概率密度函数

$$P_I[I(\boldsymbol{r})] = \int_{-\pi}^{\pi} P_{I,\varphi}[I(\boldsymbol{r}),\varphi(\boldsymbol{r})]d\varphi(\boldsymbol{r})$$

$$= \begin{cases}\frac{1}{2\sigma^2(\boldsymbol{r})}\exp\left[-\frac{I(\boldsymbol{r})}{2\sigma^2(\boldsymbol{r})}\right] & I(\rho)\geq 0 \\ 0 & \text{其他}\end{cases} \qquad (11-1-8c)$$

这是一个负指数分布的随机变量，其 n 阶矩、均值和方差分别可由定义计算出为

$$\langle I^n(\boldsymbol{r})\rangle = n![2\sigma^2(\boldsymbol{r})]^n \qquad (11-1-9a)$$

$$\langle I(\boldsymbol{r})\rangle = 2\sigma^2(\boldsymbol{r}) \qquad (11-1-9b)$$

$$\sigma_I(\boldsymbol{r}) = 2\sigma^2(\boldsymbol{r}) \qquad (11-1-9c)$$

就是说散射光场光强的均值与标准差相等。通常把标准差与均值之比称为散斑场的衬度，即

$$c(\boldsymbol{r}) = \sigma_I(\boldsymbol{r})/\langle I(\boldsymbol{r})\rangle \qquad (11-1-9d)$$

衬度的倒数定义为散斑场的信噪比。显然，散斑场的衬度与信噪比都是单位值。

类似地，还可以导出相位的概率密度函数为

$$P_\varphi[\varphi(r)] = \begin{cases} \dfrac{1}{2\pi} & -\pi < \varphi \leq \pi \\ 0 & \text{其他} \end{cases} \quad (11-1-10)$$

由式(11-1-8b)、式(11-1-8c)、式(11-1-10)可以看出

$$P_{I,\varphi}[I(r),\varphi(r)] = P_I[I(r)]P_\varphi[\varphi(r)] \quad (11-1-11)$$

这说明,对于经过传播后的线偏振光形成的散射光场,光强和相位是统计独立的。

11.1.3 散射光场的强度自相关函数

为了描述散斑场的空间结构的粗糙程度,需要讨论其光强的自相关函数,这是散斑场的二级统计特性。在图11-1-1所示的观察平面上,光强分布的自相关函数定义为

$$R_I(x_1,y_1;x_2,y_2) = \langle I(x_1,y_1)I(x_2,y_2) \rangle \quad (11-1-12)$$

自相关函数的宽度给散斑的"平均宽度"提供了一个合理量度。当 $x_1 = x_2$、$y_1 = y_2$ 时,R_I 总是达到最大值,而当 R_I 达到最小值时,散斑场相关运算相错开的值 $x_1 - x_2$、$y_1 - y_2$ 应当相当于散斑颗粒的宽度,这是很自然的。由于在每一点处散斑场复振幅 $A(x,y)$ 都是圆型复高斯随机变量,根据圆型复高斯矩定理[11-12],光强的自相关函数可以进一步表示为

$$R_I(x_1,y_1;x_2,y_2) = \langle I(x_1,y_1)\rangle\langle I(x_2,y_2)\rangle + |\langle A(x_1,y_1)A^*(x_2,y_2)\rangle|^2$$

无论对于自由空间传播产生的散斑场(所谓客观散斑场),还是对于成像过程产生的散斑场(所谓主观散斑场),都可以导出光强的自相关函数[11-12]为

$$\begin{aligned}R_I(\Delta x,\Delta y) &= \langle I(x,y)\rangle^2\{1+|\mu(\Delta x,\Delta y)|^2\}\\ &= \langle I(x,y)\rangle^2\left\{1+\left|\frac{\iint |P(\xi,\eta)|^2\exp\left[j\dfrac{2\pi}{\lambda z}(\xi\Delta x+\eta\Delta y)\right]\mathrm{d}\xi\mathrm{d}\eta}{\iint |P(\xi,\eta)|^2\mathrm{d}\xi\mathrm{d}\eta}\right|^2\right\}\end{aligned}$$

$$(11-1-13)$$

式中,$\mu(\Delta x,\Delta y)$ 为式(4-4-4b)定义的复相干因子,也就是散斑场的复振幅自相关函数,$P(\xi,\eta)$ 为散射面孔径函数。对于面积为 $L \times L$ 的均匀方形散射表面生成客观散斑场的情况,有

$$|P(\xi,\eta)|^2 = \mathrm{rect}\left(\frac{\xi}{L}\right)\mathrm{rect}\left(\frac{\eta}{L}\right)$$

式中,当 $|x| \leq \dfrac{1}{2}$ 时,$\mathrm{rect}(x) = 1$;当 $|x| > \dfrac{1}{2}$,$\mathrm{rect}(x) = 0$;而相应的光强自相关函数为

$$R_I(\Delta x,\Delta y) = \langle I\rangle^2\left(1+\mathrm{sinc}^2\dfrac{L\Delta x}{\lambda z}\mathrm{sinc}^2\dfrac{L\Delta y}{\lambda z}\right)$$

散斑的"平均宽度",即通常讲的散斑颗粒大小,可以合理地取为 $\mathrm{sinc}^2\left(\dfrac{L\Delta x}{\lambda z}\right)$ 第一次降到零时的 Δx 值。用 δ_x 表示这个所谓散斑大小,则有

$$\delta_x = \frac{\lambda z}{L} \qquad (11-1-14)$$

对于生成主观散斑场用的成像光学系统光瞳的直径为 D 的圆孔时,有

$$|P(\xi,\eta)|^2 = \mathrm{circ}\left(\frac{\sqrt{\xi^2+\eta^2}}{D/2}\right)$$

式中,当 $x \leqslant 1$ 时,$\mathrm{circ}(x)=1$;当 $x>1$,$\mathrm{circ}(x)=0$;而相应的光强自相关函数为

$$R_I(\Delta x,\Delta y) = \langle I \rangle^2 \left[1 + \left|2\mathrm{J}_1\left(\frac{\pi Dr}{\lambda z}\right)\Big/\left(\frac{\pi Dr}{\lambda z}\right)\right|^2\right]$$

式中,J_1 为一阶贝塞尔函数;$r=[(\Delta x)^2+(\Delta y)^2]^{\frac{1}{2}}$,这时散斑大小为

$$\delta_x = 1.22\frac{\lambda z}{D} \qquad (11-1-15)$$

总之,式(11-1-13)中 $P(\xi,\eta)$ 为自由空间传播时的散射光场的光强分布,或成像过程中的光瞳函数。散斑场的自相关函数由一个常数项加上函数 $|P(\xi,\eta)|^2$ 的归一化傅里叶变换的模平方所组成。

11.2 全息干涉的统计光学描述

11.2.1 全息干涉的基本原理

作为波前重现术,全息照相所成的像具有相干性。它具有确定的振幅和相位分布,光波长与偏振方向在很大程度上可以加以控制,因而任何一种利用全息术得到的两个或两个以上的像同时形成而又叠加在一起,就能形成干涉场。适当的光路安排便可利用干涉场的形成达到测量的目的。最基本的全息干涉计量技术是多次曝光方法,即通过全息图的多次曝光,获得复杂的波前的相干叠加。这一点很容易根据全息术原理加以说明。假设全息记录介质对 N 次不同的光强分布 I_1、I_2、$\cdots$、I_N 顺序进行曝光,其总曝光量为

$$E = \sum_{k=1}^{N} T_k I_k \qquad (11-2-1)$$

式中,T_1、T_2、$\cdots$、T_N 是 N 个单次曝光的时间。现进一步假设,每次曝光时入射光是由一个固定的参考波 $R(x,y)$ 和逐次不同的物波前 $a(x,y)$ 叠加而成,总曝光量便可表示为

$$E = \sum_{k=1}^{N} T_k |R|^2 + \sum_{k=1}^{N} T_k |a_k|^2 + \sum_{k=1}^{N} T_k R^* a_k + \sum_{k=1}^{N} T_k R a_k^*$$

$$(11-2-2)$$

对于正比于曝光量的透过率分布,处理后记录介质的透过率中有两个透过率分量由上式右边后两项表示为

$$t_\alpha = \beta' \sum_{k=1}^{N} T_k R^* a_k, \quad t_\beta = \beta' \sum_{k=1}^{N} T_k R a_k^* \quad (11-2-3)$$

这两个表达式说明,当用波前 R 照射记录介质时,其透过光场分量将有一部分正比于波前 a_1、a_2、$\cdots$、a_N 的加权和;而用波前 R^* 照射记录介质时,会有一个透射光场分量正比于该波前加权和的共轭。显然这两种加权和均会产生干涉,并可以用于测量。以上给出的是全息干涉计量技术的普遍原理,当 $N=2$ 时参加干涉的光波前只有两个,曝光只进行两次,对应的是全息干涉计量技术中最基本的二次曝光全息干涉。通过分析二次曝光型全息干涉条纹产生的物理过程可以阐明全息干涉的统计光学描述方法。

11.2.2 二次曝光全息干涉术的干涉场

图 11-2-1 为二次曝光全息干涉术记录全息图的原理光路。激光器发出的光被分束镜 BS 分成两束以后,一束经反射镜 M_1、透镜 L_1 及空间滤波器 SF_1 照明物体,另一束参考光经反射镜 M_2、透镜 L_2 及空间滤波器 SF_2 照射到记录平面上。全息记录材料放在记录平面上,两路光需要根据激光器的相干长度进行适当的光程匹配。物光与参考光在记录介质上相干叠加,而在变形前后各曝光一次,再经过适当处理形成一张二次曝光全息图。当记录介质复振幅透过率与光强满足线性记录条件时,制成的二次曝光全息图的复振幅透过率可表示为

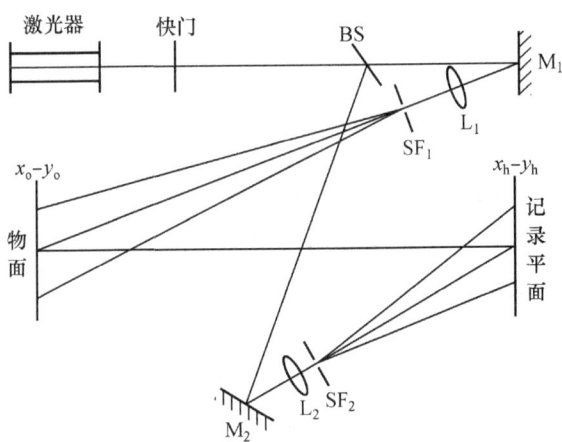

图 11-2-1 二次曝光全息干涉术记录原理光路

$$\tau(x_h, y_h) = \tau_0 + \beta \{ |R(x_h, y_h) + A_{h1}(x_h, y_h)|^2$$
$$+ |R(x_h, y_h) + A_{h2}(x_h, y_h)|^2 \} \quad (11-2-4)$$

式中,R 为参考光在 $x_h - y_h$ 面上复振幅分布;$A_{hi}(i=1,2)$ 为物表面散射光场在物面变形前后传播到 $x_h - y_h$ 面上的复振幅分布。

在二次曝光全息干涉术中,由二次曝光全息图再现两个相关波面,并由此形成干涉场产生干涉条纹,其原理如图 11-2-2 所示。当再现光源即为记录时的参考光源时,二次曝光全息图透过的光场即为变形前后物面上散射出的两个光场的叠加。设 $A_{oi}(x_o, y_o)(i=1,2)$ 分别表示物面上变形前后的两个光场,A_i 表示相应的像面光场分布,则有

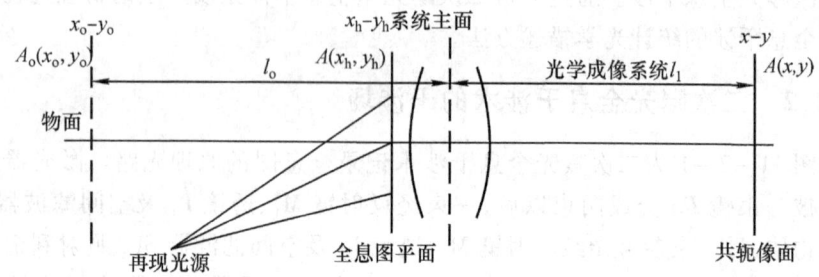

图 11-2-2　二次曝光全息波面再现及干涉场形成原理光路

$$A_i(x, y) = \iint A_{oi}(x_o, y_o) h(x - x_o, y - y_o) dx_o dy_o \quad (i = 1, 2)$$
$$(11-2-5)$$

式中,h 为光学成像系统的脉冲响应函数,而且物、像面坐标已经过适当归一化,放大率变为 1。A_{oi} 具有光学粗糙表面散射性质,满足式(11-1-2)、式(11-1-3),而积分结果产生的 $A_i(x, y)$ 则是一个典型的像面散斑场。进而像面上干涉场的强度分布成为

$$I(x, y) = k_r \beta^2 r^4 |A_1(x, y) + A_2(x, y)|^2 \quad (11-2-6)$$

式中,r 为参考光振幅;k_r 为再现光与参考光强度之比;β 为线性系数。该式说明,干涉场中含有待测物表面的变化信息,是作为二维随机过程的一个样本函数的散射场分布。该干涉场是定义在物面系综上的一个随机场,物面的变形信息存在于该随机过程的系综平均的空间分布之中,且

$$\langle I(x,y) \rangle = k_r \beta^2 r^4 \langle |A_1(x,y) + A_2(x,y)|^2 \rangle$$
$$= k_r \beta^2 r^4 \{ \langle |A_1(x,y)|^2 \rangle + \langle |A_2(x,y)|^2 \rangle +$$
$$2\mathrm{Re}[\langle A_1(x,y) A_2^*(x,y) \rangle] \} \quad (11-2-7)$$

式中,前两项为变形前后两波面各自的光强分布的系综平均值,第三项则为变形

前后两波面之间互相干函数实部的两倍。

11.2.3 表面变形特性与散射光场特性的关系

在对式(11-2-7)中各项进行具体运算之前,首先要对被测表面变形特性与散射光场特性的关系加以分析。如同上节描述的那样,被测的光学粗糙表面可以看成由大量散射点组成。这些散射点位置与取向均不相同,形成相互独立的散射基元。不失一般性,可以将散射基元等效分布在一个平面散射物面上,将其反射率表示为

$$R(\boldsymbol{r}_o) = r(\boldsymbol{r}_o) e^{j\phi(\boldsymbol{r}_o)} \qquad (11-2-8)$$

式中,矢量 $\boldsymbol{r}_o$ 代表 (x_o, y_o),$r(\boldsymbol{r}_o)$ 和 $\phi(\boldsymbol{r}_o)$ 分别表示反射率的振幅和相位特性。若物表面发生微小变形(在全息干涉计量中测量的变形量都很小),由于变形物相对于散射基元空间位置是个缓慢变化的函数,可以认为,变形只会改变每个散射基元的位置,并不改变其散射特性,因而变形只会使散射基元产生附加的相位变化。根据图 11-2-3,这一相位变化可表示为

$$\Delta(\boldsymbol{r}_o, \boldsymbol{S}, \boldsymbol{r}) = \boldsymbol{k}_1 \cdot \boldsymbol{r}_1 + \boldsymbol{k}_3 \cdot \boldsymbol{r}_3 - \boldsymbol{k}_2 \cdot \boldsymbol{r}_2 - \boldsymbol{k}_4 \cdot \boldsymbol{r}_4$$

式中,$\boldsymbol{r}_o$、$\boldsymbol{r}$、$\boldsymbol{S}$ 分别为散射基元变形前后位置和光源位置;$\boldsymbol{r}_j (j=1,2,3,4)$ 为相应点的距离矢量,$\boldsymbol{k}_j = \dfrac{2\pi}{\lambda} \dfrac{\boldsymbol{r}_j}{|\boldsymbol{r}_j|}$ 为传播矢量,并且有

$$\boldsymbol{r}_2 - \boldsymbol{r}_1 = \boldsymbol{r}_3 - \boldsymbol{r}_4 = \boldsymbol{d}(\boldsymbol{r}_o)$$

令 $\boldsymbol{k}_2 = \boldsymbol{k}_1 + \Delta\boldsymbol{k}_1$,$\boldsymbol{k}_4 = \boldsymbol{k}_3 + \Delta\boldsymbol{k}_3$,$\Delta\boldsymbol{k}_1$ 与 $\Delta\boldsymbol{k}_3$ 分别为照明光束与照明光束由于变形引起的微小传播矢量变化,$\boldsymbol{d}(\boldsymbol{r}_o)$ 为表面变形矢量。在实际系统中,$|\boldsymbol{r}_1|$ 及 $|\boldsymbol{r}_2|$ 远远大于 $|\boldsymbol{d}|$,可以认为 $\Delta\boldsymbol{k}_1$ 和 $\Delta\boldsymbol{k}_3$ 分别垂直于 $\boldsymbol{r}_2(\boldsymbol{k}_2)$ 和 $\boldsymbol{r}_4(\boldsymbol{k}_4)$,因而可以导出

$$\Delta(\boldsymbol{r}_o, \boldsymbol{r}) = \boldsymbol{d}(\boldsymbol{r}_o) \cdot (\boldsymbol{k}_3 - \boldsymbol{k}_1) - \Delta\boldsymbol{k}_1 \cdot \boldsymbol{r}_2 - \Delta\boldsymbol{k}_3 \cdot \boldsymbol{r}_4$$

$$\cong \boldsymbol{d}(\boldsymbol{r}_o)(\boldsymbol{k}_3 - \boldsymbol{k}_1)$$

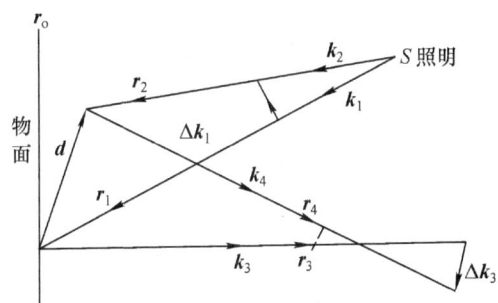

图 11-2-3 物面变形产生的附加相位

$$= d(r_o) \cdot k \quad (11-2-9)$$

式中,$k = k_3 - k_1$ 称为灵敏度矢量,对于散射表面上不同点及不同观察方向,灵敏度矢量均不相同,但如照明光源与观察点处于远场位置,可以近似地认为灵敏度矢量是一个常量。式(11-2-9)表示由变形引起的光场相位变化,可以等效为变形后物表面散射特性分布的变化,即

$$R_d(r_o) = r[r_o - d_2(r_o)] e^{j\{\phi[r_o - d_2(r_o)] + \Delta(r_o)\}}$$
$$= R[r_o - d_2(r_o)] \exp[j\Delta(r_o)] \quad (11-2-10)$$

式中,d_2 为 d 的面内分量(d 在 $x_o - y_o$ 平面上的投影)。变形前、后表面散射光场之间的关系可表示为

$$A_{o2}(r_o) = A_{o1}[r_o - d_2(r_o)] \exp[j\Delta(r_o)] \quad (11-2-11)$$

在全息干涉计量术的许多实际应用中,照明光源到物面的距离要远大于被测区域的线度,测量系统的有效工作视场也很小,因而在整个被测区域上,照明光的传播矢量、散射光的传播矢量以及灵敏度矢量均可视为常量。相位的变化 $\Delta(r_o)$ 只与表面的变形状态 $d(r_o)$ 有关。

11.2.4 二次曝光全息干涉场的统计光学描述

有了表面变形特性与散射光场特性的关系,现在可以对式(11-2-7)中各项作具体运算,进而对二次曝光全息干涉场干涉条纹产生的物理过程加以说明。式(11-2-7)右边花括弧中第一项可以写作

$$\langle |A_1(r)|^2 \rangle = \iint \langle A_{o1}(r_{o1}) A_{o1}^*(r_{o2}) \rangle h(r-r_{o1}) h^*(r-r_{o2}) dr_{o1} dr_{o2}$$

将式(11-1-3)代入,并考虑到在脉冲响应函数不为零的区域中 $\langle I_{o1}(r_o) \rangle$ 可视为常数,有

$$\langle |A_1(r)|^2 \rangle = \langle I_{o1}(r_o) \rangle \int |h(r-r_o)|^2 dr_o$$

同理

$$\langle |A_2(r)|^2 \rangle = \langle I_{o2}(r_o) \rangle \int |h(r-r_o)|^2 dr_o$$

另外

$$\langle A_1(r) A_2^*(r) \rangle = \langle \iint \langle A_{o1}(r_{o1}) A_{o2}^*(r_{o2}) \rangle h(r-r_{o1}) h^*(r-r_{o2}) dr_{o1} dr_{o2}$$

由于

$$\langle A_{o1}(r_{o1}) A_{o2}^*(r_{o2}) \rangle = \langle A_{o1}(r_{o1}) A_{o1}^*[r_{o2} - d_2(r_{o2})] \exp[j\Delta(r_{o2})] \rangle$$
$$= \langle I_{o1}(r_{o1}) \rangle \delta[r_{o2} - r_{o1} - d_2(r_{o2})] \exp[j\Delta(r_{o2})]$$

代入上式,便有

$$\langle A_1(r) A_2^*(r) \rangle = \langle I_{o1}(r_{o1}) \rangle \exp[j\Delta(r_{o2})] \int h(r-r_{o1}) h^*[r - r_{o1} - d_2(r_{o2})] dr_{o1}$$

在点扩散函数的范围内,$d_2(r_{o2})$可视为常数,而由于$\langle I_o \rangle$及d_2的缓变性,可令
$$I_o(r) = \langle I_{o1}(r_o) \rangle = \langle I_{o2}(r_o) \rangle = \langle I_{o1}(r_{o1}) \rangle$$
$$d_2(r) = d_2(r_{o2})$$
其中,r取代r_o是因为归一化系统放大率为1。最终得到
$$\langle |A_1(r)|^2 \rangle = I_o(r) \int |h(r - r_o)|^2 dr_o$$
$$\langle |A_2(r)|^2 \rangle = I_o(r) \int |h(r - r_o)|^2 dr_o$$
$$\langle A_1(r) A_2^*(r) \rangle = I_o(r) \exp[j\Delta(r)] \int h(r - r_o) h^*[r - r_o - d_2(r)] dr_o$$

代入式(11-2-7)中,可得
$$\langle I(x,y) \rangle = 2k_r \beta^2 r^4 S I_o(r)[1 + \mu\cos\Delta(r)] \quad (11-2-12a)$$
其中
$$S = \int |h(r - r_o)|^2 dr_o$$
$$\mu = \frac{\int h(r - r_o) h^*[r - r_o - d_2(r)] dr_o}{\int |h(r - r_o)|^2 dr_o} \quad (11-2-12b)$$

式(11-2-12b)表示的相关因子就是式(11-1-13)中涉及的复自相干度(见习题11.3)。

考虑图11-2-2中成像系统是完善的,即没有渐晕,因而S是个常数。式(11-2-12)说明,在像面上的光强分布呈现出余弦型干涉条纹系统,即当$\Delta(r) = 2n\pi(n=0,1,2,\cdots)$,出现亮条纹;当$\Delta(r) = (2n+1)\pi(n=0,1,2,\cdots)$,出现暗条纹。干涉条纹表示了变形产生的附加光程差的信息。余弦函数前的系数体现了干涉系统的对比度,与变形的面内位移$d_2(r)$及点扩散函数的分布区域大小有关,如图11-2-4所示。μ的分母就是参数S,而分子的积分区域是两

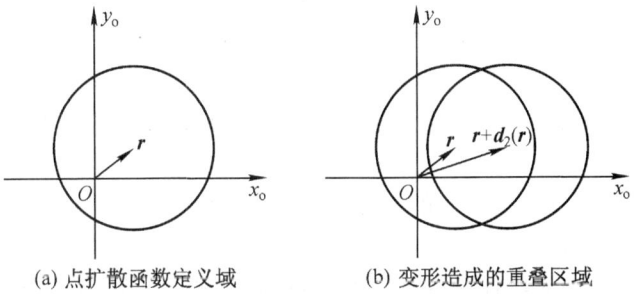

(a) 点扩散函数定义域　　(b) 变形造成的重叠区域

图11-2-4　与对比度有关的积分域

个点扩散函数重叠区域的面积。当面内变形小于艾里圆直径时,对比度总大于零,因而可以探测到干涉条纹,从而进行测量。对于一般圆形孔径来讲,点扩散函数具有贝塞尔函数的形式,当面内变形达到其第一个零点半径时,对比度第一次降到零。定义对比度第一次变为零时对应的变形量为可测量的条件,则有

$$|d_2(r_o)| \leq 1.22\lambda l_o/D \qquad (11-2-13)$$

式中,D 为成像透镜的直径;l_o 为物距。式(11-2-13)右边是散射光场像面上散斑点直径在物面上的共轭量。这也说明,在像面上变形前后两散射光场的横向错动量不能超过散斑点的直径,否则干涉条纹就会消失。反之,主要测量离面变形,而且变形场的面内分量比点扩散函数分布区域小得多时,对比度接近于单位值,条纹易于探测。

上述分析说明,全息干涉术产生的干涉场是由随机散射表面(至少其中一个波面如此)干涉产生的,实际上是一个散斑场。干涉条纹调制在这个散斑场之上,被测信息包含在这种空间二维随机过程的系综平均值之中。这样一类干涉条纹与过去在物理光学中讨论的光学平滑表面反射产生的干涉条纹不同,条纹质量不仅与干涉条纹对比度有关,还与干涉场中散斑点大小有关。一般讲,光学系统的光瞳越大,散斑点越细小,它所允许的最大面内变形也越小,或者说,在面内变形存在的情况下条纹的对比度变差。反之,当光学系统的光瞳变小时,散斑点变大,条纹的调制度也变大。小光瞳会带来两个问题,一是光能利用率降低,对接收装置灵敏度要求提高,易受环境变化的影响;二是会产生消相关效应。在导出式(11-2-12)时,曾假设在点扩散函数确定的范围内变形所引起的相位差保持不变,而小光瞳会削弱这一假设的近似程度,因而产生消相关,使条纹对比度降低。鉴于上述几方面考虑,在实际工作中应该根据具体情况合理地选择记录和再现系统的有关参数。

由于全息干涉计量的测量灵敏度高,测量的范围小,它测量的是空间缓慢变化的小变形场。当测量区域内包括绝对零点时,也就是物表面包含有变形(位移)为零的部位时,通过适当调节系统参数来安排光路,一般可得到高质量的干涉条纹。但实际上也常常会遇到由刚体位移、刚体倾斜与一个变形场叠加而成的位移场。在刚体位移和倾斜较大时,测量区内就不再含有绝对零点,通过参数调节和光路布置无法得到高质量地反映相对变形场分布的干涉场。为此,需要采用一些措施补偿并消除刚体位移和倾斜的影响。一种方法是用两张全息图分别记录两个波面,并采用不同的参考光束。再现时,调整再现光束的方向来产生刚体位移,实现补偿。另一种方法是夹层全息技术[11-13]。这种方法用紧贴在一起的一对全息图记录物体的一种状态。再现时,通过不同状态全息图的不同组合实现不同状态波面之间的干涉。而对于刚体运动的补偿则可通过不同状态全息图之间的相对平移及整体转动来实现。

式(11-2-7)给出了像面上光强度的系综平均值,并说明了被测信息与光强系综平均值的关系,但是系综平均值并不是一个可以直接探测的物理量。再者,像面光强的调制说明,这个空间随机过程不是真正平稳的,也并不是各态历经的,不能用空间平均来代替系综平均。实际上,作为干涉场,全场的空间平均自然会失去条纹分布的信息。因此,只能通过局部的空间平均来近似在二维空间被调制的系综平均值,以提取被测物体的变形信息。

二次曝光全息干涉术实施时对物光场及环境的稳定性都有严格要求。光场的稳定性与光源的稳定性、被测物表面的稳定性、环境的稳定性(包括振动和空气湍流)都有关系。要求在全息记录过程中,在满足记录材料所需能量的曝光时间内,物光与参考光之间相对光程变化至少要小于1/10波长。在两次曝光之间,物光场发生的变化应当是由被测量引起的。任何环境变化引起的附加光程差都直接影响到测量精度,它必须远小于被测量引起的物光场变化。

二次曝光全息干涉术的上述要求使它主要用于静态问题的研究,它的一种直接推广是可用于研究稳态振动的双脉冲频闪全息干涉术[11-14]。应该说明的是,对于二次曝光全息干涉的分析是以下讨论的各种全息散斑干涉技术的基础,这种分析方法是普遍适用的。

11.3 时间平均全息干涉术

时间平均全息干涉测量方法是解决稳定的动态现象分析的一种基本测试技术,其特点是在一张全息图上记录表面在一个振动周期内的所有状态,通过所有这些状态的叠加形成干涉测量场。时间平均全息干涉技术的记录和再现光路如图 11-1-1、图 11-1-2 所示,只要增加一个正弦型激振器驱动被测物体达到稳定的连续振动状态。对位于全息记录平面上的记录材料进行远大于物体振动周期的 T_r 时间的连续曝光,经过适当处理,得到全息图。这一全息图再现物光场复振幅分布可表示为

$$A_{rec}(\boldsymbol{r}_o) = \frac{\sqrt{k_r}\beta r^2}{T_r} \int_0^{T_r} A(\boldsymbol{r}_o, t) dt \qquad (11-3-1)$$

式中,T_r 为全息图记录时间,余下的参数在第一节中已有定义。由于 T_r 远大于振动周期,式(11-3-1)中积分上限与分母中 T_r 均可用振动周期 T 代替。再现的像面光场复振幅可表示为

$$A(\boldsymbol{r}) = \sqrt{k_r}\beta r^2 \iint \left[\frac{1}{T}\int_0^T A(\boldsymbol{r}_o, t) dt\right] h(\boldsymbol{r} - \boldsymbol{r}_o) d\boldsymbol{r}_o$$

若在静止时物面上被测点复振幅为 $A_o(\boldsymbol{r}_o)$,当物体做振幅为 B、角频率为 ω 的正弦型强迫振动时,振动引起的光学相位变化为

$$\Delta\phi(r) = \frac{2\pi}{\lambda} \cdot 2B\sin\omega t$$

因而振动时的复振幅可表示为

$$A_o(r_o,t) = A_o(r_o)\exp\left[-j\frac{4\pi}{\lambda}B(r_o)\sin\omega t\right]$$

根据恒等式

$$\frac{1}{2\pi}\int_0^{2\pi}\exp[-ja\cos(\theta-\phi)]d\theta = J_0(a)$$

式(11-3-1)中的积分可化为

$$\frac{1}{T}\int_0^T A_o(r_o)\exp\left[-j\frac{4\pi}{\lambda}B(r_o)\sin\omega t\right]dt = A_o(r_o)J_0\left[\frac{4\pi}{\lambda}B(r_o)\right]$$

J_0 为零阶第一类贝塞尔函数。进而像面上光场复振幅变为

$$A(r) = \sqrt{k_r}\beta r^2 \int A_o(r_o)J_0\left[\frac{4\pi}{\lambda}B(r_o)\right]h(r-r_o)dr_o$$

光强度为

$$I(r) = k_r\beta^2 r^4 \left|\int A_o(r_o)J_0\left[\frac{4\pi}{\lambda}B(r_o)\right]h(r-r_o)dr_o\right|^2$$

因为 h 的覆盖区域很小,光强的系综平均值则为

$$\langle I(r)\rangle = k_r\beta^2 r^4 J_0^2\left[\frac{4\pi}{\lambda}B(r)\right]\langle I_o(r)\rangle \int |h(r-r_o)|^2 dr_o$$

在均匀照明情况下,$\langle I_o(r)\rangle$ 在物面系综上是不变的常数,不考虑渐晕时点扩散函数积分也是常数,把所有的常数合并为一个 k,再现像面上光强分布可表示为

$$\langle I(r)\rangle = kI_0 J_0^2\left[\frac{4\pi}{\lambda}B(r)\right] \tag{11-3-2}$$

该式表明,在时间平均全息干涉术中,再现像的光强系综平均按零阶贝塞尔函数的平方分布。其分布曲线如图 11-3-1 所示,由图可以看出,当贝塞尔函数自变量为零,即 $B(r)=0$ 时,函数取最大值。因此,在重现像的振动图样中不运动的区域(即节线处)将显示最亮的条纹,随着条纹级次的增加,亮条纹的强度逐渐下降。由于 $J_0'(x) = -J_1(x)$,除零级外,条纹的位置都由一阶贝塞尔函数的根给出。无论是亮条纹还是暗条纹,它们的条纹间距均不同。时间平均全息计量方法可以测量振动的物体,但是它所形成的贝塞尔函数条纹体系的重要局限之一就是随条纹级数增加,条纹能见度不断下降,这就限制了可以测量的振动的振幅。另外一个局限性是,这种方法不能测量振动的相位,不能做全面的振动测量。时间平均全息干涉方法不仅可以对简谐振动进行分析,还可以对其他运动规律的稳态现象进行分析研究。

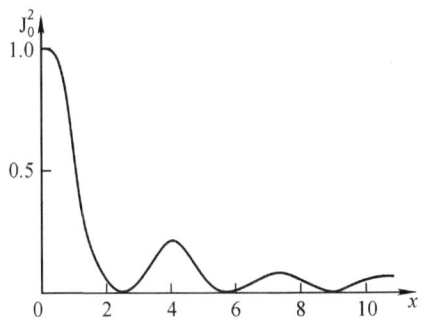

图 11-3-1 时间平均全息干涉术光强
系综平均分布曲线

11.4 外差与准外差全息干涉术

外差全息干涉技术是外差干涉技术与全息干涉技术相结合的产物。外差干涉相位测量较少受光强分布影响,在光学粗糙表面的检测中表现出明显的优越性,是一种精度很高的测量技术。Dandliker 于 1973 年首次实现了外差全息干涉[11-15],其后得到了不断发展,现在已相当成熟。根据外差干涉的两波面的特点,可以分为外差与准外差全息干涉两种技术。

11.4.1 外差全息干涉技术

图 11-4-1 所示为二次曝光型外差全息干涉技术的原理光路。这是一个双参考光全息干涉系统。由激光器射出的光线经过两个分束器分成三束光,其中一束经过 M_3 反射照明物面,再散射到全息图记录平面 H 上。两束参考光分别经过频率调制器(FM_1、FM_2)、反射镜(M_1、M_2)、扩束镜(BE_1、BE_2)照到全息记录介质上。记录物面变形前状态的第一次曝光只用 M_1 反射的第一束参考光与光干涉,记录物面变形后状态的第二次曝光用 M_2 反射的第二束参考光。通常频率调制器用声光调制器制作,它可以使激光产生若干兆赫的频移,调节其调制频率便可使参考光之间有一个频差。在记录全息图时,频率调制器不工作,因而参考光与物光频率(波长)相同,可以产生稳定的干涉图像,以便记录全息图。记录并处理好的全息图严格复位,用有一个频差的两束参考光再现原物光场。因为这样小的频差相对于光的频率可以忽略不计,所再现的光场还与原物光场一样在原先的位置上。这样两束有频差的光在像面上产生光学拍频,也就是产生外差干涉图像,用测相仪测出每个点光学拍频信号之间相对相位,便可得到需要的变形信息。

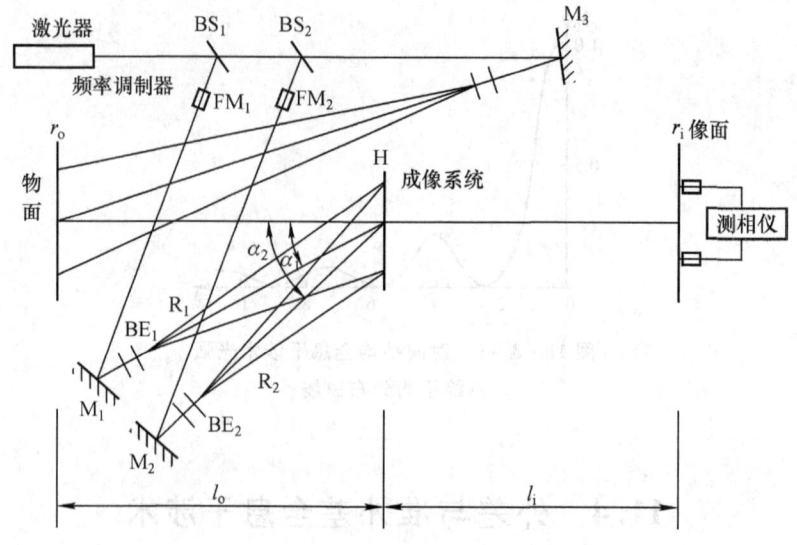

图 11-4-1　二次曝光型外差全息干涉原理光路

复原到全息记录面上的处理好的全息图振幅透过率可表示为

$$\tau(r_h) = \tau_0 + \beta \left[|R_1 + A_1(r_h)|^2 + |R_2 + A_2(r_h)|^2 \right]$$

这与普通的双参考束二次曝光全息图是一样的。再现时用调制频率为 ω_0 与 $\omega_0 + \Delta\omega$ 的两束光照明全息图,则由全息图射出的光场分布由三部分组成:第一部分为再现光场中的直透项,不会产生干涉现象;第二部分为再现出的原物光场及交叉再现光场;第三部分为再现出的原物光场的共轭光场及交叉再现光场。这些光场经光学成像系统后在物面 r_o 的共轭面形成外差干涉场。

根据记录光路的安排,有两种干涉场。一种是第二部分中再现出的两个原物光场形成的干涉场,在像面 r_i 上产生的光强分布可表示为

$$I(r_i, t) = \beta^2 \left| \sqrt{k_1} |R_1|^2 A_1(r_i) e^{j\omega_0 t} + \sqrt{k_2} |R_2|^2 A_2(r_i) e^{j(\omega_0 + \Delta\omega)t} \right|^2 \quad (11-4-1)$$

式中,k_1 和 k_2 分别为两束再现光与原参考光的强度比。这时,记录光路中两参考光束必须适当选择参考角 α、β,使式(11-4-1)中两项再现的原物光场与其他再现光场在空间分离开,这种情况称为分离再现外差全息干涉。对式(11-4-1)表示的光强分布作系综平均可以得出分离再现外差全息干涉术的条纹分布公式

$$\langle I(r_i, t) \rangle = k I_o(r_i) \left\{ 1 + \mu \cos[\Delta\omega t - \Delta(r_i)] \right\} \quad (11-4-2)$$

式中已把全部常系数归入 k,而且两参考光强度设定相同,成像系统放大率设定为1,公式推导方法与式(11-2-12)一样,其中对比度 μ 的表达式也相同。这是一个典型的外差动态干涉条纹的表达式。变形信息在统计意义上表示在随时

间变化的干涉场的初相位中,只要找到变形为零的点,或者找到确定点的变形量,就可以通过相对的相位测量,计量出任一点的变形量。分离再现外差全息干涉要求双参考束有很大的空间角分离,对复位精度要求很高。

另一种干涉场由包括原物光场及交叉再现光场都在内的整个第二部分形成,这时在像面 r_i 上产生的光强分布可表示为

$$I(r_i,t) = \beta^2 | \sqrt{k_1} |R_1|^2 A_1(r_i) e^{j\omega_0 t} + \sqrt{k_2} |R_2|^2 A_2(r_i) e^{j(\omega_0+\Delta\omega)t}$$
$$+ \sqrt{k_1} |R_1 R_2^*| A_3(r_i) e^{j\omega_0 t} + \sqrt{k_2} |R_2 R_1^*| A_4(r_i) e^{j(\omega_0+\Delta\omega)t} |^2$$

$$(11-4-3)$$

式中,$A_3(r_i)$ 及 $A_4(r_i)$ 分别是由交叉项 $\dfrac{1}{|R_1 R_2^*|} R_2 R_1^* A_1(r_h)$ 及 $\dfrac{1}{|R_2 R_1^*|} R_1 R_2^* A_2 \cdot$ (r_h) 在像面上形成的光场分布。这种记录方式中不仅含有两原物光场,还含有其他衍射光场,因而称为重叠再现外差全息干涉场。式(11-4-3)中后两项不能产生光学拍,是噪声项,必须降低其影响。这就要求这两项之间统计独立,而且也与原物光场统计独立。根据散斑波面的特性,这时两参考束空间频率之间应满足

$$L_H |f_1 - f_2| \geq 1.22 l_0/D \quad (11-4-4)$$

式中,$f_i = \sin\alpha_i/\lambda$ $(i=1,2)$ 为两束参考光对应的空间频率;L_H 为全息图到物表面距离;l_0 为物表面到成像系统主面的距离;D 为成像系统口径。这时干涉场中光强系综平均除直流项增加一倍而外,与分离再现情况相同。由于式(11-4-4)比分离再现条件容易满足,对全息图复位也没有特殊要求,因而在实际测量中被广泛使用。

二次曝光型外差全息干涉的光路稍加变换可做成实时外差全息干涉,分析方法类似,不再赘述。

11.4.2 准外差全息干涉技术

准外差全息干涉技术又称为相移全息干涉技术,其原理是使参加干涉的两个波面中的参考波面增加一个附加的、步进的或连续的相位移动。这个相移对整个参考波面上每个点都是同步产生的。这就使得整个干涉场变成步进或连续的动态干涉场。通过对三个以上干涉状态或连续变化的光强积分的测量,就可以计算出被测波面相对参考波面每个点相应的相对相位差[11-16]。从干涉场来看,准外差与外差方法是相同的。准外差同样有二次曝光型和实时型两种。图 11-4-2 所示为二次曝光准外差全息干涉技术的光路,实时型只要把 M_2 反射的那一条光路去掉即可。

与外差全息干涉同样,二次曝光准外差全息干涉也用双参考束二次曝光全

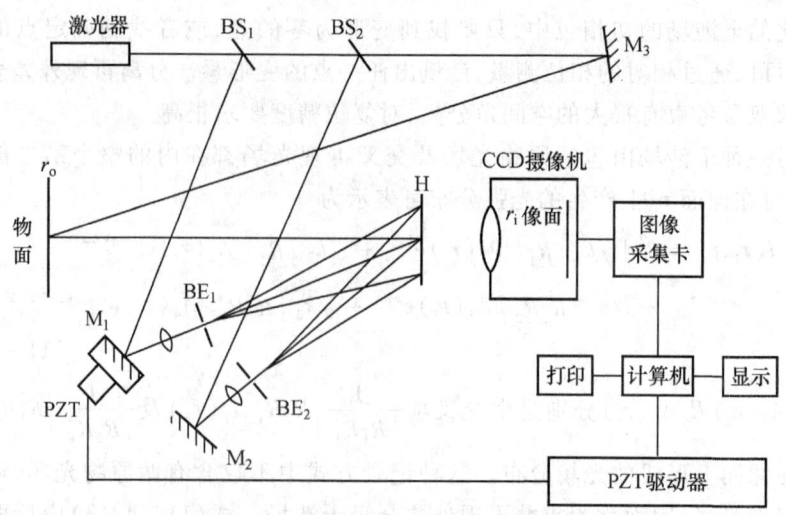

图 11-4-2 二次曝光型准外差全息干涉原理光路

息光路,先拍摄一张静态的二次曝光全息图,其第一次曝光在物体变形前用 M_1 反射的第一束参考光,第二次曝光用 M_2 反射的第二束参考光拍摄物体变形后的状态。处理好的全息图在两束参考光同时照射下再现出两幅相干波面。在计算机控制下,压电陶瓷(PZT)驱动器发生振动,使 M_1 沿光路方向位移。这个位移使作为参考的变形前物体波面附加一个相位,形成动态干涉条纹。CCD 摄像机与 PZT 驱动器同步工作。在条纹振动一周内采集三幅以上的干涉图,或在 PZT 步进两次以上的三个状态采集下三幅以上干涉图。经过一定的图像处理,再做数字相位计算,得到各个像素对应点的相位从而计算出物面上各点的变形量。其干涉场上光强系综平均值仍可用式(11-4-2)表达。为说明数字相位算法原理,把式(11-4-2)改写成

$$\langle I(r_i,t) \rangle = S_1 + S_2\cos[\beta(t) + \Delta(r_i)] \qquad (11-4-5)$$

式中

$$S_1 = kI_o(r_i), \ S_2 = kI_o(r_i)\mu$$

$\beta(t)$ 取代 $\Delta\omega t$ 意味着压电陶瓷驱动下得到的相移是已知的。对于步进式准外差技术,相移 $N-1$ 次可得 N 幅干涉图。为了使计算简化,可使步进式相移在 $0\sim 2\pi$ 内等距作相位移动。这时有

$$\beta_i = \frac{2\pi}{N}(i-1) \quad (i = 1,2,\cdots,N)$$

可得初相位

$$\Delta(r_i) = -\arctan\frac{\sum_{i=1}^{N}I_i\sin\beta_i}{\sum_{i=1}^{N}I_i\cos\beta_i} \qquad (11-4-6)$$

CCD 探测器是一种积分式光电器件，它不仅可以用来探测步进式相移干涉图，还可用来探测连续相移干涉图。当连续相移用锯齿波驱动 PZT 产生，即施加线性相移时，如果对中心相移 β_i，曝光时间为 $\Delta\beta$ 的话，总曝光量为

$$\begin{aligned}E_i &= \int_{\beta_i-\Delta\beta/2}^{\beta_i+\Delta\beta/2}\{S_1 + S_2\cos[(r_i)+\psi_i]\}\mathrm{d}\psi_i\\ &= \Delta\beta\left\{S_1 + S_2\mathrm{sinc}\frac{\Delta\beta}{2}\cos[\Delta(r_i)+\beta]\right\} \qquad (11-4-7)\end{aligned}$$

式(11-4-7)具有与式(11-4-5)相同的形式，因此可用与步进式相移同样的方法来测量计算 $\Delta(r_i)$，即经过 N 个步长为 $2\pi/N$ 的区间积分后，用式(11-4-6)求出两相干波面各点之间的相位差。

11.5 散斑干涉术

1970 年，Leenderz 开创了一类新的以干涉方法实现光学粗糙表面检测的方法，称为散斑干涉计量[11-17]。它的记录和再现在本质上与全息干涉计量相同，在形式上更加灵活，即不仅可以用光学方法实现，还可以用电子学和数字方法实现。在光学方法中，原始散斑场用光学胶片记录，用光学信息处理技术提取信息，而在电子学及数字方法实现中原始散斑用光电器件（通常是 CCD 光电探测器）记录，用电子学和数字信息处理技术实现信息的提取。习惯上称光学实现方法为散斑干涉测量，而将电子学和数字实现方法称为电子散斑干涉测量或数字散斑干涉测量。这一节介绍光学方法，即散斑干涉测量，下一节讨论电子散斑干涉测量。

11.5.1 参考束型散斑干涉测量方法

由 Leenderz 提出的参考束型散斑干涉记录方法分为散斑参考束和平滑参考束两种，其光路区别在于参考束是直接照射记录平面，还是由散射面反射后再照明记录面上的感光胶片。平滑参考束散斑干涉实质上是一种同轴像面全息干涉方法，读者可以参考本节和 11.3 节的方法自行分析。这里只讨论散斑参考束型散斑干涉方法，而且只作定性讨论，说明提出这种方法的思路。散斑参考束型散斑干涉的记录光路是一种迈克尔逊干涉仪的变型（如图 11-5-1 所示）。相干照明光被分束镜 BS 分为两束，分别照明被测表面 r_o 与参考散射面 r，由两表面

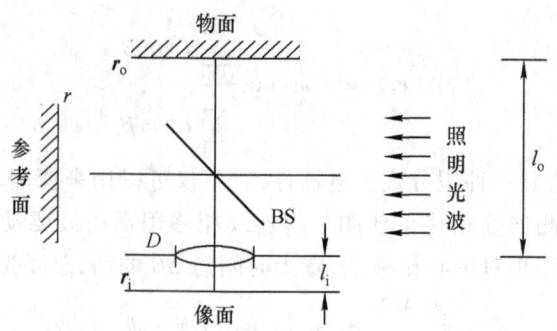

图 11 -5 -1 散斑参考束型记录光路

散射出的光场在其共轭像面上叠加形成散斑干涉场。若变形前物光束在像面上某点形成的光振动复振幅为 $A_{11} = a_{11}\exp j\phi_{11}$,参考光复振幅为 $A_{21} = a_{21}\exp j\phi_{21}$,则在该点合成光强为

$$I_1 = a_{11}^2 + a_{21}^2 + 2a_{11}a_{21}\cos(\phi_{11} - \phi_{21}) \quad (11-5-1)$$

变形后,参考光复振幅 $A_{22} = A_{21}$ 没有显著变化。物光束在物表面发生变形时,离面位移会造成物光复振幅的总的相位改变 $\Delta\phi$,因而有 $A_{12} = a_{11}\exp j(\phi_{11} + \Delta\phi)$。变形后,该点合成光强为

$$I_2 = a_{11}^2 + a_{21}^2 + 2a_{11}a_{21}\cos(\phi_{11} - \phi_{21} + \Delta\phi) \quad (11-5-2)$$

比较式(11 -5 -1)和式(11 -5 -2)可以发现,由于引入参考光,光强被余弦函数调制。当 $\Delta\phi$ 为 2π 整数倍时,变形前后散斑干涉图不发生变化。当 $\Delta\phi$ 为 $(2n+1)\pi$ 时,变形前后合成光强变化最大。$\Delta\phi$ 为表面离面位移的函数,散斑干涉图的变化情况就反映了物面变化情况。用二次曝光方法将变形前、后两幅散斑干涉图叠加在一起,在 $\Delta\phi = 2n\pi$ 的位置,光强达到最大值;在 $\Delta\phi = (2n+1)\pi$ 的位置,光强最小。物表面将会分布着与 $\Delta\phi$ 有关的条纹。这种条纹与干涉条纹有着本质的不同,反映出两次散斑干涉光强之间的相关性,可称之为"相关条纹"。因为它的分布取决于 $\Delta\phi$ 的分布,通过对相关条纹的识别可以测量出 $\Delta\phi$ 和与 $\Delta\phi$ 有关的表面变形信息。作为粗糙表面散射出的光场,叠加在一起的两幅干涉图仍然被散斑场所调制。图像相加还会使背景和噪声叠加,所以图像相加得到的相关条纹质量很差。尽管可以用光学滤波加以改善,这种方法也难以满足测量要求,很少得到实际应用。为了提高相关条纹质量,一般改用图像相减技术。两散斑图像相减时,在 $\Delta\phi = 2n\pi$ 的位置,两散斑图样完全相同,相减后光强为零,散斑也看不到了。在 $\Delta\phi = (2n+1)\pi$ 的位置,相减以后仍有散斑,并呈现出最大的对比度和最大的平均强度。物表面也会产生相关条纹,只是与相加得到的条纹相比是反相的,但条纹对比度好得多。用光学方法实现图像相减比较麻烦,电子学和数字方法实现图像相减却很容易,进一步的图像处理也较方

便,现已制成实用的电子(数字)散斑干涉仪。其原理的深入分析在下一节介绍。

11.5.2 剪切散斑干涉测量方法

上面讨论的散斑干涉技术主要用来测量粗糙表面的离面位移。对于力学分析来讲,更有用的量是应变,即变形场的梯度信息。本小节讨论的剪切散斑干涉方法可以直接得到应变场分布,无须先测出变形场,再做微分运算。这种方法不仅提高了精度,还避免了大量的计算,有相当多的优越性。

剪切散斑干涉最早也是由 Leenderz 提出的[11-18],Hung[11-19]做了具有重大实际意义的发展,并制成了工业用的在线检测设备。前者的基本光路也有多种,这里只介绍后来用以制成实用仪器的双光楔剪切法,图 11-5-2 是其典型光路。物体被准直激光照明后,散射出的光场被透镜成像。透镜前放置一个双光楔,使上、下两半透镜所成的像在像平面上错位,产生剪切干涉。置于像面上的记录介质对于变形前、后的物体做两次曝光。与散斑参考束型散斑干涉相同,两次曝光剪切散斑干涉图显示的也是图像相加得到的相关条纹。在相位差的相对变化 $\Delta\phi = 2n\pi$ 的位置,光强达到最大值;在 $\Delta\phi = (2n+1)\pi$ 的位置,光强最小。处理后的两次曝光剪切散斑干涉图用图 11-5-3 所示的 $4f$ 光学信息处理光路作带通滤波(或高通滤波),便可得到反映两次曝光之间发生的应变场分布的干涉条纹的图像。其分布为

$$\Delta\phi(r) = \begin{cases} 2n\pi & (出现亮条纹) \\ (2n+1)\pi & (出现暗条纹) \end{cases} \quad n = 0,1,2,\cdots$$

$$(11-5-3)$$

剪切干涉图是相干照明下错位的两物面本身之间的干涉,其干涉图质量比散斑参考束型散斑干涉好。

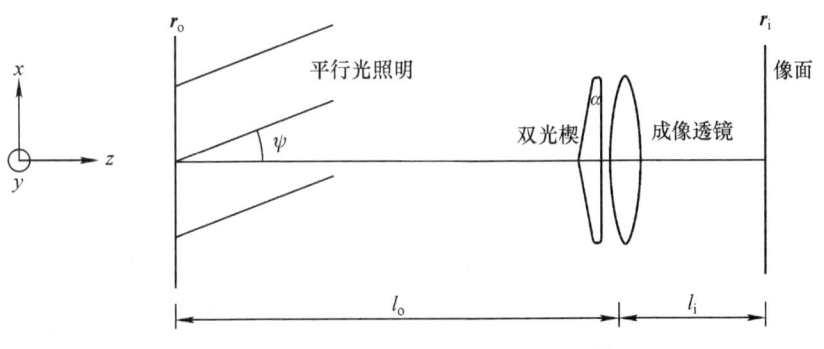

图 11-5-2 双光楔剪切散斑干涉记录光路

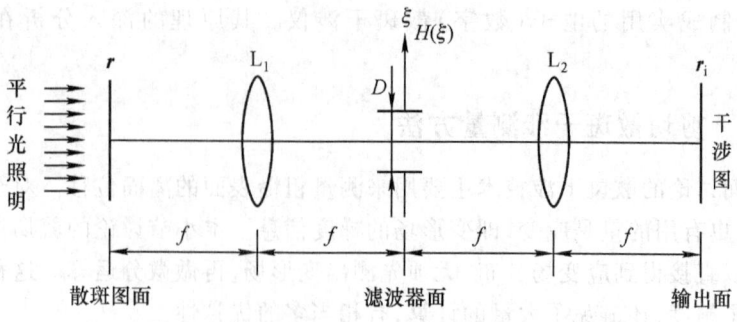

图 11-5-3 带通滤波 4f 光学信息处理系统

两次曝光剪切散斑干涉图也是由变形前后两张散斑干涉图叠加生成的,每张干涉图上任一点发生干涉的两条光线来自物面上 y 坐标相同的 A、B 两个点(如图 11-5-4 所示),它们的 x 坐标相距为

$$\delta x = 2l_o(n_0 - 1)\alpha$$

(11-5-4)

式中,n_0 为光楔玻璃折射率;α 为楔角;l_o 为物距。该点变形前后的合成光强仍可用式(11-5-1)和式(11-5-2)表示。相位差的相对变化 $\Delta\phi$ 为

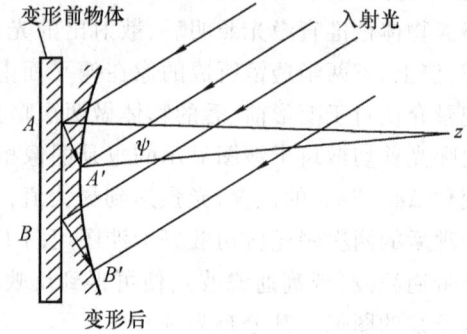

图 11-5-4 变形前后物面及剪切量

$$\begin{aligned}\Delta\phi &= (\phi_{A2} - \phi_{B2}) - (\phi_{A1} - \phi_{B1}) \\ &= (2\pi/\lambda)\{(1+\cos\psi)[\omega(x+\delta x, y) - \omega(x,y)] \\ &\quad + \sin\psi[u(x+\delta x, y) - u(x,y)]\}\end{aligned}$$

式中,ψ 为入射光与观察方向 z 夹角;而 $\omega(x,y)$ 及 $u(x,y)$ 分别为 (x,y) 点沿 z 及 x 方向变形产生的位移分量。当剪切量 δx 不大时,可以近似为

$$\Delta\phi = (2\pi/\lambda)\{(1+\cos\psi)(\partial\omega/\partial x) + \sin\psi(\partial u/\partial x)\}\delta x$$

(11-5-5)

这就是说,只要测量出 $\Delta\phi$,就可以得到 $\partial\omega/\partial x$ 及 $\partial u/\partial x$。前者可以采用 $\psi = 0$ 的垂直照明方式得到,后者则可以通过改变 ψ 的两次测量分离出来

$$\frac{\partial u}{\partial x} = \frac{\lambda}{2\delta x}\left[\frac{N_1(1+\cos\psi_2) - N_2(1+\cos\psi_1)}{\sin\psi_1(1+\cos\psi_2) - \sin\psi_2(1+\cos\psi_1)}\right] \quad (11-5-6)$$

式中,N_1 和 N_2 分别为同一点对应不同照明角度 ψ_1 和 ψ_2 的条纹级数。如果要测量关于 y 的导数,可将光学系统绕 z 轴转 90°来实现,式中 u 改为沿 y 方向的

位移 v。两次曝光剪切散斑干涉图用图 11-5-3 所示的 $4f$ 光学信息处理系统作带通滤波后,输出面上光强分布呈余弦型条纹,其条纹分布主要取决于相位差的相对变化 $\Delta\phi$,但也含有面内变形 u 的影响。本节仅对剪切散斑干涉原理作半定量分析,对其条纹分布的严格统计光学分析感兴趣的读者可参阅参考文献[11-20]。

11.6 电子散斑干涉测量技术

几乎在散斑干涉测量技术发展的同时,用电视替代照相机,用电子技术和计算机技术替代光学滤波的电子散斑干涉技术已经开始出现[11-21]。随着近 20 年来计算机技术的高速发展,电子散斑干涉术已成为全息散斑计量技术中最有实用价值的技术之一[11-22]。

在电子散斑干涉计量(ESPI)中,原始的散斑干涉场由光电器件转换成电信号记录下来。用模拟电子技术或数字电子技术方法实现信息的提取,形成的散斑干涉场可直接显示在图像监视器上,也可以存入电子计算机。与光学滤波方法相比,ESPI 操作简单、实用性强、自动化程度高,可以进行静态和动态测试,具有许多优点。两者不同之处还在于获取变形信息的原理,ESPI 采取的主要方法是图像相减技术。尽管相减技术与上节讲的二次曝光的相加技术实质相同,相减技术产生的条纹质量要好得多。

11.6.1 电子散斑干涉仪的典型光路和原理

图 11-6-1 所示为一种电子散斑干涉仪原理图。激光束由分束镜 BS_1 透过的一束,被反射镜 M_2 反射并经由透镜 L_2 扩束照明物面。物面散射的激光被透镜 L_3 成像到电视摄像机摄像管接收面上。由分束镜 BS_1 反射的另一束光被

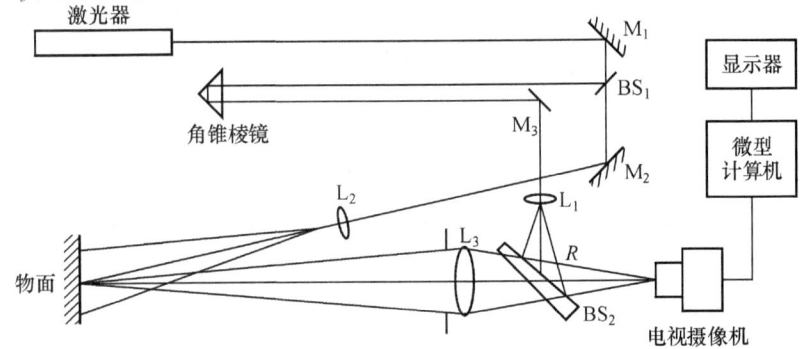

图 11-6-1 电子散斑干涉仪原理图

角锥棱镜反射到 M_3 上,经透镜 L_1 扩束后,由分束镜 BS_2 转向,与物光合束到电视摄像管靶面上,成为参考光 R。角锥棱镜可以前后移动以调节光程,保证两束光之间的相干性。由物表面散射的激光成像到摄像机靶面上成为主观散斑场与参考光相干涉,形成平滑波面参考束散斑干涉系统。与散斑参考束散斑干涉系统相同,对变形前后两次散斑干涉光强分布做图像相减可得到"相关条纹"。相减以后,有可能产生负值,一般再做一次平方运算。为了提高干涉图质量,再做带通滤波,以得到较好的相关条纹对比度。除了图像相减以外,电子散斑干涉也有做图像相加得到相关条纹的,但是因为条纹对比度低,较少采用。

上面介绍的典型系统是测量离面位移的平滑参考束型散斑干涉系统。其他散斑干涉系统,也都可以改造成电子散斑干涉仪。改造的方法与图 11-6-1 类似,这里不再赘述。

11.6.2 电子散斑干涉相减技术的统计分析

上节对减法处理产生相关条纹的分析只是一种定性的原理说明。为了严格说明相关条纹产生的原因,要采用统计分析的方法来描述电子散斑干涉的物理过程。图 11-6-1 所示光学系统中,变形前摄像机探测器接收到的光强信号为

$$S_1(r) = \frac{1}{A_w} \int |A_{11}(\zeta) + A_{21}(\zeta)|^2 W(r-\zeta) d\zeta \quad (11-6-1)$$

式中,A_{11} 和 A_{21} 分别为物光和参考光落在探测器上的复振幅;$W(r)$ 为窗函数;A_w 为窗的面积;r 是建立在接收器平面上的二维坐标,一般有

$$W(r) = \begin{cases} 1 & r \in A_w \\ 0 & 其他 \end{cases} \quad (11-6-2)$$

变形以后,参考光是不变的,即 $A_{22}(r) = A_{21}(r)$。物光场变形后的变化有两个方面,一是变形在灵敏度矢量方向上投影产生的相位差;二是变形造成的随机散斑场在面内移动,可用式(11-2-11)表示。在归一化坐标条件下,r 与物面上坐标 r_0 是一致的。因而变形后接收到的光强信号为

$$S_2(r) = \frac{1}{A_w} \int |A_{11}[\zeta - d_2(\zeta)] e^{j\Delta(r)} + A_{21}(\zeta)|^2 W(r-\zeta) d\zeta$$

$$(11-6-3)$$

图 11-6-1 所示的光路中,A_{21} 为平滑参考光,是一个确定的变量;A_{11} 为物面散射光波,在探测器面上是一个空间二维随机变量。两者叠加结果仍然是二维随机变量。一般考虑在探测器窗口内只能探测到一个散斑,或者说,探测器可以分辨散斑颗粒。这时积分作用并不改变散斑场的基本性质,卷积式(11-6-1)与式(11-6-3)的结果可用原函数表示为

$$S_1(r) = |A_{11}(r) + A_{21}(r)|^2 \quad S_2(r) = |A_{12}(r) + A_{21}(r)|^2$$

相减后再做一次平方运算得到的仍是散斑场
$$I(\boldsymbol{r}) = \left[\,|A_{12}(\boldsymbol{r}) + A_{21}(\boldsymbol{r})|^2 - |A_{11}(\boldsymbol{r}) + A_{21}(\boldsymbol{r})|^2\,\right]^2$$
作为随机过程，仍然考察系综平均值
$$\langle I(\boldsymbol{r}) \rangle = \langle\,[\,A_{12}A_{12}^* + A_{12}A_{21}^* + A_{12}^*A_{21} - A_{11}A_{11}^* - A_{11}A_{21}^* - A_{11}^*A_{21}\,]^2\,\rangle$$
$$(11-6-4)$$

该式一共36项，只有21项是独立的。注意到 $A_{21} = A_{22}$ 是确定的函数，这21个四阶矩中许多是三阶矩并等于零，不为零的独立分量只有13项，进而根据复随机变量高斯矩定理，进一步分项计算后（参阅附录C）可得到
$$\langle I(\boldsymbol{r}) \rangle = 2\langle I_0 \rangle^2 \{1 + 4K - 2K\mu[d_2(\boldsymbol{r})] - \mu^2[d_2(\boldsymbol{r})] - 2K\mu[d_2(\boldsymbol{r})]\cos\Delta(\boldsymbol{r})\}$$
$$(11-6-5)$$

式中，K 为参物光强比，$\langle I_0 \rangle$ 为物面反射光平均光强，而 μ 为相关系数[参阅式(11-1-13)]，定义为
$$\mu[d_2(\boldsymbol{r})] = \int |H_o(\zeta)|^2 \exp\left(j\frac{2\pi}{\lambda l_i}\zeta \cdot d_2(\boldsymbol{r})\right)d\zeta \bigg/ \int |H_o(\zeta)|^2 d\zeta$$
$$(11-6-6)$$

式中，l_i 为图11-6-1成像透镜像距；H_o 为光瞳函数。式(11-6-5)表明系综平均光强是余弦型相关（干涉）条纹，其分布为
$$\Delta(\boldsymbol{r}) = \begin{cases} 2n\pi & \text{（出现暗条纹）} \\ (2n+1)\pi & \text{（出现亮条纹）} \end{cases} \quad n = 0,1,2,\cdots$$
$$(11-6-7)$$

对于系综平均的观察方法仍然和前面一样，进行局部空间平均，观察到的条纹对比度高于上一节中各种散斑干涉技术。

11.7 散斑照相测量术

当物表面变形时，它散射出的光场强度也发生变化，这种强度变化表现为散斑点的位置变化。散斑点位置变化与物面变形之间的对应关系为散斑照相测量奠定了基础。在散斑照相计量中，首先记录下物表面不同状态下的散射光场的强度分布，然后以某种方法将记录下的光场之间强度分布的相对变化提取出来，就可得到物体的变形信息。散斑照相测量术的研究工作于1968年由Burch[11-6]等最早开展，包括在成像面上记录散斑场的主观散斑照相方法和在菲涅耳衍射面上记录散斑场的客观散斑照相方法。信息提取开始是用光学方法，之后发展成数字方法[11-7,11-22]。激光照明产生的相干光散斑场可用于散斑照相测量，白光照明的"人造"散斑场也可以用来进行散斑照相测量。本节首先讨论相干光散斑照相技术，再研究白光散斑照相[11-23]。

11.7.1 像面二次曝光激光散斑图的记录及其透过率函数

典型的像面激光散斑照相,用一束光照明被测物面(如图11-7-1所示),通过光瞳直径为 D_0 的照相物镜,被测粗糙表面成像在像面 $x-y$ 上。由于用相干光照明,$x-y$ 处形成散斑场。在物变形前后各曝光一次,便记录下一张二次曝光散斑图。当对二次曝光散斑图作线性处理时,舍去常数因子及透过率偏置,其复振幅透过率可表示成

$$t(r) = I_1(r) + I_2(r) = I_0(r) + I_0(r - d_2(r)) \quad (11-7-1)$$

式中,$d_2(r)$ 为面内变形分布;I_1 与 I_2 分别为变形前、后像面上光强分布,均为主观散斑场。作为两个随机过程的叠加;$t(r)$ 也是一个随机过程。而且叠加的两个随机过程表示的散斑结构相同,仅仅位置不同,因此可以统一用 I_0 表示。应当特别注意,与本章前边所有的情况都不同,这里不再有参考光,不再有干涉项出现。

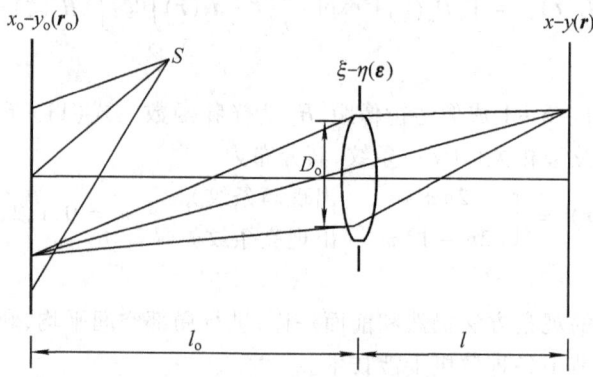

图 11-7-1　像面激光散斑照相记录光路原理图

11.7.2 二次曝光散斑图的逐点滤波

逐点滤波是由二次曝光散斑图中提取面内变形信息的定量方法,它用一束未经扩束的氦-氖激光垂直照射处理好的二次曝光散斑图(如图11-7-2所示)。在离散斑图距离 z 处观察远场衍射的夫朗禾费衍射图样。由于二次曝光散斑图中散斑场的作用,远场衍射产生一个衍射晕,相对被照射点的张角为拍摄散斑图所用光学系统相对孔径的一倍。又因为变形的影响,在照明区域内包含着大量的变形前、后形成的散斑点对。每个点对形成一组基元杨氏条纹,使得衍射晕上调制了这些基元杨氏条纹的叠加。通常照明区域并不太大,可以认为这个区域内物表面变形是个常量。所有的散斑点对具有相同的间距和方向,因此它们形成的基元杨氏干涉条纹具有相同的间距和取向,合成后便成为调制在散

斑衍射晕上的杨氏条纹。

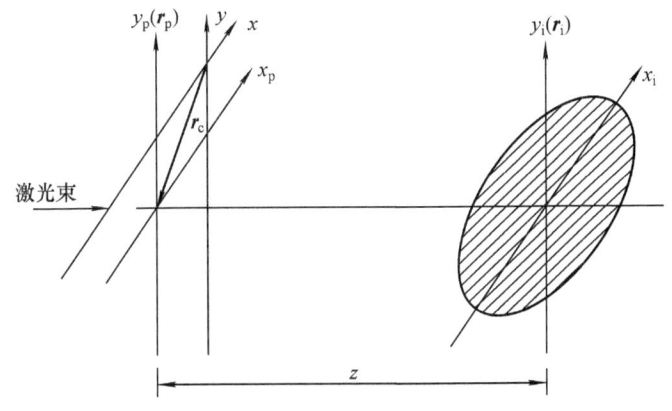

图 11-7-2 逐点滤波光学原理图

通过对杨氏条纹间距和方向的检测,就可得到物体变形参数。变形的方向与条纹的走向垂直,其间距 s、逐点滤波的工作距离 z 与变形量之间关系为

$$|d_2(r_c)| = \lambda z/s \tag{11-7-2}$$

式中,λ 为激光波长。当 $|d_2(r_c)|$ 增大时,条纹对比度下降,直到散斑点对间距 $|d_2(r_c)|$ 大于未经扩束的激光光束直径 d_c,使条纹完全消失。即从理论上讲,最大可测变形量为照明区域的直径 d_c;最小可测变形量与条纹识别方法有关。假设识别技术能够识别干涉场中至少包含一个条纹的情况,将只有一个条纹时对应的变形作为最小可测变形,这时干涉场中两个第一级暗条纹与衍射晕的边缘相切。衍射晕的半径为 $D_i/2 = zD_o/l_i$(D_o 是像面激光散斑图记录时透镜的直径,l_i 是像距)。因而最小可测变形量为 $\lambda l_i/(2D_o)$。此外,透过率函数[式(11-7-1)]中省略的偏置常数项在平面波照明情况下会形成一个中心亮斑。在实际测量中,为了尽可能利用光电探测器件的动态范围,可任其处于饱和区,仅用其外围条纹分布进行测量。

11.7.3 二次曝光散斑图的全场滤波[11-24]

逐点滤波技术可以测量变形场内各点位移的准确数值,但是每个点都要做一次实验分析,效率很低。全场滤波可以克服这个缺点,利用光学信息处理技术,把物体的面内变形全场显示在输出面上。这种方法精度不十分高,但很方便、直观。全场滤波使用图 11-7-3 所示的典型 4f 光学信息处理系统。二次曝光散斑图置于其输入面上用平面波(即扩束后的激光)照明。在空间频谱面上放置一个偏心滤波器 D_f,在系统的输出面上就获得表征 x_f 方向一维面内变形场的散斑干涉图。将滤波孔在滤波平面内转到 y_f 轴方向,将得到 y_f 方向的另一维面内变形场。

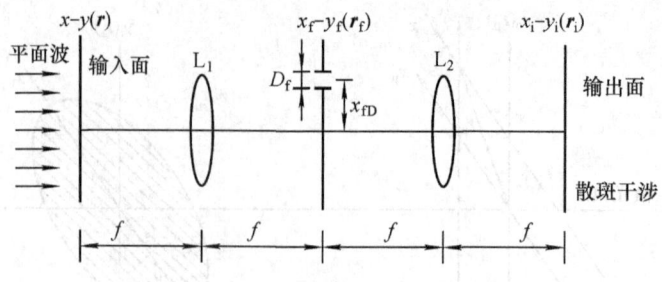

图 11 - 7 - 3 全场滤波光学信息处理系统

首先说明全场滤波的物理过程。位于输入面上的二次曝光散斑图可以划分成大量的子区域。在每个子区域中包含大量的分别对应着不同位置的散斑点对,这些散斑点对具有相同的间距和取向。在平面波照明下,每个子区域在系统谱面上将产生一个散斑杨氏条纹分布。该条纹分布的间距和取向由子区域中散斑点对之间距离和方向决定。当滤波器固定位置后,滤波器处对应着一根亮条纹,则该子区域在滤波后成像是亮的。如果滤波器处为一根暗条纹,该区域的像是暗的。因而就全场而言,子区域的散斑点对相对移动大小是由产生的条纹间距为滤波器坐标参数所对应变形量 d 的整数倍时,这些子区域都是亮的,连在一起形成不同级次亮条纹;当子区域的散斑点对相对移动是 $\dfrac{d}{2}$ 的奇数倍的那些点在输出面上形成暗条纹分布。因而,通过对条纹的识别,就可以得到变形场在滤波方向上的分量信息。如果滤波器位置发生变化,它产生的亮暗条纹所代表的变形量也会改变,因而给出不同的测量灵敏度。

在图 11 - 7 - 3 所示的系统中,谱面上滤波孔可以表示为

$$D_\mathrm{f}(\boldsymbol{r}_\mathrm{f} - \boldsymbol{r}_\mathrm{f0}) = \begin{cases} 1 & |\boldsymbol{r}_\mathrm{f} - \boldsymbol{r}_\mathrm{f0}| \leqslant D_\mathrm{f}/2 \\ 0 & 其他 \end{cases} \quad (11-7-3)$$

在输出面上的强度分布 $I(\boldsymbol{r}_\mathrm{i})$ 和复振幅分布 $A(\boldsymbol{r}_\mathrm{i})$ 有如下关系

$$I(\boldsymbol{r}_\mathrm{i}) = |A(\boldsymbol{r}_\mathrm{i})|^2 = |t(\boldsymbol{r}_\mathrm{i}) * h_\mathrm{f}(\boldsymbol{r}_\mathrm{i})|^2 \quad (11-7-4)$$

式中 * 为卷积;滤波系统的点扩散函数 h_f 是 D_f 的傅里叶变换。不失一般性,可假设滤波孔在原点时的点扩散函数 h_f0 分布在半径为 $0.61\dfrac{\lambda f}{D_\mathrm{f}}$ 的艾里圆内,则偏心滤波孔的点扩散函数表示为

$$h_\mathrm{f}(\boldsymbol{r}_\mathrm{i}) = \begin{cases} h_\mathrm{f0}(\boldsymbol{r}_\mathrm{i})\exp\left(-\mathrm{j}\dfrac{2\pi}{\lambda f}\boldsymbol{r}_\mathrm{i}\cdot\boldsymbol{r}_\mathrm{f0}\right) & r_\mathrm{i} < 0.61\dfrac{\lambda f}{D_\mathrm{f}} \\ 0 & r_\mathrm{i} \geqslant 0.61\dfrac{\lambda f}{D_\mathrm{f}} \end{cases} \quad (11-7-5)$$

省去与 r 无关的共同相位因子,复振幅分布 $A(r_i)$ 作为艾里圆 s 内的积分,可表示为

$$A(r_i) = \int_S I_0(r) h_{f0}(r_i - r) \exp\left(-\frac{2\pi}{\lambda f} r \cdot r_{f0}\right) dr$$
$$+ \int_S I_0[r - d_2(r)] h_{f0}(r_i - r) \exp\left(-\frac{2\pi}{\lambda f} r \cdot r_{f0}\right) dr$$

通过坐标变换,第二个积分可表示为

$$\int_{S'} I_0(r) h_{f0}(r_i - r - d_2(r)) \exp\left(-\frac{2\pi}{\lambda f}(r + d_2(r)) \cdot r_{f0}\right) dr$$

式中,S 为以 $P(r)$ 点为圆心的艾里圆面积[参见图 11-7-4(a)],S' 为以 $P(r + d_2(r))$ 点为圆心的艾里圆面积。由于 S 与被测物面积相比小得多,可将 $d_2(r)$ 在积分域内近似为常量。进而将积分域分为如图 11-7-4(b) 所示的 S_0、S_1 和 S_2 三个部分,复振幅分布可进一步化为

$$A(r_i) = \left[1 + \exp\left(-j\frac{2\pi}{\lambda f} r_{f0} \cdot d_2(r_i)\right)\right] A_0(r_i) + A_1(r_i)$$
$$+ \exp\left(-j\frac{2\pi}{\lambda f} r_{f0} \cdot d_2(r_i)\right) A_2(r_i) \qquad (11-7-6)$$

式中

$$A_0(r_i) = \int_{S_0} I_0(r) h_{f0}(r_i - r) \exp\left(-\frac{2\pi}{\lambda f} r \cdot r_{f0}\right) dr$$
$$A_1(r_i) = \int_{S_1} I_0(r) h_{f0}(r_i - r) \exp\left(-\frac{2\pi}{\lambda f} r \cdot r_{f0}\right) dr \qquad (11-7-7)$$
$$A_2(r_i) = \int_{S_2} I_0(r) h_{f0}(r_i - r) \exp\left(-\frac{2\pi}{\lambda f} r \cdot r_{f0}\right) dr$$

散斑颗粒的线度比积分域小很多,根据中心极限定理,式(11-7-7)三个积分结果是复高斯随机过程。主观散斑场 I_0 是一个随机过程,均匀照明时 $\langle I_0 \rangle$ 是一

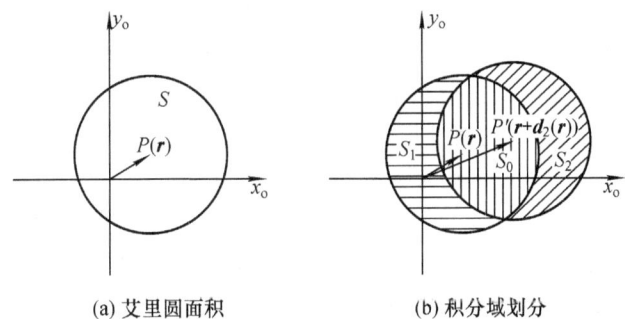

(a) 艾里圆面积　　　　　(b) 积分域划分

图 11-7-4　复振幅分布 $A(r_i)$ 的积分域

个常数,式(11-7-7)三个积分对应的光强分布的系综平均都是常数,记为

$$\langle I_k(\boldsymbol{r}_i) \rangle = \langle |A_k(\boldsymbol{r}_i)| \rangle = C_k \quad k = 0,1,2$$

对输出面上的强度分布 $I(\boldsymbol{r}_i)$ 作系综平均运算,考虑到 S_0、S_1 和 S_2 三个部分互不相关,交叉项的统计平均为零,有

$$\langle I(\boldsymbol{r}_i) \rangle = 2C_0 + C_1 + C_2 + 2C_0\cos\left(\frac{2\pi}{\lambda f}\boldsymbol{d}_2(\boldsymbol{r}_i) \cdot \boldsymbol{r}_{0f}\right) \quad (11-7-8)$$

该式表明,变形场在滤波器所处方向上分量的分布表现为散斑场光强平均上调制的余弦条纹。条纹的调制度由变形量和滤波系统联合决定,而干涉场的强度与滤波孔大小及位置有关。条纹分布遵循

$$\boldsymbol{d}_2 \cdot \boldsymbol{r}_{f0} = \begin{cases} N\lambda f & \text{(亮条纹)} \\ \left(N + \dfrac{1}{2}\right)\lambda f & \text{(暗条纹)} \end{cases} \quad (11-7-9)$$

全场滤波测量灵敏度为 $S = \lambda f/|\boldsymbol{r}_{f0}|$。这就是说,测量方法灵敏度取决于滤波器的位置,因而是可变的,但是 $|\boldsymbol{r}_{f0}|$ 也不能无限制的提高。这是因为在滤波平面上,频谱分布是有限的,它为记录光学系统的相对孔径所限制;而且随着滤波器偏离光轴越来越远,频谱面强度分布越来越弱,能够透过滤波器的光能也越来越少。最大的灵敏度 $S_{\max} = \lambda l_i/D$(如图 11-7-4 所示)。从测量范围角度来讲,最大的灵敏度对应着最小的可测变形量,这个最小可测量的变形正是记录时候得到的散斑点直径。另一方面,最大可测量的变形取决于条纹的调制度,当 $\boldsymbol{d}_2$ 大到点扩散函数的直径时,变为零。因而可测量的最大面内变形为 $|\boldsymbol{d}_2|_{\max} = 1.22\lambda f/D_f$,当然这个极限值是达不到的。有意思的是,这也代表散斑场的颗粒大小,即滤波孔径产生的所谓二次散斑的直径。全场滤波可以测量范围的上限不能大于二次散斑直径。

11.7.4 白光散斑照相测量术

用非相干的白光照明具有颗粒状反射率分布的表面时,散射光场也在空间形成复杂的颗粒状结构。当散射表面发生变化时,这种颗粒状散射光场会发生变化,物表面的变化信息也存在于这种散斑场的变化之中。用白光照明产生的这种散斑场变化来测量表面变形的方法就是白光散斑照相测量术。和相干光散斑照相测量术一样,散斑图记录光路也是用图 11-7-1 所示的系统,但其中相干光源用白光光源来取代。因而在两种情况下形成散斑图的机理不同。信息提取的方法同样可用逐点滤波和全场滤波两种方式。白光散斑照相测量术是 Burch[11-25] 等人发明的, Asundi 和 Chiang[11-23] 做了许多工作。

为了实现白光散斑照相测量,被测表面应具有颗粒状的反射率分布。对于那些并不具备这种条件的被测表面,必须进行处理,以产生这种特性,这个过程

称为表面的散斑化。因此白光散斑又被称之为"人造"散斑。表面散斑化的方法很多,最常用的是在物表面上敷一层某种白光反射涂料。无论天然具有散射特性,或散斑化后的表面,它的反射率分布都可以看成是一些离散的散射中心经过一个空间不变的低通滤波器形成的。这些散射中心的分布为

$$f(\boldsymbol{r}_o) = \sum_{K=1}^{\infty} \delta(\boldsymbol{r}_o - \boldsymbol{r}_{oK}) \qquad (11-7-10)$$

不失一般性,可以认为在一个充分小的面元内存在一个反射中心的概率为该面元面积与一个常数 λ 之积,同时存在多于一个反射中心的概率忽略不计。不相重叠的两个小面元中的反射中心数是相互统计独立的,因而这些散射中心在统计上服从泊松分布。当物表面由强度分布为 $I(\boldsymbol{r}_o)$ 的白光照明时,记录光学系统像面上的散斑强度分布为

$$I(\boldsymbol{r}) = \int I(\zeta) f(\zeta) h(\boldsymbol{r} - \zeta) \mathrm{d}\zeta \qquad (11-7-11)$$

式中,h 为从散射中心到像面强度之间的总的点扩散函数。它的有效覆盖区域的大小由像面上散斑点的平均大小直接确定。当物体发生变形时,可以认为它只改变散射中心的位置,不改变散射特性,因而变形前后像面光强度分布有如下关系

$$f_2(\boldsymbol{r}_o) = f_1[\boldsymbol{r}_o - \boldsymbol{d}_2(\boldsymbol{r}_o)] \qquad (11-7-12)$$

在线性记录下同样得到式(11-7-1)表示的二次曝光散斑图。而后用逐点滤波和全场滤波两种方式提取信息的原理和分析与上述相同,不再赘述。

以上对逐点滤波和白光散斑照相的分析基本上是定性的,通过透过率自相关函数的计算,可对它们作严格统计光学分析,有兴趣的读者可参阅文献[11-10,11-26,11-27]。

11.8 数字散斑照相测量术

与电子散斑干涉测量方法类似,数字散斑照相技术[11-28]用光电探测器件直接记录相干光或白光散斑场[11-29]在变形前、后的分布,用数字信息处理技术实现信息的提取(或者按习惯称作条纹识别)。信息提取的方法同样有全场滤波与逐点滤波两种,但在逐点滤波技术中除了形成杨氏条纹的方法而外,还有相关技术[11-30]。本节仅对各种提取信息的方法作简要的介绍。

11.8.1 数字全场滤波技术

数字散斑照相与其他散斑照相系统一样,在与物面共轭的像面上记录散斑图。不同的是记录时用摄像机(一般是CCD)把光强模拟信号转化为数字信号,

送入微型计算机中进行处理。在靶面上输出的信号可表示为

$$S(\boldsymbol{r}) = \frac{\eta}{A_T}\int I(\zeta)W_T(\boldsymbol{r}-\zeta)\mathrm{d}\zeta \qquad (11-8-1)$$

式中,I 为光强分布;η 为光电转换效率;W_T 为探测器窗函数;A_T 为窗函数的面积。该信号由图像采集卡采集后变成数字信号。根据奈奎斯特条件,只要抽样频率为 $S(\boldsymbol{r})$ 频谱分布的 2 倍,数字信号就可携带有 $S(\boldsymbol{r})$ 的全部信息。实际工作中,奈奎斯特条件总能满足,因而对数字散斑照相分析可转化为对模拟量 $S(\boldsymbol{r})$ 分析。

数字全场信息提取是以二维数字偏心滤波技术对变形前、后两散斑场的合成场进行处理,将变形场在滤波方向上的分量信息以等位移线的形式表现出来,其原理与光学全场滤波方法完全相同。首先,对变形前、后两散斑场的合成场转化的二维数字信号进行离散傅里叶变换,得到其频谱,再用频率响应函数为

$$H(\boldsymbol{f}-\boldsymbol{f}_0) = \begin{cases} 1 & |\boldsymbol{f}-\boldsymbol{f}_0| \leq f_w \\ 0 & \text{其他} \end{cases} \qquad (11-8-2)$$

的滤波器取出以 $\boldsymbol{f}_0$ 为圆心,f_w 为半径的圆域中的部分频谱。对这部分频谱作离散傅里叶反变换,并用局部空域平均消除散斑,便可得到在 $\boldsymbol{f}_0$ 与原点连线方向上变形场分量分布的数字表示。这种变形场分量分布呈现为余弦条纹的形式。在实际测量中,为了充分利用记录时的光能,探测器单元常常大于散斑点,这时的信号频谱分布取决于探测器窗口函数的大小。

11.8.2 数字逐点滤波技术

数字散斑照相的逐点滤波技术除了与光学方法类似的杨氏条纹方法以外,还有相关分析方法。在用双脉冲技术或频闪技术得到数字散斑照相图时,变形前、后两散斑场叠加在一起是没有办法分开的。为了从这种叠加成一幅的数字散斑图提取其中某一点的变形信息,必须利用杨氏条纹技术。与光学方法一样,以数字散斑图上要测量的点为中心设置一个窗口,对该小区域内的图像作离散傅里叶变换,在其傅里叶谱分布中就会产生杨氏条纹。这种条纹也是存在于频谱光强分布的系综平均之中,就是说,在得到傅里叶谱分布后要对其作局部空域平均,消除散斑。

在可以得到分离的两个散斑场的情况,相关分析方法更具灵活性,是数字散斑照相的特点之一。这种方法选取数字散斑图上被测点为中心的小区域的子图像,对变形后散斑图该点附近的一个小区域做相关匹配扫描,即

$$R(\boldsymbol{r},\boldsymbol{r}_c) = \frac{1}{A_w}\int S_2(\zeta-\boldsymbol{r})S_1(\zeta)W(\zeta-\boldsymbol{r}_c)\mathrm{d}\zeta \qquad (11-8-3)$$

式中,S_1 和 S_2 分别为变形前后的数字散斑图,函数

$$W(\zeta - r_c) = \begin{cases} 1 & |\zeta - r_c|_x \leq D_x/2 \text{ 及 } |\zeta - r_c|_y \leq D_y/2 \\ 0 & \text{其他} \end{cases}$$

为变形前散斑图被测点 r_c 处子图像所用的窗函数，A_w 为窗函数面积，r 为对该子图像进行相关匹配扫描的变形后的数字散斑图对应子图像的中心位置，即变形后的子数字散斑图的平移矢量。由于被测场是缓慢变化的小变形场，位于窗口内的各散斑点均有相同的变形量，在变形后散斑图内发生总体平移。当变形前子图像与相应变形后图像完全重合时，这两个区域相关性最好，相关运算出现最大值。由最大值的位置对应的平移矢量可得出变形量，因而平移矢量，也就是相关匹配扫描的范围，r 需要满足 $|r| > |d(r_c)|$。由于 $S(r)$ 为随机过程，相关信号 $R(r,r_c)$ 也是随机的，它的统计平均代表变形量分布。相关分析方法的一个重要特点是没有光学滤波方法相应的测量上限的限制。这从物理上是很好理解的，因为这个方法不像在光学滤波过程中那样会产生二次散斑场。只要在两幅散斑图产生与接收之间发生的变形基本上不影响散斑场微观结构，相关分析总是可以用。当然，变形只要存在，散斑场微观结构总不会完全保持不变，具体影响的大小这里就不再分析了。

还有一种提取数字散斑照相信息的方法是所谓限幅散斑技术，将数字散斑图像处理二值化以后用相关技术提取信息，处理速度快得多。Pedersen[11-31]、Marron 和 Morris[11-32] 对限幅散斑的有关理论做了大量研究。

11.9 散射板干涉仪

散射板干涉仪是一种共光路干涉仪，曾成功地用来检验过直径近 1 m 的 $f/4$ 物镜[11-33]，有重要的实用价值。伯奇(J. M. Burch)于 1953 年发现散射板干涉现象并制成了最初的散射板干涉仪[11-34,11-35]。在研制成功多种实用的仪器同时，人们也对其原理及数学物理模型进行了长期的讨论和研究。比较典型的有，1969 年斯科特(R. M. Scott)提出的一种傅里叶分量分析方法[11-36]，对散射板干涉仪进行了不很完善的半定量分析。1997 年，Rasanen[11-37] 等人用标量衍射理论对散射板干涉仪进行了数字模拟，将散射板看成是一半像素为零相位一半像素是 π/2 相位的随机相位板，可以计算出随机干涉场的光分布，但是不能给出解析模型。2007 年，陈家璧[11-38] 从信息光学与统计光学原理出发，对散射板干涉仪的基本光路进行了严格分析。用信息光学证明先散射后透射与先透射后散射两条光路在被测镜无像差时传播光的等价性，给出存在波像差时先散射后透射与先透射后散射两条光路传播光场的变化。而后用统计光学方法导出在散斑条件下干涉条纹产生的机理，建立了干涉条纹与被检验物镜的波像差之间的关系,完成了散射板干涉仪干涉原理的基本分析。对散射板干涉仪的分析能够比较全面地反映用光学信息技术的原理研究现代光学系统的方法,因此,这里给出对其所做的全面理论分析。

11.9.1 散射板干涉仪的原理和基本光路

由原理型的散射板干涉仪到实际应用的散射板干涉仪,有多种光路[11-33],图11-9-1(a)所示为其中一种典型光路,被测物是一块凹面镜,在观察屏上可以得到由于凹面镜的面形偏离球面导致波像差形成的干涉图[如图11-9-1(b)所示]。将记录器件置于观察屏处,记录下干涉图再进行处理便可以得到要求的被测量。

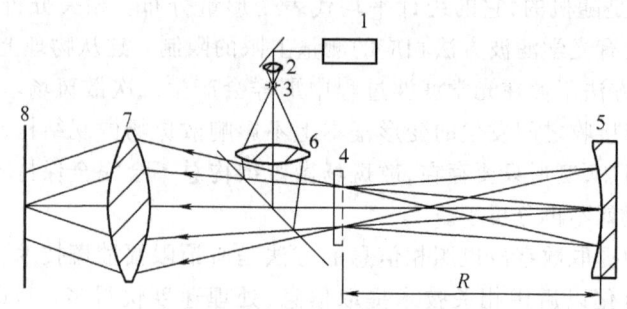

1—光源;2—聚光镜;3—针孔;4—散射板;5—被测凹面;6—投影物镜;7—成像物镜;8—观察屏
(a) 一种散射板干涉仪的典型光路

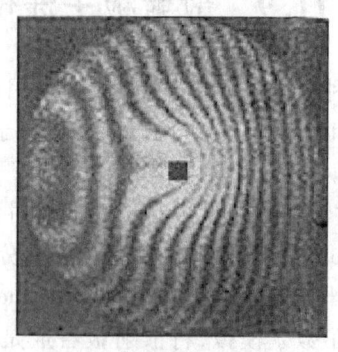

(b) 接收到的干涉图

图11-9-1 一种散射板干涉仪的典型光路及接收到的干涉图

在作全面的理论分析之前,首先要将干涉图形成的物理过程描述清楚、准确。由激光器1发出的激光被会聚透镜2聚焦到针孔3上进行空间滤波,然后由投影物镜6将针孔发出的球面波成像到被测凹面镜的顶点上。在成像的光路中有一块置于凹面镜球心处的半透半散的散射板4,只有一半直透的光能被会聚,另外一半被均匀地散射到被测凹面镜上。由于反射成像,射到凹面镜顶点和全凹面镜上的光又全部反射回到散射板上,通过散射板上部(如图光轴上方的点)的直透光和散射光会成像到散射板下部的对称点上,第二次穿过散射板。其中,第一次透过散射板的会聚光第二次会分成两部分,一部分散射一部分直透,第一次被散射板散射的光第二次也会分成两部分,一部分直透一部分散射,也就是说,两次散射的结果使原来一束光变成了四束光。两次都直透的光,在凹面镜中心生成的发光点将被成像透镜7在观察屏8的中心成一个共轭的像点。这个亮点也和针孔共轭,尽管两次散射后只剩下1/4的光能,还是很亮的,在图11-9-1(b)中心处用不透光的小方块挡住了这个亮点。同时,两次都散射的光能将会弥散到整个观察屏上,形成一个均匀照明的背景,当然由于前面讲过的相干随机叠加的缘故,这是一个带有散斑的背景。另外两束光,一束先散射后直透,一束先直透后散射都会将凹面镜成像到观察屏上。前面一束散射后直透的光成像过程很好理解,因为在第一次散射照明整个凹面镜被反射回来后,直透过散射板可以看做成像时散射板不存在。处于相对成像透镜共轭位置上的凹面镜和观察屏是成像关系。第四束直透后散射的光成像过程可以这样说明:由于在第二次通过散射板时的散射光经过成像透镜折射后总要射到观察屏上,或者说,对于由凹面镜成像到观察屏上的每一个点来讲,它成像时会聚的每一条先散射后直透的光线总有一条先直透后散射的光线与之对应。这样一来,先散射后直透的光线携带了凹面镜的面形信息,先直透后散射的光线没有携带凹面镜的面形信息,而且这两束光偏振方向、频率相同,在相同方向上入射到观察屏上发生干涉。先直透后散射因为没有因为面形的不规则造成的波面变形,可以作为标准参考光,干涉结果得到的条纹应该可以直接与凹面镜面形的不规则建立联系。

为了便于建立这样的数量关系,首先需要建立坐标系。用反射光路分析不很方便,先把上述典型光路用几何光学中的反射光路展开法展开为如图11-9-2所示的等价透射型光路。图中被测透镜(即被测凹面镜的等价透镜)置于(x_o, y_o)平面上,两块散射板分置于放大率为1的两倍焦距处的(x_{s1}, y_{s1})与(x_{s2}, y_{s2})两平面处,满足物像共轭关系。成像物镜置于(x_1, y_1)平面上,被测透镜是物面,对应的像平面是观察屏所在的(x_i, y_i)平面。图11-9-1(a)中上部的激光器1、聚光镜2、针孔3、投影物镜6在图11-9-2均已省去,用一束聚焦在O点的会聚光POQ替代,照明激光聚焦在被测透镜的光心(即被测凹面镜顶点)。经过第一块散射板S_1时,一半光能能被散射到整个被测透镜上,另一半被聚焦于O处。通过A点散射到B的光线是散射场中的一根光线。而AO则是直透的光线。BC光线在通过第二块散射板S_2时又分为两部分,其直透光到达(x_1, y_1)上的D点,而且在透镜作用下射到(x_i, y_i)上的E处。OC光线被S_2散射后总有

一条散射光会通过 D 点也在透镜作用下射到 E 处。这样由 S_1 散射后又由 S_2 透过的光线 ABC 与由 S_1 透过后又由 S_2 散射的光线 AOC 将在 E 处形成干涉场。$ABCE$ 和 $AOCE$ 两条光线中 CE 部分是完全相同的,干涉结果取决于 ABC 与 AOC 两段光路之间的光程差,也就是通过被测透镜光心直射的参考光与通过边缘的折射光(对于原被测凹面镜来讲就是反射光)之间的光程差。反过来讲,只要得到干涉图像就可以计算出被测光学零件的制造误差。

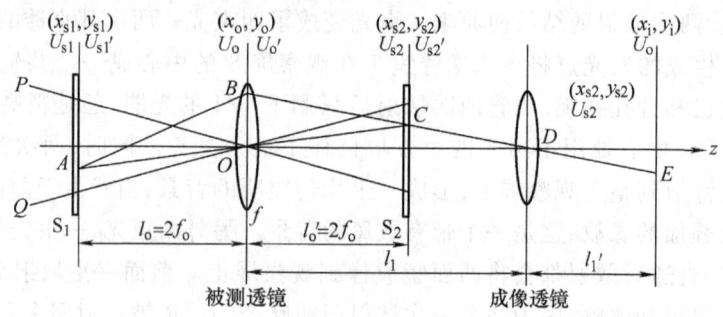

图 11-9-2　散射板干涉仪的基本光路

上述定性分析看起来很完美,用本书前面介绍的任何一种图像处理的方法就可以完成测量任务。直接用光程差来建立测量方程是不困难的。但是这里忽视了光传输过程中的两处细节:还有两次散射,这两次散射是由散射板造成的。散射板在散射入射光束时会产生微米级(也就是波长量级)的附加光程差,而且由于诸如毛玻璃的散射板面形的随机性,这个"附加光程差"在 (x_{s1}, y_{s1}) 与 (x_{s2}, y_{s2}) 两平面上是随机分布的两维空间随机过程。如果两次散射的附加光程差是完全相同的,即对 ABC 光束在 A 处的散射和对 AOC 在 C 处的散射附加光程差相同,这时散射板干涉的结果才能完全由被测凹面镜面形不规则引起的光程差决定。因此上述分析成立的条件是要求两块散射板的两维散射性能分布完全一致而且在光路装配和校正后满足严格的点对点——对应的物像共轭关系。加工与装校的困难使这种精度达到微米量级的共轭关系不可能得到满足。那么为什么尽管不能做到这种"完全对称性",实际上并不会影响散射板干涉仪干涉条纹的生成呢?而且散射板干涉仪在使用时还可以将一块散射板相对另一块散射板平移大大超过微米量级,完全破坏了其共轭关系,它还是能够产生平直干涉条纹。这些都是光程差分析不能解释的,必须借助于信息光学和统计光学的分析方法。可以证明散射板干涉现象的产生不取决于单个点,而取决于一个小区域中的相关性,两散射板间微米级精度的严格共轭关系并不必要。

11.9.2　干涉条纹形成的数理模型

前面已经讨论过,原来一束光经过两次散射在观察屏上产生的光场有四项分量。其中两次都由散射板直透过的光场分布是汇聚在观察屏像面中心的一个光点,对整个干涉场没有贡献。两次通过散射板都散射时,产生的散斑场,只会给干涉测量场带来背景光噪声,不影响散斑干涉条纹分布。这两个分量以下不再予以讨论。只讨论先直透后散射与先散射后直透的两个光场分布。

从图 11-9-2 的最左边开始来建立数理模型。假设在第一块散射板前入射光分布为 U_{s1},直透过散射板的光分布为 U'_{s1T} 而在散射板后的散射光分布为 U'_{s1S},则有

$$U'_{s1T} = C_1 U_{s1} \qquad (11-9-1a)$$

$$U'_{s1S} = T_1 U_{s1} \qquad (11-9-1b)$$

式中,C_1 是散射板的透过系数;T_1 是散射板的散射系数。正如前面讲过,透过系数是 0.5,散射系数却是一个 (x_{s1}, y_{s1}) 平面上的二维随机变量,为了简便忽略掉散射板的吸收,则

$$|T_1|^2 = 0.5 \qquad (11-9-2)$$

对于第二块散射板也有同样的假设,因此上式中 T_1 可以用第二块散射板的散射系数 T_2 代替。

当工作波长和波数分别为 λ 和 $2\pi/\lambda$ 时,(x_{s1}, y_{s1}) 平面上入射光的复振幅在近轴近似下可表示为

$$U_{s1} = A_o \exp(-jkl_o) \exp\left[-j\frac{k}{2l_o}(x_{s1}^2 + y_{s1}^2)\right] \qquad (11-9-3)$$

式中,$l_o = 2f_o$ 是从第一块散射板到被测透镜的距离。从第一块散射板后传播到被测透镜可以用菲涅耳公式计算,直透光和散射光场传到被测透镜前的光分布 U_{oT} 和 U_{oS} 可以表示为

$$U_{oT} = \frac{\exp(jkl_o)}{j\lambda l_o} \exp\left[j\frac{k}{2l_o}(x_o^2 + y_o^2)\right] \iint C_1 U_{s1} \exp\left[j\frac{k}{2l_o}(x_{s1}^2 + y_{s1}^2)\right] \times$$

$$\times \exp\left[-j\frac{2\pi}{\lambda l_o}[x_{s1}x_o + y_{s1}y_o]\right] dx_{s1} dy_{s1}$$

$$U_{oS} = \frac{\exp(jkl_o)}{j\lambda l_o} \exp\left[j\frac{k}{2l_o}(x_o^2 + y_o^2)\right] \iint T_1 U_{s1} \exp\left[j\frac{k}{2l_o}(x_{s1}^2 + y_{s1}^2)\right] \times$$

$$\times \exp\left[-j\frac{2\pi}{\lambda l_o}[x_{s1}x_o + y_{s1}y_o]\right] dx_{s1} dy_{s1}$$

总的光场为

$$U_o = U_{oT} + U_{oS}$$

将式(11-9-3)代入 U_{oT} 和 U_{oS} 可以得到下列表达式

$$U_{oT}(x_o, y_o) = -jC_1 A_o \lambda l_o \delta(x_o, y_o) \qquad (11-9-4a)$$

$$U_{oS}(x_o, y_o) = -jA_o \lambda l_o \exp\left[j\frac{k}{2l_o}(x_o^2 + y_o^2)\right] \times$$

$$\iint T_1(x_{s1}, y_{s1}) \exp\left[-j2\pi\left(\frac{x_{s1}}{\lambda l_o}x_o + \frac{y_{s1}}{\lambda l_o}y_o\right)\right] d\frac{x_{s1}}{\lambda l_o} d\frac{y_{s1}}{\lambda l_o}$$

$$(11-9-4b)$$

式中,$\delta(x_o, y_o)$ 表示二维 δ 函数,这就是先前定性分析说明的聚焦在被测透镜或凹面反射镜中心的亮点。U_{oS} 则是经过菲涅耳衍射得到的散斑场。根据第 3 章中介绍的方法,被测透镜可看做带有像差的相位因子,穿过透镜后的两个光分布分别为

$$U'_{oT} = U_{oT} \exp(j\phi_0) \qquad (11-9-5a)$$

$$U'_{oS} = U_{oS} \exp(j\phi_0) \exp\left[-j\frac{k}{2f_0}(x_o^2 + y_o^2)\right] \exp[-jk\omega(x_o, y_o)]$$

$$(11-9-5b)$$

式中,f_0 为被测透镜焦距,ϕ_0 为在被测透镜中心厚度引入的常数附加相位,$\omega(x_o, y_o)$ 是被测透镜的波像差。由于式(11-9-5)中 $\exp(j\phi_0)$ 为常数,以下分析中予以忽略。

再继续传播到第二块散射板前表面(x_{s2}, y_{s2}),U'_{oT} 和 U'_{oS} 分别变为 U_{s2T} 和 U_{s2S}。用同样的方法计算,U_{s2T} 和 U_{s2S} 可以写成

$$U_{s2T} = -C_1 A_o \exp(jkl_o) \exp\left[j\frac{k}{2l_o}(x_{s2}^2 + y_{s2}^2)\right]$$

$$U_{s2S} = -A_o \exp(jkl_o) \exp\left[j\frac{k}{2l_o}(x_{s2}^2 + y_{s2}^2)\right] \iiiint \exp[jk\omega(x_o, y_o)] T_1(x_{s1}, y_{s1}) \times$$

$$\times \exp\left\{-j2\pi\left[x_o\left(\frac{x_{s1}}{\lambda l_o} + \frac{x_{s2}}{\lambda l_o}\right) + y_o\left(\frac{y_{s1}}{\lambda l_o} + \frac{y_{s2}}{\lambda l_o}\right)\right]\right\} dx_o dy_o d\frac{x_{s1}}{\lambda l_o} d\frac{y_{s1}}{\lambda l_o}$$

透过第二块散射板,并且省略掉两次直透和两次散射的两项,计算余下的两项,先直透后散射与先散射后直透,U'_{s2TS} 和 U'_{s2ST},利用第二块散射板的透射系数 C_2 和散射系数 T_2,可以得到

$$U'_{s2TS} = -C_1 T_2(x_{s2}, y_{s2}) A_o \exp(jkl_o) \exp\left[j\frac{k}{2l_o}(x_{s2}^2 + y_{s2}^2)\right]$$

$$(11-9-6a)$$

$$U'_{s2ST} = -C_2 A_o \exp(jkl_o) \exp\left[j\frac{k}{2l_o}(x_{s2}^2 + y_{s2}^2)\right] \iiiint \exp[jk\omega(x_o, y_o)] T_1(x_{s1}, y_{s1}) \times$$

$$\times \exp\left\{-j2\pi\left[x_o\left(\frac{x_{s1}}{\lambda l_o} + \frac{x_{s2}}{\lambda l_o}\right) + y_o\left(\frac{y_{s1}}{\lambda l_o} + \frac{y_{s2}}{\lambda l_o}\right)\right]\right\} dx_o dy_o d\frac{x_{s1}}{\lambda l_o} d\frac{y_{s1}}{\lambda l_o}$$

$$(11-9-6b)$$

为了计算出在观察屏(x_i, y_i)处的光场分布,还要经过两次菲涅耳衍射,而且要考虑成像透镜的附加二次相位因子,最后可能出现被积函数中含有两个二维空间随机变量的八重积分,其复杂性可以想象。继续用菲涅耳衍射积分算到底是

不可取的,那么还有什么可以取代的方法呢?可以先设法找到 U'_{s2TS} 和 U'_{s2ST} 这两个分布之间的关系,简化分析的途径。在式(11-9-6b)中,当 $\omega(x_o,y_o)=0$ 时,利用 δ 函数的性质,对 x_o、y_o 先行积分,能够证明

$$U'_{s2ST} = -C_2 A_o \exp(jkl_o) \exp\left[j\frac{k}{2l_o}(x_{s2}^2 + y_{s2}^2)\right] T_1(-x_{s2}, -y_{s2})$$

由于 $C_1 = C_2 = 0.5$,有

$$U'_{s2TS} = \frac{T_2(x_{s2}, y_{s2})}{T_1(-x_{s2}, -y_{s2})} U'_{s2ST} \tag{11-9-7}$$

式(11-9-7)表明,当被检透镜无像差,在散射板 S_2 后的两部分光,先直透后散射的光场分布与先散射后直透的光场分布,除了一个系数以外完全相同。这说明存在一个等价关系,即先直透后散射的光场可以用被检透镜无像差的情况下先散射后直透产生的光场来代替,用以分析干涉条纹形成过程。这个结果和光程差分析的结果实际上是一致的,在两块散射板的散射特性完全相同而且安装没有误差(倒置时散射系数相等)时两条光路等价。但是有了这个定量的公式,在计算时就有可能避开第二次散射,把它用由第二块散射板放到第一块散射板的位置上且没有系统像差时产生的光场替代来进行计算。

假设在观察屏上得到的总光场是 U_I,忽略掉两次直透和两次散射的分量,只用先直透后散射和先散射后直透的 U_{ITS} 和 U_{IST} 表示,则有

$$U_I = U_{ITS} + U_{IST} \tag{11-9-8a}$$

因为观察像面 (x_i, y_i) 和被测透镜平面 (x_o, y_o) 对于成像透镜是共轭的,在没有第二块散射板时,这两个面上的光分布可以用卷积积分联系起来。进一步说,在成像透镜口径不予限制(或者足够大)时,成像系统的点扩散函数为(或近似)δ 函数,在归一化条件下平面 (x_i, y_i) 上的光场与平面 (x_o, y_o) 上的光场完全相同。因此考虑到上述等价关系,U_{ITS} 和 U_{IST} 均可以直接用没有第二块散射板情况下的成像公式来计算。这样一来,可能出现被积函数中含有两个二维空间随机变量的八重积分就可以避免了。从而得到

$$U_{ITS} = \frac{A_o \lambda l_o}{2|M|} \exp\left[-j\frac{k}{2M^2}(x_i^2 + y_i^2)\right] \times$$
$$\times \iint T_2(-x_{s1}, -y_{s1}) \exp\left[-j2\pi\left(\frac{x_i}{M}\frac{x_{s1}}{\lambda l_o} + \frac{y_i}{M}\frac{y_{s1}}{\lambda l_o}\right)\right] d\frac{x_{s1}}{\lambda l_o} d\frac{y_{s1}}{\lambda l_o}$$
$$\tag{11-9-8b}$$

$$U_{IST} = \frac{A_o \lambda l_o}{2|M|} \exp\left[-j\frac{k}{2M^2}(x_i^2 + y_i^2)\right] \exp[-jk\omega(x_i, y_i)] \times$$
$$\times \iint T_1(x_{s1}, y_{s1}) \exp\left[-j2\pi\left(\frac{x_i}{M}\frac{x_{s1}}{\lambda l_o} + \frac{y_i}{M}\frac{y_{s1}}{\lambda l_o}\right)\right] d\frac{x_{s1}}{\lambda l_o} d\frac{y_{s1}}{\lambda l_o}$$
$$\tag{11-9-8c}$$

式中,$M = l'_1/l_1$ 为成像系统放大率。上两式分别表示先直透后散射的 U_{ITS} 和先散射后直透的 U_{IST}。由于二者形式相似,而后者包含了被测透镜的波像差函数 $\omega(x_o, y_o)$,两者叠加就会产生携带有波像差信息的干涉条纹图像。这就是散射板干涉仪的基本原理,但是由于两个积分中分别含有散射系数 T_1 和 T_2,它们都是二维空间随机过程,U_{ITS} 和 U_{IST} 都是传播到观察平面上的散斑场,两者相干产生的条纹还要用本章讨论的统计平均方法来计算。

两块散射板都是加工均匀并用均匀照明,散射系数 T_1 和 T_2 是在二维空间平稳的,式(11-9-8b)和式(11-9-8c)的积分结果可以看做圆形复高斯随机变量,其实部和虚部的联合概率密度函数也是高斯函数。包括散射系数 T_1 和 T_2 的积分结果高斯随机变量的方差为(参阅文献[11-39])

$$\sigma_{T_1}^2 = \iint \langle |T_1(x_{s1}, y_{s1})| \rangle \mathrm{d}\frac{x_{s1}}{\lambda l_o} \mathrm{d}\frac{y_{s1}}{\lambda l_o} = \frac{1}{4\lambda^2 l_o^2} S_\Sigma \quad (11-9-9\mathrm{a})$$

$$\sigma_{T_2}^2 = \iint \langle |T_2(x_{s1}, y_{s1})| \rangle \mathrm{d}\frac{x_{s1}}{\lambda l_o} \mathrm{d}\frac{y_{s1}}{\lambda l_o} = \frac{1}{4\lambda^2 l_o^2} S_\Sigma \quad (11-9-9\mathrm{b})$$

$$\sigma_{T_1 T_2}^2 = \iint \langle |T_1(x_{s1}, y_{s1})| |T_2(x_{s1}, y_{s1})| \rangle \mathrm{d}\frac{x_{s1}}{\lambda l_o} \mathrm{d}\frac{y_{s1}}{\lambda l_o} = \frac{1}{4\lambda^2 l_o^2} S_\Sigma$$

$$(11-9-9\mathrm{c})$$

式中,S_Σ 为积分面积,即在以 PQ 为直径的圆内在 (x_{s1}, y_{s1}) 平面上的照明区域。进而平均光强 U_{ITS} 和 U_{IST} 可以表示为

$$\langle I_{IST} \rangle = \langle |U_{IST}|^2 \rangle = \frac{A_o^2}{16|M|^2} S_\Sigma \quad (11-9-10\mathrm{a})$$

$$\langle I_{ITS} \rangle = \langle |U_{ITS}|^2 \rangle = \frac{A_o^2}{16|M|^2} S_\Sigma \quad (11-9-10\mathrm{b})$$

由式(11-9-8a)可以计算观察平面上的光强分布为

$$I(x_i, y_i) = U_I U_I^* = |U_{ITS}|^2 + |U_{IST}|^2 + U_{ITS} U_{IST}^* + U_{ITS}^* U_{IST}$$

$$(11-9-11)$$

观察平面上的光强分布作为散斑场,不可能表示成为干涉条纹的显式,但是任何光强探测器都有一定的面积,接收的都是积分光强的功率信号。而由于平稳随机过程 U_{ITS} 和 U_{IST} 的各态历经性质,可以用空间平均替代统计平均,因此在接收面比散斑大很多时,物理上可以接收到的功率信号实际是观察平面上的光强分布的统计平均值。式(11-9-11)右边的前两项的统计平均值已有式(11-9-10)表示,后两项是相互共轭的,可以表示为

$$\langle U_{ITS} U_{IST}^* \rangle = \frac{A_o^2 \lambda^2 l_o^2}{16|M|^2} S'_\Sigma \exp(-\mathrm{j}k\omega) \quad (11-9-12\mathrm{a})$$

式中

$$S'_\Sigma = \iiiint C_{T_1,T_2}(x_{s1},y_{s1};x'_{s1},y'_{s1}) \exp\left\{-j2\pi\left[\frac{x_i}{M}\left(\frac{x_{s1}}{\lambda l_o}-\frac{x'_{s1}}{\lambda l_o}\right)+\frac{y_i}{M}\left(\frac{y_{s1}}{\lambda l_o}-\frac{y'_{s1}}{\lambda l_o}\right)\right]\right\}$$

$$\mathrm{d}\frac{x_{s1}}{\lambda l_o}\mathrm{d}\frac{y_{s1}}{\lambda l_o}\mathrm{d}\frac{x'_{s1}}{\lambda l_o}\mathrm{d}\frac{y'_{s1}}{\lambda l_o} \tag{11-9-12b}$$

$$C_{T_1,T_2}(x_{s1},y_{s1};x'_{s1},y'_{s1}) = \frac{\langle T_1(x_{s1},y_{s1})T_2(-x'_{s1},-y'_{s1})\rangle}{4} \tag{11-9-12c}$$

这里 $C_{T_1,T_2}(x_{s1},y_{s1};x'_{s1},y'_{s1})$ 是散射系数 T_1 和 T_2 的归一化互相关函数,当两块散射板的散射系数完全相同时,C_{T_1,T_2} 变成自相关函数。最后观察平面上得到的平均光强为

$$\langle I(x_i,y_i)\rangle = \frac{A_o^2 S_\Sigma}{|M|^2}\left\{\frac{1}{8}+\frac{S'_\Sigma}{8S_\Sigma}\cos\left[k\omega\left(\frac{x_i}{M},\frac{y_i}{M}\right)\right]\right\} \tag{11-9-13}$$

这是一组典型的余弦型干涉条纹,因为这里省略了两次散射产生的散斑背景噪声,并不能由上式计算条纹的对比度。但是可以由上式分析散射板横向移动产生干涉直条纹的原因。例如,当第一块散射板在平面 (x_{s1},y_{s1}) 上横向移动 x_{s1} 时,其散射系数变为 $T_1((x_{s1}-\delta)/\lambda l_o,y_{s1}/\lambda l_o)$。根据傅里叶变换的相移定理,计算式(11-9-12b)时会产生线性相位移动,这就导致在式(11-9-13)中余弦函数的自变量附加一个线性项,因而有一组直的干涉条纹叠加到被测透镜的波像差产生的干涉条纹之上。

总之,用光学信息技术原理讨论散射板干涉仪,与经典光学分析方法相比确实有一些优越性,能够说明给出散射板干涉仪得到干涉条纹的解析表达式,解释经典光学分析方法难以解释清楚的问题。本节的关键还在于用信息光学的方法证明了一个等价关系以后,又利用大孔径成像点扩散函数近似于 δ 函数,使问题得到彻底简化。从整个过程可以看出,尽管问题是解决了,应用光学信息技术的原理并不简单。在准确掌握基本理论外,需要更多的灵活性。

习　题

11.1 试证明任意两个相互统计独立的随机变量之间相关系数为零。

11.2 若 N 个微小随机相幅矢量 $\frac{1}{\sqrt{N}}a_k\mathrm{e}^{\mathrm{j}\phi_k}$ 之和中每一个模 $\frac{a_k}{\sqrt{N}}$ 及相位 ϕ_k 都相互独立;所有的 a_k 具有相同的概率分布,数学期望与二阶矩分别为 $\overline{a}$ 和 $\overline{a^2}$;随机相位 ϕ_k 均布于 $(-\pi,\pi]$ 区间内。试计算:(1) 当 N 趋近于无穷大时,这 N 个随机相幅矢量之和的实部和虚部的均值与方差及相关系数;(2) 实部和虚部的联合概率密度函数并绘出复平面上等概率密度曲线图。如果随机相位 ϕ_k 均布

于 $\left(-\frac{\pi}{2}, \frac{\pi}{2}\right]$ 区间内,计算结果及函数图像的变化。

11.3 若图 11-2-2 中光学成像系统的脉冲响应函数为 $h(x,y)$,光瞳函数为 $P(\xi,\eta)$,试证明全息再现的变形前后两波面散斑场之间的相关因子的表达式(11-2-12b)可以转化为式(11-1-13)中复自相干度的表达形式。

11.4 在如图 11-2-1 的全息干涉记录光路中置于物面处的被测物在激振器驱动下垂直于物面进行稳态振动,照明参考光与物面法线方向夹角可近似为不变的 30°。用时间平均法记录下的全息图处理后放到图 11-2-2 的全息干涉再现光路中,再现参考光与物面之间几何关系与记录光路中完全相同。如果在再现时观察到的节线处与最暗的亮纹之间有三条暗纹,试问稳态振型的振幅最大值是多少?假设记录和再现的光波长为 633 nm。

11.5 分离再现外差全息干涉方法中,如果被测物的空间频谱分布在 $-f_0$ 与 f_0 之间,而且两束参考光均为平面波,试问参考角 α、β(参阅图 11-4-1)需满足什么条件才能保证外差全息干涉图与噪声项完全分离?

11.6 相移全息干涉技术中,已知三次相移 $\beta(t)$ 分别取为 $\frac{\pi}{4}$、$\frac{3}{4}\pi$、$\frac{5}{4}\pi$,相应光强测量结果为 $I_1(r_i)$、$I_2(r_i)$、$I_3(r_i)$,试计算式(11-4-5)中 r_i 处的相对初相位 $\Delta(r_i)$。

11.7 在图 11-5-2 的双光楔剪切散斑干涉记录光路中,光楔玻璃折射率 n_0 为 1.5,楔角 α 为 0.05°,物距 l_o 为 500 mm,照明使用波长为 633 nm 的氦氖激光且入射光与观察方向 z 夹角 ψ 为 30°,而 $\omega(x,y)$ 及 $u(x,y)$ 分别为 (x,y) 点沿 z 及 x 方向变形产生的位移分量。第一次拍摄两次曝光剪切散斑干涉图后,使物体绕 z 轴旋转 180°再拍摄一次。对应同一 (x,y) 点在两次拍摄的两次曝光剪切散斑干涉图中的条纹级数分别为 2.5 和 3,试问 (x,y) 点沿 z 及 x 方向的应变为多大?

11.8 在图 11-7-3 所示的全场滤波光学系统中,透镜焦距为 500 mm,使用波长为 633 nm 的氦氖激光照明,放大率为 1,滤波孔中心离光轴 15 mm,滤波孔直径有 1.5 mm、3 mm、6 mm 三种。如果被测物是一个直径 55 mm 的旋转圆盘,两次曝光之间转动角度为 0.35°,记录两次曝光散斑图时的放大率也为 1,而且相对口径足够大。试问用三种不同口径滤波时得到的全场滤波条纹图上可以观察到条纹的区域直径分别为多大?

第 12 章 光通信中光学信息技术的应用

本章讨论光学信息技术在现代光通信技术中的一些特别的应用,包括能够用于密集波分复用技术的光分插复用器和光纤系统的色散补偿的布拉格光纤光栅,超短脉冲的整形和处理,光谱全息术,阵列波导光栅等。光通信中所讨论的问题不仅涉及自由空间光的传播,而且涉及波导内光的传播。本书介绍的光学信息技术主要适用于分析自由空间的光传播,并不太适用于研究波导器件,这是因为自由空间传播的光波的自然"模式"是向不同的角度传播和无限延展的平面波,然而在光波导中,传播的自然模式不是平面波。而且,与自由空间中存在无数个正交模式不同,波导器件只允许有限的正交模式族存在。但是用于分析自由空间光路的方法在有些情况下可以提供分析波导器件工作原理的一阶近似,才衍生出来了下面的这些应用。

12.1 布拉格光纤光栅

布拉格光纤光栅(以下缩写为 FBG)技术是 1978 年加拿大通信研究中心的 Hill 等发明的[12-1]。相关技术很多,包括利用紫外激光器写入光栅技术、依靠氢分子在曝光前扩散进入普通光纤使玻璃对紫外光敏化的技术以及使用相位掩模板在曝光时产生适当的相干光束[12-2]。一个 FBG 基本上就是一幅记录在一段玻璃光纤上的厚全息图,因为它的光栅是在光纤内部,记录有光栅的这一段玻璃光纤与普通光纤本身就连在一起,从而可以在光纤内集成上低损耗的窄带滤波器、色散补偿器件以及其他种类的滤波器等器件。

12.1.1 布拉格光纤光栅的制作

在讨论布拉格光纤光栅的制作之前,首先对光纤进行简要介绍。图 12-1-1 所示为一小段玻璃光纤,其包层为折射率为 n_2、半径为 b 的圆柱形玻璃,包裹着折射率为 n_1、半径为 a 的玻璃纤芯,因此 $a<b$ 且 $n_2<n_1$。这种结构支持多个主要存在于纤芯中的传播模式,它们的倏逝波场也会渗透到包层内。最低阶的模式的分布形状为高斯分布,通常称为 LP_{01} 模。该模式对于单模光纤来讲是唯一的传播模式,而且单模光纤包层的直径通常远大于纤芯的直径。光纤的最重要特点是其传输光信号损耗极低,最低的波长 1 550 nm 上,单模光纤的损耗可以低到每千米仅为 0.16 dB。

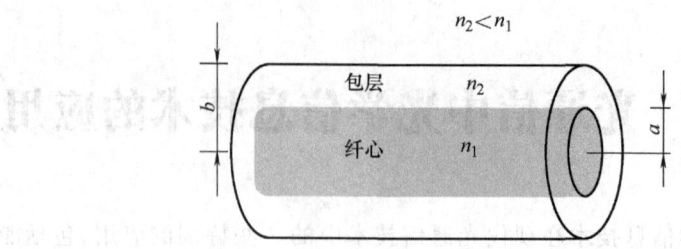

图 12-1-1 光纤的结构

从光纤出射到空气中的光束发散角和能够有效耦合到光纤内的光束发散角是相同的,一般用数值孔径描述,可以证明它是

$$NA_{空气} = \sin\theta_a = (n_1^2 - n_2^2)^{1/2} \approx n_1(2\Delta)^{1/2} \qquad (12-1-1)$$

式中,θ_a 为光线与光纤轴线所成的最大半角;$\Delta = (n_1 - n_2)/n_1$ 为光纤纤芯和包层折射率的相对差值。纤芯内数值孔径的对应表达式为

$$NA_{纤芯} = \sqrt{\frac{n_1^2 - n_2^2}{n_1^2}} \approx (2\Delta)^{1/2}, \qquad (12-1-2)$$

此式很容易从折射定律推出,其中折射率 n_1 的典型值在 1.44~1.46 之间,相对折射率差 Δ 的典型值在 0.001~0.02 之间。

由于玻璃的材料色散和光纤的波导色散,不同波长的光在单模光纤中传播速度有细微的差别。大多数情况下材料色散是主要,但如果要完全补偿色散,两种色散都必须考虑。一个短的光脉冲的频谱包含相当宽的波长范围,它所产生的脉冲展宽的展宽量由所用的单模光纤的类型、光脉冲的中心波长和光纤长度决定。考虑一个宽带信号在单模光纤中传播的情况。忽略光信号在光纤中的空间断面分布,信号 $u(t)$ 的复数表示式可写成

$$u(t) = U(t)\exp[-j(\omega t - \beta(\omega)L)] \qquad (12-1-3)$$

式中,$U(t)$ 为复振幅,表示对入射光信号的幅度和相位调制;$\omega = 2\pi\nu$ 为光波的角频率;L 为信号在其中传播的光纤的长度。这里 $\beta(\omega)$ 是光纤的传播常数,它是频率的函数,一方面由于玻璃的折射率与频率有关,另一方面也由于模式断面分布与频率有关。随着频率的改变,传播模式渗透到包层中的部分也有微小变化,从而导致该模式传播常数的改变,还会产生波导色散。

信号的谱宽通常比信号的中心频率低得多,可以将 $\beta(\omega)$ 在中心频谱 ω_0 周围展开为泰勒级数。保留展开式的前四项,得到

$$\beta(\omega) = \beta(\omega_0) + (\omega - \omega_0)\frac{\partial\beta}{\partial\omega} + \frac{1}{2}(\omega - \omega_0)^2\frac{\partial^2\beta}{\partial\omega^2} + \frac{1}{6}(\omega - \omega_0)^3\frac{\partial^3\beta}{\partial\omega^3}$$

$$(12-1-4)$$

其中导数都是在频率 ω_0 处取值。这个级数的第一项引起的相移对不同频率是常数,可以忽略不计。第二项包含一个随频率线性变化的线性相移因子,它只会使信号产生简单的延迟,而不会使信号的时域结构发生内部改变。这一项可以用来定义群速度,即脉冲沿光纤的传播速度。脉冲的时延为 $\tau = L(\partial\beta/\partial\omega)$,因此群速度为

$$v_g = \frac{L}{\tau} = \frac{\partial \omega}{\partial \beta}\bigg|_{\omega = \omega_0}$$

第三项在信号的全部频谱上产生二次相位失真,通常在光纤色散中起主导作用。第四项对应于光纤的色散曲线(作为 ω 的函数)的斜率。

由二次相位项引起的脉冲的时间展宽 $\Delta\tau$ 和信号传播所经过的光纤长度 L 和信号的谱宽 $\Delta\omega$ 有关,即

$$\Delta\tau = \frac{\partial^2 \beta}{\partial \omega^2} L \Delta\omega$$

群速度色散系数 D 定义为光脉冲信号在单位长度传播距离内由于波长变化引起的时间展宽,单位为 $ps/(km \cdot nm)$,由下式给出

$$D = -\frac{2\pi c}{\lambda^2} \frac{\partial^2 \beta}{\partial \omega^2} \qquad (12-1-5)$$

式中,λ 是光在空气中的波长,从这个式子可以看到,脉冲的时间展宽为

$$\Delta\tau = |D| L \Delta\lambda \qquad (12-1-6)$$

这是因为

$$\omega_2 - \omega_1 = \Delta\omega = 2\pi c \left(\frac{1}{\lambda_2} - \frac{1}{\lambda_1}\right) = -\frac{2\pi c}{\lambda^2}\Delta\lambda$$

式中,$\Delta\lambda = \lambda_2 - \lambda_1$,且 $\Delta\lambda \ll \lambda_1$ 及 λ_2。

在光纤通信中有多种技术能够消色散。最普通的是利用色散位移光纤,通过改变光路和光纤剖面内的折射率分布使光纤的零色散波长从 1 300 nm 附近移到光纤损耗最低的 1 550 nm 处。另一种方法是用色散补偿光纤,通过特殊设计改变光纤色散的符号,产生与正常光纤色散相反的色散。把正常光纤与色散补偿光纤拼接到一起,色散就减小了。最后还有一种可能的方法是在光纤路径上安置用来补偿色散的分立器件来实现消色散,包括利用布拉格光纤光栅消色散的方法。

在玻璃光纤中记录相位光栅有两种方法:直接干涉法和相位光栅衍射干涉法。图 12-1-2(a) 所示为一种直接干涉法。由紫外激光器产生的光分束而得的两束相干光从侧面照亮一段光纤。这两束光传播的光程近似相等,二者之间具有很好的相干性,可以在光纤段所处的区域内干涉。图中干涉条纹与光纤的长轴方向垂直。紫外激光器的光波长与通信系统滤波器的近红外光波长差别很

大,需调节干涉光束的角度,使干涉条纹间隔与红外波长相匹配。

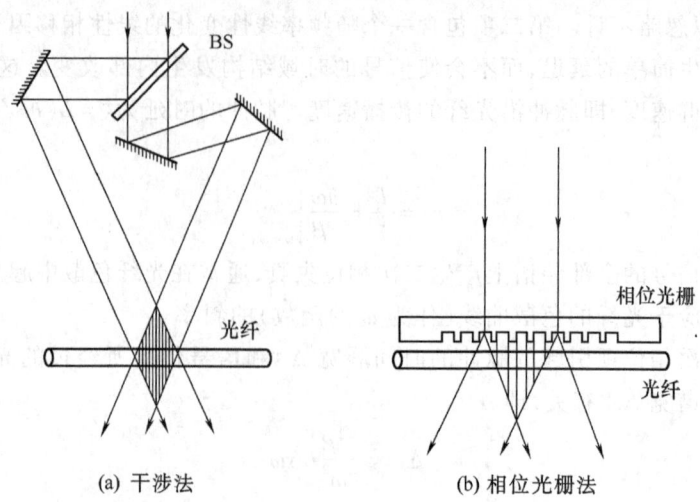

图 12 - 1 - 2　记录布拉格光纤光栅的两种方法

制造 FBG 的第二种方法如图 12 - 1 - 2(b)所示。这种方法在玻璃平板上蚀刻凹槽以制作相位光栅的母板。典型的相位光栅凹槽截面形状非常接近方波,并且刻槽的凸峰和凹槽之间的光程相位差为 π 弧度。这样的光栅不存在零级和偶数级衍射光,可以证明其主要的透射光是包含 80% 以上透射光能的两束一级衍射光。这两束一级衍射光在光纤中产生干涉,生成周期为母板光栅周期之半的干涉条纹图样。相位光栅法的优点在于对记录用的激光相干性要求较低,生成的干涉条纹的周期不受激光波长的微小改变的影响。与直接干涉法相比,相位光栅方法更适合于 FBG 的批量生产,其缺点是光栅母板一旦制成,所制作的 FBG 的周期就难以改变了。

这里不打算对光纤中光传播的影响作完整和透彻的分析,仅给出光纤中光栅的性质的定性理解,并且只考虑在单模光纤中传播的最低阶模,即 LP_{01} 模。这种模式的发散角由式(12 - 1 - 2)给出的纤芯中光的数值孔径决定,其典型值为 $NA_{纤芯} \approx 0.15$,对应于光栅中光的发散角比较小的情形。考虑光纤中记录的一个均匀正弦相位反射光栅,其光栅线与光纤纤芯轴线垂直。回顾 7.5.1 小节中对波长选择性的讨论,当两写入光束在介质内的夹角 $2\varphi = \pi$ 时,产生反射全息图的波长选择性最好。也就是说,当光栅线与光传播的方向垂直时,波长选择性达到最大,而角度选择性相对不很显著。因此,可以忽略由纤芯中光的小数值孔径所对应的小发散角,并且可以用对无限大的平面波的响应的结果作一个合理的近似。

12.1.2 FBG 的应用

FBG 在光通信领域中有很多应用,这里将讨论上面介绍的反射型 FBG 的两种应用。其中一种是在(光)分插复用器中作为窄带滤波器,另一种是用作波长色散补偿滤波器。

1. 用于光分插复用器的窄带滤波器

密集波分复用技术(DWDM)是实现极高速率光学数据传输的比较常用的方法。通过为每一个数据流指定唯一波长的方法使许多不同的数据流被复用在单一光纤中。不同信道的波长以密集的梳状形式排列,相邻信道间隔为 100 GHz、50 GHz 甚至 25 GHz,在实际中一根光纤上可以复用多达几百个信道。

在这样一个系统中,关键的器件或子系统是光分插复用器(ADM),它可以在不影响其他信道波长的条件下从光纤提取或向光纤增添一个信道波长。实现光分插复用器有多种不同的结构,这里只介绍用 FBG 实现光分插复用器的方法。

图 12-1-3 示出一个分插复用器的典型结构。图中,光环形器是一种单向器件,仅允许光在一个方向从输入端向输出端传播(向前传播),而将反向传播的光送到一个分离端口,在分离端口上只出现向后传播的光。这种设备中向前传播的信号和向后传播的信号的隔离度一般很高(~50dB)。进入第一个环形器的光穿过环形器后到达 FBG,这个 FBG 被设计为一个窄带反射滤波器,它仅仅反射波长为 λ_2 的光波,而让所有其他波长的光波通过并到达第二个环形器。与此同时,被反射回来的 λ_2 光波按反方向传到分离端口,在这个端口上可以检测到这个特定波长信道上的信号。回过来看第二个环形器,现在少了 λ_2 的各个波长的光信号可以不受干扰地穿过它到输出端。一个新波长 λ_2' 的信道加到这个环形器的第二个输入端口上,向后传到 FBG,在这里被反射,然后穿过第二个环形器,填满缺了 λ_2 的信道空间的空缺。于是用这样一个结构,就能够提取一个特定的波长和增添一个新的波长。如果把两个 FBG 在中间串接起来,第一个调谐到 λ_2,第二个调谐为 λ_2',波长 λ_2 和 λ_2' 不必要相同。

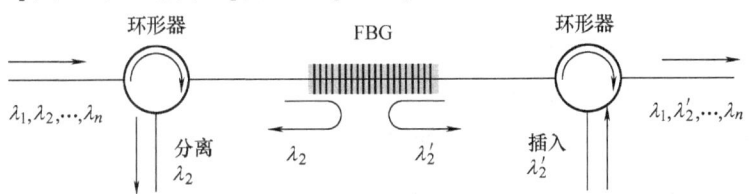

图 12-1-3 一个 FBG 分插复用器的典型结构

在典型的密集波分复用系统中,各信道波长的间隔非常紧密,因此将 FBG

设计成带宽非常窄是很重要的。为了得到带宽很窄的滤波器，δn 必须很小，因此光栅中的有效反射面的数目可能非常大。在所有的光波被变为向后传播之前，光信号应当传播得尽可能远，因此在这种应用中一般折射率调制不可能很大。

2. 用于光纤系统的色散补偿

FBG 的另一个应用是光纤系统中的色散补偿。前面已经看到，由于在光纤中不同波长的光波以不同的速度传播，色散的出现是非常常见的。通常情况下，光的频率更高（波长更短）的分量比频率更低（波长更长）的分量传播得快一些。尽管能够用色散补偿光纤克服这种失真，但一般需要很长的这种光纤才能提供适当的补偿。FBG 却能够在短得多的长度内提供类似的补偿。

图 12-1-4 表示用 FBG 实现色散补偿的基本思想。为此需要制作一个啁啾周期光栅。理想情况下要把这一光栅设计成能够引进一个作为频率函数的时间延迟的光栅，这个时间延迟准确地补偿式（12-1-6）给出的时间延迟。从以下的定性说明可以得到一个更简单的理解：长波长被色散光纤中延迟得最多，在啁啾周期光栅中却延迟得最少，而短波长的情况则相反。结果，得到的补偿后的信号脉冲中的色散在很大程度上被消除了。

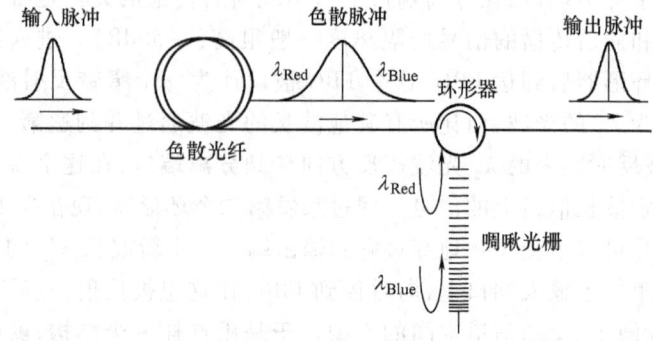

图 12-1-4　利用啁啾 FBG 进行色散补偿

通过加热或者拉伸 FBG 可以改变这种光栅的周期。用这种方法，光栅内的反射面移动得彼此离得更开一些，从而改变了配给每个波长的相位延迟。因此，如果有需要的话，可以实现对色散补偿的微量调节。

12.1.3　工作在透射方式的光栅

在某些应用，反射光栅的光路不适用，透射光栅却比较合适。这种光栅常常根据其类型分别称为"倾斜光栅"或"长周期"光栅。

倾斜光栅是指光栅面与光纤轴线成一夹角的 FBG。典型的夹角是 2°~3°，它将几乎完全消除主反射峰。然而，和包层中反向传播模式的耦合依然存在。如果光栅的周期是啁啾性质的，包层模式响应的包络决定了向前方向的损耗峰的宽度，其典型的阻带宽度为 10~20 nm。

长周期光栅则通常指的是其周期会使纤芯中的单模和包层中的多个向前传播的模式发生耦合的透射光栅，其包层中的模式最终被光纤的外保护涂层散射掉。这时光栅周期的典型值在 100 μm~1 mm 的范围内，光栅的长度通常为 1~10 cm。长周期光栅的阻带峰比 FBG 更宽，在标准的远程通信光纤中典型的阻带宽是几百纳米。

倾斜 FBG 和长周期光栅的典型应用是使光纤放大器的增益变平（变得与频率无关）和通信中的滤波。

12.2 超短脉冲的整形和处理

自从激光器发明以来，在实际中能够产生的光脉冲已经被变成越来越窄。超短脉冲激光器已经从皮秒级（1 ps = 10^{-12} s）发展到飞秒级（1 fs = 10^{-15} s）。1981 年就有了脉冲宽度为 100 fs 的脉冲激光器[12-3]，目前已推出了只有几个飞秒宽的脉冲激光器，它给出只相当于几个光波周期宽的光脉冲。

随着产生超短脉冲激光器的发明，将简单的短脉冲变成更复杂的波形的方法随之出现，发明了多种波形整形方法。本节集中介绍其中最成功的两种。对超短脉冲整形方法的一般综述见文献[12-4]和[12-5]。

12.2.1 时间频率到空间频率的变换

飞秒脉冲的光谱很宽，例如，在通常的长距离光纤通信的中心波长 1 550 nm 上，一个 100 fs 脉冲的带宽与中心频率的比值 $\Delta \nu/\nu$ 大于 5%，而一个 10 fs 脉冲的同一比值则大于 50%。这样大的光频带宽使普通的色散元件如光栅能够使频率在空间散布得足够宽，从而能够实现一个从时间频率到空间位置的变换。本小节简短地讨论这一变换。

这里考虑的最简单的情况是图 12-2-1(a) 所示的透射振幅光栅。在平面波照明的情况下，-1 级衍射角 θ_2 与光栅周期 Λ、照明光的入射角 θ_1 和光波波长 λ 通过光栅方程相联系

$$\sin \theta_2 = \sin \theta_1 - \frac{\lambda}{\Lambda} \qquad (12-2-1)$$

在图 12-2-1(b) 所示的反射闪耀光栅的情形下，式(12-2-1)仍然成立。假设该闪耀光栅抑制了 +1 衍射级而且光栅的刻槽深度使零级衍射可以忽略，图

中只画了 -1 衍射级的光束。

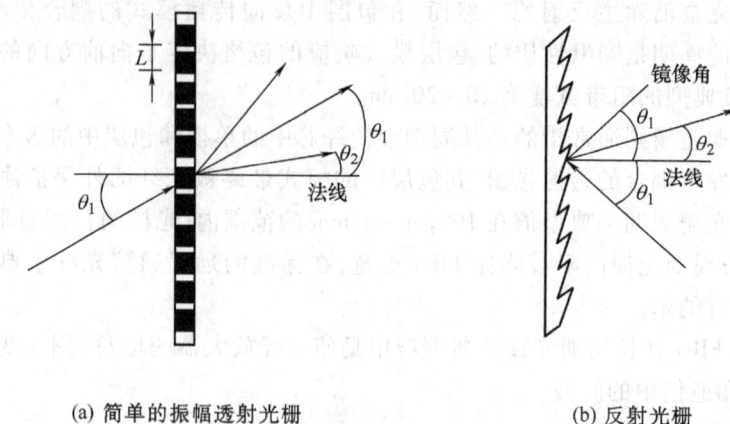

(a) 简单的振幅透射光栅　　(b) 反射光栅

图 12-2-1

要完成时间到空间的变换还需要一个附加的元件,即透镜。将光栅放置在透镜的前焦面上或附近,观察穿过透镜后焦面的光。在这样的光路中,透镜将角度变换成后焦面上的位置。光线的衍射角依赖于照明光的角度和光波的波长(或等价地依赖于光的频率)。于是不同的频率就变换成焦面上的不同位置,即不同光的时间频率对应变成了不同的空间频率。其光路如图 12-2-2 所示。

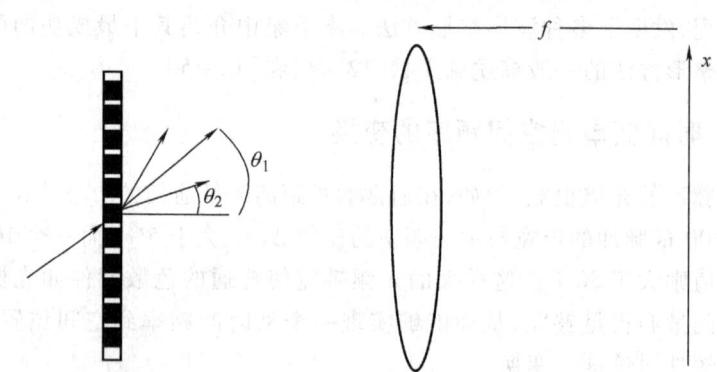

图 12-2-2　将光波频率变换为空间位置的光路

为了理解这个变换的细节,我们从上面的光栅方程开始。如果 -1 级衍射与法线方向夹角 θ_2 很小,光栅方程可以近似为

$$\theta_2 = \sin\theta_1 - \frac{\lambda}{\Lambda} \qquad (12-2-2)$$

而且当 θ_2 角很小时,焦面上的位置 x 与这个衍射分量的衍射角 θ_2 之间关系由下

式联系

$$x \approx f\theta_2 \qquad (12-2-3)$$

将式(12-2-2)代入式(12-2-3),得到

$$x = f\sin\theta_1 - \frac{f\lambda}{\Lambda} = x_0 - \frac{f\lambda}{\Lambda} \qquad (12-2-4)$$

式中,$x_0 = f\sin\theta_1$。用频率 $\nu = c/\lambda$ 来表示的等价表示式为

$$x = x_0 - \frac{fc}{\nu\Lambda} \qquad (12-2-5)$$

知道了参数 f、c、Λ 的数值,就可以确定入射平面波的每个时间频率分量(或波长分量)落在焦平面上什么地方。上面对透射光栅推导出的结果对图 12-2-1(b)所示的反射光栅同样适用。

12.2.2 脉冲整形系统

图 12-2-3 所示为一个能够将超短脉冲变成更复杂的信号的系统(参阅文献[12-5])。图中一个平面波脉冲从右下方输入到该系统,传播到第一个光栅上,发生色散,散射到第一个透镜的焦平面上。穿过一个掩模板,这个掩模板修正这个平面波脉冲的时间频谱的幅值和(在某些情况下)相位。频谱被修改过的光波被第二个透镜和第二个光栅还原为平面波,不过其时间频谱分量已经改过了。最后的时间信号输出到左下角。

这个光学系统中使用了一个倾斜的输入反射光栅,以使衍射光波的方向更靠近透镜的光轴。输出光栅同样是倾斜的,$4f$ 光学系统构成了一个放大率为 1 的望远成像系统。输入光栅成像在输出光栅上。

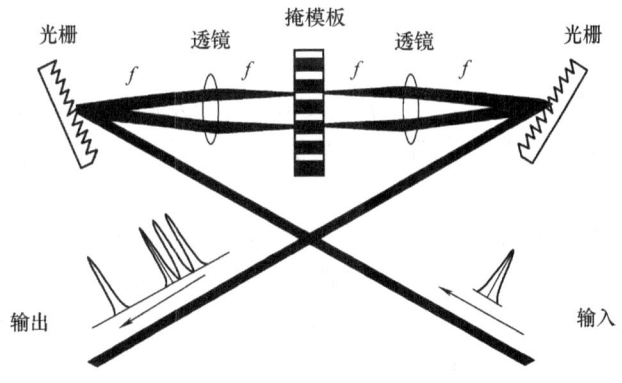

图 12-2-3 用频谱滤波实现脉冲整形

焦平面上的掩模板可以有几种不同的类型。吸收型模板将修改时间频谱分

量的幅值,而相位型模板则将改变它们的相位。两块这样的模板一起用可以控制频谱分量的复振幅。可以用一个空间光调制器,例如可编程液晶空间光调制器[12-6]和声光调制单元[12-7],动态地改变幅值、相位或者同时改变滤波器的幅值和相位。

如果目的是要综合出一个传递函数为 $H(\nu)$ 的时域滤波器,那么焦面上所需的掩模板的振幅透过率可以从式(12-2-5)解出 ν

$$\nu = \frac{cf}{\Lambda(x_0 - x)} \qquad (12-2-6)$$

再代入 $H(\nu)$ 中得出。因此,焦平面上掩模板的振幅透过率应当是

$$t(x) = H\left(\frac{cf}{\Lambda(x_0 - x)}\right) \qquad (12-2-7)$$

12.2.3 谱脉冲整形的应用

上面介绍的超短脉冲整形方法已经在多个不同的科学领域中得到了应用,其中包括非线性光学、飞秒光谱学以及超快激光-材料相互作用。下面将着重讨论在光通信领域的一个应用。

1. 对码分多址(CDMA)的应用

下面介绍的应用是码分多址(CDMA)波形发生和解码。CDMA 是一种编码与解码技术,它对一个多用户信道中的每一用户指定一个唯一的编码信号,这个编码信号(在理想情况下)与分配给所有其他用户的编码信号都正交。编码信号的正交性允许一个用户使用对接受者合适的专用编码波前将信息发给另一用户。原来的信息由一系列超短脉冲组成,在给定时间间隔内出现脉冲代表一个二进制数"1",而在该段时间间隔内不出现脉冲代表一个二进制数"0"。每个二进制数"1"用上节讨论的谱编码技术进行编码,将该超短脉冲变成适合于这条特定信息所要发给的用户的一个展宽波形。每个发信者都必须装备一个可以改变的掩模板(即空间光调制器),使其能够产生适合于任何可能的受信者的波形。

注意,依靠对时间频谱分量的完全复编码,可以实现对光波波形的幅值和相位的同时调制。但是,在实践中,复编码的优势并不大,常用的是二进制相位空间光调制器和由 0 相移和 π 相移的空间序列组成的频谱码。这样的相移的序列就是一种码字。网络上的一个单一位置有一个唯一的与之对应的频谱码字。任何其他用户用这个特定的码字可以通到这个位置。

如果一个特定用户想要接收传送给他的信息,那么这个用户就要向本地的空间光调制器中加载一个掩模板,这个模板是任何一个发信者发信给这个用户所用的频谱编码模板的复共轭。展宽的编码信号然后在本地接收器上再被压缩

为一个超短脉冲。实际上,这种解码系统是用作一个匹配滤波器。如果这个用户希望同另一个用户通信,那么本地空间光调制器也要加载一个频谱掩模板,该模板包含适于想向他发送信息的用户的码字。图 12 – 2 – 4 表明了这一想法。图中示出四个用光纤环连接的用户。每个用户结点都和光纤这样耦合,使得一部分环形信号可以从环中引出并被检测到。此外,每个结点和光纤环路的耦合也使得能够将一信息送入环中。在每个标有"用户"的小方框内是一个如图 12 – 2 – 3 所示的频谱滤波系统,带有一个空间光调制器以提供动态的频谱模板。图中用户 1 正将一个超短脉冲(即一个二进制数"1")送入本地频谱滤波系统(标有"用户 1"的方框),这个本地频谱滤波系统然后再发射一个带有适合于用户 3 接收的频谱码的波形。用户 3 处于接收模式,并将这个编码的波形压缩为一个超短脉冲,然后被检测到。用户 2 和用户 4 有属于自己的码字的频谱模板,它们的编码是与用户 3 的编码正交的。因此,这两个用户在他们的输出端上没有发现超短脉冲。如果每个接收者有一个阈值电路,那么只有适当压缩的脉冲将被检测到,并且只有用户 3 将接收到这个信息。

上面的讨论是一个在光纤网络中应用 CDMA 技术的想法并作了极大简化的例子。还有可以用的其他网络结构和许多不同的编码方式。寻求最佳编码方式确实已成为一个活跃的研究课题(参阅文献 [12 – 8])。

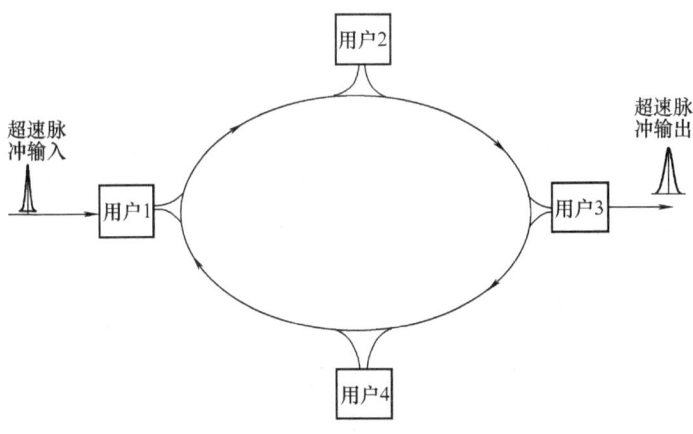

图 12 – 2 – 4 典型的码分多址系统

2. 对光纤色散补偿的应用

如式(12 – 1 – 4)表示,光在单模光纤中传播长距离后会产生色散,即不同波长的光以不同的速度传播。传播的信号的主要失真来自随频率变化的二次相位畸变,但是三次相位畸变也会产生进一步的附加失真。一种补偿失真的方法是用一段色散补偿光纤来消除二次相位畸变,并用一个光谱滤波系统来消除三次失真。这样的方法可用来恢复 500 ps 宽的脉冲,它在普通的单模光纤中传播时其宽度被扩展到它们原来宽度的 400 倍。一段色散补偿光纤将这个脉冲缩短到其原来宽度的两倍,而一个光谱滤波系统进一步将脉冲宽度缩短到其原来的宽度 500 ps(参阅文献[12-9])。

12.3 光谱全息术

与超短波脉冲整形有联系的概念已经被推广到光谱全息术的领域(参阅文献[12-10])。用光谱全息术,能够用一个飞秒脉冲作参考信号记录一个时间波形信号的空间全息图,然后再用飞秒探针或飞秒再现脉冲对这个全息图进行选址而重现这个波形。

12.3.1 全息图的记录

记录时间全息图的一个典型光路如图 12-3-1 所示。如同前面描述的把时间频率变换为空间位置的方法那样,在记录系统的输入端上使用一个倾斜光栅。这个光栅在水平面内倾斜一个角度,而栅线沿竖直方向。信号时间波形和一个飞秒参考脉冲同时入射到光栅不同的有限区域。图中,参考脉冲入射到靠近光栅底部的一个小区域上,信号波形则入射到靠近光栅顶部的一个小区域上。这两个位置决定了两束光照射全息图平面的角度。当这两束光离开光栅时,每束光由于光栅的色散作用沿着水平(x)方向都要散开,而沿着竖直(y)方向由于衍射每束光也发生微小的散开。到球面透镜的传播距离为一个焦距。穿越透镜后,两个信号传播到透镜的后焦面上,在那里它们叠合在一起。假定这两束光来自同一激光器并且互相相干,它们会在全息图平面上发生干涉,为感光介质所记

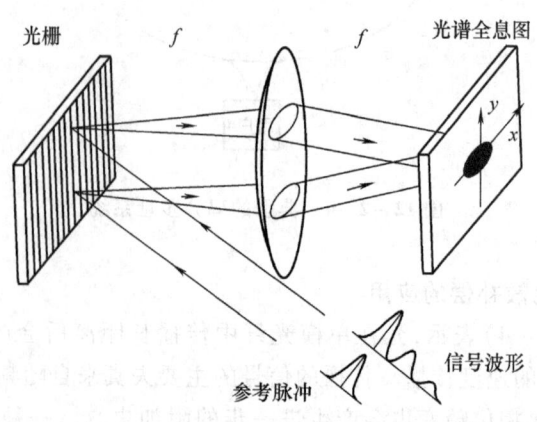

图 12-3-1 记录一张光谱全息图

录。图中全息图背面画的椭圆形区域表示记录区,它实际存在于全息图的前表面上。因为参考脉冲极短,它的频谱极宽,覆盖了图中画的椭圆形区域。信号波形的频谱更复杂,它的振幅和相位作为时间频率的函数都在变化。通过与参考脉冲的频谱的干涉可以捕捉到这些变化。

以下为光谱全息图记录过程的数学描述。用 $R(\nu)$ 和 $S(\nu)$ 分别表示参考脉冲和信号波形的复数时间频谱。于是入射到全息记录平面上的强度可用下式描述

$$I(x,y) = |R(\nu)|^2 + |S(\nu)|^2 + R^*(\nu)S(\nu)\exp(-j2\pi\theta\nu y/c) \\ + R(\nu)S^*(\nu)\exp(j2\pi\theta\nu y/c) \qquad (12-3-1)$$

式中,θ 是信号光束和参考光束在竖直方向的夹角(为了简单假设是小角度)。应当注意,上述复数频谱振幅和本书中多次使用的通常的复振幅有很大的不同。在频谱上的每一点时间频率 ν 都不相同,即在沿 x 方向上的各个点空间位置的不同对应着时间频率的不同。而时间频率不同是不能干涉的,这意味着频谱分量 $R(\nu_1)$ 和 $S(\nu_2)$ 当 $\nu_1 \neq \nu_2$ 时不能发生干涉。需合理安排记录光路中 $R(\nu_1)$ 和 $S(\nu_2)$ 位置,使得落在同一点上的两束光的时间频率相同,进而使得逐个频率的干涉得以发生。

要把上面的结果表示成 x 和 y 的函数而不是 ν 的函数,需用式(12-2-6)进行代换。在小角度假设下,有

$$\nu = \frac{cf}{\Lambda(x_0-x)} = \mu/(x_0-x) \qquad (12-3-2)$$

式中,Λ 仍为光栅周期;x_0 表示光栅的零级衍射入射到焦面上的点的 x 坐标,并且 $\mu = cf/\Lambda$。将其代入式(12-3-1),得

$$I(x,y) = |R(\mu/(x_0-x))|^2 + |S(\mu/(x_0-x))|^2 \\ + R^*(\mu/(x_0-x))S(\mu/(x_0-x))\exp\left(-j\frac{2\pi f\theta y}{\Lambda(x_0-x)}\right) \\ + R(\mu/(x_0-x))S^*(\mu/(x_0-x))\exp\left(-j\frac{2\pi f\theta y}{\Lambda(x_0-x)}\right) \\ = |R(\mu/(x_0-x))|^2 + |S(\mu/(x_0-x))|^2 \\ + 2|R(\mu/(x_0-x))||S(\mu/(x_0-x))|\cos\left[\frac{2\pi f\theta y}{\Lambda(x_0-x)} - \phi(\mu/(x_0-x))\right]$$

$$(12-3-3)$$

式中,$\phi(\nu)$ 是信号波形频谱在每个 ν 值处的相位角。忽略相位调制 ϕ 后,载波频率条纹倾斜成一幅径向轮辐图样,这是由于频率 ν 沿着 x 方向变化。当

$$\frac{2\pi f\theta y}{\Lambda(x_0-x)} = n2\pi \quad \text{或} \quad y = \frac{n\Lambda(x_0-x)}{f\theta}$$

就得到 cos 函数的自变量中载波部分取值 $n2\pi$ 的等相位线。线条的斜率为 $-(n\Lambda/f\theta)$，它随所选的整数 n 不同而不同。图 12-3-2 显示出焦面上的典型条纹结构的一部分的光强图。条纹倾斜的程度取决于空间关系和光栅的色散。

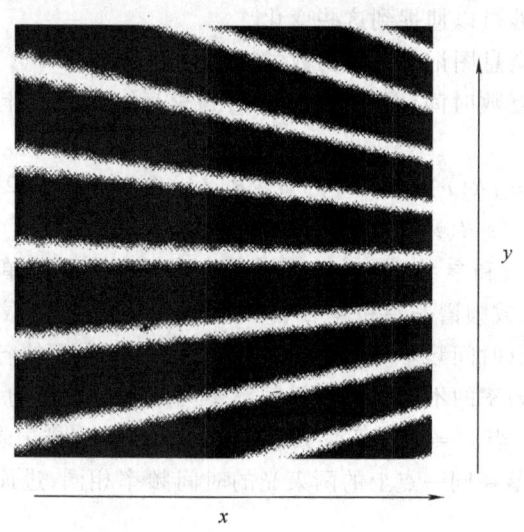

图 12-3-2　焦面上的条纹图样

12.3.2　信号的再现

用图 12-3-3 所示的系统以再现信号波形。图中一个飞秒探针脉冲（飞秒再现脉冲）照明输入光栅，但这时不输入信号波形。这个探针脉冲离开光栅后经过透镜传播到全息图，它的谱入射到全息图上，沿 x 方向散开。和通常一样，假设记录全息图的介质产生的振幅透过率和原来的曝光强度成正比。

假定探针脉冲为可能和参考脉冲的频谱不同的频谱 $P(\nu)$。忽略一个比例常数，可得到全息图透射的光场由不同的三项给出

$$U(x,y) = P(\mu/(x_0-x))[\,|R(\mu/(x_0-x))|^2 + |S(\mu/(x_0-x))|^2\,]$$
$$+ P(\mu/(x_0-x))R^*(\mu/(x_0-x))S(\mu/(x_0-x))\exp\left(-j\frac{2\pi f\theta y}{\Lambda(x_0-x)}\right)$$
$$+ P(\mu/(x_0-x))R(\mu/(x_0-x))S^*(\mu/(x_0-x))\exp\left(j\frac{2\pi f\theta y}{\Lambda(x_0-x)}\right)$$

$$(12-3-4)$$

当参考脉冲和探针脉冲都是单个飞秒脉冲时，它们的频谱在包含信号波形频谱的全息图那一部分上几乎是平坦的，因此透射场变成

$$U(x,y) = P_0[\,|R_0|^2 + |S(\mu/(x_0-x))|^2\,] + P_0 R_0 S(\mu/(x_0-x))\exp\left(-j\frac{2\pi f\theta y}{\Lambda(x_0-x)}\right)$$

$$+ P_0 R_0 S^* (\mu/(x_0 - x)) \exp\left(j\frac{2\pi f\theta y}{\Lambda(x_0 - x)}\right) \qquad (12-3-5)$$

式中,P_0 和 R_0 分别是探针脉冲和参考脉冲的均匀振幅,都是实数值。如图 12-3-3 所示,这三个波分量传播到透镜上,被透镜会聚为第二个光栅上的三个分别的光点。考虑全部三个在其光谱色散被抵消后离开光栅的时间信号,图中这三个输出信号在物理上是分开的,并且和原来的波形有不同的关系。由第一项产生的信号是由探针脉冲或参考脉冲(在这个特殊情况下它们完全相同)和波形信号的自相关的组合构成,方括号中这两项的相对强度取决于记录全息图时的光束比。这个信号类似于由通常的全息图再现的轴上项,它由图 12-3-3 底部中间的波形表示。式(12-3-5)第二项重现出原来的信号波形,这个像类似于通常的全息图产生的虚像。式(12-3-5)第三项是一个和 S^* 成正比的复振幅,是原来的信号波形的时间反演形式,它类似于普通全息图的实像。

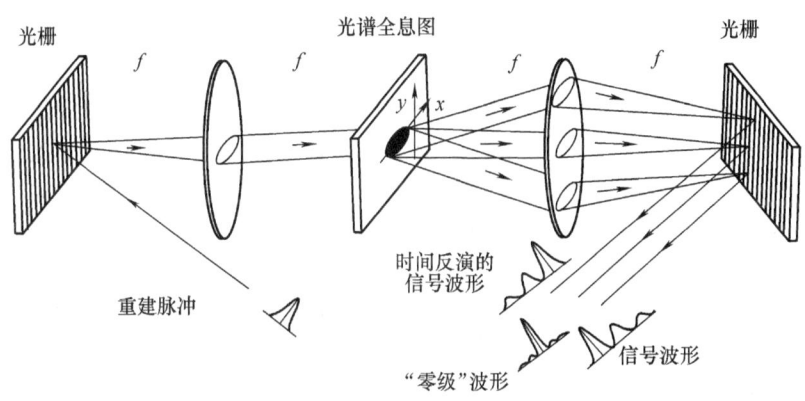

图 12-3-3 时间信号的重现

在实际中可能想要让探针脉冲在与图 12-3-3 所示的不同的位置上进入输入光栅。如果目的是要重现原来的波形信号,那么探针脉冲可以在参考脉冲原来入射到光栅上的位置上引入。一个有限大小的透镜于是可能只能捕捉到光栅的三个衍射级中的两个,只允许轴上项和信号波形项出现。反之,如果目的是要产生一个时间反演的信号波形,那么在信号波形原来进入光栅的位置引入探针脉冲可能更有利一些。

上述假定了参考脉冲和探针脉冲都是简单的飞秒脉冲,这个假定可以改变,以得到更一般的处理时间信号的能力。参看表示全息图的透射光场的更一般的表示式(12-3-4),并且考虑这三项主要项的傅里叶逆变换(忽略指数项,它们只产生空间位置的偏移)

$$F^{-1}\{P(v)[|R(v)|^2+|S(v)|^2]\}=p(t)\otimes r(t)\otimes r^*(-t)+p(t)\otimes s(t)\otimes s^*(-t)$$
$$F^{-1}\{P(v)R^*(v)S(v)\}=p(t)\otimes r^*(-t)\otimes s(t)$$
$$F^{-1}\{P(v)R(v)S^*(v)\}=p(t)\otimes r(t)\otimes s^*(-t) \qquad (12-3-6)$$

其中 $p(t)$、$r(t)$ 和 $s(t)$ 分别是探针、参考光和信号的时间波形。显然,适当选择 $p(t)$ 和 $r(t)$,可以实现非常普遍的线性信号处理操作。利用全息记录介质的非线性特性,也能实现某些非线性信号处理操作。注意到全息图可以不用光学方法生成而用计算机生成,就进一步增加了这个处理过程的灵活性。更多的细节参见文献[12-5]。

12.3.3 参考脉冲和信号波前之间延迟的影响

在结束本节之前,再对参考脉冲和波形信号之间相对延迟的效应作一些讨论。仍用 $r(t)$ 表示参考脉冲,$s(t)$ 表示信号波形。假设信号波形相对于参考脉冲的延迟为 $s(t-\tau_0)$,其中 τ_0 可正可负,相应表示信号波形相对于参考脉冲是延迟还是超前。令 $S(v)=F\{s(t)\}$,则

$$F\{s(t-\tau_0)\}=S(v)\exp\{-j2\pi v\tau_0\}$$

记录平面的光谱分辨率受到光栅周期和信号光束在光栅上的照明光斑的有限尺寸两方面的限制。实际上,射到全息图上的光谱将和与这个有限光谱分辨率有关的振幅扩展函数进行卷积。卷积的结果使得谱平面上的每一点都有一个光频范围出现。参考光谱和信号光谱在逐个频率的基础上发生干涉。结果在全息图的每一点会出现几个同时产生的条纹图样。这些条纹的空间频率近乎相同,但是相位不同,这是由于出现了由参考光和波形信号的时间差异导致的随频率变化的线性相移。如果在频谱的单个分辨单元内相移 $2\pi v\tau_0$ 改变 2π 弧度或者更大,那么各个条纹图样将会由于它们的不同的相位而在很大程度上相互抵消,剩下一片均匀亮度而完全看不到条纹图样。因而参考脉冲和信号波形之间的时间间隔存在一个可以容忍的最大值——事实上,存在着一个以参考脉冲为中心的有限的时间窗口,对信号的全息记录只能在这段时间内进行。如果全息干板的光谱分辨率较高,这个时间窗口就较宽。

最后,要提一下一个相关的题目,称为时间成像,用时间成像方法可以实现透镜、自由空间传播和成像的时域模拟。文献[12-11]给出了时间成像的一些例子,而文献[12-12]讨论了时间显微术的一个应用。

12.4 阵列波导光栅

随着光通信领域内密集波分复用技术的兴起,产生了对波长复用、解波长复用和波长路由等技术的迫切需求,并且要求这些技术具有很高的光谱精度。很

自然,在选择方案时,成本和可靠性是极其重要的因素。集成光学是能保证成本和可靠性的一种解决方案。这一节介绍用于一种密集波分复用技术的集成光学的阵列波导光栅即 AWG。从信息光学的角度可以给 AWG 一个很有意思的解释。AWG 源自 Takahashi[12-13]和 Dragone[12-14][12-15]的论文。本节先介绍与 AWG 有关的几种集成元件,再讲它的总体结构以及它的一些应用。

12.4.1 阵列波导光栅的基本部件

如图 12-4-1 所示,阵列波导光栅即 AWG 是一种由简单的集成元件组成的相当复杂的集成器件。这里先简要地描述一下这些基本部件,包括传送光信号的波导、光信号扇入和扇出的星形耦合器和产生波长色散的波导光栅。

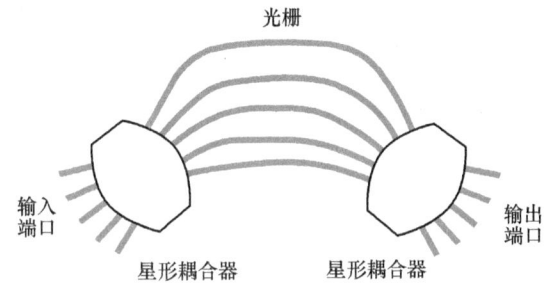

图 12-4-1 阵列波导光栅(AWG)的结构

1. 集成光波导

集成光路的基本结构单元是波导。由于这种工艺基本上是平面的,所以波导的形状通常是矩形的而不是光纤的圆形。图 12-4-2 表示一个典型矩形波导的截面。

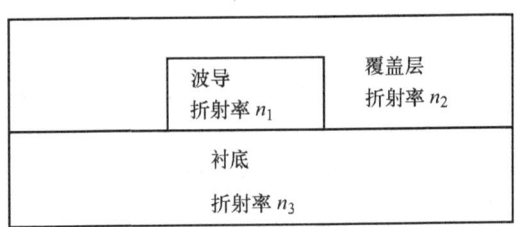

图 12-4-2 一个矩形波导的截面

单模矩形电介质波导的传播理论很复杂,原因有二:一是由于矩形的几何形状,在水平方向和竖直方向上对模式的限制不同;二是当 $n_2 \neq n_3$ 时在波导的顶部界面和底部界面对传播模式的限制也不同。本书中用一个有效传播常数 $\beta_{eff} = 2\pi n_{eff}/\lambda$ 来表示波导的特征,其中 n_{eff} 是有效折射率,λ 是自由空间波长。

β_{eff} 一般取决于波导的几何形状、光的偏振和光的频率。一般要用数值方法才能准确地计算。设计 AWG 器件需要对波导建立精确的模型,但是,这里限于理解这种器件的一般工作原理,把矩形波导看成电路中的导线,具有连接各个光学部件、传递光信号以及控制相位延迟的功能。

2. 集成星形耦合器

星形耦合器的用处是把在每个输入端口出现的信号的一部分传给所有的输出端口(扇出),并且在每个输出端口收集来自每个输入端口的部分信号(扇入)。输入端口和输出端口本身都是用来把信号传送进器件和从器件传输出的矩形波导。有些星形耦合器输入端口是一个而有 N 个输出端口,另一些星形耦合器输入端口是 N 个而只有一个输出端口。但是,一般的星形耦合器输入端口和输出端口都是 N 个的对称情况。图 12-4-3 表示扇出和扇入操作。这种方法是由 Dragone 最先提出的[12-16]。

图 12-4-3 星形耦合器

图 12-4-3(a)表示从一个特定的输入端口到一切输出端口的扇出,图(b)表示从一切输入端口到一个特定的输出端口的扇入。由一切输入端口到一切输出端口的扇出和扇入同时发生。

星形耦合器由一个比较宽又很薄的平面波导(所谓"平板波导")构成,它的两个弯曲端面在输入端口和输出端口和较小的矩形波导相连接。每个端面的形状都是一段圆弧,每段圆弧的曲率中心都在对面的圆弧的中点。因此这两段圆弧是共焦的。图 12-4-4 所示为其几何关系。在实际中,这些小矩形波导彼此之间要比图中显示的情况靠近得多,以得到最大效率。

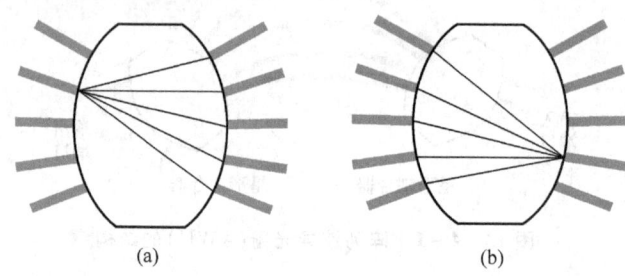

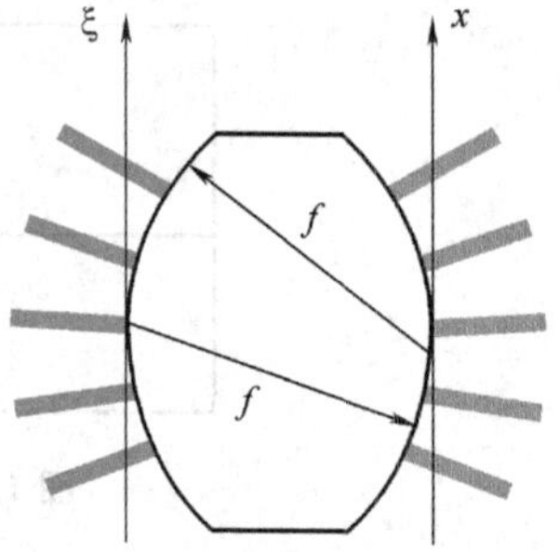

f 是两段圆弧的半径

图 12-4-4 星形耦合器的几何关系

在傍轴条件下,两个共焦球冠之间发生衍射时,结果得到的是两个曲面上的复数场之间成二维傅里叶变换关系。而在上述很薄的平面波导中又满足在傍轴条件时,星形耦合器的两个圆弧面上的场由一维傅里叶变换相联系。如果用 $U(\xi)$ 表示星形耦合器左端面上的相干复数场，$U(x)$ 表示星形耦合器右端面上的复数场，光从左向右传播，则有

$$U(x) = \frac{e^{j2\pi f/\tilde{\lambda}}}{\sqrt{j\tilde{\lambda}f}} \int_{-\infty}^{\infty} U(\xi) e^{-j\frac{2\pi}{\tilde{\lambda}f}x\xi} d\xi \qquad (12-4-1)$$

式中，x 和 ξ 坐标为在两条相互平行并且与构成星形耦合器两个端面的圆弧在中点相切的直线；$\tilde{\lambda}$ 是在平板波导内的等效光波波长，它依赖于光的频率和光在波导中传播的有效速度。

如果忽略波导之间的耦合，忽略波导包层中的光并且忽略在波导的薄的一维上的竖直结构，那么对一个输入波导的端面上的场的一个合理的近似，是一个被截断的高斯函数。于是星形耦合器的输出面上的场是一个 sinc 函数（来自截断效应）和一个高斯函数（高斯函数的傅里叶变换还是高斯函数）的卷积。一个输入波导的宽度必须足够小，才能使得输出场散布到输出面上包括所有输出波导的区域。

应当指出，进入一个 AWG 各输入端口的各个光信号通常是互不相干的——它们常常来自不同的互不相干的光源。然而，由任何一个输入波导引入输入星形耦合器左边的场在这个波导的范围内是相干的，在星形耦合器输出面上的这个场的傅里叶变换（即对光栅截面的输入）是完全相干的。

对 AWG 中的输出星形耦合器，进入这个星形耦合器的各个波导包含一些互相相干的信号，也包括一些互不相干的信号。每一组互相相干的信号都被星形耦合器聚焦到一个输出波导上。

在设计这样一个星形耦合器时必须加一个限制条件，那就是输出波导的接收角必须足够大，使来自输入波导的尽可能宽的角度的光也能够被输出波导捕捉到。另一个表述这个限制条件的方式是基于光的可逆性原则——如果将光从一个输出端口输入星形耦合器，那么这束光应当足够宽地散布到耦合器的整个输入表面以覆盖全部输入波导。这个条件又对星形耦合器的线度加了一个限制。

3. 波导光栅

图 12-4-5(a) 所示为一个自由空间光栅，它由一个不透明屏上等间距分布的一些孔组成，图(b) 所示为 AWG 的波导光栅部分，画出了波导和这个区域的两个端面。图(a) 所示的自由空间光栅满足光栅方程

$$\sin\theta_2 = \sin\theta_1 + m\frac{\lambda}{\Lambda} \qquad (12-4-2)$$

式中，λ 为入射光波长。因为屏上的孔很小，存在着许多衍射级。如果照明光的

波长改变,那么透射的衍射级的角度也按照这些关系改变。

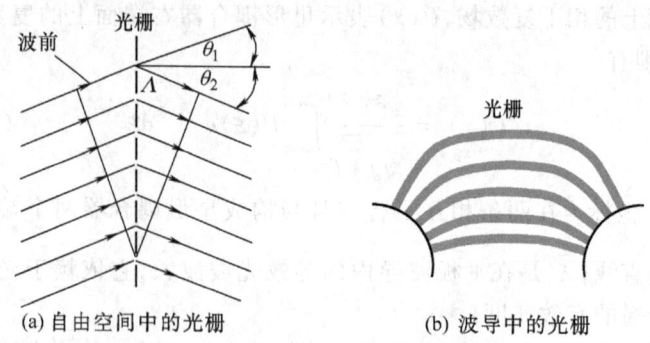

(a) 自由空间中的光栅　　　　(b) 波导中的光栅

图 12-4-5　自由空间中的光栅和波导中的光栅

图 12-4-5(b)所示的波导光栅结构以完全一样的方式工作。随着在阵列中向上移动一个波导,波导的长度增加 ΔL,相当于自由空间光栅衍射角度增大的负衍射级($m < 0$),而且 $\Delta L = -m\tilde{\lambda}$,其中 $\tilde{\lambda}$ 是波导中的波长。因而,自由空间光栅和波导光栅之间存在一个对应关系

$$\Lambda(-\sin\theta_2 + \sin\theta_1) \leftrightarrow \Delta L \tag{12-4-3}$$

4. 总体系统

现在转而考虑图 12-4-1 所示的总体系统的性能,讨论光波波长改变引起的整个系统输出的改变。

假设波长为 λ_0 的光波输入到第一个星形耦合器的中央位置的波导上,并能够使得这个波长输出到第二个星形耦合器的中央位置的输出波导上。当波长从 λ_0 改变为 λ_1 后,在图中的波导光栅横截面上,一个波导的输出与此波导下面一个波导的输出之间的相位差 $\Delta\phi$ 是正值并且是波长的函数,由下式给出

$$\Delta\phi(\lambda) = 2\pi n_g \frac{\Delta L}{\lambda} \tag{12-4-4}$$

式中,n_g 为光栅波导中的有效折射率。当波长从 λ_0 变到 λ_1 时,$\Delta\phi$ 的变化为

$$\delta\phi = \Delta\phi(\lambda_1) - \Delta\phi(\lambda_0) = 2\pi n_g \Delta L \left(\frac{1}{\lambda_1} - \frac{1}{\lambda_0}\right) \approx -2\pi n_g \frac{\Delta L \Delta\lambda}{\lambda_0^2}$$

$$\tag{12-4-5}$$

这里已经假定波长的改变相对于 λ_0 很小,并且 $\Delta\lambda = \lambda_1 - \lambda_0$。当 $\lambda_1 > \lambda_0$ 时 $\Delta\lambda$ 为正,$\lambda_1 < \lambda_0$ 时 $\Delta\lambda$ 为负,所以波长增大时 $\delta\phi$ 为负。

$\Delta\phi$ 的这一变化使离开波导光栅的圆形波前发生一个小的倾斜,并使第二个星形耦合器的输出端面上的亮点位置有一移动。输出位置 x 的变化可以下述系统的色散来计算

$$\frac{\partial x}{\partial \lambda} = \frac{\partial \phi}{\partial \lambda} \cdot \frac{\partial x}{\partial \phi} \qquad (12-4-6)$$

上式右边第一项可由式(12-4-5)求出

$$\frac{\partial \phi}{\partial \lambda} \approx \frac{\delta \phi}{\Delta \lambda} = -2\pi n_g \frac{\Delta L}{\lambda_0^2} \qquad (12-4-7)$$

第二项可以计算由波前斜率变化导致的 x 改变得到

$$\frac{\partial x}{\partial \phi} = -\frac{\lambda_0 f}{2\pi n_s \Lambda} \qquad (12-4-8)$$

式中,n_s 是星形耦合器中平板波导的有效折射率。综合以上结果,得波导光栅的色散为

$$\frac{\partial x}{\partial \lambda} = \frac{n_g \Delta L f}{n_s \lambda_0 \Lambda} = -m \frac{f}{n_s \Lambda} \qquad (12-4-9)$$

上式最后一步推导时假设了 $\Delta L = -m\lambda_0/n_g$,即用的是第 $-m$ 级衍射。

至于 AWG 的分辨率,当光栅的最上一个波导和最下一个波导的输出的相位差为 2π 弧度时,两个波长刚刚可以分辨。这时,对于有 N 个波导的波导光栅,需要相邻波导之间的相位改变为 $|\partial \phi/\partial \lambda| \cdot \delta \lambda = 2\pi/N$。用前面得到的 $\partial \phi/\partial \lambda$ 的表示式,以得到波长分辨本领 $\delta \lambda$ 为

$$\delta \lambda = \frac{\lambda_0}{Nm} \qquad (12-4-10)$$

再应用以前得到的 $\partial x/\partial \lambda$ 的表示式,得到空间分辨本领为

$$\delta x = \left| \frac{\partial x}{\partial \lambda} \right| \cdot \delta \lambda = \frac{\lambda_0 f}{n_s N \Lambda} \qquad (12-4-11)$$

为了达到这个分辨本领,来自最末一个星形耦合器的输出波导必须窄于 δx。

还有一个重要的问题是总体系统的自由光谱范围。阵列波导光栅有许多衍射级。如果假定输入耦合器上只有中央位置的输入波导受到激励,波长的改变会使输出亮点在系统输出处的各个波导上挨个移动,直到这个亮点通过最后一个输出波导(要么在输出阵列波导的顶部,要么在底部,取决于波长是减小还是增大)。每当输出亮点挪出最后一个输出波导,一个新的亮点就出现在输出阵列相反一端的波导上。当一个光栅级移出了这个输出波导阵列,一个相邻的光栅级就产生一个新的亮点代替它,但是在输出阵列的相反一端上。事实上由于衍射级数太多存在着输出亮点的"卷绕"现象。在"卷绕"现象发生之前可以提供的波长的范围称为系统的自由光谱范围。

当式(12-4-5)中的 $\delta \phi$(相邻的光栅波导之间的)刚好改变 2π 弧度时,或者当

$$X = \left| \frac{\partial x}{\partial \phi} \right| \cdot 2\pi = \frac{\lambda_0 f}{n_s \Lambda} \qquad (12-4-12)$$

时,光栅级发生改变。

这就是对 AWG 的一般特性的讨论,下面转而描述这些器件的应用。

12.4.2 阵列波导光栅的应用

AWG 有两种主要的应用。首先,可以用作密集波分复用信号的复用器和解复用器;第二,可以用作波长路由器;下面对每种应用作一综述。

1. 波长复用器和解复用器

图 12-4-6 表示 AWG 用作解复用器和复用器。先考虑解复用器,单个输入端口带着等间隔的光波波长 $\lambda_1, \lambda_2, \cdots, \lambda_N$ 到达 AWG 的输入端。AWG 分离这些信号,在 N 个分离的输出端口的每个端口上产生这 N 个不同波长中的一个波长。波分复用信道之间的波长分离程度必须大于或等于 AWG 的波长分辨本领。光栅中至少需要 N 个不同的波导来对 N 个不同的等间隔光波波长解复用。

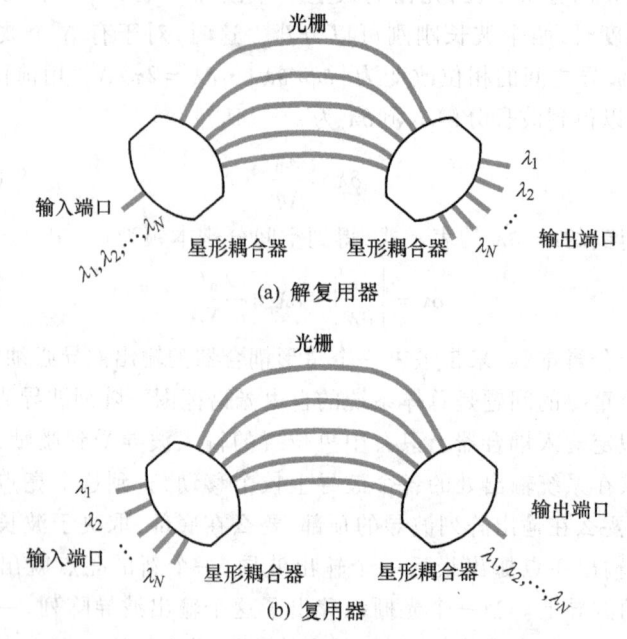

图 12-4-6 AWG 用作解复用器和复用器

复用器有相似的光路,只不过作为复用器现在有 N 个不同的输入端口,每个载有单一的光波波长和一个输出端口,上面载有全部各个波长。光栅中仍然需要至少 N 个不同的波导以复用 N 个不同的等间隔波长。

2. 波长路由器

AWG 的波长路由功能通过它与有色散的自由空间成像系统的类比很容易理解。考虑图 12-4-7 所示的成像系统。图中示出两个正透镜,每个的焦距均为 f,它们沿系统的光轴方向与光栅的距离都是 f。没有光栅的话,这就是一个 $4f$ 成像系统,它将产生物的一个放大率为 1 的倒像。光栅的出现使系统的后半部分偏转一个角度,并且使系统产生色散。每个透镜和它们之前和之后的自由空间一起类似于一个星形耦合器,而图中的光栅则类似于 AWG 中的波导光栅。

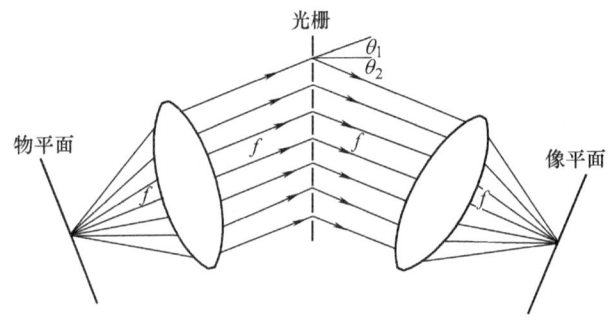

图 12-4-7 AWG 和成像的类比

现在考虑 AWG 在几种不同输入条件下的情况。图 12-4-8(a)表示 AWG 有一个波长的光在它的中心输入端口输入,所有其他输入端口均不工作。标注出波长 λ_0 是为了表明,系统正是被设计成在这个波长上直接从中心输入端口成像到中心输出端口。现在考虑图 12-4-8(b)所画的情况。同一波长 λ_0 的光被往上移一个输入端口。根据简单的成像定律,结果是输出往下移一个端口。用这种方式,可以用成像规则来确定,当波长为 λ_0 的光输入到任何一个输入端口上时,它将出现在哪个输出端口。再来考虑图 12-4-8(c)所示的情况。在这种情况下,将波长从 λ_0 增大到 $\lambda_1 = \lambda_0 + \delta\lambda$,这里 $\delta\lambda$ 是将输出往下移动一个输出端口所需的波长改变量($\delta\lambda$ 是 AWG 的波长分辨本领)。于是在波长 λ_1 下输出往下移动一个输出端口。如果将波长为 λ_1 的输入移到一个别的输入端口,输出总是出现在由简单成像规律预言的位置往下移动一个端口,除非这种往下移动会将预期的输出端口移出输出阵列的末端,在后一种情况下会发现 λ_1 光位于输出阵列的顶端,如图 12-4-8(d)所示。波长从 λ_0 开始变化会使输出在各个输出端口上循环移动,移动的端口数目就是波长变化中增量 $\delta\lambda$ 的个数。若我们用的是 AWG 中负衍射级,那么波长增长导致往下移动,波长缩短导致往上移动。

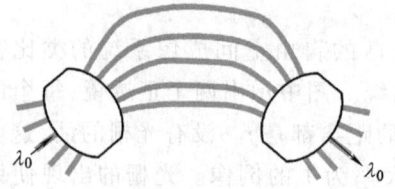
(a) 波长为 λ_0 的光从中心输入端口成像到中心输出端口

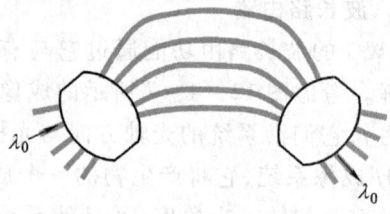
(b) 波长为 λ_0 的光从偏离中心的输入端口成像到位于倒像位置的输出端口

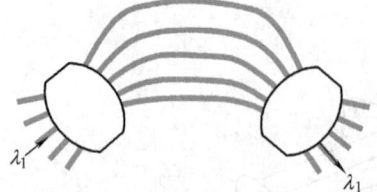
(c) 波长为 $\lambda_1 = \lambda_0 + \delta\lambda$ 的光从中心输入端口成像到抵消后的偏离中心的输出端口

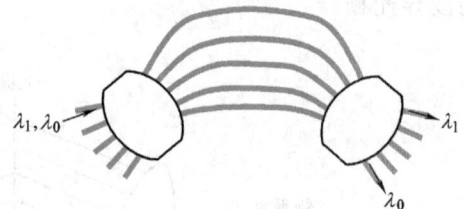
(d) 波长为 λ_1 的光从顶部的输入端口成像到一个"卷绕"的输出端口

图 12-4-8 AWG 的波长路由性质的图示

再来理解一个 AWG 的最普遍的波长路由应用。参阅图 12-4-9,考虑一个波长编号系统,这个系统既根据这些波长进入的输入端口,也根据它们对 λ_0 的偏移量对波长编号。λ_0 标记的是成像时不引起循环变化的波长。输入端口从底部到顶部依次编号为 0 到 $N-1$。赋予波长两个下标,第一个下标表示这个波长进入的输入端口;第二个下标是以 $\delta\lambda$ 为单位,它从 λ_0 偏移的数量,$\delta\lambda$ 是

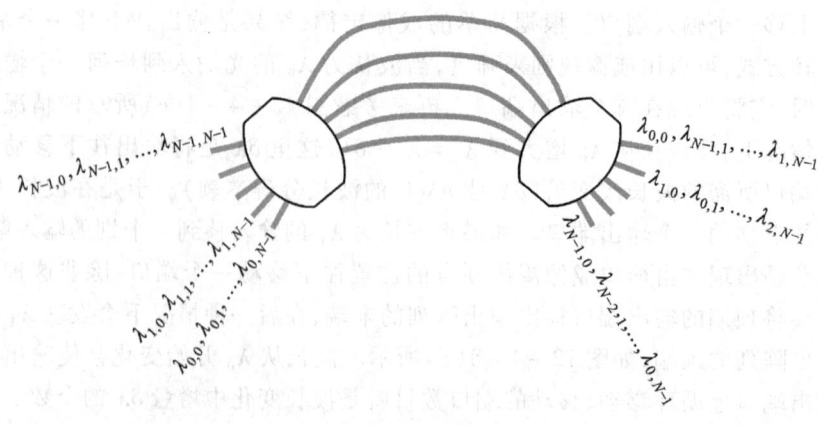

图 12-4-9 AWG 的波长路由性质

AWG 的分辨率。因而标记为 $\lambda_{n,m}$ 的波长表示出现在第 $n(n=0,1,\cdots,N-1)$ 个输入端口的波长为 $\lambda_0 + m\delta\lambda\,(m=0,1,\cdots,N-1)$ 的光波。

假定每个输入端口都有全部波长,也就是说,每个输入端口都有所有 N 个可能的波长。图 12-4-9 的输入处表示的就是这种情况。上面描述的路由功能现在可以在一个一个波长的基础上应用于全部输入的集合。AWG 右边的波长下标表示出现在每个输出端口的波长。每个输出端口都包含全部波长,但是来自每个输入端口只有一个不同的波长。于是 AWG 起着一个复杂的波长重新排列器件的作用,它在每个输出端口填满全部波长,而每个波长来自一个不同的输入端口。这样的路由功能是一种波长交换器,它对在复杂网络拓扑结构中连接网络各个分支是很有用的。

习 题

12.1 在类似于式(12-2-6)的情况下,当 θ_2 不很小,以至于不能满足近似条件 $\sin\theta_2 = \theta_2$ 时,试求出以 x 为自变量的 ν 表达式。

12.2 根据图 12-4-8 描述的结果,定义 $\lambda_m = \lambda_0 + m\delta\lambda$,如果输入波长如图 12-1 所示,试问在 AWG 的输出端口将出现什么?

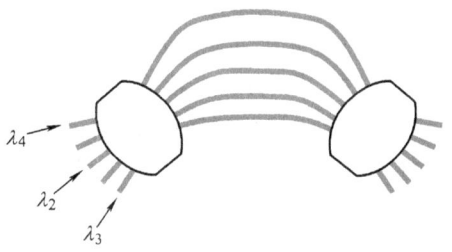

图 12-1 习题 12.2 图

12.3 一个 AWG 的输入星形耦合器有 N 个输入波导和 $2N$ 个输出波导。输出星形耦合器有 $2N$ 个输入波导和 $2N$ 个输出波导。在光栅断面上有 $2N$ 个波导。全部星形耦合器波导的宽度和间距都相同,则第二个星形耦合器的输出处的波导占有表面面积是第一个星形耦合器占有的表面面积的两倍。

(1) 用 N、m、n_s、n_g、λ_0、f 和 Λ 中任何需要的参数,写出这个 AWG 的波长分辨率 $\delta\lambda$、空间分辨率 δx 和自由频谱范围 X。

(2) 为这个 AWG 绘制一张类似于图 12-4-9 的图,标明来自不同输入端口的各个波长出现在哪个输出端口上。

参考文献

第1章~第5章

[1] M. 波恩,E. 沃耳夫著. 光学原理(上册). 7版. 杨葭荪等译. 北京：电子工业出版社,2005.

[2] M. 波恩,E. 沃耳夫著. 光学原理(下册). 7版. 杨葭荪译. 北京：电子工业出版社,2006.

[3] J.W. 顾德门著. 傅里叶光学导论. 3版. 秦克诚等译. 北京：电子工业出版社,2006.

[4] 吕迺光,陈家璧,毛信祥. 傅里叶光学(基本概念和习题). 北京：科学出版社,1985.

[5] 母国光,战元龄. 光学. 北京：人民教育出版社,1978.

[6] E. 赫克特,A. 赞斯著. 光学. 詹达三等译. 北京：人民教育出版社,1981.

[7] 杨振寰著. 光学信息处理. 母国光等译. 天津：南开大学出版社,1986.

[8] 戚康男,秦克诚,程路. 统计光学导论. 天津：南开大学出版社,1987.

[9] 刘培森. 应用傅里叶变换. 北京：北京理工大学出版社,1990.

[10] J.W. 顾德门著. 统计光学. 秦克诚等译. 北京：科学出版社,1992.

[11] 陈家璧,方强. 统计光学(基本概念和习题). 武汉：华中理工大学出版社,1992.

[12] 麦伟麟. 光学传递函数及其理论基础. 北京：国防工业出版社,1979.

[13] 庄松林,钱振邦. 光学传递函数. 北京：机械工业出版社,1981.

[14] 吕迺光. 傅里叶光学. 北京：机械工业出版社,1988.

[15] 苏显渝,李继陶. 信息光学. 北京：科学出版社,1999.

[16] 朱伟利,盛嘉茂. 信息光学基础. 北京：中央民族大学出版社,1997.

[17] 梁铨廷. 物理光学. 北京：机械工业出版社,1980.

[18] 羊国光,宋菲君. 高等物理光学. 合肥：中国科技大学出版社,1991.

[19] 宋菲君,S. Jutamulia. 近代光学信息处理. 北京：北京大学出版社,1998.

[20] 金国藩,严瑛白,邬敏贤. 二元光学. 北京：国防工业出版社,1998.

[21] 于美文等. 光学全息及信息处理. 北京：国防工业出版社,1984.

[22] 虞祖良,金国藩. 计算机制全息图. 北京：清华大学出版社,1984.

[23] 于美文. 光全息学及其应用. 北京：北京理工大学出版社,1996.

[24] 陶世荃等. 光全息存储. 北京：北京工业大学出版社,1998.

[25] 辛企明,孙雨南,谢敬辉. 近代光学制造技术. 北京:国防工业出版社,1997.

[26] 于美文,张存林,杨永源. 全息记录材料及其应用. 北京:高等教育出版社,1997.

[27] 于美文,张静方. 光全息术. 北京:北京教育出版社等联合出版,1995.

[28] Condon E. U.. Immersion of the Fourier transform in a continuous group of functional transformation. Acad. Sci. USA,1937,23:158.

[29] Bargmann V.. On a Hilbert space of analytic function and an associated integral transforms, Patr I. Comm. Pure Appl. Math. ,1961,14:187.

[30] Namias V.. The fractional order Fourier transform and its application to quantum mechanics. J. Inst. Maths Applics. 1980,25:241.

[31] Mcbride A. C. ,Ker F. H.. On Namias fractional Fourier transforms. IMA J. Appl. Maths. ,1987,39:159.

[32] Mendlovic D. , Ozaktas H. M.. Fractional Fourier transforms and their implementation. I. J. Opt. Soc. Am. ,1993,A10:1875.

[33] Bernardo L. , Soares O. D. D.. Fractional Fourier transforms and optical systems. Opt. Comm. , 1994,110:517.

[34] Lohman A. W.. A fake zoom lens for Fractional Fourier experiments. Opt. Comm. ,1995,115:437.

[35] Lormann A. W.. Image rotation, Wigner rotation and fractional Fourier transform. J. Opt. Soc. Am. ,1993,A10:2181.

[36] Bernardo L. M. Soares O. D. D.. Fractional Fourier transforms and imaging. J. Opt. Soc. Am. , 1994,A11:2622.

[37] Mendlovic D. etc.. Optical illustration of varied fractional Fourier - transform order and Radon - Wigner display. Appl. Opt. ,1996,35:3925.

[38] Mendlovic D. etc.. New signal representation based on the Fractional Fourier transforms: definitions. J. Opt. Soc. Am. ,1995,A12:2424.

[39] Mendlovic D. etc.. Optical fractional correlation: experimental results. J. Opt. Soc. Am. ,1995,A12:1665.

[40] Ozaktas H. M. etc.. Convolution, filtering, and multiplexing in fractional Fourier domain and their relation to chirp and wavelet transform. J. Opt. Soc. Am. , 1994,A11:547.

[41] Pellat - Finet P.. Fresnel diffraction and the fractional - order Fourier transform. Opt. Lett. ,1994,19:1388.

第 6 章

[6-1] Ichioka Y, Iwaki T and Matsuoka K.. Optical Information Processing and Beyond. IEEE Proc., Vol.84, 1996, 694-719.

[6-2] 秦秉坤,孙雨南,朱伟利. 光计算机. 北京:北京理工大学出版社,1989, 112-123.

[6-3] 赵达尊,张怀玉. 空间光调制器. 北京:北京理工大学出版社,1992.

[6-4] 李育林,傅晓理. 空间光调制器及其应用. 北京:国防工业出版社,1996.

[6-5] 陈益新等编译. 集成光学. 上海:上海交通大学出版社,1985,188-196.

[6-6] 金锋,范俊清. 集成光学(下册). 北京:国防工业出版社,1983,55-66.

[6-7] 孙雨南. 液晶的电光效应和液晶光阀. 光学技术,1992,No.1,(总第九十三期),29-33.

[6-8] Ginberg J, et al.. A new real-time non-coherent to coherent light image converter the hybrid field effect liquid crystal light valve. Opt. Eng., Vol. 14, No.3, 1975, 217-225.

[6-9] Efron U. et al.. Silicon liquid-crystal light valves: status and issues. Opt. Eng., Vol.22, No.6, 1983, 682-686.

[6-10] Welkowsky M. S. et al.. Status of the Hughes charge-coupled-devices-addressed liquid crystal light valve. Opt. Eng., Vol. 26, No. 5, 1987, 414-417.

[6-11] Labrunie G., et al.. Nemetic liquid crystal 1024 bits page composer. Appl. Opt., Vol.13, No.6, 1974, 1355-1358.

[6-12] Johnson K. M. et al.. Optical computing and image processing with ferroelectric liquid crystals. Opt. Eng., Vol 26, No. 5, 1987, 385-391.

[6-13] 魏光辉等. 矩阵光学. 北京:兵器工业出版社,1995,156-159.

[6-14] Horwitz B. A. and Corbett F. J.. The PROM—Theory and applications for Pockels readout optical modulator. Opt. Eng., Vol.17, No.4, 1978, 353-363.

[6-15] [美]杨振环,陈树源著. 光学信号处理、计算和神经网络. 母国光,翟宏琛,战元龄译. 北京:新时代出版社,1997.

[6-16] Wrde C., et al.. Optical information processing characteristic of the microchanel spatial light modulator. Appl. Opt., Vol. 20, No. 12, 1981, 2066-2074.

[6-17] Lee S. H. et al.. Two-dimensional silicon/PLZT spatial light modulators: design considerations and technology. Opt. Eng., Vol. 25, No. 2, 1986, 250-260.

[6-18] 宋菲君,Jutamulia S.. 近代光学信息处理. 北京:北京大学出版社, 1998,181.

[6-19] Hess K., et al. Deformable surface spatial light modulator. Opt. Eng., Vol.26, No.5, 1987, 418-421.

[6-20] Younse J. M.. Mirrors on a chip. IEEE Spectrum, Vol.11, 1993,27-31.

[6-21] 于荣金. 集成光学与光子学. 第一届全国光子学学术会议论文集,1996年10月,深圳,5-11.

第7章

[7-1] Alan E. Craig. Positioning optical memory technologies among high-density systems. Proceedings of SPIE, 1995, 2604: 2-10.

[7-2] F. B. McCormick, I. Cokgor, S. E. Esener, A. S. Dvornikov, P. M. Rentzepis. Two-photon absorption-based 3-D optical memories. Proceedings of SPIE, 1995, 2604: 23-32.

[7-3] P. J. Van Heerden. Theory of optical information storage in solid. Appl. Opt., 1963, 2: 393.

[7-4] 戎霭伦等. 光信息存储的原理/工艺及系统设计. 北京:国防工业出版社,1993.

[7-5] 刘振堂等. 信息光盘. 北京:科学出版社,1994.

[7-6] 沈全洪,徐端颐,齐国生等.高密度蓝光存储及其扩展技术.光学技术,2005, 31(6): 921-924.

[7-7] Kadokawa Y, Shimizu A, Sakagami K. Multi-level optical recording using a blue laser. Proc SPIE, 2003, 5096: 369-374.

[7-8] 刘学东,范桂芳,张复实,等. 多波长存储材料的合成与存储实验研究. 化学通报,2006, 2: 123-126.

[7-9] 齐国生,肖家曦,刘嵘等. 光致变色二芳基乙烯多波长光存储研究. 物理学报,2004, 53(4): 1076-1080.

[7-10] 周辉,赵晓枫,阮昊. 光学超分辨技术在高密度光存储中的应用. 激光与光电子学进展,2007, 44(2):54-60.

[7-11] 刘继桥,刘之景,王克逸. 近场光学高密度存储研究进展. 自然杂志, 2002,24(6): 330-334.

[7-12] 王佳.高密度近场光学存储技术的发展.记录媒体技术,2003,3:19-22.

[7-13] 刘嵘,齐国生,徐端颐等. Super-RENS超分辨光存储实验研究. 光电子·激光,2003,14(9): 929-932.

[7-14] 蔡建文. 双光子三维光存储关键技术及其实验系统研究.博士学位论

文. 北京:中国科技大学,2007.

[7-15] J. H. Hong, et. al. Volume holographic memory systems: techniques and architectures. Opt. Eng. ,1995,34(8): 2193-2203.

[7-16] H. J. Coufal, D. Psaltis, G. T. Sincerbox. Holographic Data Storage. Berlin: Springer, 2000.

[7-17] H. Kogelnik. Coupled wave theory for thick holograms gratings. The Bell. Syst. Tech. J. 1969,48: 2909-2947.

[7-18] 陶世荃,王大勇,江竹青等. 北京:北京工业大学出版社,1998.

[7-19] 王博,陶世荃,陈家璧. 体光栅二维耦合波方程解析解的再探讨. 中国激光,2005,32(1):21-25.

[7-20] Shiquan Tao, Geoffrey W. Burr. Performance optimization of volume gratings with finite size through numerical simulation. CLEO/IQEC and PhAST Technical Digest on CD-ROM (The Optical Society of America, Washington, DC, 2004) paper No. CTuE5.

[7-21] N. V. Kukhtarev, et al. Holographic storage in electrooptic crystals. Ferroelectrics,1979,22:949.

[7-22] B. E. A. Saleh and M. C. Teich. Fundamentals of photonics. New York: John Wiley&Sons,Inc. ,1991.

[7-23] L. Z. Cai, P. Yeh, and H. K. Liu. Mean fringe contrast optimum beam ratio and maximum diffraction efficency for volume gratings written by coupled waves. Opt. Comm. ,1996,32: 48.

[7-24] S. Piazzolla and B. K. Jenkins. First-harmonic Diffusion Model for Holographic Grating Formation in Photopolymers. J. Opt. Soc. Am. B, 2000, 17(7): 1147-1157.

[7-25] F. H. Mok, G. W. Burr, and D. Psaltis. System metric for holographic memory systems. Optic Lett. ,1996,21(12): 896.

[7-26] Vincent Moreau, Yvon Renotte, Yves Lion. Characterization of DuPont photopolymer: determination of kinetic parameters in a diffusion model. Applied Optics, 2002, 41(17): 3427-3435.

[7-27] JIANG Zhu-Qing, TAO Shi-Quan, YUAN Wei, LIU Guo-Qing, WANG Da-Yong. Optical Erasure Characteristics of Holograms in Batch Thermal-Fixing. Chinese Physics Letters, 2006, 23(10): 2749-2752.

[7-28] Allen Pu, and D. Psaltis. High-density recording in photopolymer-based holographic three-dimensional disks. Appl. Opt. ,1996,35(14): 2389.

[7-29] K. Blotekjaer, Limitations on holographic storage capacity of photochromic

and photoregractive media. Appl. Opt. ,1979,18(1): 57.

[7-30] J. H. Sharp, et. al. High-speed, acousto-optically addressed optical memory. Appl. Opt. ,1996, 35(14): 2399-2402.

[7-31] J. F. Heanue, M. C. Bashaw and L. Hesselink, Volume holographic storage and retrieval of digital data. Science,1994, 265(5): 749-752.

[7-32] Drolet Jean-Jacques P, et al., Compact integrated dynamic holographic memory with refreshed holograms. Opt. Lett. ,1997,22(8): 552-554.

[7-33] Samuel Weaver, et al. Nonlinear techniques in optical synthetic aperture radar image generation and target recognition. Appl. Opt. ,1995, 34(20): 3981-3996.

[7-34] Fai Mok, et. al. Storage of 500 high-resolution holograms in a LiNbO3 crystal. Opt. Lett. ,1991, 16(8): 605-607.

[7-35] C. D. Young Rupert, et al. High-speed hybrid optical/digital correlator system. Opt. Eng. ,1993,32(10): 2608-2614.

[7-36] F. H. Mok, D. Psaltis and G. Burr. Spatially- and Angle-multiplexed holographic random access memory. SPIE,1992, 1773: 334-345.

[7-37] Pu Allen, et. al. Real-time vehicle navigation using a holographic. Opt. Eng. ,1997,36(10): 2737-2746.

[7-38] 欧阳川,何庆声,王凤涛等. 大容量体全息相关系统. 光学学报,2003, 23(9):1095-1098.

[7-39] 王大勇,陈孙征,袁铧等. 多重频谱滤波方法改进体全息存储图像相关识别. 光电子·激光, 2004, 15(6): 719-723.

[7-40] Lu Taiwei, et. al., Compact holographic optical neural network system for real-time pattern recognition, Opt. Eng. ,1996,35(8): 2122-2131.

[7-41] Y. Owechko. Nonlinear holographic associative memories. IEEE J. Quantum Electronics,1989,25(3): 619-634.

[7-42] Hsin-Yu Sidney Li and Demetri Psaltis. Three-dimensional holographic disks. Appl. Opt. , 1994, 33(17):3764-3774.

[7-43] Shiquan Tao, Jiang, ZQ; Yuan, W; Wan, YH; Wang, Y; Liu, GQ; Wang, DY; Ding, XH; Jia, KB. High-density large-capacity nonvolatile holographic storage in photorefractive crystals. Proceedings of SPIE, 2005, 5643: 63-72.

[7-44] Hideyoshi Horimai, Xiaodi Tan, and Jun Li. Collinear holography. Applied Optics, 2005, 44(13): 2575-2579.

[7-45] Sergei S. Orlov, William Phillips, Eric Bjornson, et al. High-transfer-

rate high-capacity holographic disk data storage system. Applied Optics, 2004, 43(25): 4902-4914.

[7-46] 张家骅,黄世华,虞家琪. 室温下的永久性光谱烧孔. 发光学报,1991, 12:181-182.

[7-47] Bern Kohler, Stefan Barnet, Alois Renn, and Urs P. Wild. Storage of 2000 holograms in a photochemical hole-burning system. Opt. Lett., 1993, 18(24): 2144-2146.

[7-48] R. Kachru and X. A. Shen. High speed recording with rare-earth-doped hole-burning materials. Proceedings of SPIE, 1995, 2604: 11-14.

[7-49] Alois Renn, Urs P. Wild, and Aleksander Rebane. Multidimensional Holography by Persistent Spectral Hole Burning. The Journal of Physical Chemistry A, 2004, 106(13): 3045-3060.

第8章

[8-1] 秦秉坤,孙雨南,朱伟利. 光计算机. 北京:北京理工大学出版社,1989.

[8-2] 于美文等. 光学全息及信息处理. 北京:国防工业出版社,1984.

[8-3] 朱伟利,盛嘉茂. 信息光学基础. 北京:中央民族大学出版社,1997.

[8-4] 王天及. 联合变换实时光学相关器. 光学学报,1983,3(9):828~832.

[8-5] 宋菲君. 近代光学信息处理. 北京:北京大学出版社,1998.

[8-6] 杨振寰,陈树源著. 光学信号处理、计算和神经网络. 母国光,翟宏琛,战元龄译. 北京:新时代出版社,1997.

[8-7] 杨振寰著. 光学信息处理. 母国光,羊国光,庄松林译. 天津:南开大学出版社,1986.

[8-8] J. W. 顾德门著. 傅里叶光学导论. 詹达三,董经武,顾本源译. 北京:科学出版社,1976.

[8-9] 母国光,方志良,王君庆等. 用黑白感光片作彩色摄影技术. 中国专利,审定号 CN1003811B,E28,1989.

[8-10] 母国光,王君庆,方志良等. 用三色光栅和黑白感光胶片拍摄彩色景物. 仪器仪表学报,1983,4(2):125~130.

[8-11] G. G. Mu, Z. L. Fang, F. L. Liu et al., "Color data image encoding method and apparatus with spectral zonal filter", U. S. Patent, 5452002, 9/1995.

[8-12] G. G. Mu, et al., "Physical method for color photography", Ico Book Ⅲ 《Treuds in Optics》, Academic Press, New York, 1996:527~542.

[8-13] Liu Dingyu, Sun Jiang. Theory of relief technique and color display. SPIE - Optoelectronics Science and Engineering'94, Vol 2321, Supplementary Papers, (1994) 91~94.

[8-14] 刘定宇,鲍宏志等.非线性位相调制假彩色编码实验仪说明书.大连海事大学数理系光信息实验室印制,2002.

第9章

[9-1] 幸良梁,印建平.大场景全息照相.光学学报,Vol. 6,No. 5,1986,433-439.

[9-2] S. A. Benton, Hologram reconstructions with extended light sources, J. O. S. A., Vol. 59, No. 10, 1969,1545A.

[9-3] H. Chen and F. T. S. Yu, One-step rainbow hologram, Opt. Lett., Vol. 3, No. 10, 1978, 85.

[9-4] 于美文.光全息学及其应用.北京:北京理工大学出版社,1996,445-467.

[9-5] 于美文.张静方.光全息术.北京:北京教育出版社,1995,124-135.

[9-6] H. Chen, Color blur of the rainbow hologram, App. Opt., Vol. 17, No. 20, 1978, 3290-3293.

[9-7] 于美文.光全息学及其应用.北京:北京理工大学出版社,1996,487-501.

[9-8] R. J. 科利尔等.光全息学.盛尔镇,孙明经译.北京:机械工业出版社,1983,500-505.

[9-9] 谢敬辉,赵业玲,于美文.横向面积分割法及其在二维/三维模压全息中的应用.光学学报,Vol. 8,No. 5,1988,410-416.

[9-10] 蔡雪强,柯重来.真彩色模压全息图.应用激光,Vol. 12,No. 4,1992,167-169.

[9-11] 于美文.光全息学及其应用.北京:北京理工大学出版社,1996,528-540.

[9-12] S. Takahashi, Method for producing a display with a diffraction grating pattern and a display produced by the method, US Patent No. 5058992, Oct. 22, 1991.

[9-13] C. Newswanger, Holographic diffraction grating patterns and method for creating, US, Patent No. 5291317, March, 1994.

[9-14] Chih-Kung Lee et al, Optical configuration and color-representation range of a variable-pitch dot matrix holographic printer, App. Opt., Vol. 39, No. 1, 2000, 40-53.

[9-15] V. G. Komar, Progress on the holographic movie process in USSR, SPIE, Vol. 120, 1977, 127-144.

[9-16] P. Smigielski, H. Fagot, F. Albe, Progress in holographic cinematography, SPIE, Vol. 600, 1985, 186-193.

[9-17] Joseph C. Palals and Mark E. Miller, Holographic movies, Opt. Eng., Vol. 35, No. 9, 1996, 2578-2582.

[9-18] A. putilin, V. N. Morozov, Q. Huang, and Caufield, Waveguide holograms with white light illumination, Opt. Eng., Vol. 30, 1991, 1615-1619.

[9-19] Hiroaki Ueda, Kenji Taima, and Toshihiro Kubota, Edge-illuminated color holograms, SPIE, Vol. 2043, 1993, 278-286.

[9-20] Joel S. Kollin, Stephen A. Benton, and Mary Lou Jepsen, Real-time display of 3-D computed holograms by scanning the image of an acousto-optic Modulator, SPIE, Vol. 1136. 1989.

[9-21] P. St. Hilaire, S. A. Benton, and Mark Lucente, Synthetic aperture holography: a novel approach to three-dimensional displays, J. Opt. Soc. Am. A, Vol. 9, No. 11, 1992, 1969-1977.

[9-22] P. St. Hilair, Scalable optical architecture for electronic holography, Opt. Eng., Vol. 34, No. 10, 1995, 2900-2911.

[9-23] Kenji Taima, Hiroaki Ueda, Hideki Okamoto, Toshihiro Kubota, and Yoshinori Kajiki, New approach to the interactive holographic display system, SPIE, Vol. 2176, 1994, 23-27.

[9-24] Ravikanth Pappu and Wendy Plesniak, Haptic interaction with holographic video images, SPIE, Vol. 3293, 38-45.

[9-25] D. P. Nordin, J. H. Kulicj, M. Jones, P. Nasistka, R. G. Lindquist, and S. T. Kowel, Demonstration of a novel three-dimensional autostereoscoptic display, Optical Letters, Vol. 19, No. 12, 1994, 901-903.

[9-26] Jeffrey H. Kulick, Stephen T. Kowel, Gregory P. Nordin, Alan Parker, Robert Lindquist, Patrick Nasiatka, and Michael Jones, ICVision - a VLSI-based diffraction display for real-time display of holographic stereograms, SPIE. Vol. 2176, 1994, 2-11.

[9-27] J. H. Kulick, G. P. Nordin, A. Parker, S. T. Kowel, R. G. Lindquist, M. Jones, and P. Nasiatka, Partial pixels: a three-dimensional diffractive display architecture, J. Opt. Soc. Am. A, Vol. 12, No. 1, 1995, 73-83.

[9-28] Toshiki Toda, Toshio Honda, and Fujio Iwata, Apodized grating cell to

display 3D images, SPIE, Vol. 3293, 1998, 54 – 62.

[9 – 29] Kunio Sakamoto, Hideya Takahashi, Eiki Shimizu, Koji Yamasaki, Takahisa Andou and Masaaki Okamoto, Three – dimensional display Systems with Holographic Technologies, SPIE, Vol. 3358, 1998, 232 – 238.

[9 – 30] Gregory P. Nordin, Michael W. Jones, Jeffrey H. Kulick, Robert G. Lindquist and Stephen T. Kowel, Three – dimensional display utilizing a diffractive optical element and an active matrix liquid crystal display, Opt. Eng. Vol. 35, No. 12, 1996, 3404 – 3412.

[9 – 31] Fujio Iwata, 3D Moving display Using Grating Image Technology, Optical and electro – optical engineering contact, Vol. 36, No. 11, 1998, 27 – 34 (in Japanese).

[9 – 32] Sava Tay, P. – A. Blanche, R. Voorakaranam, et. al. An updatable holographic three – dimensional display[J]. Nature, 451(7179), 2008, 694 – 698.

第 10 章

[10 – 1] T. C. Strand, Optical three – dimensional sensing for machine vision, Opt. Eng., 1985, 24(1): 33.

[10 – 2] J. A. Jarikio, R. C. Kim, S. K. Case, Three – dimensional inspection using multistripe structured light, Opt. Eng., 1985, 24(6): 966.

[10 – 3] Frank Chen, G. M. Brown, Mumin Song, Overview of three – dimensional shape measurement using optical methods, Opt. Eng., 2000, 39(1): 10.

[10 – 4] 苏显渝,李继陶. 信息光学. 北京:科学出版社,1999.

[10 – 5] 金国藩,李景镇. 激光测量学. 北京:科学出版社,1998.

[10 – 6] 叶声华. 激光在精密测量中的应用. 北京:机械工业出版社,1980.

[10 – 7] 张广军. 视觉测量. 北京:科学出版社,2008.

[10 – 8] R. A. Jars, A laser time – of flight range scanner for robotic vision, IEEE on pattern analysis and machine intelligence, 1983, PAML – S(3):505.

[10 – 9] H. Takasaki, Generation of surface contours by moiré patterns, Appl. Opt., 1970, 9(6): 1467.

[10 – 10] 王昭,赵宏,谭玉山. 频移阴影莫尔法. 光学学报,1999,19(6):816.

[10 – 11] V. Srinivasan, H. C. Liu, M. Halioua., Automated phase – measuring profilometry of 3 – D diffuse objects, Appl. Opt., 1984, 23(18):3105.

[10 – 12] M. Takeda, K. Muton, Fourier transform profilometry for automatic measurement of 3 – D object shapes, Appl. Opt., 1983, 22(24):3977.

[10-13] S. Toyooka, Y. Laws, Automatic profilometry of 3-D diffuse objects by spatial phase detection, Appl. Opt., 1986, 25(10):1630.

[10-14] 唐朝伟,梁锡昌,施进展.人体曲面轮廓激光扫描三维视觉传感系统.重庆大学学报,1993,16(1).

[10-15] 周文胜,苏显渝.距离查找表的产生及其在三维传感中的应用.光电工程,1991,18(2):28.

[10-16] Wen-Sen Zhou, Xian-Yu Su, A direct mapping algorithm for phase-mapping profilometry, Jonrnal of Modern Optics, 1994, 41(1):89.

[10-17] Jie-Lin Li, Xian-Yu Su, 3-D sensing using laser sheet projection: influence of speckle, Optical Review, 1995, 2(2):144.

[10-18] 苏显渝,李杰林,李继陶.激光片光三维传感中降低散斑影响的新方法.光学学报,1997,17(2):211.

[10-19] 李继陶,苏显渝,李万松.部分偏振散斑引起的像强度中心漂移的理论计算.光学学报,1997,17(3):314.

[10-20] 李万松,苏显渝,李继陶.一种激光三维传感中提高深度分辨率的方法.中国激光,1996,23(12):1081.

[10-21] 李继陶,苏显渝.三维面形测量中激光散斑的影响.四川大学学报,1996,33(2):2873.

[10-22] R. Baribeau, M. Rioux, Influence of speckle on laser range finders, Appl. Opt., 1991, 30(20):2873.

[10-23] R. G. Dorsch, G. Hausler, J. M. Herrman, Laser triangulation: fundamental uncertainty in distance measurement, Appl. Opt., 1994, 33(7):1036.

[10-24] Guan-Shen Zhang, Xian-Yu Su and Ze-Xian Chen, Implementation of 360° shape measurement of 3-D object using single point projection, Proc. SPLE., 1990, 1230:794.

[10-25] 苏显渝,张冠申,陈泽先等.鞋楦三维面形光电自动测量系统.光电工程,1989,16(6):1.

[10-26] M. Rioux, Laser range finder based on synchronized scanners, Appl. Opt., 1984, 23(21):3837.

[10-27] Xian-Yu Su and Bo Jia, A method for the generation of light knife and its application in 3-D sensing, Proc. SPLE., 1990, 1319:362.

[10-28] 贾波,苏显渝,郭履容.用光刀投影的叶片三维面测量方法.中国激光,1992,19(4):27.

[10-29] Xiao-Xue Cheng, Xian-Yu Su and Lu-Rong Guo, Automated meas-

urement method for 360° profilometry of 3 - D diffuse objects, Appl. Opt., 1991, 30(10):1274.

[10 - 30] 苏显渝,程晓雪,郭履容. 三维物体360°面形自动测量方法. 光学学报,1989,9(7):670.

[10 - 31] Xian - Yu Su, Wen - Sen Zhou, G. von Bally D. Vukicevic, Automated phase - measuring profilometry using defocused projection of the Ronchi grating, Opt. Commun., 1992, 94:561.

[10 - 32] Xian - Yu Su, G. Von Bally and D. Vukicevic, Phase - stepping grating profilometry: utilization of intensity modulation analysis in complete object evaluation, Opt. Commun., 1993, 98:141.

[10 - 33] Xian - Yu Su, Wen - Sen Zhou, Complex object profilometry and its applcation for dentistry, Proc. SPIE, 1994, 2132:484.

[10 - 34] T. R. Judge, P. J. Bryanston - Cross, A review of phase unwrapping techniques in fringe analysis, Optics and Laser in Engineering, 1994, 21:199.

[10 - 35] Xian - Yu Su, phase unwrapping techniques for 3 - D shape measurement, Proc. SPIE, 1996, 2886:460.

[10 - 36] Jielin Li, Xianyu Su, Jitao Li, Phase Unwrapping algorithm - based on reliability and edge - detection, Optical Engineering, 1997, 36(6):1685.

[10 - 37] Jielin Li, Hongjun Su, Xianyu Su, Two - frequency grating used in phase - measuring profilometry, Applied Optics, 1997, 36(1): 277.

[10 - 38] 郝煜东,赵洋,李达成. 非线性小数重合法及其在轮廓测量中的应用. 光学学报,1999,19(11):1518.

[10 - 39] M. Halioua, H - C. Liu, Optical three - dimensional sensing by phase measuring profilometry, Optics and Laser in Engineering, 1989, 11:185.

[10 - 40] 陈泽先,苏显渝. 采用准正弦投影光场的三维面形测量系统. 仪器仪表学报,1989,10(4):409.

[10 - 41] 苏显渝,周文胜. 采用罗奇光栅离焦投影的位相测量轮廓术. 光电工程,1993,20(4):17.

[10 - 42] 费东,苏显渝,李杰林. PMP中的液晶投影器的性能研究. 光电工程,1996,23(5):17.

[10 - 43] 苏万勇,苏显渝. 井底模式光电三维面形测量系统. 石油机械,1993,21(9).

[10 - 44] Xian - Yu Su, A. M. Zarubin and G. Von Bally, Modulation analysis of

phase – shifted holographic interferograms, Opt. Commun. 1004, 105(5):379.

[10 – 45] 李继陶,苏显渝,李杰林. 光弹性测量中的位相展开. 光学学报,1997,17(11):1538.

[10 – 46] Su XY, Chen WJ, Fourier transform profilometry: a review, OPTICS AND LASERS IN ENGINEERING 35(5), 2001: 263 – 284.

[10 – 47] Jian Li, Xian – Yu Su and Lu – Rong Guo, An improved Fourier transform profilometry for automatic measurement of 3 – D object shapes, Opt. Eng., 1990, 29(24):1439.

[10 – 48] Xianyu Su, Wenjing Chen, Qichan Zhang, Dynamic 3 – D shape measurement method based on FTP, Optics and Lasers in Engineering, 36(1), 2001: 49 – 64.

[10 – 49] 张启灿,苏显渝,曹益平等. 利用频闪结构光测量旋转叶片的三维面形. 光学学报,2005,(2).

[10 – 50] 张启灿,苏显渝. 动态液面面形测量. 光学学报,2001,(12).

[10 – 51] Likun Su, Xianyu Su, Wansong Li, Application of modulation measurement profilometry to objects with surface holes, Applied Optics, 1999, 38(7):1153.

[10 – 52] 邵双运,苏显渝,张启灿. 调制度测量轮廓术在复杂面形测量中的应用. 光学学报, 24(12). 2004:1623 – 1628.

[10 – 53] Masahiro Kawakita, Keigo Iizuka, High – definition real – time depth – mapping TV camera: HDTV Axi – Vision Camera, OPTICS EXPRESS, 12(12), 2004:2781 – 2794.

第11章

[11 – 1] Powell R. L., Stetson K. A.. Interferometric vibration analysis of three – dimensional objects by wavefront reconstruction. J. Opt. Soc. Am. 55, 1965, 612.

[11 – 2] Stetson K. A., Powell R. L.. Interferometric hologram evaluation and real – time vibration analysis of diffuse objects. J. Opt. Soc. Am. 55, 1965, 1694.

[11 – 3] Collier R. J., Doherty E. T., Pennington K S. Application of moire techniques to holography. Appl. Phys. Lett. 7. 1965, 223.

[11 – 4] Vest C. M.. Holographic interferometry. John Wiley & Sons, 1979.

[11 – 5] Reid G. T.. Automatic fringe pattern analysis: a review. Opt. and Lesars in Eng. ,1986,7:37.

[11-6] Burch J. M. , Tokarski J. M.. Production of multiple beam fringes from photographic scatters. Opt. Acta. 1968,15. 101.

[11-7] Erf R. E.. Speckle mertology. Acadamic Press,1978.

[11-8] Chen J. B.. Study of holo-speckle interferometry. SPIE Vol.699,1986,181.

[11-9] Yamaguchi I.. Fringe formation in deformation and vibration measurement using laser light. Progress in Optics, XXII ,1985.

[11-10] 方强,陈家璧. 全息散斑计量学. 北京:科学出版社,1995.

[11-11] J.C.丹蒂编. 激光斑纹及有关现象. 黄乐天,王天及,林仕英译. 北京:科学出版社,1981.

[11-12] Goodman J. W.. Statistical Optics. John Wiley & Sons,1985,27-40,320-321,347-356.

[11-13] Abramson N.. Sandwich hologram interferometry: a new dimension in holographic comparison. Appl. Opt,1974,13. 2019.

[11-14] Archbold E. , Ennos A. E.. Observation of surface vibration models by stroboscopic hologram interferometry. Nature,1968,217:942.

[11-15] Dandliker R. , Incichen B. , Mottier F. M.. High resolution hologram interferometry by electronic phase measurement. Opt. Comm. ,1973,9:412.

[11-16] Morgan C. J.. Least-squares estimation in phase measurement interferometry. Opt. Lett. ,1982,7:368.

[11-17] Leendertz J. A.. Interferometric displacement on surface utilizing speckle effect. J. Phys. ,1970,E3:214.

[11-18] Leendertz J. A. , Butters J. N.. An image-shearing speckle pattern interferometer for measuringbending moments. J. Phys. ,1973,E6:1107.

[11-19] Hung Y. Y. , Rowlands R. E. , Dainiel I M. Spekle-shearing interferometric technique: a full-field strain gauge. Appl. Opt. ,1975,14:618.

[11-20] 陈家璧,周维祯,裴敏. 剪切散斑干涉术的统计分析. 光学学报,1989,9:333.

[11-21] Butters J. N. , Leendertz J. A.. Holographic and video technique applied to engineering measurement. J. of Measurement and Control, 1971, 4:344.

[11-22] Jones R. , Wykes G.. Holographic and speckle interferometry. Cambridge Univ. Press,1983.

[11-23] Asundi A. Chiang F. P.. Theory and application of the white light speckle method for strain analysis. Opt. Eng. ,1982,21:570.

[11-24] Chen J. B., Chang F. P.. Statistical analysis of whole field filtering of specklegram and its upper limit of measurement. JOSA(A),1984,1(8).

[11-25] Burch J. M., Forno C.. A high sensitivity moire grid technique for studying deformation in large objects. Opt. Eng. ,1975,14:178.

[11-26] 陈家璧,方强. 二次曝光散斑图透射率自相关函数. 实验力学,1989,4:127.

[11-27] 方强,陈家璧,谭玉山. 散斑照相计量中点信息分布的统计学模型. 西安交通大学学报,1991,25(5):27.

[11-28] Peters W. H., Ranson W. F.. Digital imaging technique in experimental stress analysis. Opt. Eng. ,1982,21:427.

[11-29] 方强,谭玉山. 白光数字散斑照相术. 光学学报,1990,10(10)

[11-30] Fang Q., Yao H., Tan Y. S.. A fast deformation analysis method by digital correlation technique. SPIE Vol.954,1988.

[11-31] Petersen H. M.. Theory of speckle-correlation measurements using nonlinear detectors. JOSA(A),1984,1(8).

[11-32] Morron J., Morris G. M.. Correlation properties of clipped laser speckle JOSA(A),1985,2(9).

[11-33] Mallick,S., The Third Chapter in < Optical Shop testing > Edited by D. Malacara, New York: John Wiley & Sons, 1978.

[11-34] Burch,J.M., Scatter fringes of equal thickness. Nature, 1953, 171:889-890.

[11-35] Burch, J. M., Scatter-fringes interferometry. JOSA,1962,52,600-605.

[11-36] Scott.R.M., Scatter plate interferometry. Appl. Opt. 1969,8:531-537.

[11-37] Rasanen J., Abedin K. M., and Kawazoe M. etc. Computer simulation of the scatter plate interferometer by scalar diffraction theory, Appl. Opt. 1997,36:5335-5339.

[11-38] Chen J., "Statistical analysis of scatter plate interferometer" JOSA(A), 2007,24(7) 2082-2088.

第12章

[12-1] K. O. Hill,et al.. Photosensitivity in optical fiber waveguides:application to reflection filter fabrication. Appl. Phys. Lett. ,1978, 32:647.

[12-2] T. A. Strasser and T. Erdogan. Fiber grating devices in high-performance optical communications systems. In I. Kaminow and T. Li, editors, Optical Fiber Telecommunications IVA. Components. Academic Press,New York,2002.

[12-3] R. L. Fork, B. I. Greene, and C. V. Shank. Generation of optical pulses shorter than 0.1 psec by colliding pulse mode locking. Appl. Phys. Lett., 1981, 38:671.

[12-4] A. M. Weiner. Femtosecond Fourier optics: Shaping and processing of ultrashort optical pulse. In T. Asakura, editor, International Trends in Optics and Photonics – ICO Ⅳ, Springer – Verlag, Heidelberg, 1999.

[12-5] A. M. Weiner. Femtosecond pulse shaping using spatial light modulators. Rev. of Scin. Inst. 2000, 71:1929.

[12-6] A. M. Weiner. et al.. Programmable shaping of femtosecond optical pulses by use of a 128 – element liquid crystal pulse modulator. IEEE J. Quant. Electron., 1992, 28:908.

[12-7] C. W. Hillegas, et al.. Femtosecond laser pulse shaping by use of microsecond radio – frequency pulses. Opt. Lett. 1994, 19:737.

[12-8] A. J. Mendez, et al.. Design and performance analysis of wavelength/time(w/t) matrix codes for optical CDMA. J. Lightwave Tech., 2003, 21:2524.

[12-9] C. C. Chang, et al.. Dispersion – free fiber transmission for femtosecond pulses by use of a dispersion – compensating fiber and a programmable pulse shaper. Opt. Lett. 1998, 23:283.

[12-10] A. M. Weiner, et al.. Spectral holography of shaped femtosecond pulses. Opt. Lett. 1992, 17:224.

[12-11] B. Kolner. Generalization of the concepts of focal length and f – number to space and time. J. Opt. Soc. Am. A, 1994, 11:3229.

[12-12] C. V. Bennett and B. H. Kolner. Upconversion time microscope demonstrating 103X magnification of femtosecond waveform. Opt. Lett. 1999, 24:783.

[12-13] H. Takahashi, et al.. Arrayed – waveguide grating for wavelength division multi/demultiplexer with nanometer resolution. Electron. Lett., 1990, 26:87.

[12-14] C. Gragone, An $n \times n$ optical multiplexer using a planar arrangement of two star couplers. IEEE Photon. Tech. Lett., 1991, 3:812.

[12-15] C. Gragone, Integrated optics $n \times n$ multiplexer on silicon. IEEE Photon. Tech. Lett., 1991, 3:896.

[12-16] C. Gragone, Efficient $n \times n$ star couplers using Fourier optics. J. Lightwave Tech., 1989, 7:479.

部分习题参考答案

第 1 章

1.1 (1) $g(x) = 1$

(2) $g(x) = 1 + \dfrac{2}{3}\cos(2\pi x)$

1.3 (1) $g_1(x,y)\cos 4\pi x$

(2) $g_2(x,y) \approx \cos(4\pi x)\operatorname{rect}\left(\dfrac{x}{75}\right)\operatorname{rect}\left(\dfrac{y}{75}\right)$

(3) $g_3(x,y) = \operatorname{rect}\left(\dfrac{x}{75}\right)$

(4) $g_2(x,y) = 0.25 + 0.318\cos(2\pi x) - 0.106\cos(6\pi x)$

1.5 在 x 方向允许的最大抽样间隔小于 $1/(2a)$，在 y 方向抽样间隔无限制。

第 2 章

2.1 $f_x = \dfrac{\sqrt{3}}{2\lambda}, f_y = \dfrac{1}{2\lambda}, U(x,y,z_1) = \exp(jkz_1)\exp j2\pi\left(\dfrac{\sqrt{3}}{2\lambda}x + \dfrac{1}{2\lambda}y\right)U(0,0,0)$

2.2 $A\left(\dfrac{\cos\alpha}{\lambda},\dfrac{\cos\beta}{\lambda}\right) = ab\operatorname{sinc}\left(a\dfrac{\cos\alpha}{\lambda}\right)\operatorname{sinc}\left(b\dfrac{\cos\beta}{\lambda}\right)$

2.3 $A\left(\dfrac{\cos\alpha}{\lambda},\dfrac{\cos\beta}{\lambda}\right) = 0.5\,\delta\left(\dfrac{\cos\alpha}{\lambda},\dfrac{\cos\beta}{\lambda}\right) + 0.25\left[\delta\left(\dfrac{\cos\alpha}{\lambda} - \dfrac{1}{3\lambda}\right) + \delta\left(\dfrac{\cos\alpha}{\lambda} + \dfrac{1}{3\lambda}\right)\right]\delta\left(\dfrac{\cos\beta}{\lambda}\right)$

2.4 $I(x,y) = \dfrac{1}{\lambda^2 z^2}\left|4a^2\operatorname{sinc}\left(2a\dfrac{x}{\lambda z}\right)\operatorname{sinc}\left(2a\dfrac{y}{\lambda z}\right) - a^2\operatorname{sinc}\left(a\dfrac{x}{\lambda z}\right)\operatorname{sinc}\left(a\dfrac{y}{\lambda z}\right)\exp\left[-j2\pi a\left(\dfrac{x}{\lambda z} + \dfrac{y}{\lambda z}\right)\right]\right|^2$

2.5 $I(x,y,z) = \dfrac{4a^2b^2}{\lambda^2 z^2}\operatorname{sinc}^2\left(\dfrac{ax}{\lambda z}\right)\operatorname{sinc}^2\left(\dfrac{by}{\lambda z}\right)\cos^2\left(\dfrac{\pi dx}{\lambda z}\right)$，如果对其中一个矩形引入相位差 π，式中余弦函数变为正弦函数

2.6 $U(x,y) = \dfrac{\exp(jkz)}{j2\lambda z}\delta\left(\dfrac{x}{\lambda z},\dfrac{y}{\lambda z}\right) - \dfrac{1}{2\pi x}\exp\left[jk\left(z + \dfrac{x^2}{2z}\right)\right]\delta\left(\dfrac{y}{\lambda z}\right)$

2.9 (2) 此屏有三个焦距 $f = \pm\dfrac{\pi}{\lambda a}, \infty$

2.10 菲涅耳衍射和夫琅禾费衍射分别要求 $z \gg 398.7\text{mm}, z \gg 4\,964.6\text{mm}$

2.11 $4\sin^2\left(\dfrac{k}{4z}a^2\right)$

2.12 （1）与单色平面波垂直照明下刚刚透过余弦型振幅光栅产生的强度分布完全相同

（2）强度分布为平移半个周期的刚刚透过余弦型振幅光栅产生的强度分布

（3）$I(x,y) = a^2 + b^2\cos^2 2\pi \dfrac{x}{d}$

2.13 $\alpha = \dfrac{1}{n-1}\arctan\dfrac{m\lambda}{a}$。

第 3 章

3.1 （1）$r_\pi = \sqrt{\lambda d_o}$

（2）$r_o = 0.61\lambda d_o/a$

（3）$a \geq 2.44\sqrt{\lambda d_o}$

3.2 （1）$A(f_x, f_y) = \dfrac{A}{2}\left\{\delta\left(f_x - \dfrac{\sin\theta}{\lambda}, f_y\right) + \dfrac{1}{2}\delta\left(f_x - f_o - \dfrac{\sin\theta}{\lambda}, f_y\right) + \dfrac{1}{2}\delta\left(f_x + f_o - \dfrac{\sin\theta}{\lambda}, f_y\right)\right\}$

（2）$\theta_{\max} = \arcsin\dfrac{D}{4f}$

$U(x,y) = \dfrac{A}{2}\exp\left(j2\pi x\dfrac{D}{2\lambda f}\right)\left[1 + \dfrac{1}{2}\exp(j2\pi xf_o)\right]$

$I(x,y) = \dfrac{A^2}{4}\left[\dfrac{5}{4} + \cos(2\pi f_o x)\right]$

（3）$f_{\max} = \dfrac{D}{2\lambda f}, f_{o\max} = \dfrac{D}{4\lambda f}$

3.5 $f_{\text{cut}} \approx \dfrac{2a}{\lambda d}$

3.7 $H(f_x) = \exp(-2\pi^2 a^2 f_x^2)$，式中 a 为线扩散函数宽度

3.8 $t = \exp[-jk(n-1)\alpha x]$

第 4 章

4.1 $\Delta\nu = 1.5 \times 10^4\text{Hz}, l_c = 20 \times 10^3\text{m}$

4.2 （1）假设谱线为矩形，光场的复自相干度的模为 $|\text{sinc}\,\delta\nu\,\tau||\cos\pi\Delta\tau\nu|$

（2）58930 条

（3）可见度有 60 个变化周期，每个周期有 982 个条纹

4.4 5.68 m

4.5 1.12×10^6 km

4.6 (1) $\mu(\Lambda\xi\Delta\eta) = \exp(j\psi)\mathrm{sinc}\left(a\dfrac{\Delta\xi}{\lambda z}\right)$ 当 $\Delta\eta = 0$

$\qquad\qquad\qquad\qquad\qquad 0 \qquad\qquad\qquad$ 当 $\Delta\eta \neq 0$

式中,$\psi = \dfrac{\bar{k}}{2z}[(\xi_2^2 + \eta_2^2) - (\xi_1^2 + \eta_1^2)] = \dfrac{\bar{k}}{2z}(\rho_2^2 - \rho_1^2)$,而 ρ_1 和 ρ_2 分别为 Q_1 和 Q_2 两点到光轴的距离

(2) 对比度为 0.637

(3) 缝光源的宽度应为 0.133 mm

(4) 复相干因子随着 Q_1 和 Q_2 两点之间的距离按照余弦函数方式变化

4.7 1

4.8 1.1 μm

第 5 章

5.1 1 209.5 lp/mm

5.2 (1) $U_A = \dfrac{a_A}{2}\exp(jkz_A)\exp\{jk/(2z_A)[(x-x_A)^2 + (y-y_A)^2]\}$

$\qquad\quad U_B = \dfrac{a_B}{2}\exp(jkz_B)\exp\{jk/(2z_B)[(x-x_B)^2 + (y-y_B)^2]\}$

(2) $I = \dfrac{a_A^2 + a_B^2}{4} + \dfrac{a_A \cdot a_B}{4}\{\exp(-jkz_A + jkz_B)\exp\{-jk/(2z_A)[(x-x_A)^2$

$\qquad + (y-y_A)^2] + jk/(2z_B)[(x-x_B)^2 + (y-y_B)^2]\}\} +$

$\qquad \dfrac{a_A \cdot a_B}{4}\{\exp(jkz_A - jkz_B)\exp\{jk/(2z_A)[(x-x_A)^2 + (y-y_A)^2] -$

$\qquad jk/(2z_B)[(x-x_B)^2 + (y-y_B)^2]\}\}$

(3) 全息图的空间频率最高为 882 lp/mm,最低为 503 lp/mm,要求记录介质的分辨率不得低于 900 lp/mm

5.4 (1) 原始像距为 13 cm,共轭像距为 -13 cm

(2) 原始像距为 26 cm,共轭像距为 -26 cm

(3) 原始像距为 54 cm,共轭像距为 -17 cm

(4) 三种情况的放大率分别为 (1) $M = 1$;(2) $M = 2$;(3) $M = 3.3$

5.5 (2) 能得到两个像,原始像位于 -16.3 cm 处,正立虚像,像高 1.23 cm;共轭像位于 -7.2 cm 处,正立虚像,像高 0.56 cm

5.6 对应 3 个波长的焦距分别为 24.4 cm、19.5 cm 和 16.3 cm

5.7 原始像和共轭像分别位于 $x_p = f_2\sin\theta$ 和 $x_p = -f_2\sin\theta$

第 6 章

6.4 $\eta_{11}(E) = \eta_{11}(0) = 1/n_x^2 = 1/n_o^2$

$\eta_{22}(E) = \eta_{22}(0) = 1/n_y^2 = 1/n_o^2$

$\eta_{33}(E) = \eta_{33}(0) = 1/n_z^2 = 1/n_e^2$

$\eta_{23}(E) = \eta_{32}(E) = \eta_{23}(0) + r_{41}E_x = r_{41}E_x$

$\eta_{13}(E) = \eta_{31}(E) = \eta_{13}(0) + r_{52}E_y = r_{52}E_y$

$\eta_{12}(E) = \eta_{21}(E) = \eta_{12}(0) + r_{63}E_z = r_{63}E_z$

折射率椭球方程 $x^2/n_o^2 + y^2/n_o^2 + z^2/n_e^2 + 2r_{41}E_x yz + 2r_{52}E_y xz + 2r_{63}E_z xy = 1$

6.5 折射率椭球方程 $x^2/n_o^2 + y^2/n_o^2 + z^2/n_e^2 + 2r_{63}E_z xy = 1$

6.6 $x'^2/n_o^2 + y'^2(1/n_o^2 + r_{41}E_x\tan\theta) + z'^2(1/n_e^2 - r_{41}E_x\tan\theta) = 1$

或：$x'^2/n'^2_x + y'^2/n'^2_y + z'^2/n'^2_z = 1$

其中：$\begin{cases} 1/n'^2_x = 1/n_o^2 \\ 1/n'^2_y = 1/n_o^2 + r_{63}E_z \\ 1/n'^2_z = 1/n_e^2 - r_{63}E_z \end{cases}$

6.7 (2) 相位滤波器的强度透过率为 $T = I_0\cos^2(\phi - \theta)/I_0 = \sin^2 81°$

第 7 章

7.1 2.1 GB

7.3 17.936°

7.4 $\Delta\Theta = \dfrac{2n\lambda_a}{d\sin 2\theta_{r0}}$（估算空气中的选择角，误差只有5%左右）

7.6 0.19 mm

第 8 章

8.1 (1) 用滤波器(b)时，$I(x_3,y_3) = C\dfrac{2a_1^2}{b_1^2}\text{sinc}^2\left(\dfrac{a_1}{b_1}\right) \cdot \cos\left(\dfrac{4\pi x_3}{b_1}\right)$

(2) 用滤波器(c)时，有两种可能的结果，参阅图 8.9 和图 8.10

(3) 用滤波器(d)时，输出平面将得到余弦光栅结构的强度分布，方向与滤波狭缝方向垂直。

8.2 400 lp/mm

8.3 (1) $T(f_x) = \dfrac{1}{4}\left\{\text{sinc}(f_x) + \text{sinc}\left(\dfrac{1}{4}\right)\delta\left(f_x - \dfrac{1}{4}\right) + \text{sinc}\left(\dfrac{1}{4}\right)\delta\left(f_x + \dfrac{1}{4}\right) + \cdots\right\}$

(2) $t(x_3) = \dfrac{1}{4}\left[\text{rect}(x_3) * \text{comb}\left(\dfrac{x_3}{4}\right)\right]$

$I(x_3) = |t(x_3)|^2 = \dfrac{1}{16}\left[\text{rect}(x_3) * \text{comb}\left(\dfrac{x_3}{4}\right)\right]^2$

(3) $t(x_3) = \dfrac{1}{4}\left[\text{rect}(x_3) * \text{comb}\left(\dfrac{x_3}{4}\right)\right] - \dfrac{1}{4}\text{rect}\left(\dfrac{x_3}{4}\right)$

$I = |t(x_3)|^2$

(4) $t(x_3) = -\dfrac{1}{4}\text{rect}(x_3) + \dfrac{1}{4}\left[\text{rect}(x_3) * \text{comb}\left(\dfrac{x_3}{4}\right)\right] - \dfrac{1}{4}\text{rect}\left(\dfrac{x_3}{4}\right)$

8.6 $I = \dfrac{1}{4} + \dfrac{1}{4}\sin^2(2\pi f_0 x_3)$

8.12 111 mm

第 9 章

9.3 $D/f = 2.2$（这是一个很不切合实际的数据，实际上一步彩虹全息不可能获得大观察范围）

9.4 $w_B = 0.97$ cm, $w_G = 0.34$ cm, $w_R = 0.22$ cm

第 10 章

10.2（1）投影光轴与成像光轴平行，$z = \dfrac{bh}{\Delta x}$，式中：b 是物三角形的基线，h 是像三角形的高度，Δx 是像三角形的基线，z 是物体的距离或高度

（2）投影光轴和成像光轴相交，$z = \dfrac{l\Delta x}{\sin\theta \cdot f + \cos\theta \cdot \Delta x}$，式中：$\theta$ 是投影光轴与成像光轴的夹角，f 为成像透镜的焦距

（3）投影光轴和成像光轴相交，$z = \dfrac{(OI - f)\sin\beta \cdot \Delta x}{f\sin\theta + \cos\theta\sin\beta \cdot \Delta x}$，式中：$\beta$ 为探测器基线与成像光轴夹角

10.5 $\varphi_u(i,1) = \varphi_w(i,1) + 2\pi n_i$

$n_i = \text{int}\{[\varphi_w(i,1) - \varphi_w(i-1,1)]/(2\pi) + 0.5\} + n_{i-1}$

$n_{0,1} = 0$

$\varphi_u(i,j) = \varphi_w(i,j) + 2\pi n_j + \varphi_u(i,1)$

$n_j = \text{INT}[(\varphi_w(i,j) - \varphi_w(i,j-1)/(2\pi) + 0.5] + n_{j-1}$

$n_{i,0} = 0$

10.6 等效波长 8.7 mm，系统的测量精度为 0.087 mm

10.8 系统的测量精度为 0.33 m，光束的调制频率为 90 MHz，则系统的测量精度为 0.03 m

第 11 章

11.2 (1) 实部和虚部的方差均为 $\overline{a^2}/2$,均值与相关系数均为零

(2) 实部和虚部的联合概率密度函数 $p_{RI}(r,i) = \dfrac{1}{\pi \overline{a^2}} \exp\left\{-\dfrac{r^2+i^2}{\overline{a^2}}\right\}$,如果随机相位 ϕ_k 均布于 $\left(-\dfrac{\pi}{2}, \dfrac{\pi}{2}\right]$ 区间内结果变为:均值 $\bar{r} = \dfrac{2\sqrt{N}}{\pi}\bar{a}, \bar{i}=0$,方差 $\overline{r^2} = \dfrac{\overline{a^2}}{2} + \dfrac{4}{\pi^2}(N-1)\overline{a}^2, \overline{i^2} = \dfrac{\overline{a^2}}{2}$,相关系数仍为零

11.4 0.436 μm

11.5 $\alpha_1 > \arcsin 3\lambda f_0, \alpha_2 > \arcsin \lambda \left(2f_0 + \dfrac{\sin\alpha}{\lambda}\right)$

11.6 $\Delta(\boldsymbol{r}_i) = \arctan \dfrac{I_3 - I_2}{I_1 - I_2}$

11.7 x 方向的面内应变为 -0.7234×10^{-3}, z 方向的离面应变为 2.13×10^{-3}

11.8 滤波孔直径有 1.5 mm、3 mm、6 mm 时全场滤波光学系统可测量的面内位移的圆区域的直径分别为 84.47 mm、42.24 mm、21.12 mm

第 12 章

12.1 $v = \dfrac{C}{\Lambda \left(\sin\theta_1 - \dfrac{x}{\sqrt{f^2-x^2}}\right)}$

12.2 在输出端口从最左端顺次为 λ_2、λ_4、λ_3

12.3 (1) $\delta\lambda = \dfrac{\lambda_0}{2Nm}, \delta x = \dfrac{\lambda_0 f}{2n_g N\Lambda}$

附录A 二维 δ 函数的定义及性质

二维 δ 函数的一般定义为

$$\delta(x,y) = \begin{cases} 0 & x \neq 0, y \neq 0 \\ \infty & x = y = 0 \end{cases} \quad (A-1)$$

$$\iint_{-\infty}^{\infty} \delta(x,y) \mathrm{d}x\mathrm{d}y = 1$$

δ 函数的另一种定义方式是把它看做一些普通函数构成的序列的极限。在趋近于极限的过程中,函数值不为零区域的面积以原点为中心逐渐减少并趋近于零,但函数的"体积"始终保持为一。以下是用这种方法定义 δ 函数的几种形式:

$$\delta(x,y) = \lim_{N \to \infty} N^2 \mathrm{rect}(Nx)\mathrm{rect}(Ny) \quad (A-2)$$

$$\delta(x,y) = \lim_{N \to \infty} N^2 \exp[-N^2\pi(x^2+y^2)] \quad (A-3)$$

$$\delta(x,y) = \lim_{N \to \infty} N^2 \mathrm{sinc}(Nx)\mathrm{sinc}(Ny) \quad (A-4)$$

$$\delta(x,y) = \lim_{N \to \infty} \frac{N^2}{\pi} \mathrm{circ}(N\sqrt{x^2+y^2}) \quad (A-5)$$

$$\delta(x,y) = \lim_{N \to \infty} N \frac{J_1(2\pi N\sqrt{x^2+y^2})}{\sqrt{x^2+y^2}} \quad (A-6)$$

式(A-2)~式(A-6)都可满足式(A-1),都是等价的 δ 函数的另一种定义。

δ 函数的常用性质有:

(1) 筛选性质:设函数 $f(x,y)$ 在 (x_0, y_0) 点连续,则有

$$\iint_{-\infty}^{\infty} f(x,y)\delta(x-x_0, y-y_0)\mathrm{d}x\mathrm{d}y = f(x_0, y_0) \quad (A-7)$$

(2) 坐标缩放性质:设 a、b 为实常数,则有

$$\delta(ax, by) = \frac{1}{ab}\delta(x,y) \quad (A-8)$$

(3) 可分离变量性

$$\delta(x,y) = \delta(x)\delta(y) \quad (A-9)$$

(4) 与普通函数乘积的性质:若函数 $f(x,y)$ 在 (x_0, y_0) 点连续,则有

$$f(x,y)\delta(x-x_0, y-y_0) = f(x_0, y_0)\delta(x-x_0, y-y_0) \quad (A-10)$$

附录 B 常用函数及其傅里叶变换

函数名称	函数表达式	傅里叶表达式
阶跃函数	$\text{step}(x) = \begin{cases} 0 & x < 0 \\ \dfrac{1}{2} & x = 0 \\ 1 & x > 0 \end{cases}$	$\dfrac{1}{2}\delta(f_x) + \dfrac{1}{\text{j}2\pi f_x}$
符号函数	$\text{sgn}(x) = \begin{cases} -1 & x < 0 \\ 0 & x = 0 \\ 1 & x > 0 \end{cases}$	$\dfrac{1}{\text{j}\pi f_x}$
矩形函数	$\text{rect}(x) = \begin{cases} 0 & |x| > \dfrac{1}{2} \\ \dfrac{1}{2} & |x| = \dfrac{1}{2} \\ 1 & |x| < \dfrac{1}{2} \end{cases}$	$\text{sinc}(f_x)$
三角形函数	$\Lambda(x) = \begin{cases} 0 & |x| > 1 \\ 1 - |x| & |x| < 1 \end{cases}$	$\text{sinc}^2(f_x)$
$\text{sinc}(x)$ 函数	$\text{sinc}(x) = \dfrac{\sin \pi x}{\pi x}$	$\text{rect}(f_x)$
高斯函数	$\text{Gaus}(x) = \exp(-\pi x^2)$	$\exp(-\pi f_x^2)$
δ 函数	$\delta(x) = 0 \quad x \neq 0$ $\int_{-\infty}^{\infty} \delta(x)\,\text{d}x = 1$	1
复指数函数	$\exp(\text{j}2\pi f_a x)$	$\delta(f_x - f_a)$
偶脉冲对	$\delta(x+1) + \delta(x-1)$	$2\cos(2\pi f_x)$
奇脉冲对	$\delta(x+1) - \delta(x-1)$	$\text{j}2\sin(2\pi f_x)$
梳状(抽样)函数	$\text{comb}(x) = \sum\limits_{n=-\infty}^{+\infty} \delta(x-n)$	$\text{comb}(f_x)$
圆域函数	$\text{circ}\left(\dfrac{\sqrt{x^2+y^2}}{r_0}\right) = \begin{cases} 1, & \sqrt{x^2+y^2} \leq r_0 \\ 0, & \text{其他} \end{cases}$	$\dfrac{\text{J}_1(2\pi r_0 \sqrt{f_x^2+f_y^2})}{r_0 \sqrt{f_x^2+f_y^2}}$

注:J_1 为一阶第一类贝塞尔函数。

附录 C 式(11-6-4)到式(11-6-5)的推导

由于平滑波面参考束散斑干涉形成的干涉场不是零均值的高斯随机过程，不能直接应用复高斯矩定理，必须逐项进行系综平均运算：

$$\langle I(r) \rangle = \langle [A_{12}A_{12}^* + A_{12}A_{21}^* + A_{12}^*A_{21} - A_{11}A_{11}^* - A_{11}A_{21}^* - A_{11}^*A_{21}]^2 \rangle$$

$$= A_{12}A_{12}^*A_{12}A_{12}^* + 2A_{12}A_{12}^*A_{12}A_{21}^* + 2A_{12}A_{12}^*A_{12}^*A_{21} - 2A_{12}A_{12}^*A_{11}A_{11}^* -$$

$$2A_{12}A_{12}^*A_{11}A_{21}^* - 2A_{12}A_{12}^*A_{11}^*A_{21} + A_{12}A_{21}^*A_{12}A_{21}^* + 2A_{12}A_{21}^*A_{12}^*A_{21} -$$

$$2A_{12}A_{21}^*A_{11}A_{11}^* - 2A_{12}A_{21}^*A_{11}A_{21}^* - 2A_{12}A_{21}^*A_{11}^*A_{21} + A_{12}^*A_{21}A_{12}^*A_{21} -$$

$$2A_{12}^*A_{21}A_{11}A_{11}^* - 2A_{12}^*A_{21}A_{11}A_{21}^* - 2A_{12}^*A_{21}A_{11}^*A_{21} + A_{11}A_{11}^*A_{11}A_{11}^* +$$

$$2A_{11}A_{11}^*A_{11}A_{21}^* + 2A_{11}A_{11}^*A_{11}^*A_{21} + A_{11}A_{21}^*A_{11}A_{21}^* + 2A_{11}A_{21}^*A_{11}^*A_{21} +$$

$$A_{11}^*A_{21}A_{11}^*A_{21}$$

$$= 2A_{12}A_{12}^*A_{12}A_{21}^* + 2A_{12}A_{12}^*A_{12}^*A_{21} - 2A_{12}A_{12}^*A_{11}A_{11}^* - 2A_{12}A_{12}^*A_{11}A_{21}^* -$$

$$2A_{12}A_{12}^*A_{11}^*A_{21} - 2A_{12}A_{21}^*A_{11}A_{11}^* + 2A_{11}A_{11}^*A_{11}A_{21}^* + 2A_{11}A_{11}^*A_{11}^*A_{21} +$$

$$A_{12}A_{12}A_{21}^*A_{21}^* - 2A_{12}A_{11}A_{21}^*A_{21}^* + A_{11}A_{11}A_{21}^*A_{21}^* + A_{12}^*A_{12}^*A_{21}A_{21} -$$

$$2A_{12}^*A_{11}^*A_{21}A_{21} + A_{11}^*A_{11}^*A_{21}A_{21} + A_{12}A_{12}^*A_{12}A_{12}^* - 2A_{12}A_{12}^*A_{11}A_{11}^* +$$

$$A_{11}A_{11}^*A_{11}A_{11}^* + 2A_{11}A_{11}^*A_{21}A_{21}^* + 2A_{12}A_{21}^*A_{12}^*A_{21} - 2A_{12}A_{21}^*A_{11}^*A_{21} -$$

$$2A_{12}^*A_{11}A_{21}A_{21}^*$$

因为 A_{21}^* 和 A_{21} 是确定的函数，式中前 8 项 $A_{12}A_{12}^*A_{12}A_{21}^*$, $A_{12}A_{12}^*A_{12}^*A_{21}$, $A_{12}A_{12}^*A_{11}A_{21}^*$, $A_{12}A_{12}^*A_{11}^*A_{21}$, $A_{12}A_{21}^*A_{11}A_{11}^*$, $A_{12}^*A_{21}A_{11}A_{11}^*$, $A_{11}A_{11}^*A_{11}A_{21}^*$, $A_{11}A_{11}^*A_{11}^*A_{21}$ 是三阶矩，且因零均值复高斯随机变量的奇数阶矩为零，这 8 项全等于零。

第 9 项到 11 项可做如下运算：

$$\langle A_{12}A_{12} \rangle = \langle (R_{12} + jI_{12})^2 \rangle = \langle R_{12}^2 \rangle + \langle I_{12}^2 \rangle + 2j\langle R_{12}I_{12} \rangle = 2\langle R_{12}^2 \rangle = 2\sigma^2 = \langle A_{11}A_{11} \rangle = \langle I_0 \rangle$$

$$\langle A_{12}A_{11} \rangle = \langle (R_{12} + jI_{12})(R_{11} + jI_{11}) \rangle = \langle R_{12}R_{11} \rangle + \langle I_{12}I_{11} \rangle + j\langle R_{12}I_{11} \rangle + j\langle R_{11}I_{12} \rangle$$

$$= \langle R_{12}R_{11} \rangle + \langle I_{12}I_{11} \rangle$$

$$\langle A_{12}A_{11}^* \rangle = \langle (R_{12} + jI_{12})(R_{11} + jI_{11})^* \rangle = \langle R_{12}R_{11} \rangle + \langle I_{12}I_{11} \rangle - j\langle R_{12}I_{11} \rangle + j\langle R_{11}I_{12} \rangle$$

$$= \langle R_{12}R_{11} \rangle + \langle I_{12}I_{11} \rangle = \langle I_0 \rangle \mu[d_2(r)]$$

附录 C 式(11-6-4)到式(11-6-5)的推导

$$\langle A_{12}A_{12}A_{21}^*A_{21}^* - 2A_{12}A_{11}A_{21}^*A_{21}^* + A_{11}A_{11}A_{21}^*A_{21}^*\rangle = (\langle A_{12}A_{12}\rangle - 2\langle A_{12}A_{11}\rangle + \langle A_{11}A_{11}\rangle)A_{21}^*A_{21}^*$$
$$= 2K\langle I_0\rangle^2(1-\mu[\boldsymbol{d}_2(\boldsymbol{r})])\exp(-\mathrm{j}2\phi_0)$$

式中,相关系数 μ 即复振幅自相关函数由式(11-6-6)定义,与式(6-3-32)、式(11-1-13)、式(11-2-12b)所定义的复相干因子或相关因子为同一物理量, ϕ_0 为参考光对接收面的入射角。当参考光为平行光且入射角为零时有

$$\langle A_{12}A_{12}A_{21}^*A_{21}^* - 2A_{12}A_{11}A_{21}^*A_{21}^* + A_{11}A_{11}A_{21}^*A_{21}^*\rangle = 2K\langle I_0\rangle^2(1-\mu[\boldsymbol{d}_2(\boldsymbol{r})])$$

同理第 12~14 项可得有

$$\langle A_{12}A_{12}A_{21}^*A_{21}^* - 2A_{12}A_{11}A_{21}^*A_{21}^* + A_{11}A_{11}A_{21}^*A_{21}^*\rangle^* = 2K\langle I_0\rangle^2(1-\mu[\boldsymbol{d}_2(\boldsymbol{r})])$$

其余 7 项为

$$\langle A_{11}A_{11}^*A_{11}A_{11}^*\rangle = \langle I_{11}^2\rangle = 2\langle I_{11}\rangle^2 = 2\langle I_0\rangle^2$$

$$\langle A_{12}A_{12}^*A_{12}A_{12}^*\rangle = \langle I_{12}^2\rangle = 2\langle I_{12}\rangle^2 = 2\langle I_{11}\rangle^2 = 2\langle I_0\rangle^2$$

$$2\langle A_{11}A_{11}^*A_{21}A_{21}^*\rangle = 2I_{21}\langle I_{11}\rangle = 2K\langle I_0\rangle^2$$

$$2\langle A_{12}A_{12}^*A_{21}A_{21}^*\rangle = 2I_{21}\langle I_{12}\rangle = 2I_{21}\langle I_{11}\rangle = 2K\langle I_0\rangle_0$$

$$2\langle A_{12}A_{11}^*A_{21}A_{21}^*\rangle = 2I_{21}\langle A_{11}[\boldsymbol{r}-\boldsymbol{d}_2(\boldsymbol{r})]\mathrm{e}^{\mathrm{j}\Delta(\boldsymbol{r})}A_{11}^*\rangle = 2K\langle I_0\rangle\mu[\boldsymbol{d}_2(\boldsymbol{r})]\mathrm{e}^{\mathrm{j}\Delta(\boldsymbol{r})}$$

$$2\langle A_{21}A_{21}^*A_{11}A_{12}^*\rangle = 2I_{21}\langle A_{11}A_{11}[\boldsymbol{r}-\boldsymbol{d}_2(\boldsymbol{r})]\mathrm{e}^{-\mathrm{j}\Delta(\boldsymbol{r})}\rangle = 2K\langle I_0\rangle\mu[\boldsymbol{d}_2(\boldsymbol{r})]\mathrm{e}^{-\mathrm{j}\Delta(\boldsymbol{r})}$$

$$2\langle A_{11}A_{11}^*A_{12}A_{12}^*\rangle = 2\langle I_{11}\rangle\langle I_{12}\rangle + 2\langle A_{11}A_{12}^*\rangle\langle A_{12}A_{11}^*\rangle$$
$$= 2\langle I_0\rangle^0\{1+\mu^2[\boldsymbol{d}_2(\boldsymbol{r})]\}$$

将以上结果全部代入式(11-6-4)便得式(11-6-5)

$$\langle I(\boldsymbol{r})\rangle = 2\langle I_0\rangle^2\{1+4K-2K\mu[\boldsymbol{d}_2(\boldsymbol{r})] - \mu^2[\boldsymbol{d}_2(\boldsymbol{r})] - 2K\mu[\boldsymbol{d}_2(\boldsymbol{r})]\cos\Delta(\boldsymbol{r})\}$$

汉英名词术语对照

B

白光散斑照相测量术 white light speckle photography
白光信息处理 write light information processing
曝光 exposure
曝光时间 exposure time
本征函数 characteristic function
边端性质 terminal property
变形反射镜器件 Deformable Mirror Devices(DMD)
边缘全息 edge-lit holograms
表面形变空间光调制器 Deformable Surface Spatial Light Modulator(DSSLM)
标量衍射 scalar diffraction
波长复用 wavelength multiplexing
波长选择性 wavelength selectivity
波前记录 wavefront recording
波前再现 wavefront reconstruction
布拉格角 Bragg angle
布拉格失配参量 Bragg-mismatch parameter
布拉格条件 Bragg condition

C

参考光束 reference beam
参物比 light intensity ratio of reference to objective
持续光谱烧孔 persistent spectral hole-burning
抽样定理 sampling theorem
抽样函数 sampled function
传递函数 transfer function
    相干传递函数 coherent transfer function
    非相干传递函数 incoherent transfer function
串扰噪声 cross-talk noise

磁光空间光调制器 Magnetic – Optical Spatial Light Modulator
存储容量 storage capacity

D

等效波长 equivalent wavelength
电编址 electrically addressed
电光效应 electro – optic effect
电荷耦合器件 Charge – Coupled – Device(CCD)
点扩散函数 point spread function
电子散斑干涉 electronic speckle interferometry
叠加积分 superposition integral
定影 fix
动态范围参量 dynamic – range parameter
对比度 contrast
读出光 read out light
多量子阱 Multiple Quantum Well(MQW)

E

二次曝光全息干涉术 double exposure holographic interferometry
二次散斑场 secondary speckle field

F

法拉第效应 Faraday effect
放大率 magnification
范西特 – 策尼克定理 Van Cittert – Zernike theorem
菲涅耳近似 Fresnel approximation
菲涅耳衍射公式 Fresnel diffraction formula
飞行时间法 time of flight
分辨率 resolution
分块全息存储 block – oriented holographic storage
分数傅里叶变换 fractional Fourier transform
    分数傅里叶变换阶 order of fractional Fourier transform
    分数傅里叶谱 fractional Fourier spectrum
傅里叶变换 Fourier transform
傅里叶变换轮廓术 Fourier Transform Profilometry(FTP)

复合光栅 Multi-grating
夫琅禾费近似 Fraunhofer approximation
夫琅禾费衍射公式 Fraunhofer diffraction formula
复振幅 complex amplitude

G

γ 值 film gamma
各态历经性 ergodicity
共轭像 conjugate image
共同体积复用 common-volume multiplexing
光编址 optically addressed
光波耦合 wave coupling
光刀 light knife
光导热塑 photothemoplastic
光分束器 optical beam splitter
光功率谱密度 power spectral density of the light beam
光计算 optical computing
光漫射器 optical diffuser
光密度 photographic density
光栅矢量 grating vector
光栅相移 grating phase shift
光瞳 pupil
  出瞳 exit pupil
  入瞳 entrance pupil
  光瞳函数 pupil function
  广义光瞳函数 generalized pupil function
光学传递函数 Optical Transfer Function(OTF)
  调制传递函数 Modulation Transfer Function(MTF)
  相位传递函数 Phase Transfer Function(PTF)
  部分相干传递函数 partial-coherent transfer function
光学粗糙表面 optical rough surface
光学互连 optical interconnection
光学矩阵运算 optical matrix
光学神经网络 optical neural network
光学图像识别 optical pattern recognition

光学微分 optical differentiation
光学信息处理 optical information processing
      相干光学信息处理 coherence optical information processing
      非相干光学信息处理 incoherence optical information processing
光折变晶体 photorefractive crystal
光折变效应 photorefractive effect
光致聚合物 photopolymer
光致抗蚀剂 photoresist
关联存储器 associative memory

H

H-D 曲线 Hurter-Driffield curve
灰雾 gross fog
混合场效应 hybrid field effect
互谱密度函数 cross-spectral density function

J

剪切散斑干涉术 shearing speckle interferometry
假彩色编码 pseudocolor coding
夹层全息术 sandwich holography
角度复用 angle multiplexing
角度选择性 angular selectivity
角谱 angular spectrum
结构照明 structured illumination
基尔霍夫公式 Kirchhoff formula
解析信号 analytic signal
截止频率 cutoff frequency
激光片光 laser sheet
激光散斑 laser speckle
激光三角法 laser triangulation
机器视觉 machine vision
级联系统 cascade system
基元函数 elementary function
基元全息图 elementary hologram

K

克尔效应 Kerr effect
亥姆霍兹方程 Helmholtz equation
空间不变线性系统 space-invariant linear system
空间带宽积 space-bandwidth product
空间复用 spatial multiplexing
空间光调制器 Spatial Light Modulator(SLM)
空间滤波器 spatial filter
空间频率 spatial frequency
空间频谱 spatial frequency spectrum
归一化频谱 normalized frequency spectrum
像强度频谱 frequency spectrum of image intensity
空间相位检测 spatial phase detection
空域函数 spatial function

L

量子限制斯塔克效应 Quantum Restricted Stark Effect(QRSE)
灵敏度矢量 sensitivity vecto
卤化银乳胶 silver halide emulsion
滤波函数 filtering function

M

脉冲响应 impulse response
莫尔轮廓术 moiré topography

N

奈奎斯特抽样间隔 Nyquist sampling spacing
内容寻址的存储器 content-addressable memory
逆滤波器 inverse filter
铌酸锂 lithium niobate

P

平稳性 stationary
频谱混叠 spectral overlapping

匹配滤波器 matched filter
泡克尔斯读出光调制器 Pockels Readout Optical Modulator（PROM）
泡克尔斯效应 pockels effect

Q

强度脉冲响应 intensity impulse response
强度自相关函数 intensity autocorrelation function
全场滤波 whole field filtering
全息存储 holographic storage
全息电影 holographic movie
全息光学元件 holographic optical element
全息记录介质 holographic recording media
全息术 holography
  计算全息术 computer generated holography
  视频全息 video holography
  合成全息术 synthetic holography
全息图 Hologram
  彩虹全息图 rainbow hologram
  彩色全息图 color hologram
  反射全息图 reflection hologram
  菲涅耳全息图 Fresnel hologram
  夫琅禾费全息图 Fraunhofer hologram
  傅里叶变换全息图 Fourier transform hologram
  离轴全息图 Off–axis hologram
  模压全息图 embossing hologram
  平面全息图 plane hologram
  体积全息图 volume hologram
  体视全息图 holographic stereograms
  透射全息图 transmission hologram
  相位全息图 phase hologram
  无透镜傅里叶变换全息图 lensless Fourier transform hologram
  像（面）全息图 image plane hologram
  振幅全息图 amplitude hologram
全息-散斑干涉术 holo–speckle interferometry
全息像差 holographic abberrations

全息注塑 holograms formed by injecting

R

瑞利分辨判据 Rayleigh criterion of resolution

S

散斑场 speckle field
  客观散斑场 objective speckle field
  主观散斑场 subjective speckle field
散斑干涉术 speckle interferometry
散斑照相测量术 speckle photography
散射板干涉仪 scatter plate interferometer
散射基元 scattering element
三维传感 three–dimensional sensing
  被动三维传感 passive three–dimensional sensing
  主动三维传感 active three–dimensional sensing
三维面形测量 three–dimensional shape measurement
三维显示 three–dimensional display
色模糊 color blur
色散 dispersion
时间平均 time average
时间平均全息干涉术 time–average holographic interferometry
实像 real image
实物仿形 solid modeling
双光子吸收 bi–photon absorption
双目视觉 binocular vision
数据传输速率 data transfer rate
顺序曝光 sequential exposure
数字散斑干涉术 digital speckle interferometry
数字散斑照相术 digital speckle photography
数字微反射镜器件 Digital Micromirror Device(DMD)
数字像素全息 digital pixel holograms
θ 调制 theta modulation
倏逝波 evanescent wave

T

同步扫描 synchronized scanning
调制度测量轮廓术 Modulation Measurement Profilometry (MMP)
铁电液晶 ferroelectric liquid crystal
体光栅 volume grating
透镜的相位变换 phase transformation of lens
透射率 transmittance
图像传感器 image sensor
图像消模糊 image deblurring

W

外差全息干涉术 heterodyne holographic interferometry
完善洗牌 perfect shuffle
微分滤波器 differential filter
微通道板 Micro Channel Plate (MCP)
微通道板空间光调制器 Microchannel Spatial Light Modulator (MSLM)
物光束 object beam

X

限带函数 bandlimited function
限幅散斑技术 clipped speckle technique
像素 pixel
信息流量 throughput
线模糊 blur caused by extended light sources
线全息图 slit holograms
线性性质 linear property
相干性 coherence
  复相干度 complex degree of mutual coherence
  复相干因子 complex coherence factor of the light
  复自相干度 complex degree of self coherence
  互强度 mutual intensity
  互相干函数 mutual coherence function
  空间相干性 spatial coherence
  时间相干性 temporal coherence

相干长度 coherence length
相干面积 coherence area
相干时间 coherence time
自相干函数 self coherence function
相关分析方法 correlation analysis
相位编码复用 phase-encoding multiplexing
相位测量剖面术 Phase Measuring Profilometry(PMP)
相位共轭 phase conjugation
相位展开 phase unwrapping
相移 phase-shifting
　　步进相移 stepping phase shifting
　　连续相移 continue phase shifting
　　相移全息干涉术 phase shifting holographic interferometry
显影 development
写入光 write light
信噪比 signal-noise ratio
系综平均 statistical average
虚像 virtual image

Y

赝像 pseudoscopic image
衍射 diffraction
　　近场衍射 near-field diffraction
　　远场衍射 far-field diffraction
衍射孔径 diffraction aperture
衍射受限 diffraction-limited
衍射效率 diffraction efficiency
液晶光阀 Liquid Crystal Light Valve(LCLV)
原始像 original image
圆型复高斯随机变量 circular complex Gaussian random variable

Z

增量曝光 incremental exposure
子波干涉 wavelet interference
自泵浦相位共轭镜 self-pumped phase-conjugate mirror

针孔滤波器 pinhole filter
正弦光栅 sinusoidal grating
折射率调制度 refractive index modulation
指向矢 orientation vector
重铬酸明胶 dichromated gelatin
逐点滤波 pointwise filtering
准单色条件 quasimonochromatic conditions
准外差全息干涉术 quasi‐heterodyne holographic interferometry
着陆台 landing pads
自电光效应器件 Self‐Electro‐optical Effect Devices(SEED)
综合孔径雷达 synthetic aperture radar
组页器 page composer

郑重声明

高等教育出版社依法对本书享有专有出版权。任何未经许可的复制、销售行为均违反《中华人民共和国著作权法》，其行为人将承担相应的民事责任和行政责任；构成犯罪的，将被依法追究刑事责任。为了维护市场秩序，保护读者的合法权益，避免读者误用盗版书造成不良后果，我社将配合行政执法部门和司法机关对违法犯罪的单位和个人进行严厉打击。社会各界人士如发现上述侵权行为，希望及时举报，我社将奖励举报有功人员。

反盗版举报电话　　（010）58581999　58582371
反盗版举报邮箱　　dd@hep.com.cn
通信地址　　北京市西城区德外大街4号　高等教育出版社法律事务部
邮政编码　　100120